JN280131

3次元映像ハンドブック

編集

尾上守夫　池内克史　羽倉弘之

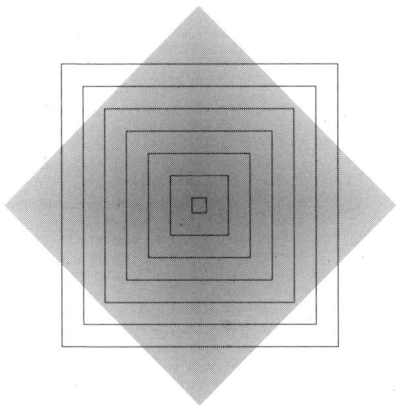

朝倉書店

部分観測画像列　　幾何情報処理

カラー画像列　　光学情報処理

環境情報　　環境情報処理

口絵 1　3次元映像処理の構造（30 ページ参照）

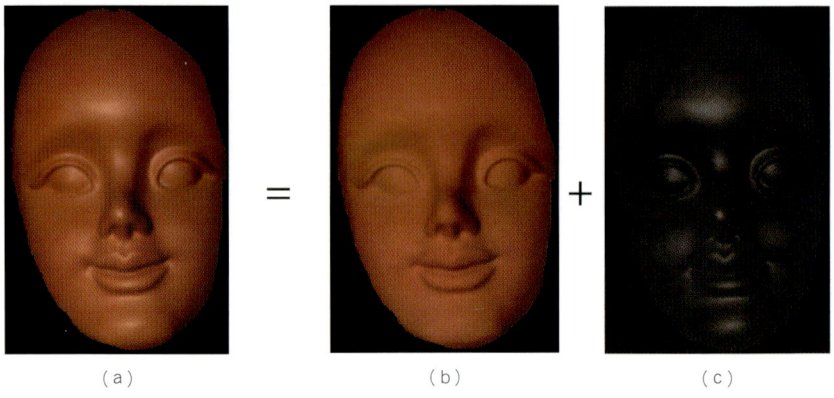

口絵 2 マネキンの顔の画像（a）．反射成分分離の結果この画像の拡散反射成分のみの画像（b）と鏡面反射成分のみの画像（c）を求めることができる（136 ページ参照）

仮想物体に影なし

実照明条件を反映した影付け

口絵 3 仮想と現実の光学的整合性（234 ページ参照）

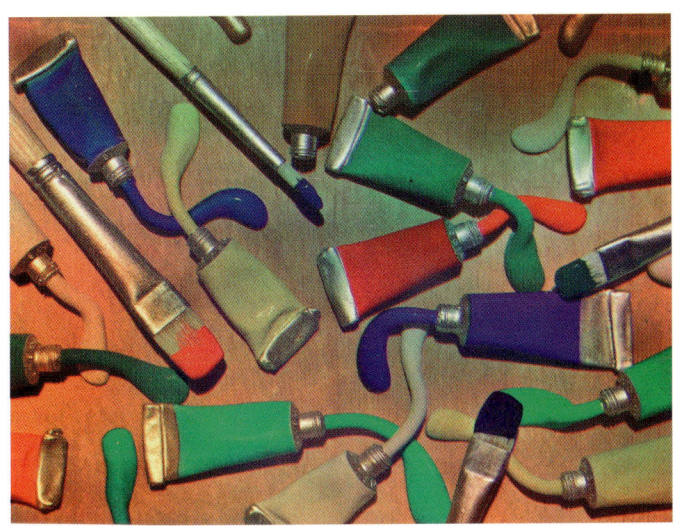

口絵 4　フォトポリマーに記録されたフルカラーホログラムからの再生像の一例（Watanabe, et al., 1999）（220 ページ参照）
記録波長は，647 nm（Kr イオンレーザ），532 nm（Nd：YAG レーザ），458 nm（Ar イオンレーザ）．

口絵 5　東京 23 区危険度マップ（© 2003 東京大学目黒研究室，（株）キャドセンター）（344 ページ参照）

口絵 6　白色大理石採掘空間のインスタレーション（Setsuko Ishii）（263 ページ参照）
「Requiem」，釜石鉱山マーブルホール，1993．

口絵 7　池の中のインスタレーション（Setsuko Ishii）（264 ページ参照）
「太陽の贈り物―T」，メビウスの卵展多摩，パルテノン多摩，1997．

口絵 8　濃密な皮膚感表現による人工生命体《Eggy》1990（269 ページ参照）

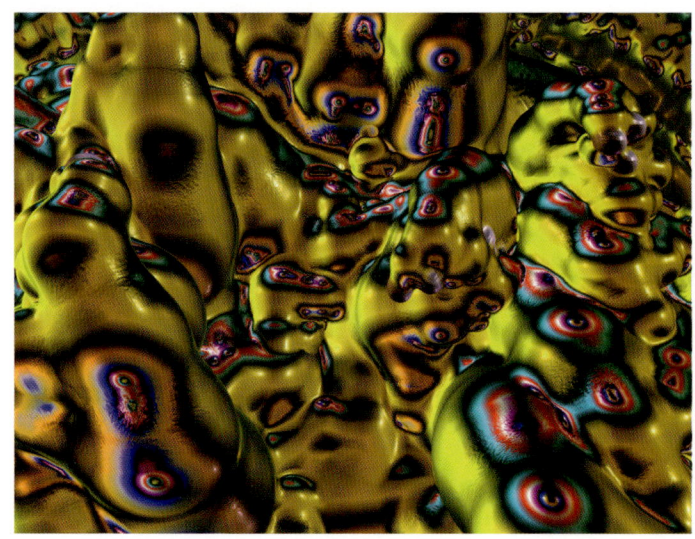

口絵 9　個体の集合による複雑な形態を持った CG 生命体《Coacervater》1994（269 ページ参照）

口絵 10　元離宮二条城・大広間 CG 画像（Ⓒ凸版印刷(株)，京都市元離宮二条城）（348 ページ参照）

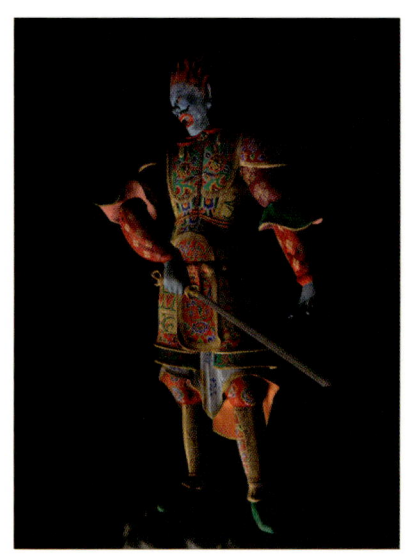 

口絵 11　十二神将・バサラ大将の彩色復元（2004 年）（Ⓒ(株)キャドセンター，協力：新薬師寺，元東京芸術大学・長澤市郎教授）（350 ページ参照）

松明光

太陽光

彩色復元

口絵 12 王塚古墳の彩色復元（©東京大学池内研究室，凸版印刷（株））
（351 ページ参照）

天平時の大仏殿の復元

天平時の大仏と大仏殿

口絵 13　天平大仏の復元（352 ページ参照）

はじめに

　2005年は愛知万博の年であった．万国博覧会の展示には最先端の技術が駆使されることはもちろんであるが，さらには普通の商業ベースではやりにくい近未来の技術がいろいろ試行される．それが契機となってその技術分野の実用化が一挙に進んだ例は少なくない．3次元映像でいえば，1851年英国ロンドンの水晶宮で開催された万国博覧会でステレオスコープがビクトリア女王の台覧に供せられ，それがきっかけになって社交界にブームを引き起こしたことがある．水晶宮自体も鉄骨とガラスによる新しい建築様式のさきがけとして，今も形をとどめている．

　愛知万博で目をひいたのは大型映像とロボットであったと思う．大型映像は3次元映像技術を駆使したものが多かった．またロボットも的確な動作をするためには，自己周辺の世界モデルを構築するために，3次元映像に基づく観測が欠かせない．この万博を契機として今後3次元映像の実用化が加速されることは疑いの余地がない．こういう時期にこの『3次元映像ハンドブック』を刊行できることは，よろこばしいことである．

　最近の3次元映像技術の発展は真に目覚しいものがある．かつて世界にさきがけて『三次元画像工学』（産業図書，1972；朝倉書店，1991）の名著を書かれた故大越孝敬教授は，初版刊行後間もなく光ファイバー通信の研究に転向された．その理由として「三次元画像の研究をやってきたが，それが実現するには，あまりにその周辺技術が未熟である．通信をとってみても，情報量の多い三次元画像の伝送はとても無理であると思った．それで三次元画像技術の研究はしばらくお休みにして，大容量通信の本命である光ファイバー通信の研究を始めた」と言われたことがある．しかし環境は一変した．最近は通信はいうに及ばず，デバイスも，装置も，処理も，ソフトもすべての周辺技術が成熟してきた上に，万国博覧会に象徴されるように産業，医学，教育，芸術，娯楽など

はじめに

社会のあらゆる分野で，3次元映像に対する根強いニーズがある．しかも日本はこの分野に貢献できる抜群の技術力を持っている．まさに好機到来である．

しかし関連する分野が広大であるだけに，技術の全貌を把握し，あるいは個々の技術の特徴を理解することは容易でない．初学の方にも熟達者にも有用な座右の書として，本書のようなハンドブックが望まれる所以である．

このハンドブックの構想は，「三次元映像のフォーラム」の創立以来その運営を支えられてきた羽倉弘之氏が長年温めてこられたものが，朝倉書店の協力を得て実現したものである．進歩の著しい3次元映像入出力，処理については世界的な権威であられる池内克史氏が編者として全面的に協力してくださることになり，それぞれの分野での第一人者に執筆をお願いすることが可能になった．その多数の執筆者のご努力によって，世界ではじめての『3次元映像ハンドブック』としてふさわしい内容が整えられたと感謝している．また朝倉書店編集部には多岐にわたる編集作業を効率的に進めていただいた．厚く感謝申し上げる．

2006年1月

編集委員を代表して　尾上守夫

編　集　者

尾　上　守　夫	東京大学名誉教授
池　内　克　史	東京大学教授
羽　倉　弘　之	東京大学

編集協力者

辻　内　順　平	東京工業大学名誉教授
原　島　　博	東京大学教授
中　嶋　正　之	東京工業大学教授
坂　村　　健	東京大学教授

執 筆 者
(執筆順)

尾上守夫	東京大学名誉教授	田村秀行	立命館大学
羽倉弘之	東京大学	菊池　望	日商エレクトロニクス(株)
池内克史	東京大学	服部　桂	朝日新聞社
日浦慎作	大阪大学	小林広美	センサブル・テクノロジーズ・インク
木村　茂	防衛庁	舘　　暲	東京大学
佐藤　誠	東京工業大学	小宮山摂	日本放送協会
石井雅博	富山大学	坂根厳夫	情報科学芸術大学院大学名誉学長
井門　俊	愛媛大学	石井勢津子	美術家（ホログラフィ）
井門　忍	イーコンピュート(株)	草原真知子	早稲田大学
中村明生	東京電機大学	河口洋一郎	東京大学
久野義徳	埼玉大学	武田博直	(株)セガ
佐川立昌	大阪大学	岩谷　徹	(株)ナムコ
西野　恒	Drexel University	中嶋正之	東京工業大学
佐藤洋一	東京大学	大口孝之	映像ジャーナリスト
森　健一	(株)東芝セミコンダクター社	寺島信義	早稲田大学
島　和也	日本カメラ博物館	谷　千束	アストロデザイン(株)
桑山哲郎	キヤノン(株)	中沢憲二	NTTサイバースペース研究所
鉄谷信二	東京電機大学	野尻裕司	日本放送協会
山田千彦	日本工業大学	深野暁雄	NPO Web リッチメディア・フォーラム
山田博昭	芝浦工業大学	髙瀬　裕	(株)キャドセンター
石川　洵	(有)石川光学造形研究所	大石岳史	東京大学
三田村畯右	筑波大学名誉教授	加茂竜一	凸版印刷(株)
岩田藤郎	凸版印刷(株)	緒方正人	三菱プレシジョン(株)
久保田敏弘	京都工芸繊維大学	梶原景範	三菱プレシジョン(株)
吉川　浩	日本大学	奥山文雄	鈴鹿医療科学大学
服部知彦	(有)シーフォン	二唐東朔	(財)シルバーリハビリテーション協会
苗村　健	東京大学	畑田豊彦	東京工芸大学
陶山史朗	NTTサイバースペース研究所	出澤正徳	電気通信大学

目 次

序　実用期に入った3次元映像……………………………〔尾上守夫・羽倉弘之〕… 1
 1. 概要：最近の状況………………………………………………………………… 2
 2. 両眼視差方式：メガネ方式……………………………………………………… 3
  2.1 前　史………………………………………………………………………… 3
  2.2 ステレオ（立体）写真……………………………………………………… 6
  2.3 メガネ方式…………………………………………………………………… 9
 3. 裸眼立体視方式…………………………………………………………………… 12
  3.1 パララックスバリア方式…………………………………………………… 12
  3.2 レンチキュラ方式…………………………………………………………… 13
  3.3 インテグラルフォトグラフィ……………………………………………… 14
 4. 空間像形成………………………………………………………………………… 15
 5. ホログラフィ……………………………………………………………………… 16
 6. その他の方式……………………………………………………………………… 18
 7. 整ってきた環境…………………………………………………………………… 18
  7.1 デバイス，ハードの進歩…………………………………………………… 19
  7.2 コンピュータと通信の進歩………………………………………………… 19
  7.3 社会的需要…………………………………………………………………… 20
  7.4 2次元画像の再見直し……………………………………………………… 21

第Ⅰ編　3次元映像の入出力

　3次元映像入出力技術…………………………………………………〔池内克史〕… 28
 1. 入　力　系………………………………………………………………………… 33
  1.1 レンジセンサ……………………………………………………〔日浦慎作〕… 33
   1.1.1 概　　要……………………………………………………………… 33
   1.1.2 距離計測の原理とレンジセンサの構造…………………………… 34
   1.1.3 レンジセンサの性能とその評価…………………………………… 47
   1.1.4 レンジセンサの製品例と最新動向………………………………… 49
  1.2 ステレオビジョンセンサ………………………………………〔木村　茂〕… 52
   1.2.1 ステレオビジョンセンサの原理…………………………………… 52

1.2.2	距離の計測精度	55
1.2.3	実3次元空間と画像視差空間	57
1.2.4	実際のステレオビジョンセンサ	59

1.3 3次元入力システムとポインティングデバイス
　　　　　　　　　　〔佐藤　誠・石井雅博・井門　俊・井門　忍〕… 71
　1.3.1 概　　略 … 71
　1.3.2 3次元インタフェース SPIDAR … 75
　1.3.3 キーボード … 78
　1.3.4 マウス，トラックボール … 79
　1.3.5 タッチパッド … 82
　1.3.6 ジョイスティック … 83
　1.3.7 タッチパネル，タブレット … 84
　1.3.8 視線入力，その他のデバイス … 87

1.4 モーションキャプチャ 〔中村明生・久野義徳〕… 89
　1.4.1 歴史的背景 … 89
　1.4.2 方　　式 … 89
　1.4.3 実際のシステムの事例 … 92

2. 処理系 … 107

2.1 幾何学的処理 〔佐川立昌〕… 107
　2.1.1 メッシュ化とデシメーション … 108
　2.1.2 位置合わせ … 110
　2.1.3 統　　合 … 115
　2.1.4 テクスチャマッピング … 119

2.2 光学的処理 〔西野　恒〕… 126
　2.2.1 物体表面における光の反射 … 126
　2.2.2 反射モデル … 127
　2.2.3 モデルベースドレンダリング … 134

2.3 光源環境モデリング 〔佐藤洋一〕… 143
　2.3.1 光源環境のモデリング … 143
　2.3.2 陰影からの光源分布の推定 … 146

2.4 グラフィックスハードウェア 〔森　健一〕… 152
　2.4.1 リアルタイム CG の概要 … 152
　2.4.2 近年のリアルタイムグラフィックス技術 … 159
　2.4.3 商品化されたシステム … 162
　2.4.4 さまざまな CG 用ハードウェア構成や研究例 … 165
　2.4.5 リアルタイム CG 用ソフトウェア … 166

3. 出力系 ……………………………………………………………………… 171
  3.1 メガネ使用 ……………………………………………………………… 171
    3.1.1 ステレオ写真の撮影と観賞 ……………………〔島　和也〕… 171
    3.1.2 覗き眼鏡方式 ……………………………………〔桑山哲郎〕… 175
    3.1.3 フィルタ方式（偏光，アナグリフ，時分割）………〔桑山哲郎〕… 179
  3.2 メガネ不使用 …………………………………………………………… 183
    3.2.1 視点追従式 ………………………………………〔鉄谷信二〕… 183
    3.2.2 レンチキュラ方式，バリア方式 ………………〔山田千彦〕… 185
    3.2.3 奥行き標本化法（切断面表示法，多層面法，体積走査法）
                                    ……………………………〔山田博昭〕… 200
    3.2.4 空間映像 …………………………………………〔石川　洵〕… 207
  3.3 ホログラフィ …………………………………………………………… 211
    3.3.1 歴史，種類 ………………………………………〔三田村畯右〕… 211
    3.3.2 原理・制作 ………………………………………〔岩田藤郎〕… 214
    3.3.3 カラーホログラム ………………………………〔久保田敏弘〕… 217
    3.3.4 動画ホログラム/計算機ホログラム …………〔吉川　浩〕… 222
  3.4 出力系の新しい技術 …………………………………………………… 225
    3.4.1 バックライト分配方式3Dディスプレイ ………〔服部知彦〕… 225
    3.4.2 再帰性表示 ………………………………………〔苗村　健〕… 227
    3.4.3 DFD表示方式 ……………………………………〔陶山史朗〕… 229
  3.5 VR, AR, MR …………………………………………………………… 232
    3.5.1 ARとMR …………………………………………〔田村秀行〕… 232
    3.5.2 VR表示装置 ……………………………………〔菊池　望〕… 235
    3.5.3 ウェアラブルコンピュータ ……………………〔服部　桂〕… 236
    3.5.4 ハプティックス装置 ……………………………〔小林広美〕… 238
    3.5.5 ロボティックビジョン …………………………〔舘　　暲〕… 239
  3.6 3次元音響 ……………………………………………〔小宮山　摂〕… 243
    3.6.1 聴覚の性質 ………………………………………………………… 243
    3.6.2 頭部伝達関数 ……………………………………………………… 245
    3.6.3 2スピーカによる立体再生 ……………………………………… 245
    3.6.4 マルチチャンネル再生 …………………………………………… 246
  コラム　3次元映像体験つれづれなるままに ……………〔坂根厳夫〕… 249

第II編　広がる3次元映像の世界

4. 芸術・娯楽 ………………………………………………………………… 257
  4.1 ホログラフィアート ………………………………〔石井勢津子〕… 257

4.1.1　アートメディアとしての歴史と背景 ………………………………… 257
　　4.1.2　真を写す ……………………………………………………………… 258
　　4.1.3　色彩の魔術 …………………………………………………………… 259
　　4.1.4　作品展開 ……………………………………………………………… 261
　　4.1.5　今後の展開と課題 …………………………………………………… 264
　4.2　人工生命 …………………………………………………………………… 265
　　4.2.1　概　　要 …………………………………………〔草原真知子〕… 265
　　4.2.2　CG生命体 ………………………………………〔河口洋一郎〕… 267
　4.3　娯　　楽 …………………………………………………………………… 271
　　4.3.1　パークアトラクションにおける3次元映像の展開 …〔武田博直〕… 271
　　4.3.2　ゲーム装置としての3次元映像 ………………〔岩谷　徹〕… 272

5. 映　　画 ………………………………………………………………… 275
　5.1　3DCG ………………………………………………〔中嶋正之〕… 275
　　5.1.1　モデリング …………………………………………………………… 275
　　5.1.2　レンダリング ………………………………………………………… 276
　5.2　立体映画の歴史 …………………………………………〔大口孝之〕… 277
　　5.2.1　立体映画の黎明 ……………………………………………………… 277
　　5.2.2　1920年代：アナグリフ立体映画の流行 …………………………… 278
　　5.2.3　1930年代：ポラロイド方式の誕生 ………………………………… 279
　　5.2.4　1940年代：レンチキュラ方式の登場 ……………………………… 280
　　5.2.5　1950年代：空前の立体映画ブーム ………………………………… 281
　　5.2.6　1960～1970年代：ポルノ映画ブーム ……………………………… 283
　　5.2.7　1980年代：第2次立体映画ブーム ………………………………… 284
　　5.2.8　1980～1990年代（1）：博覧会ブーム …………………………… 284
　　5.2.9　1980～1990年代（2）：テーマパーク …………………………… 286
　　5.2.10　1990～2000年代：大型映像 ……………………………………… 289
　　5.2.11　2000年代：デジタルシネマ ……………………………………… 291
　　5.2.12　2D→3D変換による立体映画ブーム ……………………………… 292
　5.3　現在の技術（VFXを中心に） …………………………〔大口孝之〕… 295

6. 通信・放送・ネットワーク ……………………………………………… 301
　6.1　情報通信技術 ……………………………………………〔寺島信義〕… 301
　　6.1.1　サービス統合デジタル通信網 ……………………………………… 301
　　6.1.2　ナショナルインフォメーションインフラストラクチャ ………… 302
　　6.1.3　グローバルインフォメーションインフラストラクチャ ………… 303
　　6.1.4　具体的な高速化の取り組み ………………………………………… 303

6.1.5　高速ネットワークの将来 …………………………………………… 305
　6.2　次世代高臨場感映像表現とディスプレイ開発動向 ……… 〔谷　千束〕… 307
　　6.2.1　映像メディアの発展と21世紀の高臨場感ディスプレイ ……………… 307
　　6.2.2　高臨場感表現と主な表示機能 …………………………………………… 307
　　6.2.3　高臨場感ディスプレイ方式の分類と最近の開発動向 ………………… 309
　　6.2.4　ハイパーリアリティ映像 ………………………………………………… 311
　　6.2.5　高臨場感ディスプレイの応用展開方向と産業化課題 ………………… 312
　6.3　立体TV会議システム ………………………………………… 〔中沢憲二〕… 314
　6.4　放　　　送 …………………………………………………… 〔野尻裕司〕… 317
　6.5　インターネット ……………………………………………… 〔寺島信義〕… 320
　6.6　Web 3D, X3D ………………………………………………… 〔深野暁雄〕… 322

7. 教育・文化活動 …………………………………………………… 〔羽倉弘之〕… 331

8. 産　　業 ………………………………………………………………………… 337
　8.1　都市・土木・建築 …………………………………………… 〔髙瀬　裕〕… 337
　　8.1.1　空間情報の3DCG ………………………………………………………… 337
　　8.1.2　空間情報のVR …………………………………………………………… 341
　8.2　文化遺産への応用 ……………………… 〔大石岳史・髙瀬　裕・加茂竜一〕… 345
　　8.2.1　イメージベースの手法 …………………………………………………… 345
　　8.2.2　モデルベースの手法 ……………………………………………………… 347
　8.3　シミュレータなどへの応用 ………………………… 〔緒方正人・梶原景範〕… 353
　　8.3.1　3次元映像の提示 ………………………………………………………… 354
　　8.3.2　3次元映像の発生 ………………………………………………………… 360
　　8.3.3　応用システム ……………………………………………………………… 370

9. 医　　学 ………………………………………………………………………… 377
　9.1　装　　　置 …………………………………………………… 〔奥山文雄〕… 377
　　9.1.1　超　音　波 ………………………………………………………………… 377
　　9.1.2　仮想内視鏡装置 …………………………………………………………… 378
　　9.1.3　CT, MRI …………………………………………………………………… 379
　　9.1.4　X　　　線 ………………………………………………………………… 381
　　9.1.5　手術シミュレーション …………………………………………………… 381
　9.2　教育・訓練 …………………………………………………… 〔二唐東朔〕… 383
　　9.2.1　立体視訓練対象者の選別 ………………………………………………… 383
　　9.2.2　潜在的融像能力と立体視検査法 ………………………………………… 383
　　9.2.3　視能矯正訓練 ……………………………………………………………… 385

9.3 研究・開発 ………………………………………………〔奥山文雄〕… 387
  9.3.1 心臓シミュレーション ……………………………………… 387
  9.3.2 人体モデル ……………………………………………………… 388
  9.3.3 リハビリテーション …………………………………………… 388
  9.3.4 心 理 療 法 ……………………………………………………… 388

第III編　人間の感覚としての3次元映像

10. 生理：視知覚 ………………………………………〔畑田豊彦〕… 393
 10.1 視覚系の構造と特性 …………………………………………… 393
  10.1.1 眼球構造と結像特性 …………………………………………… 393
  10.1.2 網膜構造と信号形成系 ………………………………………… 395
  10.1.3 眼球から大脳中枢での視覚情報処理 ………………………… 400
  10.1.4 調節・運動制御系 ……………………………………………… 401
 10.2 視知覚特性 ……………………………………………………… 402
  10.2.1 明暗・色情報の受容範囲 ……………………………………… 402
  10.2.2 明暗コントラスト弁別 ………………………………………… 403
  10.2.3 視覚の空間分解能（視力） …………………………………… 403
  10.2.4 色弁別特性 ……………………………………………………… 405
  10.2.5 視覚系の空間周波数特性 ……………………………………… 407
  10.2.6 視覚系の時間・時空間知覚特性 ……………………………… 408
  10.2.7 3次元空間知覚 ………………………………………………… 410
 10.3 映像による生体への影響 ……………………………………… 414

11. 心　　理 ……………………………………………〔出澤正徳〕… 421
 11.1 形 の 知 覚 ……………………………………………………… 422
  11.1.1 輪郭の知覚 ……………………………………………………… 422
  11.1.2 知覚体制化（群化） …………………………………………… 422
  11.1.3 形 の 知 覚 …………………………………………………… 424
  11.1.4 幾何学的錯視 …………………………………………………… 424
 11.2 奥行き知覚 ……………………………………………………… 425
  11.2.1 奥行き手がかり ………………………………………………… 425
  11.2.2 運動による奥行き知覚 ………………………………………… 429
  11.2.3 運動からの〔奥行き・構造・形・表面・体積〕の知覚 …… 430
  11.2.4 視空間座標構成 ………………………………………………… 431
  11.2.5 手がかりの競合 ………………………………………………… 431
 11.3 両眼立体視による3次元錯視 ………………………………… 431

11.4	運動の知覚	433
11.5	感覚統合	435
11.6	網膜像の大きさと知覚的な大きさ	435
11.7	感性情報と3次元映像	436
11.8	視覚機能と数理モデル	436

むすび：博覧会での3次元映像　　〔羽倉弘之〕… 439

1. 過去の万博での3次元映像 …… 439
2. 「愛・地球博」での3次元映像 …… 440
3. 各パビリオンの内容 …… 441
   - 3.1 JR東海 超電導リニア館 …… 441
   - 3.2 長久手日本館 …… 442
   - 3.3 NEDOパビリオン …… 443
   - 3.4 夢みる山 …… 444
   - 3.5 日立グループ館 …… 444
   - 3.6 その他の展示 …… 445
   - 3.7 外国館の3次元映像などの工夫映像 …… 445
   - 3.8 その他のさまざまな方式の映像 …… 446

参考資料　　〔羽倉弘之〕… 449

1. 学会・研究機関 …… 449
2. 教育機関・博物館・協会・財団法人ほか …… 452
3. 関連書籍 …… 454

索　引 …… 457

序
実用期に入った3次元映像

"*Eyes come in a pair. None to spare.*"（目は対になっている．どちらも欠かせない）という言葉がある．元来はレーザ光に対する安全標語だが，人間の目の特質をよく表している．生物が生存していくためには，的確に自分の周囲の状況を把握し，適切な対応行動をとらなければならない．水平2眼による視覚は進化の頂上にある哺乳類に見られる形式であるから，優秀なことには間違いない．しかし生物界ではこれが唯一の形式ではなくて，第三の目を持つもの[1]もあるし，数からいえば昆虫の複眼が圧倒的に多い．

水平2眼による視覚は，まずそれぞれの目が撮像器官となって2次元画像を取得する．右目による画像と左目による画像との間には対象物までの距離によって視差がある．これを脳が処理して外部の3次元世界像，すなわち立体視を形成する．もちろんこれは非常に単純化した言い方であって，撮像の段階でも目の焦点調節や輻輳（両眼が対象物を見込む角度），さらには運動視差などが立体視の形成に関与している．また脳による処理も幼児期からの習熟による神経回路の形成が重要である．しかし単に視差のある2枚の画像を提示することでもかなりの立体視が得られる．工学的な3次元映像としてはこの形式のステレオスコープがまず登場し，しかもかなり普及した．ついでメガネ方式，裸眼方式など多彩な方式が次々と考案され，波面再生を可能にするホログラフィも登場した．これらの方式の分類と歴史は表1と表2にまとめてある．

しかし実用とか普及という点から見ると，卓抜な着想もそれを実現する基盤技術が未熟なために，日の目を見なかったものも少なくない．3次元映像の研究開発史は平坦ではなく，何回も山や谷を経験している．

現在3次元映像は新しい実用期を迎えている．基盤技術が進歩したとともに，社会の3次元映像に対する需要が高まってきているからである．ここでは3次元映像の初期の歴史を概観したうえで，現在の技術環境，社会環境がそれらに新しい機会を与えていることを示したい．

表1 3次元映像の方式

視差方式		具体方式
2眼視差	メガネ使用	ステレオスコープ アナグリフ 偏光方式 プルフリッヒ方式 時分割方式 分光視差方式 分光方式
	メガネなし	パララックスバリア レンチキュラ
多眼視差		パララックスバリア レンチキュラ
連続視差	インコヒーレント光	インテグラルフォトグラフィ 空間映像 白色再生ホログラム
	コヒーレント光	ホログラフィ 　リップマンホログラム 　レインボーホログラム 　計算機合成ホログラム 　動画ホログラム
多層表示		平面振動鏡 バリフォーカルミラー ハーフミラーによる合成 固体中の発光現象
錯視利用		奥行き濃淡化，カラー化 広角スクリーン VR表示 PDF方式

1. 概要：最近の状況

　3次元映像の出力（表示）方式には，今日までに，実際に製品化されたものだけでも，実にさまざまな方式がある．また，特許や考案だけに止まって製品化されないものを含めるとその数はどのくらいになるのか定かではない．しかも，そのアイデアには，単一のものから複合技術によるものまで，さまざまな形態のものが開発されてきた．今日のように，TV系，PC系，ネット系などに加えて，制作方法も実写から，SVFX（特殊視覚効果），CG（コンピュータグラフィックス），VR（バーチャルリアリティ，仮想現実感）とその手法も多様化して，それにともなう表示方法も数多く考案されてきた．現在でも，従来からの立体表示方法を新しい表示技術で活用する手法が主流であるが，これらにもさまざまな工夫が施されるようになってきた．

　以前からメガネを使用する煩わしさのため，裸眼立体視のできる表示装置が注目さ

れ，各種の方式が開発されてきた．特に，最近は，液晶ディスプレイやプラズマディスプレイなどのフラットディスプレイを利用する方法や，携帯電話やPDA（personal digital assistant，個人情報端末）などのように可搬性の高い装置に立体映像の表示がなされるようになってきた．

また，2次元（平面）画像から3次元（立体）画像を作り出して，既存の平面画像を立体視する方法も開発されてきた．これは，3Dコンテンツの不足を既存の2D映像を3D化することによって補おうという考えに基づくところがある．ところが，実際には3Dの情報を持たない映像を3D化するところに無理があり，静止画の場合はよいが，動画の場合は適切ではない．そこで，最近では，3DCGなど最初から3D情報を持っているものを3D化する方向に向かっている．

一方，立体視で利用される眼の機能や補助装置に関しての研究もなされている．最近の報告では，網膜にじかに投影する方法や脳の視覚野に映像信号を光学系さらには視覚系すらも経由せずに送り込む方法も研究されている．これは，視力を失った人などに視覚を生み出すために研究開発がなされている[2]．ちょうど，骨伝導で音声を聞く方式で，ヘッドフォンもスピーカーも使用しないで，聴覚器官に伝える方式に類似している．最近では，骨伝導方式の携帯電話などが開発[3]されているように，"ディスプレイレス"の立体表示装置の開発までが今後考えられる．

3次元映像をより快適に，安全に鑑賞するための心理，生理，医学などからの研究により，3次元コンテンツの制作への指針も提案されている[4]．

なお，本章では各種の3次元映像の特徴とその開発時期などに関して概略を述べる．ただし，ホログラムなど本書の3.3節にてくわしく述べる方式に関しては，ここでは，言及しない．

2. 両眼視差方式：メガネ方式

2.1 前　史[5]
2.1.1 描画による立体表現

子どもの絵画の描き方の発達を見ていると，ある年齢になると，遠いものは小さく，ぼやかし，近いものは大きく，はっきりと描くようになる．このように遠近法（perspective）に近い方法で描画する様子は，まさに人間の描画方法の歴史を示しているようにも見える．

いまから13000年〜17000年前のラスコー（フランス）やアルタミラ（スペイン）などの洞窟壁画に描かれていた動物絵画は実に写実的で，生き生きとしている．その壁画は平面的な描画方法であるが，対象物の大小などで，その遠近を表現しているように見受けられる．

また，古代エジプト絵画や彫刻には，上下遠近法，視点を移動してとらえる並列遠

表 2 3次元映像年表

西暦	人名，組織名	3次元映像関連項目	関連項目
1600 頃	ポルタ/シメンティ等	両眼視差立体画	
1669	バルトリン		複屈折
1750 頃	円山応挙	日本で眼鏡絵が流行	
1785	バーカー		パノラマ
1801	ヤング		3原色
1826			ソーマトロープ
1833			ゾートロープ
1834	タルボット		カロタイプ（ネガポジ方式）
1838	ホイートストン	ステレオスコープ	
1839	ダゲール		銀塩写真
1840	フェヒナー		残像
1841		ステレオ写真	
1849	ブルースタ	プリズム使用メガネ	
1852	ハラパス	ヘラパタイト	偏光板
1853	ロールマン	アナグリフ方式	
1853	ダンサ	ステレオカメラ	
1856	ヘルムホルツ		生理学的視覚理論
1858	アルメイダ	アナグリフ立体映像	
1859	キルヒホフとベンゼン		分光器
1862	ホームズ	ステレオオプティコン	
1870	ホイートストン	ステレオビューア	
1888	ライニツア		液晶発見，命名は翌年レーマン
1891	ドゥロン	アナグリフ	
1891	アンダートン	偏光式立体映像	
1891	リップマン		カラー写真
1891	エジソン		活動写真
1895	リュミエール兄弟		映画
1897	ブラウン		ブラウン管
1900			パリ万博
1903	アイビス	パララックスバリア方式	
1908	リップマン	インテグラルフォトグラフィ	
1910	アイビス等	レンチキュラ板方式	
1912	ウェルトハイマー		仮現運動
1922	プルフリッヒ	プルフリッヒ効果	
1922		機械式シャッタ方式立体映画	
1923			LED
1925	ベアード		テレビジョン
1935	ランド	偏光メガネ方式	
1936			EL
1937			TV 放送
1939		偏光方式立体映画	ニューヨーク万博
1939	パラマウント社		シネラマ
1946	ブロッホ/パーセル等		核磁気共鳴 NMR⇒MRI
1947	ブラッテン，バーデイン，ショックレー		トランジスタ
1948	ガボール	インラインホログラム	
1950	ケッカート，モークリー		電子計算機 ENIAC
1951	ロウ		シャドウマスク・カラー CRT

2. 両眼視差方式：メガネ方式

表 2 3次元映像年表（つづき）

西暦	人名，組織名	3次元映像関連項目	関連項目
1954			NTSC方式
1960	マイマン		ルビーレーザ
1960	ユレシュ	ランダムステレオグラム	
1961	ノイス		シリコンIC
1962	リースとウパトニークス	2光束法ホログラム	
1962	デニシューク	リップマンホログラム	
1964	ハイルマイア（RCA）		ゲスト・ホスト型および動的散乱モード（DSM）液晶ディスプレイ
1967	トラウプ	バリフォーカルミラー	
1967			蛍光表示管
1968	ソニー		トリニトロンCRT
1968	RCA		液晶ディスプレイ
1968	ベントン	白色光再生（レインボー）ホログラム	
1968		ホログラフィックステレオグラム	
1968	サザランド	頭部搭載型3次元ディスプレイ	
1969	ARPA		ARPANET
1970	ボイル		CCD
1970			大阪万博
1971	ルイス	3次元発光現象表示（透明固体内）	
1972	クロス	マルチプレックスホログラム	
1973	ハウスフィールド/コーマック		X線CT
1973	ロターバー等		MRI
1974		バリフォーカルミラー	
1976		電子シャッタ（PLZT）	
1977	ダマディアン		核磁気共鳴CT
1977			パソコン
1983	クルーガー	アーティフィシャルリアリティ（人工現実感）	
1985			つくば科学万博
1987	コダック社		有機EL
1987			CRT
1987	テキサスインスツルメント社		DMD（DLP）
1989	VPL社	VR製品	
1989		立体ハイビジョン（偏光方式）	臨場感通信（ATR）
1990		動画ホログラフィ	
1990	バナーズ・リー		WWW
1990	キャンディセント		FED（キヤノン/東芝のSEDへ発展）
1990代		RDSが流行	
1992	シカゴイリノイ大学EVL	CAVE	
1993		裸眼ハイビジョンTV（レンチキュラ）	
1995	バローズ		プラズマディスプレイ
1995			VRML
2000		RDSが再燃	
2003		遠山式アナグリフ	
2005	ネプラス社	世界最大裸眼立体表示装置	愛知万博

近法などといった手法が使われ，奥行きを表現している．また，ギリシャ時代の絵画では，透視図法的手法や陰影画法によって遠近感を出している．ローマ時代末期には，空気遠近法や色彩遠近法が多く使われるようになってきた．

他方，アジア地域では，仏教などの宗教美術（仏教壁画など）に遠近法を使ったものがあり，中国の山水画などでは，"三遠法（高遠，深遠，平遠）"と呼ばれる上下遠近法や累層遠近法が確立している．

長い廊下，建物や並木が続く街の風景を表現するとき，一点を定め，そこに両側から伸ばした延長線が交わるように描く．このような画法を"線遠近法"または"線透視図法"と呼ぶ．この手法は，奥行き感を出す錯視効果があるため，ヨーロッパでは，ルネッサンス時代にこの手法がさかんに使われた．わが国でも，16〜17世紀の南蛮美術の中にこの手法が取り入れられ，特に，線遠近法を誇張して描いた浮世絵などを見る"メガネ絵"や"覗きメガネ"と呼ばれるビューアがある．

2.1.2 手書3次元画像

3次元的に物事を表現する方法については，印刷（1450年頃発明）や写真（1839年に発明）の技術の発明に先立って，紀元前280年にすでに，ユークリッド（Euclid，生没年不詳，紀元前3世紀に活躍）が両眼視差に関する記述をしているとされている[6]ことから，その時代にすでに，その種の画像が何らかの形で存在していたものと想像される．その後，さまざまな画家などによって，印刷や写真の技術が開発されながら，かたや手で描写する立体作画もなされてきた[7]．最近では，ダリの手書立体画[8]が有名である．また，"立体描画機"と呼ばれる立体画を手描きできる装置も開発された[9]．

2.2 ステレオ（立体）写真

1838年に，イギリスのホイートストン[10]が王立協会で，図1に示すように左右の視差のある絵をⅤ字形においた2枚の鏡に反射させて，それぞれの目に提示すると

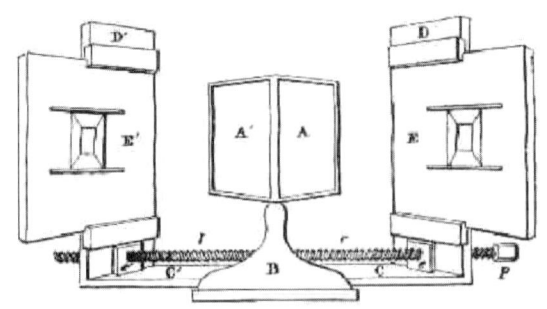

図1 ホイートストンのステレオスコープ
A，A'が鏡，E，E'がステレオ対．

立体視（solid view）が得られることを報告した．彼は次のように語って，その装置を"ステレオスコープ"[11]と名づけた．

"I...propose that it be called a Stereoscope, to indicate its property of representing solid figures."

この装置は大型で扱いにくかったため，1849年，スコットランドのブルースタ[12]によって図2に示すように2枚の絵を同一平面に併置し，それをプリズムを通して眺める方式が考案された．またはレンズを使う方式は，後述するようにホームズ[13]によって，プリズムに凸レンズの作用を加味する形で改良が加えられた．これらはその後のいろいろなステレオスコープの原型になっている．

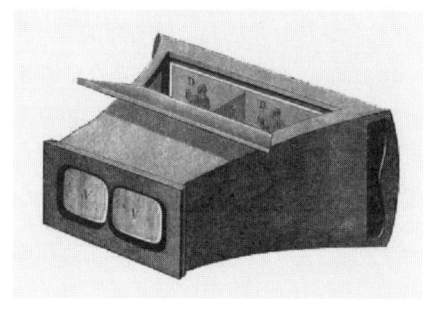

図2 ブルースタのステレオスコープ

ホイートストンとブルースタの間には機器の先陣争いのほかに，立体視の原因について激しい論争があった．ブルースタが画像に遠近法の要素が必要としたのに対して，ホイートストンは対応点間の視差が重要と考えた．この問題は1960年ユレシュ（Bela Julesz）の視差以外の要素を削り落としたランダムステレオグラムによって決着した．彼は左右同一のランダム図形を見たときは立体視が生じないが，片方の中央部の一部を横にずらすとそれが浮き上がる（沈み込む）ことを示したのである．

当時，ホイートストンが実験に用いたステレオ対（ペア）はもちろん手書きによるほかはなかったが，1839年フランスのダゲール[14]によって発明された銀板写真（ダゲレオタイプ）はすぐステレオ対の作製に応用された．最初は1つのカメラを横に移動させて撮影していたが，ブルースタは2つのレンズを用いたステレオカメラを作ってステレオ対を製作している．

1851年にロンドンの水晶宮で催された世界博覧会で，ビクトリア女王がブルースタ型のステレオスコープでダゲレオタイプによるステレオ対をご覧になった．それが契機となって，社交界は争ってステレオスコープを求めるようになった．

しかし，ダゲレオタイプは高価でしかも複製ができない．ダゲールに先立って1834年にイギリスのタルボット[15]は，後にカロタイプ（calotype）と呼ばれる，紙をベースにしたネガ／ポジ法を報告している．その画質はダゲレオタイプにはるかに

劣っていたが，次第に改良された．何よりの利点は1枚のネガから，コンタクトプリントにより，多数のポジを安価に作製できることであった．ブルースタはカロタイプの熱心な支持者であった．

一方米国では1862年，ハーバード大学の医師であり，詩人としても有名なホームズ (Oliver Wendell Holmes, 1809—1894) が，図3に示すようなステレオスコープ (ステレオオプティコン "stereopticon" とも呼ばれる) を作製した．これは目覆いがあり，立体視の世界に没入できる．またレンズと両眼の間の仕切り板が一体となって前後に移動でき，焦点が合わせやすい．しかも安価である．その上たくさんのコンテンツ，すなわち南北戦争 (1861—65) やシカゴの大火 (1871) などの時事ニュースや世界の観光名所などのステレオ対が商業的に供給された．使いやすい器具と豊富なコンテンツとによってステレオオプティコンは一世を風靡した[16]．

ホームズのステレオ対は 89 mm×178 mm とかなり大きく，それを扱うのに手間がかかった．1939年，ニューヨークの万国博覧会の土産物として登場した図4に示すビューマスター (View Master) は，小型の7対14枚のステレオ対を円盤上に配置したもので，円盤を回転することにより，名所案内など一連のステレオ写真を楽しむことができる．いまも玩具店や土産店の定番商品になっている．

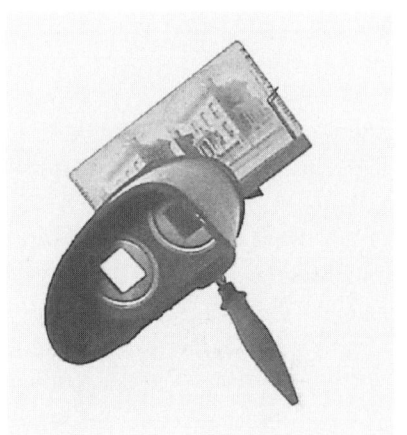

図 3　ホームズのステレオオプティコン

図 4　ビューマスター

なおブルースタとホームズはそれぞれ図5，図6に示すような本を出版している．前者は教科書であり，後者は啓蒙書であるが，ステレオスコープの古典といってよい．

ステレオ対を裸眼で見ても立体視ができる．普通の配置の平行法 (parallel eye method) と，左右を入れ替えた交差法 (crossed eye method) および左右の眼の間の衝立に鏡を使う方法などがある．大きい画像を見る場合などは，交差法がよい．い

2. 両眼視差方式：メガネ方式

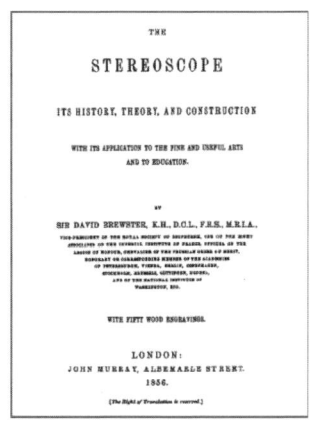
図5 ブルースタ著『ステレオスコープ』

図6 ホームズ著
『ステレオスコープとステレオ写真』

ずれもそれぞれの目に対応した画像のみが入るように若干習熟する必要がある．

　この方式は，簡便であると同時に，制作が簡単なために，いつの時代でも利用される方式である．現在でも，世界各国で，ステレオ写真を製造販売する会社，この種の写真を撮影して交換する同好の集まりなどがあり，多くの作品が集まり，また取引がされている[17]．

　この種の立体写真は，すべて最初からその画像がはっきりわかるが，ランダムに点や模様を配した画像は，それだけでは，そこに何が描かれているのか不明であるような立体画像がある．それをランダムドットステレオグラム (random dot stereogram；RDS) と呼ぶ．これは，立体視の研究を発展させたベラ・ユレシュ[18]によって開発された．RDSでは，ランダムな点を左右画像に同じように配置して，一部だけをずらしてその部分を立体視させようとするもので，融像のメカニズムの仮説を実証するために開発された[19]．その後，ステレオ対にしないで，同一画面上にうまくこのRDSを構成して（この方法をオートステレオグラム[20]と呼ぶ），アート的に利用した書籍が多数出版されるようになった．特に，日本でブームとなった（1990年代）．

　ステレオビューアの方式は，現在でも，地図作成，医用，設計，教育などをはじめ数多くの分野で使われている．

2.3 メガネ方式
2.3.1 アナグリフ[21]方式

　ステレオスコープは，併置したステレオ対を鏡，プリズムあるいはレンズを通して見ることによって立体視を得るものである．この方式では画像の大きさに制限がある．光学系を工夫して上下に配置するものもあったが，普及しなかった．

1853年に，ドイツのロールマン（Wilhelm Rollman）はステレオ対の片方を赤色に，他方は青色にして，観察者はその補色のメガネ，すなわち片側は赤，他方は青のレンズの入ったものをかければ，各々の目には片方の絵しか入らないので，立体視が得られることを示した．彼は線画を使用したが，1858年にドゥ・アルメイダ（Joseph D'Almeida）は幻灯を使用して，また1891年にドウロン（Louis Ducas du Hauron）は印刷画で同じ効果を示した．アナグリフ（anaglyph）というのは彼の命名である．

アナグリフ用メガネは安価であり，また印刷も通常の方式でよいので，現在でも立体写真，図面，絵画，漫画などに広く利用されている．今日でもしばしば映画やテレビで使用されることがある．特に，映画館の上映施設（映写機やスクリーン）の変更を必要とせず，またテレビでも，特別の装置を用意することなく観賞ができるために便利である．

しかし，色フィルタを使用するために，カラー化しにくい．最近のアナグリフの映画では，カラー画像の一部をアナグリフにしてカラー的な表現を試みているケースもある．

ただ，画像の色とフィルタの色の一致が難しいために，クロストーク（cross talk）が起こりやすく，また左右の画像が交互に優位に見える現象（両眼視野闘争[22]）を生じやすく，見づらくなり，眼精疲労[23]を起こす原因ともなっている．

新しい試みとして，2003年に遠山式立体表示法[24]が発表された．印刷色の選択方法の工夫で，現物とほぼ同じ色を再現させ，現物と組み合わせて，その立体感をうまく引き出す方式が発表されたが，同じ既存の技術も一つ工夫をすることによって，新たな3次元映像制作が可能であることを示している．

2.3.2 偏光方式[25]

アナグリフ方式ではカラー情報が失われる．それを打開したのが偏光メガネである．1669年にバルトリン（Erasmus Bartholin, 1625—1698）は，アイルランドから入手した透明な結晶を通して見ると，二重像が見える複屈折を観測した．これが互いに直交する偏光に対して屈折率が異なることに起因することを明らかにしたのは，イギリスの物理学者のヤング（Thomas Young, 1773—1829）である．イギリスの物理学者のニコル（William Nichol, 1768—1851）はこの結晶を2方位を選んで接着することにより，いわゆる直交ニコルプリズムを発明した．これは現在も光学実験に欠かせないものであるが，かさばりかつ高価であった．

その後，1852年にイギリスの医者ハラパス（William Bird Herapath）は，犬を用いてキニーネの薬効をしらべていたとき，あやまってヨードを犬の尿に入れてしまった．液が蒸発した後に細かい針状の結晶が残り，顕微鏡下で観測すると，重なったときに，互いに平行なら透明で，直交なら暗くなるのを見出した．この沃化キニーネの結晶は偏光性にすぐれており，ヘラパタイト（herapathite）と呼ばれるようになった．ブルースタは万華鏡[26]の発明者でもあるが，その本の中でヘラパタイトに言及し，万華鏡の中に入れれば回転によって明暗が美しく変化すると述べている．それを

ニューヨーク公共図書館で読んだのが，当時ハーバード大学の学生だったランド[27]である．彼は，この針状の結晶を方向をそろえてプラスチックの膜に固定すれば，安価で大面積の偏光体が得られることを着想した．膜に引っ張りを与え，熱処理を加えることにより，良質な偏光膜が製造できるようになった[28]．

ハチなどの昆虫の目は偏光を識別するといわれているが，人間の目は偏光に感じない．したがって，互いに直交した偏光膜を左右のメガネにつけ，2台のプロジェクタにも同じようにすれば，左右の目に別々に視差のある画像を提示できる．アナグリフと違って，カラー情報は損なわれない．この方式の立体映画は1939〜1940年のニューヨークの万国博覧会で展示された．以来この方式は構造が簡単であり，同時に多数の人が見ることができるため，現在まで広く用いられている．

その反面，投影装置が2台ないしは特殊な画像を分離する装置を必要としたり，フィルタを二重に必要とするため透過光量が低くなる．また，直線偏光フィルタが使用されている場合は，首を傾けると偏光角がずれ，クロストークが生じ，立体視できなくなる．さらに，スクリーンに偏光の乱れが起こらない特別のスクリーンを必要として，そのための準備ができているところでないと投影できない．しかし，現時点で，解像度や色再現性，多数の観客が同様の状態で観賞できる方式としては最もすぐれているため，広く一般に立体映画に採用されている．

最近では，液晶やプラズマディスプレイのようなフラットパネルディスプレイが広く使われるようになり，その画面上に特殊な偏光フィルタを貼付して立体視する方法[29]も開発されている．

2.3.3 プルフリッヒ方式[30]

1922年にプルフリッヒによって発表された方式である．振り子状に単振動（直線上）で左右に動く物体を左右の眼に濃度差のある減光フィルタ（ND［neutral density］フィルタ）を通して観察すると，楕円状に奥行きのある動きとして観察される現象をプルフリッヒ効果と呼ぶ．これは，目に入る輝度の差によって，知覚反応（伝達）時間に差が生じ（約1/10〜1/100秒），両眼視差のある像と認識され，奥行き感を生じるとされている．この効果を利用して，横方向に移動する映像を表示し，NDフィルタのメガネで観察すると通常の平面の映像が立体視できるので，通常の映像と併用できる[31]．ただし，横移動のない映像や静止画では，立体視されないため，また運動速度によって知覚される奥行きが変わり，さらに運動方向が反対になると奥行きが逆転するため，映像の種類が限られる．

2.3.4 時分割方式

映画は目の残像現象を利用している．同様に左右の画像を時間的に切り替えて投影し，それと同期して目の前の高速シャッタを切り替えて，左目には左画像だけ，右目には右画像だけ見えるようにしても，立体視が得られる．初期には機械的シャッタやPLZT[32]の電気光学効果を利用したものも試みられたが，普及しなかった．

最近は上記の偏光膜と液晶を組み合わせれば，所要の高速シャッタが容易に実現で

きる．この方式はプロジェクタやディスプレイは1台でしかも通常のものでよいのが利点で，特に大画面に適している．また，カラー画像を全天周型スクリーンに投影する場合にも，時分割方式が採用される．さらに，最近では，この方式は，テレビやパソコンで立体映像を見る場合にも使われるようになり，シャッタスピードが高速化されて，フリッカのない立体映像を観賞することができるようになった．

2.3.5 分光視差方式[33]

プリズムによる分光現象を利用して，立体視する方式である．波長により屈折率が異なり，光は水平分離され，網膜上に映る画像に若干の差が生じて，それが両眼視差となり，立体視ができる．この方式により，カラー印刷やカラー映像が容易に色分離でき，色の構成を工夫して印刷などを行うと，立体画像ができる．しかし，色依存度が高いために，色の選択に制限がある．

2.3.6 分光方式[34]

プロジェクタおよびメガネに使用されるフィルタに，RGBのそれぞれを前後の波長に分けるフィルタを用いて，左右画像を分離する方式である．これにより，従来のアナグリフ方式ではできなかったカラーの立体映像を見ることを可能にしている．

投影用のプロジェクタは1台でLRを交互に出力（時分割で），あらゆるスクリーンに投影ができ，ちらつき，クロストークがない立体映像を見ることが可能である．またドーム型スクリーンにも投影可能である．

なお，この方式の場合，プロジェクタにフィルタを内蔵し，時分割で表示する必要があるため，特別のプロジェクタを用意する必要がある．

3. 裸眼立体視方式

最近，裸眼立体視可能な表示方式が，従来の原理をそのまま，あるいはかなり改善して，液晶やプラズマ表示装置などのフラットディスプレイに応用される例がでてきた．以下にそのうちの代表的な方式をあげて，最近の状況を説明する．

3.1 パララックスバリア方式

ステレオスコープもメガネ方式も目の位置は固定されている．目の位置が動いてもステレオ対が提示できるようにしたものが，1903年にアイビス[37]が考案したパララックスバリア方式である．図7はそれを上から見た原理図である．ステレオ対は縦長に分割して交互に並べる．その手前に，同じ周期のスリット（縦縞状に開口部のあるアパーチャ）すなわちパララックスバリアをおく．これを適当な距離から見るとバリアに遮られて，左右の目は別々の画像が提示されるので立体視が生じる．これをパララックスステレオグラム（parallax stereogram）と呼ぶ．構造が簡単なので，現在も広告などによく使われている．

3. 裸眼立体視方式

アイビスは印刷屋出身のアマチュア発明家で，網目により濃淡のある写真の印刷を可能にし，また3色分解によるカラー印刷でも多くの発明をしている．パララックスバリアもその過程で着想したものといわれている．

ステレオ対は2枚に限ることはなく，図8に示すように順々に視点をかえた複数の画像を，同じように分割して並べ，スリットの幅をそれに応じて狭くすれば，目の移動にともなって順々に異なる立体画像を見ることができる．これはパララックスパノラマグラム（parallax panoramagram）と呼ばれる．アイビスはこれを直接撮影するカメラもいろいろ工夫しているが，デジタルカメラの普及した今日では普通に撮影された画像からソフトウェアで容易に作成できる．

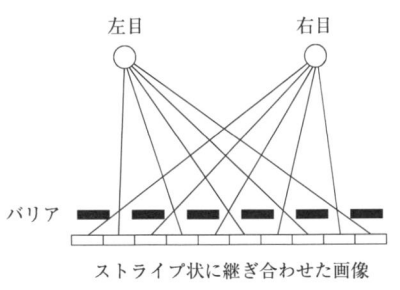

図7　パララックスバリア方式

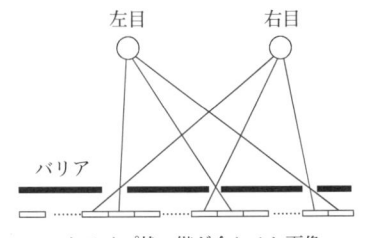

図8　パララックスパノラマグラム

最近開発された製品は，表示部分に液晶板を2枚重ねて，観察側にバリアを形成する液晶板をおく．この方式の利点は同一モニタで2Dと3Dを自由に切り替えられる点である[38]．また，ピクセルごとに1ピッチずつずらして，モアレや画像の逆転（奥行き逆視）現象を軽減することができる方式[39]が開発されている（ダブルイメージスプリッタ方式[40]）．

なお，この方式を発展させると，2次元の格子状（ピンホールのような）のバリアを設けて，左右方向のみならず，上下方向にも対応した立体像を得ることができる．以下に述べるIP方式と同じような効果も得られる．

3.2 レンチキュラ方式[41]

パララックスバリア方式の欠点は，バリアで光が遮られるので像が暗くなることである．これは複数枚になると著しく，バックライトによる照明などが必要になる．この欠点を除くためにはバリアのかわりに，図9に示すようなかまぼこ型のレンズを並べた板，すなわちレンチキュラ板（lenticular sheet）[42]を用いればよい．視点によってレンズの焦点位置がずれていくので，それに対応した分割画像を用意すればよい．これも複数枚写し込むことができる．この方式はアイビス自身も実験しており，撮影法もいろいろ苦心している．現在はプラスチック加工技術の進歩により，安価で良質

なレンチキュラ板が容易に入手できるようになり，画像処理との組み合わせで，広く実用になっている．立体絵葉書を眺めた人は多いであろう．

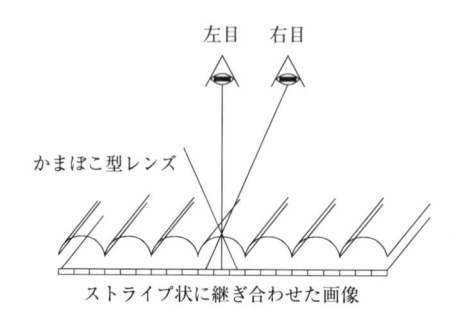

図9 レンチキュラ方式

最近，裸眼立体視用として脚光を浴びるようになり，パララックスバリア同様に液晶[43]やプラズマディスプレイの表示装置に使われるようになってきた．また，視点追随型にして，画像の反転などの現象を減らす工夫や，できるだけ大勢が観察できるように画面数を増やしたり，クロストークを軽減するためにダブルレンチキュラスクリーンを使うなど，さまざまな工夫がなされてきている．

3.3 インテグラルフォトグラフィ

実はレンチキュラ方式は，1908年にリップマン[44]が考案したインテグラルフォトグラフィ（integral photography）と深い関係がある．これはかまぼこ型レンズのレンチキュラ板のかわりに，微小な円形レンズを敷き詰めたレンズ板を使用する．昆虫のハエの複眼から連想して，ハエの目レンズ（fly's eye lens）と呼ばれる．原理は同じで，図9はその横の断面と考えることができる．したがってレンチキュラ方式と違って上下の視差も取り込める．逆にいえばレンチキュラ方式はインテグラルフォトグラフィで，上下の視差を省略したものといえる．ハエの目レンズは製造上の困難からレンチキュラ板に先立つ発明にもかかわらず，長く実用にならなかった．またレンチキュラ板の原意はレンズ板であって，むしろハエの目レンズ板をそう呼ぶ方がふさわしいが，かまぼこ型が先行してしまった．最近になって精密加工技術の進歩によって，インテグラルフォトグラフィも見直されている．

リップマンは1891年にも色素などを使わない画期的なカラー写真を発明している．これは乾板の裏面を反射面にして，乳剤層の中に入射光と反射光との干渉縞を記録するものである．縞の間隔は入射光の波長すなわち色によって異なる．これを白色光で照明すればその縞に応じて色が反射するので，カラー画像を見ることができる．このカラー写真自体は露出時間が長く，複製ができないため普及しなかったが，後述のホログラフィとの組み合わせで新しい応用が開けた．

最近発表された試みでは，長視距離（前方約6m，後方約4m）の奥行き表現がで

きる表示装置が開発された[45]．また，テーブル型の表示装置で，テーブル上の実物に3次元映像を重ね合わせる製品も開発された[46]．

4．空間像形成

　平面画像の画素（ピクセル，pixel）に対して，立体空間内のそれを立体画素（ボクセル，voxel）と呼ぶ．振動鏡などを利用して各立体画素を実像または虚像で表示して，空間像を形成することができる．虚像によるものとしては図10に示す1967年のトラウブ[47]の方式（バリフォーカルミラー方式）が知られている．金属蒸着したマイラー膜を振動させて可変焦点の鏡を作り，それに同期したCRT表示を写して空間像を形成する．

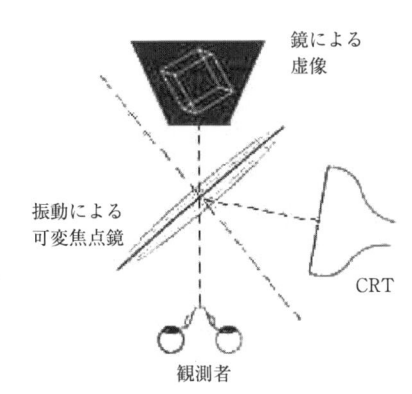

図10 可変焦点ミラーによる空間像形成

　そのほかに，回転鏡や半透明膜を使って複数のCRT表示を合成する方法もある．各立体画素に光ファイバを配して，その端面そのもの，あるいは蛍光色素を入れた小球を光らせる方法もある．平面に配置してものを回転すれば画素数を節約できる[48]．このような方式を体積走査方式（volume scanning method）とか，奥行き標本化方式（depth sampling system）と呼ぶ．

　このような空間像形成は，観察者の位置が自由な利点があるが，可動部のあるものは，残像時間内に画像の形成を行わなければならないので，画素数が制限される．騒音や振動のおそれもある．静止したものでも画素数を多くしようとすると，装置が複雑で大型になる．また表示も掩蔽（occlusion），陰影（shade）が困難である．したがって線画や透明体のような比較的簡単な立体像の表示に適している．

　医学などの分野で，ボリュームレンダリング[49]された画像，たとえば，CT，MRIなどの画像を立体視して診断する際に利用されている．これには，表示面積層方式[50]が使われることがある．

5. ホログラフィ[51]

1948年にガボール[52]は，電子顕微鏡における球面収差を避けるために図11に示す撮像，再生の2段階プロセスを発明した．図11(a)において電子線本体と微小物体による散乱線との干渉縞が乾板に撮影される．これを(b)のように可干渉光で照明すると，干渉縞からの回折によって，光と電子線の波長の比だけ拡大された物体の虚像が再生される．この像は，倍率を除けば，もとの物体の像そのものであるから，彼は撮影された像には"すべて (holo)"が含まれているとして，ホログラム (hologram) と名づけた．また再生は波面そのものの再生であるとして，波面再生 (wavefront reconstruction) と名づけた．この再生には可干渉性がよい光源が必要であるが，レーザの出現以前だったので，彼は水銀灯をピンホールで絞って用いた．

レーザの出現により，透明物体なら同様の配置でホログラムの撮影，再生が容易にできるようになった．しかし干渉縞から生じる共役像が再生像に重なってしまう難点があった．1962年にリース (Emmett Leith) とウパトニークス (Juris Upatnieks) は図12に示す2光束法を発明し，不透明物体でも反射光で撮影可能にするとともに，共役像の方向を変えて再生像に重ならないようにした．

以上の再生像は当然単色である．1962年にデニシューク (Yury Nikolayevich Denisyuk, 1927—) は，1光束で図13左側のような配置のホログラムを撮影した．ちょうどリップマンのカラー写真のように乳剤層の中に干渉縞が記録される．ただしこの場合物体は裏面においてあり，反射面はない．これを図13右側のように白色光で照明すると縞に相当する色の再生像が見られる．撮影をいくつかの波長で行い，それを白色光で照明するとカラーの再生像が得られる．

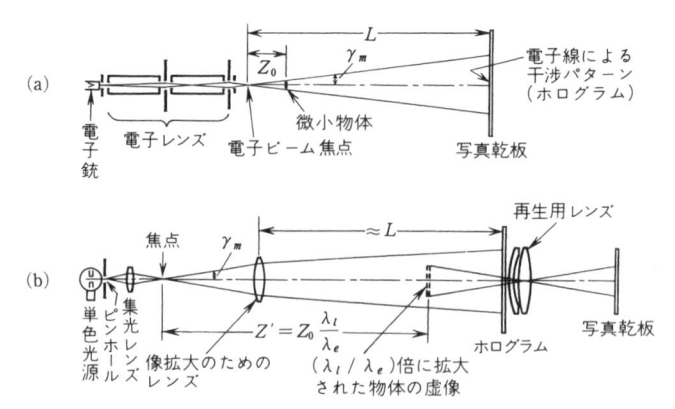

図11 ガボールの波面再生法（大越孝敬：三次元画像工学，朝倉書店，1991，p.22）
(a) 電子線干渉によるホログラム作成，(b) 単色光照明によるホログラムからの波面再生．

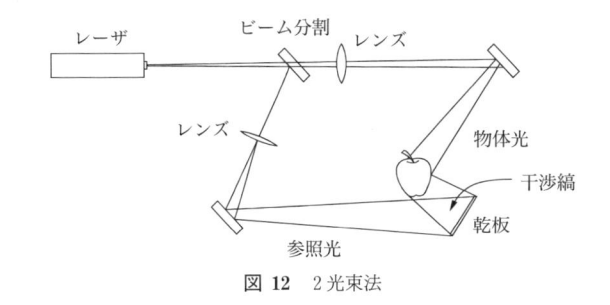

図 12　2光束法

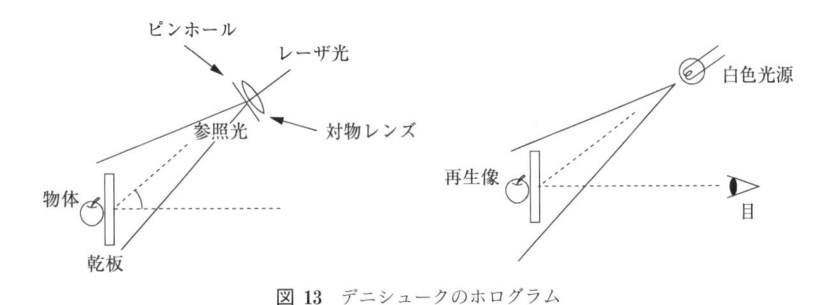

図 13　デニシュークのホログラム

　1968年にベントン[53)]はレインボーホログラムを発明した．これはまず通常のホログラムを作って，これを水平のスリットを通して再生して第二のホログラムを撮影する．このホログラムを単色光で再生すると，回折光はスリットの像のあったところに集まってくる．スリットの幅をほぼ人間の瞳に等しくしておくと，そこに目をもっていけば，全体の像が見える．上下に動かせば見えなくなる．つまりスリットは上下の視差を省いたことに相当する．これを白色光で再生すると，波長によってスリットの像は上下に移動する．したがって目を上下に移動すると，同じ像が虹のように色が変わって見える．それでレインボーホログラムと呼ばれている．
　以上のホログラムの撮影は乾板を用いていたが，感光性樹脂などを使うと，干渉縞を表面の凹凸として記録することができる．これを金型に転写すれば，樹脂で多量の複製ができる．視覚効果からレインボーホログラムを用いることが多く，クレジットカードの偽造防止用などに使われている．
　1970年代はホログラムの全盛期で，このほかにも多くの研究がなされている．しかし3次元映像の実用化という点からは，当初期待されたほどには伸びなかった．波面再生というほぼ理想に近い特性を持ちながら，撮影と再生という二段の操作が必要なこと，乾板にかわる高解像度の撮像材料またはデバイスが見出せなかったことなどが原因として考えられる．また電気的に処理，伝送するには膨大な記憶容量，処理量，通信容量などの障害があった．最近はそういう環境条件が整ってきて，また関心

が高まってきている．

　ホログラフィの製作方法や表示方法によってさまざまな種類があるが，詳細は3章「出力系」の3.3節であらためて述べられる．また，参考文献[54]を紹介する．

6. その他の方式

　以上にあげた方式は，実用化されたり，話題になっている方式が中心であるが，そのほかにも，多数の裸眼立体視方式の表示装置およびソフトウェアが開発され，製品化されてきている．そのうちのいくつかをあげる．

① 空中像方式：ハーフミラー方式
② 凹面鏡画像方式
③ モアレ方式
④ パラボラ（放物面鏡）方式
⑤ 固体内発光方式[55]
⑥ 結像スクリーン方式[56]：大口径凹面鏡，レンズ透過，ホログラフィックスクリーン
⑦ 屈折スクリーン方式（投写型）[57]
⑧ 再帰性反射表示方式[58]
⑨ 輝度比多重表示方式[59]
⑩ バックライト方式[60]
⑪ 円筒（回転スクリーン）投影立体表示方式[61]
⑫ MDT方式[62]
⑬ CID方式[63]
⑭ 2D 3D変換方式[64]

このように，これまでに多くの方式が生み出されてきた．なお，くわしくは，各サイトや文献にて述べられているので参考にされたい．

7. 整ってきた環境

　以上概観してきただけでも，3次元映像の方式は多彩であり，多くの可能性を秘めている．しかしそれを実現する基盤技術が欠けていたために，広く実用化されるに至らなかったものが多い．幸いにして最近は技術の進歩とともに，3次元映像に対する社会的需要も高まってきて，新しい実用期に入ってきている．ここではその主な要因をあげてみたい．

7. 整ってきた環境

7.1 デバイス,ハードの進歩
7.1.1 撮像系

デバイスではLSIに象徴される半導体技術,それに関連したナノテクノロジー,微細光学技術,それらを支える材料の進歩は目覚ましいものがある.撮像ではCCDの解像度はすでに数百万画素に達しており,銀塩フィルムのそれにせまっている.各画素の寸法,位置精度がよいこと,それにカラーフィルタ,偏光膜,微小レンズなどを付加できる点ではフィルムに勝っている.すでにデジタルカメラはフィルムカメラの出荷台数を上回っている.ダゲール以来1世紀半を経て,現像という時間のかかるプロセスを経ることなく,直接画像をデジタル電気信号として入力できるようになったわけである.

しかも小型で複数台のカメラを同期して使用することが可能であるから,ステレオ対やパノラマの作成も容易である.ビデオの場合も同様である.

7.1.2 座標入力系

3次元物体の形状情報を取得するために,種々の座標入力装置が開発されている.光切断法とラインセンサを組み合わせた非接触のものから,マニピュレータに取り付けた触針で物体表面をなでるものなどがある.戸外ではレーザ測距で大型構造物の測定も可能になり,また観測点の座標はGPS(地球測距衛星システム)で得られるようになった.

従来は3次元映像システムと観測者である人間とは別個独立の存在であったが,最近は仮想現実感(virtual reality)などでインタラクション(相互作用,対話)が求められている.たとえば人間の位置,視線によって表示内容を変えて提示するわけである.そのためには人間に磁気や光のセンサをつけて,位置や姿勢がわかるようになってきている.視線の追跡も赤外線を使って可能になっている.こうしたセンサ類もナノテクノロジーによって,小型化,軽量化が進んでいる.

7.1.3 表示系

液晶,プラズマなどを利用したフラットパネルディスプレイの進歩は目覚ましく,大画面化が進んでいる.特に液晶はCCDと同じく画素単位でフィルタなどを装着できる.元来偏光を利用したデバイスであるから,3次元映像の偏光方式とも相性がよい.レンチキュラ板の貼り付けも容易である.

液晶はまたDMD (digital micromirror device) とともに,投影型にも適している.偏光方式で,ドームや壁面に投影すれば,大きな仮想空間が形成できる.

7.2 コンピュータと通信の進歩

前項で見たように,3次元映像の撮像も表示もデジタル化され,コンピュータ処理ができるようになった.問題はそのデータ量である.かなりの高画質の画像で,数百万画素,カラーでステレオ対なら数GBになる.最近のコンピュータの処理速度と記憶容量の進歩により,この程度の処理ならパソコンでも可能になってきた.しかしこ

れが真の3次元データとなるともう3桁増えて，TB（テラバイト）のオーダになり，かなり重くなる．まして映画やビデオの速度でとなると限界を感じざるを得ない．専用ハードウェアや圧縮が必要になってくる．

一方通信の方も光ケーブルが家庭にも入るようになり，インターネットを介して，世界のどことでも高速の画像通信が可能になってきた．しかしこれもフルサイズのビデオにはやや不足で，圧縮を用いざるを得ない．

モバイル通信の環境も整ってきた．特に最近の携帯電話にはカメラやGPSが搭載され，ステレオ対でも容易に送ることができるようになってきた．

ソフトウェアの進歩も著しい．ある物体を複数のカメラで撮像して3次元データを取得する場合，照明などの環境条件による因子を除いて物体固有の形状，色，反射特性を持ったモデルをコンピュータ内に構築する必要がある．逆に表示の場合は，それにどういう照明をあてるかによって陰影などを付加する必要がある．これはコンピュータグラフィックス（computer graphics；CG）と呼ばれて長年培われてきた技術であって，いま3次元映像との融合が図られている．こうして形成される仮想空間に，人間につけた座標入力センサを組み合わせて，仮想空間内を歩き回るような体験も可能になってきた．

こうしたプログラムを容易に行えるように，Web 3D，OpenGLなどの高級言語も整備されつつある．なおコンピュータでは複数枚の画像からパノラマを合成することは容易である．視点を変えた画像を自由に見ることができる．

7.3 社会的需要

社会的にも3次元映像に対する需要は高まってきている．その先端にあるのは医療の分野である．CT（computed tomography），MRI（magnetic resonance imaging），UT（ultrasonic diagnosis）などの画像診断機器は常時複数断面の画像をとっており，必要なら3次元データの取得も可能である．しかもこのデータは内部まで詰まった，ボクセルとしてのデータである．これを医師が見やすいように表示しなければならない．コンピュータ支援手術，内視鏡手術なども医師に正確な3次元情報を提示する必要がある．遠隔医療ではインターネットなどを介して患者の容態を3次元的に診ることが必要になってきている．

遠隔操作，遠隔操縦，遠隔学習，遠隔共同作業など社会生活の多くの場面で良質な3次元映像を必要とする局面が増えてきている．

娯楽，芸術の分野でも，3次元映像の需要は大きい．ゲームや映画などで，最終的には2次元画像として表示されるものでも，製作過程では3次元モデルを使うことが増えてきている．

3次元映像の使用が増えてくると，それによる疲労や錯覚などが問題になる．すでに触れたように，視差に基づく立体視は人間の視覚のほんの一部にすぎない．より踏み込んだ生理，心理の研究を欠かすことはできない．

7.4 2次元画像の再見直し

3次元映像の使われる機会が増えれば，当然そのコンテンツの供給も増やさないといけない．特に娯楽の場合はそうである．真の3次元映像データの作成はどうしても時間と費用がかかる．できれば膨大な蓄積のある2次元画像から転用したい．人物を背景から分離して視差を盛り込むようなことはすでに行われている．

考えてみれば，長い人類の歴史で，画家は濃淡，陰影，遠近法などさまざまな手法を使って2次元画像で立体感を与えることに成功してきた．こうした手法は擬似立体表示などにも応用されている．さらに進んで2次元画像から人間が感じるような立体情報をコンピュータで取り出し，3次元情報に転化できないだろうか．

むすび

本書においては，3次元映像のすべての方式を網羅しきれていないが，上に述べただけでも実にさまざまなものがある．しかし，ものによっては，新しい周辺の技術レベルが上がることによって，いままで実現不可能と思われていたものも可能となってくるかもしれない．また，まったく別の新しい方式がブレークスルーとして現れてくるかもしれない．

特に，最近の脳に関する研究の中で，視覚にかかわる研究は活発で，人間がいかに立体視を行っているかを脳の高次機能を調べることによって解明しようとしている．色彩や錯視などに対する研究もあわせて行われており，さまざまな要因を総合的に検討して立体視覚の研究を進めることによって，新たな知見を得ることができるものと期待されている．

3次元映像に関する研究や開発，製品化，コンテンツに関しても，およそ10年周期に周辺の技術の進歩により新たな革新的な手法が生まれ，飛躍して，ブームとなることがあったが，今回もその傾向を示してきている[65]．

以上のように旺盛な社会的需要もあり，それに応えるべき技術的基盤も整ってきている現在は，久しく低迷していた3次元映像を開花させる好機である．本書がそれを支える一助となれば幸いである．

〔尾上守夫・羽倉弘之〕

▶注・参考文献・Web

1) 目は，1つでも立体視ができる．したがって，目が2つあるのは，片方が補助的な役目をしている，すなわちもし片方の目が機能しなくなった場合に，一方がその機能を補うためとの説もある．また，恐竜など，一部の古生物に眼窩といわれる凹みがあるものが発見されており，3番目の目の存在があるものと考えられているが，その機能は不明である．

2) 八木　透（ニデック視覚研究所所長）：人工眼．映像情報メディア学会誌，**56**(3), 360-363.
その他，ドーベル研究所（米），ションズホプキンス大学（米），シュツットガルト大学（独）などで研究開発がなされている．

くわしくは http://www.cmplx.cse.nagoya-u.ac.jp/research/retina/index-j.html を参照．現在進められている，"人工視覚システム"については http://www.nedo.go.jp/iinkai/hyouka/bunkakai/15h/25/1/gijiroku.pdf を参照．

3) 三洋電機株式会社が発表した骨伝導携帯電話．くわしくは www.sanyo.co.jp/koho/hypertext4/を参照．

4) 伊福部　達監修：立体映像の人体影響を探る，MRシステム研究所（http://www.mr-system.com/index_j.shtml），2001．
(社)日本電子機械工業会：「3次元映像の生体影響総合評価システムの開発に関するフィージビリティスタディ」報告書，1999年6月．また武田常広：脳工学，コロナ社を参照．

5) 安居院　猛，中嶋正志，羽倉弘之：ステレオグラフィックス&ホログラフィー，秋葉出版，1985，p.38-41 にくわしい．

6) 「立体視とは，同一物体を異なる方向から眺めた別々の映像を，左右両眼で同時に見ることによって得る感覚である」大越孝敬：三次元画像工学，朝倉書店，1991，p.7. (Norling, J. A.：The Stereoscopic art—A reprint, *J. SMPTE*, **60**(3), 286-308, 1953)

7) 1600年頃，イタリアの科学者，デラ・ポルタ（G. B. Della Porta，1535—1615，ガリレオ以前［1609年］に望遠鏡を発明したとされる）が，両眼視差のある画像を描いた．

8) http://www.salvador-dali.org/eng/intro/intro.htm にてダリの世界へ．

9) 坂根厳夫：新しい知覚を開く立体描画機，科学朝日，1975年3月号，112-115．

10) Sir Charles Wheatstone（1802—1875）はイギリスの実験物理学者．楽器商に生まれ，楽器の発明，音響振動の実験的研究，電気，光学にも関心を持ち，視覚と光についての研究を行い，立体鏡を考案した．電気抵抗測定用のブリッジの実用化でも有名．その他数々の発明や特許を持ち，ロンドン王立協会のフェローに選ばれた．Wheatstone, C.：Contribution to the Physiology of Vision, Part the first. On some remarkable and hitherto unobserved phenomena of binocular vision. *Philosophical Trans. Royal Society*, **128**, 371-394, 1838.

11) Stereoscopic の stereo はギリシャ語の"stereos"からきており，本来英語の solid（固体の）という意味がある．

12) Sir David Brewster（1781—1868）は，イギリスの物理学者．大学で神学を学んだ後，科学雑誌の編集などをして，1798年頃から光についての実験的な研究を始め，偏光に関する研究でブルースタ角を発見したり，万華鏡の発明（1816）などを行った．

13) Oliver Wendell Holmes（1809—1894）：The Stereoscope and the Stereograph, Reprinted from *The Atlantic Monthly*, **3**(20), 738-748, 1859（19世紀の米国でのアマチュア写真家の中心的存在）

14) Jacques Mandé Daguerre（1789—1851）．パリでジオラマ館を経営．

15) William Henry Fox Talbot（1800—1877）は，イギリスの科学者．

16) 1854年には London Stereoscopic Co が設立され，1858年までに百万個以上のステレオスコープが売られた．

17) 海外および日本でも「ステレオ写真」，「立体写真」などで Web 検索をすると多くの団体が活動していることがわかる．

18) Julesz, Bela（米，ベル研究所）：Binocular depth perception of computer generated patterns. *Bell System Technology J.*, **39**, 1126-1162, 1960．なお，http://zeus.rutgers.edu/julesz.html にくわしい記載がある．また林部敬吉：心理学における3次元視研究,

酒井書店，1995 にくわしい説明がある．
19) 本来これは，軍で，カモフラージュが立体写真で見破られることから発展した．本件については，下条信輔：視覚の冒険，産業図書，1995 にくわしい．
20) Autostereogram. Howardd, I. P. and Rogers, B. : *Binocular Vision and Stereopsis*, Oxford Univ. Press, New York, 1995.
21) anaglyph はギリシャ語の anagluphos＝wrought in low relief［浅浮彫装飾］（anagluphein, ana＝up, gluphein＝to carve）からきた言葉．
22) 視野 Binocular rivalry．
23) asthenopia＝視覚疲労：visual fatigue の医学用語．
24) http://www.namco.co.jp/pr/release/49/49-020.pdf にくわしい．
25) 偏光（polarized light）とは，光の進行方向と振動方向で作られる面（偏光面）に偏りのある光のことで，偏光板にはこのような性質がある．
26) 1816 年に"Kaleidoscope"という名前で特許を申請したのが起源．"Kaleidoscope"はギリシャ語を使ったブルースタの造語で，"Kolos"＝美しい，"Eidos"＝形，模様，"Scope"＝見るものの 3 語を合わせたもの．日本には，1819（文政二）年頃から流行した．
27) Edwin Herbert Land (1909—1991) : *Stereoscopic MotionPictures: A Special Report to the Directors of the Polaroid Corp.*, Polaroid Corp., Cambridge, MA, 1935.
28) 1981 年に米国のアンダートン（John Anderton）が偏光原理を立体像を得るために利用した．"Method by which pictures projected upon screens by magic lanternsare seen in relief," Pat. no. 542,321, July 9, 1895, (July 7, 1891 in England)
29) http://www.arisawa.co.jp の 3D プロダクトを参照．
30) Carl Z. Pulfrich (1858—1927，ドイツの視覚科学者）が発見したプルフリッヒ効果については下記の論文で発表されている．
Pulfrich, C. : Die Stereoskopie im Dienste der isochromen und heterochromen Photometrie. *Die Naturwissenschaften*, **10**, 553-564, 1922.
Lit, A. : The magnitude of the Pulfrich stereophenomenon as a function of binocular differences of intensity at various levels of illumination. *Am. J. Psychology*, **62**, 159-181, 1949.
なお，くわしくは www.siu.edu/pulfrich/Pulfrich_Pages/lit_pulf/1972_ChrisHof/art_t.pdf を参照．南イリノイ大学にさらにくわしい情報が掲載されている：www.siu.edu/pulfrich/index.html
また，中溝幸夫：視覚迷宮―両眼視差が生み出すイリュージョン，7 章 プルフリッヒの振り子，179-198 にくわしく述べられている．濃度差立体表示方式，横走り立体（Run-A-Way 3D）方式とも呼ばれる．
31) 島田　聰：横走り撮像式単系統立体映像方式について．3D 映像，**3**(4)，47-50，1989．
32) plumbum lanthanum zirconate titanate（ランタン添加チタン酸ジルコン酸鉛）の略で，電圧を変えることによって光の屈折率を変えることができる資質を持っている．これによって，光を遮蔽する効果があり，液晶シャッタと同様な効果がある．
33) マイクロプリズム回折格子状メガネを使って立体視をする．ChromaDepth という商標名で，米国の Chromatek 社が開発した．www.chromatek.com
34) くわしくは下記の論文および連絡先を参照．
Jorke, Helmut, Fritz, Markus : INFITEC—A New Stereoscopic Visualization Tool

35) ハーフミラーを介して，両眼に同一像を与えるもので，双眼鏡，顕微鏡，望遠鏡などに利用されている．1907年にカール・ツワィス（Carl Zeiss）によって開発された．
36) Koenderink, J. J., Doorn, A. J. van and Kappers, A. M. L.: On so-called paradoxical monocular stereoscopy. *Perception*, **23**, 583-597, 1994.
37) Frederic Eugene Ives（1856—1937）は米国の発明家で，パララックスステレオグラム（parallax stereogram）や天然色映画の研究開発も行った．F. E. Ivesの息子（Herbert Eugene Ives, 1882—1953）も発明家であり，物理学者であった．テレビの開発や電話線を使って白黒写真の電装実験を1924年に行った．Ives, F. E.: U. S. Patent, 666, 424 (1901), 725,567 (1903). Ives, H. E.: The Chronoliniscope rev. *J. Optical Society America*, **20**, 343-353, 1930.
38) シャープ株式会社などが開発したPC用モニタや携帯電話で採用されて，販売された．http://www.sharp.co.jp/lcd-display/crisia/touch
39) Relke, Ingo and Riemann, Bernd (Opticality Corporation, Jena, Germany, 07745): Three-dimensional Multiview Large Projection System, Stereoscopic Displays and Virtual Reality Systems XII, *Proc. SPIE*, 5664, 2005. www.n-plus.co.jp にもくわしい説明がある．
40) http://www.3dc.gr.jp/english/act_rep/040908/hamagishi.pdf
41) 山田千彦：レンチキュラー板：三次元画像表示技術の基礎，デジタルパブリッシングサービス，2002にくわしい．http://www.d-pub.co.jp
42) lenticular とは，"レンズの"という意味で，本来蒲鉾（かまぼこ）型のレンズを意味していないで，むしろIP（ハエの目レンズ：微小レンズ）を意味している．
43) 1994年にNHK，三洋電機株式会社，凸版印刷株式会社の共同研究で，液晶投影型ディスプレイを開発．
44) M. Gabriel Lippmann（1845—1921，ルクセンブルグ生）はフランスの物理学者である．Lippmannは1881年に干渉を利用した天然色写真法を考案して，1908年にノーベル物理学賞を授与されている．IPは，"Epreuve reversibles donnant la sensation du relief". *J. Physique*, **7**, 4th series, 821-825, 1908にて報告．
45) 岩原 誠ほか：長視距離型Integral Photographyの試み．3D映像，**17**(3), 2003．
46) http://www.toshiba.co.jp/about/press/2005_04/pr_j1501.htm
47) Traub, A. C.（米国 Mitre Corp.）: Stereoscopic display using varifocal mirror oscillations. *Applied Optics*, **6**(6), 1085-1087, 1967.
48) 平面，らせん形をしたスクリーンを回転させて，そこにレーザ光線などを照射して3次元画像を表示する方式もある．（Multiplanar stereoscopic 3D display など）
49) 3次元情報に表面情報だけではなく，内部情報，たとえば身体の内臓や脳などの情報を包含して，透明な表示で，内部も見ることのできる，あるいは切断面にその内部の様子が表示できる．
50) 表示面に液晶パネルなどを複数枚使い，連続的に表示をすることによって立体的に表示ができる．
51) ホログラフィの初期の頃には，技術的な呼称として"波面再生（wavefront reconstruction）"が用いられていた．記録した光の波面を再現すること．ホログラフィは，光の波面の忠実な記録と再現ができる特徴を持っている．

52) Dennis Gabor (1900—1979, ハンガリー生) は、ホログラフィの発展に努めると同時に、光学像の理論的な研究、解析的シグナル理論、情報理論のガボール-シャノン定理などがある。なお、"ホログラム (hologram：すべてが記録されたもの)" はガボールが命名した。

53) Stephen A. Benton (1941—2003, 米カリフォルニア州サンフランシスコ生) は、MIT を卒業し、ポラロイドの視覚研究所に勤務し、ハーバード大学で、1964年にMS、1968年にPh.D.を取得している。彼は、11歳のときに3D映画 "House of Wax" を見て触発され、ホログラフィの世界に入った。

54) 安居院 猛、中嶋正之、羽倉弘之：ステレオグラフィックス&ホログラフィー ザ 3D、秋葉出版、1985.
辻内順平編著、羽倉弘之ほか：ホログラフィックディスプレイ、産業図書、1990.
久保田敏弘：ホログラフィ入門―原理と実際、朝倉書店、1995.
辻内順平：ホログラフィー、裳華房、1997.
ハリハラン著、羽倉弘之・吉川 浩共訳：ホログラフィーの原理、オプトロニクス、2004.

55) Lewis, J. D., et al.：A true 3D display. *IEEE Trans. Electron Devices*, **ED-18**(9), 724-732, 1971.

56) 大越孝敬：三次元画像工学、5章 投写型三次元画像、朝倉書店、1991.

57) 同上

58) 大森 繁、服部知彦ほか：3D画像コンファレンス '94 予稿集、219、映像情報メディア学会、1994.
服部知彦：新しい3D表示技術の実用化．新医療、1996(1)、1996.
小林広美：メガネなし3Dディスプレイ．画像ラボ、**11**、54-58、日本工業出版、1999.
石川 洵：3D・B-VISION．3D映像、**10**(4)、11-14、1996.
日立製作所：指向性反射スクリーン方式 (http://www.hitachi.co.jp/New/cnews/2002/0517/0517.pdf)

59) http://www.ntt.co.jp/RD/OFIS/active/2001pdf/sw.pdf

60) 2つの光源を液晶の裏面において、見る人の両眼に対応する一対の光源を交互に点滅させ、これに同期させて視差画像を時分割視差画像方式で表示する方式。http://www.mitsubishielectric.co.jp/news/2003/0930.htm

61) 2004年に日立基礎研究所 (日立ヒューマンインタラクションラボ) により360度から見ることができる空中画像が開発された。http://www.hitachi.co.jp/media/New/cnews/040224a.html

62) modified time difference の略。時間差修飾法とも呼ばれている。1995年に三洋電機株式会社が動画像の中に含まれる3次元情報 (運動視差など) から奥行きを推定して、両眼視差画像を作り、立体視する手法を開発した。プルフリッヒ効果を利用している。www.sanyo.co.jp/giho/no62/data/html

63) computed image depth の略。三洋電機株式会社が1997年に静止画を含む3次元情報 (コントラスト、鮮鋭度など) から奥行きを推定して、視差画像を作り出し、立体化する技術を開発し、同時にシステムLSIも開発。三洋電機技報、**30**(2)、27-35、1998.

64) www.mercury3d.co.jp/および www.n-plus.co.jp

65) 最近では、1985年のつくば科学万博の年、1995年の小型パソコンとインターネットのブームの頃、2005年の愛知万博が開かれ、中国のオリンピック (2008年)、さらには

上海の万博（2010年）や韓国の万博（2012年）などが控えており，日本のみならず，アジア全体で再度盛り上がりを見せるものと期待している．

I
3次元映像の入出力

1. 入力系
2. 処理系
3. 出力系

3次元映像入出力技術

 2次元映像を入力する装置は，カメラやTVカメラをはじめとしてかなりの進歩を見，また一般にも普及している．2次元映像を表示・出力する装置に関しても，印画紙をはじめとして，ブラウン管や液晶パネルなどが開発されてきた．2次元映像処理は，入力が2次元であり，出力も2次元であるため，入力・出力がほぼ1対1に対応し，ノイズ除去などの処理は必要なものの，比較的単純な処理ですむ．

 これに対して，3次元映像処理は図1に示すように，
 ① 入　　力：人間が住む3次元世界から何らかの方法で部分3次元情報を得る
 ② 処　　理：それを何らかの方法で処理して完全な3次元表現を得る
 ③ 出　　力：さらにこの3次元表現から「3次元世界を見ている」と人間に知覚させる
といった3つのステップからなる．この3次元映像技術は，計算機の進歩などから近年になってやっと実用化時代に入ってきたといえよう．第I編では，この3次元映像技術の基礎理論を述べる．

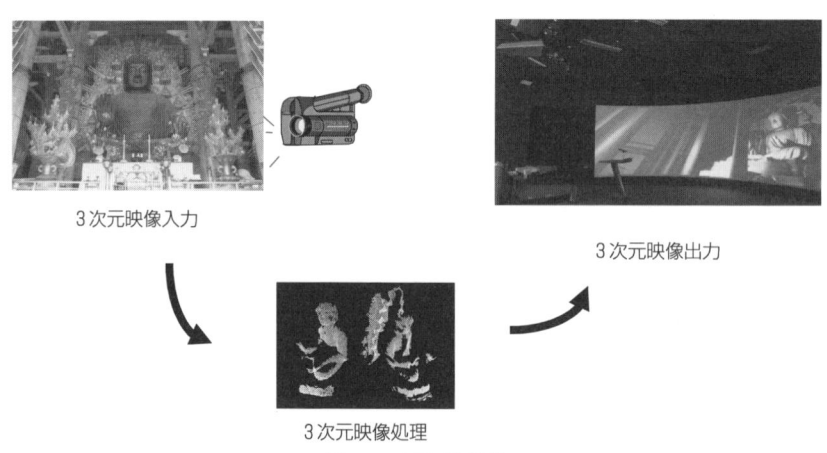

図1　3次元映像技術

 2次元映像は直接，TVカメラやデジタルカメラで比較的簡便に得ることができる．これに対して，3次元映像の場合は，入力装置を少し考える必要がある．人間の場合も，3次元表現を脳内で得ているといわれているが，この入口となる目の網膜像は2次元の明るさ分布を記録するだけである．もともとの3次元世界の情報が2次元の明るさ分布に縮退している．人間の場合，線の重なりや明るさ分布と奥行きの関係といった常識や，2つの目，焦点深度，目の微細運動といったメカニズムを用いて3次元表現を得ていることが知られている．したがって，工学的にもこの3次元映像を得るためには，一工夫がいる．人間の3次元映像処理能力の中で代表的なものは，顔には目が2つあることからわかるように，2か所の位置から得られた2枚の2次元映

像を比較し，視差と呼ばれる映像間の差異を得，これから3次元表現を得る，両眼立体視，あるいは本書の中で受動型ステレオ法と呼ばれている手法である．この受動型ステレオ法の研究は，コンピュータビジョンの歴史の中で古くから研究が行われてきた．ただ，その計算量の多さや精度不足から，近年まであまり3次元映像入力装置としては実用的でないと考えられてきた．工学的には，人間のように受動的に得られる光信号ではなく，積極的に3次元世界にレーザ光などを投げ，3次元情報を得るレンジセンサ（距離センサ）の方が，入力機構としては精度の高いデータが得られると考えられ，開発が先行してきた．1.1節ではこれらレンジセンサを主に取り上げる．一方，受動型ステレオ法に関しても，近年になって，計算機の能力の向上から，リアルタイムで動くように設計された入力装置群が開発されだした．受動型ステレオ法のうち，リアルタイムで働くもののみに焦点をしぼり，1.2節ではこれらステレオビジョンセンサを取り上げた．これらの静的なシーンを対象とするセンサだけでなく，対象の運動を取り入れるためのポインティングデバイス（1.3節）やモーションキャプチャシステム（1.4節）も1章でまとめて収録した．

3次元映像入力装置をある地点に設置して得られるデータは，3次元物体の部分的な情報にしかすぎない．さらに，その観測位置に基づく表現となっている．生理心理学者 Marr の言葉をかりれば，観測者中心2.5次元表現となっている．図2（左）は，ある観測者の位置からの距離分布を色の違いで表現した観測者中心2.5次元表現である．当然その場所から見えない部分のデータは図2（右）に示すように欠落している．完全な次元表現とするためには，異なった位置からの観測を繰り返し，また各種のデータを収集し，全体としてデータ処理をして完全な3次元表現を得る必要がある．この3次元処理に関して述べたものが，2章となる．

2章の3次元映像処理は，幾何情報処理，光学情報処理，環境情報処理といった3つの処理に細分される．

図2　観測者中心2.5次元表現
左：正面からの表現．色の違いが距離の違いを表現している．
右：同じデータを異なった方向から眺めたもの．当然正面から見えない部分のデータは欠落している．

部分観測画像列　→　幾何情報処理

カラー画像列　→　光学情報処理

環境情報　→　環境情報処理

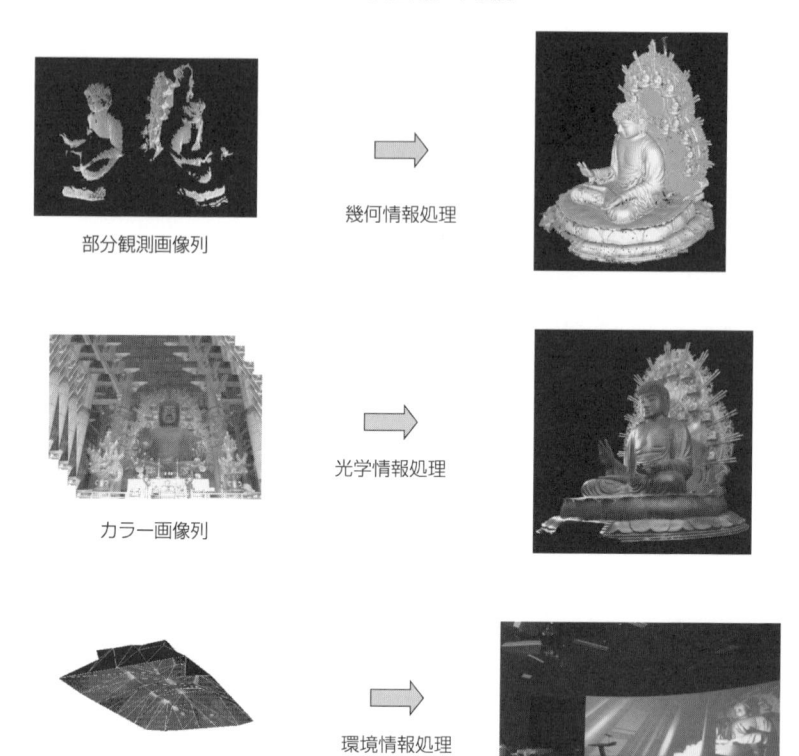

図3　3次元映像処理の構造（口絵1参照）

　幾何情報処理は，部分的な幾何情報をつなぎ合わせて，全体的な3次元幾何表現を得る．先にも述べたように，入力装置から得られる部分幾何情報は，そのセンサの観測位置に基づいた部分的な幾何・形状表現となっている．したがって，各部分幾何情報間の観測位置の相対関係を得る位置合わせ処理が必要となる．さらにこれらの部分データをシームレスにつなぎ合わせる統合処理などが2.1節の主要な話題となる．
　幾何情報処理で得られた3次元表現は，形状情報のみで物体の色や表面の艶といった光学情報が表現されていない．3次元幾何表現の上に色や艶といった光学情報を重ねる必要がある．この際，2つの問題を考えなければならない．一般に，色や艶といった光学情報を得るためには，カラーカメラなどのセンサが最適である．一方，3次元幾何表現は，レンジセンサなどの3次元入力装置からの座標系で表現されている．このため，この両者の関係を決定する必要がある．このレンジセンサとカメラの位置合わせ問題に関しては，2.1.4項で扱われている．2番目の問題として，光学情報をどのように表現するかを考えなければならない．入力された3次元物体のカラー写真

は，撮影時の光源の影響やカメラの感度の差から，3次元物体の同じ点の色が異なっている．また，3次元物体は観測する方向に応じて明るさを変える．さらに，カラー画像の中には，ハイライトなどの光る点も写りこんでいる．これらの影響をどのように排除するかを考える必要がある．2.2節では，表面の物理特性からはじめて，それに基づく解析法，情報蓄積法などを収録してある．

3次元映像においては，獲得されたモデルを以前からある背景映像と統合して新しい映像として表現する必要が多々ある．いわゆる合成映像である．複合現実感映像などと呼ばれることもある．こういった場合，モデルから生成された対象の見えと背景映像との間の影の具合や明るさ，さらには色みといった光源環境の一致をとる必要がある．このため，任意環境の光源情報を得る手法が研究されている．これらの手法については2.3節で扱う．

これらの処理ソフトウェアを用いて3次元映像を作成・編集・表示する際の効率化を支えるグラフィックスハードウェアについては，2.4節で取り扱う．インタラクティブに応答できることをめざすリアルタイムCGハードウェアと映画などの高品質CG画像を汎用コンピュータよりも高速に行えるグラフィックスアクセラレータハードウェアとに分け，それらのアーキテクチャ，処理方式，製品例などについて述べる．

3章は，3次元映像の出力装置について扱っている．通常のデバイスは，2次元平面上の色や明るさの変化しか表現できない．幸い，人間が3次元世界を感覚するのは，2つの目を通してである．入力の項でも述べたが，人間の主な奥行き知覚は，網膜上の画像のずれに起因している．したがって，得られた3次元表現に基づき，任意の位置姿勢での2枚の互いに少しずれた映像を生成する．一般にステレオ対と呼ばれるものである．この映像対を，右の映像は右目の網膜に，左の映像は左の網膜に映るような仕組みを考えればよいことになる．まず，3.1節ではこれらのステレオメガネの歴史から解きはじめ，最近のメガネ型のシステムについて説明する．また，3.2節では，特殊なメガネを使用せず，2次元表示面に特殊なコーティングを施し，立体映像が見えるようにしたシステムについて解説する．3.1節や3.2節で述べた方式は，人間の視覚機構を用いて2枚の2次元映像から3次元映像を人間の視覚システム内につくる手法であった．一方，3.3節では，干渉により実際に空間中に3次元映像を生成するホログラフィと呼ばれるシステムについて述べている．さらに，これらに関連した技法についても，3.4節，3.5節で述べた．

第Ⅰ編では，最近の3次元映像処理を，入力系，処理系，出力系に分けて記述を行った．最近のレーザ技術や計算機の能力向上から，入力系，処理系ともここ5年ほどで長足の進歩を遂げた．また，出力系は，3次元映像の応用分野の広がりから，これも非常に急速な発展を見ている．この後の発展が非常に楽しみな分野の1つといえるだろう．

〔池内克史〕

1

入 力 系

1.1 レンジセンサ

1.1.1 概　要

われわれ人間は視覚により外界に関する情報の大半を得ている．視覚はその他の感覚とは異なり，対象物や環境の広範囲にわたる幾何学的情報を，離れた場所から詳細かつ一度に得ることができるという特徴がある．生物が進化の結果このような視覚機能を得るようになった要因には，光エネルギーが持つ特性すなわち①波長の短さに起因する高解像力，②すぐれた直進性，③太陽光があるため自身からの放射が不要，④対象に対してほぼ非侵襲，という特性があるからであり，計算機へ 3 次元情報を入力する方法としても同様に光・映像技術を利用することは当然の帰結であるといえる．

計算機視覚（computer vision）で広く用いられる通常のカメラは，縦・横に並んだ各画素がカメラから見たシーンへの方位に 1 対 1 対応し，この点では幾何学的（geometric）な意味合いを持つ．しかし，各画素に格納された値はその方位から入射する光の強さを表しているために，カメラは測光学的（photometric）な量を計測するセンサであり，各画素に得られた値が対象に関する幾何学的な情報を陽に含んでいるとはいえない．つまり対象の形状など幾何学的な値を得るためのセンサとしては未完結的であり，光学現象や統計学，さらには人工知能など対象に関する先験的知識を用いた計算機による高度な処理によりはじめて計測が成立するといえる．それに対しレンジセンサ（range sensor）は，画像の各画素に格納される値として輝度ではなく対象物体までの距離を格納した，いわゆる距離画像（range image）を取得するためのセンサであり，画素の並びと画素値の双方に関して幾何学的な情報のみを出力する．ただしレンジセンサはセンサ単体で距離値を出力するもののほかに，計算機による所定の処理により距離画像が出力されることを目的として特に構成された計測装置も含まれる．

光学技術を用いて対象までの距離を計測する方法や機器は多くの分野でさまざまな形式のものが用いられているが，レンジセンサと呼ぶ場合は距離画像が得られるもの，つまり通常のカメラと同様に2次元画像（画素が縦・横双方に並んだ画像）が出力される装置を指すことが多い．しかし測量分野などを中心に多く利用されている，任意の1点までの方位と距離を正確に計測する装置（トータルステーションなど）にきわめて近い構造を持つレンジセンサもある．ここでは特に形状計測に適した，距離画像が出力できるセンサを中心に述べる．

1.1.2　距離計測の原理とレンジセンサの構造

レンジセンサに用いられる計測手法や装置構造は多岐にわたるが，その基本となる距離計測の原理は以下の2つのどちらか一方である．

- 三角測量法（trigonometric method）：対象物体表面の1点と，計測器側の2点で構成される三角形を利用して距離を計測する方式．
- 光速を利用する方法（time-of-flight method）：計測器から発した光エネルギーが対象物体に反射し，再び計測器へ戻ってくるまでの時間を利用して距離を計測する方式．

たとえばレンズのピント合わせやぼけ発生の仕組みを応用した距離計測法も，レンズ口径内の複数の視点から対象物体の1点を観測しているという点で三角測量法の原理に立脚するといえるし，精密な距離の変動を観測するための干渉計も光速と振動数によって決まる波長と光路長から生じる位相差を利用しているということができる．以下では代表的な距離計測手法について詳述する．

a．受動型ステレオ法（passive stereo method）

ステレオ法は三角測量法に基づく距離計測法の1つであり，計測器としては2台もしくはそれ以上の数のカメラを用いる．対象物体を2台以上のカメラで撮影して得た複数の画像上で，対象物体のある1点の像の位置がそれぞれわかったとき，カメラから対象への方位（視線方向）が決定する．そこでこれらの視線の交点の実空間上の位置を計算することにより対象物体までの距離が得られる（図1.1.1）．

人間を含め多くの動物は複数の眼球を有しており，それらからの視差により奥行きを知覚していることがわかっている．ステレオ法はこのような動物の両眼立体視の原理をそのまま模した距離計測法であるということができる．またそのため計測の特性もわれわれの視覚に似通ったものとなっており，たとえば暗いところでは計測が不可能であることや，遠くのものについては奥行きが知覚しにくいという特性がある．

受動型ステレオ法の計測特性を以下に示す．

- 距離計測の精度は対象までの距離の増加に伴い悪化する．
- 複数のカメラから同時に可視である点でなければ距離が計測できないため，対象物体の陰となる部分で計測が不可能な点が生じることがある．
- 対象物体の形状や表面特性により計測の安定性が変化する．たとえば模様のない

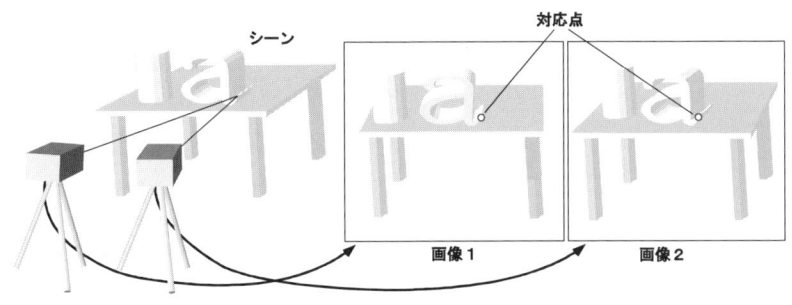

図 1.1.1 ステレオ計測

均一な面の形状は安定に計測することができない．
- 距離画像の分解能が他の手法に比べて低い．複数の画像間で対応点を計算する際にある程度の大きさのウィンドウを設ける必要があるため，画素ごとに独立した距離値を得ることができない．
- 画像の撮影により計測が行われるため計測を瞬時に終えることができ，動物体の計測などに向いている．ただし対応点の計算には一定の時間を要する．

一般に受動型ステレオ法において最も問題となるのは対応点の探索である．これは一方のカメラで得られた画像上の1点に対し，他方のカメラで得た画像上を探索し同一の点を探索することをいう．対応付けを決定する指標としては画像上のパターン，つまり1点の近傍の明度分布を利用することが多い．つまり対応点を決定すべき点のまわりから一定の大きさの領域を切り出し，これをテンプレートとして他方の画像上でテンプレートマッチングを行うことになる．このときテンプレートの大きさが小さすぎると，誤った点に対応付けられたり，位置の精度が落ちる．しかしテンプレートを大きくしすぎると，距離画像の空間分解能が落ち，微細な形状の計測ができなくなるというトレードオフがある．そこで精度と安定性，分解能を両立するためにさまざまな手法が広く研究されている．

計測を高速化するためには対応点の探索範囲を限定する必要がある．このとき最も有効な技法としてエピポーラ拘束（epipolar constraint）が知られている．図1.1.2において，点 P をカメラ C1 で撮影したときの像を M1 とする．このとき点 P までの奥行きが不明であるとすると，求めるべき点 P の位置は投影中心 C1 と像 M1 を結んだ直線上のどこかにあるはずである．そこで像 M1 に対応する点をカメラ C2 により撮影した画像上で探索する場合，対応点 M2 は直線 C1-M1-P を画像平面へ投影した直線（エピポーラ線，epipolar line）L1 上にあるはずである．つまり像 M1 に対応する点を探索する場合，画像平面全体を探索する必要はなく，直線 L1 上のみを探索すればよいことになる．これをエピポーラ拘束という．

図1.1.2から明らかなように，エピポーラ線 L1 はカメラ C2 から見たカメラ C1 の投影中心を必ず通るため，エピポーラ線は C1 の像（エピポール，epipole）に対し

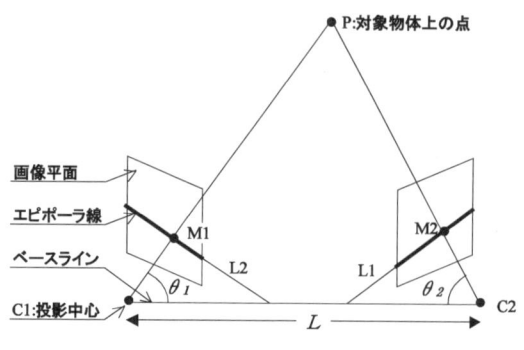

図 1.1.2 エピポーラ拘束

て放射状となる．逆もまた同様に，点 M2 に対応する点はエピポーラ線 L2 上のどこかに存在し，L2 はカメラ C1 から見たカメラ C2 の投影中心の像を必ず通る．ただし市販のステレオカメラの多くはカメラの光軸をすべて平行に設置したものが多く，このような場合はエピポールは画像平面上では無限遠となり，すべてのエピポーラ線は互いに平行となることに注意する必要がある．さらに多くのステレオ計測ではエピポーラ線とカメラの走査線を平行にそろえることにより走査線方向に対応点を探索することが可能となり，計算処理を高速化している．

対象物体の 3 次元的な位置を計測するために 2 つのカメラを用いた場合，1 枚の画像ごとに像の 2 次元的な位置が求められ，計 4 つの値が得られる．しかし求めたい対象物体の位置は 3 次元であるため，余った 1 つの自由度が拘束されていると考えることもできる．

計測を安定化する他の手法として，カメラの数を増やす方法がある．2 台のカメラを水平に並べて設置した場合，縦線のような模様は明確に対応付けを行うことができるのに対し，横線は対応点が一定に定まらない．このように対象物体表面の模様のうちエピポーラ線に平行な成分は対応付けには有効でないため，3 つ以上のカメラを平面的に（上下・左右に並べて）配置し，それぞれのカメラ間で対応点を求める手法が用いられる．これにより対象物体表面のテクスチャの方向に依存しにくくなるだけではなく，よく似たテクスチャが複数現れるような場合でも一意に対応点を決定することが可能となる．

b． 能動型ステレオ法（active stereo method）

受動型ステレオ法では対象物体表面のテクスチャの有無により計測の安定性が変化すること，また距離画像の分解能を高くすることが難しいことから，対象物体へ構造化された光を投影することにより明確に対応点の決定が行えるようにすることで性能を向上させた計測法が広く用いられている．これを能動型ステレオ法と呼び，単に対象物体を均一に照明する手法は能動型ステレオ法には含まれない．能動型ステレオ法は投影する光の構造により分類することができる．

(1) スポット光投影法

図1.1.1で示した受動型ステレオ法で用いたカメラのうち，一方をレーザなどのスポットビーム光源におきかえ，その光源から発した光が対象物体に照射された点の像を用いて奥行きを計測する手法である（図1.1.3）．このとき照射点の明度が対象物体の他の部分よりも明確に明るいと，対応点の決定にあいまいさがなくなり安定に奥行きを求めることが可能となる．

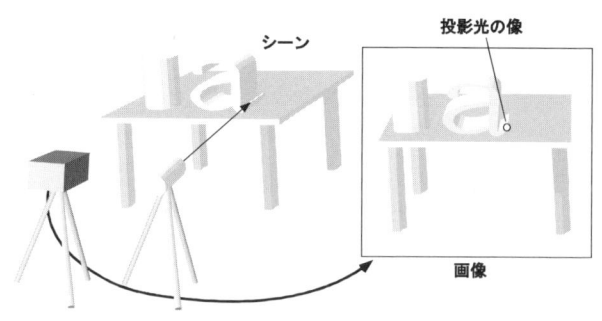

図 1.1.3　スポット光投影法

この場合も受動的ステレオ計測と同様にエピポーラ拘束が利用可能であり，スポットビーム光の経路上の点は画像上で一定の直線となるため，輝点の探索範囲を限定することができる．しかし対象シーン全体に関する形状を計測し距離画像を得るためには，微小な鏡の回転を高速に制御できるガルバノメータなどを用いてスポット光の方位を上下・左右に走査する必要があり，機構的に複雑となる．また1回の撮像で1点の距離しか得られないため，計測時間が大変長くなるという欠点がある．そこでスポット光投影法ではCCDカメラなどの通常のカメラが用いられることは少なく，輝点の位置を高速に求めることができる2次元PSDなどの素子が多く用いられる．

(2) スリット光投影法

スポット光投影法では，スポットビーム上の対象物体の奥行き（1パラメータ）を求めるために像の2次元的な位置（2パラメータ）を用いており，効率的な手法であるとはいえない．そこで多数の点について同時に距離を得ることができる手法としてスリット光投影法が用いられる（図1.1.4）．

スリット光投影法では，図1.1.4に示すように薄い平面をなすような光を対象物体に照射し，得られた線上の投影光の像を撮影することにより対象物体の形状を計測する．このときスリット光がなす平面と，カメラからの視線方向の交点の位置として対象物体上の座標が計算されるため，投影光が照射された部分について同時に3次元座標が求められる．別の見方をすると，対象物体を投影光のなす平面で切断したときの切断面をカメラで撮影することで形状を計測していると考えることもでき，それゆえこの手法は光切断法とも呼ばれる．

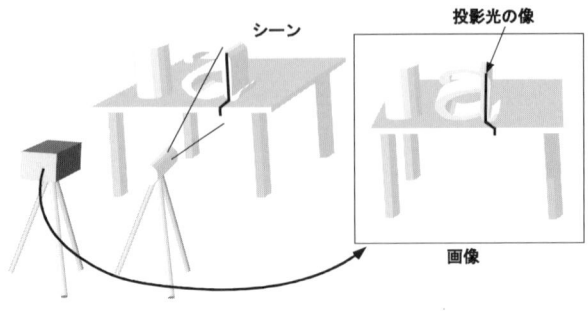

図 1.1.4 スリット光投影法

この手法もスポット光投影法と同様に距離画像を得るためにはスリット光を操作する必要があるが，1次元的な操作でよいために機構は若干簡単となる．スリット光を生成するためには，レーザスポットビーム光に対しシリンドリカルレンズ（cylindrical lens）（円柱型レンズ）を用いる方法が一般的である．

（3）コード化パターン光投影法

スリット光投影法では投影したスリット光を含む平面上の奥行き情報は一度に得られるが，スリット光が照射されていない部分では距離情報を得ることができない．そこでスリット光を走査することでシーン全体の距離画像を得るが，スリット光を移動するごとに画像を取り込む必要があるため，計測に一定の時間を要する．たとえば通常のビデオカメラは1秒間に30枚の画像しか取得することができないため，10秒間の計測でも最大300枚の平面上の断面形状しか得ることができない．これは距離画像の解像度や奥行き解像度に大きく影響する．そこで計測を高速化する方法として同時に照射するスリットの枚数を増やす方法が考えられるが，単純に同一のスリットを2枚以上照射した場合では，画像上の輝点がどちらのスリットに対応するのかが自明ではないため，受動型ステレオ法と同様に対応付け問題が発生することになる．スリットに色を与えるなど特徴を変化させることで複数枚のスリットを同時に照射する方法も提案されているが，枚数の増加には限界がある．そこで以下に述べるように，複数の照射光どうしの関係を用いて画像の取得枚数を減少させる方法が考案され利用されている．

スリット光投影法ではスリット光を走査しながら画像を取り込むが，このとき走査中の相前後した2枚のスリットの間を1つの空間と考える．これによりシーンは多数の薄い空間に分割されるが，物体上の各点がこれらのうちどの空間に属するのかを求められれば距離画像を得ることができる．そこでスリット光投影法ではスリット光を順に走査することで各空間に連番（空間コード）を与えていると考えることができるが，これでは空間の分割数と同じだけスリット光を照射しなければならない．そこで表 1.1.1 に示すように，各空間コードを 2 進数と考え，第 1 回目では最上位ビット

(MSB) に相当する光を照射する．このとき最上位ビットが1である空間には光を照射し，0である空間には光を照射しない．すなわちシーンを平面により2つに分割し，一方の領域には光が照射され，反対の領域には光が照射されないこととなる．このとき1枚の画像を撮影する．次に，空間コードの上位第2ビットに相当する光を照射し，画像を取り込む．以下同様に順に下位のビットへ進めそれに対応した光を照射するため，次第に細分化されたパターン光が照射されることになるため，図1.1.5に示すようにシーンには縞状のパターン光が投影されることになる．これによりビット数に相当するだけの画像が得られることになるが，これらの画像からもとの空間コードを求めるためには，単に同一座標の画素値の明度を判定し，1か0におきかえた後に順に並べて2進数とすればよい．すなわち，ある画素の明るさが撮影順に明，暗，明と判定された場合，表1.1.1にしたがいその画素に相当する対象物体上の1点は空間コード5の領域に属することがわかる．

　ここで述べた2進数パターンに準じて光を投影する方法は，照射光や撮影時の画像のぼけや，明暗の判定処理に誤差が含まれない場合には正しく動作する．しかし実際

表 1.1.1　2進コードとグレイコード

空間コード	2進コード			グレイコード		
	1	2	3	1	2	3
0	0	0	0	0	0	0
1	0	0	1	0	0	1
2	0	1	0	0	1	1
3	0	1	1	0	1	0
4	1	0	0	1	1	0
5	1	0	1	1	1	1
6	1	1	0	1	0	1
7	1	1	1	1	0	0

シーン

図 1.1.5　コード化パターン光投影法

には，照射光の強度が強い場合など明るい部分の光が暗い方へ滲んだように撮影されることで，本来，暗画素（0）と判定されるはずの画素が明画素（1）と判定されることなどがある．そのような現象が，たとえば表1.1.1において空間コード3と4の境界に近い画素で発生し，すべてのビットにおいて毎回1と判定されると，その画素は空間コード7に分類されることになる．このように空間コードが誤差により大幅にジャンプする危険が2進コードには存在するため，実際には表1.1.1に示すグレイコードが用いられる．グレイコードは連続するコード間でどれか1つのビットのみ反転し，同時に2つ以上のビットが変化しないコードであり（変化するコードは表1.1.1中で太線で表示している），ここで述べるコード化パターン光投影法のほかにも位置・角度エンコーダなどに多用されるコードである．このコードを用いた場合，たとえば先に述べたように空間コード3に含まれるがコード4の領域に近い画素が，コード4に照射された明るい光の影響を受けたとしても，最終的にはコード4に分類されるだけで空間コードの大きなジャンプは発生しない．いいかえれば，空間コード間の識別はそれぞれどれか1つのビットの明度情報のみが使われ，同時に2つ以上のビットの影響を受けることはないため，安定に空間コードを求めることができる．

以上で述べた手法から容易にわかるように，コード化パターン光投影法ではn回の光の投影と画像の撮影により2^n通りの空間コードへの分割が可能であるため，大幅に計測時間を短縮することができる．つまり空間分解能の向上に対して計測時間は$\log$のオーダでしか増加しないため，高精度計測を高速に行うためには適した手法であるといえる．

この手法ではコード化パターン光を投影する方法が問題となる．1つは液晶シャッタを用いて光を投影する方法で，従来は専用に製作した液晶スリットシャッタを汎用の写真プロジェクタと組み合わせたものなどが用いられたが，現在ではプレゼンテーション用のPCプロジェクタでも十分に計測を行うことが可能である．ほかにはスリット光投影法と同様にスリット光源とガルバノメータを用い，走査に同期して光源を高速に明滅することで擬似的にパターン光を投影する方式がある．

コード化パターン光投影法はスリット光投影法に比べ面的に広がった投影光となるため物体表面の照度が相対的に低く，投影画像の閾値処理が不安定であるため，投影パターンを明暗反転したものを反転前の画像と比較し，明度差の正負により閾値処理する方法（相補パターン投影法）が多く用いられる．

（4） その他の能動型ステレオ法

これまでに述べたように，能動型ステレオ法では光源より発せられた光を用い，画像上の各画素について光源からの方位情報を得ることにより三角測量法に必要な情報を取得する．そのため投影光の形態を変えることによりさまざまな特性を持つ計測装置が構成される．一例として投影パターンを連続的に走査するM系列符号とし，撮像側では同一のM系列符号で検波（相関演算）することにより光源から対象への方位を求める方法がある．また，必ずしも光源とカメラを1台ずつ利用する必要はな

く,光源に対してカメラを複数利用したシステムも考えられる.すべてのステレオ法に共通する欠点として,2つの視点からの視差により対象物体の側面や対象物体に隠された場所について一方の視点からしか観測できない部分があるため,複雑なシーンでは得られた距離画像には穴(計測不可能領域)が生じることがあるが,光源に対して対称の位置に2台のカメラを配置することでそのような影の発生を抑えることができる.またガルバノミラーのような機械要素は精度や再現性の低下を引き起こすため,投影する光は単に2台のカメラ間の画素対応を与えるためだけに用い,受動型ステレオ法と同様に距離画像を得ることもできる.

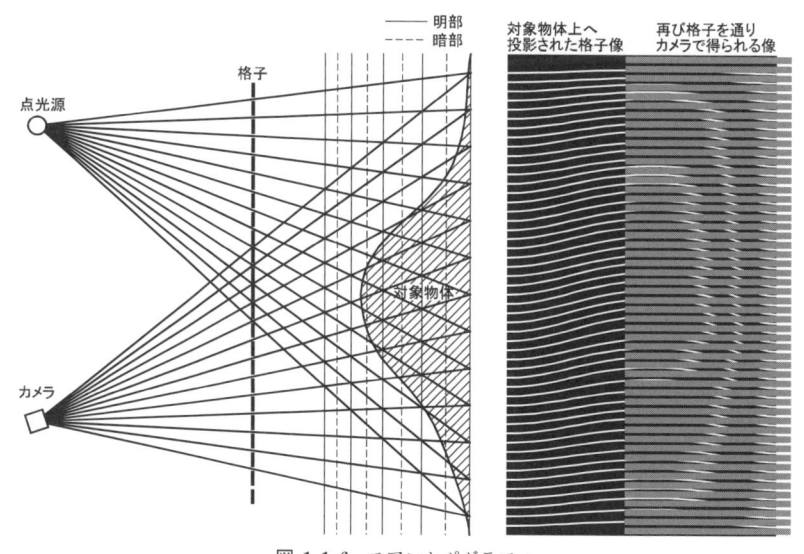

c. モアレトポグラフィ

モアレトポグラフィは電気的に撮像して得た画像を計算機で処理する手法が一般化する前から,銀塩カメラなどにより対象物体全体の形状を一度に計測・記録する方法として広く用いられてきた.モアレトポグラフィでは格子を用いて対象物体に縞状の光を投影し,その像を再び格子に通すことで干渉の原理により距離に対応した明暗を有する画像(等高モアレ縞)を撮影する.

図 1.1.6 モアレトポグラフィ

代表的な装置構成と等高モアレ縞の様子を図1.1.6に示す.点光源から発した光は対象物体の前に設置された格子により多数のスリット光となって対象物体へ照射される.そのときカメラから見たときのスリット光の像(変形格子像)は対象物体の形状により視差方向へ歪む.そこで再び格子を通してその像を撮影することにより,変形格子像は格子の隙間と干渉することで等高線のような縞模様(等高モアレ縞)が得られる.図1.1.6では点光源の位置・カメラの投影中心と格子の隙間を結んだ直線を表

示しているが，この交点の部分に物体が存在したときには光源からの光がカメラへ入射することになり縞の明るい部分となる．図からわかるように，格子平面から点光源とカメラまでの距離が等しい場合はそれぞれの縞は等しい高さの平面を表すが，各等高線に対応する距離（物体の高さ）は線形的ではない．

図に示すように投影光は必ず格子（投影格子）により構造化されるが，撮像側の格子（撮像格子）は必ずしも物理的に存在する必要はない．カメラの前に実際に格子を配置し撮像する方法を光学的モアレ法と呼び，カメラの前には格子をおかず撮影された画像に対し電子的（計算処理的）に格子の効果を与える方法を電子的モアレ法と呼ぶ．光学的モアレ法では，撮像格子により実際のモアレ縞は分断されて撮影されるが，格子の間隔を非常に細かくする方法のほかにも，図のように投影格子と撮像格子が同一の格子である場合には，格子を格子面内方向に移動・振動させることにより連続したなめらかな等高モアレ縞を得ることができる．電子的モアレ法では投影光の位相をずらして複数の変形格子像を撮影し，それに対応して仮想的な撮像格子も移動することで同様に連続的なモアレ縞を得ることができる．

単純なモアレトポグラフィでは，得られた画像の解釈に関して2つの問題がある．1つは物体の凹凸が一意に決定できないという問題で，同様の縞を与える凸物体と凹物体が存在しうる．そこでたとえば投影格子を固定したまま撮像格子を格子間隔以下の距離で少しずつ移動させて複数の画像を撮影し，その像を比較するという方法が用いられる．撮像格子を移動することで縞は物体の奥行き（高さ）方向にずれるので，そのずれの方向により凹凸の判定が可能となる．もう1つの問題はそれぞれの縞の絶対的な距離が不明であることで，あらかじめ距離のわかっている部分から連続的な曲面によりつながっている部分については問題がないが，突出した部分など不連続的な部分については絶対的な高さが不明であるという問題がある．この問題を解決するためにはピッチの異なるいくつかの格子を用いて計測し，それらの関係から次数（縞の番号）を推定する手法などが用いられる．

モアレトポグラフィも光源からの格子の投影方向と撮像方向の位置のずれに起因する視差を利用しているという点で，上で述べた広義の分類上では三角測量法に属するということができる．

d．光速を利用する方法

光速は真空中および空気中ではほぼ一定であり，おおよそ 3×10^8 m/s である．これを利用して，センサから発した光が対象物体で反射し，再びセンサへ返ってくるまでの距離（光路長）と光の往復時間を利用して距離を求める方法が多く用いられている．ただし光の往復時間を直接計測する手法は非常に高速に動作する光デバイスを必要とするため，干渉や位相差を利用することでより容易に距離を得ることができる手法も用いられている．以下ではそれらの手法について解説する．

（1）光飛行時間測定法

光飛行時間測定法は，センサから発した光が対象物体に反射しセンサへ再び返って

くるまでの時間を直接的に計測し，対象物体までの距離を得る方法である．光が往復する時間を t，光速を C とすると，センサから物体までの距離 d は以下の式で表される．

$$d = Ct/2 \qquad (1.1.1)$$

測定値と距離が比例関係にあるため，計測距離の大小にかかわらず精度が一定である．これに対して三角測量法では奥行き精度が距離の増加にともない急激に悪化することから，光飛行時間測定法は長距離の計測に向いているといえる．特に真空中および空気中の光速 C はおよそ 3×10^8 m/s と非常に高速であるため，用いられる電子的デバイスには高応答性が要求されるが，特に近距離で高精度な計測を行うためには大変高い時間分解能が必要とされる．それゆえ光飛行時間測定法は比較的遠距離で精度の低い計測に多用される．最近は特に光通信技術の発展にともない，非常に高応答な光デバイスが安価に提供されるようになり，光飛行時間測定法に基づくセンサも多く提供されるようになっている．しかしながら，CCD センサのように多くの画素を集積し一度に多点の計測を行うことはまだ難しく，1点計測を行う高速なセンサを鏡などにより偏向し操作することで距離画像を得ることになる．

光飛行時間測定法を実現するための機器構成の一例を図1.1.7に示す．この構成ではフォトダイオードにより出射光パルスと入射光パルスの双方を計測することにより，内部回路や光源，センサの遅延の影響を排除している．ただし計測対象の反射率や計測対象までの距離が変化した場合は入射光パルスの強度が変化するため，それによる精度の変化を抑える必要がある．

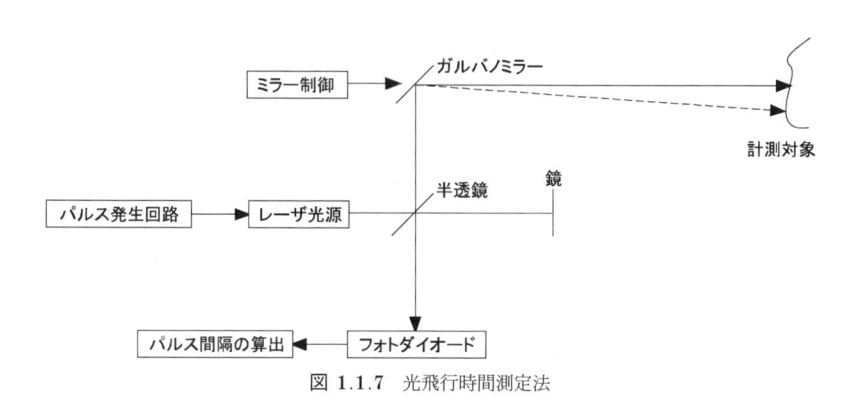

図 1.1.7 光飛行時間測定法

(2) 強度変調光位相差測定法

光飛行時間測定法では非常に高速に反応する光源や光センサが必要であること，得られたパルスの時刻を求めることが容易でないという問題がある．そこで出射する光をパルス状ではなく周期信号的に変調し，その光が反射の後センサに返ってくるまでに生じる位相差を用いて距離を求める方法が強度変調光位相差測定法である．

強度変調光位相差測定法では図 1.1.8 に示すように，光強度の変調および位相差の算出を電子回路で実現することも可能であるが，ほかには電気光学素子など光を直接的に変調することができるデバイスを用いることでも実現が可能である．古くは光速を求める実験として機械的に光を変調する方式が用いられており，1849 年にフィゾーは，高速に回転する歯車を用いてはじめて地球上で光速を測定した．これは高速に回転する歯車の歯の隙間から光を遠方へ出射し，鏡を用いて反射した光を同一の歯車を通して観測する方式で，歯車の回転数により光の強度が変化して見えることと，遠方の鏡までの距離が既知であることから光速を求めた．この手法は光速が既知であれば逆に距離測定に用いることが可能であることを示し，歯車のかわりに電気的その他で光速に光を遮断・通過することができる素子があれば光源や光センサに高応答性は必要でないことを示している．

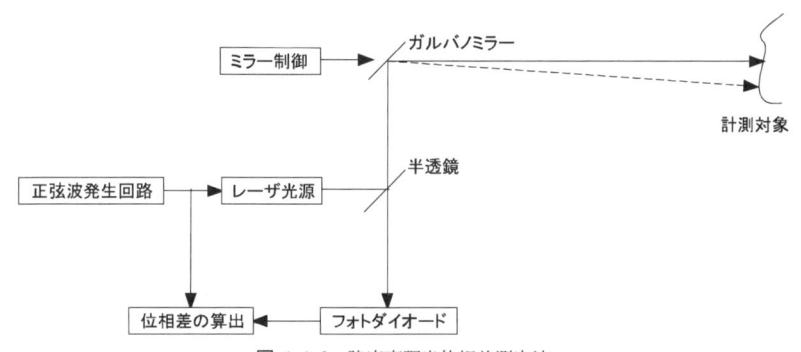

図 1.1.8 強度変調光位相差測定法

強度変調光位相差測定法では計測可能な奥行きの範囲が変調周波数に依存する．すなわちあまりに変調周波数が高すぎるとセンサから対象までの間の波数が 1 を超え，距離の推定値に波数の整数倍ごとのあいまいさが生じるからである．たとえば 1 MHz で変調した場合の変調光の波長は 300 m となるため，距離が 150 m を超えると位相差が 1 周期を超えることになる．しかし周波数をむやみに下げると精度が落ちるため，1 点あたりの計測速度が遅くても許される測距儀（測量器）の場合では，数種類の周波数を切り替え，それらの組み合わせから実際の距離を求める方法が用いられている．しかしこの手法も 1 点計測しか行うことができない機器ではミラーなどにより計測方向を偏向しシーンを走査する必要があるため，このような場合には変調周波数を組み合わせる手法は使いがたい．

（3） 干渉計

強度変調光位相差測定法は光そのものの振動数とは別のより低い周波数で光を強度変調し，その干渉を利用する方法であるが，より近距離で高精度な距離計測を行うためには光そのものの波長と干渉性を利用する方法がある．これは干渉計として知られ

ているが，装置としては距離を精密に計測するための1点計測の干渉計のほかに，ニュートンリングに代表される直視可能な光干渉応用があり，広義での距離画像計測に含まれるということができる．これはレンズ面やベアリング球などの加工精度検査などに実用されており，基準レンズと検査対象を重ね合わせ，その間に生じるニュートンリングを観察することで一度に全体の形状誤差を知ることができる．

光源としては干渉性が高く単一波長のコヒーレント光が望ましく，レーザが用いられる．

e．その他の距離・形状計測法

われわれ人間は両眼立体視のみにより奥行きの知覚を得ているのではなく，他の光学現象に対象に関する知識を組み合わせ，さまざまな方法で奥行きを推定し生活に役立てていることは，われわれが片目をふさいでも生活に大きな支障をきたさないことからもわかる．そのような柔軟な視覚システムを人工的に実現すべく，上で述べた方法のほかにも多くの奥行き推定手法が提案され研究されている．

（1） レンズ焦点法

有限の口径を持つレンズでシーンを撮影する場合，被写体までの距離に合わせてレンズの位置を決めなければシャープな像は得られず，また設定した距離の前後の物体の像はぼける．そこで逆に対象物体が最もシャープとなるようにレンズの繰り出し量を調整し，そのときの繰り出し量から対象物体までの距離を求めることができる．これをレンズ焦点法のうちでも特に depth from focus と呼ぶ（図1.1.9）．この計測法ではシーン全体の距離分布を求め距離画像を得るためにはレンズ繰り出し量を実際に変化させながら画像を撮影する必要があり，計測に一定の時間を要する．そこでレンズ繰り出し量を物理的に変化させるのではなく，レンズを固定したまま得られた画像に含まれるぼけの大きさを解析し対象物体各点までの距離を求める方法も提案されており，これは depth from defocus と呼ばれる．

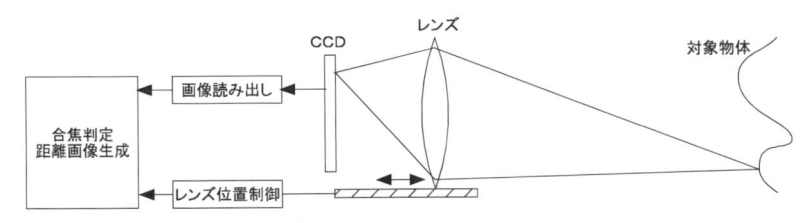

図 1.1.9 depth from focus

depth from defocus において単一の画像から距離を算出しようとした場合，同一のぼけ量でも合焦距離の前と後の判定が難しいことや，もともと対象物体表面のテクスチャにぼかした像が含まれている場合などに正しい推定ができないという問題がある．そこで複数の画像を同時に撮影し，それらの画像の比較により距離を推定する手

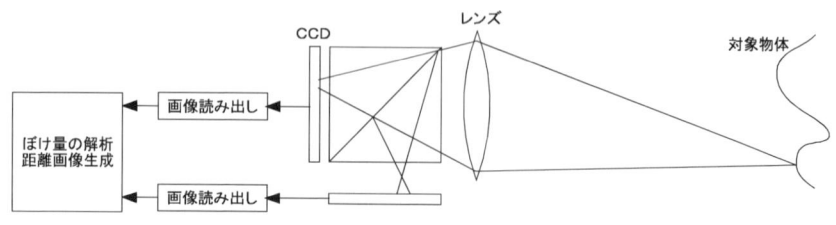

図 **1.1.10** depth from defocus

法が用いられる（図1.1.10）．

またレンズ焦点法はもともと受動的（エネルギーをシーンへ投射しない）な方法であるが，対象のテクスチャにより計測性能が変化するので，撮影レンズを通して逆にシーン側へパターン光（細かい市松模様など）を投影して性能の向上を図った例がある．またレンズの単純な円形のぼけは，そのぼけ量が大きくなるほど画像の高周波成分が失われ計測が不安定となるため，レンズの開口形状を構造化することにより計測精度を向上させることができる．

レンズ焦点法は，レンズの屈折を利用して対象物体への方位を複数の箇所（レンズ口径内に分布した無限の視点）から観測し，その一致を調べているという意味で広義での三角測量法に属すると考えることができる．

（2）　照度差ステレオ法

照度差ステレオ法は対象物体までの距離を計測する方法ではなく，対象物体表面各点の面の方向を求めることで形状を再構成しようとするものであり，厳密にはレンジセンサの一種ではないが，これまでに述べた距離計測の2つの原理とは異なる現象を用いて形状を復元する手法であり，そのような例の1つとして簡単に述べる．

つやのない，つまり鏡面反射がなく拡散反射のみにより光を反射する物体では，その面の向き（法線方向）が光源を向いているときに最も明るく見え，面が傾くにつれて暗くなっていく．そこで明るさを用いて面の傾きを推定することになるが，各点の反射率が未知であること，また面の傾きは2自由度（傾きの大きさと方向）であることから1枚の画像からだけでは傾きは一意に定まらない．そこで3つ以上の光源を用意し，それぞれの光源を点灯したときの画像を撮影することにより，画像上各点に対応する物体表面の法線方向とその点の反射率を求めることができ，これを照度差ステレオ法と呼ぶ．われわれが物体の陰影から形状を知覚する際には対象に関する仮定や知識を利用しているが，光源の数を増やすことによりそのような要素を除外して，より工学的かつ実用的とした方法であるといえる．

そのほかにも画像の認識・理解（コンピュータビジョン）の分野では表面のテクスチャや物体の動き，影などにより物体の形状を推定する手法が研究されているが，距離・形状計測手法として見た場合に十分な手法であるといえるものはない．

1.1.3 レンジセンサの性能とその評価

前項で述べたようにレンジセンサにはさまざまな原理が用いられており，用途により向き・不向きがあるが，センサを選択するうえで参考となる性能を表す指標としては以下のような項目があげられる．

- 奥行き精度と分解能
- 画素数と空間分解能
- 計測可能範囲
- フレームレートと単位時間あたりの計測点数

以下ではそれぞれについて概説し，計測手法ごとの特性について述べる．

a. 奥行き精度と分解能

センサから対象物体までの奥行きの計測値の確からしさに関する指標である．光飛行時間測定法など光速を用いた方法では，一般に奥行きの分解能は一定であり，また反射光の強度が十分強い範囲内では奥行き精度も距離には依存しにくい．ただし反射した光の強度が弱いと位相差の検出やパルスのピーク検出が不安定となり，精度が低下する傾向がある．

三角測量に基づく方法では，透視変換の性質および三角測量の原理から奥行きの分解能および精度は距離が大きくなるにしたがい低下すると考えられる．能動型ステレオ法では，図1.1.11に示すようにスリット光やスポット光の方位の量子化誤差（1フレーム時間あたりの走査量）と，画像センサの各画素による量子化誤差の合成の結果により奥行き分解能が決定される．しかしこの図のようにカメラからの視線方向とプロジェクタからのスリット光が直交に近い状態だと，物体によりプロジェクタ光の影が生じ，計測不可能領域が大きくなるために，実際にはプロジェクタとカメラの投影中心は物体までの距離に対して小さい．その場合量子6面体は斜めに歪み，奥行き

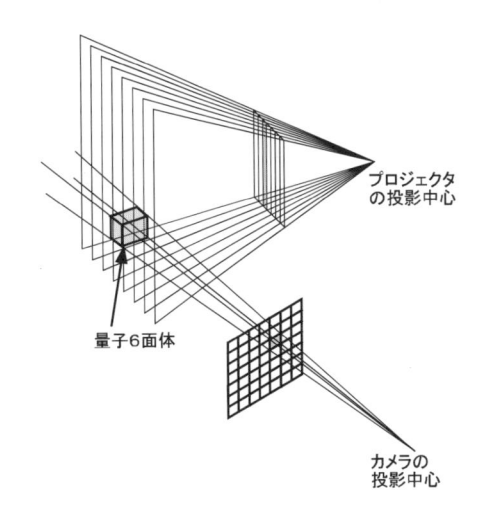

図 1.1.11　能動型ステレオ法における量子化

分解能は低下する．ただし奥行き方向の計測可能範囲は広がることになる．
b．画素数と空間分解能
　多くのレンジセンサでは，距離画像は通常の濃淡画像と同様に2次元配列状のデータとして出力される．センサから得られる値はさまざまであり，以下のようなタイプがある．

① 各画素にカメラを中心とした座標値（3次元）が格納されるもの
② 各画素に，別途設定した世界座標系の座標値（3次元）が格納されるもの
③ 各画素にカメラの投影中心から対象物体までの距離が格納されるもの
④ 各画素に，カメラの投影中心を通り，カメラの光軸に垂直な平面から物体までの距離が格納されるもの（①のうち光軸方向の値のみが格納されるもの）
⑤ 2次元配列の態様をなしておらず，ある座標系に関する3次元の座標値が多数得られるもの

　一般に対象物体の形状を求めるためにはセンサの画角に関する情報が必要であるため，③と④のデータでは対象物体の形状が得られたとはいえず，距離値とカメラパラメータから他の2成分を求める必要がある．センサの画角などの内部パラメータと，世界座標に対するカメラの配置に関する情報が与えられれば，上記の①～④は互いに変換が可能である．センサの性質上，光飛行時間測定法を利用したセンサなどでは③がまず得られることが多く，また光軸が互いに平行なカメラを2台用いたステレオ法では，視差値からまず④の情報が得られることになる．
　ここで通常レンジセンサが出力する距離画像は通常のカメラと同様に透視変換に基づいているので，一定の画素数でも画角が広い場合や計測対象までの距離が大きい場合は空間分解能が低下する．
　光飛行時間測定法や能動型ステレオ法では各画素ごとに独立な距離値が得られるため，空間分解能は画素数により決定づけられるが，投影されるレーザ光のスポット径やスリット幅が十分に小さくできない場合は空間分解能が低下する．
c．計測可能範囲
　能動型ステレオ法では，シーンの明るさと投影される光の強度との比により計測可能範囲が決定づけられるが，眼球に対する安全性などからむやみに高いエネルギーの光を用いることはできず，特にレーザを用いる場合には重要な問題である．一般にエネルギー集中度の高いスポット光投影法の方が他の手法よりも計測可能範囲が広いが，遠距離に対して十分な精度で計測するためには基線長を大きくとる必要があり，センサの機械的精度についても条件がきびしくなる．
　遠距離に対する計測では光飛行時間測定法や強度変調光位相差測定法が多く用いられている．kmオーダの距離計測を可能にしたセンサもある．ただし対象物体の反射率により計測可能距離は大きく変化する．また単一の変調周波数を用いる強度変調光位相差測定法では変調周波数により計測可能範囲が限定される．

d. フレームレートと単位時間あたりの計測点数

距離画像の計測速度を表す目安に，計測に要する時間があげられる．これは特に人物など対象の動きが避けられない分野で重要で，計測中に物体が動くとそれに応じて計測結果が歪んだり，計測に失敗したりする．受動型ステレオ法は画像の撮影により計測が終了するので，計測時間は露光時間にほぼ等しい．ただし得られた画像から距離画像を得るためには計算処理により2つの画像間で対応点を決定する必要があるため，特にハードウェアなどにより高速化した場合を除き，距離画像の出力フレームレートは画像の取り込みフレームレートよりも遅くなることが多い．それに対して能動的計測法は計算負荷が相対的に小さく，フレームレートは主として計測に要する時間そのものにより決定づけられる．フレームレートはビジュアルフィードバックなどロボットビジョンや自動走行などリアルタイム処理の分野では重要であるが，オフライン処理により解析する場合には問題とならないので，用途に合わせて計測手法を選択する必要がある．

どの方法でも，計測時間は空間分解能や奥行き分解能により変化し，フレームレートだけでは計測速度を公平に評価することは難しい．そこで画素数にフレームレートを掛けた，単位時間あたりの計測点数によりおおまかにセンサの高速性を評価することができる．

1.1.4 レンジセンサの製品例と最新動向

画像センサの低廉化により生産現場の自動化などで画像処理応用が進み，同時に濃淡画像の限界もよく知られるようになった．そこでレンジセンサについても多くの研究がなされ，その成果として1980年代には汎用・商用のレンジセンサも登場するようになったが，その後は若干停滞気味であった．しかし最近はWWWをはじめとするデジタルコンテンツメディア制作上の要求や，光デバイスの高性能化などを背景として再び多数のレンジセンサが提供されるようになっている．本項ではそれらレンジセンサの動向について述べる．

a. 能動型ステレオ法

能動型ステレオ法は主として工業応用分野のためにそれぞれ専用開発される場合が多かったが，現在は汎用のセンサも多く見られるようになった．代表的な製品はコニカミノルタセンシング株式会社のVIVIDシリーズであり，現在までに4機種を数えている．すべてレーザ光を用いたスリット光投影法に基づいており，単一の筐体に機能が集約され使いやすいものとなっている．VIVID 910はズームレンズではなくあえて単焦点レンズを交換式とすることで精度の向上を図っており，レンズ焦点距離や対象までの距離，計測モードにより変化するものの確度は$\pm 0.1 \sim 0.22$ mm，またレンズの設定によりおおむね計測可能な最大距離は1 m程度となっている．計測時間は0.3秒と2.5秒である（図1.1.12(左)）．

NECエンジニアリング株式会社は複数のカメラと正弦波状の投影光を組み合わせ

図 1.1.12 コニカミノルタ VIVID 910（左），NEC エンジニアリング Danae 100（右）

た，多眼正弦波格子位相シフト法により高速に距離画像を得るシステムを市販しており，主として人体の計測を指向したものとなっている（図1.1.12(右)）．三洋電機株式会社も同様に多数のカメラとパターン光投影を組み合わせ，シルエット法とアクティブ多眼ステレオ法を併用した手法により人体の上半身全体を全周計測する装置を市販している．

米国 Polhemus 社は独自の磁気式トラッカ（位置・姿勢計測装置）を応用し，対象物体をなぞるように計測ヘッド部を手動で動かすことにより全周計測が可能なシステムを販売している．磁気式トラッカの精度に依存するが，全周計測を手軽に行うことができるシステムとして独特である（図1.1.13）．

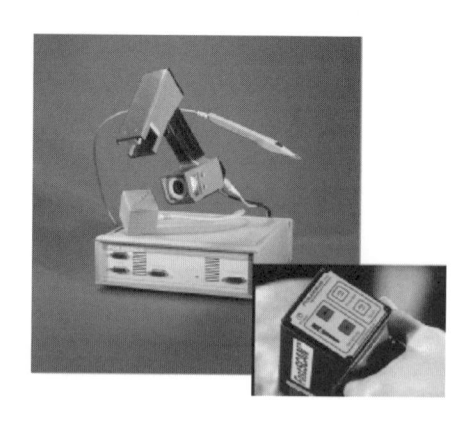

図 1.1.13 Polhemus FastSCAN Cobra

大幅に計測速度を向上させたセンサとして，ソニー株式会社と(株)ソニー木原研究所は Entertainment Vision Sensor を開発，発表している．これはレーザ光を用いたスリット光投影法に基づきながらも，専用の処理回路を持つ半導体センサにより 320×240 画素の距離画像を毎秒 30 フレームの速度で出力することができる．しかし

残念ながら広く一般には市販していないようである．

b．光速に基づく方法

　光速を利用した距離計測機器は，測量用の方位計測装置（トランジット）の発展形としてトータルステーションの名称で呼ばれ多く用いられているが，一度に1点の計測しか行えず，また速度も不十分である．しかし最近はシーン全体の3次元形状を得ることを目的として高速性を前面に出したセンサが発売されるようになっている．

　オーストリアのRiegl社はシーン全体を計測するためのセンサを多数販売しており，円筒形の筐体により360度全方位の距離画像を得ることができるものもある．製品のバリエーションにより計測可能な距離は大きく異なるが，800 mまでの距離計測が可能で毎秒1000点の計測が可能な製品などがある（図1.1.14）．

図 1.1.14　Riegl LMS-Z 210 i（左），LPM-25 HA（中），Cyra Cyrax HDS 3000　（右）

　Leica Geosystems社の一部門であるCyra Technologiesも同様に都市空間や大規模構造物の計測が可能なセンサCyraxを販売しており，光飛行時間測定法に基づき50 m程度まで計測が可能なものと，計測距離は短いものの毎秒50万点までの計測が可能な強度変調光位相差測定法に基づくセンサがある（図1.1.14(右)）．

　また松下電工株式会社は専用に開発した特殊なCCDとLED光源を用い，強度変調光位相差測定法に基づく手法により128×123画素の距離画像を毎秒15フレームの速度で計測するセンサを開発した．計測距離は上記センサに比べ短く室内用を指向しているものと思われ，用途としても高度セキュリティ応用やロボット・FA応用が提案されている．

〔日浦慎作〕

1.2 ステレオビジョンセンサ

1.2.1 ステレオビジョンセンサの原理[1]-[5]

受動型ステレオ法は長い研究の歴史を持つが，計算時間や精度の問題から実用的なセンサとして扱われてこなかった．近年，計算機の能力向上から主に計算時間が飛躍的に向上した．ここでは受動型ステレオ法に基づくシステム全般ではなく，リアルタイムで実行できるものを主たる対象として述べる．

ステレオ視（ステレオビジョン）は，1.1.2項aでも述べたように画像間の対応付けを行い，三角測量の原理で距離を計測する方法である．それは光，電波，音などを使用しない受動方式の距離計測法で，人の目に安全で，レーザレンジファインダのように機械的走査をしないので移動中の像流れが生じない，多様な場面で使用できる有用な方法である．3次元空間中の点 $P = (X, Y, Z)$ がカメラの画像上の点 $p = (x, y)$ に写るとすると，次の関係式が成り立つ．

$$(x, y) = \left(\frac{X}{Z}F, \frac{Y}{Z}F \right) \tag{1.2.1}$$

ここで，F はカメラの焦点距離である．たとえば，図1.2.1(a)のような光軸が平行になるように水平に並べた2眼の平行ステレオを考える．この2台のカメラの間隔（基線長，baseline）を B とし，このステレオカメラで得られる距離 Z の点の撮像画像上の視差（disparity）を d とすると，

$$Z = \frac{BF}{d} \tag{1.2.2}$$

という関係がある（図1.2.1(b)）．よって，視差 d が算出できれば，カメラからの

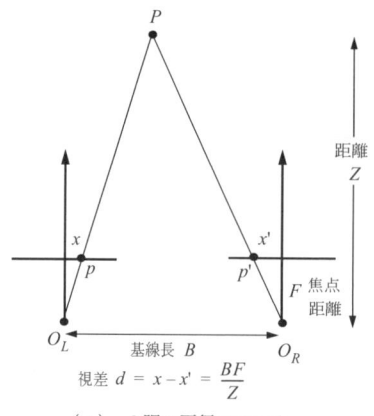

(a) 2眼の平行ステレオ 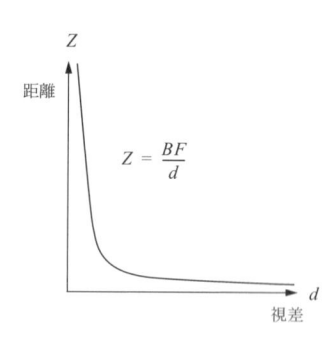 　　　　　(b) 視差と距離の関係

図 1.2.1 ステレオ視による距離計測

対象とする点までの距離 Z を求めることができる．ステレオビジョンセンサは，画像間のずれである視差 d を画像の照合から算出するものである．

　左右のカメラの光軸が平行だと，画像間の対応は同じ水平の座標（スキャンライン）を調べればよいので対応点を探索しやすい．一般のステレオ画像の場合でも，一方の画像上にある点に対する対応点は，その点の3次元的な奥行きにかかわらず，他の画像のある直線上（エピポーラ線）のどこかに存在する（これをエピポーラ拘束と呼ぶ）．ステレオ画像のエピポーラ線を画像の水平軸と平行になるように画像変換することができ，これをステレオ画像の平行化（rectification）という．画像の入力から距離情報の推定まで，一般のステレオ処理の手順は次のようになる．

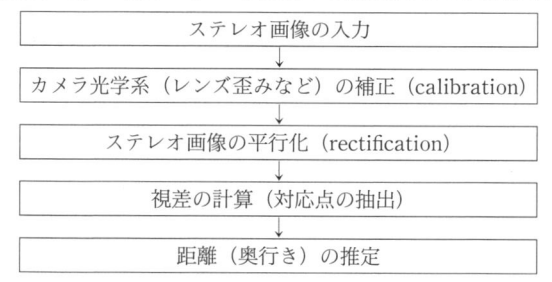

```
┌─────────────────────────────────────┐
│       ステレオ画像の入力              │
└─────────────────────────────────────┘
              ↓
┌─────────────────────────────────────┐
│ カメラ光学系（レンズ歪みなど）の補正（calibration） │
└─────────────────────────────────────┘
              ↓
┌─────────────────────────────────────┐
│   ステレオ画像の平行化（rectification）  │
└─────────────────────────────────────┘
              ↓
┌─────────────────────────────────────┐
│     視差の計算（対応点の抽出）         │
└─────────────────────────────────────┘
              ↓
┌─────────────────────────────────────┐
│       距離（奥行き）の推定            │
└─────────────────────────────────────┘
```

　上の中のステレオ画像間の視差を算出する方法，すなわち画像間の対応点を抽出する方法は大きく分けて，①領域ベースのマッチングによる方法（エリアマッチング法），②エッジなどの特徴点を照合する方法（特徴マッチング法），の2つの方法がある．画面全体に密に距離情報を算出できるうえ，画面に均一なマッチング処理で実行できるので，リアルタイム性を要求されるステレオビジョンセンサで使用されるのは領域ベースのエリアマッチング法となっている．しかし，カメラが2台だけの2眼ステレオであると，対応点の検出が難しいので，最近は，3眼以上の多眼で処理するシステムも多くなっている．このような複数のカメラを用いるステレオ視は，多眼ステレオ（polynocular stereo）またはマルチベースラインステレオ（multi-baseline stereo）と呼ばれる[6]．

　この多眼ステレオを用いて，どのようにして画像間の対応点を抽出するか説明する．図1.2.2に示すように，$(k+1)$ 台のカメラが配置されている状況を考える．ここで，カメラ C_r で得られる画像を $G_r(x, y)$ とする．基準カメラ C_0 の前方の仮定距離 Z_i の点Pに物体が存在するとした場合，点Pはカメラ配置などから他のカメラ C_r の画像上では点 P_r に写るとする．ここでは，その幾何学的な関係を関数 $x_r(x, y, Z_i)$，$y_r(x, y, Z_i)$ で表すことにする．この関数 $x_r(x, y, Z_i)$，$y_r(x, y, Z_i)$ は，平行ステレオ（左カメラの画像を基準画像）の場合は $x_r(x, y, Z_i) = x - BF/Z_i$，$y_r(x, y, Z_i) = y$ のような簡単な式になる．また，カメラ配置が特殊でも平面射影変換行列などの計算から事前に求めることができる[7]．カメラ C_r の点 P_r の画像明度 $F_r(x, y, Z_i)$ は，

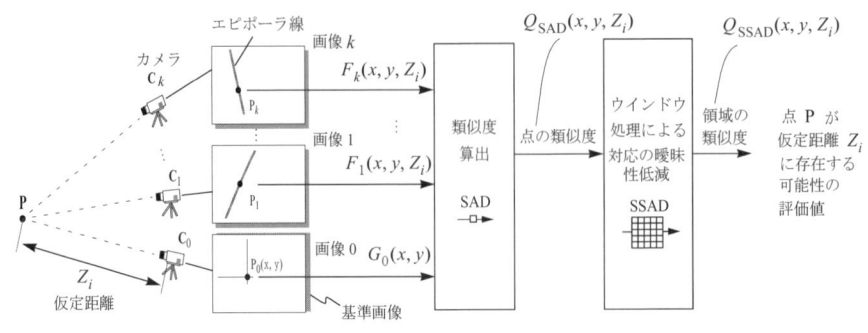

図 1.2.2 多眼ステレオによる対応点の抽出

$$F_r(x, y, Z_i) = G_r(x_r(x, y, Z_i), y_r(x, y, Z_i)) \tag{1.2.3}$$

で表される．基準カメラ C_0 と他のカメラ C_r の対での対応度を差の絶対値和 AD (absolute difference) で算出し，それを k 個の全体のステレオ対で加算した SAD (sum of absolute differences) で類似度を表すと，

$$Q_{\text{SAD}}(x, y, Z_i) = \sum_{r=1}^{k} |F_r(x, y, Z_i) - G_0(x, y)| \tag{1.2.4}$$

となる．この点としての類似度では対応の抽出が難しいので，点のまわりの点も含めて $(2n_1 - 1) \times (2n_2 + 1)$ のウィンドウ領域で加算した下の式 (1.2.5) の SSAD (sum of SADs) を算出する．

$$Q_{\text{SSAD}}(x, y, Z_i) = \sum_{p=-n_1}^{n_1} \sum_{q=-n_2}^{n_2} W_{p,q} Q_{\text{SAD}}(x + p, y + q, Z_i) \tag{1.2.5}$$

$W_{p,q}$ はウィンドウの位置 (p, q) での重み係数である．仮定する距離 Z_i を逐次変化させて，この SSAD の値を調べ最も値が小さくなる点を対応点として算出する．この対応点の探索の過程で，仮定する距離 Z_i を 3 次元空間の実際の距離値で等間隔に変えても，画像上の位置変化がなく，効率的な探索ができない場合がある．そこで，実際には，どれかのステレオ対（その基線長を B とする）を基準に，下記の画像上の仮定視差 d_i を用いて画像面上で等間隔に探索を行うようにする．

$$d_i = \frac{BF}{Z_i} \tag{1.2.6}$$

式 (1.2.6) の仮定視差 d_i を用いて，最終的な視差推定値 $d^*(x, y)$ を求める探索処理を表すと

$$d^*(x, y) = \arg\min_{d_i} Q_{\text{SSAD}}(x, y, d_i) \tag{1.2.7}$$

となる．この $d^*(x, y)$ は各画素に推定視差値を保持しており，視差画像 (disparity image) と呼ばれる．

自分のまわりの対応具合（ローカルサポート）を考慮するための式 (1.2.5) のウィンドウ加算のウィンドウの大きさが，視差推定の結果に大きく影響してくる．一般

に，ウィンドウを大きくすると視差画像は安定するが，その反面，物体の境界部分などの視差変化がなまって不鮮明になる．これを勘案して，適切なウィンドウの大きさを設定する必要がある（通常，ウィンドウの大きさは7×7～21×21程度である）．ここでは，各ステレオ対の評価値を計算した後に，ウィンドウ加算を行っている．計算上はウィンドウ加算を最初に行い，全体のステレオ対の加算を後に行うこともできるが，ウィンドウ加算の処理回数が増えるので，通常のステレオビジョンセンサでは，上に示した計算手順で行うのが普通である．また，上の例では対応の評価関数として差の絶対値和 SAD を用いたが，正規化相互相関 NCC (normalized cross correlation) や差の自乗和 SSD (sum of squared differences) を用いる場合もある．実際の装置では，ロバスト推定の考えを入れて大きく外れた場合の評価値を抑制したり，画素ごとにウィンドウ形状を対象に合わせて変形したり，ウィンドウの大きさを変えたりするような処理を行うこともある．

ウィンドウ内にエッジがある場合の明るさの対応を考える．たとえば，水平のカメラだけでは，水平のエッジがどこに移動したか対応付けるのは難しい．多眼ステレオでは水平だけではなく，垂直にもカメラを配置すると，水平エッジの対応がとりやすく，また，あるカメラで見えて他のカメラで見えないというようなオクルージョン (occlusion, 隠蔽) の影響を少なくすることができる．また，多眼ステレオでは，対応を調べる情報を増やすことができるのでウィンドウサイズを一回り小さくできる．カメラの台数を3眼，4眼と増やしていくと得られる視差画像が安定し正確になってくる．ただし，5眼程度までは台数を増やす効果が顕著だが，それ以上はカメラの台数を増やしたわりには改善の効果が飽和してくる．実際に使用されているものとしては，9眼程度のシステムまで実現されている．

1.2.2 距離の計測精度

ステレオビジョンセンサを使用するとき，その距離精度がどうなるかが重要となる．視差 d と距離 Z の関係式(1.2.2)から，視差の計測誤差の大きさを $|\varDelta d|$ とすると，次式によりステレオ視による距離の計測誤差 $|\varDelta Z|$ を算出することができる．

$$|\varDelta Z| = \frac{Z^2}{BF}|\varDelta d| \tag{1.2.8}$$

この式から，カメラの間隔を離して長い基線長 B をとってやれば，距離の計測誤差 $|\varDelta Z|$ は少なくなることがわかる．しかし，基線長が長いとカメラ間の移動量が多くなるため，見え方の変化が大きく，オクルージョンが発生したり，光の反射量が変化して対応探索が難しくなる．また，長い基線長だとステレオカメラヘッドが大きくなり，指定された場所に設置できない可能性も出てくる．また，カメラの焦点距離 F を長くしても距離の計測誤差を小さくできるが，カメラの視野角 FOV (field of view) が狭くなり必要な計測範囲を確保できなくなる．カメラ間の基線長 B とカメラの焦点距離 Z が固定の場合，どの辺の奥行きを計測するかにより計測できる精度

が大きく変わってくる．誤差量 ΔZ は，距離 Z の2乗に比例して急激に大きくなる．図1.2.3は，距離 Z により計測精度が変わる様子を図示したものである．この図からも，カメラの近くの Z_1 の三角測量で限定される距離の誤差量 ΔZ_1 に比べて，遠くの Z_2 の誤差量 ΔZ_2 の方が大きくなることがわかる．

標準的なカメラ（1/2インチCCDカメラ）を対象として，基線長を10 cmと30 cm，焦点距離を8 mmから50 mmと4 mmから16 mmと変えた場合に，計測される視差 d の大きさと距離の誤差 ΔZ の大きさを表1.2.1に示している．ここでは，

$$|\Delta Z| = \frac{Z^2}{BF}|\Delta d|$$

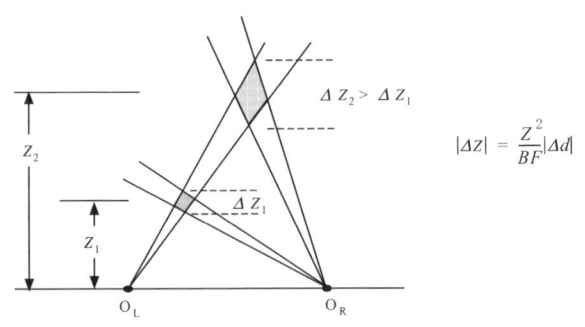

図 1.2.3 ステレオ視の距離推定精度

表 1.2.1 距離推定精度の算出例

距離 Z[m]	基線長 B=100 mm						B=300 mm					
	焦点距離F=8 mm		F=16 mm		F=50 mm		F=4 mm		F=8 mm		F=16 mm	
	d[画素]	ΔZ[mm]	d	ΔZ	d	ΔZ	d	ΔZ	d	ΔZ	d	ΔZ
0.3	272.1	0.3	544.2	0.1	1700.7	0.0	408.2	0.2	816.3	0.1	1632.7	0.0
0.5	163.3	0.8	326.5	0.4	1020.4	0.1	244.9	0.5	489.8	0.3	979.6	0.1
1	81.6	3.1	163.3	1.5	510.2	0.5	122.4	2.0	244.9	1.0	489.8	0.5
2	40.8	12.3	81.6	6.1	255.1	2.0	61.2	8.2	122.4	4.1	244.9	2.0
3	27.2	27.6	54.4	13.8	170.1	4.4	40.8	18.4	81.6	9.2	163.3	4.6
5	16.3	76.6	32.7	38.3	102.0	12.3	24.5	51.0	49.0	25.5	98.0	12.8
7	11.7	150.1	23.3	75.0	72.9	24.0	17.5	100.0	35.0	50.0	70.0	25.0
10	8.2	306.3	16.3	153.1	51.0	49.0	12.2	204.2	24.5	102.1	49.0	51.0
15	5.4	689.1	10.9	344.5	34.0	110.3	8.2	459.4	16.3	229.7	32.7	114.8
20	4.1	1225.0	8.2	612.5	25.5	196.0	6.1	816.7	12.2	408.3	24.5	204.2
30	2.7	2756.3	5.4	1378.1	17.0	441.0	4.1	1837.5	8.2	918.8	16.3	459.4
40	2.0	4900.0	4.1	2450.0	12.8	784.0	3.1	3266.7	6.1	1633.3	12.2	816.7
50	1.6	7656.3	3.3	3828.1	10.2	1225.0	2.4	5104.2	4.9	2552.1	9.8	1276.0
70	1.2	15006.3	2.3	7503.1	7.3	2401.0	1.7	10004.2	3.5	5002.1	7.0	2501.0

撮像視野を640画素（水平）×480画素（垂直）とし，便宜上，ここでは視差 d を画素の単位で表現している．1/2インチCCD（たとえば，ソニーXC-75）の実際の撮像面上の視差は $d \times 0.0098$ mmとなる．また，距離のずれ ΔZ は視差 d の計測誤差 Δd を，1/4画素として算出している．

1/2インチCCD 焦点距離 F[mm]	視野角 [度]	
	水平	垂直
4	76.2	60.9
8	42.8	32.8
16	22.2	16.7
50	7.2	5.4

サブピクセル視差（1.2.4項を参照）で計測し，1/4画素程度の視差誤差を想定して計算している．また，表の中で水平画素数の20％を超える視差の部分（網かけの部分）では，実際上，計測は難しくなる．すなわち，カメラに近く視差が大きすぎるため計測が難しい部分である．ここでの計測精度はエリアマッチングによるウィンドウの大きさの影響を含めていないが，視差の境界部分ではマッチングウィンドウによる視差画像のぼけを考慮する必要がある．

1.2.3 実3次元空間と画像視差空間

ステレオビジョンセンサの用途として，リアルタイムの人物・車両の切り出しや追跡，車両などの自律走行のための走行可能路面や路面上の障害物検出などがある．このようなリアルタイム性を要求される用途では，実3次元空間の座標に変換して処理する前に，視差の情報だけで領域の選択やモデルの当てはめなどの必要な前処理を行うと効率的な処理システムが構築できる．以下では，実3次元空間と画像視差空間の対応関係について述べる．

2次元画像の各画素で可能な奥行き（距離）の対応としてもう1つの軸を視差を用いて表すと，1つの3次元の空間を形成する．これを画像視差空間（spatial disparity space；SDS)[2]）という（図1.2.4）．ステレオ処理とは2次元画像の各画素で視差を決定することであり，ステレオ視の対応付けを行った結果は画像視差空間の曲面や平面などになる．実3次元空間中の直線と平面は，画像視差空間でもそれぞれ直線と平面となるという重要な関係がある（図1.2.5）．この関係を利用すると，ステレオビジョンセンサで得られた結果の後処理（たとえば平面の推定）などを画像視差空間で行うことができる．実3次元空間で平面の当てはめなどを行おうとすると，距離に

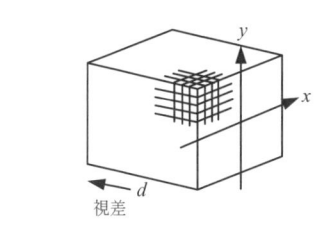

図 1.2.4 画像視差空間

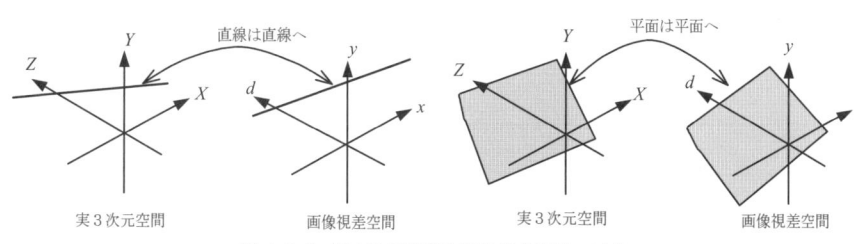

図 1.2.5 実3次元空間と画像視差空間の対応

より誤差の大きさが変化するため最小2乗法などの適用が難しいが，画像視差空間で当てはめを行えば2次元画像上での誤差を基準に評価することができる．

実3次元空間中の点 (X_0, Y_0, Z_0) を通る方向余弦 (L, M, N) の直線

$$\frac{X - X_0}{L} = \frac{Y - Y_0}{M} = \frac{Z - Z_0}{N} \tag{1.2.9}$$

に対応する画像視差空間中の直線を，

$$\frac{x - x_0}{l} = \frac{y - y_0}{m} = \frac{d - d_0}{n} \tag{1.2.10}$$

とすれば，

$$(x_0, y_0) = \left(\frac{X_0}{Z_0}F, \frac{Y_0}{Z_0}F\right), \quad d_0 = \frac{BF}{Z_0}, \quad l = L, \quad m = M, \quad n = \frac{B}{Z_0}N$$

の関係から相互に変換できる．また，実3次元空間中の平面を

$$Z = pX + qY + r \tag{1.2.11}$$

とし，その対応する画像視差空間中の平面を

$$d(x, y) = ax + by + c \tag{1.2.12}$$

とすれば，

$$a = -\frac{pB}{r}, \quad b = -\frac{qB}{r}, \quad c = \frac{BF}{r}$$

または，

$$p = -\frac{aF}{c}, \quad q = -\frac{bB}{c}, \quad r = \frac{BF}{c}$$

の関係から変換できる．

図1.2.6のような高さ H のステレオカメラ（下方への傾き角を θ とする）から見た路面の視差がどうなるかを示す．カメラを中心とした実3次元空間 X-Y-Z の路面の式は，

$$Z = \frac{Y \cos \theta + H}{\sin \theta} \tag{1.2.13}$$

であるから，ステレオカメラから見た路面の視差（視差画像）は，

$$d(x, y) = \frac{B}{H}(F \sin \theta - y \cos \theta) \tag{1.2.14}$$

路面 $Z = \frac{Y\cos\theta + H}{\sin\theta}$

路面の視差 $d(x, y) = \frac{B}{H}(F\sin\theta - y\cos\theta)$

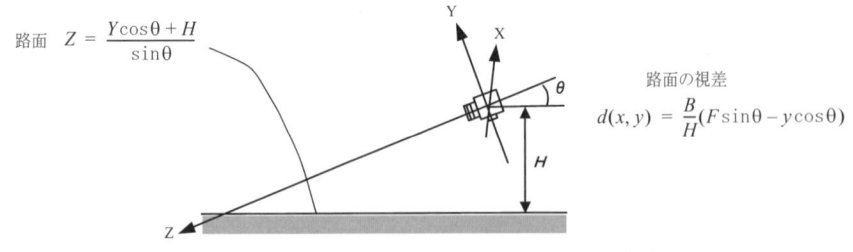

図 1.2.6　ある高さから見た床，路面などの平面の視差

となる．

視差画像から実際の物体の概略の大きさを調べ，人物や車両などの領域を特定したり抽出することができる．画像視差空間を構成する立体のセル（voxel，ボクセル）の対応する実3次元空間で占有する空間の広がりは視差の値により変わってくる．図1.2.7に示す画像視差空間 x-y-d の各辺が Δx, Δy, Δd のボクセルの実3次元空間で占有する角錐台の体積 V は次の計算式で求めることができる．

$$V = \frac{16(12d^2 + \Delta d^2)B^3 F \Delta x \Delta y \Delta d}{3(4d^2 - \Delta d^2)^3} \approx \kappa \frac{\Delta x \Delta y \Delta d}{d^4} \tag{1.2.15}$$

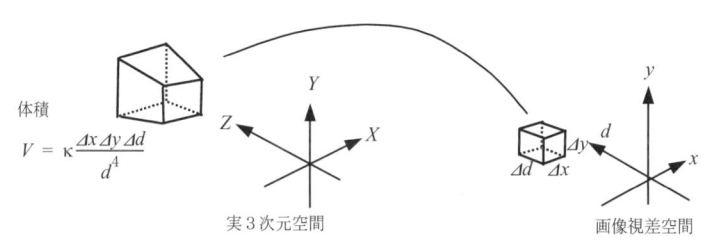

図 1.2.7 画像視差空間のボクセルが占有する実3次元空間の体積

1.2.4 実際のステレオビジョンセンサ

1.2.1項でステレオ視の基本となる処理手順を示したが，実際のステレオビジョンセンサでは，処理速度の向上や屋外などでも安定に使用できるようにさまざまな工夫を行っている．たとえば，一種の帯域フィルタである LoG（Laplacian of Gaussian）などの前処理フィルタを施したり，画像の間の類似度を正規化相関を使用して，ステレオ画像間での明度変動の影響を吸収するような工夫を行っている．また，画面に均一にウィンドウ処理によるマッチングを行う場合，そのウィンドウで類似度を加算する処理（式(1.2.5)の $\Sigma\Sigma$ の計算で，以下ウィンドウ加算と呼ぶ）をそのまま行うと膨大な時間がかかる．このウィンドウ加算の処理は，前に計算したウィンドウの結果を利用すると効率的に行うことができる．図1.2.8は，一例として5×5のウィンド

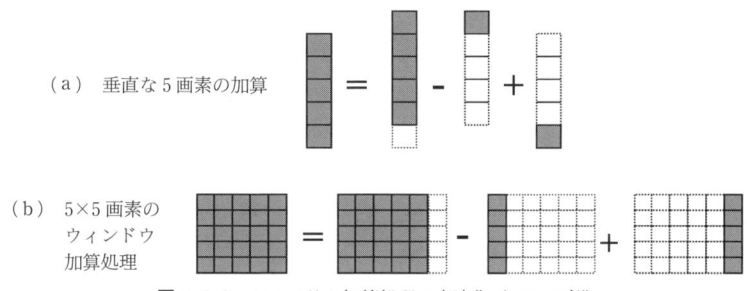

図 1.2.8 ウィンドウ加算処理の高速化（5×5の例）

ウ加算を再帰的に前の結果を利用して計算する方法を示したものである．まず図(a)のように，垂直の5画素分を1画素前の結果から除く画素と加算する画素の分を処理して求める．5×5のウィンドウは，この垂直の5列分を加算すればよく，これも図(b)のように1画素前の結果を利用して計算することができる．探索視差の点数を多くすると必要となる計算量が増加する．少ない探索視差でも，探索された視差近傍のSSADなどのマッチング曲線を2次関数で当てはめ，最小値（または最大値）をとる視差位置をより正確に求めることができる．たとえば，1画素単位で視差を探索している場合，探索した視差値 $d^*(x, y)$ の-1，0，$+1$画素でのSSAD値を h_1，h_2，h_3 とすると，サブピクセル視差 $d^*_{\text{sub}}(x, y)$ は次式で計算できる（図1.2.9）．

$$d^*_{\text{sub}}(x, y) = d^*(x, y) + \frac{h_3 - h_1}{2(2h_2 - h_1 - h_3)} \quad (1.2.16)$$

式(1.2.16)を用いても，実際には，サブピクセル視差に偏り（たとえば，画素の中心方向に偏るなど）が出るので，実画像を使用した計測値などから補正テーブルを事前に作成しておき，値を補正するような処置を行う場合もある．サブピクセル視差が実際どの程度信頼できるかが重要であるが，一般に1/4画素から，よくても1/10画素程度までが限界である．

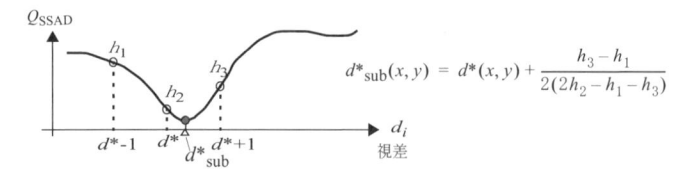

図 1.2.9 サブピクセル視差の計算法

これまで研究用などを含め数多くのステレオビジョンセンサが開発されている[5),8)-23)]．以下に，その代表的なステレオビジョンセンサについて紹介する．

（1） Teleos Research 社の PRISM[8)]

H. K. Nishihara の MIT での研究成果（sign-correlation stereo algorithm）を具体的なハードウェアとして実現した2眼のシステムである．ビデオレートの処理が可能である．通常の2眼のエリアマッチング（ウィンドウマッチング）のシステムである．エリアマッチングの前に行う特徴抽出のための LoG フィルタの出力を，3値（負，ゼロ，正）に圧縮し，その圧縮したデータに対しマッチング処理を行っている．3値で表現しても，画像の特徴的な情報を保持しているので，比較的ステレオ処理がうまくいっている．演算機能が再構成できるデバイスである FPGA (field programmable gate array) を活用して，演算回路を構成している．1990年代初頭に製品として PRISM4 まで開発され，DARPA（米国防総省高等研究企画庁）の UGV (Unmanned Ground Vehicle) プロジェクトなどで使用された．

（2） JPL の DataCube を用いたシステム[9]

1990年代初頭に，Larry Matthies などが，JPL（ジェット推進研究所）で開発した2眼のステレオシステムである．従来のステレオ処理のアルゴリズムを汎用の高速処理用の並列計算機 DataCube を使用して高速化した．

（3） INRIA のシステム[10]

フランス INRIA ではステレオ処理で問題となる画像間の明度のずれを，LoG などの2次微分フィルタなどを使わず，正規化相関処理で実行するシステムを開発している．正規化相関処理でマッチング処理を行う場合，正規化のため相関式の分母が画素ごとに変化するため，また浮動小数点の計算になることもあり，単純に計算すると演算が大変になる．等価ではないが探索に問題が起きないように，前のウィンドウの結果を使えるよう再帰的な式に変形して使用しているのが特徴である．8個のDSP（9602）を使用したシステムでは，256×256 の画像，7×7 のウィンドウで 20 視差の探索を行う場合，3.6 秒で計算できる．また，Xilinx 社の FPGA で構成される演算ボード（PeRLe-1）を使用すると，0.14 秒程度で計算できると報告している．ただ，システム全体としては正規化相関処理を使用すると計算コストが多くかかるため，本システムと類似の処理方式をとるシステムはほとんどないのが現状である（他の多くのシステムは LoG などの前処理で相対的な明度変化を吸収し，後は単純に SSAD を計算する方式を選択している）．

（4） CMU の SUN や iWarp を使用したシステム[11],[12]

1992年に，CMU（米国カーネギーメロン大学）の Bill Ross は，SUN ワークステーションを使用し，STORM と呼ばれる3眼のステレオシステムを構成している（図 1.2.10）．ウィンドウ処理（縦，横に分解できる）は再帰的に前のウィンドウの結果を利用して高速化している．また，マッチングの評価値である SSSD（sum of

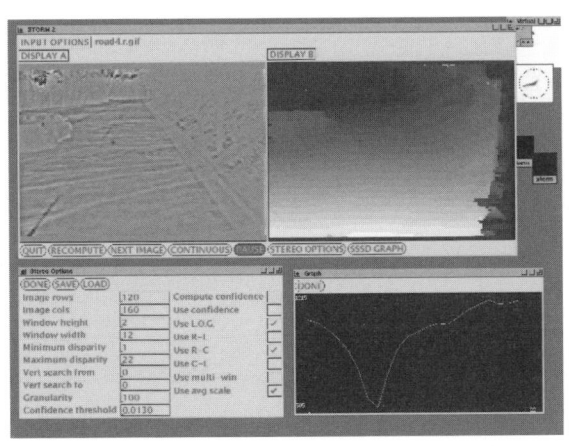

図 1.2.10 SUN ワークステーションで実現された高速ステレオ（STROM）による処理例[11]

sum of squared differences)の計算も，2つのカメラ対のSD（squared differences）を先に加算してからウィンドウ処理している．Danteと呼ばれる火山探査ロボットや実験用自律移動車両Navlabの3次元視覚センサとして使用された．当時のSUNワークステーション（SUN Sparc II）で，256×240の画像で16視差を探索する場合，処理時間は2.46秒かかっている．また，同時期，CMUのJon Webbは，並列処理計算機iWarpを使用し，さらに処理速度を上げている．64 Cell iWarpを使用し，256×240の画像で16視差を探索する場合，処理時間は0.15秒で，探索視差または処理画像サイズを限定すればビデオレート（処理速度33 ms以下）で動作する．

（5） CMUのステレオマシン[13]

1994年頃に開発された5眼のリアルタイムステレオマシンである（図1.2.11）．複数のカメラの画像を利用して視差探索を安定化させる多眼ステレオとなっている．カメラから得られる原画像そのままではなく，カメラ間の原画での明るさのずれを吸収するため前処理としてLoGフィルタの処理を行い，その出力結果を使用してマッチングを行っている．LoGフィルタの出力は1画素4 bitに圧縮し，後段の処理の負荷を軽くしている．マッチングの評価関数は簡単な差の絶対値和SADである．LoGフィルタで前処理しているため，マッチングの評価関数は逆に簡単なSADで計算しても，正規化相関と同じように明るさの変動に強いマッチングが実現されている．カメラの配置やレンズ歪みを吸収するための幾何補正用のテーブルがあり，高速に高精度の対応候補点の抽出（近傍4画素からのバイリニア補間）ができるようになっている．処理速度だけでなく処理遅延を最小にするよう，視差探索を画像がラスター走査で入力されている間に開始できるような，特殊な視差探索のやり方を実現している．ウィンドウ加算処理は，図1.2.8のように再帰型で縦・横に分解してALUとSRAMを用いて計算している．ハードウェアの増大を抑えるため，SSADを計算す

（a） 5眼カメラヘッド

（b） ステレオマシンの処理部本体

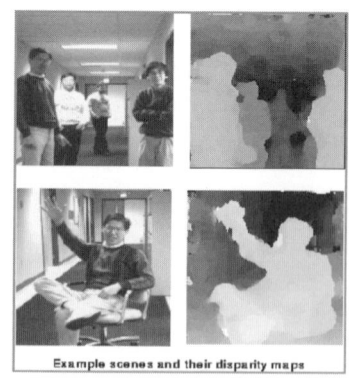

（c） 処理例（中央カメラの画像と視差画像）

図 1.2.11 CMUステレオマシンとその処理例[13]

るとき，全ステレオ対の加算を先に行いウィンドウ加算処理を後に行っている．ステレオ処理のパイプラインは30 MHzで動作するので，200×200の画像サイズで23視差の探索であれば，ビデオレート（30フレーム/秒）で動作させることができる．最初のシステムでは，サブピクセル視差やマッチングの信頼度の計算をTI社の複数のDSP（C40）で処理させていたが，この部分だけビデオレートの処理に対応できなかった．後で専用の処理ボードを追加し，この部分を含めてビデオレートで動作するようになっている．

（6） Point Grey Research社の3眼のシステム[14]

Triclopsは，Point Grey Research社のPCを使用する3眼のシステムである（図1.2.12）．CMUのステレオマシンの処理を，専用のハードウェアを使用せず，PCで処理できるようにしている．ステレオ処理で一番時間のかかるウィンドウ加算処理は，CMUのステレオマシンと同じく再帰型で計算をしている．同様に，マッチングもCMUのステレオマシンと同じSSADで，2つのステレオ対の加算を先に行いウィンドウ加算処理を後に行う．3眼のカメラヘッドからカラー用のフレームグラバーでPCに画像を取り込み，後はソフトウェアで処理する．最近は，カメラヘッドからIEEE 1394でデジタル出力できるDigiclops，またそのカラー画像が入力できるColor Digiclopsなどが販売されている．ステレオ処理のウィンドウ処理などにペンティアムプロセッサのMMX命令を効果的に活用しているのが特徴である．Pentium III 450 MHzを使用し160×120の画像で32視差を探索する場合，16フレーム/秒で計算できる．

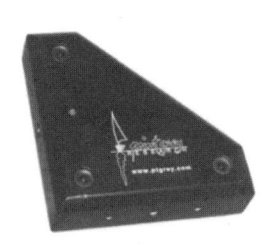

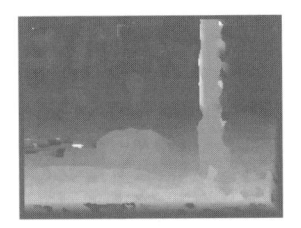

（a） 3眼のカメラヘッド　　　　　　　（b） 入力画像と視差画像の例

図 1.2.12　Point Grey Research社の3眼のシステム[14]

（7） SRIの2眼のソフトウェアなど[15),16)]

SRIではソフトウェアによる2眼のステレオ処理エンジンを開発している．処理の基本は(6)のPoint Grey Researchの3眼のシステムと同じで，CMUのステレオマシンの処理を，ハードウェアを使用せず，プロセッサで処理できるようにしているものである．このソフトウェアでは，カメラの配置ずれやレンズ歪みの補正，特徴抽出としての前処理としてLoGフィルタの処理，マッチング処理による視差計算，不安定な視差値の排除を高速に実行できるように工夫されている．Pentium III 500 MHz

を使用すると，320×240 の画像で 16 視差を探索する場合，23 フレーム/秒で計算できる．汎用のプロセッサだけでなく，SVM (Small Vision Module) と呼ばれる小さなボードで，CMOS カメラチップと DSP を搭載した 2 眼のシステムもある（図 1.2.13）．LoG フィルタ処理，差の絶対値 AD による相関処理，16 視差の探索，160×120 の画像サイズで 8 フレーム/秒程度の計算ができる．

（8）防衛庁，(株)小松製作所および(株)サイヴァースで開発された 9 眼のシステム[17]

画像処理用のコンボルーバ LSI を活用して，小型でステレオ処理を高速処理する 9 眼のステレオシステム（SAZAN）である（図 1.2.14）．CMU ステレオマシンと同じレベルの処理を，処理の方式を見直し使用部品を変えて，小型に構成したシステムである．9 眼のカメラヘッドと PCI バスの処理ボード 2 枚で構成される．一連のステレオ処理の中でも処理負荷が高い，LoG フィルタの処理，ウィンドウ加算処理

図 1.2.13　SRI の SVM (Small Vision Module)[15]

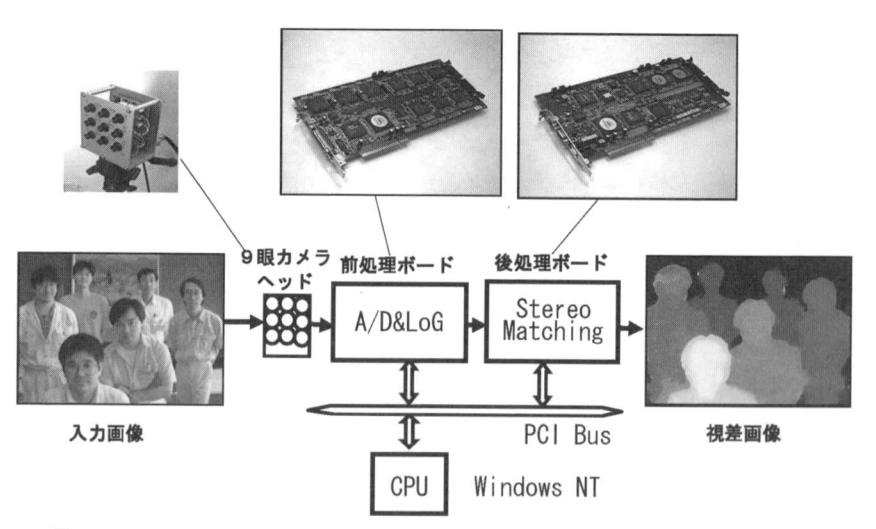

図 1.2.14　防衛庁，(株)小松製作所および(株)サイヴァースで開発された 9 眼のシステム[17]

に空間フィルタ処理用のコンボルーバ LSI を使用し効率的なシステムを構成しているのが特徴である．LoG フィルタの処理は，5×5 コンボルーバを 2 個使用して実現している．LoG フィルタの処理結果は，微弱な情報でもマッチングに寄与するように，ゼロ交差付近を強調する形で 1 画素 4 bit のデータへ非線形な変換処理を施してからマッチング処理を行っている（これは，Teleos Research 社の PRISM で使用された 3 値の sign-correlation stereo algorithm を 16 値に拡張している方式とみなすこともできる）．この非線形な変換処理により，カメラ間の明度変動が大きい屋外や特徴の少ない明度が一様な領域でもマッチングが格段に向上している．マッチングの評価関数は SSAD を使用している．その SSAD の計算は，式(1.2.5)の SSAD の計算式を見てわかるように，ウィンドウの大きさや係数の違いを除けば，通常の画像処理用のエッジ検出などで使用する空間フィルタ（ゾーベルフィルタなど）と基本的には同じである．FPGA で 1×5 フィルタリングを行い，その後 5×5 コンボルーバを 2 個カスケードにし，13×9 のマッチングのウィンドウサイズを実現している．9 台のカメラからの画像を，そのまま個別に扱うと回路のデータ線数やメモリ個数が増えるので，3 台分の画像を 1 つにまとめて扱うような工夫を行っている．また，カメラのレンズ歪みや対応点抽出のための座標計算を，LUT（ルックアップテーブル）を引く形で高速に行えるようにしている．コンボルーバ LSI のほかに，FPGA，SRAM，フィールドメモリなどで回路が構成されている．基本のパイプライン演算が 20 MHz で動作するため，25 視差を探索するとして 200×200 の視差画像を，毎秒 20 フレーム程度生成できる．SSAD 値の変化の曲率からサブピクセル視差やマッチングの信頼度を計算するハードウェアが含まれている．

（9）マッチングに Census Transform を用いる高速の 2 眼のシステム[18),19)]

まず，米国 Interval Research 社で，90 年代後半に FPGA で構成した高速処理が可能なシステムが開発されている．彼らは PARTS と呼ばれるリコンフィキャラブルコンピュータである PCI の演算ボードを利用し，2 眼のステレオシステムを構成した（図 1.2.15(b)）．PARTS は，16 個の Xilinx 社の FPGA（Xilinx 4025）と 16 個の SRAM で構成されている．320×240 の画像で 24 視差を探索する場合，毎秒 42 フレームの処理速度で実行できる．演算の高速化の特徴は，Census Transform（中心画素の輝度値と，周辺の画素の輝度を比較して，2 値パターンを生成する）と呼ぶ特徴抽出にある（図 1.2.15(a)）．対象画素を基準とし周辺の明度の起伏をパターンとして抽出するため，LoG フィルタで前処理したのと同じように，カメラ間の画像の明度のばらつきを吸収してマッチングが安定する効果がある．ただ，LoG フィルタと比較して，Teleos Research 社の PRISM で使用された sign-correlation stereo algorithm のように，Census Transform ではより少ない 2 値のビットパターンで表している．7×7 程度の近傍で，Census Transform で得た 2 値パターン列を比較して，マッチングを計算するやり方なので，FPGA で処理しやすい簡単なビット演算になる．中心画素の位置が変わると 2 値パターンも変化するので，この種の演算

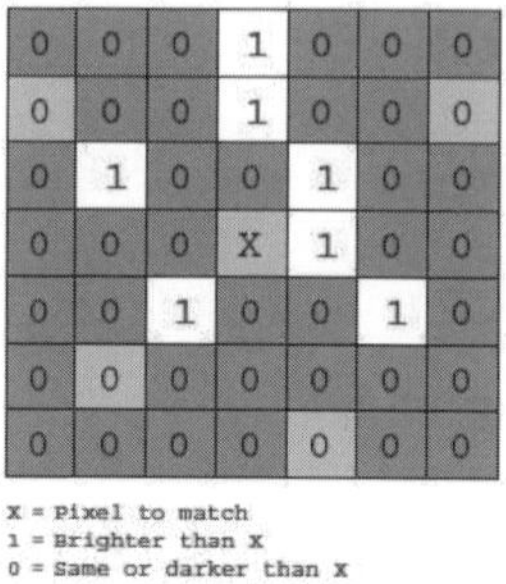

（a） Census Transform[19]

（b） Interval Research 社の PARTS とその処理例[18]

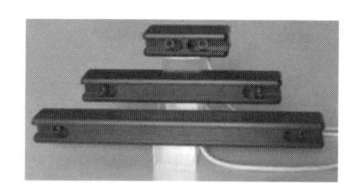

（c） Tyzx 社の DeepSea プロセッサを搭載した処理ボードと基線長の異なるカメラヘッド[19]

図 1.2.15　マッチングに Census Transform を使用するシステム

は汎用のプロセッサだと膨大な演算になるが，FPGA などを用いた専用回路で構成するのに向いている．その後，Interval Research 社の技術者が，新しい会社（Tyzx 社）で Census　Transform の演算の並列性を高めて LSI 化し，約 2.6 GPDS（giga pixel disparities per second）の視差探索能力を有する DeepSea というプロセッサを開発している．この DeepSea プロセッサは PCI のボードに搭載されている（図 1.2.15（c））．このボードにより非常に高速な処理が可能で，たとえば，512×480 の画像サイズで 52 視差を探索する場合，200 フレーム/秒の処理速度でステレオ処理できる能力を持つ．

（10）（株）小松製作所の 9 眼のシステム[20]

前述の SAZAN から派生したシステムで，9 眼のカメラヘッドと PCI のボード 2 枚で構成される商用のシステム（FZ930）である．まず，LoG フィルタに使用されるコンボルーバ LSI はより高性能なものに更新されている．一方，SSAD の計算で必要となるウィンドウ加算はコンボルーバ LSI を使用せず，CMU ステレオマシンのようにウィンドウマッチングはウィンドウサイズを自由に変えられるように再帰型に

しFPGAで実現されている．LoGの結果もSRAMの容量が大きくなり4bit以上で記録され，ステレオ演算のパイプライン演算が約30 MHzに引き上げられている．サブピクセル精度の視差やSSADの曲率の変化からマッチングの信頼度を計算するハードウェアも同様に含まれている．9眼の配置は格子状でステレオ処理はモノクロで同じだが，中心カメラからカラー画像を取り込めるようになっている．

(11) Sarnoff社のピラミッドビジョンのシステム[21]

Sarnoff社（もとのRCAの研究所）で，Peter Burtが率いるグループが開発した，ピラミッド画像処理の専用LSI（ピラミッドチップ）を使用した処理システムである．画像背景の安定化，画像の貼り合わせ（モザイク画像の生成）などの機能のほかに，ステレオ画像処理もリアルタイムで実行できる．ステレオ対の画像に対し，一方の画像を仮定視差に対応したワープ処理（アフィン変換などの2次元変換）を行い，相関（画素の積）を計算する．相関の結果を，探索視差の数だけ照合し，視差を推定する．処理速度を上げるため粗い画像を生成するのと，ウィンドウ処理（近傍のマッチング状況を反映させる）を実現するのにピラミッド画像生成の機能を活用しているのが特徴である．初期の9UのVMEバスを使用したシステム（VFE-100），次にピラミッドチップの処理能力を上げ，Compact PCIの複数のボード（6U）で構成されるシステムPVT-200（図1.2.16(a)），新しい処理チップ（Acadia I，80 GOPSの処理能力）を使用しPCIのボード1枚にPVT-200相当の機能を実現したシステム（図1.2.16(b)），と処理機能を引き上げながら小型化が実現されている．Acadiaでは，2眼，720×480の画像で32視差を探索する場合，処理時間は3.5 msとなっている．3眼以上のシステムも構成できるが，処理ボードを追加する必要がある．Sarnoff社のステレオシステムでは，Tilted Horopter Stereoと呼ばれる路面を基準としたステレオ処理で，路面上の障害物などの検出を容易に行うことができるのが特徴である．まず，左右画面を対象に画面全体でマッチングする領域を路面と仮定する．その画像全体の対応をアフィン変換係数として算出し，その係数で一度，画像をワープ処理してから残りの視差を探索する．その探索されたワープ後の視差は路面

(a) コンパクトPCIのラックに実装されたPVT-200
(b) 集積度を高めたLSI（Acadia I）を使用して小型化されたPCIボード
(c) Tilted Horopter Stereoと呼ばれる路面を基準としたステレオ処理

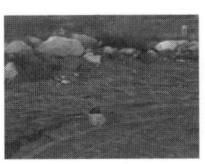

入力　　　処理結果
　　　（路面からの高さを反映）

図1.2.16 Sarnoff社のピラミッドビジョンのシステム[21]

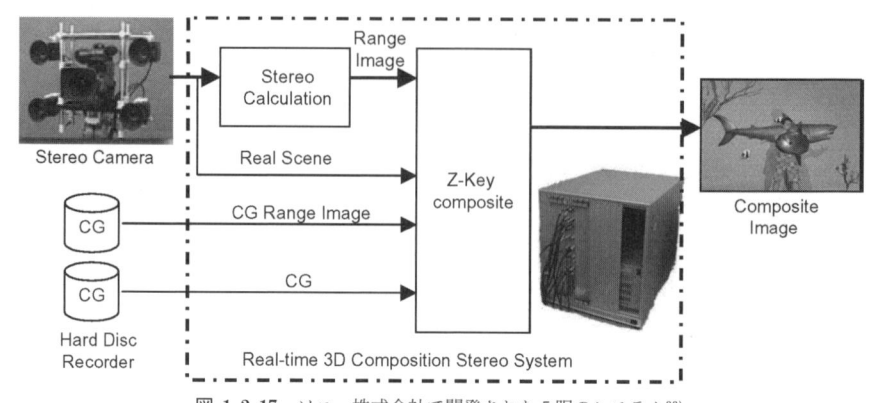

図 1.2.17 ソニー株式会社で開発された5眼のシステム[22]

からの高さに関する情報を反映しており，簡単なしきい値処理で路面上の障害物を抽出することができる（図1.2.16(c)）．

(12) ソニー株式会社で開発された5眼のシステム[22]

テレビ放送などで色情報を利用して特定の物体，人物などを別の背景の画像に貼り合わせる手法（クロマキー）にかわり，奥行き情報を利用した映像合成（Z-Key）を実現することなどをねらって開発された5眼のリアルタイムステレオシステムである（図1.2.17）．FPGAやフィールドメモリなどを使用し，毎秒60フィールド（360×240画素）で視差画像を生成し，Z-Key合成を行っている．カラー画像の入力は可能であるが，入力画像の輝度成分を対象に通常のウィンドウマッチング処理でSADを算出している．対称性や繰り返しパターンに対して頑健にするため，正確なX字形からわざとずらしたカメラ配置にしている．また，SSADなどのマッチング度合いから，使用するカメラのステレオグループを選択しオクルージョンの影響を抑えるようにしている．さらに，固定の正方のウィンドウを使うと実際に得られる視差の輪郭と物体の輪郭はなかなか一致しないが，使用ウィンドウ位置をマッチングの信頼度により選択することにより，等価的にウィンドウの処理中心をずらし，実際の物体輪郭が反映された視差画像が得られるようにするなどの工夫がなされている．

(13) 富士重工株式会社のステレオセンサ[23]

スバル研究所では低空を飛行する農薬散布用の無人ヘリに使用する2眼のステレオカメラ画像高度計を開発している．処理装置は，最終処理用のプロセッサとしてSH2を使用しているが，主たるマッチング処理はFPGA，アフィン変換用LSIなどの専用の回路で構成されている．画像を50×50程度に圧縮して，ステレオ処理を行っている．処理周期は200 msである．また，富士重工株式会社では，乗用車に前方の障害物などを検出する2眼のステレオシステムを実用化している．

まとめと今後の動向

　現在，汎用 PC の性能向上により専用のハードウェアを使用しなくても，3 眼程度で画面サイズを限定すれば，視差画像をリアルタイムで生成することができる．ただ，3 眼以上の画像データを現在の汎用の PC で処理するには，内部バスの転送能力の制限がある．FPGA などを用いた専用ハードウェア（パイプライン演算クロックは 40〜60 MHz を想定）で構成すれば，9 眼で画面サイズを 320×240 程度にしても，視差画像がビデオレート（30 フレーム/秒）で得られるレベルにある．パイプライン演算速度を 200 MHz 以上に引き上げ，並列に処理すれば，プログレッシブ方式のカメラを使用し，画像サイズ 640×480 で，300 フレーム/秒程度の処理速度は十分実現できる．ただ，全般的な傾向として，処理速度より，低価格化も含めて，装置の小型化と視差画像の質の向上に重点が移っていくと考えられる．汎用だと，カメラヘッドなどに依存して，どうしても計測範囲を最適化できない．また，必要な精度も得られるとはかぎらない．用途によっては，処理装置の大きさや距離の粗さの許容の程度も変わってくる．また，汎用だといろいろな機能を提供する関係で，基本的に価格性能比を上げにくい．よって，汎用のステレオビジョンセンサと，放送局用途，侵入者検出，車両への応用など装置規模，処理速度，計測範囲と精度の要求，処理内容などが異なるため，それぞれの特定の応用に限定したものとに明確に分かれるであろう．高度なアルゴリズムを使えばそれに応じた効果が期待できるが，ピラミッドを使用した階層処理，ハイビジョンなどの高解像度画像を対象とした処理，複数の特徴量の活用，カラー画像を使用したマッチングなどが，まず優先して実装されつつある．また，現在，一部の処理装置で実現されているだけであるが，適応的な大きさ・形状のウィンドウ処理が一般的に行われるようになり，より効果の高いオクルージョン対策も可能となるであろう．これにより，現在のレーザレンジファインダにより近いレベルの品質で物体輪郭を正確に視差画像として復元できるようになると思われる．

〔木村　茂〕

▶ 参考文献

1) 奥富正敏：コンピュータビジョン：技術評論と将来展望（松山隆司，久野義徳，井宮淳編），第 8 章 ステレオ視（Stereo Vision），新技術コミュニケーションズ，1998．
2) 徐　剛，辻　三郎：3 次元ビジョン，共立出版，1998．
3) Szeliski, R.：Stereo algorithms and representations for image-based rendering. *Proc. British Machine Vision Conference* (T. Pridmore and D. Elliman eds.), Vol. 2, 314-328, British Machine Vision Association, 1999.
4) Scharstein, D. and Szeliski, R. ：A taxonomy and evaluation of dense two-frame stereo correspondence algorithms. *Int. J. Computer Vision*, **47**(1), 7-42, 2002.
5) Brown, M. Z., Burschka, D. and Hager, G. D.：Advances in computational stereo. *IEEE Trans. Pattern Analysis and Machine Intelligence*, **25**(8), 993-1008, 2003.
6) 奥富正敏，金出武雄：複数の基線長を利用したステレオマッチング．電子情報通信学

会論文誌, **75-DII**(8), 1317-1327, 1992.
7) 蚊野 浩, 金出武雄：任意カメラ配置におけるステレオ視とステレオカメラ校正. 電子情報通信学会論文誌, **J79-DII**(11), 1810-1818, 1996.
8) Nishihara, H. K.：Real-time implementation of a sign-correlation algorithm for image-matching (Draft), Teleos Research, February 1990.
9) Matthies, L. H.：Stereo vision for planetary rovers: stochastic modeling to near real time implementation. *Int. J. Computer Vision*, 8(1), 71-91, 1992.
10) Faugeras, O., *et al.*：Real time correlation-based stereo: algorithm, implementation and applications. *Technical Report* 2013, INRIA-Sophia Antipolis, France, 1993.
11) Ross, B.：A practical stereo vision system. *Proc. IEEE Computer Vision and Pattern Recognition* (CVPR '93), 148-153, 1993.
12) Webb, J.：Implementation and performance of fast parallel multi-baseline stereo vision. *Proc. DARPA Image Understanding Workshop*, 1005-1012, April 1993.
13) 金出武雄, 蚊野 浩, 木村 茂, 川村英二, 吉田收志, 織田和夫：ビデオレートステレオマシンの開発. 日本ロボット学会誌, **15**(2), 99-267, 1997.
14) Point Grey Research, http://www.ptgrey.com/
15) Konolige, K.：Small Vision Systems: Hardware and implementation. *Eighth International Symposium on Robotics Research*, Hayama, Japan, October 1997.
16) SRI's Small Vision System (software implementaion), http://www.ai.sri.com/~konolige/svm/index.html, 1999.
17) Kimura, S., Shinbo, T., Yamaguchi, H., Kawamura, E. and Nakano, K.：A Convolver-Based Real-Time Stereo Machine (SAZAN). *Proc. IEEE Computer Vision and Pattern Recognition 1999* (CVPR '99), 457-463, 1999.
18) Woodfill, J. and Von Herzen, B.：Real-time stereo vision on PARTS reconfigurable computer. *Proc. IEEE Symposium on Field-Programmable Custom Computing Machines*, 242-250, Napa, April 1997.
19) Woodfill, J., Gordon, G. and Buck, R.：Tyzx DeepSea High Speed Stereo Vision System. *Proc. IEEE Computer Society Workshop on Real Time 3-D Sensors and Their Use, Conference on Computer Vision and Pattern Recognition,* June 2004.
20) コマツ中央研究所：高速ステレオビジョン, http://www.komatsu.co.jp/research/
21) Piacentino, M. R., van der Wal, G. S. and Hansen, M. W.：Reconfigurable elements for a video pipeline processor. *IEEE Symposium on Field-Programmable Custom Computing*, April 1999.
22) 横山 敦, 三輪祥子, 芦ヶ原隆之, 林 和慶, 小柳津秀紀, 後 輝行：リアルタイムステレオシステムとその応用. 画像応用技術, **14**(1), 1-10, 1999.
23) 喜瀬勝之, 実吉敬二, 土屋英明, 関口 薫：無人ヘリコプター用ステレオカメラ画像高度計の開発. 第4回画像センシングシンポジウム, 359-364, 1998年6月.

1.3 3次元入力システムとポインティングデバイス

1.3.1 概　略
a．ポインティングデバイスの定義
　ポインティングデバイス（pointing device）とは，本来の意味は"位置指示装置"のことである．本書ではさらにくわしく，"体の動きを伝達して画面上（空間上）の任意の位置を指定し，コンピュータなどの情報機器へ情報を入力する装置"として定義する．代表的なものには，パソコンに付属するマウスやタッチパッドなどがある．マウスは人間の手の動きをディスプレイ上のカーソルに伝えることによって位置を指定することができ，また画面上のアイコンをクリックすることで，情報を入力することができる．
　このように，ポインティングデバイスには，①位置指定と②データ入力といった2つの側面がある．したがって，レーザポインタや指示棒のように，単に位置指定をするだけで情報を入力しないものは，ポインティングデバイスではない．また，数字を打つことを目的としたテンキーのように，座標値入力によって位置指定ができても体動伝達による方向性を持った位置指定ができない装置も，ポインティングデバイスとは呼ばない．
（1）位置指定
　N 次元の位置を指定するためには，通常，自由度 N 以上のデバイスが必要である．したがって，2次元情報を入力する場合には，ポインティングデバイスは平面的な移動をするものが一般的である．
　ただし，画面上のカーソルなどの移動方向を x 座標方向および y 座標方向に切り替え可能な"方向切り替えボタン"と，それぞれの方向への移動量を決定する"移動量ダイヤル"を組み合わせたようなコンパクトな装置が有用な場合もあるし，また，冗長ではあるが"3次元空間マウス"のような装置を2次元の位置指定に使用することも可能である．
（2）データ入力
　情報の入力においては，一般に，①数値や文字，②音声，③図形，④画像（静止画），⑤映像（動画）などの入力が考えられる．このうち，①はキーボードが代表的であり，②はマイクなどが通常用いられるが，③〜⑤のように2次元以上の情報を持つデータに対しては，データ入力の前に位置指定が不可欠である．
　入力データとしては，タブレットなどの装置で絵や手書き文字を描く場合のように，位置情報だけでなくその位置での値（濃淡や色）を扱えるものもある．このような装置の場合，たとえば3色ボールペンのようにペン自体に色を選択する機能を持たせることもできるが，通常は画面上のカラーパレットの位置を指定して色を選択する．このように，ポインティングデバイスは，位置指定機能は有するものの必ずしも

それが主ではないといった場合も多い．

b．ポインティングデバイスの種類

（1） キーボード

キーボードは本来ポインティングには直接関係せず，データ入力を行うデバイスである．ただし，カーソルキー（cursor keys）もしくはそれに対応させたキーに，x 軸の正負および y 軸の正負の 4 方向を割り当てることで，ポインティングデバイスとして用いることが可能である．この場合，移動量は，キーの連打回数（もしくは押下時間）によって決定される．

キーボードの本来の役割は数字や文字の入力であるが，このように画面上の位置指定も可能である．したがって，マウスなどの一般的なポインティングデバイスがない場合でも OS およびアプリケーションソフトが対応さえしていれば単体でも代用可能である．

（2） マウス，トラックボール

マウスやトラックボールは，回転するボールで平面上の手の動きを間接的に画面に伝えて位置を指定し，付属するボタンを押下することによって情報を入力する．マウスは，通常のパーソナルコンピュータに付属しており，ポインティングデバイス本来の役割としての必要最小限の機能を兼ね備えている．したがって，1 点（ポイント）を指定するのには適しているが，図形や絵を描いて入力するといった，クリエイティブな作業には向いていない．

トラックボールは，原理はマウスと同じであるが，マウスと違って装置自身を移動させないため，広い作業スペースを必要としない．そのため，ノートパソコンやモバイル機器などに組み込まれていることが多い．

（3） タッチパッド，ポインティングスティック

タッチパッドは，パッド上を指でなぞって操作する．広い作業スペースを必要としないという点においてトラックボールと同じ特長を持つ．ノートパソコンにおいては，トラックボールよりもタッチパッドの方が広く普及している．これは，トラックボールと比較して，薄く設計できるためであり，近年の薄型のモバイルノートパソコンに多く組み込まれているためである．

ポインティングスティックは，ゴムでできた小さいスティック状のデバイスであり，キーボードの中央に位置する．キーボードのキーの間にあり，操作時にキーボード（ホームポジション）から指を離すことなく操作できるため，タッチタイプに慣れたユーザには快適に使用することができる．また，作業スペースの点はタッチパッドよりもさらに小さくできる．押下して ON/OFF が可能になるように設計すれば，原理的には単体でもポインティングデバイスとなるが，通常はマウスボタンと同様のボタンを，キーボードのキーの手前に配置し，あわせて使用する．

（4） ジョイスティック

ジョイスティックは，ポインティングスティックと同じくスティック状のデバイス

であるが，装置自体はポインティングスティックより大きく，指先ではなく手で装置をつかんで操作するのが一般的である．

マウスなどのように，デバイスの変位量で画面上の位置を決定するのではなく，車のハンドルのように，デバイスの定位置からの変位量と時間によって，カーソルなどの位置を変位させる．すなわち，デバイスを静止させていても，定位置からの変位がある場合は，カーソルは移動し続けることになる．シミュレーションゲームなどでよく用いられる．

（5） タッチパネル，タブレット

タッチパネルおよびタブレットの場合は，画面を直接手やペンで指して位置を指定する．ポインティング精度はあまり高くない反面，操作が直感的でわかりやすいために，ユーザが画面上の選択肢を選択するといった用途に適している．

また，文字や絵を描くことを主とする作業にも適しており，これらを主とするタブレットを，特に，グラフィックタブレットと呼ぶこともある．

c. 直接入力と間接入力

データ入力において実際にポインティングデバイスで画面上の位置を指し示すときには，直接入力による方法と，間接入力による方法とがある．

直接入力とは，画面を指やペンなどで，直接指して入力することをいう．画面上の目的の場所を直接指し示すことから，非常に直感的な入力方法であるといえる．また，直感的であるがゆえに，複数の人間による協調作業が比較的簡単に実現できるといったメリットもある．反面，現在の情報機器環境において直接操作を実現する場合，装置が高価となることが多い．

一方，間接入力とは，画面から離れた位置で，画面に直接触ることなく画面上の位置を指し示す方法である．画面が遠くにある場合や身体に比べて大きい場合には，間接入力でなくては効率的な作業を行うことができない．また，マウスに代表されるような一般的なデバイスを見てわかるように，直接入力よりも安価に実現することができる．

なお，1.3.8項で説明する視線入力などの注視によるポインティングは，画面上を直接見て位置情報を入力することから，直接入力であると分類されることもあるが，眼球のすぐ近くに眼球計測装置などがあることから，これらの装置を介した間接入力ということもできる．直感的でシンプルな操作が可能であり，また，手の不自由なユーザなどには貴重なものである．ポインティング精度や価格の面など解決すべき点もあるが，手指以外の体動による代表的なデバイスとして，今後の開発が期待される．

d. 絶対座標操作と相対座標操作

指やペンなどでの直接操作においては，デバイスの場所と，画面上のカーソルの場所とが一致する．このように，ポインティングデバイスの座標と，カーソル座標とが1対1で対応する操作のことを，絶対座標操作という．

一方，マウスなどでの間接操作においては，デバイスの変位量に応じて，カーソル

の移動量が決定する．この場合，デバイス変位量とカーソル移動量とが一致する場合は絶対操作であるが，通常，デバイス変位量と画面上の移動量とは一致するのではなく，線形に対応している（図1.3.1）．このような操作を相対座標操作という．

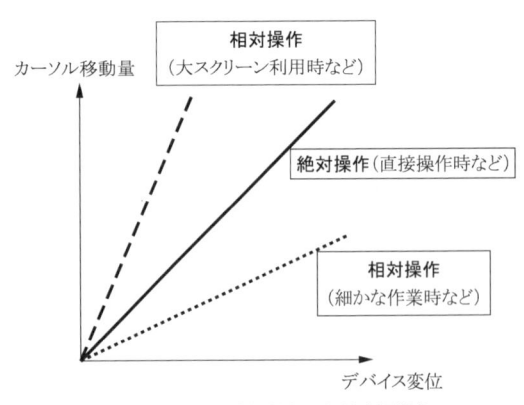

絶対座標操作と相対座標操作については，それぞれ一長一短がある．相対座標操作はマウスなどのデバイスを少し変位させるだけで，大きな画面上でもカーソルを効率よく移動させることができる．また，反対に，デバイスの変位量よりもカーソルの移動量を小さくすれば，製図などでの細かい座標指定にも便利であり，また，操作の苦手なユーザに，正しく位置を指定させることもできる．なお，デバイス変位量とカーソル移動量とを，画面上のコンテンツに応じて非線形に対応させるなど，目的ごとに座標操作を変更するといった応用も可能である．

以上で述べたポインティングデバイスの特徴比較を，表1.3.1に示す．

図 1.3.1　絶対座標操作と相対座標操作

表 1.3.1　ポインティングデバイス一覧表（特徴比較など）

	ジョイスティック	マウス	トラックボール	タブレット	タッチパネル
入力方式	間接入力			直接入力	
主な操作方式	方向操作	相対座標操作		絶対座標操作	

e．ディスプレイ/コントロールゲインとレートコントロール

（1）　ディスプレイ/コントロールゲイン（D/CG）

デバイスの変位量に対するディスプレイ上でのカーソルの移動量の比．デバイスのD/CG値が大きくなるとデバイス自体の移動量が増幅されてディスプレイ上にカーソルの移動量として現れるので，デバイスの感度が高いといえる．

（2）　レートコントロール

デバイスの変位量に比例したD/CGで，ディスプレイ上のカーソルを移動させる制御方法．大きな変位がデバイスに加わると，カーソルが高速に移動し，デバイスの

変位が0になったときに,カーソルが停止する.

1.3.2 3次元インタフェースSPIDAR
a. SPIDARの概要

2次元座標のポインティングにマウスが便利であるように,3次元の位置をポインティングするためには"3次元空間マウス"があれば便利である.東京工業大学精密工学研究所の佐藤らは,SPIDAR（SPace Interface Device for Artificial Reality）と呼ばれるインタフェースデバイスを開発している[1].SPIDARは,糸を使って3次元の位置を計測すると同時に,糸の張力でユーザの手指に力を提示させることができる（図1.3.2）.このような力覚提示可能な3次元入力デバイスとしては,SPIDARのほかに,SensAble Technologies社のPHANToM[2],Force Dimension社のDelta Haptic Device[3]などが開発されているが,SPIDARは糸を用いた安全性の高いシステムとして注目されている.

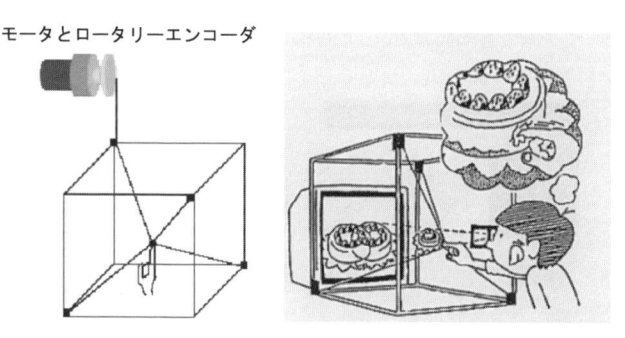

図 1.3.2　3次元入力装置SPIDAR
1. 指先に対して4本の糸が張られている.
2. ロータリーエンコーダで糸の長さを計測して指先の3次元位置を計算する.
3. モータで糸の張力を制御して指先に任意の力を加える.

b. SPIDARの種類
（1）　SPIDAR-I（図1.3.3）

最も初期のSPIDARであり,約1m立方のフレーム中央に壺のような回転形状が立体表示される.アナグリフと呼ばれるフィルタメガネを通して見ながらキャップをはめた指先で架空の壺を変形することができる.

（2）　SPIDAR-II（図1.3.4）

1本の指では不可能なより複雑な作業,たとえば物体を持ち上げてどこかに置くといった作業を行うことができる.親指と他の指にキャップをはめることで,物体をつまむといった操作を可能にしている.

図 1.3.3　SPIDAR-I 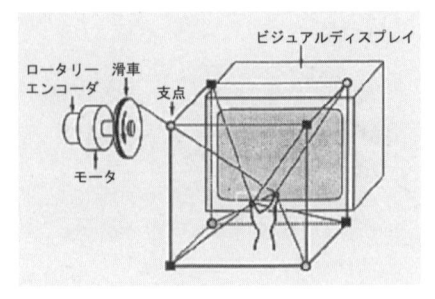　　　　　　　図 1.3.4　SPIDAR-II　（概念図）

（3）　BOTH HANDS SPIDAR（図1.3.5）
両手作業のためのSPIDAR．棒を穴に差し込む作業や，箱の蓋を開ける作業のように，両手を協調動作させる必要がある場合に用いられる．

（4）　NETWORKED SPIDAR（図1.3.6）
近年の高度ネットワーク社会において，マルチモーダルな共同作業環境が重要視されてきている．NETWORKED SPIDAR は，互いに離れた2人が1つのVR空間で協調作業を行うことが可能なシステムである．力覚提示の効果により，安定にしかも素早く物体の受け渡しを体験できる．

図 1.3.5　BOTH HANDS SPIDAR による両手作業 　　　　図 1.3.6　NETWORKED SPIDAR

（5）　SPIDAR-H
近年の映像装置の進歩とともに，高い没入感を持つディスプレイシステムが開発されている．SPIDAR-H は，このような等身大のVR環境において活用されるSPIDARである．約2m立方のフレーム内において，両手の中指に糸の取り付けられたリングをはめることにより，ユーザは手のひら全体に力を感じることができる．

糸を用いたSPIDARの特長として，このような任意の作業空間に対応できるというスケーラビリティがある．立方体に限らず，さまざまな形状の3次元VR環境に

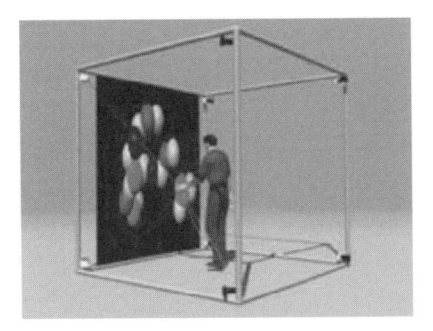

図 1.3.7 SPIDAR-H

適応することができる．
（6） SPIDAR-G
移動操作（3自由度）と回転操作（3自由度）および把持操作（1自由度）の計7自由度の操作をコンパクトに実現したSPIDAR．物体をつかみ，移動操作と回転操作を同時に進めながら別の場所に配置するといった作業をきわめて自然に行うことができる（図1.3.8）．

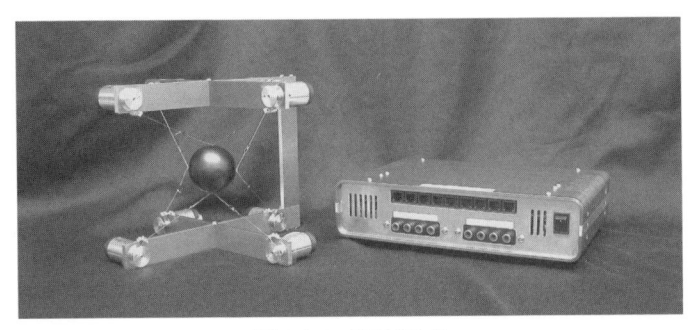

図 1.3.8 SPIDAR-G

（7） SPIDAR-8
両手多指操作のためのSPIDARとして，SPIDAR-8が開発されている（図1.3.9）．直方体のフレームに，あわせて24本の糸が取り付けられている．指先につけるキャップの数は8個であり，各キャップにそれぞれ3本の糸が取り付けられている．任意の力を指先に提示するためには各指に対して本来4本の糸が必要であるが，両手操作の際の糸の干渉を避けるために，3本の糸による設計となっている．

c．**SPIDAR の応用**
SPIDARは，工学，医学，アミューズメント，教育といった幅広い分野で応用されている．たとえば，原田らによって，上腕の遠隔医療システムとしてリハビリテー

図 1.3.9 SPIDAR-8

ション支援システム"ピンチエクササイザー"が提案されている[4]．また，白井らにより，タンジブルプレイルームの実証コンテンツとして"ペンギンホッケー"が開発されている[5]．教育用としては，井門らによって3次元VR環境構築のプログラミング支援システムなどが開発されている[6]．

1.3.3 キーボード

キーボードには，文字を入力し，編集するためのキーと位置入力をするためのステップキーがある．ステップキーには，ホーム (Home)，エンド (End)，上，下，左，右の各キーがあり，キーを押し下げることによって，ディスプレイ上のカーソルを移動させ，位置情報を入力することができる．相対座標操作が可能である．

（1）ホームキー，エンドキー

ホームキーは，カーソルを入力フィールド画面の左上に移動させる，または，カーソルの移動範囲の先頭にカーソルを移動する機能を持つキーである．

エンドキーは，ホームキーと対照的な機能を持ち，カーソルの移動範囲の最後に移動するためのキーである．これら2種類のキー機能は，使用されるアプリケーションによって，移動位置の割り当てが異なることがある．たとえば，エンドキーの場合，現在行の最後に割り当てられているアプリケーションもあれば，画面の最後に割り当てられるアプリケーションもある．

（2）上，下，左，右キー（カーソルキー）

これらは，カーソルキー（cursor keys）とも呼ばれ，各キーを押すことによって現在位置から，上下左右に割り当てられている方向へ，カーソルを移動させることができる．通常，カーソルキーには移動方向を示す"矢印"が印刷または刻印してある．キーを1回押すことによって移動できる量はあらかじめ決められているが，複数回キーを押すことによって，移動量の積算を行うことができる．また，連続的にキーを押し，カーソルを連続的に移動することが可能である．

1.3.4 マウス，トラックボール
a． マウスとその種類

GUI（graphical user interface）環境では，ユーザに対しての情報提示は図や絵などのグラフィックが主に用いられ，操作のほとんどをポインティングデバイスによって操作することができる．なかでも，現在ほとんどの PC に使われているのがマウスである．

マウスは，移動方向と移動量を対応付けて，ディスプレイ上のポインタをマウスの動きに同期させて移動させることができる．さらに，ポインタを移動させた後，マウスに搭載されているボタンを押すことで GUI 上に対応付けられている各動作を行うことができる．また，レートコントロールも可能である．

マウスは，構造，ボタンの種類，接続方法の観点から分類することができる．

(1) 構造による分類

デバイスの変位量を測定する構造によって，機械式と光学式に分類できる．

① 機械式（ボール式）マウス

マウスを動かすことで，マウスの裏側にあるボールが転がり，その移動方向と移動量をロータリエンコーダで検出する．机などの平らな場所で使用することができるが，マウスパッドと呼ばれる下敷きの上でマウスを動作させると操作をスムーズに行うことができる．ボールについたほこりによって動きが悪くなることがあるため，手入れが必要である．また，摩擦の小さい机の上などで使用するとボールがスリップしてしまい誤差を発生させてしまうことがある．

最近では，オプトメカニカル式マウスと呼ばれるものが主流となり，光センサを使って光学的にボールの回転を測定する方法が採用されている．

② 光学式マウス（オプティカルマウス）

マウスの裏面から光を発し，光の反射に移動方向と移動量を検出する．ボールが必要ないので，ほこりなどによってボールの動きが妨げられることがなく，メンテナンスが不要である．以前は，水平，垂直の格子が印刷してある専用マウスパッドでマウスを動かし，マウス裏側から発した光の反射光の有無を読み取って，反射光の強度変化と格子の間隔から移動方向と移動量を検出していた．しかし，最近では，専用マウスパッドを必要としない光学式マウスが主流となっている．マウス操作が，マウスパッドの汚れや大きさに依存しないという利点がある．以下にその原理を示す．

光学式マウスの裏面（底面）から，LED などの光源を用いて，マウスを乗せている机などの面に照射する．マウスに内蔵されているイメージセンサと呼ばれる素子が，底面から見える画像を撮影する．その画像は，マウスの移動にともなって変化するため，画像処理を行うことでマウスの移動方向と移動量を検出することができる．撮影を連続に行うと，マウスが静止している場合は，常に同じ画像が得られるが，マウスが移動した場合には，1つ前の撮影画像と現在の画像を比較し，同一の画像領域が移動した方向と量を検出する．同一の画像領域が存在しない場合は，検出が不可能

となる．これを解消するためには，撮影スピードと画像処理の高速化が必要である．

通常は，マウスがとらえる画像は，毎秒数千から数万回のスピードで撮影を行っており，画像処理も専用のDSP（digital signal processor）素子を用いて高速化を行っているため，人の手でマウスを高速に操作する場合にも対応できるようになっている．

光学式はメンテナンスフリーであるが，機械式に比べると高価である．

(2) ボタンの種類による分類

マウスには，選択や描画のためのボタンが搭載されている．ボタンの数は，OSに依存することが多いが，各ボタンの機能はユーザ側でカスタマイズできるようになっている．通常は，ボタンを押すことでクリック，ドラッグ，ドロップと呼ばれる操作を行う．

- クリック：ボタンを1回押してすぐ離す（2回続けて押してすぐに離すことをダブルクリックという）．オブジェクトの選択や実行をする場合に用いられる．
- ドラッグ：ボタンを押しながらマウスを動かす．オブジェクトの移動や広い範囲を選択する場合に用いられる．
- ドロップ：押していたボタンを離す．通常はドラッグでマウスを目的の場所に移動させた後，ドロップさせ，オブジェクトの移動を完了させたり，範囲の選択を決定させる．

一般的に用いられているマウスを，表1.3.2に示す．

表 1.3.2 マウスのボタンの種類

種類	対応OSなど	操作の対応付け
1つボタン	マッキントッシュ	クリック，ドラッグ，ドロップがすべて可能
2つボタン	DOS/V Windows	左ボタン：クリックなど，右ボタン：メニュー表示
3つボタン	UNIX X Window	中央のボタンがダブルクリック

マウスには，ボタンの近辺に取り付けられた，回転円盤形状の指で回すことのできるホイールと呼ばれる操作デバイスが搭載されていることがある．これらのマウスは，ホイールマウスと呼ばれる．画面のスクロールや，オブジェクトの倍率を変えるのに用いられることが多い．最近では，垂直にスクロールするだけでなく，左右にスクロールする機能を持つホイールも登場している．

(3) 接続方法による分類

PC本体とマウスの接続には，下記のものがある．なお，キーボード経由でPC本体に接続する場合もある．

- PS/2：キーボードやマウスを接続するコネクタの規格．コネクタ形状は同じであるが，あらかじめ接続される機器は決まっているのでマウスが接続で

- USB：キーボードやマウス以外のプリンタなどの周辺機器を接続しデータの伝送を行うための規格．機器の専用のコネクタは割り当てられておらず，マウスはどのコネクタでも接続可能．また，マウスの接続によるPCの再起動も不要．
- ワイヤレス：赤外線や電波を用いてPCと接続する．PC本体と受信機をケーブルなどの有線で接続し，受信機とマウスが無線状態で通信する．マウスの移動操作が無線の届く範囲で自由に行える利点があるが，マウス側が赤外線や電波を発生させる電源を持たなければならず，電池などを搭載する必要がある．

b．トラックボール

（1）トラックボール式マウス

ボールを内蔵している機械式マウスを裏返した構造をしている．指先でボールを回転させ，ディスプレイ上のポインタを移動させることができる．通常のマウスと同様に相対座標入力で，かつ，レートコントロールが可能である．マウス自体を動かす必要がなく，作業スペースがほとんど必要ないため，狭い机の上でも作業が行える．また，指先で直接ボールを操作するので，指先の微妙な動きをポインタに伝えることができるが，描画などの一連の動きを要するものには向いていない．可動部は，指以外に接触することがなく，ほこりなどが付着しないため，メンテナンスフリーである．

（2）トラックボール内蔵型ノートPC

トラックボールは，作業スペースを要しないので，キーボード上に組み込むこともでき，ノートPCのマウスとして用いられている．

図 1.3.10　トラックボールの例
　　　　　　　（松下電器産業株式会社提供）
Let's note PRO CF-A 3.

c．その他のマウス

米国Gyration社が開発した机上のみならず空中で使える新タイプのマウスにジャイロマウス（空中マウス®）がある．ジャイロスコープ，光学式センサ，ワイヤレス接続の技術で構成されている．机上では，ワイヤレス式のオプティカルマウスとして

機能し，空中ではジャイロスコープと呼ばれる加速度センサが手首の動きを感知して，カーソルの動きに変換する．

ワイヤレス式のため空間を自由に移動させることができ，無線信号が届くかぎり，操作空間に制限がない．PC 画面をプロジェクタで投影し，プレゼンテーションを行う場合など，PC 操作とポインタ操作を同じデバイスで行えるなどの利点がある．（空中マウス®は，イノテック株式会社の登録商標．）

1.3.5 タッチパッド

タッチパッドはノート型パソコンで採用されているポインティングデバイスであり，パッドと呼ばれる数 cm 四方のスペース上を指でなぞると，マウスポインタを動かすことができる．パッドにかかる指の圧力で動きを感知する感圧式と静電気を利用して位置情報を感知する静電式がある．トラックパッドと呼ばれることもある．

（1） 感圧式タッチパッド

感圧式タッチパッドでは，カーボンや金属の微粒子を混入した柔軟体の抵抗が圧力によって減少することを利用し，これをアレイ化することで接触位置を検出する．

感圧式タッチパッドの原理を図 1.3.11 に示す．

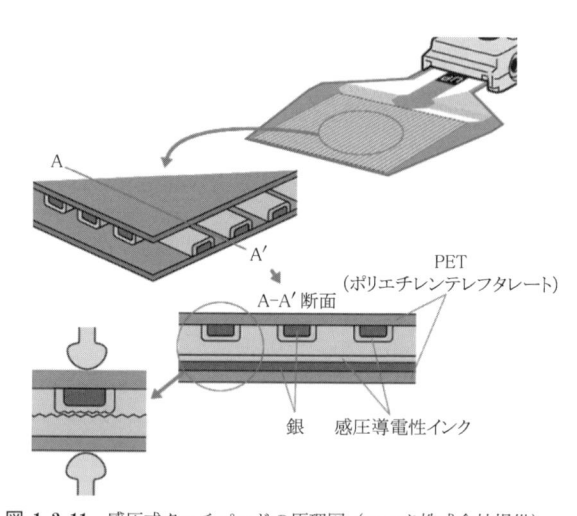

図 1.3.11 感圧式タッチパッドの原理図（ニッタ株式会社提供）

（2） 静電式タッチパッド

静電式タッチパッドの基本的な構造は，多くの微小なコンデンサが 2 次元平面上に配置されたものと考えることができる．図 1.3.12 に示すように，直交する電極で絶縁体を挟み込む構造となっている．X 電極と Y 電極との間に電圧を印加すると，XY 電極の交点のそれぞれがコンデンサを形成して，一定の電荷を蓄えた状態となる．こ

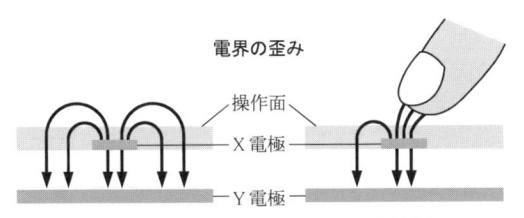

図 1.3.12 静電式タッチパッドの原理図
(アルプス電気株式会社提供)

の状態で，導体である指が近づくと，XY 極の間に生じていた電界の一部が指の方向に引きつけられる．つまり X 電極と指との間にもう 1 つのコンデンサが形成され，指が触れた部分の XY 電極間にあった電荷の量が減る．これによって，X 電極と Y 電極のそれぞれに流れる電流に変化が生じる．電流に変化が生じた X 電極と Y 電極を計測し，X 軸方向の電極と Y 軸方向の電極が交わる点を見つければ，指がどこに触れたかを知ることができる．

タッチパッドにはドライバの機能でクリックやドラッグなどの操作が実現できるものがあるが，これはタッチパッド上に指がおかれた時間を計測し，一定時間未満ならクリック，押されたまましばらく離れなければカーソル移動といった具合に，信号の変化をソフト的に解釈して特定の操作を実行するようにしている．

1.3.6 ジョイスティック

ジョイスティックは戦闘機，バックホウなどの建設重機，電動車椅子などの操作デバイスとして用いられてきたものであるが，コンピュータ用のポインティングデバイスとしてはフライトシミュレータなどの操作用インタフェースとしてよく用いられている．ジョイスティックは操作棒（スティック）を前後左右，あるいは斜め方向に倒すことで操作入力を行う．操作棒の傾斜を検知する構造は，スイッチ式，ボリウム式，光学式の 3 種類に分けることができる．

（1） スイッチ式ジョイスティック（図 1.3.13）

スイッチ式は操作棒が倒された方向を 4 つのスイッチで検出する構造であり，2 つのスイッチが同時に押されたことを検知することで対角方向の入力も可能である．前後左右と対角方向の 8 方向に対して，操作棒の直立および傾斜を 2 値で入力することができる．

（2） ボリウム式ジョイスティック（図 1.3.14）

ボリウム式は操作棒の傾斜角を 4 つのボリウム（可変抵抗器）で検出する構造で，傾きを多値で入力することが可能である．前後・左右のボリウムの値を個別に検知し統合することで，360 度全方向を入力することができる．ボリウムのかわりにロータリーエンコーダを用いるものもある．

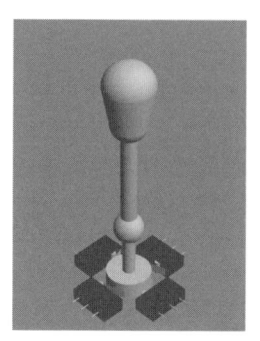

図 1.3.13 スイッチ式ジョイスティックの原理図 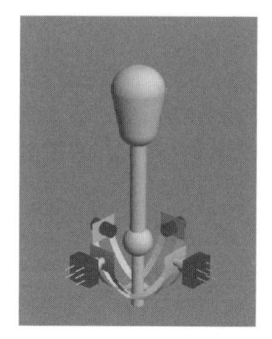　　図 1.3.14 ボリウム式ジョイスティックの原理図 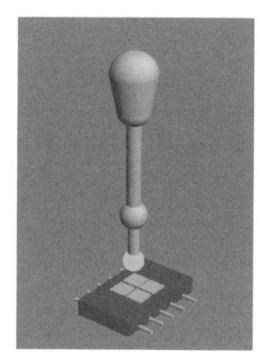　　図 1.3.15 光学式ジョイスティックの原理

（3）光学式ジョイスティック（図 1.3.15）

　光学式は，操作棒の下端に LED などの発光素子を取り付け，操作棒の傾斜によって変化する光の分布を操作棒の直下に設置されたフォトダイオードなどの受光素子で検出する．長時間使用にともなう性能劣化がボリウム式よりも小さい．受光素子の受光量の変化から操作棒の傾斜を検知する．方向を検出するために，4 分割フォトダイオードなどを用いることが多い．

1.3.7 タッチパネル，タブレット

　以上は，相対座標操作モードが主のデバイスであったが，ここでは，絶対座標操作が主のポインティングデバイスについて説明する．

a．タッチパネル

　タッチパネルは，CRT ディスプレイなどに外付け（後付け）するものと，内蔵（タッチモニタ）として最初から組み込まれているものとがある．外付けのものは，一般的に比較的安価で手軽に直接入力を実現することができる．内蔵のものは，個人で利用するものから，強度や耐久性にすぐれた業務用のものまで，幅広く存在する．
　これらのタッチパネルは，センシングの方式によって大きく以下のように分けることができる．

・感知方式（光などの遮断）：光方式など
・圧力方式（指などの圧力）：抵抗膜方式など

　さらに，タッチパネルは，その原理によって主に以下の 4 つに分類することができる．

（1）静電容量方式

　静電容量の膜が表示パネルに塗布してあり，指で触れることによって表面電荷が変化することで，その位置を検出する．
　特長としては，半永久的なタッチ耐久性を持つ点，指や専用ペンにしか反応しない

ため誤認識がないこと，動作中でもメンテナンスが可能であることなどがあげられる．

銀行，ゲームセンター，一般・公共・情報端末，コンビニ端末，ATMなど，大勢の人が利用するような，耐久性が必要な場面に多く見られる．

（2） 超音波方式（超音波表面弾性波方式）

表示パネルのガラス表面を表面弾性波が進行しており，指などで触ることによって，その部分の振動が吸収されることで，その位置を検出する．

図1.3.16は，X方向の検出の原理を示している．X発信子から出た表面弾性波がB地点で吸収されるため，X受信子での受信強度に時間変化が現れる（上グラフ）．Y方向も同様にして検出する（下グラフ）．

指や専用ペンだけではなく，手袋などで入力することもできるといった特長がある．ただし，水に反応するため室内での使用に限定されている．キャッシングATMなどに使われている．

（3） 光方式（赤外線方式）

光学方式，または，赤外線走査方式とも呼ばれる．障害物によって光や赤外線が遮

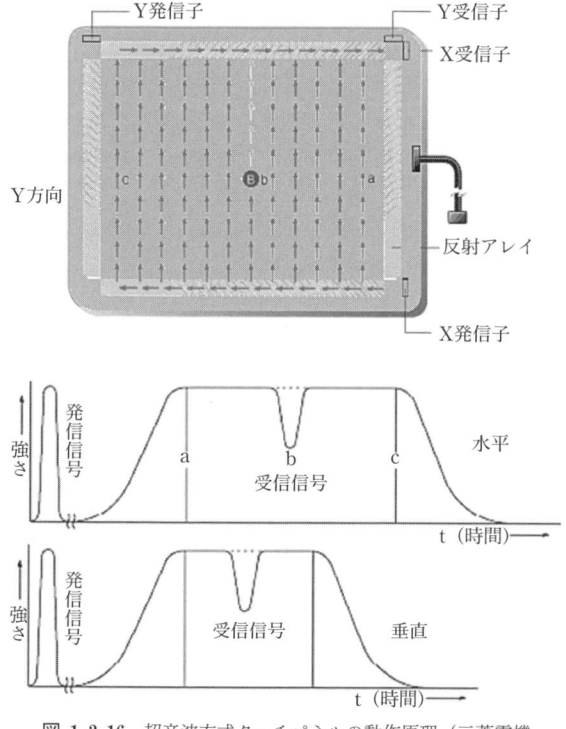

図 1.3.16 超音波方式タッチパネルの動作原理（三菱電機エンジニアリング株式会社提供）

断されることによって，位置を検出する．光を遮断するものすべてに反応するため，誤動作を起こしやすいといった欠点がある反面，パネル表面の傷には影響を受けない，完全にパネルに触れなくても操作できる，といった特長を持っている．

分解能が低いため，細かい操作が必要な場面には適していない．ATM，券売機，コンビニなどで使用されている．

（4） 抵抗膜方式（図1.3.17）

分解能が高く安価であるといった特長があるが，表面がフィルムなので傷つきやすく寿命が短いといった欠点がある．個人のモバイル機器などを中心に，最も広く普及している方式である．導電性を有するセラミックス材料 ITO（indium tin oxide）が塗布されたガラス面およびフィルム面が，指やペンなどによる圧力で接触してショートし，そのときの電圧の変化によって位置を検出する．PDA，カーナビなどに用いられている．

タッチパネルを方式別に比較すると表1.3.3のようになる．

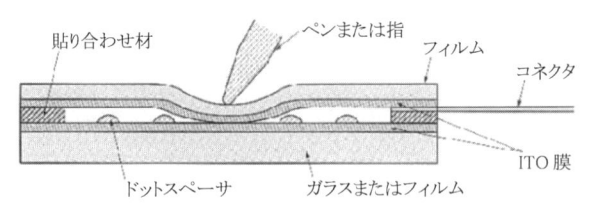

図 1.3.17 抵抗膜方式（三菱電機エンジニアリング株式会社提供）

表 1.3.3 タッチパネルの比較（三谷[7]より一部改変）

	静電容量方式	超音波方式	光方式	抵抗膜方式
コスト	高	高	中	低
製造工程	やや煩雑	やや煩雑	煩雑	やや煩雑
装着	オーバーレイ	オーバーレイ	額縁	オーバーレイ
動作原理	閉回路	音吸収	光遮断	押圧
画質の劣化	あり	ややあり	なし	あり
反射性	あり	あり	なし	あり
環境の影響	受ける	受ける	少ない	受ける
耐傷	強	弱	弱	弱
長所	取り付け容易性	高タッチ耐久性	ペン・手袋入力可	安価
短所	手袋入力不可	取り付け困難 水に反応	外形大	大型化不可

以上のように，目的や用途によって，タッチパネルの方式は決定される．公共の場面において，抗菌仕様に設計しやすいかどうか，操作感や反応スピードなどは十分であるかなどは，重要であるといえる．

また，タッチしたときの感触なども重要な要素となる．近年，パネルに触れたときにフォースフィードバック（クリック感）があるものが発売されている．

b．タブレット

　大型のものはデジタイザとも呼ばれる．電磁誘導方式が一般的であるが，これは，磁界を発生できるスタイラスペン（stylus pen）で，電磁エネルギーを受け取る回路のあるパネルをタッチすることでペンの位置を検出する．専用ペンにしか反応せず手で触れたときに誤動作がない（図 1.3.18）．

　近年，タブレット PC が発売されてきているが，ここでも電磁誘導方式が採用されている（図 1.3.19）．

図 1.3.18　ペンタブレット（グラフィックタブレット）（(株)ワコム提供）

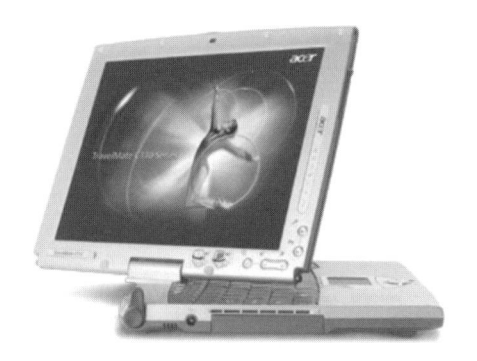

図 1.3.19　PC タブレット（日本エイサー株式会社提供）

　なお，電磁誘導方式のほかに，磁歪方式，静電結合方式，光学方式などがある．また，グラフィックタブレットは，直接入力によって画面にペンで絵を描いていくことができ，クリエイティブな作業に適しているため，美術専門学校や小中学校などを中心に利用されている．

1.3.8　視線入力，その他のデバイス

a．視線入力

　位置を指定するとき，まず，指し示す場所を目で見てから，デバイスなどを操作するのが一般的である．この一連の操作における最初の部分，すなわち，目で見るという行為だけで位置指定を行うことができれば，非常にシンプルで直感的な作業が実現できる．

　視線入力は，ユーザが注視している方向を眼球計測装置でとらえて，画面上の位置を特定するものである．眼球運動のみでポインティングが行えるため，重度の肢体不自由者などが情報機器へアクセスする場合などに用いられることも多い[8),9)]．

　ただ，入力に際し，入力のために注視しているのか，それとも視線を向けているだけなのかを判断することが難しいといった問題がある．また，近年，眼球計測装置が十分改良されてきているとはいえ，他の入力方法と比較して，あまりポインティング

精度がよくないといった問題点がある．

b．両足操作型デバイス

ポインティング操作は，以上に述べたように，通常，視覚と手腕に作業が集中しているといえる．このような作業を，他の感覚系や運動系に分散させることができれば，特定の身体部位への作業負荷を軽減することができる．

たとえば，足によるポインティングは，GUI の概念が考案された頃から検討されており，また，その後もいくつかのデバイスが検討されてきている[10]．近年改良されてきているものの，他のデバイスと比較して，姿勢や作業性などの点でやや難があり，装置が大がかりになったりすることもあるため，まだそれほど多く普及しているとはいえない[11]．　　〔佐藤　誠・石井雅博・井門　俊・井門　忍〕

▶ 参考文献

1) 佐藤　誠，平田幸弘，河原田　弘：空間インタフェース装置 SPIDAR の提案．電子情報通信学会論文誌，**J74-DII**(7)，887-894，1991．
2) Massie, T. H. and Salisbury, J. K.：The PHANTOM Haptic Interface: A device for probing virtual objects. *Proc. ASME Winter Annual Meeting, Symposium on Haptic Interfaces for Virtual Environment and Teleoperator Systems*, Chicago, IL, 1994.
3) Grange, S., Conti, F., Helmer, P., Rouiller, P. and Baur, C.：Overview of the delta haptic device. *Eurohaptics '01*, Birmingham, England, 2001.
4) 加藤達也，原田哲也：SPIDAR を用いたリハビリテーションシステムの構築．日本バーチャルリアリティ学会研究報告，8(1)，1-4，2003．
5) 白井暁彦，長谷川晶一，小池康晴，佐藤　誠：タンジブル・プレイルーム：「ペンギンホッケー」．日本バーチャルリアリティ学会論文誌，7(4)，435-443，2002．
6) Ido, S. and Isshiki, M.：Development of educational software for the VR application designer of SPIDAR. *International Conference on Computing, Communication and Control Technologies 2004*, Austin, TX, 2004.
7) 三谷雄二監修：タッチパネルの基礎と応用，テクノタイムズ社，2001．
8) 伊藤和幸，数藤康雄，伊福部　達：重度肢体不自由者向けの視線入力式コミュニケーション装置．電子情報通信学会論文誌，**J83-DI**(5)，495-503，2000．
9) 坂　尚幸，菅又生磨，板倉直明，坂本和義，北本　拓：ガイド領域を用いた視線文字入力インタフェースの提案．電子情報通信学会論文誌，**J84-DII**(5)，799-804，2001．
10) English, W. K., Engelbart, D. C. and Berman, M. L.：Display selection technique for text manipulation. *IEEE Trans. Human Factors in Electronics*, 8(1), 5-15, 1967.
11) 久米祐一郎，井上　啓：両足操作型ポインティングデバイスの検討．映像情報メディア学会誌，54(6)，871-874，2000．

1.4 モーションキャプチャ

　モーションキャプチャとは，人間，あるいは動物の身体の各部の動作をデジタルデータとしてコンピュータに取り込むことである．デジタルデータの特徴として，いったん取り込んだ後は劣化もなく，長期保存が可能であり，再利用・解析などが容易なことから，近年，スポーツ，研究，ゲームや映画などのエンターテインメント，医療などさまざまな分野に応用されている．

1.4.1　歴史的背景

　モーションキャプチャの歴史は，画像を用いて身体の動作を解析することから始まった[1]．1878年6月15日に米国カリフォルニア州パロアルトにて記者の前でエドワード・マイブリッジ（Eadweard Muybridge）[2,3]が馬の連続写真を撮影した．世界初の高速動作の連続写真である．これにより，馬が早足で駆ける場合，蹄が地面につかず，宙に浮いている瞬間があることが証明された．その後もマイブリッジは歩行解析，スポーツ解析，リハビリテーション解析などを行っている．

　その後，計測機器の発達にともない，解析対象も連続写真から動画へと変化した．現在，ソフトウェアの面では，連続フレームに手動でマーカを設定する原始的な方法から，特徴点を自動抽出して追跡する方法・人体モデルをフィッティングさせて自動的に運動解析する方法など，画像解析の分野でさまざまな手法が提案されている[4]-[6]．また，ハードウェアの面では後述する光学式，磁気式，機械式などの各種機器が開発されている[7,8]．以降は特にハードウェアについて説明する．

1.4.2　方　式

　モーションキャプチャの方法としては身体に機器を装着して動作を計測するもの，あるいは映像として録画して解析するものがある．前者の方式はさらに光学式，磁気式，機械式の3種類に大別できる．以下，それぞれの方式の概要について述べる．

a．光学式

　計測対象の各部（主に関節周辺）に数cm程度の大きさのマーカと呼ばれる小さい物体を取り付け，複数台のカメラでそれらを計測して2次元座標情報を統合して3次元位置情報を取得する方式である．マーカとしては，光を反射するもの，みずから光を発するもの，色のついたものがある．

　光学式は小さいマーカを貼り付けるだけであり，カメラを用いることにより身体に非接触で計測可能であるため身体拘束がないに等しく，動作の自由度が高くなる．モーションキャプチャシステムとしては一般的といえる．

　しかし，マーカが身体の他の部分に隠されて死角が発生した場合（オクルージョン），照明条件が悪い場合などはマーカの見落としが起こり，精度が悪くなる．カメ

ラ台数を増やすことで対応可能であるが，システムが全体として大規模になってしまう．また，身体の動作を正確に計測するためには身体に密着した服を着てマーカをつけなければならない．

また，後述する受動的システムの場合，マーカは光を反射するのみであり，IDがないため，マーカの誤対応が起こりやすい．そのため，手動でマーカ対応を修正する後処理が必要となり，リアルタイム性に欠ける欠点があった．しかし，最近はその欠点に対応する手法・システムも開発されつつあり，完璧ではないにしてもリアルタイム性をうたうシステムも出てきた．

図1.4.1に受動的光学式システムの一例を示す．

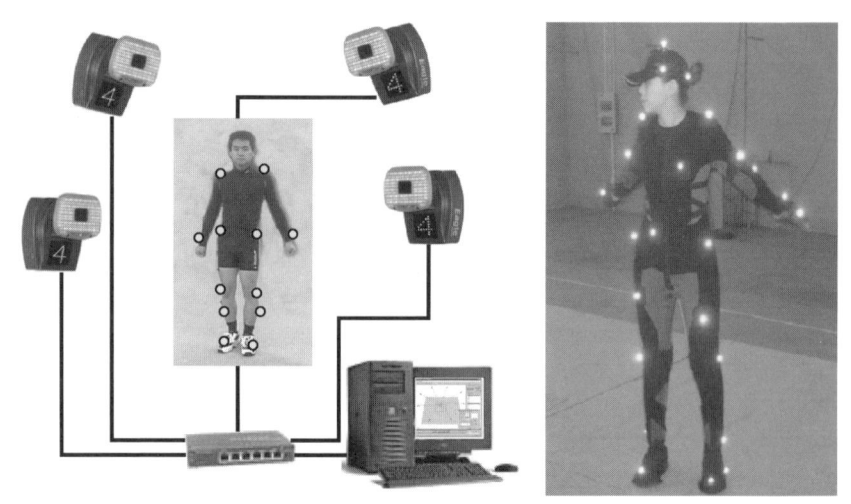

図 1.4.1 光学式システム（Eagle Digital System）
（キッセイコムテック株式会社，（株）ナックイメージテクノロジー提供）

b．磁気式

身体の各部に磁気センサを取り付け，トランスミッタと呼ばれる機械から発生させた磁界の中に入ることで各センサと磁場発生源との距離を測定して位置・姿勢を取り込む方法である．

以前は有線のワイヤードタイプが主流であったため身体拘束が大きく，動作に制限があったが，近頃は無線のワイヤレスタイプが出てきており，その問題は解消されている．当然ワイヤレスタイプは動作の自由度が高く，また光学式と異なりオクルージョン・照明の影響もなく，正確な計測が可能である．衣服の下にセンサをつけて計測することも可能である．

しかしながら，正確に計測するためには磁界を安定させる必要があり，金属製品は身体に帯びることはできず，また計測現場においても鉄筋の影響を受けやすいため設

図 1.4.2 磁気式システム
(MotionStar Wireless)
(ジャパンテックサービス株式会社提供)

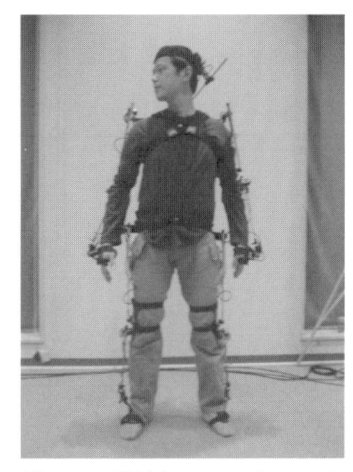

図 1.4.3 機械式システム(GYPSY)
((株)スパイス提供)

置場所に注意する必要がある．

図 1.4.2 にワイヤレス磁気式システムの一例を示す．

c．機械式

センサとして身体の傾きを計測するジャイロ，関節の回転角度を計測するためのシャフトで連結されたポテンシオメータなどを用いて，機械的に身体動作を計測する方式である．

光学式，磁気式に比べて小規模ですみ，オクルージョン，電磁波などの影響も少ない．機器も身体に装着するだけですみ，設置スペースを要しない．しかし，重量が他の方式に比較して大きくなり，身体に拘束感がある．

図 1.4.3 に機械式システムの一例を示す．

d．ビデオ式

ビデオやアニメーションなど，あらかじめ撮影された動画ファイルから特徴点抽出・色領域抽出などの画像処理により計測対象の動作を解析する方式である．

ソフトウェアだけで動作取得が可能であり，ハードウェアを使う方式に比較して安価である．また既存の動画ファイルも使用できるため応用範囲が広い．しかし，当然ながら画像処理の精度が計測精度に多大なる影響を与える．また，リアルタイム処理は困難である．

e．方式の比較

各方式の違いを表 1.4.1 にまとめる．

表 1.4.1 方式の違い

	長所	短所
光学式	処理負担小 リアルタイム表示可能（一部） 一般的	マーカを装着する必要あり 同期した複数カメラが必要 オクルージョンに弱い 環境の影響大（周辺光）
磁気式	オクルージョンの影響なし リアルタイム性あり	センサを装着する必要あり 環境の影響大（金属）
機械式	オクルージョンの影響なし 環境の影響小	センサを装着する必要あり 被験者負担大（配線） 光学式，磁気式と比較して精度がよくない
ビデオ式	手軽 安価 高価なハードウェアが不要	オフライン処理のためリアルタイム性なし 一般的に精度がよくない

現在一般に普及しているのは光学式，ついで磁気式といえる．磁気式の強みはデータがリアルタイム，すなわち動作と同時にデジタルデータが入手できる点であったが，近頃は光学式でも隠れ・マーカ対応ミスに対応してリアルタイム性を持つシステムが登場してきた．また，光学式は非接触で高精度に計測できる点が長所であったが，磁気式もワイヤレスタイプが登場し，身体拘束の問題は解決されつつある．機械式は身体が拘束されるが，その機械を装着するだけで計測が可能となり，大規模な空間を必要としない点が光学式の多数のカメラが必要，磁気式の金属の影響が大，といった点に対する利点としてあげられる．

1.4.3 実際のシステムの事例

a．受動的光学式システム

（1） Vicon 8i（VICON 社）

モーションキャプチャシステムとして一般的な光学反射式の代表的なシステムである．カメラの周囲のリング型ストロボより発光し，計測対象に装着したマーカからの反射光を専用の高解像度/高速度カメラで計測する．高再帰性光学反射マーカ（入射方向に光を反射）を用いており，光源とカメラの光軸が一致しているため周囲の光の影響を少なく計測できる．マーカ自体に ID はついていないが，複数カメラでマーカを計測し，その情報を統合して各マーカを区別して 3 次元位置を計測する．計測されたマーカ位置はあらかじめ登録しておいた人体モデル（各演技者固有の骨格構造と全関節の可動範囲を計測した動的キネマティックモデル）とフィッティングされ，人体の動きとして再構成される．

ストロボタイプとしては一般的・高輝度の赤色，不可視の赤外線，それらの中間の近赤外線，と 3 種類があり，またカメラおよびレンズとの組み合わせを変更することでさまざまな計測範囲・用途に対応可能である．

反射マーカは 1 mm 程度から 50 mm 程度の球形マーカ（サイズは自由），フラット

マーカを使用可能で，マーカ数は理論的には無制限，実用的には150〜200程度である．全身計測の場合は，1人あたりのマーカ数は30〜50程度が代表的である．

また，1システムあたり3〜24台の間で自由にカメラ台数を変更できる（6台以上推奨）．当然，カメラ台数が多いほど隠れ（オクルージョン）が起こりにくくなり，計測精度も向上する．

図1.4.4にVICONシステムの概要，図1.4.5に運動計測例，図1.4.6に操作画面と使用カメラを示す．

（2） Eagle Digital System（Motion Analysis 社）

光学反射式のもう1つの代表的なシステムである．VICON同様，カメラの周囲のリング型ストロボより発光し，計測対象に装着した高再帰性光学反射マーカからの反射光を専用の高解像度/高速度カメラで計測する．

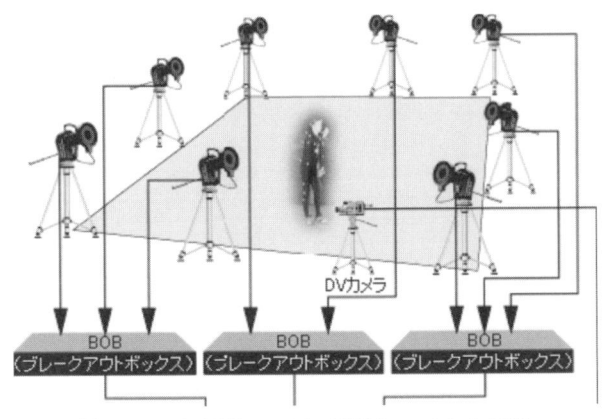

図1.4.4　VICONシステム（(株)クレッセント提供）

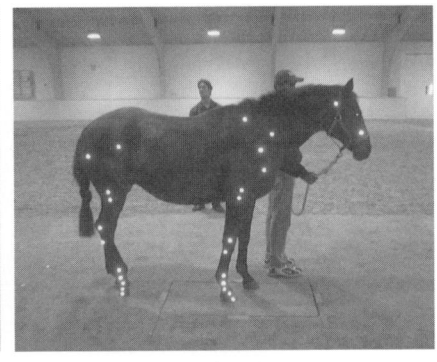

(a) 人物　　　(b) 馬

図1.4.5　VICONシステムによる運動計測（(株)クレッセント提供）

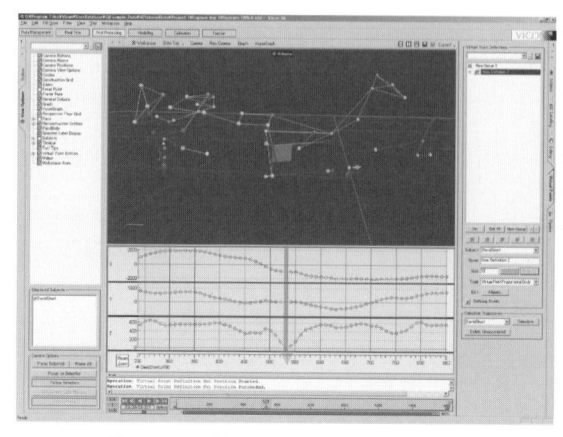

図 1.4.6 VICON システムの画面とカメラの例（(株)クレッセント提供）

　VICON 社，Motion Analysis 社ともに 1980 年代初頭よりそれぞれ医療用，エンターテインメント用のハイエンドの受動的光学式モーションキャプチャシステムを販売して，開発でしのぎを削ってきており，基本性能は両社ともほぼ同等である．
　最新のシステムではカメラごとに CPU を備え，画像処理の計算負荷を減少させている．この分散処理機能は VICON 社のシステムでも導入されており，性能が拮抗している．
　図 1.4.7 に運動計測例，図 1.4.8 に操作画面と使用カメラを示す．
（3） STT（STT Ingenieria y Sistemas）
　受動的光学式の一種である．最大 6 台のカメラでマーカを計測する．マーカ位置情報と人体モデル，キネマティックスケルトンを用いて人体の動きを再構築する．

図 1.4.7 Eagle Digital System による合気道の運動計測
（キッセイコムテック株式会社，(株)ナックイメージテクノロジー提供）

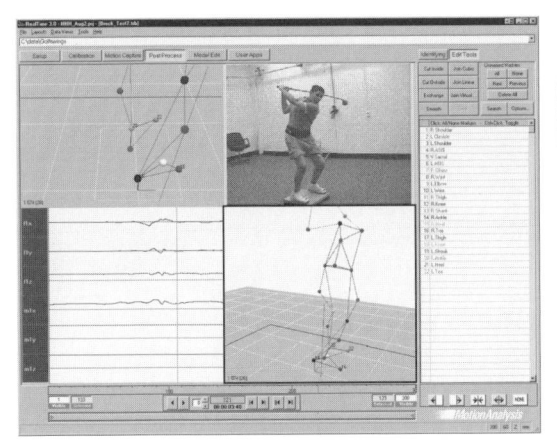

図 1.4.8 Eagle Digital System の画面とカメラの例
(キッセイコムテック株式会社, (株)ナックイメージテクノロジー提供)

人体に特化することで計算量を減少させている．しかし，身体の一部が伸びる，関節が逆に曲がるなどの人体の動きとしてありえない動きには対応できない．また，VICON 社，Motion Analysis 社のシステムに比較して，セットアップ時間は短縮されているが精度は劣る．応用としては精度がそれほど要求されない CG コンテンツ作成があげられる．

図 1.4.9 にシステムの概要，図 1.4.10 にカメラと計測の様子を示す．

b. 能動的光学式システム ReActor（Ascension 社）

アクティブ赤外線方式，すなわちマーカがみずから赤外線を発光し，それを周辺に配置した多数台のカメラでとらえるシステムである．受動的システムと異なり，マーカが ID を持つためマーカの誤認識が少なく，対応付けのための後処理が不要なためリアルタイム性にすぐれる．データの抜けが少なく，また抜けがあってもマーカの ID 認識により再対応付けが容易である．マーカから照射された赤外線は計測範囲を囲む 12 本のフレームに装備された 500 台以上のカメラで検出される．最大マーカ数は 30 である．

フレームが固定されているため，キャリブレーションが容易ではあるが，ある程度の設置空間が必要となる．

図 1.4.11 に計測フレーム，図 1.4.12 に操作画面を示す．

c. その他の光学式システム QuickMAG IV（(株)応用計測研究所）

赤外線を反射したり，発光したりするのではなく，マーカの色情報を用いる方式である．カラーマーカからの色情報抽出は，非線形マッピング方式を用いており，安定的にマーカ計測が可能である．色情報の積極的利用により複数カメラ画像内でのマーカの相互対応付けが容易となり，最低 2 台（通常は 4 台，最大 6 台）のカメラで 3 次元位置情報が取得できる．

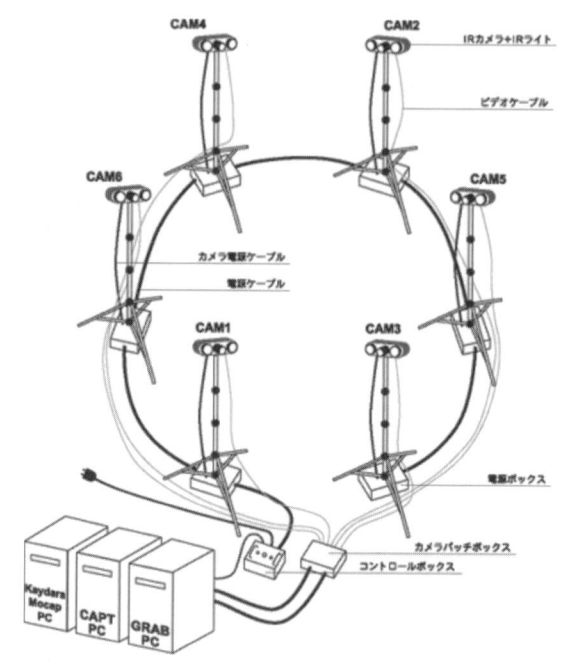

図 1.4.9 STT システム（(株)スパイス提供）

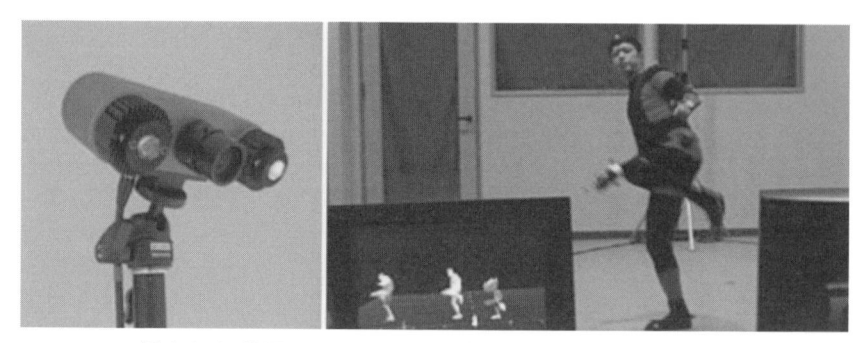

図 1.4.10 STT システムのカメラと計測の様子（(株)スパイス提供）

　周囲にマーカと類似する色がある場合でも計測ウィンドウを設定することで排除可能である．また，一般的に，野外計測時あるいは照明の明暗変化が激しい場合は色抽出は非常に困難となるが，オプションの色温度抽出モジュールを用いることで対応可能となる．最大16点，60 Hz のリアルタイム処理が可能となっている．
　図1.4.13にシステム例を示す．

図 1.4.11 ReActor による計測対象とその周囲のフレーム（日商エレクトロニクス株式会社提供）

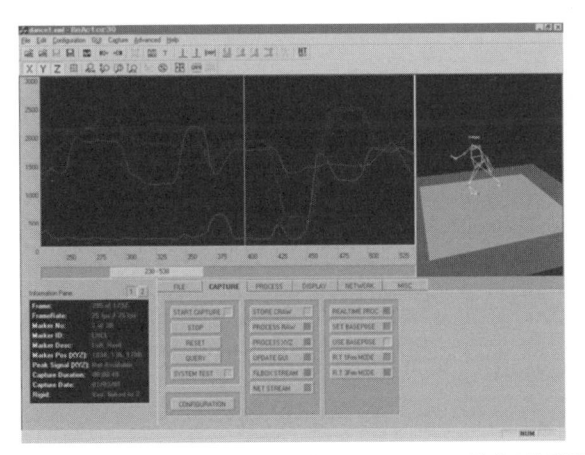

図 1.4.12 ReActor の操作画面（日商エレクトロニクス株式会社提供）

d．磁気式 MotionStar（Ascension 社）

2つの広範囲トランスミッタより磁界を発生させ，身体に装着した磁気センサで6自由度データ（3次元位置，角度）を検出する．光学式のような隠れ（オクルージョン）の影響によるデータ喪失がない．

マッピングやカメラキャリブレーションが必要なく，リアルタイムトラッキングを実現し，後処理が必要ない．データ転送にはケーブル型とワイヤレス型があり，前者は最大108センサ・120フレーム/秒，後者は最大80センサ・100フレーム/秒に対応できる．

ワイヤレス型を用いれば身体拘束の問題が軽減される．

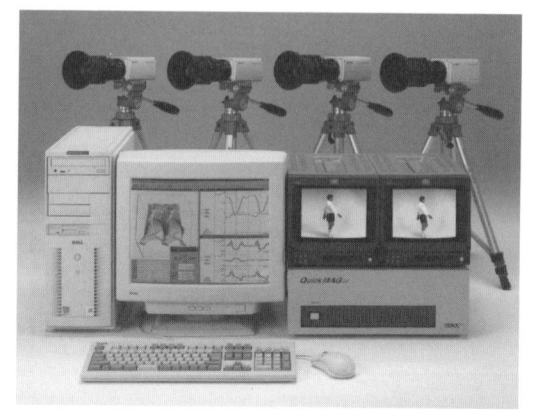

図 1.4.13 QuickMAG IV （(株)応用計測研究所提供）

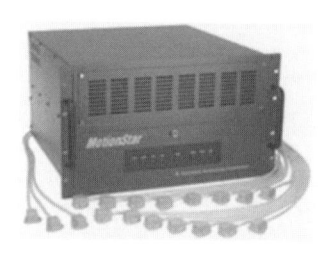

(a) ケーブル型　　　　　(b) ワイヤレス型
図 1.4.14 MotionStar システム（日商エレクトロニクス株式会社提供）

図 1.4.14 に有線，無線のシステムを示す．
e．機械式
（1） GYPSY（Animazoo 社）
人体の骨格構造モデルに基づき，全身に 43 個のポテンシオメータを装着して関節まわり 2 軸の回転角度をリアルタイムに計測する．人体の傾きに関してはジャイロスコープを用いる．マシンスペックに関係なく最大秒間 120 フレームのフレーム落ちのないキャプチャが可能である．計測の際のノイズ発生は少なく，後処理は必要ない．

また，身体に動作計測に必要なセンサ類をすべて装着し，データは無線で PC に伝送するため，計測範囲が広く，屋内 50 m，屋外 100 m 以内で利用可能である．セットアップ時間は約 20 分であり，手軽にモーションキャプチャができる．このため，光学式・磁気式システムの導入が困難な場所での使用に便利である．一例としては工場の労働者の動きをキャプチャして，作業に適する能率的なライン設計を行う，といったことがあげられる．

GYPSY の装着の様子を図 1.4.15 に示す．

(a) 頭　　　　　　　(b) 手　　　　　　　(c) 肘

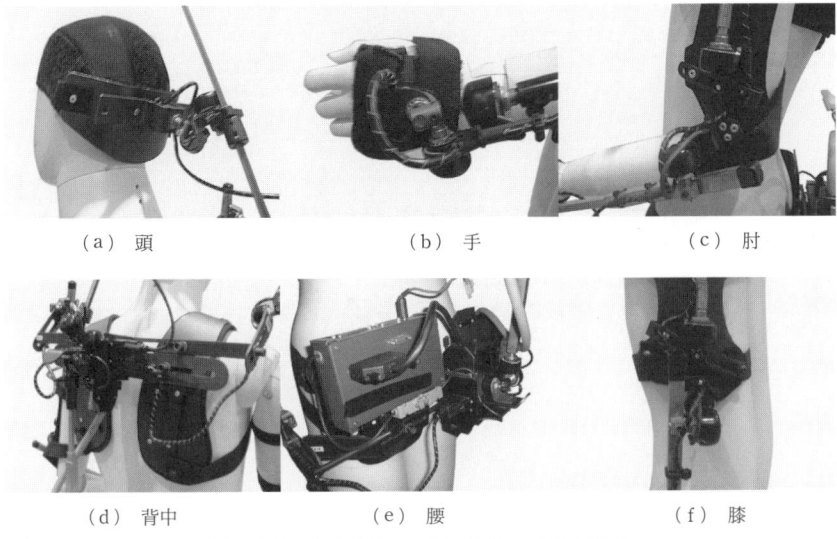

(d) 背中　　　　　　(e) 腰　　　　　　　(f) 膝

図 1.4.15　GYPSY システム（(株)スパイス提供）

（2）　シェイプラップⅡ（Measurand 社）

光ファイバを用いた曲率検出センサを身体に装着して身体運動を計測するシステムである．軽量かつ柔軟なリボン線型であり，身体運動の拘束が少ない．原理はラミネート加工された線状ファイバのループ内で曲がりに比例して光が増幅・減衰することを利用している．また，光ファイバの技術を用いているため，機械および磁気の影響を受けにくく，腕・足の部分などの単一のキャプチャとしての使用が可能である．

専用のソフトウェア ShapeRecoder を用いることで，光ファイバセンサからの曲がりとねじれ情報に基づいて，最高 30 Hz の 3D イメージ作成と最高 80 Hz のデータ収集が可能である．480 mm の曲率検出範囲を持つテープを用いた場合，終点において誤差は約 ±10 mm である．

図 1.4.16 にシェイプラップⅡ装着の様子を示す．

（3）　MarioGear（オー・エイ・エス株式会社）

パペット型と呼ばれる方式であり，機械式の一種といえる．人間の動きをキャプチャするのではなく，人形の関節を動かしてポーズをつけ，キーフレームを作成し，中間動作を補間することで連続動作を作成する．関節にはポテンシオメータが装着されており，関節角度を計測する．全部で 42 のセンサの出力は最大 64 チャンネル対応のセンサボックス経由でコンピュータに送られる．

部品はモジュール化されており，センサユニットを結合板でつないだ構造で，人間の形だけではなく，想像上の動物やデフォルメされたキャラクターなどに自由に組み換え可能である．精密な運動解析はできないが TV 番組の CG の振り付けなどに適

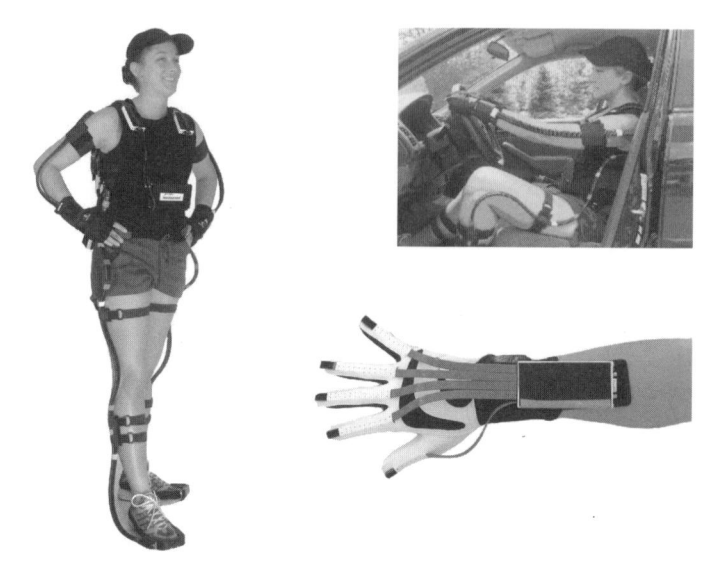

図 1.4.16 シェイプラップⅡ（新川電機株式会社提供）

している．
　図1.4.17は人形とセンサボックス，図1.4.18は操作画面である．
f．ビデオ式
（1） Frame-DIASⅡ（(株)ディケイエイチ）
　国産のビデオ画像を用いた手動・自動併用システムである．マーカあるいは機器をつけられない，あるいはつけることができても画像からその位置を抽出しにくい，屋

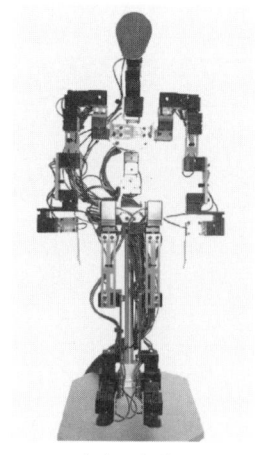

　　　（a） 人形　　　　　　　　（b） センサボックス
図 1.4.17　MarioGear（オー・エイ・エス株式会社提供）

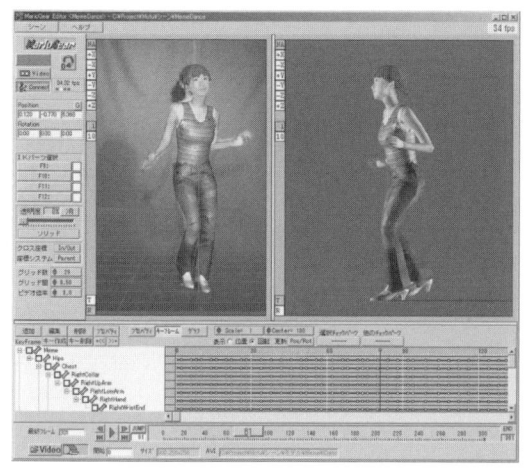

図 1.4.18 MarioGear の操作画面（オー・エイ・エス株式会社提供）

外でのスポーツ計測など，光学式・磁気式の使用が困難な場面でも使用できる．マーカのない動画でも手動でマーカ点を指定することで対応する．もちろんマーカをつけた動画があればより有効である．

民生ビデオカメラからハイスピードカメラまで幅広く対応，最低2台の複数カメラで撮影した画像に三角測量の原理を適用して計測を行う．既存の映像でも，複数視点のビデオ映像があれば3次元動作解析が可能となる．手動で追跡するべきマーカを指定し，後は画像処理により追跡を行う．追跡エラーの場合には手動で補正を行う必要があり，リアルタイム性には欠ける．

図1.4.19にシステムの概要および操作画面を示す．

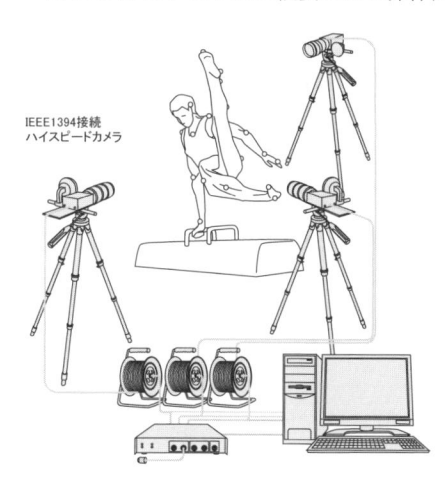

図 1.4.19 Frame-DIASII
（(株)ディケイエイチ提供）

（2） PV Studio 3D（(株)エル・エー・ビー）

ビデオ式のシステムの1つである．モーションキャプチャ機能は最小8マーカ，2台のカメラで人間の動きの再現が可能である．Frame-DIASII 同様，マーカを装着していなくても，手動で追跡位置を指定することで任意の位置計測が可能である．

骨格モデルを拘束に使用してマーカ追跡エラーを軽減しているが，人体のみならず，簡単に動物や虫の骨格を構成でき，それらの動きも取り込むことが可能である．

図1.4.20にPV Studio 3Dの画面を示す．

図 1.4.20 PV Studio 3D（(株)エル・エー・ビー提供）

（3） KinemaTracer（キッセイコムテック株式会社）

人体にカラーマーカをつけて撮影した複数視点の動画ファイルから身体各部位の3次元位置情報を獲得する．歩行解析に特化しており，自動的に歩行周期，歩行率，ストライド，ステップ長などの歩行因子の計算や，リサージュ図形などの比較解析が可能であり，リハビリなどの医療分野で活用されている．また，筋電図計や床反力装置などの各種センサを併用し，撮影に同期してアナログ信号を取り込むことも容易で，生体信号と運動を同時に解析する際に有用である．

4台の専用小型カメラを IEEE 1394 ケーブルで1台の PC に接続した場合，ナノ秒単位の同期も実現可能となる．図1.4.21に比較画面を示す．

（4） KROPS（(株)ジースポート）

既存のビデオ，テレビ映像などから取り込んだ動画ファイルに対し，被写体のボディプロポーションや関節位置を手動入力することで動作を解析し，3次元のモーションデータを生成するソフトウェアである．

特徴としては，複数画像から3次元情報を構築するのではなく，人体データを拘束として利用し，逆運動学を用いることで単一画像からでも3次元情報を手軽に抽出できる点があげられる．

既存の映像を取り込み，身長入力・ボディデータの被写体プロポーションへのフィ

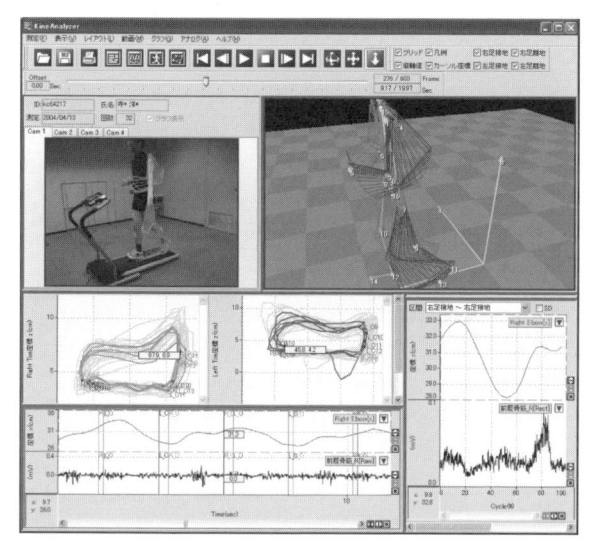

図 1.4.21　KinemaTracer の生体情報と運動情報の比較画面（キッセイコムテック株式会社提供）

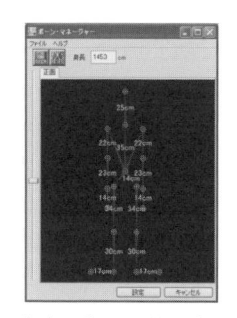

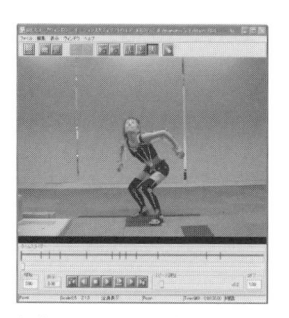

（a）ボーンマネージャ　　（b）ロトスコープウィンドウ　　（c）3D ビューア
図 1.4.22　KROPS（(株)ジースポート提供）

ッティング（図 1.4.22(a)），スケール合わせ，関節位置の指定（含む奥行き・前後情報）（同図(b)）などを手動で行い，キーフレームを生成する（同図(c)）．

まとめ

モーションキャプチャシステムの現状について概観した．さまざまな方式のシステムがあるが，それぞれに長所・短所があり，目的・使用環境・予算に応じて使い分ける必要がある．

現状のシステムを使用する上での問題・留意点としては，身体の動作計測といってもマーカやセンサが位置するのは身体の表面であり，身体内部の関節や骨格の位置を

正確に計測しているわけではない点があげられる．もしそれらのデータが必要な場合は，体表面上のマーカ・センサ位置情報から解剖学的な筋肉・骨格構造や動力学を考慮して計算・推定する作業が必要となる．

モーションキャプチャシステムのリアルタイム性，最新動向については参考文献9）によくまとめられている．もともとエンターテインメント・医療計測の分野で発展してきたモーションキャプチャシステムであるが，今後はそれらの分野はもちろんのこと，人間工学を用いた開発・設計，自動車の衝突実験，動作からの感性評価など，さまざまな応用が考えられる． 〔中村明生・久野義徳〕

▶参考文献

1) Kadaba, M. P.：Trend of motion capture system，立命館大学21世紀COEプログラム「京都アート・エンタテインメント創成研究」シンポジウム，モーションキャプチャ技術と身体動作処理 資料，2003．
2) Muybridge, E.：*Animals in Motion*, Dover Pubns, 1957.
3) Muybridge, E.：*The Human Figure in Motion*, Dover Pubns, 1955.
4) Yamamoto, M. and Koshikawa, K.：Human motion analysis based on a robot arm model. *IEEE Computer Society Conference on Computer Vision and Pattern Recognition* (CVPR '91), 664-665, 1991.
5) Rehg, J. M. and Morris, D. D.：Singularities in articulated object tracking with 2-D and 3-D models. *Technical Report CRL 97/8*, DEC Cambridge Research Laboratory, 1997.
6) MAlib, http://www.malib.net/index_j.html
7) 臨床歩行分析研究会，http://www.ne.jp/asahi/gait/analysis/
8) 特集2 3次元画像計測システムの最新動向．映像情報インダストリアル，**35**，9月号，58-73，2003．
9) 持丸正明：リアルタイムモーションキャプチャ．日本ロボット学会誌，**23**(3)，290-293，2005．

▶参考 URL
・っぽいかもしれない Virtual と Real をつなぐ窓─第11回産業用バーチャルリアリティ展，http://www.itmedia.co.jp/news/0307/04/cjad_kobayashi.html
・わずかな動きも逃さずキャプチャーせよ!!─第9回産業用バーチャルリアリティ展などが開幕，http://ascii24.com/news/i/topi/article/2001/07/05/627623-000.html?geta
・自宅でモーションキャプチャー!?，http://www.itmedia.co.jp/news/0107/06/motion.html

▶資料提供
・Vicon 8i：Vicon Motion Systems Ltd., http://www.vicon.com/，(株)クレッセント，http://www.crescentvideo.co.jp/
・Eagle Digital System：Motion Analysis Corporation, http://www.motionanalysis.com/，(株)ナックイメージテクノロジー，http://www.camnac.co.jp/，キッセイコムテック株式会社，http://www.kicnet.co.jp/
・STT：STT Ingenieria y Sistemas, http://www.simtechniques.com/，(株)スパイス，

http://www.spice-inc.com/
- ReActor：Ascension，http://www.ascension-tech.com/，日商エレクトロニクス株式会社，http://www.nissho-ele.co.jp/
- QuickMAG IV：(株)応用計測研究所，http://www.okk-inc.co.jp/
- MotionStar：Ascension，http://www.ascension-tech.com/，ジャパンテックサービス株式会社，http://www.japantech.co.jp/，日商エレクトロニクス株式会社，http://www.nissho-ele.co.jp/
- GYPSY：Animazoo Ltd.，http://www.animazoo.com/，(株)スパイス，http://www.spice-inc.com/
- シェイプラップⅡ：Measurand Inc.，http://www.measurand.com/，新川電機株式会社，http://www.shinkawa.co.jp/
- MarioGear：オー・エイ・エス株式会社，http://www.oas.co.jp/
- Frame-DIASⅡ：(株)ディケイエイチ，http://www.dkh.co.jp/
- PV Studio 3D：(株)エル・エー・ビー，http://www.livecity.co.jp/，http://www.privatestudio.co.jp，ダイキン工業株式会社 電子システム事業部，http://www.comtec.daikin.co.jp/
- KROPS：(株)ジースポート，http://www.gsport.co.jp/

2

処 理 系

2.1 幾何学的処理

　各種のレンジセンサから得られたデータは，図 2.1.1 に見られるような形状データを用いた幾何学的処理を用いてモデリングされる．レンジセンサによって計測されたデータは，その視点位置から見ると，各画素に物体までの距離を保持した画像として得られることから，距離画像と呼ばれる．このモデリングの流れにおいて，まず距離画像は，3次元における点の集合から構成されるため，隣接する点を接続することにより，物体の表面形状を得ることができる．

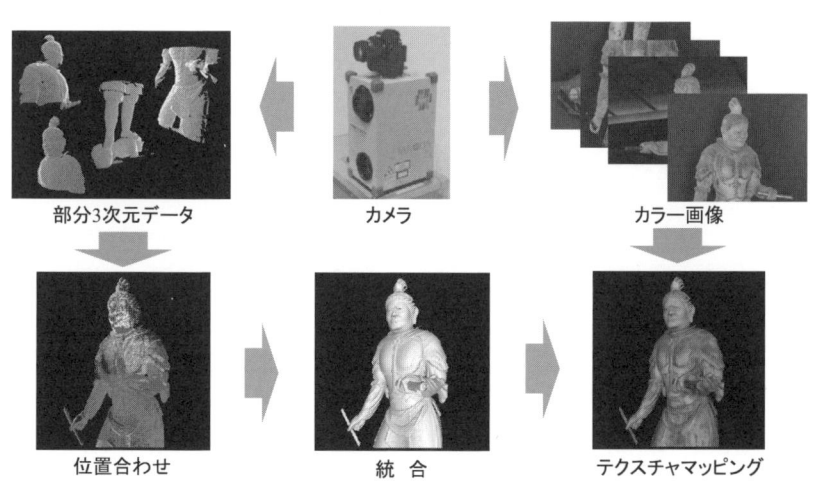

図 2.1.1　物体形状のモデリングのステップ

次に，観測対象全体の形状をモデリングするためにはさまざまな方向から形状を計測することが必要である．そのため，それぞれの距離画像の相対位置を計算する必要がある．これを距離画像の位置合わせ（アラインメント）という．

さらに，観測対象全体のモデルを生成するために，複数の距離画像を1つのモデルに統合する必要がある．これを統合（マージング）と呼ぶ．

最後に，より現実感のあるモデルを生成するため，統合された形状モデルに，カメラから得たカラー画像をテクスチャマッピングしてテクスチャ付のモデルを生成する．そのためには形状モデルとカラー画像の相対位置を知ることが必要である．

2.1.1 メッシュ化とデシメーション

レンジセンサによって取得したデータから物体の形状を表現するためには，その間を補間し，面として表すことが必要である．取得したデータが十分密であれば，線形補間で十分であり，点どうしを接続して平面で表面形状を表すことができる．ここではそれをメッシュ化と呼ぶことにする．逆に，データが必要以上に密である場合，データ量が増大することが問題となる．そこで点と面の数を減らす処理（デシメーション）が必要である．

a．メッシュ化

距離画像を取得するレンジセンサには，
- レーザ光を発射し，反射してセンサまで返ってくる時間を計る方法
- レーザ光やパターン光を照射し，物体に当たった光をカメラで撮影することにより三角測量を行う方法
- ステレオ視によって三角測量する方法

などさまざま存在するが，ある単一の視点からの距離を計測するものが多い．したがって，計測したデータは2次元に整列させることができる．これが距離画像と呼ばれる所以である．

図2.1.2(a)のように3次元点の集合であるレンジデータは，観測の中心となる軸に直交する平面に投影することによって，2次元に整列させることができるため，隣接するデータ点を計算することが容易にできる．また，三角測量を用いるレンジセンサでデータ点がカメラの各画素に対応する場合では，2次元に整列させると，データ点は格子状に並ぶ．その場合，縦横のデータを接続することにより，単純にメッシュ形状を得ることができる（図2.1.2(b)）．ただし，オクルーディングエッジなどでは，形状のジャンプエッジが生じるため，点間の距離に閾値を設ける方法などによって，これらが接続するかどうか判断する処理が必要である（図2.1.2(c)）[1,2]．

通常，メッシュ形状には最も基本的な形状である三角パッチを用いる．図2.1.2では三角パッチを生成するため，単純に右上と左下の頂点を斜めにつないでいるが，三角形の形状は正三角形に近い方が以降の処理に適している場合が多い．そのため，隣接する4つの頂点で構成する四角形の対角線のうち，短い方の対角線を接続して三角

(a)　　　　　　　　(b)　　　　　　　(c)

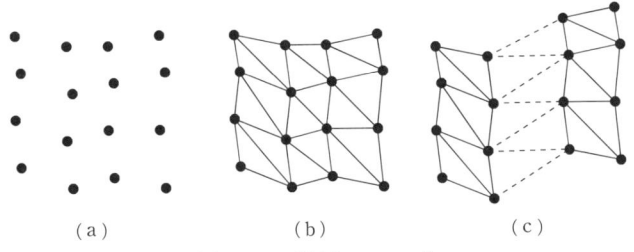

図 2.1.2 単純なメッシュ化

パッチを作る方法も可能である．

b．ドローネー三角形分割

　レンジセンサを用いて得られたデータ点が格子状に整列していない場合，隣接するデータ点を計算し，メッシュモデルを生成する必要がある．点の集合からメッシュ構造を生成する問題では，ドローネー三角形分割法が用いられることが多い．図2.1.3に示すように，データ点をセンサ軸に直交する平面に投影した点の集合に対してボロノイ図（破線）を作成して，その双対をとることによりドローネー三角形が得られる．データ点 x を含むボロノイ多角形は，その他のデータ点 x' に対して，

$$|p-x| < |p-x'| \tag{2.1.1}$$

となる点 p から構成される領域である．辺を接する2つのボロノイ多角形に含まれるデータ点どうしを接続することにより，ドローネー三角形が得られる．

　ドローネー分割を行うアルゴリズムには直接的にこれを計算する逐次添加法[3]がよく知られている．また n 次元では，$n+1$ 次元における放物面にデータ点を投影し，凸包を計算することにより得られる[4]ことを利用した，ドローネー分割を行う手法が提案されている[5],[6]．

c．デシメーション

　距離画像のデータ量がその後の処理にとって不必要なほど大きい場合，データ量を削減するデシメーションが必要となる．最も単純な方法は，距離画像のデータ点を格子状に整列させ，各行と列を適当に間引くことによってデータ量を削減する方法であ

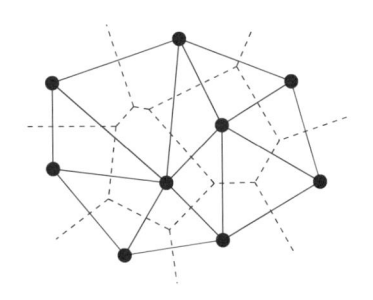

図 2.1.3 ドローネー三角形分割
ボロノイ図（破線）の双対をとることにより得られる．

る．しかし，データ点を整列させることができない場合などでは，以下にあげるような洗練された手法を用いることが必要である．

Schroederら[7]はある頂点とその周囲の頂点によって決定する平面との距離を考慮し，その距離が小さい場合には頂点をモデルから削除する方法を提案した．この処理を逐次的に行うことにより頂点数を削減することができる．Turk[8]はメッシュモデルの頂点を再配置し，メッシュを作り直すことによってメッシュモデルの簡単化を行う手法を提案した．その際，再配置する頂点数を調節することにより，データ量の削減が可能となる．Hoppeら[9]は，

$$E_{\text{dist}} + E_{\text{rep}} + E_{\text{spring}} \tag{2.1.2}$$

で計算されるエネルギー関数を最小化することにより，簡単化した最適なメッシュモデルを得た．ここで E_{dist} はデータ点と簡単化したメッシュモデルの距離の和，E_{rep} はメッシュモデルの頂点数に応じたペナルティの和，E_{spring} はメッシュモデルの頂点間の距離の和で表される．すなわち，頂点数を少なくしつつ，データに合ったメッシュモデルを得ることになる．エネルギー関数を最小化するために，

- 頂点間の接続を変化させずに，最適な頂点の位置を計算する処理
- edge collapse, edge split, edge swap の3つの操作によって接続を変化させる処理

の2つのステップに問題を分割して最小化を行っている．

2.1.2 位置合わせ

幾何形状の取得には，受動型・能動型ステレオ法や光飛行時間測定法などに基づくレーザレンジセンサなどがよく用いられる．しかし，それぞれの距離画像は単一視点から計測されたデータであるため，観測視点から隠蔽された部分は形状の計測ができない．そのため観測対象全体のモデルを生成するには，それをさまざまな方向から観測することが必要である．

さまざまな視点から観測された複数の距離画像から観測対象全体のモデルを生成するためには，それらの相対的な位置合わせが必要である．観測対象が小さな物体である場合，ロボットアームやターンテーブルに乗せ，位置姿勢を変えて観測する手法がよく行われる．その場合，距離画像の相対位置はターンテーブルの角度などから取得できる．しかし観測対象が大きく，これらの機器を利用できないなどの場合には，計測された距離画像から相対的な位置合わせをする方法（アラインメント）が必要である．また，これらの機器を用いた場合でも位置合わせの誤差を補正することが必要である．

距離画像の位置合わせは，

① 距離画像間の対応点を決定する．
② 対応点の位置誤差を最小化する．

という2つの要素から構成される．対応点の探索方法は提案されている位置合わせ手

法によって異なり，大きく分けて，
- 手動で対応付けする方法
- 距離画像の各点における局所的な特徴量に基づいて対応付けする方法
- ICP（iterative closest point）法に基づいた方法

に分類される．最初のアプローチは，ユーザが対応点を指定するインタフェースを作成し，手動で対応点を与える手法である．第二のアプローチは，距離画像の各頂点においてその周囲の局所的な特徴量を定義し，距離画像間で類似した特徴点を探索する手法である．第三のアプローチは，各頂点について距離画像間で最近傍点を探索し，それを対応点とする．そして，対応点の探索とその位置誤差の最小化を繰り返すことで，反復的に位置合わせを行う手法である．ICP法は最近傍点の探索法の違いと，誤差の最小化の方法の違いによって多くの派生的な手法が提案されている．

位置誤差の最小化については，解析的に解く方法と，反復計算による方法が考えられる．ここで，2つの距離画像の位置合わせにおいて，距離画像1の頂点 x_i と距離画像2の頂点 $y_i (i = 1, \cdots, N)$ を対応点とする．また，3次元における3×3回転行列を R，平行移動ベクトルを t とすると，位置誤差の最小化問題は次のように定義される．

$$\arg \min_{R,t} \sum_{i=1}^{N} (y_i - (Rx_i + t))^2 \qquad (2.1.3)$$

パラメータ R, t は解析的に計算する方法[10]か，ニュートン法，Levenberg-Marquart法などの反復計算によって最小化を行う．対応点に誤対応が含まれる場合には，LMedS法[11]やM-estimation[12]などのロバスト推定を用いて安定化を図る必要がある．

a．特徴点に基づいた手法

オプティカルフローなど2つの画像間で対応点をとる手法の場合，しばしばウィンドウを設定し，点の周辺領域を含んだ相関値を計算して対応点を探す．同様に3次元モデルの場合も頂点の周辺領域から特徴量を計算し，比較する手法が提案されている．回転，平行移動に不変な特徴量を用いることにより，この比較を行うだけで対応付けが可能である．そのような特徴量を用いると，位置姿勢の初期値を知らない場合でも適用することが可能となる．

SteinとMedioni[13]は形状モデルの頂点とその周囲の頂点の法線ベクトルを用いて対応付けを行った．法線ベクトルが広がる様子が水しぶきのように見えるため，その特徴量をスプラッシュ（splash）と名づけている．ChuaとJarvisは表面の主曲率を用いて対応付けする手法[14]や，ある頂点から一定距離にある円周上の点と，頂点の接平面の距離を特徴量とするpoint signature[15]を用いて対応付けする手法を提案した．

また，JohnsonとHebertは頂点の法線ベクトルを軸としてモデルを回転し，他の頂点を2次元に投票して得られた画像をスピンイメージ（spin image）と呼び，これを用いて対応付けする手法[16]を提案した．すなわち，対応付けする2つのモデルのそ

れぞれから生成したものが図2.1.4中央の画像である．スピンイメージ中では黒い画素であるほど多くの頂点が投票されていることを表している．このため法線相対な座標系を用いることにより，モデルの形状について位置姿勢に対する独立な表現が得られる．図中のβが表す軸は法線方向であり，αが表す方向は，基準となる頂点の接平面と平行な方向である．スピンイメージの比較は相関値を計算して行い，相関が高ければモデルの頂点間で対応付ける．3つ以上の頂点について対応がとれると，モデルの位置姿勢のパラメータを求めることができる．図2.1.4では3組の対応から2つのモデルの相対的な位置姿勢が計算されている．

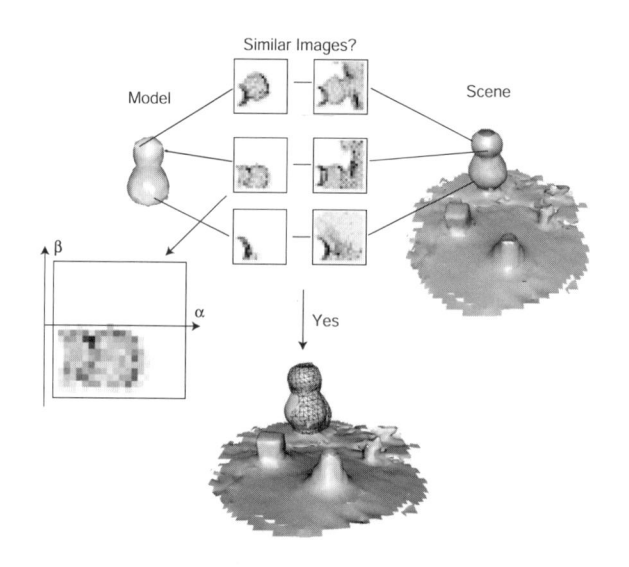

図 2.1.4 スピンイメージを用いた形状モデルの位置合わせ[17]
それぞれのモデルからスピンイメージ（中央）を生成し，相関演算により対応付ける．3組以上の対応により位置姿勢を計算する．

b．ICP法に基づいた手法

手動で位置合わせした場合や，上述の特徴点に基づいた位置合わせ手法の場合，しばしば対応付けした点が正確に対応していないことがあり，位置合わせ結果に誤差が残る．そのような場合では，形状モデル中の多くの点を用いて誤差を最小化するICP法が有効である．ICP法はBeslとMcKay[18]によって最初に提案された手法であるが，多くの派生的な手法が存在する．基本的なアルゴリズムは，2つのモデルの位置合わせをする場合，次のようになる．

① 一方のモデルの各点について，他方のモデルにおける最近傍点を探索する．
② 最近傍点を対応点として，その位置誤差を最小化するパラメータR, tを計算

する.

③ パラメータ R, t を更新する.誤差が十分小さければ終了.そうでなければ①,②を繰り返す.

ICP法では最近傍点を対応点として位置合わせを行うが,繰り返し計算の中で最近傍点を毎回探索し,対応点の組を更新していくことが特徴である.ICP法とその派生的な手法において以下のような点が問題となり,さまざまな方法が提案されている.

・最近傍点の探索方法
・誤対応の除去
・複数距離画像の同時位置合わせ

c. 最近傍点の探索方法

最近傍点の探索のための計算方法は,おおむね次に述べる3点に分類できる.

① 点と点のユークリッド距離
② 点と面のユークリッド距離
③ 視線方向へ投影した距離

第一の方法では,距離画像は3次元点の集合であると考えた場合,一方の距離画像のそれぞれの頂点から,他方の頂点の中で最も近い頂点を探索し,対応点とする方法である.図2.1.5(a)は2つの距離画像の2次元断面を表しており,最近傍点は距離画像の頂点の中から選ばれる.この方法では,頂点の間隔が広い場合に妥当な対応点が選ばれないため,第二の方法である点と面のユークリッド距離を用いる方法が提案されている.Chenら[19]は,注目している点から他方の距離画像に垂線を下ろし,パッチとの交点を最近傍点として対応付けした(図2.1.5(b)).ICP法では計算量の多くを最近傍点の探索が占めるため,その計算量を削減する方法として,k-d tree[20]などのデータ構造が用いられる.

第一,第二の方法にかかわらず,ユークリッド距離を用いて最近傍点を求めることは計算量が多いため,第三の方法として距離画像を視線方向に投影することにより,対応点を計算する方法が提案されている[21],[22].図2.1.5(c)に示すように,距離画像を計測した視点位置から視線を伸ばし,他方の距離画像との交点を対応点とする方法である.この方法は,距離画像を視点位置からレンダリングすることにより計算可能であるため,グラフィックスハードウェアを用いることで高速化が可能である.

また,物体形状が薄い膜や細い棒などの場合,裏面の部分が対応点として選ばれてしまう可能性がある.そのため対応点を計算する基準として,距離以外に法線方向の差[23],[24]を利用する方法が提案されている.また,頂点の属性として色やレーザリフレクタンスを付加し,その差を対応点の評価基準とする研究[25],[26]も行われている.

d. 誤対応の除去

距離画像を位置合わせする場合,部分的に重複したものを用いることがほとんどである.そのような場合,正しい対応点が存在しない場合がある.図2.1.5(b)では最近傍点を対応付けしているが,距離画像の端においては正しい対応点が存在しないた

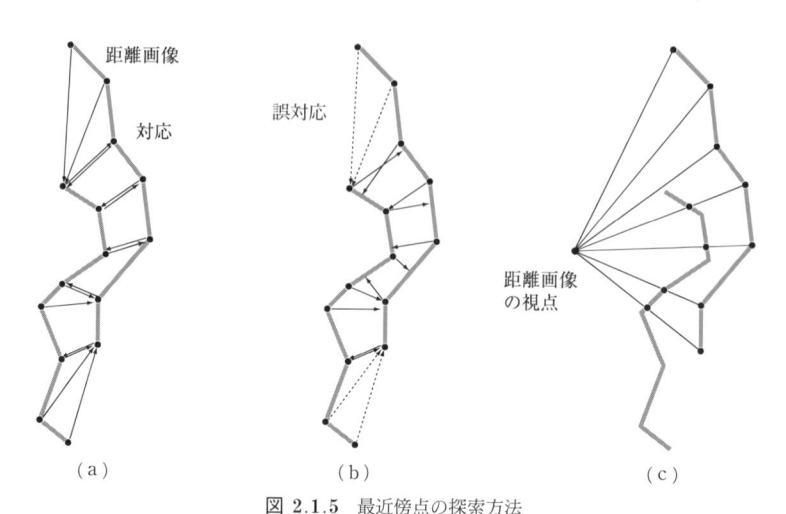

図 2.1.5 最近傍点の探索方法
(a) 点と点のユークリッド距離，(b) 点と面のユークリッド距離，(c) 視線方向に投影した距離．正確な対応点が存在しない場合など，最近傍点による対応付けには誤りが含まれる（破線部分）．

め，破線部分は誤対応である．そのため，それらの誤対応を除去しなければならない．

誤対応を除去するため，対応点間の距離が閾値以上の場合にそれらを用いない方法[23),1)]や，周囲の点と対応点間の距離が大きく異なるものを用いない方法[27]，メッシュモデルの端を使わない方法[1)]などが提案されている．また，距離画像点に外れ値が含まれている場合には，それらの外れ値を対応点から除外するために，LMedS 法を用いたロバスト推定の方法[28)-30)]が提案されている．

e． 複数距離画像の同時位置合わせ

ある観測対象全体の形状を計測する場合，3枚以上の距離画像が必要となる場合が多い．しかし，隣り合う2枚の距離画像を逐次的に位置合わせすると誤差が蓄積するため，物体の周囲を1周してきた最初と最後の距離画像の位置に整合性がとれなくなる．そのため，すべての距離画像を同時に位置合わせし，誤差が1か所に蓄積しないようにする必要がある．この同時位置合わせの手法については，これまで多くの方法が提案されている[31),24),32),33)]．

N 枚の距離画像 $i=1,\cdots,N$ に対する複数距離画像の同時位置合わせでは，距離画像 i のデータ点を x_j，それに対する距離画像 k の対応点を $y_{(i,j,k)}$ とすると，

$$\arg\min_{R_i,t_i,i=1,\cdots,N}\sum_{i\neq k}\sum_j((R_k y_{(i,j,k)}+t_k)-(R_i x_j+t_i))^2 \quad (2.1.4)$$

を最小化することにより位置推定することになる．式(2.1.4)は非線形であるため，

最小値の計算は通常ニュートン法，Levenberg-Marquart 法などの反復計算によって行われる．それに対して Neugebauer[22]は式(2.1.4)を線形化することにより解析的に解く方法を提案している．

2.1.3 統 合

位置合わせ処理によって距離画像の位置合わせが行われた段階では，まだ複数の距離画像から構成しただけにすぎず，観測対象のモデルが生成できたとはいえない．このため次に，複数の距離画像を単一のメッシュモデルに統合する処理（マージング）が必要となる．しかし，距離画像には計測誤差が含まれるため，単純に頂点間を接続しても安定なモデルは得られない．また，重複して計測された部分に対して，その冗長な情報の利用方法も問題となる．そこで統合における問題を整理すると，主に 2 つの要素から構成される．
- 複数の距離画像の単一のメッシュモデルへの変換（リメッシング，remeshing）
- 距離画像に含まれるノイズの除去と，重複した部分の整合化

これらの問題を解決するために大きく分けて，メッシュモデルベースの手法とボリュームベースの手法が提案されている．以下では 2 つのアプローチに分類してマージングの手法を紹介する．

a．メッシュモデルベースの手法

メッシュモデルベースの統合手法とは，データの表現手法としてメッシュモデルのみを用いて統合する手法である．

Turk と Levoy[1]はジッパーのように 2 つの距離画像を接続する手法を提案している．その手法は次のような手順で構成される．
① 重なっている部分のメッシュを発見して，冗長な部分の片方のメッシュを取り除く．
② 境界部分を三角パッチでつなぎ直すことによって，2 つの距離画像を連結する．
③ 小さな三角パッチの頂点を削除し，エッジをつなぎかえることによってそのパッチを取り除く．

手順②の段階では接続部分に小さな三角パッチが生成されている可能性がある．そのようなパッチはメッシュモデルの応用にとって望ましくないため，それを取り除くように最後の手順が必要となる．

また，Soucy と Laurendeau[34]も同様にメッシュモデルベースの統合手法を提案している．彼らの手法では，まず冗長に取得された距離画像の部分を検出する．距離画像の重複の状態によってデータを分割し，それぞれに対して以下の処理を行う．
① 新たに格子状に頂点が整列したメッシュモデルを定義する．
② それぞれの距離画像をメッシュモデルに投影し，メッシュモデルの頂点を距離画像と対応付ける．

③ 対応付けされた距離画像の重み付平均をとることによって，メッシュモデルの頂点の位置を決定する．

このようにして複数の距離画像が統合されるが，それらはまだ複数の部分的なメッシュモデルでしかないため，それぞれを連結しなければならない．そのため，最後にメッシュモデルの境界を，ドローネー三角形分割によって接続する方法を用いる．

これらのメッシュモデルベースの手法ではメッシュの境界部分の扱いが難しく，距離画像に含まれる計測誤差や，位置合わせ誤差に弱い．そこでいったん中間表現に変換するボリュームベースの手法が提案されている．

b．ボリュームベースの手法

メッシュモデルベースの手法に対してボリュームベースの手法では，観測対象の3次元形状の中間表現として符号付距離場を用いる．すなわち，統合の手順は次の2段階から構成される．

・距離画像から符号付距離場への変換
・符号付距離場からメッシュモデルへの変換

前者は，距離画像のノイズを除去し，データの整合性をとり，後者は，符号付距離場からメッシュモデルを生成することによってリメッシングを行う．以下では，まず符号付距離を用いた形状のモデリングについて説明し，次に距離画像から符号付距離場を生成するいくつかの手法について述べる．

c．符号付距離場を用いた形状モデリング

符号付距離場による形状モデリングは，3次元空間をボクセルに分割し，各ボクセルの中心から物体表面までの距離を保持することによって行われる．図2.1.6は符号付距離場の2次元断面の例を表している．太い実線が物体表面を表しており，各ボクセルからその最近傍点まで矢印が伸びている．すなわち，矢印の長さが距離である．この距離に，最近傍点に対してボクセル中心が物体の外側なら正，内側なら負の符号を与える．そのため，計算された値は符号付距離と呼ばれる．図中で網点部のボクセルは負の符号を持つことを表している．もし距離のかわりに，内側ならば1，外側な

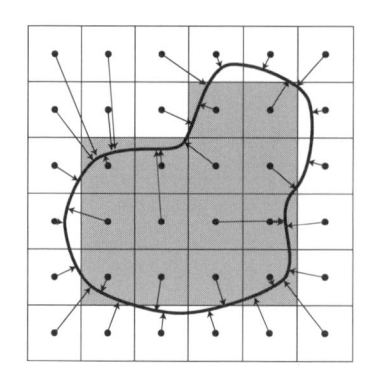

図 2.1.6 符号付距離場の計算
ボクセル中心から物体表面までの距離を計算し，ボクセルが表面の外側なら正，内側なら負の符号を与える．図中で網点部のボクセルは負の符号を持つ．

らば0といった離散化された値を保持した場合，これは占有グリッド（occupancy grid）と呼ばれる形状モデリング手法となる．しかし，この方法では滑らかな曲面を表すことは困難である．

符号付距離場を用いたモデリングでの表面形状は
$$f(x) = 0 \tag{2.1.5}$$
で表される．ここで，xは3次元空間中の座標であり，$f(x)$はxにおける符号付距離の値である．式(2.1.5)は符号付距離が0となる2次元曲面を表すため，その曲面は0等値面と呼ばれる．また式(2.1.5)で表された形状は，式の表現形式から陰関数表面（implicit surface）とも呼ばれる．実際には符号付距離場はボクセルを用いて離散化されているため，表面形状をメッシュモデルを用いて表す際には，しばしばマーチングキューブ法（marching cubes algorithm）[35]が用いられる．

図2.1.7はマーチングキューブ法によって符号付距離場からメッシュモデルを生成する様子を表している．白丸，黒丸は隣接する8個のボクセルの中心を表しており，白丸は正，黒丸は負の符号を持つボクセルである．マーチングキューブ法は白丸と黒丸の間の立方体の辺上に頂点を生成し，白丸と黒丸を分割するように三角パッチを作る．頂点の位置は0等値面上になるように符号付距離を補間して計算する．ゆえに三角パッチは物体表面形状を表すメッシュモデルとなる．符号付距離場とマーチングキューブ法によって，統合におけるリメッシングの問題を解決することができる．

d．符号付距離場の計算手法

ところで，複数の距離画像から符号付距離場へ変換する方法についてはいくつかの手法が提案されている．その主な相違点は，「どのようにして最近傍点を発見するか」という点にある．

Hoppeら[36]は接続関係の情報がない3次元点の集合から表面を推定し，メッシュモデルを生成する手法を提案した．まず，点の集合から局所的な平面を推定する．各ボクセルからその平面までの距離を計算し，平面の法線方向を考慮することによって，符号付距離の符号を決定する．生成した符号付距離場は，マーチングキューブ法によってメッシュモデルに変換して，最終的なモデルを得ている．

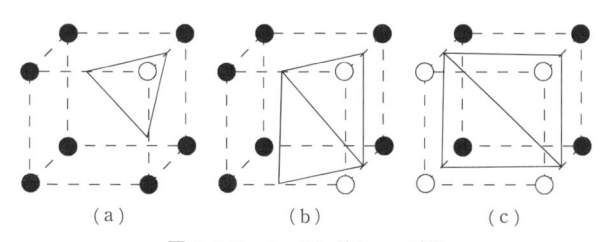

図 2.1.7 マーチングキューブ法
白丸，黒丸は隣接する8個のボクセルの中心を表しており，白丸は正，黒丸は負の符号を持つボクセルである．0等値面は白丸と黒丸を分割するように生成された三角パッチによって近似される．

Hiltonら[2]は各距離画像の最近傍点までの符号付距離を計算し,その重み付平均をとることによって最終的な符号付距離を計算する手法を提案している.距離画像から符号付距離を計算する場合には,その境界部分の扱いが問題となるが,この手法では最近傍点が距離画像の端部分の場合には,重みを0として除外している.

CurlessとLevoy[37]は,符号付距離の計算にユークリッド距離を用いない手法を提案した.レーザレンジセンサなどの光学式レンジセンサを用いた場合,単一視点からの距離を計測するため,投影面がカラー画像のように設定できる.その投影面にボクセルと距離画像を射影することにより,ボクセルを通る視線方向に沿った距離画像までの距離が計算される.ここで,ボクセルが距離画像よりも手前にある場合には負,奥にある場合には正の符号を与えることにより符号付距離を決定する.これを各距離画像に対して計算し,重み付平均をとることによって最終的な符号付距離を得る.また,ボクセルが距離画像よりもある程度奥にある場合,物体の裏面の影響を除外するため,重みを徐々に減少させる処理を行っている.この符号付距離の計算方法では,投影処理をグラフィックスハードウェアを用いて行うことができるため,高速に行うことが可能である.

符号付距離計算において距離画像に含まれる外れ値を除外するための手法(合致表面法)が,図2.1.8に示すようにWheelerら[38]によって提案されている.まず,ボクセル中心xから距離画像の最近傍点p_0を探索する.次に最近傍点p_0から他の距離画像の最近傍点p_1, p_2を計算する.それらの距離が近く,法線方向が類似している場合には同一の平面を表しているとみなし,重み付平均をとることによって符号付距離を計算する.図2.1.8ではp_0とp_1は同一とみなされるが,p_2は外れ値とみなされ除外されることになる.

以上のように発見された最近傍点のうち,最終的にメッシュ生成に利用されるボクセルは,隣接するボクセルの符号付距離の符号が異なるもののみである.したがって,そのような部分に符号付距離計算を限定することにより,計算量,データ量を削減することが可能となる.CurlessとLevoy[37]の手法では,距離画像から遠方のボクセルをrun-length encodingを用いて圧縮し,データ量を削減する方法を用いてい

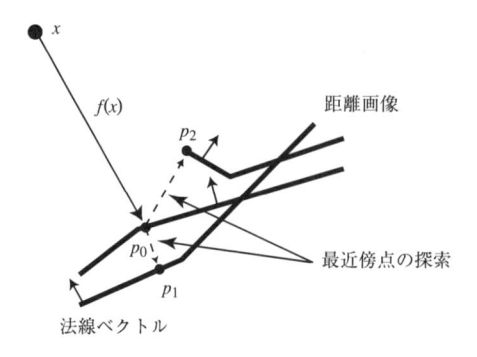

図 2.1.8 合致表面法
まずボクセル中心xから距離画像の最近傍点p_0を探索し,次に最近傍点p_0から他の距離画像の最近傍点p_1, p_2を計算する.それらの距離が近く,法線方向が類似している場合には同一の平面を表しているとみなす.

る．また，Wheelerら[38]の手法ではオクトツリーを用いて，距離画像から遠い部分では粗く，近い部分では細かくサンプリングし，計算量，データ量を削減する手法を提案した．さらに，佐川ら[39]-[41]はさらにそれを改良し，観測対象の形状に応じてサンプリング間隔を決定し，生成するモデルの解像度を調節する手法を提案している．

使用するセンサがレーザレンジセンサの場合，距離画像の取得と同時に，レーザの反射率（laser reflectance strength；LRS）の情報も得られる（図 2.1.9）．佐川ら[39]-[41]は，統合処理において LRS 値を同時に統合処理する方法を提案している．図 2.1.10 はその統合処理結果の例である．

また，距離画像が取得されていない部分の表面部分には欠落が生じる．モデルをビジュアライゼーションする際に，欠落部分を残したままでは不適当であるため，この部分の補間が必要である．Davis ら[42]や，佐川と池内[43],[44]は符号付距離場を用いて形状を推定して補間することにより，欠落を補間する手法を提案した．

2.1.4 テクスチャマッピング

上述の処理により，レンジセンサによって計測した実物体の幾何的モデリングが可能となった．次のステップとして"見え"のモデリングを行うために，カメラを用いて取得した画像を，生成した3次元モデルにテクスチャマッピングを行う．本項では，カメラ画像を3次元モデルにテクスチャマッピングする際の，幾何的側面について説明する．

図 2.1.9　LRS 値を輝度値として表した距離画像：鎌倉高徳院阿弥陀如来坐像（鎌倉大仏）

図 2.1.10　LRS 値付きの距離画像の統合処理結果

a. 3次元モデルのカメラ画像への射影

テクスチャマッピングするためには,まず画像を取得したカメラのパラメータを知ることが必要である.画像を取得するカメラのモデルをピンホールカメラモデルと仮定すると,カメラのパラメータは以下のような内部パラメータ K と外部パラメータ P が構成される.

$$K = \begin{bmatrix} \alpha & \gamma & c_x \\ 0 & \beta & c_y \\ 0 & 0 & 1 \end{bmatrix}, \quad P = [R \quad t] \tag{2.1.6}$$

内部パラメータ K は 3×3 行列であり,α,β は画像の X 軸,Y 軸に沿ったスケーリング,γ は X 軸と Y 軸の歪み,c_x,c_y は画像中心を表すパラメータである.外部パラメータ P は 3×4 行列であり,位置合わせにおけるパラメータと同じように,回転行列 R,平行移動ベクトル t から構成される.外部パラメータが 3 次元モデルに対する相対的な位置姿勢であるとすると,3 次元モデルの頂点 (X, Y, Z) は,以下のように画像上の点 (x, y) に射影される.

$$s\tilde{p} = KPp \tag{2.1.7}$$

ここで,$p = (X, Y, Z, 1)$,$\tilde{p} = (x, y, 1)$ であり,s は任意のスケール係数である.式(2.1.7)にしたがって 3 次元モデルの三角パッチの 3 つの頂点をカメラ画像に射影することにより,それに対応する画像中の三角形領域が得られる.この領域を与えることにより,3 次元モデルにカメラ画像を貼り付けることが可能になる.

3 次元モデル全体にテクスチャマッピングするためには,さまざまな視点から画像を取得する必要がある.また,ある三角パッチで表される表面形状が,複数のカメラ画像から観測されている場合,どのカメラ画像を用いるかを決定する必要がある.しかし,物体の"見え"は光源の位置,観測方向に応じて変化するため,これらに依存しない反射モデルのパラメータを推定する方法か,あるいは,光源の位置,観測方向に応じてテクスチャを選択的にマッピングする方法を用いなければならない.

光源の位置,観測方向に依存しないパラメータを生成する方法には,同一の三角パッチに射影される画像の平均あるいは中央値を選ぶ方法,三角パッチがカメラに対して最も正対している画像を選ぶ方法,などが最も単純である.運天と池内[45]は,画像中の物体の反射特性がランバーシアンであり,また物体形状が既知であると仮定し,複数の画像から物体表面固有の色であるアルベド(albedo)を推定した.それにより,複数の画像を直接テクスチャマッピングした際に生じる,境界部分の不連続を低減できるようになった.これらの方法は,光源が一定と仮定した場合,物体の反射モデルにおける鏡面反射成分が小さい場合には有効であるが,これが強い場合には,正確な反射パラメータを推定する手法が必要である.逆に,3 次元モデルをレンダリングしてユーザに提示する際に,光源位置,視線方向に応じてマッピングするテクスチャを選択する方法(ビューディペンデントテクスチャ,view-dependent texture)[46],[47]も考えられている.

b. カメラパラメータのキャリブレーション

3次元モデルをカメラ画像に射影するためには内部パラメータ K と外部パラメータ P を求めることが必要である.このカメラパラメータキャリブレーションの手法はいろいろ提案されているが[48),49)],図2.1.1中に示したように,カメラとレンジセンサを固定した場合,レンジセンサに対して相対的なカメラパラメータを求めれば,カメラ画像と距離画像を同時に取得することができる.それにより,統合を行った3次元モデルと,カメラ画像のキャリブレーションが可能となる.

また,3次元世界座標と2次元カメラ座標の対応関係を与えるために,キャリブレーションの手法として,通常はカメラで観測しやすいマーカが用いられることが多い.さらに,カメラ画像の3次元モデルへのテクスチャマッピングという問題では,レンジセンサに対する相対的な位置姿勢が必要である.このため,レンジセンサから得られた距離画像の座標値を用いて3次元世界座標を与えることで,キャリブレーションを行うか[45)],マーカの座標系とレンジセンサの座標系の位置合わせを行うことによってキャリブレーションを行わねばならない.

c. 3次元モデルと2次元画像の位置合わせ

観測対象のある部分をモデリングする際に,(ノイズを無視すれば)距離画像は1回取得すれば十分であるのに対して,テクスチャ画像は,前述のビューディペンデントテクスチャ生成時のように,多くの画像の取得が必要な場合がある.しかしながら,カメラとレンジセンサを固定した状態でデータを取得するのは不便な場合がある.また,レンジセンサに対してカメラを固定することが困難な場合も存在する.このような場合には,カメラ画像と距離画像を取得した後に,そのデータを用いてカメラパラメータを推定する手法が必要である.すなわち,位置合わせ処理が3次元モデルどうしの位置合わせであったのに対して,この問題は3次元モデルと2次元画像の位置合わせであるといえる.

より滑らかにテクスチャをつなげる方法として,Rocchiniら[50)]は複数のテクスチャを局所的に位置合わせし,ブレンディング処理を用いる方法を提案している.また,NeugebauerとKlein[51)]は3次元モデルと複数のテクスチャ画像を同時に位置合わせする手法を提案した.点の比較,輪郭線の比較により2次元-3次元の位置合わせを行い,さらに同じ3次元上にあるテクスチャの比較を行うことによってテクスチャどうしの位置合わせを行っている.また,シルエット画像と3次元モデルをdownhill simplex法を用いる方法[52)],距離画像とカメラ画像から直線のエッジを抽出し,それらを比較することによって位置合わせを行う方法[53)],3次元モデルの輪郭線とカメラ画像のエッジを比較し,位置合わせを行う手法[12)],などが提案されている.

上述したレーザの反射率(laser reflectance strength;LRS)から得られる情報は,カメラ画像と強い相関を持つ.そこで,Kurazumeら[54)]は輪郭線に加えて,LRS値のエッジをカメラ画像と比較することによって,より安定に位置合わせする方法を提案している.図2.1.11は,LRS値から得られた特徴を比較して,2次元画

(a) (b) (c)

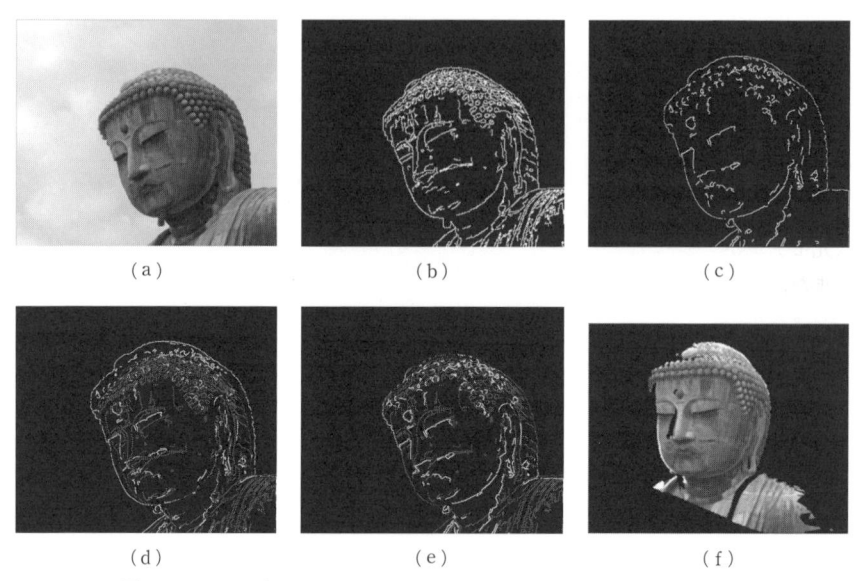

(d) (e) (f)

図 2.1.11 LRS値を用いた2次元カメラ画像と3次元モデルの位置合わせ

像と3次元モデルを位置合わせしたものである．図2.1.11(a)，(b)は鎌倉大仏のカメラ画像と，それからCannyフィルタ[55]によってエッジ抽出した画像である．また，図2.1.11(c)は図2.1.10のモデルから，LRS値のエッジを抽出したものである．この両者を手動で初期位置合わせしたもの（図2.1.11(d)）から，自動的に位置合わせした結果が図2.1.11(e)である．その情報を用いてテクスチャマッピングすると図2.1.11(f)となる．　　　　　　　　　　　　　　　　　　〔佐川立昌〕

▶参考文献

1) Turk, G. and Levoy, M. : Zippered polygon meshes from range images. *Proc. SIGGRAPH '94*, 311-318, July 1994.
2) Hilton, A., Stoddart, A. J., Illingworth, J. and Windeatt, T. : Reliable surface reconstruction from multiple range images. *Proc. European Conference on Computer Vision*, 117-126, Springer-Verlag, 1996.
3) ドバーグ, M. ほか著，浅野哲夫訳：コンピュータ・ジオメトリ：計算幾何学：アルゴリズムと応用，近代科学社，2000．
4) Brown, D. F. : Voronoi diagrams from convex hulls. *Information Processing Letters*, **9**, 223-228, 1979.
5) Barber, C. B., Dobkin, D. P. and Huhdanpaa, H. T. : The quickhull algorithm for convex hulls. *ACM Trans. Mathematical Software*, **22**(4), 469-483, 1996.
6) Clarkson, K. L., Mehlhorn, K. and Seidel, R. : Four results on randomized incremental constructions. *Symposium on Theoretical Aspects of Computer Science*,

463-474, 1992.
7) Schroeder, W. J., Zarge, J. A. and Lorensen, W. E. : Decimation of triangle meshes. *Computer Graphics*, **26**(2), 65-70, 1992.
8) Turk, G. : Re-tiling polygonal surfaces. *Computer Graphics*, **26**(2), 55-64, 1992.
9) Hoppe, H., DeRose, T., Duchamp, T., McDonald, J. and Stuetzle, W. : Mesh optimization. *Computer Graphics*, **27**, No. Annual Conference Series, 19-26, 1993.
10) Faugeras, O. D. and Hebert, M. : The representation, recognition, and locating of 3-d objects. *Int. J. Robotics Research*, **5**(3), 27-52, 1986.
11) 増田 健，坂上勝彦，横矢直和：モデル生成のための複数の距離画像の位置合わせと統合 (registration and integration of multiple range images for 3-d model construction). 画像の認識・理解シンポジウム (MIRU '96) 講演論文集，第2巻，247-252，1996.
12) Wheeler, M. D. : *Automatic Modeling and Localization for Object Recognition*. PhD thesis, School of Computer Science, Carnegie Mellon University, 1996.
13) Stein, F. and Medioni, G. : Structural indexing: efficient 3-d object recognition. *IEEE Trans. Pattern Analysis and Machine Intelligence*, **14**(2), 125-145, 1992.
14) Chua, C. and Jarvis, R. : 3-d free-form surface registration and object recognition. *Int. J. Computer Vision*, **17**(1), 77-99, 1996.
15) Chua, C. S. and Jarvis, R. : Point signatures: A new representation for 3-d object recognition. *Int. J. Computer Vision*, **25**(1), 63-85, 1997.
16) Johnson, A. E. and Hebert, M. : Using spin images for efficient object recognition in cluttered 3d scenes. *IEEE Trans. Pattern Analysis and Machine Intelligence*, **21**(5), 433-449, 1999.
17) 佐川立昌，岡田 慧，加賀美 聡，稲葉雅幸，井上博允：漸増的メッシュモデリングとその階層的認識法による実時間3次元物体認識システムの研究．日本ロボット学会誌，**20**(1), 98-106, 2002.
18) Besl, P. J. and McKay, N. D. : A method for registration of 3-d shapes. *IEEE Trans. Pattern Analysis and Machine Intelligence*, **14**(2), 239-256, 1992.
19) Chen, Y. and Medioni, G. : Object modeling by registration of multiple range images. *Image and Vision Computing*, **10**(3), 145-155, 1992.
20) Friedman, J.H., Bentley, J. and Finkel, R. : An algorithm for finding best matches in logarithmic expected time. *ACM Trans. Mathematical Software*, **3**(3), 209-226, 1977.
21) Blais, G. and Levine, M. D. : Registering multiview range data to create 3d computer objects. *IEEE Trans. Pattern Analysis and Machine Intelligence*, **17**(8), 820-824, 1995.
22) Neugebauer, P. : Geometrical cloning of 3d objects via simultaneous registration of multiple range images. *Proc. International Conference on Shape Modeling and Application*, 130-139, March 1997.
23) Zhang, Z. : Iterative point matching for registration of free-form curves and surfaces. *Int. J. Computer Vision*, **13**(2), 119-152, 1994.
24) Pulli, K. : Multiview registration for large data sets. *Second International Conference on 3D Digital Imaging and Modeling*, 160-168, October 1999.

25) Godin, G., Rioux, M. and Baribeau, R.: Three-dimentional registration using range and intensity information. *Proc. SPIE Videometrics III*, Vol. 2350, 279-290, 1994.
26) Godin, G., Laurendeau, D. and Bergevin, R.: A method for the registration of attribute range image. *Proc. 3DIM*, 179-186, 2001.
27) Dorai, C., Wang, G., Jain, A. and Mercer, C.: From images to models: Automatic 3d object model construction from multiple views. *Proc. 13th IAPR International Conference on Pattern Recognition*, 770-774, 1996.
28) Masuda, T., Sakaue, K. and Yokoya, N.: Registration and integration of multiple range images for 3-d model construction. *Proc. 13th International Conference on Pattern Recognition*, 879-883, June 1996.
29) Williams, J. A. and Bennamoun, M.: Multiple view 3d registration using statistical error models. *Proc. Vision, Modeling and Visualization*, 83-90, Erlangen, Germany, November 1999.
30) Trucco, E., Fusiello, A. and Roberto, V.: Robust motion and correspondence of noisy 3-d point sets with missing data. *Pattern Recognition Letters*, **20**(9), 889-898, 1999.
31) Nishino, K. and Ikeuchi, K.: Robust simultaneous registration of multiple range images. *Proc. Fifth Asian Conference on Computer Vision ACCV '02*, 454-461, January 2002.
32) Eggert, D. W., Fitzgibbon, A. W. and Fisher, R. B.: Simultaneous registration of multiple range views for use in reverse engineering. *Technical Report* 804, Dept. of Artificial Intelligence, University of Edinburgh, 1996.
33) Bergevin, R., Soucy, M., Gagnon, H. and Laurendeau, D.: Towards a general multiview registration technique. *IEEE Trans. Pattern Analysis and Machine Intelligence*, **18**(5), 540-547, 1996.
34) Soucy, M. and Laurendeau, D.: A general surface approach to the integration of a set of range views. *IEEE Trans. Pattern Analysis and Machine Intelligence*, **17**(4), 344-358, April 1995.
35) Lorensen, W. and Cline, H.: Marching cubes: a high resolution 3d surface construction algorithm. *Proc. SIGGRAPH '87*, 163-170, ACM, 1987.
36) Hoppe, H., DeRose, T., Duchamp, T., McDonald, J. A. and Stuetzle, W.: Surface reconstruction from unorganized points. *Proc. SIGGRAPH '92*, 71-78, ACM, 1992.
37) Curless, B. and Levoy, M.: A volumetric method for building complex models from range images. *Proc. SIGGRAPH '96*, 303-312, ACM, 1996.
38) Wheeler, M. D., Sato, Y. and Ikeuchi, K.: Consensus surfaces for modeling 3d objects from multiple range images. *Proc. International Conference on Computer Vision*, January 1998.
39) 佐川立昌, 西野 恒, 池内克史：光学的情報付き距離画像のロバストな適応的統合. 電子情報通信学会論文誌, **J85-DII**(12), 1781-1790, 2002.
40) 佐川立昌, 西野 恒, 倉爪 亮, 池内克史：大規模観測対象のための幾何形状および光学情報統合システム. 情報処理学会論文誌コンピュータビジョンとイメージメディア, **44**, SIG5(CVIM6), 41-53, 2003.
41) Sagawa, R., Nishino, K. and Ikeuchi, K.: Adaptively merging largescale range data

with reflectance properties. *IEEE Trans. Pattern Analysis and Machine Intelligence*, **27**(3), 392-405, 2005.
42) Davis, J., Marschner, S. R., Garr, M. and Levoy, M. : Filling holes in complex surfaces using volumetric diffusion. *Proc. First International Symposium on 3D Data Processing, Visualization, and Transmission*, 2002.
43) Sagawa, R. and Ikeuchi, K. : Taking consensus of signed distance field for complementing unobservable surface. *Proc. 3DIM 2003*, 410-417, 2003.
44) 佐川立昌, 池内克史：符号付距離場の整合化による形状モデル補間手法. 電子情報通信学会論文誌, **J88-DII**(3), 541-551, 2005.
45) 運天弘樹, 池内克史：テクスチャマッピングにおけるクロマティシティの不変性に基づく3次元幾何モデル上での色調補正. 情報処理学会研究報告 (CVIM), No.140, 25-32, 2003.
46) Nishino, K., Sato, Y. and Ikeuchi, K. : Eigen-texture method: Appearance compression based on 3d model. *Proc. Computer Vision and Pattern Recognition CVPR '99*, Vol. 1, 618-624, June 1999.
47) Wood, D. N., Azuma, D. I., Aldinger, K., Curless, B., Duchamp, T., Salesin, D. H. and Stuetzle, W. : Surface light fields for 3D photography. Kurt Akeley, editor, *Siggraph 2000, Computer Graphics Proceedings*, 287-296, ACM Press/ACM SIGGRAPH/ Addison Wesley Longman, 2000.
48) Tsai, R. Y. : An efficient and accurate camera calibration technique for 3D machine vision. *Proc. IEEE Conference on Computer Vision and Pattern Recognition*, 364-374, 1986.
49) Zhang, Z. : A flexible new technique for camera calibration. *IEEE Trans. Pattern Analysis and Machine Intelligence*, **22**(11), 1330-1334, 2000.
50) Rocchini, C., Cignoni, P., Montani, C. and Scopigno, R. : Multiple textures stitching and blending on 3d objects. *Proc. Eurographics Rendering Workshop*, June 1999.
51) Neugebauer, P. J. and Klein, K. : Texturing 3d models of real world objects from multiple unregistered photographic views. *Proc. Eurographics '99*, 245-256, 1999.
52) Lensch, H., Heidrich, W. and Seidel, H.-P. : Automated texture registration and stitching for real world models. *Proc. Pacific Graphics '00*, 317-326, October 2000.
53) Stamos, I. and Allen, P. K. : Registration of 3d with 2d imagery in urban environments. *Proc. the Eighth International Conference on Computer Vision*, 731-736, Vancouver, Canada, 2001.
54) Kurazume, R., Nishino, K., Zhang, Z. and Ikeuchi, K. : Simultaneous 2d images and 3d geometric model registration for texture mapping utilizing reflectance attribute. *Proc. The 5th Asian Conference on Computer Vision*, Vol. 1, 99-106, January 2002.
55) Canny, F. J. : A computational approach to edge detection. *IEEE Trans. Pattern Analysis and Machine Intelligence*, 8(6), 679-698, 1986.

2.2 光学的処理

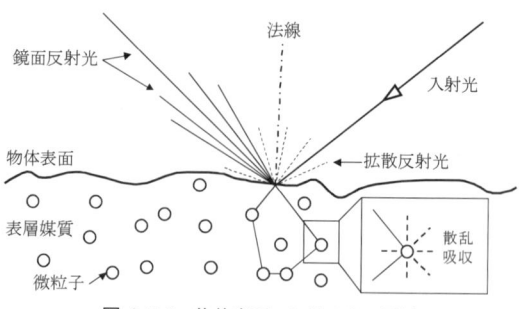

2.2.1 物体表面における光の反射

カメラを用いて物体を撮像すると，物体表面への入射光は物体表面で反射され，その反射光のうちカメラの視点に到達するものがカメラの光学系を通り画像の各画素値になる．したがって，画像を解析する際にはカメラの特性のみならず物体表面における光の反射の特性を正しく理解することが不可欠である．

実世界に存在する物体には光学的に均質な表面を持つ物体と不均質な表面を持つ物体がある．光学的に均質な物質とは金属や水晶などに代表されるように材質がミクロに（光の波長レベルで）均質な物質のことであり，これらの物体では物体表面への入射光は拡散せず，フレネルの法則にしたがって完全鏡面反射方向に光が反射する．これに対し，光学的に不均質な物質はその表面が図 2.2.1 に示すように表面，そして表層内の媒質と顔料などの微粒子で形成される．一般的な物体の表層はこのような不均質な物質で形成されているため，後に説明する数学的反射モデルの多くはこのような物体表面における光の反射を記述するために提案されている．

物体表面のある点に入射した光はその点において反射される光とその点から物体内部に透過する光に分かれる．この内部に透過した光の一部は物体内部を通過した後，再び表面から放射される光となる．そのため幾何学的にこれら 2 つの光の反射成分を表面反射（surface reflection）と内部反射（body reflection）と呼ぶことができる[1]．しかし，これらの 2 つの反射成分は次に述べるように，それぞれ主にいわゆる光の反射（完全鏡面反射）と拡散によりその性質が決定されるため，一般的にそれぞれ鏡面反射（specular reflection）と拡散反射（diffuse reflection）と呼ばれる[2]．

a. 鏡面反射

鏡面反射は物体外部の物質（大気）と物体の屈折率の違いにより物体表面において起こる反射である．この鏡面反射成分は名前の示すとおり，鏡面における反射を表すため，物体表面が完全に滑らかであれば（完全に鏡面として近似できるのであれば），

図 2.2.1 物体表面における光の反射

① 面法線に対して完全鏡面反射方向に存在し
② 反射される光の量はフレネルの法則に従う

と考えられる．しかし，実際には物体の表面は鏡である場合を除いて完全に滑らかであることはなく，多くの場合微小な粗さを持つ．そのため，ほとんどの物体表面において，この鏡面反射成分は完全鏡面反射方向を中心に角度的にある程度の広がりを持って分布することになる．2つめの性質より，反射される光の量は入射角，物体の屈折率と入射光の偏光に比例するが，屈折率は波長に比例するため，鏡面反射成分は波長に比例することになる．しかし，一般的に可視光の範囲では波長に対する屈折率の変化は一定と近似できるほどに微小であるため，結局この鏡面反射成分は波長に対して一定と近似することができ，したがってその色は入射光の色と等しいということができる．物体表面に粗さがある場合においても，後に示すように，その表面はこれらの鏡面反射を示す微小面の集合としてとらえることができるため，この色に関する性質は保持される．

b. 拡散反射

物体の最表面で反射されなかった入射光は物体の内部に透過する．物体の内部に入った光は顔料などの微粒子にぶつかりながら物体表層の媒質中を進むが，この光の一部は再び最表面を突き抜けて外部に放射される．したがってこの拡散反射成分は，以下の3つの要素の影響を受ける．

① 物体表層の媒質の伝送特性
② 表層内の微粒子による拡散と吸収
③ それらの微粒子の形状と分布

一般的には媒質は透明であると近似でき，光の色や方向に影響を与えずに伝送すると考えてよいので①の影響は無視できる．内部に透過した光が顔料などの微粒子にぶつかった際に光の拡散と吸収が起こるため，結局のちに物体表面から再び放射される拡散反射成分の色は入射光の色と異なることになる．すなわち物体の色を決定しているのはまさにこれらの微粒子の拡散吸収特性である．拡散反射成分の物体表面からの放射方向は主に，内部微粒子の形状と分布により決定される．一般的にこれらの微粒子が一様に分布していると仮定できるのであれば，内部透過光は一様に拡散されるため，拡散反射成分光は全方向に関して一様に分布すると仮定できる．紙などはこの仮定が成り立つため，どのような方向から眺めても同じ明るさの色を観察することができる．

2.2.2 反射モデル

画像を解析することによりそこに写っている物体の形状の推定を行ったり，あるいはその物体の他の視点や光源状況下での見え方を合成するためには，前項で述べた物体表面における光の反射を数学的モデルとして表現することが望ましい．とりわけ，特定の材質の表面の反射特性を変数の少ない数学的モデルとして表現することができ

れば，物体の形状とともにその反射モデルのみを伝送すれば受信側でその物体の"見え"をあらゆる状況下で観察することが可能になる．その結果，たとえば電子商取引などのアプリケーションにおいて効率的な"見え"の伝送を行うことが可能になる．ここでは，物体表面における光の反射を取り扱う一般的な枠組みを紹介し，続いて経験則あるいは厳密な光の物理過程の近似に基づいた代表的な反射モデルをいくつか紹介する．

a．双方向反射分布関数

一般的な物体表面における光の反射特性は，物体表面上のある点に着目すれば，その点における入射光の照度（W/m^2）と反射の結果放射される放射光の輝度（W/m^2/sr）の比として定義することができる．すなわち，物体表面上の3次元点 x に微小立体角 ω_i からその点において単位入射照度 $dE_i(x, \omega_i)$ を与える光が入射し，微小立体角 ω_e へ単位放射輝度 $dL_e(x, \omega_e)$ の放射光が観察されると考えた場合，点 x における反射特性は

$$f_r(x, \omega_i, \omega_e) = \frac{dL_e(x, \omega_e)}{dE_i(x, \omega_i)d\omega_i}$$
$$= \frac{dL_e(x, \omega_e)}{dL_i(x, \omega_i)(\omega_i \cdot N(x))d\omega_i} \quad (2.2.1)$$

として定義される．ただし，$N(x)$ は点 x における面法線である．関数 f_r は物体表面上の位置と光の入射方向と反射方向の関数であるため，双方向反射分布関数（bidirectional reflectance distribution function；BRDF）と呼ばれる[3]．入射方向，放射方向ともに2次元の変数であるため，物体表面の特定の点（ここでは点 x）の反射特性はこの4次元の関数で完全に記述できる．

双方向反射分布関数には次の2つの重要な性質がある．1つめはヘルムホルツの交換則（Helmholtz recprocity）と呼ばれ，双方向反射分布関数の入射光方向と反射光方向を入れ替えても，同じ値とならなければならないことを表す．

$$f_r(x, \omega_i, \omega_e) = f_r(x, \omega_e, \omega_i) \quad (2.2.2)$$

2つめは，エネルギー保存則より，入射光エネルギーよりも多くのエネルギーが反射されることはないため，双方向反射分布関数は全入射方向（法線を主軸とし，点 x を中心とする単位半球（Ω））に関して積分を行うと1あるいは1より小さくならなければならない．すなわち，

$$\int_\Omega f_r(x, \omega_i, \omega_e)d\omega_i < 1 \quad (2.2.3)$$

この双方向反射分布関数を用いたうえで点 x を中心とし法線 N を z 軸とする極座標系において各方向を表すと，物体表面上の点 x の放射輝度はすべての方向からの入射光を考慮して，

$$L_e(x, \theta_e, \phi_e) = \int_0^{2\pi}\int_0^{\frac{\pi}{2}} f_r(x, \theta_i, \phi_i, \theta_e, \phi_e)L_i(x, \theta_i, \phi_i)\cos\theta_i \sin\theta_i d\theta_i d\phi_i$$

$$(2.2.4)$$

2.2 光学的処理

となる．ただし θ, ϕ はそれぞれ仰角，方位角である*．

*ω は単位立体角であり，$\omega_i = \sin \theta_i d\theta_i d\phi_i$ であることに注意．

前項で述べたように，一般的な物体表面における光の反射は拡散反射成分と鏡面反射成分の線形和として近似できる場合が多い．そのため，この双方向反射分布関数は

$$f_r(x, \theta_i, \phi_i, \theta_e, \phi_e) = C^d f_r^d(x, \theta_i, \phi_i, \theta_e, \phi_e) + C^s f_r^s(x, \theta_i, \phi_i, \theta_e, \phi_e) \quad (2.2.5)$$

のように，それぞれの反射成分特性を表す関数 f_r^d と f_r^s の重み（C^d, C^s）付線形和として表せる．ここで，これらの係数は波長も考慮した場合，前項で述べたように，拡散反射成分係数 C^d は物体固有の波長応答を持ち，鏡面反射成分係数 C^s は光源と同じ波長応答を持つことになる．したがって，それぞれ物体固有の色，光源と同じ色の反射成分となるわけである．反射モデルの波長依存性に関してくわしくは述べないが，色を RGB の 3 色のみで考慮した場合，それぞれ物体の色と光源の色を表す 3 次元の色ベクトルとなることが重要である[1]．

b．拡散反射

物体表面における光の反射は式(2.2.1)に示したように，4 次元の関数として表すことができ，多くの物体についてはこの関数自体が式(2.2.5)に示したように 2 つの項の線形和で表せることを述べた．ここでは，これら 2 つの反射成分のうち拡散反射成分を具体的に数式化した場合を考えていく．

拡散反射光は前項で述べたように，物体表面で反射されずに内部に透過した光が物体表層内の媒質を微粒子により拡散されながら進み，再び表面から放射される光である．微粒子にぶつかるたびに光はさまざまな方向に散乱するため，これらの微粒子が一様に偏りなく物体表層内に分布していると仮定すれば，再び表面から放射される光は全方向に一様に同一の強さを持って分布すると考えることができる．すなわち，拡散反射成分は全（視点）方向に関して一様に分布すると近似することができる．この仮定はランバート（Lambert）則と呼ばれる[4]．ランバート則を用いると，全方向への放射光の輝度の和は入射照度と等しくなるはずなので，

$$\int_0^{2\pi} \int_0^{\frac{\pi}{2}} f_r(\theta_i, \phi_i, \theta_e, \phi_e) L_i(\theta_i, \phi_i) \cos \theta_i \sin \theta_e \cos \theta_e d\theta_e d\phi_e = L_i(\theta_i, \phi_i) \cos \theta_i \quad (2.2.6)$$

が成り立ち，その結果

$$f_r(\theta_i, \phi_i, \theta_e, \phi_e) = \frac{1}{\pi} \quad (2.2.7)$$

が導き出される．このように，拡散反射成分（式(2.2.5)の f_r^d）はランバート則の成り立つような物体表面では，入射方向，放射方向（視線方向）によらない一定値をとると仮定することができる．

実際にはランバート則が成り立つ物体表面（一般的にランバーシアン面と呼ばれる）は紙など非常に限られている．しかし，一般的な物体においてもある程度近似と

しては有効であり，かつ数式モデルとして非常に計算が簡便である（線形である）ため，特にコンピュータビジョンの分野において，画像の解析による物体形状の復元を行う際の物体表面の反射特性を表す反射モデルとして非常に広く用いられている．

c．鏡面反射

次に物体表面反射を表す線形和の2項のうち，鏡面反射成分についてその反射モデルを見ていく．前項に述べたように，鏡面反射成分は物体表面において即座に反射される光である．物体表面が完全に滑らかである場合，光は完全鏡面反射する．すなわち，物体表面に入射した光は，入射方向（θ_i, ϕ_i）と同じ角度で逆方向（$\theta_i, \phi_i + \pi$）に反射される（入射光，放射光，法線はすべて同一平面上にあることに注意）．そのため，ディラックのデルタ関数（δ）を用いると，

$$\int_0^{2\pi}\int_0^{\frac{\pi}{2}} f_r(\theta_i, \phi_i, \theta_e, \phi_e)\sin\theta_e\cos\theta_e d\theta_e d\phi_e \quad (2.2.8)$$

$$= \int_0^{2\pi}\int_0^{\frac{\pi}{2}} k\delta(\theta_e - \theta_i)\delta(\phi_e - \phi_i - \pi)\sin\theta_e\cos\theta_e d\theta_e d\phi_e = 1 \quad (2.2.9)$$

が成り立ち，その結果

$$f_r(\theta_i, \phi_i, \theta_e, \phi_e) = \frac{\delta(\theta_e - \theta_i)\delta(\phi_e - \phi_i - \pi)}{\sin\theta_i\cos\theta_i} \quad (2.2.10)$$

が導き出される[5]．

実際には，物体表面が完全鏡面として記述できる場合は鏡などを除いて非常にまれであり，多くの物体表面はある程度表面が粗い．すなわち，多くの物体表面において鏡面反射は完全鏡面反射方向を中心として，ある程度の広がりを持って分布している場合がほとんどである．実際に身のまわりにある物体を手にとって（たとえばプラスチックのコップなど）さまざまな角度から観察してみると，鏡面反射成分はある点（完全鏡面反射方向になっている点）が最も明るく，その点を離れるにしたがって徐々に暗くなっていくのがわかる．Phong[6]はこのような観察をもとに，次式の鏡面反射モデルを提案した．

$$f_r^s(\theta_i, \phi_i, \theta_e, \phi_e) = (\boldsymbol{R}\cdot\boldsymbol{V})^n \quad (2.2.11)$$

$$= \left([\cos(\phi_i+\pi)\sin\theta_i\ \sin(\phi_i+\pi)\sin\theta_i\ \cos\theta_i]\begin{bmatrix}\cos\phi_e\sin\theta_e\\ \sin\phi_e\sin\theta_e\\ \cos\theta_e\end{bmatrix}\right)^n \quad (2.2.12)$$

ただし，$\boldsymbol{R}$は完全鏡面反射方向（$\theta_i, \phi_i + \pi$）を表す3次元単位ベクトルであり，$\boldsymbol{V}$は視線方向（θ_e, ϕ_e）を表す3次元単位ベクトルである．ここで$\boldsymbol{R}$と$\boldsymbol{V}$のなす角をβとすると，式(2.2.12)は，

$$f_r^s(\theta_i, \phi_i, \theta_e, \phi_e) = \cos^n\beta \quad (2.2.13)$$

となる．ここで$\cos^n\beta$の値をnとβのそれぞれを変化させながらプロットすると図2.2.2のようになる．このように，Phong反射モデルを用いると*完全鏡面反射方向

2.2 光学的処理

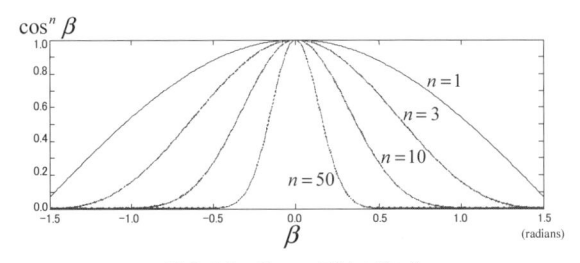

図 2.2.2 Phong 反射モデル[6]

このように，Phong 反射モデルでは n により鏡面反射の広がりを表現している．

($\beta = 0$) を中心に，なだらかに減衰する鏡面反射成分を記述できることがわかる．

*参考文献6)では鏡面反射成分に加え環境光反射成分と拡散反射成分を考慮した反射モデルを提案しているが，この2つはそれぞれ一定値，ランバーシアン反射モデルであるため，ここでは Phong 反射モデルの鏡面反射成分項のみを Phong 反射モデルと呼ぶ．

Phong 反射モデルはコンピュータグラフィックスにおいて非常に初期の段階で提案された反射モデルであり，現在も広く用いられている．これはひとえにこの数式モデルが非常に簡単であり計算量が少ないためである．しかし，Phong 反射モデルは観察に基づいた経験則的反射モデルであり，実際の光の反射過程を正確に記述するものではない．これはたとえば式(2.2.12)が双方向反射分布関数の2つの拘束（式(2.2.2)と式(2.2.3)）を明らかに満たさないことからも見てとれる．

物体表面に粗さがある場合の鏡面反射の物理過程を記述する試みはいままで多くなされてきた．これらの研究において提案されている反射モデルには，幾何光学を用いて数式化を行うか，あるいは波動光学を用いて数式化するのかの違いがある．これはつきつめると，物体表面の粗さをどのように記述するかという点によってくる．物体表面が波長よりも細かな粗さを持っているのであれば光を波としてとらえる必要があり，波長よりも十分大きい粗さの変化である場合は幾何光学で事足りる．簡単に想像がつくように，前者の場合は導き出される反射モデルが複雑になりがちであり，コンピュータグラフィックスなどにおいて物体を描画するための数式モデルとしては変数と計算量が多すぎて不便である場合が多い．さいわい，一般的な物体表面の粗さは波長よりも大きい変化であると考えられる場合が大半であるため，幾何光学を用いて記述された，より計算量の少ない簡便な反射モデルで十分であることの方が多い．ただし，これらのモデルを用いて，回折や干渉などの事象は記述できないため，CD の表面などを描画することはできない．ここでは，幾何光学を用いて粗さのある物体表面における鏡面反射光の反射過程を近似する反射モデルとして，コンピュータグラフィックスやコンピュータビジョンにおいて広く使われている Torrance-Sparrow 反射モデル[7]を紹介する．

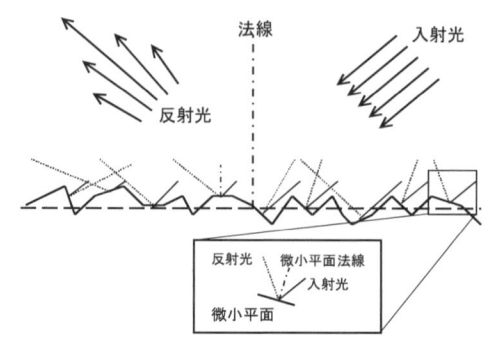

図 2.2.3 物体表面は微小な鏡の集まりと考えることができる．画像のある画素値に対応する物体表面上の点にはこれらの微小平面が複数存在し，それらがさまざまな方向を向いている．その結果，物体表面上の 1 点からの鏡面反射はこれらの微小平面における完全鏡面反射を集めた結果であると考えることができる．

物体表面における粗さを記述するにはいくつか異なった方法があるが，Torrance-Sparrow 反射モデルでは，図 2.2.3 に示すように，物体表面は完全鏡面反射をする微小な平面（microfacet）がさまざまな角度に並べられたものの集まりであると仮定する．このように，物体表面のある 1 点における鏡面反射光はその 1 点に含まれる微小な鏡による反射の総和であると考えると，鏡面反射成分は以下のように主に 3 つの要素を考慮して記述されるはずである．

$$f_r^s(\theta_i, \phi_i, \theta_e, \phi_e) = \frac{FGD}{\cos \phi_e} \qquad (2.2.14)$$

ここで，
 D：微小面分布．各微小面の向きの分布，
 G：幾何係数．各微小面が互いに遮蔽する割合，
 F：フレネル係数．各微小平面に入射した光のうち内部に透過せずに表面で反射する光の比率．

次のそれぞれの係数について考えていく．
物体表面を上述のように微小鏡面の集合として近似した場合，微小平面の法線が，入射方向と視線方向のちょうど二等分方向に一致したときにのみ，その微小平面は視線方向に光を反射することになる．ここで，入射光方向を 3 次元単位ベクトル L，視線方向を 3 次元単位ベクトル V とした場合，物体表面のある 1 点に含まれる微小平面の法線方向が

$$H = \frac{L + V}{2} \qquad (2.2.15)$$

と一致するときにその微小平面の鏡面反射は着目している物体表面上の点からの鏡面

2.2 光学的処理

反射光に寄与することになる．したがって，微小平面の分布を表す際には，この二等分角方向 H の分布，すなわち微小平面の法線方向の物体表面上のその点の（マクロな）法線方向 N を中心とした分布として記述すると簡便であることがわかる．Torrance-Sparrow 反射モデルでは，これらの微小平面の傾きを正規分布でモデル化している．すなわち，

$$D = \exp\left[-\left(\frac{\cos^{-1}(H \cdot N)}{\sigma}\right)^2\right]$$
$$= \exp\left[-\frac{\alpha^2}{\sigma^2}\right] \tag{2.2.16}$$

物体表面が微小平面の集合であると考えた際，それぞれの微小平面どうしが互いを遮蔽しあうために起こる影についても考慮する必要がある．微小平面どうしが V 字型に互いに並んでいると仮定すると，微小平面どうしの遮蔽には図 2.2.4 に示す 3 つの場合が存在し，それぞれ以下のようにその反射光への影響を数式化することができる．

- 遮蔽がまったく起こらない場合　　$G_1 = 1$
- 反射光の一部が遮蔽される場合　　$G_2 = \dfrac{2(N \cdot H)(N \cdot V)}{V \cdot H}$
- 入射光の一部が遮蔽される場合　　$G_3 = \dfrac{2(N \cdot H)(N \cdot L)}{V \cdot H}$

したがって，全体としては最小の値をとるものを考慮すればよいので，

$$G = \min(G_1, G_2, G_3) \tag{2.2.17}$$

となる．

フレネル係数は各微小平面への入射光と反射光の比率を記述する係数である．すなわち，透過，吸収されずに反射される光の量を表す．そのためフレネル係数は微小平面への入射角と屈折率の関数として以下のように記述できる．上に述べたように微小平面の法線は物体表面への光の入射方向 L と視線方向 V の二等分方向として考えるため，フレネル係数は

$$F = \frac{1}{2}\left(\frac{\sin^2(\phi_h - \theta_h)}{\sin^2(\phi_h + \theta_h)} + \frac{\tan^2(\phi_h - \theta_h)}{\tan^2(\phi_h + \theta_h)}\right) \tag{2.2.18}$$

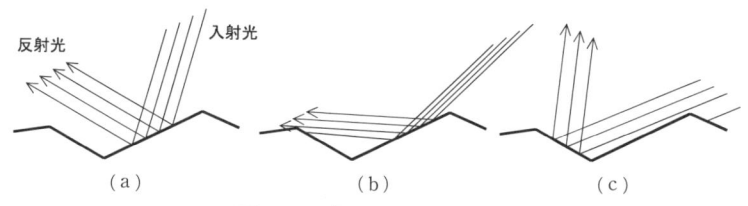

図 2.2.4 微小平面どうしの遮蔽
（a）遮蔽が起こらない場合，（b）反射光の一部が遮蔽される場合，（c）入射光の一部が遮蔽される場合の 3 通りが考えられる．

となる．ただし，$\phi_h = \cos^{-1}(\boldsymbol{H}\cdot\boldsymbol{V})$，$\sin\theta_h = \sin\phi_h/n$であり，$n$は屈折率である．このフレネル係数をいくつかの異なる屈折率に関して入射角の関数としてプロットすると，図2.2.5のようになる．このグラフからわかるように，フレネル係数はある程度まっすぐ入射する光に関しては小さな値を一定してとり，光が物体表面に対して浅い角度で入射するときに大きな値をとることがわかる．このように，浅い入射角（grazing angle）への応答が大きくなるため，鏡面反射成分は全体として完全鏡面反射方向より少しずれた点を中心として分布することになる．これは一般にoff-specular反射と呼ばれ，現実物体表面の多くで観察される現象である．これに対し，先ほど述べたPhong反射モデルは実質的に$G=1$，$F=1$を仮定しているため，このようなoff-specular反射を表現することができない．

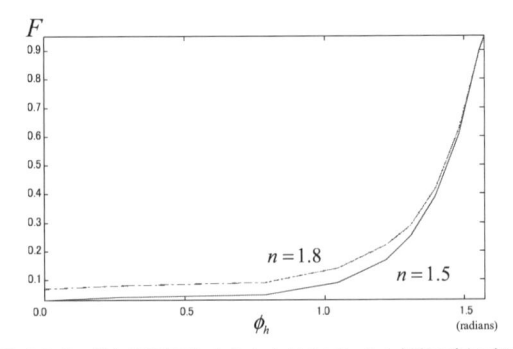

図 2.2.5 異なる屈折率（n）におけるフレネル係数の振る舞い

このように，Torrance-Sparrow反射モデルは物体表面を微小な鏡の集合としてとらえ，反射の物理過程をなるべく正しく近似している反射モデルである．この反射モデルは変数が少ないにもかかわらず現実の物体の鏡面反射特性を精度よく近似していることがよく知られており，コンピュータビジョンやコンピュータグラフィックスの分野において，ランバーシアン拡散反射モデルとともによく用いられている．

2.2.3 モデルベースドレンダリング

前項で述べたように，現実世界に存在する多くの物体表面（特に人工物）における光の反射は，簡便な数式モデルによって記述することができる．そのため，物体の形状，光源状況，反射モデルとそのパラメータ値が何かしらの形で与えられていれば，その物体をあらゆる視点，あらゆる光源状況下で表示することが可能になる．その結果，電子商取引や電子博物館などにおいて，Web上などでユーザ側で特定の物体の見え方をいろいろな方向から観察したい場合などに非常に効率のよい帯域利用ができることになる．

実際に存在する物体の"見え"をこのような形で伝送するためには，その物体の反射モデルを特定し，その反射モデルの各パラメータ値を推定することが必要になる．すなわち，特定の物体表面における光の反射を特定の反射モデルをもって近似するためには，その物体のさまざまな視点方向や光源状況下における見え方を観察し，最も適したパラメータ値を求める作業が必須となる．したがって，視点方向や光源方向の異なる状況で撮影したその物体の複数枚の画像から自動的に正しいパラメータ値の推定を行うことになる．ここでは，このような反射モデルのパラメータ値推定の方法をいくつか紹介する．

a. 反射成分分離

前項 a で述べたように，物体表面における光の反射は拡散反射成分と鏡面反射成分の線形和として表せる場合が多い．それぞれの反射成分が異なる視点方向や光源方向の下で別個の振る舞いをするため，それぞれの反射成分を表す反射モデルのパラメータ推定を行う際には，与えられた画像をそれぞれの反射成分に分離しておくことが望ましい．すなわち，1 枚の画像を拡散反射成分のみの画像と鏡面反射成分のみの画像に分離することができれば，のちのち反射パラメータの推定を行う際により正しい推定値が求まることが期待できる．これはたとえば，物体表面が非常に粗く，鏡面反射成分が物体表面上の広い範囲に低い輝度値で観察される場合を考えると，鏡面反射成分が拡散反射成分の一部と混同して誤ったパラメータ値が推定される可能性が高いことを考えれば，反射成分分離が重要であることがよくわかる．

画像の反射成分分離を行う方法はいくつか考えられる．すでに撮像された画像の反射成分分離を行う場合には，特に色を用いた手法が有効である．2.2.1 項に述べたように，拡散反射成分，鏡面反射成分の大きな特徴として，拡散反射成分は物体固有の色（スペクトル分布）を持ち，鏡面反射成分は光源色と同じ色となる．この特色を用いて，色空間内で拡散，鏡面反射成分の分離を行うことができる[1]．

たとえば図 2.2.6(a)に示すような物体画像の各画素値を RGB 色空間にプロットした場合，図 2.2.7 に示すような点分布になる．ここで，式(2.2.5)を考慮したうえで色に着目し物体の画素値*を拡散反射成分と鏡面反射成分の線形和として書き出すと，

$$\begin{bmatrix} I_r \\ I_g \\ I_b \end{bmatrix} = w^d \begin{bmatrix} I_r^d \\ I_g^d \\ I_b^d \end{bmatrix} + w^s \begin{bmatrix} I_r^s \\ I_g^s \\ I_b^s \end{bmatrix} \tag{2.2.19}$$

となる．ここで，下付き添え字は RGB の各色チャンネルを表し，上付き添え字は各反射成分（d は拡散反射成分，s は鏡面反射成分）を表す．また，w^d, w^s は線形和の重み係数であり，式(2.2.5)のそれぞれ f_r^d, f_r^s により決定される値である．このように，各画素値は 2 つの色のベクトル I^d と I^s で張られる平面上に存在し，それぞれの色ベクトルは物体固有の色，光源の色である．また，拡散反射はランバーシアン反射モデルなどに代表されるように物体の表面上で一様に観察され，鏡面反射成分

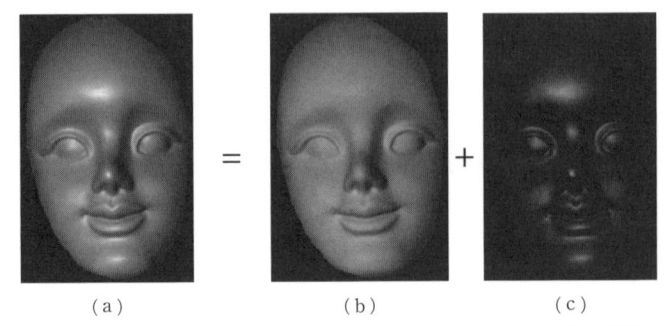

図 2.2.6 マネキンの顔の画像（a）．反射成分分離の結果この画像の拡散反
　　　　射成分のみの画像（b）と鏡面反射成分のみの画像（c）を求める
　　　　ことができる（口絵2参照）

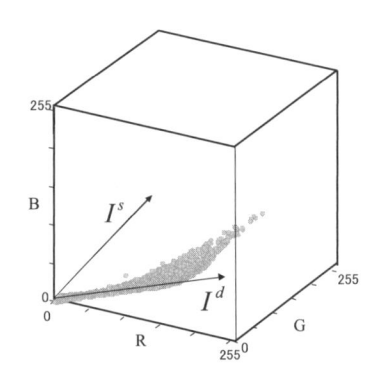

図 2.2.7 図2.2.6の画素値をRGB色空間に
　　　　プロットした結果
　　　　各画素値はRGB色空間において，拡散反射色
　　　　ベクトル（I^d）と鏡面反射色ベクトル（I^s）
　　　　の張る平面状に分布することがわかる．それぞ
　　　　れの色ベクトルは，物体固有の色と光源の色を
　　　　表す．

は視線方向が完全鏡面反射方向に対してある程度の範囲内に入った場合のみに観察さ
れるため，これらの画素色ベクトルはこの平面上で図2.2.7に見られるようにT字
（あるいはL字）状の分布を示すことになる．

　＊ここでは簡単のためカメラ特性は無視し，物体表面が放射する輝度値がそのまま画素値になると考
える．実際にカメラ特性は線形である場合が多く，線形でない場合でも簡単な較正により非線形応答
を線形化する関数を求めることができる．

　このように物体画像の画素色ベクトルはRGB色空間において，特徴を持った分布
を示すため，簡単なアルゴリズムにより反射成分の分離を行うことができる．具体的
な手法は省略するが，基本的な流れとしては，はじめに色空間内の点分布に主成分分
析などを用いて平面を当てはめ，求まった平面状に各色ベクトルを射影したうえで，
点分布を線分割し，拡散反射成分，鏡面反射成分の色ベクトルを求め，式(2.2.19)を
用いてそれぞれの重みを求めればよい[1]．このような反射成分分離を行うと図
2.2.6(b)，(c)に示すような各反射成分のみの画像を得ることができる．
　色を用いた反射成分分離の1つの欠点として，拡散反射成分と鏡面反射成分の色が

同一となる場合には分離が行えないことがあげられる．それぞれの色ベクトルが同じになってしまうため，式(2.2.19)からも色空間内で画素色ベクトルが1本の線上に分布してしまうことになることがわかる．一般に光源は白色に近い色が多いが，これでは白色の物体は扱えないことになり不便である．このような場合でも有効な方法として反射光の偏光特性を利用する方法がある[8],[9]．

2.2.1項に述べたように，拡散反射光は物体表面で反射せずに透過した光が物体表層内の粒子にぶつかりながら伝播し再び表面から反射される光であるため，全方向偏光するという特色がある．したがって，一定の角度に偏光した光を入射光として照射した場合，拡散反射光は全偏光し，鏡面反射光はもとの角度の偏光を保つことになる．したがって，観測側，すなわちカメラの前面に偏光板をおいて画像を取得すると，ある一定の角度に（鏡面反射光の偏光角度と直交する角度）に偏光板を合わせた場合に拡散反射光のみを観察することができることになる．ここでは細かくは説明しないが，この原理にしたがって，拡散反射成分のみの画像と鏡面反射成分のみの画像を撮像することができる．このように，特殊な撮像セットアップが可能な場合には大変有効な方法である．

以上に述べた方法以外にも画像から反射成分を分離する手法やはじめから反射成分を分離して物体を撮像する手法は存在するが，ここでは次に反射成分が分離された画像列から反射モデルのパラメータ値を推定する手法を紹介する．

b．パラメータ値推定

式(2.2.1)で表されるように，物体表面上のある1点における反射特性はその点における法線に対する光の入射角と視線方向の4次元関数として表される．したがって，物体の幾何形状がレンジファインダなどを用いてあらかじめ取得されており，各画像に対応するカメラ位置がわかっている場合，すなわち各画像の各画素に対応する法線が既知である場合，反射モデルのパラメータ値推定はこれら4次元の変数を離散的にサンプリングした関数値に特定の反射モデルを表す関数を当てはめる非線形当てはめ問題*に帰着する．すなわち，光源方向，視線方向のそれぞれ2次元変数を変化させながら撮像した画像列の各画素値がサンプル点となり，これらのサンプル点に特定の反射モデルを当てはめればよい．

*ランバーシアンモデルのみで表すことができる場合は線形当てはめになる．

この際重要になるのは，どのようにこれらのサンプル点を取得するかである．最も単純な方法として考えられるのは，光源方向と視線方向をそれぞれ独立に変えながら画像列を取得する方法である．物体の反射特性をそのまま記録するためには，gonioreflectometerと呼ばれるこのような装置を用いて，各視線方向，光源方向における反射率をすべて記録する必要がある[3]．すなわち式(2.2.1)の関数値をすべての (ω_i, ω_e) についてなるべく細かく観察し記録する必要がある．しかし，前項で紹介したような数学的反射モデルを仮定する場合，上述の関数当てはめが正しく行えるかぎり，サンプル点（画素値）の数は一般に少なくてすむ．

実際に反射モデルパラメータ値推定を行うための画像列を取得する方法には，以下に述べるいくつかの方法が考えられる．

(1) 単一画像

1枚しか画像がない場合，その画像に写されている物体上の各点について，特定の光源方向，視線方向下での1つのサンプル点しか存在しないことになるため，反射モデルのパラメータ値推定はできない．しかし，物体表面上のすべて，あるいは特定の領域が同一のパラメータ値を共有すると仮定できる場合，それらの領域内に存在する画素の分だけ各パラメータ値のサンプル点が存在することになり（正射影，無限遠点光源のもとでも，法線方向の異なる物体表面上の点が領域内に必要十分存在すればよい），それぞれのパラメータ値を推定することが可能になる．実際，たとえば同一のペンキで塗られた物体表面上の領域は同一の反射パラメータ値を持つと仮定できるため，現実に存在する人工物に関して上記の仮定をすることが可能である．しかしながら，滑らかに変化する反射特性を持つような物体など，単一画像では物体表面の各点における異なるパラメータ値を推定するにはデータが足りない．

(2) 画像列

物体表面の各点について反射パラメータ値を推定するためには，上述のように，各点に関して視線方向，光源方向が変化したときの画素値をデータとして取得する必要がある．各点に関して反射モデルを仮定するため，gonioreflectometer のように，視線方向，光源方向のそれぞれ物体を覆う半球上での密に変化させたときの画像列を取得する必要はないが，それぞれをある程度変化させた場合の画像列を取得する必要がある．このような画像列の取得法には以下の方法が考えられる．

① 光源方向を変化：物体の単一の点光源で照らし，その方向を変化させながら複数枚の画像を撮像することにより，反射パラメータを推定するために十分なサンプル点を取得することができる．この際，各画像に関して光源方向が正確にわかる必要がある．各画像について，光源方向を測定するのは非常に時間がかかるため，一般に単一光源を物体を中心として円上に移動させる方法がよく用いられる．しかし，このためには移動する円の半径の長さの棒に光源を固定し，その棒を回転させる必要が生じるため，込み入った機器の設計が不可欠となる．さらに視点は物体に対して固定されているため，物体の一部しか反射特性の解析が行えない．

② 視線方向を変化：上述の方法と対をなす方法として，物体と点光源を特定の場所に固定し，カメラを移動させることにより必要なサンプル点数を満たす複数枚の画像を取得する方法が考えられる．各画像について物体のおかれた世界座標系とカメラの座標系の対応点がとれるような較正用のパターンを物体のまわりに配置することにより，カメラを自由に移動させながら取得した画像を用いることも可能である．しかし，一般にこのようなカメラの位置計算は誤差が含まれるものである．カメラを上述のように物体を中心とした円上で移動させることもできる

が，これも上述の場合と同じように込み入った機器の設計が必要となり，簡便な方法であるとはいえない．
③ 物体を回転：カメラと光源を固定し，物体自体を回転させることにより，すなわち法線方向を変化させることにより，反射パラメータ推定に必要なサンプル点を取得することも考えられる．この場合，物体を回転テーブルに乗せ，既知の量だけ回転させて撮像した画像列を用いることになり，非常に簡便なセットアップで必要な画像列が取得できる．

ここでは，物体を回転させて取得された画像列からの反射パラメータ推定について，このような手法の先駆的な研究である Sato ら[10]を例にとって説明を進める．物体の形状モデルは，あらかじめ距離画像をあらゆる視点から撮像し，それらを位置合わせ，統合してメッシュモデルとして作成しているものとする．さらに，形状モデルと各画像の位置合わせもできているものとする．このとき，上述のように物体を固定された光源と視点のもとで回転させて撮像された画像列はそれぞれ図 2.2.8 のように物体のメッシュモデル上に貼り付けることができる．ここでは物体を 3 度ずつ回転させながら撮像した 120 枚の画像のうち 3 枚を形状モデルに貼り付けたものを示している．

さらに前述のように，RGB 色空間において各画像を拡散反射成分と鏡面反射成分の 2 つの画像に分離することができる．このようにして分離された拡散反射成分画像列を用いて，物体表面上の各点における拡散反射成分パラメータを推定することができる．具体的には，メッシュモデルの各三角パッチ内で 2 本の辺を座標軸とする均一な標本点群を考え（たとえば各辺を 10 等分するような点群），それらの 3 次元点それぞれについて拡散反射成分を求めることができる．拡散反射モデルとしてランバーシアン反射モデルを仮定すると，反射パラメータは式(2.2.5)の C^d のみであり，式(2.2.6)からわかるように，各標本点における RGB 輝度値の変化に対し，cosine 関数を当てはめることにより各色チャンネルの C^d を求めることができる（各点における法線ベクトルは形状モデルから求めることができることに注意）．図 2.2.9(a)に

図 2.2.8 物体を回転させて取得された入力画像列を形状モデルに貼り付けた結果[10]
これらの画像列から形状モデル上の各 3 次元点について反射パラメータの推定を行うことができる．

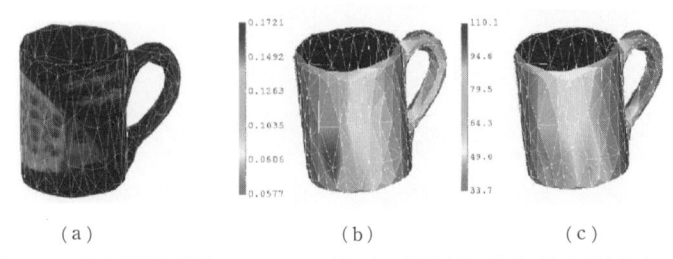

図 2.2.9 （a）拡散反射成分パラメータ値 C^d の推定結果，（b）鏡面反射成分パラメータ値 C^s の推定結果，（c）鏡面反射成分パラメータ値 σ の推定結果[10]

このようにして求められる拡散反射パラメータ値の分布を示す．

反射成分分離によって得られた鏡面反射成分画像列を用いて，鏡面反射パラメータ値も推定することができる．拡散反射パラメータは物体色の変化そのものを表すため，図 2.2.8 のようにテクスチャのある物体ではテクスチャそのものを表すことになり，上述のように非常に密にその値を求める必要がある．これに対し，鏡面反射成分は一般的に物体表面の素材が大体同じものである場合（図 2.2.8 では陶器の表面にペンキを塗ったもの），そのパラメータ値は表面上であまり変化しないと予想される．そのため，物体表面上でより疎にその値を推定し，それらの推定値を物体表面上で補間することにより任意視点，任意光源状況下のために必要十分な情報を求めることができる場合が多い．具体的には図 2.2.8 に示されているメッシュモデルの各三角パッチの頂点に関して，鏡面反射画像列から得られる輝度値の変化に対して鏡面反射モデルを当てはめることにより，各頂点の鏡面反射パラメータ値を求めることができる．ここでは Torrance-Sparrow 反射モデル（式(2.2.14)）を仮定し，さらに簡便のためフレネル係数 F を 1 として鏡面反射成分係数 C^s （式(2.2.5)）と表面粗さ係数 σ （式(2.2.16)）を各頂点について求めた結果を図 2.2.9(b)，(c)に示す．図ではそれぞれメッシュモデル上で線形補間して表示している．具体的な当てはめは一般的な非線形最適化問題として解くことができ，ここでは詳細を述べない．

c．画像合成

前項の結果得られた反射パラメータ値と拡散反射成分，鏡面反射成分それぞれの反射モデルを用いて，物体を任意の視点あるいは任意の光源状況下で仮想的に観察した場合の画像を合成することができる．これは単純に与えられた視線方向を用いて画像内の各画素に対応する物体の形状モデル上の点を求め，その点における法線方向と与えられた光源方向を用い，反射モデルと求められたパラメータ値から RGB 各輝度値を計算して画素値とすることにより行うことができる．

図 2.2.10 に合成された画像と実画像の比較を示す．ほぼ違いがわからない程度に画像の合成が行えることがわかる．また，もとの画像列にはない新たな視点と新たな

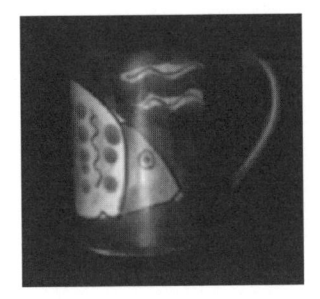

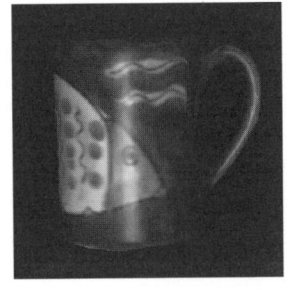

図 2.2.10 左：実画像，右：推定された反射パラメータ値を用いた合成画像[10]

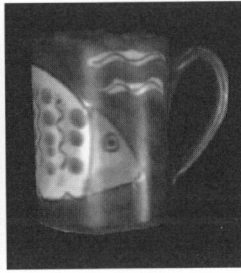

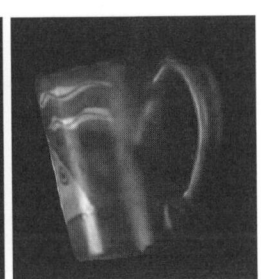

図 2.2.11 新たな視点，新たな光源状況下での画像合成結果[10]

光源状況下における画像合成列を図2.2.11に示す．このように，反射モデルを仮定しそのパラメータ値を推定することにより，形状モデルと反射パラメータ値だけを伝送することにより，任意視点，任意光源状況下の画像合成が行えるため，非常に効率よく物体の視覚情報を伝送できる．

まとめ

本節では，一般的な物体の表面における光の反射特性について述べた．多くの人工物では光の反射は拡散反射と鏡面反射の線形和として説明することができ，それぞれの反射成分を近似する数学的反射モデルをいくつか紹介した．さらに，物体を撮像した画像列からこれらの反射モデルのパラメータ値を推定する手法を紹介し，推定された値を用いて簡便に任意視点，任意光源状況下の物体の画像合成を行えることを述べた．

ここでは反射パラメータ推定のアルゴリズムの詳細などには触れなかったが，これらの研究はさまざまな角度から行われており，ここで紹介した最も基本的な手法以外にいろいろな方法が提案されている．たとえば，1枚の画像から画像内のさまざまな物体の反射パラメータを推定する手法[11]，少数の画像から物体の滑らかな反射特性の変化を推定する方法[12]，反射特性だけではなく光源状況も画像列から推定する手

法[13),14)]，反射特性とともに物体形状を画像列から推定する手法[15)]などの研究がなされている．興味のある読者はぜひこれらの論文と関連論文を一読されたい．

〔西野 恒〕

▶参考文献

1) Shafer, S. A. : Using color to separate reflection components. *COLOR Research and Application*, **10**(4), 210-218, 1985.
2) Nayar, S. K., Ikeuchi, K. and Kanade, T. : Surface reflection: Physical and geometrical perspectives. *IEEE Trans. Pattern Analysis and Machine Intelligence*, **13**(7), 611-634, 1991.
3) Nicodemus, F. E., Richmond, J. C., Hsia, J. J., Ginsberg, I. W. and Limperis, T. : *Geometric Considerations and Nomenclature for Reflectance*, National Bureau of Standards (US), 1977.
4) Lambert, J. H. : *Photometria sive de mensura de gratibus luminis colorum et umbrae*, Augsburg, 1760.
5) Horn, B. K. P. : *Robot Vision*, McGraw-Hill Book Company, 1986.
6) Phong, B.-T. : Illumination for computer generated images. *Communications ACM*, **18**(6), 311-317, 1975.
7) Torrance, K. and Sparrow, E. : Theory for off-specular reflection from roughened surfaces. *J. Optical Society of America*, **57**, 1105-1114, 1967.
8) Nayar, S. K., Fang, X. and Boult, T. E. : Removal of specularities using color and polarization. *Proc. Computer Vision and Pattern Recognition '93*, 583-590, 1993.
9) Wolff, L. B. and Boult, T. E. : Constraining object features using a polarization reflectance model. *IEEE Trans. Pattern Analysis and Machine Intelligence*, **13**(6), 635-657, 1991.
10) Sato, Y., Wheeler, M. D. and Ikeuchi, K. : Object shape and reflectance modeling from observation. *ACM SIGGRAPH '97*, 379-387, August 1997.
11) Boivin, S. and Gagalowicz, A. : Image-based rendering of diffuse, specular and glossy surfaces from a single image. *ACM SIGGRAPH '01*, 107-116, August 2001.
12) Lensch, H. P. A., Kautz, J., Goesele, M., Heidrich, W. and Seidel, H.-P. : Image-based reconstruction of spatially varying materials. *Eurographics Rendering Workshop*, 104-115, June 2001.
13) Ramamoorthi, R. and Hanrahan, P. : A signal-processing framework for inverse rendering. *ACM SIGGRAPH '01*, 117-128, August 2001.
14) 西野 恒，池内克史，張 正友：疎な画像列からの光源状況と反射特性の推定．コンピュータビジョンとイメージメディア研究会論文誌，**44**, SIG05, 1-10, 2003．
15) Hertzmann, A. and Seitz, S. : Shape and materials by example: A photometric stereo approach. *Proc. IEEE Computer Vision and Pattern Recognition '03*, 618-625, 2003.

2.3 光源環境モデリング

2.3.1 光源環境のモデリング

複合現実感技術とは，コンピュータグラフィックス（CG）などにより合成された仮想世界と実世界の映像とを違和感なく融合することを目的とした技術である．ここで，違和感のない融合には仮想物体と実物体との陰影が矛盾しないということが重要であり，そのためには，実世界中に存在する光源を考慮したうえで，実世界の映像に仮想物体を重ねこむことが必要となる．一般に現実空間における大部分の光は蛍光灯や窓からの太陽光といった直接光源からの光であり，残りは壁や天井からの反射などといった間接光源からの光である．一般には間接光源よりも直接光源からの影響が大きいものの，複合現実感において仮想物体の自然な陰影を実現するためには，実世界の直接光源のみならず間接光源も考慮することが重要であることが知られている．本節では，直接光源のみならず間接光源を含めた空間全体を光源環境と考え，実空間をモデル化する手法を説明する．

間接光源を含めた空間全体を光源環境としてモデル化し，仮想物体を違和感のない陰影で実画像に重ねこんだ例を図2.3.1に示す．図（a）に単光源を用いて生成された合成画像，図（b）にモデル化された光源環境を用いて生成された合成画像を示す．単光源を用いて生成された画像では，仮想物体の明るさ・影ともに周囲の物体との間で違和感があるのに対し，モデル化された光源環境下で生成された仮想物体は明るさ・影とも違和感なく，仮想物体が自然に実画像に重ねこまれている様子がわかる．

a．単画像からの光源環境モデルの生成

カラーカメラにより撮影された画像から光源環境モデルを獲得する研究の先駆けとなるのが，フルニエ（Fournier）らの研究である[1]．フルニエらの手法は，次のような3つのステップにより構成される．①ユーザの手作業によりシーンの3次元形状を

図 2.3.1 （a）単光源を利用して生成された画像，（b）モデル化された光源環境を利用して生成された合成画像

決定する，②直接光源に対応する画像領域をユーザが指定することにより，光源の放射輝度とその他の部分の拡散反射係数を画像中に観察される物体表面の明るさから推定する，③得られた情報に基づき，CG において物体間の相互反射の計算法として広く用いられているラジオシティ法を用いて実シーンと仮想物体との間の相互反射を計算することにより，仮想物体を違和感のない陰影でシーンに重ねこむ．

この手法は単画像からシーンの環境モデルを獲得する試みとして高く評価されたが，単画像を用いて観察可能なシーンの範囲は限られており，それ以外の部分に関しては平均的な反射特性を持つ平面を仮定するなど，実際のシーンを正確にモデル化することが難しいという問題があった．

b．light probe による環境モデルの獲得手法

入力画像の範囲内に観察される領域に限らず，広い範囲の光源環境をモデル化する手法も提案されている[2]．この手法では，light probe と呼ばれる球面状の鏡をシーン内に配置し，light probe の反射光をさまざまな方向から観察することにより光源環境マップを得る．

この手法では，まず，ユーザが部屋の大きさなどの大まかなシーン形状を与える．次に，light probe 上の反射光として観察される明るさを用いて，シーンの輝度分布を得る．具体的には，カメラキャリブレーションにより求められたカメラパラメータに基づき，カメラ中心から画像平面上の light probe 領域に対応する画素を通る光線を3次元空間中へ投影する．この光線を図 2.3.2(左)に示すように，3次元空間内の light probe 上の点において正反射方向へ反射させ，光線と交差するシーンの点を求め，画像により観察された明るさに基づきこの点の輝度を決定する．

1枚の light probe 画像からは光源環境に関する部分的な情報しか得ることができないが，異なる視線方向から撮影した複数の light probe 画像を利用することにより，これらの情報を統合して空間全体の輝度分布を得ることができる．このようにして得られた光源分布（部屋の天井と4つの側面の光源輝度分布）を図 2.3.2(右)に示す．このようにして得られた光源環境を用いることにより，非常に現実感の高い合成画像を生成することができることが示されている．

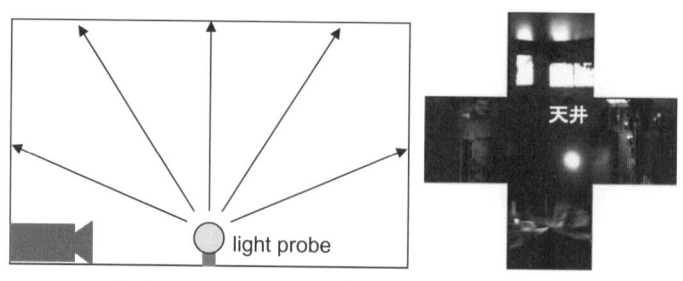

図 2.3.2　light probe を利用した光源環境のモデル化

c. 全方位画像ステレオによる環境モデルの獲得

魚眼レンズと呼ばれる広角レンズを用いて撮影された2枚の全方位画像を用いて，ステレオ法により実世界の光源環境をモデル化する手法も提案されている[3]．図2.3.3は，この手法で用いられた全方位画像撮影系および魚眼レンズの投影方式を示しており，画像中のC1, C2はそれぞれのカメラの投影中心を表している．

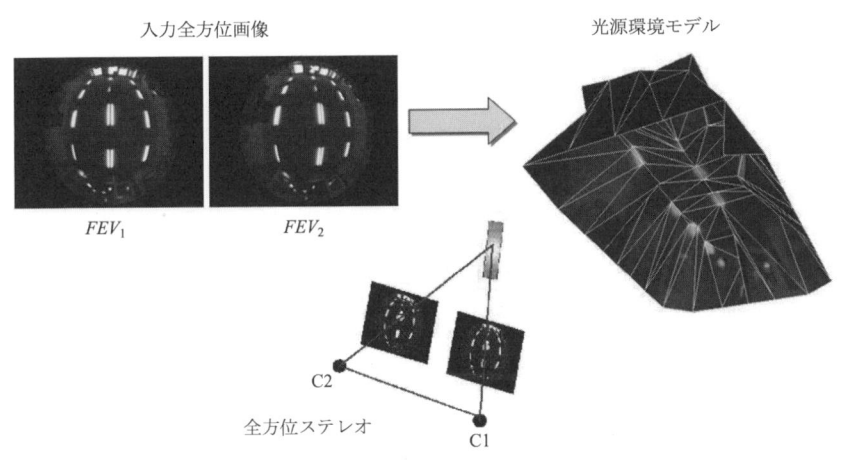

図 2.3.3 全方位画像撮影系とモデル化された光源環境

この撮影系を用いて撮影された2枚の全方位画像FEV_1, FEV_2に対し，まず特徴点を抽出する．次にステレオ法の原理に基づき，抽出された特徴点に対応する実空間内の点の3次元座標値を計算する．ステレオ法では，異なる視点位置からの複数画像間で画像上の点どうしの対応をとることで，それらの点の3次元座標値を求める．この考え方に基づき，C1からFEV_1上の特徴点を通る直線と，C2からFEV_2上の特徴点を通る直線を求め，それらの2直線の交点として特徴点に対応する3次元座標値を求める．次に特徴点として求めた点の3次元座標値をもとにして，その他の部分に関しても3次元位置を近似的に求める．具体的には，3次元座標値が求まっている特徴点を頂点として三角メッシュを生成することで光源分布に関するモデルを取得する．3次元メッシュとして表現された光源環境モデルを図2.3.3に示す．従来手法と比べて，この手法ではユーザがシーン形状を与えることなく，ステレオ法に基づきシーン形状を自動的に獲得できるという利点がある．

d. ハイダイナミックレンジ画像の獲得

このような光源環境のモデル化を行う際に問題となるのが，実シーンの光源輝度値のダイナミックレンジの広さである．実シーンでは輝度のコントラストが非常に高いことが多く，そのダイナミックレンジを1枚の画像の範囲内で表現することは難しい．たとえば，8 bitで画素値が表現される画像を用いて光源環境を観察する場合，8

bit で表現される明るさ（0〜255）の範囲内で光源環境の輝度変化をとらえなければならない．ここで，図 2.3.4 に示す屋内環境を見てみると，壁などの室内の明るさと窓の外の室外の明るさでは輝度が大きく異なっていることがわかる．そのため，1 枚の画像を利用して，このようなシーンの輝度変化をとらえることは難しい．このようなことから，室内の暗い部分を表現するのであれば，シャッタスピードを遅めにする，あるいは絞りを広げてシーン画像を撮影する必要がある．一方，窓から入ってくる太陽光などの輝度の高い部分を観察するためには，速めのシャッタスピードで，あるいは絞りを最大限絞って画像を撮影する必要がある．

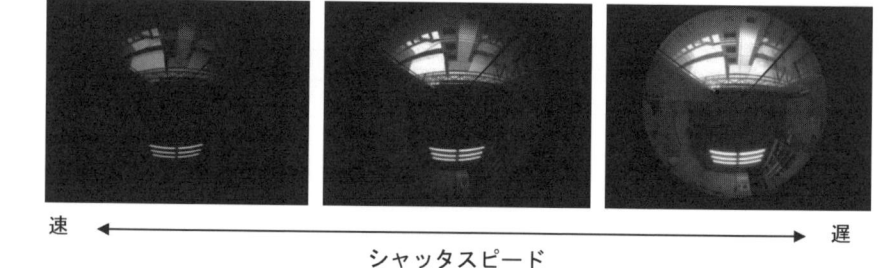

速 ← シャッタスピード → 遅

図 2.3.4 シャッタスピードを変えて撮影された全方位画像の例

輝度のコントラストが高いシーンに対して正しく輝度変化を表現するために，シャッタスピードを変えて撮影された複数枚の画像をもとに仮想的にダイナミックレンジを広げる手法が提案され広く利用されている．また，カメラセンサの感度特性を正確に求めることにより，より厳密にハイダイナミックレンジ画像を求める手法も報告されている[4]．

2.3.2 陰影からの光源分布の推定

前項ではシーンを撮影した入力画像を用いて光源環境を直接計測する手法を説明した．本項では，画像中に観察される物体表面の明るさから間接的に光源環境を推定する手法について考える．このような推定手法として，物体形状を既知とし，物体の表面反射特性を仮定し，物体の明るさをもとにして光源分布を推定する inverse lighting というアプローチが提案されている[5]．以下，対象物体として均等拡散面を考え，観察される物体の明るさから光源分布を推定する inverse lighting の手法の基本的な考え方を説明する．

a．物体表面の明るさ

均等拡散面の場合，物体面の明るさは面を観察する方向によらず，光源の方向と強度のみによって決まる．ここで，図 2.3.5 に示すように，面法線方向を基準に θ 方向からの光源によって面が照らされている場合を考え，この光源の強さを L，物体

2.3 光源環境モデリング

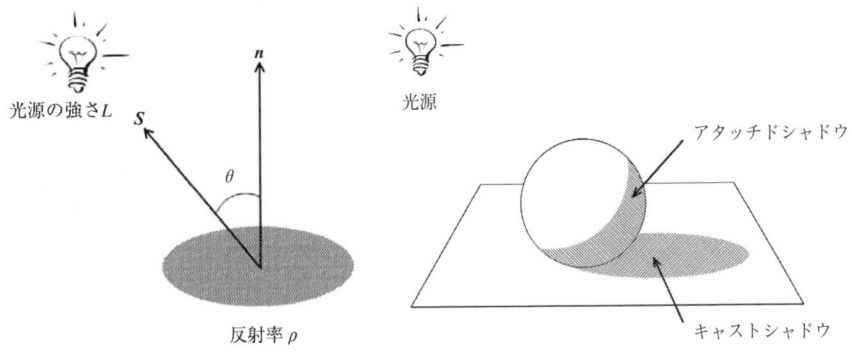

図 2.3.5 光源方向と面法線方向 図 2.3.6 アタッチドシャドウとキャストシャドウ

表面の反射率を ρ とすると，画像中で観察される面の明るさ x は

$$x = \rho L \cos \theta \tag{2.3.1}$$

となる．ここでは光源により物体が常に照らされているとし，影は考慮しないとする．さらに，面法線方向と光源方向を表す 3 次元単位ベクトルをそれぞれ n, s とすると，$\cos \theta = n^t \cdot s$ より，式(2.3.1)は

$$x = \rho L n^t \cdot s \tag{2.3.2}$$

となる．

実際の画像では物体表面に影が観察されることが多く，その場合には明るさと光源との関係が式(2.3.2)よりも少しだけ複雑になる．図 2.3.6 に示すように，物体表面で観察される影にはアタッチドシャドウ，キャストシャドウの 2 種類が存在する．アタッチドシャドウとは面法線方向と光源方向との角度が 90 度以上になることにより生じる影である．一方，キャストシャドウとは，光源からの光が遮蔽されることにより生じる影である．

これら 2 つの影のうちアタッチドシャドウのみを考慮すると，物体の明るさが負にならないということから式(2.3.2)は，関数 $A(z) = \max\{z, 0\}$ を用いて次のようになる．

$$x = \rho L A(n^t \cdot s) \tag{2.3.3}$$

b．明るさに基づく光源分布の推定

次に，任意光源下における物体表面の明るさについて考える．室内などの複雑な光源環境下では，蛍光灯などの直接光源のみならず，壁からの反射なども間接光源として考慮する必要がある．そこで，球面上に広がる面光源を考え，全方向からの光源の寄与分を考慮することにより物体表面の明るさ x を得る．

$$x = \rho \int_0^{2\pi} \int_0^{\pi} L(\theta, \phi) A(n^t \cdot s(\theta, \phi)) d\theta d\phi \tag{2.3.4}$$

ここで，$L(\theta, \phi)$ は (θ, ϕ) 方向から入射する光源輝度を示す．また，$s(\theta, \phi)$ は入射

角度 (θ, ϕ) 方向に対する単位ベクトルを示し，$A(\boldsymbol{n}^t \cdot \boldsymbol{s}(\theta, \phi))$ は (θ, ϕ) 方向からの単位照度が入射した場合の反射光輝度を表す．式(2.3.4)の光源分布 $L(\theta, \phi)$ を無限個の光源 $L_j(j=1, \cdots, \infty)$ の和として表現することにより，任意光源下における物体表面の明るさ x は，

$$x = \rho \sum_{j=1}^{\infty} L_j A(\boldsymbol{n}^t \cdot \boldsymbol{s}(\theta_j, \phi_j)) \tag{2.3.5}$$

と求まる．

実際には光源分布は無限個ではなく十分多い m 個の光源の和として近似することにより，式(2.3.5)は

$$x = \rho \sum_{j=1}^{m} L_j A(\boldsymbol{n}^t \cdot \boldsymbol{s}(\theta_j, \phi_j)) \tag{2.3.6}$$

となる．

ここで入力画像の i 番目の画素で観察された物体の明るさを x_i とし，入力画像中の n 画素の明るさを用いることにより，

$$\begin{pmatrix} x_i \\ \vdots \\ x_n \end{pmatrix} = \begin{pmatrix} \rho_1 A(\boldsymbol{n}_1^t \cdot \boldsymbol{s}_1) & \cdots & \rho_1 A(\boldsymbol{n}_1^t \cdot \boldsymbol{s}_m) \\ \vdots & \ddots & \vdots \\ \rho_n A(\boldsymbol{n}_n^t \cdot \boldsymbol{s}_1) & \cdots & \rho_n A(\boldsymbol{n}_n^t \cdot \boldsymbol{s}_m) \end{pmatrix} \begin{pmatrix} L_1 \\ \vdots \\ L_m \end{pmatrix} \equiv M \begin{pmatrix} L_1 \\ \vdots \\ L_m \end{pmatrix} \tag{2.3.7}$$

のように光源の強さ $L_j(j=1, \cdots, m)$ に関する連立1次方程式が得られる．ここで ρ_i と $\boldsymbol{n}_i$ はそれぞれ i 番目の画素により観察される物体表面上の点の反射率と面法線方向である．ここで物体の面法線方向と反射率は既知であるので行列 M の逆行列を計算することができ，これを式(2.3.7)の左から掛けることにより光源の強さの分布，すなわち光源分布を求めることができる．

なお，ここでは詳細は省略するが，光源数 m が多くなると行列 P の逆行列が安定に求められないことが知られている．そのため，均等拡散面とアタッチドシャドウを考慮したこの方法ではたかだか5～10程度の光源の和として近似される光源分布しか求めることができず，より複雑な光源分布をうまく推定することができない．

そこで，光源数 m が多い場合にも行列 P の逆行列を安定に得る工夫として，アタッチドシャドウに加えキャストシャドウも利用する方法が提案されている[6]．この場合には遮蔽物体により光源からの光が遮られることを考慮し，式(2.3.6)は

$$x_i = \rho_i \sum_{j=1}^{m} L_j C_{i,j} A(\boldsymbol{n'}_i^t \cdot \boldsymbol{s'}_j) \tag{2.3.8}$$

のようになる．ここで $C_{i,j}$ は i 番目の画素で観察する物体表面上の点において j 番目の光源からの光が遮蔽されているかどうかを表す係数であり，遮蔽されていれば $C_{i,j} = 0$，遮蔽されていなければ $C_{i,j} = 1$ となる．いま，対象物体と遮蔽物体の両方の形状が既知であるとすれば，この係数は両方の物体の幾何関係をもとに計算することができる．よって，あとは式(2.3.7)のアタッチドシャドウのみを考慮した場合と同様に，入力画像中の n 画素の明るさを用いることにより光源の分布を推定することができる．このようにキャストシャドウを考慮することにより，複雑な光源分布でも1

(a) 入力画像　　　　(b) 遮蔽物体の形状　　　(c) 仮想物体の重ねこみの例

図 2.3.7　陰影を一致させたかたちでの実シーンへの仮想物体の重ねこみの例

枚の入力画像から安定に推定できることが示されている．図 2.3.7 に入力画像中に観察されたキャストシャドウを用いて光源分布を推定し，その光源分布に基づき新たな物体を生成し，入力画像中に合成した例を示す．

c．球面調和関数表現による inverse lighting の解析

最近になり，球面調和関数を用いた信号処理的な解析により inverse lighting の問題を取り扱う枠組みが提案されている[7),8)]．球面調和関数 $Y_l^m(\theta, \phi)(l \geqq 0, -l \leqq m \leqq l)$ は

$$Y_l^m(\theta, \phi) = N_l^m P_l^m(\cos\theta) e^{\mathrm{Im}\phi} \qquad (2.3.9)$$

と定義され，N_l^m は規格化定数，$P_l^m(\cdot)$ は次数 l，陪数 m のルジャンドル陪関数を表す．式(2.3.4)における (θ, ϕ) 方向からの単位入射照度に対する反射光輝度を表す $\rho A(\boldsymbol{n}^t \cdot \boldsymbol{s}(\theta, \phi))$ を $R(\theta, \phi)$ と表すと，この関数は球面調和関数を用いて

$$R(\theta, \phi) = \sum_{l=0}^{\infty} \sum_{m=-l}^{l} R_l^m Y_l^m(\theta, \phi) \qquad (2.3.10)$$

のように表現することができる．同様に，光源分布 $L(\theta, \phi)$ は

$$L(\theta, \phi) = \sum_{l=0}^{\infty} \sum_{m=-l}^{l} L_l^m Y_l^m(\theta, \phi) \qquad (2.3.11)$$

のように表現できる．ここで，R_l^m，L_l^m はそれぞれの関数の球面調和関数への展開係数を示し，次式により求まる

$$R_l^m = \int_0^{2\pi}\int_0^{\pi} R(\theta, \phi) Y_l^m(\theta, \phi) \sin\theta d\theta d\phi \qquad (2.3.12)$$

$$L_l^m = \int_0^{2\pi}\int_0^{\pi} L(\theta, \phi) Y_l^m(\theta, \phi) \sin\theta d\theta d\phi \qquad (2.3.13)$$

式(2.3.12)，式(2.3.13)，および球面調和関数の正規直交性に基づき，式(2.3.4)の物体表面の明るさ x は，光源分布および反射関数の球面調和関数への展開係数 L_l^m，R_l^m を用いて

$$x = \sum_{l=0}^{\infty} \sum_{m=-l}^{l} L_l^m R_l^m \tag{2.3.14}$$

のように求まる．この式からわかるように，物体の明るさ x は展開係数 R_l^m の ∞ 次元までの線形和として表現され，その際の結合係数が光源分布の展開係数 L_l^m となると考えることができる．

ここで，均等拡散面における反射の重要な性質として，$l = 2$ 次までの球面調和関数を用いて反射エネルギーのうち 99% 以上が表現できることが報告されている[7),8)]．このことから，反射関数の展開係数のうち，$l \geq 3$ 次の係数が $R_l^m \approx 0$ となり，物体表面の明るさ x は $l = 2$ 次までの展開係数の線形和によって十分な精度で近似できるということがわかる．

$$x \approx \sum_{l=0}^{2} \sum_{m=-l}^{l} L_l^m R_l^m \tag{2.3.15}$$

ここで，式(2.3.7)の場合と同様に，入力画像の i 番目の画素で観察された物体の明るさを x_i とし，入力画像中の n 画素の明るさを用いることにより，

$$\begin{pmatrix} x_i \\ \vdots \\ x_n \end{pmatrix} = \begin{pmatrix} R_{10}^0 & \cdots & R_{12}^2 \\ \vdots & \ddots & \vdots \\ R_{n0}^0 & \cdots & R_{n2}^2 \end{pmatrix} \begin{pmatrix} L_0^0 \\ \vdots \\ L_2^2 \end{pmatrix} \equiv M \begin{pmatrix} L_0^0 \\ \vdots \\ L_2^2 \end{pmatrix} \tag{2.3.16}$$

のように光源の展開係数 $L_l^m (0 \leq l \leq 2, -l \leq m \leq l)$ に関する連立 1 次方程式が得られる．R_{il}^m は i 番目の画素により観察される物体表面上の点の反射光輝度を表す関数の展開係数を示している．

ここで物体の面法線方向と反射率は既知であるので，展開係数 R_l^m を式(2.3.12)より求めることができる．したがって，行列 M の逆行列を計算することができ，これを式(2.3.16)の左から掛けることにより光源分布の展開係数を求めることができる．ひとたび展開係数を求めることができれば，式(2.3.11)より光源分布 $L(\theta, \phi)$ を再構築することができる．

なお，式(2.3.14)より，観察された物体表面の明るさから得られる光源分布は反射関数の展開係数 R_l^m の周波数帯域に制限されることがわかる．すなわち，上記の均等拡散面上で観察される明るさからは，光源分布がたとえどんなに高い周波数成分を含んでいても，光源分布の $l = 2$ 次までの低周波成分までしか求めることができない．

これに対し，アタッチドシャドウに加えキャストシャドウも利用する方法が提案されている[9)]．キャストシャドウを考慮した場合，式(2.3.4)は

$$x = \rho \int_0^{2\pi} \int_0^{\pi} L(\theta, \phi) A(\boldsymbol{n}^t \cdot \boldsymbol{s}(\theta, \phi)) C(\theta, \phi) d\theta d\phi \tag{2.3.17}$$

となる．

ここで $C(\theta, \phi)$ は物体表面上の点において (θ, ϕ) 方向からの光が遮蔽されているかどうかを表す関数であり，遮蔽されていれば $C(\theta, \phi) = 0$，遮蔽されていなければ $C(\theta, \phi) = 1$ となる．この場合の反射関数は $R(\theta, \phi) = \rho A(\boldsymbol{n}^t \cdot \boldsymbol{s}(\theta, \phi)) C(\theta, \phi)$ となるため，$C(\theta, \phi)$ の存在により $R(\theta, \phi)$ の周波数帯域が $l = 2$ 次よりも高次とな

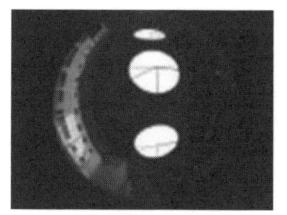

(a) 実際の光源分布　　　（b）光源推定に用いた画像　　　（c）推定された光源分布

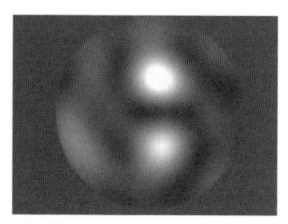

図 2.3.8　推定された光源分布

ることが報告されている[9]．その結果，アタッチドシャドウに加えキャストシャドウを考慮することにより，光源分布のより高次の周波数成分を求めることができる．アタッチドシャドウおよびキャストシャドウを考慮した手法により，均等拡散面上で観察された明るさに基づき $l=8$ 次まで推定した光源分布を図2.3.8に示す．

〔佐藤洋一〕

▶参考文献

1) Fournier, A., Gunawan, A. and Romanzin, C.：Common illumination between real and computer generated scenes. *Proc. Graphics Interface '93*, 254-262, 1993.
2) Debevec, P. E.：Rendering synthetic objects into real scenes: bridging traditional and image-based graphics with global illumination and high dynamic range photography. *Proc. SIGGRAPH '98*, 189-198, 1998.
3) Sato, I., Sato, Y. and Ikeuchi, K.：Acquiring a radiance distribution to superimpose virtual objects onto a real scene. *IEEE Trans. Visualization and Computer Graphics*, **5**(1), 1-12, 1999.
4) Debevec, P. E. and Malik, J.：Recovering high dynamic range radiance maps from photographs. *Proc. SIGGRAPH '97*, 369-378, 1997.
5) Marschner, S. R. and Greenberg, D. P.：Inverse lighting for 3D photography. *Proc. Fifth IS & T/SID Color Imaging Conference*, 262-265, 1997.
6) Sato, I., Sato, Y. and Ikeuchi, K.：Illumination from shadows. *IEEE Trans. Pattern Analysis and Machine Intelligence*, **25**(3), 290-300, 2003.
7) Basri, R. and Jacobs, D.：Lambertian reflectance and linear subspaces. *Proc. IEEE International Conference on Computer Vision '01*, 383-389, 2001.
8) Ramamoorthi, R. and Hanrahan, P.：A signal-procession framework for inverse rendering. *Proc. ACM SIGGRAPH '01*, 117-128, 2001.
9) 岡部孝弘，佐藤いまり，佐藤洋一，池内克史：キャストシャドウを用いた光源分布推定：球面調和関数展開に基づく解析．画像の認識・理解シンポジウム論文集，I-461-468，2002．

2.4 グラフィックスハードウェア

グラフィックス処理専用の LSI やシステムの目的は 2 つある。1 つは"リアルタイム CG：インタラクティブ（対話的）に応答できる 3 次元 CG の描画処理性能を達成するため"，もう 1 つは"アクセラレータ：映画的な CG 制作などを，汎用コンピュータよりも高速に行える専用ハードウェアシステムによって加速するため"である。

インタラクティブな CG システムの原点は Sketchpad[1]である。その後，フライトシミュレータシステムから，エンジニア向けの CAD システムや CG 映像作成システムとして広まり，3 次元ゲームとして一般に普及した。ユーザの入力（キーボード，マウス，コントローラ）に対してリアルタイム（1/30 秒や 1/60 秒）にその入力結果を反映した画像を表示する技術である。この処理のために専用の LSI，ボード，システムが作られてきた。表示できる画像の画質は時代とともにワイヤフレーム，フラットシェーディング，スムーズシェーディング，テクスチャマッピング，複雑なテクスチャマッピング，プログラマブルシェーダと進歩し，1 秒間に描画できるラインやポリゴン（polygon，多角形）の数と画素（ピクセル，pixel）数も増加してきた。そして常に専用 LSI の価格対性能は汎用 CPU を上回り続けた。それゆえに CG 用 LSI は他の専用 LSI が汎用 CPU のソフトウェア処理に飲み込まれていく中で，進歩して生き残り続けてきた。

一方，CG アクセラレータシステムは，LINKS-1[2]などのレイトレーシング専用機などから始まるが，ワークステーションや PC の性能向上にしたがい，レンダーファーム（render farm）などと呼ばれる，汎用コンピュータを多数並べるシステムに対して，コストパフォーマンスや使い勝手で優位性を維持できずにいる。

これに対し，近年，先のインタラクティブ目的で開発された GPU（graphics processing unit）のプログラマビリティが向上し，複雑な CG レンダリングで汎用 CPU よりも効率よく処理できる場合もあり，GPU メーカはその用途でも PR を始めている。

2.4.1 リアルタイム CG の概要
a. 現在主流の方式と基本技術

リアルタイム 3 次元 CG 技術の詳細については，"Real-time Rendering" とウェブページ（Real-time Rendering, http://www.realtimerendering.com/）に詳細な説明と膨大な情報リンクがあるので活用されたい。

リアルタイム 3 次元 CG で現在主流のレンダリング手法は，3 次元形状をポリゴンモデル（polygon model）を用いて表し，これをグラフィックスハードウェアに流し込んで描画させる方式である。描画処理はポリゴンの頂点単位処理と画素単位処理か

2.4 グラフィックスハードウェア

```
          ↓
     ┌─────────┐
     │ 頂点処理部 │
     └─────────┘
          │ 頂点情報
          ↓
     ┌─────────┐
  ┌─→│ ラスタライズ部 │
  │  │  画素処理部  │
  │  └─────────┘
テクスチャ    │ 画素値とデプス値
 データ     ↓
  │  ┌───────────┐
  └──│ グラフィックスメモリ │──→ 表示
     └───────────┘
```

図 2.4.1　グラフィックス処理部

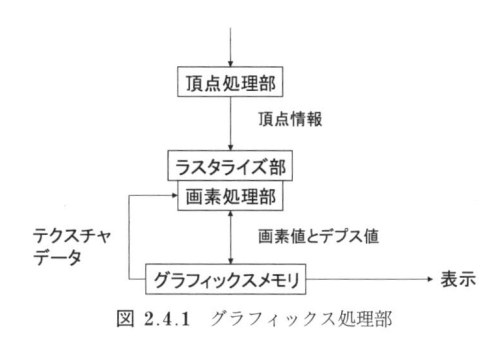

らなる．図 2.4.1 に基本的なグラフィックス処理の概観を示す．頂点処理部はジオメトリ処理 (geometry processing) や T & L (transform and lighting) とも呼ばれる．ラスタライズ部と画素処理部は，あわせてラスタライズ処理 (rasterization) やピクセル処理とも呼ばれる．本節ではこれらを分けて説明する．

なお，ピクセルはフレームバッファ (frame buffer) 上の画素だけを表し，処理中の画素はフラグメント (fragment) と呼ばれることもある．グラフィックスメモリは，フレームバッファ，デプスバッファ (depth buffer)，テクスチャイメージなどを保持する．

(1) 頂点処理部

頂点情報はポリゴン（多角形）で構成されるが，通常の処理の最小単位は三角形である．多角形は三角形の集まりとして表現される．曲面も小さな三角形に分割して処理される．3 つの頂点で 1 つの三角形を表すのが基本なので，N 個の三角形は $3N$ 個の頂点情報を必要とする．しかし，1 辺を接する連続三角形は 2 つの頂点を共有するため，N 個の連続三角形は $N+2$ の頂点で表すことができて効率がよいので，できるかぎりこちらが用いられる．また，複数の三角形で用いられる頂点を配列で持ち，各三角形を構成する頂点をその配列インデックスにより間接的に表現する方法も用いられる．

頂点単位で持つ情報には，その頂点のオブジェクト空間での座標値 (X, Y, Z)，法線ベクトル (NX, NY, NZ)，テクスチャ座標値 (S, T, Q) などがある．

頂点処理部の主な処理を図 2.4.2 に示す．

- 座標変換 (transform)：3 次元オブジェクトを，そのオブジェクトの座標系から，描画する視点座標系へ座標変換する処理．
- 照光処理 (lighting)：頂点単位に，物体の表面特性，そこに当たる光線の方向と性質，視点と法線の角度により，視点位置から見える色を計算する．
- 投影処理 (projection)：遠くの物は小さく見えるという，透視投影のための割り算を行う．割り算以外の計算は座標，変換部分に含まれることが多い．
- クリッピング (clipping)：画面の外に出てしまったポリゴンやポリゴンの一部

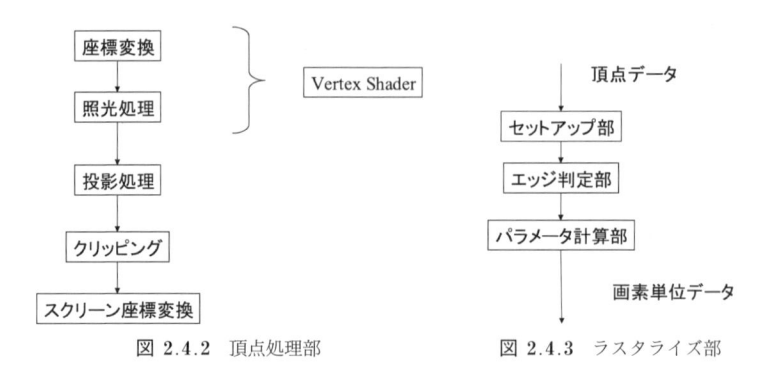

```
┌──────────┐                              頂点データ
│ 座標変換 │ ┐                               │
└──────────┘ │                               ▼
     │       │                         ┌──────────────┐
     ▼       │  Vertex Shader          │ セットアップ部 │
┌──────────┐ │                         └──────────────┘
│ 照光処理 │ │                                │
└──────────┘ │                                ▼
     │       │                         ┌──────────────┐
     ▼       │                         │ エッジ判定部   │
┌──────────┐ │                         └──────────────┘
│ 投影処理 │ │                                │
└──────────┘ │                                ▼
     │                                  ┌──────────────┐
     ▼                                  │ パラメータ計算部 │
┌──────────┐                            └──────────────┘
│クリッピング│                                  │
└──────────┘                              画素単位データ
     │
     ▼
┌──────────────┐
│スクリーン座標変換│
└──────────────┘
```

図 2.4.2 頂点処理部　　　　図 2.4.3 ラスタライズ部

を後段の処理に送らないようにするための処理である．
・スクリーン座標変換：画面サイズへのスケーリングを行う．

頂点処理部の出力は，スクリーン上の座標値 (X, Y)，デプス値（Z と W）と，頂点色（RGB），テクスチャ座標値（S, T, Q）などである．

頂点処理部は汎用プロセッサや，マイクロコードでプログラムを実行する専用プロセッサが用いられる．専用 VLSI プロセッサの初期の例として，Geometry Engine[3] がある．

頂点処理部の性能は"ポリゴン数/秒"や"頂点数/秒"で表されるが，性能を比較する場合には照光処理の条件などに注意する必要がある．従来は頂点処理部の機能はユーザに対して固定的であったが，後に述べる vertex shader 技術によりユーザが上記の一部処理をプログラムで記述できるようになってきている．その場合，入力データと出力データも任意の計算パラメータが指定できるようになっている．

頂点処理は，精度が要求される分野では倍精度浮動小数点（double floating point）処理以上が求められるが，描画速度性能を重視する分野では単精度浮動小数点（single floating point）処理が用いられる．組み込み分野では固定小数点（fixed point）処理のものもある．

（2）ラスタライズ部

スキャンコンバージョン（scan conversion）処理とも呼ばれる．頂点処理部からの頂点単位の情報を3つずつ扱い，3頂点で構成される三角形の内側の各画素単位に情報を展開して画素処理部に送る．ラスタライズ部を図 2.4.3 に示す．

セットアップ部は，後のエッジ判定部の計算に用いる線形方程式の初期値と傾き係数を計算する．この性能値を"ラスタライズ部のセットアップ性能"と呼び，"ポリゴン数/秒"や"頂点数/秒"で表される．

エッジ判定部は，ラスタースキャンと三角形の3辺の直線方程式を用いて，三角形の内部のピクセルだけを処理対象の画素として順次送り出す[4]．パラメータ計算部は，頂点情報の各パラメータについて，3頂点の値を線形補間して，その画素での値

を計算する．テクスチャ座標など，パースペクティブコレクトするパラメータは，その後補正処理を行う．近年の研究では，2次元同次座標で処理することで頂点処理部でのクリッピング処理を不要とする研究[5]や，キャッシュヒット率の向上をねらってヒルベルト曲線的順序でラスタライズをする方法[6]の研究がある．

(3) 画素処理部

画素処理部を図2.4.4に示す．画素処理部は，三角形を構成する各画素に対して，テクスチャ処理を行って画素の色を計算し，画素とメモリとの処理として，フレームバッファ読み書き処理とZバッファ処理を行う．画素処理部は並列化されることが多い．画素処理部の性能は"ピクセル数/秒"で表現される．

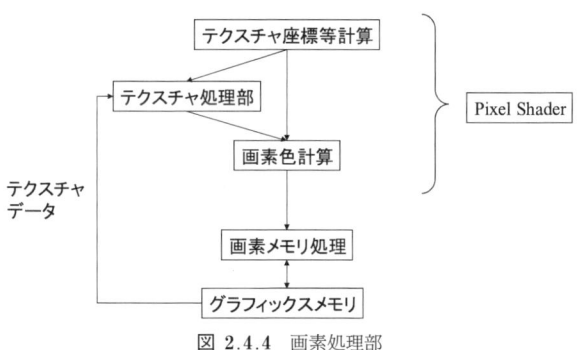

図 2.4.4 画素処理部

従来の画素処理部は RGBA 各要素について 8 bit から 12 bit の整数で処理されていたが，近年急速に浮動小数点処理が取り入れられてきた．通常の 32 bit フォーマットのほかに 16 bit フォーマットも用いられている[7]．画素処理部も従来は，固定的なパイプラインであったが，部分的なプログラマブル回路（Register Combiner など）による拡張を経て，後述する pixel shader 技術でユーザが処理プログラムを書けるハードウェアになった．

画素処理部のうち，フレームバッファとデプスバッファの値を読み書きする部分を図2.4.5に示す．この部分はグラフィックスメモリとの読み書きを伴うため，高い性能を出すためのメモリインタフェースの工夫が必要である．

画素処理部で用いられる技術を簡単に説明する．

① ダブルバッファ構成のフレームバッファ

1画面分の画像メモリを2枚持ち，表示用フレームバッファが画像をディスプレイに表示している間に，もう1枚の描画用フレームバッファに描画処理を行う．フレーム表示時間の終わりにこれらのバッファを切り替える方式．これにより描画途中の画像をユーザに見せずにすみ，スムーズなアニメーション画像を提示できる．

② 陰面除去

デプス値であるZ方向の値を保持するデプスバッファを持ち，Zバッファ法（Z-

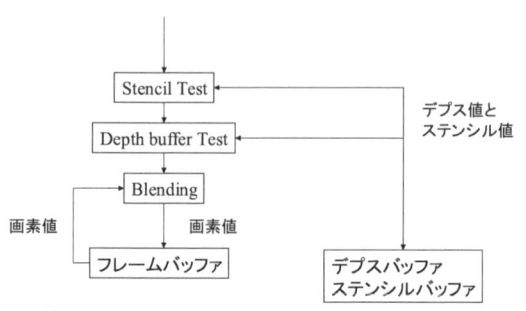

図 2.4.5 画素メモリ処理

buffer method）を用いて陰面除去する方式が主流である．
　③　テクスチャマッピング（texture mapping）
　ポリゴンの表面に画像を貼り付ける技術をテクスチャマッピングと呼ぶ．基本的な方法は，2次元ビットマップ画像をポリゴンに貼り付けることであり，その画像をテクスチャイメージと呼ぶ．テクスチャイメージ上の画素のことをテクセル（texel）と呼ぶ．応用として，1次元や3次元のテクスチャマッピングもある．透視投影の描画では，フレームバッファのピクセル位置とテクスチャ画像のテクセル位置の関係は非線形となるため，正確な描画にはピクセル位置単位での割り算処理が必要となる．テクスチャ画像のアクセスはランダムアクセスに近く，メモリとバスに高い性能が求められる．またキャッシュによる効率化も求められる．近年のグラフィックスでは，テクスチャマッピングを画像の貼り付けという意味から，法線データなど他のグラフィックスデータを読み込むための機構ととらえたCG技法が開発され，さらに汎用のデータ配列と見ることでより一般的な計算処理のためのデータ読み込み機構ととらえたプログラミング技法が開発されている．
　④　アルファブレンディング（alpha blending）
　通常CGで色を表すにはRGBの3原色が用いられるが，半透明な物体の表現のために，ここに透明度を表すアルファ値（alpha value）を加えたRGBAが用いられることが多い[8]．アルファブレンディング処理は，フレームバッファから画素データを読んで演算し，結果を書き戻すため，より高いメモリバンド幅を要求する．
　⑤　アンチエリアシング
　ポリゴンの辺やラインを斜めに描画する際に現れるギザギザである"エリアシング"を軽減する処理である．1つのピクセルの色を決定する際に，さらに細かいサブピクセルでの情報を用いて，ポリゴンの境界部分がどれくらいの割合でそのピクセルに入っているかを求めて，その重みに応じたポリゴンの色を用いることで，エリアシングを弱める．サブピクセルの個数はピクセル代表点を含めて，2点，4点，8点といったバリエーションがあり，サブピクセル位置についてもいろいろな工夫がある．個々のサブピクセルでも画素の色計算を行うのが，スーパーサンプリング方式であ

る．色計算はピクセル代表点だけで計算し，サブピクセルではその値を共有する方式をマルチサンプリング方式と呼ぶ．複雑なテクスチャ処理や pixel shader で画素処理が複雑化してくると，色計算処理が少なくてすむマルチサンプリング方式が有効になる．スーパーサンプリングについては，制御をもっと上位レベルから行うと，モーションブラー（motion blur）効果や被写界深度効果もあわせて処理することが可能である．

b. 性能と性能評価

リアルタイムグラフィックスに求められる性能には上限があるのだろうか．「CG画像のリアリティは 8000 万ポリゴン以上から始まる」といわれているが，これは秒 60 フレームとした場合 4.8 G polygon/s もの性能が必要となる．ただし，ポリゴン数の増大だけがリアリティと直結するわけではない．物体の質感計算，影付け，そしてアニメーションも高い質に至ったとき，リアリティが感じられる．

頂点処理部の性能はポリゴン処理能力で示され，画素処理部の性能はセットアップのポリゴン処理能力と画素処理のピクセル処理能力で示される．ポリゴン性能もピクセル性能も，どちらもさらなる性能向上が求められている．より多くの物体を描画するためには，ポリゴン性能とピクセル性能の向上が求められる．より詳細までモデリングされたオブジェクトや曲面の利用のためには，ポリゴン性能の向上が求められる．画面の解像度の増加が進むと，ピクセル性能の向上が求められる．

グラフィックスシステムの処理性能を上げるには，動作周波数を上げる方向と，並列度を上げる方向がある．

動作周波数を上げる方向では，演算部の周波数を上げて単位時間あたりの処理量を増やしても，1 つの演算の結果が出るまでの時間であるレイテンシ（latency）を短くするのは難しい．従来の固定的なパイプラインでは処理は一方通行だったので，パイプライン段数が深くなるだけでデータ処理はスムーズに進められていたが，近年のプログラマブルな構成では 1 つの処理が演算部を何度も使用するため，データ依存関係のある演算でレイテンシを隠すために工夫が必要となる．

グラフィックスメモリについても，その速度は演算部分の周波数ほど容易に上がらないので，相対的に増加するメモリの応答時間であるレイテンシを隠す工夫が必要となる．これらは CPU の世界でも共通の問題であり，解決方法も CPU と同様で，1 つには処理をマルチスレッド（multi thread）化する方法がある．並列度を上げる方向では，近年は頂点処理部も画素処理部も並列度が増している．

複数の処理部がすべて休みなく動作しているのが理想とし，そこに近づくための工夫が必要となる．同じ処理部を複数持つ場合，どれでも空いている処理部にデータを入出力できる構成が稼働率を上げるには理想なのだが，そのための配線コストが問題となる．CG 処理で流れるデータは多量であるので，安易なクロスバー（cross bar）構成の多用は配線部分の増大を招く．配線コストと処理部の稼働率をよいバランスで決める必要がある．この課題も並列計算機と同様である．

グラフィックス性能の評価も年々複雑で難しくなっている．単純な"頂点数/秒"と"ピクセル数/秒"だけでは実アプリケーション実行時の性能を表すことができない．異なるアーキテクチャで異なる特性のハードウェアに対して公平なベンチマークを決めるのは難しい作業である．PC 分野では，ゲーム風のシーンを組み合わせたベンチマークプログラムで評価されている 3DMark[9]が，処理内容が各 LSI の特長を生かしていないなど評価内容と公平性への疑問が出てきている．

c．システム構成バリエーション

（1） 複数ユニットの結合バリエーション

頂点処理部と画素処理部を並列に持つ場合，複数の処理部をどう配置してどう結合するかについてアーキテクチャのバリエーションがある[10),11)]．並列におかれた処理部の負荷分散（load balance）と処理部間のデータ転送性能とそのための配線コストのバランスが問題となる．現在の主流は，各画素処理部がフレームバッファのある位置を固定的に担当する Sort-Middle 型，および，画素メモリ処理部だけが固定的な位置を担当する Sort-Last Fragment 型である．

（2） 処理部の分担

頂点処理部と画素処理部を，システムとしてどう分担するかのバリエーションもある．

・頂点処理部はシステムの CPU 上のプログラムで行い，画素処理だけを行う LSI を持つ構成．GeForce 256 以前の一般 PC 用グラフィックスカードはこの構成であった．頂点処理部の性能は CPU の性能に依存し，CPU の処理能力を CPU の通常の処理と奪い合うこととなる．

・頂点処理 LSI と画素処理 LSI を持つ構成．PlayStation や PlayStation 2 のように頂点処理部のハードウェアが CPU に含まれる構成もある．2 つの LSI の間のバス性能がポリゴン/秒性能に影響する．

・両処理部を 1 つの LSI にまとめる構成．GeForce シリーズや Radeon シリーズからの PC グラフィックスはこの構成である．頂点処理部と画素処理部を高いバンド幅で結合できる．また処理を戻すことなど両者を融合した処理が可能となる．さらに，1 つの処理部で両方の処理を行うユニファイドシェーダ（unified shader）が検討されている．

（3） メモリ構成

CPU 側のメインメモリとグラフィックスメモリが別のメモリである構成が基本である．これらを同じメモリに割り当てるのが UMA（unified memory architecture）である．両方の容量のバランスをアプリケーションによって変えられることや，グラフィックスデータのメモリ間転送が不要になるといったメリットがあるが，CPU のメモリアクセスとグラフィックス処理部のアクセスが競合しても問題のないメモリバンド幅が必要となる．

グラフィックスメモリについては，グラフィックスワークステーションではテクス

チャメモリを専用で持つものも多いが，近年は同じメモリ上に，テクスチャイメージ，フレームバッファ，デプスバッファをおくものが多い．この構成では，フレームバッファやデプスバッファをテクスチャイメージとして用いる際にデータ転送が不要となり，描画結果をテクスチャとして用いる効果や，後述の shadow map 処理に向いている．

2.4.2 近年のリアルタイムグラフィックス技術
a. 影付け (shadow)

影はリアリティのあるシーンを作成するのに欠かせない．人間は1枚の画像からでも，影を使って物体の相互の位置関係や光源の方向などを認識できる．影がないと物体が浮き上がって見えてしまう．影を表現する方法には，厳密な計算を行うものから，ただ灰色の円を描画するだけの方法まで，さまざまな方法があり，計算コストと効果のトレードオフで方式が選択される．近年はグラフィックスハードウェアでは，影の計算のための特殊機能や処理の高速化が進んでいる．

① 投影型影付け (projection shadow)

ポリゴンモデルを平面に投影した形状の影モデルを計算して作成し，平面の少し上に配置する方法を基本とする．地面にだけ物体の影を描くだけで十分な場合に用いられる．複雑な形状の物体間の影には向かない．

② shadow volume 方式

ステンシルバッファ (stencil buffer) を用いる．ポリゴンのエッジを光源の逆方向に伸ばした面からなる shadow volume モデルを構成し，描画しようとするピクセルの物体表面から視点までの間にある shadow volume 面の個数が偶数か奇数かで影の内か外かを判定する方法．

③ shadow map 方式

光源位置からシーンを描画して shadow map と呼ぶデプスバッファを構成し，視点からの描画の際にそれを用いて光源方向に物体があったかどうかを判定する．shadow map を作成する際には複雑なシェーディングは不要なので，それに特化した工夫が提供されている．

④ 柔らかい影 (soft shadow)

実世界での影は，影の境界がぼやけている．これは現実の光源は大きさを持っているからである．CG でこの柔らかい境界を持つ影を厳密に計算するのは大変である．そこで，上記の方法を複数回繰り返すことや，サンプリング方法を工夫して，それらしい柔らかい影を描画する方法が研究されている．

b. 曲面処理と細分処理

曲面を処理するハードウェアがない場合でも，モデリングの段階では3次元モデルを曲面で構成し，これを事前にポリゴンに分割しておけば，グラフィックスハードウェアは通常のポリゴンデータと同様に処理することができる．しかしこれでは，曲面

をアニメーションで変形できないなどの制約が多い．そこで，グラフィックスシステムが曲面情報からリアルタイムに三角形に分割するテセレーション（tessellation）機能を持つようになってきている．

曲面の制御点に対してアニメーション計算や座標変換を行った後で三角形分割することで，前もって三角形分割されたモデルに対してこれらの計算を行うよりも，演算量を減らすことができる．

曲面の表現には，ベジェ曲線やスプラインという基本技術からCADで用いられるNURBSがあるが，リアルタイムCGでは，計算量の少ないN-Patch[12]などの方式や，アニメーションとの相性がよいsubdivision surfaceの応用[13]などの方式も注目されている．また，粗いポリゴンモデルをテセレーションで曲面を構成する細かい三角形に分割し，次に関数やプログラムで細かな表面形状を作り出す方法も提案されている[14]．

c．シェーダとシェーダ言語

シェーダ（shader）とシェーダ言語（shading language）とはRenderManで本格的に用いられた技術である[15),16)]．従来はシステムによって固定的であった照光処理やテクスチャ処理を，ユーザがプログラマブルに記述できるようにしたもので，近年はこの技術がリアルタイムCGの世界でも取り入れられ始めた．

頂点処理部のためのシェーダを頂点シェーダ（vertex shader），vertex programなどと呼ぶ．従来の頂点処理部のうち，座標変換と照光処理をプログラムできる形が多い．画素処理部のためのシェーダをピクセルシェーダ（pixel shader），fragment program/fragment shaderなどと呼ぶ．従来の画素処理部のうち，テクスチャ座標等計算とテクスチャ引きとその結果を用いて画素色計算する部分をプログラムできる形が多く，ここを繰り返し使うことができる構成で，多段の依存テクスチャ（dependent texture）を利用できる．どちらのシェーダも，限定的な機能から始まり，条件分岐やループ処理などが追加され，複雑なシェーダが実現できるようになってきている．

シェーダ機能の進歩は，ハードウェア的な制約から，まず頂点シェーダに取り入れられ，遅れてピクセルシェーダに取り入れられるケースが多い．そして両者ともに十分な機能が取り入れられた段階で，両者を区別する必要がなくなり，ユニファイドシェーダ（unified shader）として統一されるロードマップが示されている．ハードウェア的には，シェーダというプログラムを処理するために，グラフィックスパイプラインにプロセッサが入り，その演算部を繰り返し使ってプログラムを実行する形になる．従来の一方通行で処理が流れるパイプライン構成からよりプロセッサ的な構成となり，テクスチャ読み込みレイテンシの隠蔽方法も変わっていく．

ユーザが作成するシェーダは，アセンブラで記述されるレベルと，C言語風の高級言語であるシェーダ言語を用いて記述されるレベルがある．シェーダ言語で書かれたシェーダは，シェーダコンパイラでアセンブラに変換される．

なお，RenderManのグラフィックス処理部はReyes[17]と呼ばれる処理方式で，現在主流のリアルタイムCGのパイプライン構成とは異なり，マイクロポリゴンと呼ばれるピクセルサイズより小さなポリゴンに分割して，マイクロポリゴン単位にシェーダ処理を行って色を決定し，画素単位にそこに含まれるマイクロポリゴンを統計的サンプリングしてピクセルの色を決定する方式である．

d．LSI技術

近年のリアルタイムCGの進歩は，LSI技術の進歩を利用して進んできた．LSIのプロセス技術（加工技術，製造技術）の進歩は，高集積と高周波数化をもたらしてきた．高集積技術の進歩は，莫大な数のトランジスタの利用を可能にしてきている．150 nm（nm：ナノメートル，10億分の1メートル），130 nm，90 nmの最先端プロセスが用いられており，1兆3000万トランジスタというCPUを凌駕するトランジスタ数を搭載するグラフィックスLSIも発売されている．使用できるトランジスタ数の増大は，より多くの処理部を並列に持つことによる性能向上と，より複雑な処理を実装することによるグラフィックス機能向上の両方に貢献している．LSI技術としての今後の課題は，CPUと共通の課題であるが，熱と消費電力である．プロセスが微細化するにしたがい，動作時の消費電力に加えて，リーク電流の増大が大きな問題となってきている．

e．ボード技術

グラフィックスLSIの性能を決める要素に，グラフィックスメモリとの間のメモリバンド幅（memory bandwidth）がある．バンド幅が広いほど，より多くのテクスチャ読み込みやピクセル読み書きが可能となる．バンド幅を上げるには，メモリの周波数を上げる方法と，メモリとのバス幅を増やす方法があり，両方を用いて性能を向上させてきた．メモリとのバス幅を増やす基本方法は，複数のメモリLSIを並列に並べてグラフィックスLSIに接続することである．

PC用ボードは，ビデオメモリとしてメインメモリよりも高速なメモリを多数搭載する傾向にある．汎用DDR（double data rate）SDRAM（synchronous DRAM）より高速なGDDR 2やGDDR 3メモリ[18]を8個搭載し，グラフィックスLSIとグラフィックス用メモリとの間のバス幅が256 bitで，バス・バンド幅が20 GB/sを超える製品も増えている．

並列にメモリLSIを接続するには多数の配線が必要で，高い周波数のメモリは各配線が同じ長さでグラフィックスLSIに接続する等長配線を要求する．このためボード上の配線も複雑となり，配線引き回しを解決するために必要なボードの層数も増加し，10層を超えるPC用ボード製品も量産されている．なお，量産には向かないが特徴的な配線技術に，日立化成工業株式会社の"マルチワイヤ配線板"技術がある．絶縁膜で覆ったワイヤを基板上にはわせるもので，配線どうしの交差が可能である．

2.4.3 商品化されたシステム
a．ハイエンドシステム例

リアルタイム CG システムの黎明期から，ハイエンドの用途としてフライトシミュレータなどのシミュレータ分野がある．これらの延長にバーチャルリアリティシステムがある．これらは巨大で高価なシステムであり，ユーザが常に個人で使えるものではない．

ハイエンドシステムに近い性能を個人の端末で使えるものとして，グラフィックスワークステーション分野があるが，近年の PC 用グラフィックスの性能向上に飲み込まれつつある．グラフィックスワークステーションの用途は，機械設計の CAD マシンとして始まり，映画やゲームなどの映像製作マシンとして使われる．

ハイエンドシステムの一例として，InfiniteReality[19]とその後継がある．PC 用グラフィックスと比較して，テクスチャメモリとフレームバッファのメモリ容量や処理部並列度が膨大であり，高解像度で大画面を必要とする用途に使われている．たとえば，InfiniteReality 4 では，最大 1 GB のテクスチャメモリと 10 GB のフレームバッファを持つ "パイプ" を，最大で 16 パイプ搭載した巨大なシステムを構成できる．

処理部の接続関係を変更可能とし，リアルタイムグラフィックス処理向けの構成と，レイトレーシングのような高品位画像の計算向きの構成とを，1 つのシステムで実現可能としたシステムとして，富士通株式会社の昴 (subaru) がある．

b．パーソナルコンピュータ用グラフィックス

近年の PC 用グラフィックスカードは，グラフィックス LSI の高度化に伴い，高いボード技術を必要としている．このため，最先端カードでは GPU メーカのリファレンスボードからの変更や改良がボードメーカですらできない時代になりつつある．これは同時に，研究目的で高性能 CG 用 LSI を用いたオリジナルボードの製作が難しくなっていることも示している．

高性能な PC 用グラフィックス LSI は，最先端のプロセス技術による高集積の恩恵を受けながら，さらに LSI 自体の大きさも年々増加している．いまでは 200 mm² 程度の LSI も多い．

グラフィックス LSI とグラフィックスメモリの間のバス・バンド幅も先に説明したとおりに向上しているが，それでも PC の画面解像度の上昇やアンチエリアシングへの要求もあり，十分とはいえない．そこでメモリとのデータ転送量を減らすために，テクスチャ圧縮，キャッシュ技術，階層化 Z バッファによる陰面除去などの技術が取り入れられている．

グラフィックスメモリの容量も増大しており，128 MB や 256 MB が普通になってきている．メモリ容量は，画面解像度の上昇，アンチエリアシングのサブピクセル点数の増加，テクスチャイメージの解像度の上昇と個数の増加といった要求に応えるために増加してきた．

PC 用グラフィックスカードの歴史を簡単に振り返ってみる．

2.4 グラフィックスハードウェア

　PC で 3 次元 CG がさかんになり始めた頃は，3 dfx 社の voodoo シリーズが普及していた．これは画素処理部だけを LSI 化したボードであり，頂点処理は CPU で行っていた．1999 年に，PC 用グラフィックス LSI としてはじめて頂点処理部と画素処理部を 1 つの LSI にまとめた製品である nVIDIA 社 GeForce 256 が登場した．以降，この構成が主流となる．2001 年には，ATI 社[20]が Radeon 8500 を発表．プログラマブルな頂点処理部を搭載し，頂点処理部でテセレーションを行う機能を実現した．その後はこの 2 社が主体で激しい競争を続け，機能と性能の向上が速いペースで進んでいる．

　その他のグラフィックス LSI も紹介する．
　① Matrox 社 Parhelia-512（2002）
　PC 用グラフィックスとしてはじめて 256 bit の外部メモリバスを持った製品．8 個のメモリ LSI を並列につないでいる．等長配線のために，グラフィックスメモリの一部をボード上で 45 度傾けて実装している．
　② 3Dlabs WildcatVP（2002）
　従来型グラフィックスパイプラインの多くの部分を小規模なプロセッサを多数並列に並べて構成した製品．プロセッサは単一ではなく，頂点処理部は浮動小数点のプロセッサ，画素処理部は整数のプロセッサというように，異なるプロセッサを適所に配置している．プロセッサ化で高度なシェーダの実装を実現している．

　なお，あまりグラフィックス性能を必要としない PC もまだ多く，CG 用 LSI として独立せずに CPU チップセットにグラフィックスコアを内蔵した製品もある．この内蔵グラフィックスコアの性能も年々上昇している．

c．コンシューマ向け機器

（1）家庭用ゲーム機

　家庭用ゲーム機に 3 次元 CG を取り入れる試みは古くから何度か試されてきたが，本格的に取り入れられて普及したのは，PlayStation，Saturn，Nintendo 64 が最初の世代といえる．これらの機種から，テクスチャマッピングされたポリゴンで複雑なシーンを描画可能となり，一般ユーザを引き付ける 3 次元空間のゲーム画面を構成できる性能を持ち始めた．次の世代として Dreamcast，PlayStation 2，GameCube，XBOX がある．これら 4 つのゲーム機のアーキテクチャ解説と比較については参考文献 21）がくわしい．同世代の製品でもアーキテクチャに思想の違いが出ているのがおもしろい．

　上記 2 つの世代間では性能向上とともに，CG 機能も向上している．たとえば，PlayStation から PlayStation 2 への進歩をグラフィックス機能についてあげてみると，
　・頂点処理が，固定小数点演算から浮動小数点演算となる．
　・陰面除去が，Z バッファなしのためのソフトでのソート方式から，Z バッファ方式となる．

・テクスチャマッピングが,線形投影のみから,パースペクティブコレクトなマッピングとなる.

などがあり,グラフィックスシステムとしての成熟が見られる.

この背景にはやはり LSI 技術の進歩がある.たとえば,PlayStation 2 の CPU と頂点処理部などをまとめたシステム LSI[22]には,従来のゲーム機では考えられなかった多数の演算処理部が搭載されている.また,GameCube では,1T-SRAM[23]という,大容量と高速アクセスを両立させるメモリ技術が用いられている.

このように,家庭用ゲーム機に最先端の LSI 技術が適用される背景には,1 世代で大量の台数が販売されるゲーム機であれば,コストの高い先端技術を投入しても量産効果で後々に利益をあげることができ,量産戦略を基本とする LSI 向きのビジネスモデルが適用しやすいことにある.また,家庭用ゲーム機のハードウェアの一般的な特徴として,ハードウェアをマイナーチェンジしても性能を上げる必要がない.1 つのゲーム機の寿命の間に進歩した LSI 技術は,LSI の大きさを小さくしたり複数 LSI の集積を行ったりすることに応用され,性能向上ではなくコストダウンに用いられて販売台数の増大に貢献する.

いままでの家庭用ゲーム機は,NTSC（または SD）の画面を主対象としており,640×480 程度のフレームバッファ解像度であったが,今後は HD 画面への対応が求められる.

(2) 携帯電話

携帯電話の高機能化の 1 つとして,リアルタイム 3 次元 CG 機能の強化が始まってきた.携帯の画面は大型化,高解像度化が進んでおり,いまは 3 次元 CG の表示デバイスとしての画質を十分に満たし始めている.

携帯電話用の LSI 開発における最大の課題は,低消費電力での高性能の実現である.三菱電機株式会社の Z3D[24]では,ある時点で処理を行わない回路へのクロック供給を止めることで消費電力を抑えるゲーテッドクロック (gated-clock control) 技術が用いられている.3 次元 CG 処理部には,頂点処理部,セットアップ部,画素処理部を逐次動作させ,動作させているブロックにのみクロックを供給するステップモードが設定できるようになっている.これにより,処理能力をあまり落とさずに消費電力量を削減することが可能となっている.

(3) その他の分野

カーナビゲーションシステムやパチンコとパチスロといった組み込み用途で,アプリケーションがはっきりしている応用市場も安定して広がっている.これら組み込み用途では消費電力と性能のバランスが要求される.組み込み用途では通常の計算機システムよりも厳しい,動作温度範囲,耐振動,排熱制限,消費電力といった条件下での安定した動作が要求される.

2.4.4 さまざまな CG 用ハードウェア構成や研究例

ほかにも，研究レベルから商用製品まで，さまざまなアプローチが行われてきている．いくつか特徴的なものを紹介する．

（1） Pixel-Plane/PixelFlow

米国ノースカロライナ大学の Pixel-Plane シリーズと PixelFlow は，メモリに隣接した演算器（ALU）によりピクセル単位の処理を超並列に行うハードウェアである．

Pixel-Plane[25),26)]は，画面をタイル状に分割し，それぞれの部分を画像メモリと演算器をセットにしたハードウェアが担当し，画素処理を行うシステムである．Pixel-Flow[27),28)]は PixelPlane をベースに作られた Sort-Last Image アーキテクチャである．それぞれがフレームバッファを保持する複数の ShaderBoard でオブジェクト単位に描画計算し，専用のバスでこれらのフレームバッファ画像を転送しながら合成して，最終的なフレームバッファを構成する．Pixel-Plane のように画面を分割するのではなく，オブジェクト単位で異なる ShaderBoard に分配するのが特徴である．PixelFlow は，ハイエンドワークステーション向けや PC 向けの商品化が試みられた．また，ピクセル単位でプログラムを動かすことのできる構成を特徴とするので，リアルタイム CG システムとして，いち早く pixel shader の実装も試された[29),30)]．

（2） Imagine

Imagine[31)]は，ストリームプロセッサ（stream processor）と呼ばれるアーキテクチャで，さまざまなメディア処理をプログラムで実現することを目的としている．ハードウェアは，ストリーミングレジスタファイルと，汎用演算を行う演算器をクラスタ化して並列に並べたもの，それらを制御するマイクロコントローラから構成される．CG 処理のための専用ハードウェアを持たず，すべての処理をソフトウェアで行うことが特徴である．プログラムによって CG 処理やそれ以外のメディア処理のアルゴリズムをマッピングして処理することが可能である[32)]．CG に関しては，従来型の OpenGL 処理以外でも RenderMan の Reyes[17)]方式が実装できている[33)]．

（3） ハードワイヤードジオメトリ

必要な頂点処理部機能がはっきりしていれば，通常のプロセッサ型でのプログラム処理ではなく，演算器を直接接続したハードワイヤード構成も可能である．組み込み型の小型グラフィックス LSI ではこの方式がとられることも多い．

ワークステーション製品でこの方式をとったものに，日本電気株式会社の TE4 に搭載されたリアルビジョン社 GA 400 がある．これは OpenGL の頂点処理部をハードワイヤードで構成した頂点処理用 LSI である[34)]．約 100 個の演算器でパイプラインを構成している．通常のプロセッサ構成に対して，低い周波数で面積も小さな演算器を数多く並べることで処理能力を上げることが可能である．欠点としてはライブラリの規格が拡張された場合にハードウェアが作り直しになることや，複数のグラフィックスライブラリの対応が難しいことがある．

（4） ボリュームレンダリング用システム

ボリュームレンダリングは3次元的に"詰まった"データを表示する技術である。主に医療関係で用いられる。中身の詰まったデータ（ボリュームデータ）は，3次元空間中の各格子点における密度として表されることが多い。この格子を，2次元の画素 pixel（picture element）のアナロジーで，ボクセル（voxel, volume element）と呼ぶ。ボリュームデータの一般的なサイズは各辺が数十〜数百ボクセルの直方体であり，"表面"だけを表すポリゴンモデルと比較して膨大なモデルデータとなる。

PC 向け製品の LSI として早期に実用化されたものとして Pfister ら[35]がある。$256 \times 256 \times 256$ のボリュームデータを Ray-Casting 方式で1秒間に 30 フレーム表示する能力を持つ。

なお，人体のデータを3次元的にすべてスキャンしたプロジェクトとして VHP[36] がある。

（5） アナログ LSI

アナログ VLSI のグラフィックスへの利用研究もある。物理モデルによるシミュレーションなど，デジタル計算では膨大な計算力が必要な分野が CG の特にアニメーション技術では多い。ここにアナログ VLSI による高速な処理能力を活かせるのではとの提案である[37]。この論文では，センサなどからの誤差のある連続入力から制約条件で正しい 3×3 の3次元回転行列へと収束する演算をアナログ LSI で試作している。デジタル処理では適切なサンプリング間隔を定めることが難しい問題でも，アナログの連続処理であれば安定して収束計算ができる。

2.4.5 リアルタイム CG 用ソフトウェア

（1） リアルタイム CG 用 API（application programming interface）

CG 技術が複雑になり，また次々と新しい機能を追加した新しい製品が出る時代には，それらをプログラマが使いこなすためのライブラリ API が重要度を増している。特にハードウェアの抽象化が重要であり，一度作成したアプリケーションやライブラリが，新しく出たハードウェアでも動くことが求められている。これと同時に，新しいハードウェア機能に対応した拡張も求められ続けている。従来との互換維持と新しい技術の導入をどう進めるかがポイントとなる。OpenGL と DirectX（DirectX Graphics）が広く使われている API である。

① OpenGL

OpenGL[38]は SGI の IrisGL ライブラリをベースに規格化されたグラフィックス API である。複数のグラフィックスメーカで構成される OpenGL　ARB（Architecture　Review　Board）[39]が中心となって仕様を策定している。機能拡張は，以前は ARB の合意がとれるまで長い時間がかかっていたが，最近は各社のオリジナル拡張の提案と実装が認められ，新しい技術の拡張ペースが加速している[40]。これら各社の拡張が一般化され ARB 承認拡張となり，重要なものは時期を見て規格本体へ取り入

れられる．APIは従来仕様に対して拡張を追加する方式である．
　OpenGLは複数のOS上で実装されている．アップル社のMac OS Xはウィンドウ環境の基本描画レイヤがOpenGLで実装されている．フリーウェアのOpenGL実装には，Mesa 3Dライブラリがある[41]．組み込み用途向けのサブセット規格としてOpenGL ES (OpenGL for Embedded Systems)が提案されている[42]．
　② DirectX Graphics
　DirectX[43]はマイクロソフト社が中心となって仕様を策定している．APIはメジャーバージョンが変わると総変更されることが多い．その場合でもドライバは古いAPIをサポートするため，新しいハードウェアでも古いソフトウェアが動かせる．新しいバージョンは，まずはじめに規格とそれをソフトウェアで実現したリファレンスライブラリがリリースされる．おって各グラフィックスメーカが新規格に対応したLSIやドライバをリリースしている．対応するOSは現状Windowsのみである．マイクロソフトは次世代のWindowsで基本描画レイヤをDirectXとする計画である．
　(2) 上位CGライブラリ
　上記ライブラリより上位のレイヤに，シーングラフライブラリ (scene graph library) やゲームエンジン (game engine) と呼ばれるものがある．これらは，3次元モデルを意味のあるオブジェクト単位で管理することをはじめ，影（shadow）の管理と生成，アニメーションの管理などを提供する．リアルタイムCGで用いられCG技術が多彩になるにつれ，このレベルのライブラリによるアプリケーション開発が重視されている．あるPC用ゲームのために開発されたゲームエンジンを外販し，他のPC用ゲームがそのエンジンを用いて開発されることが多くなってきている．商用のものやフリーウェアがいくつかある[44],[45]．
　(3) シェーダ記述言語
　RenderManのShading Language[46]を手本に，そのサブセットとして実装が始まっている．どれも高級言語の枠組みとしてCとC++をベースにCGに適した工夫が入れられている．
　・OpenGLのShading Language[47]
　・DirectXのHLSL (High Level Shading Language)
　・nVIDIAのCg (C for Graphics)[48]
などがある．

まとめ

　リアルタイム3次元コンピュータグラフィックス技術の近年の進歩は目覚ましい．少し前までは高価なハイエンドシステムでも不可能だった映像が，安価なゲーム機で滑らかに動いている．
　リアルタイムCGを一般に広め，技術の進歩を引っ張ってきたアプリケーションは3次元ゲームである．次なる大きな応用アプリケーション分野はまだ見つかっていな

い．ここまで成長したリアルタイム CG 技術を活用したアプリケーション分野の開拓が望まれる．

グラフィックスハードウェアの今後の傾向は，やはり汎用的なプログラマビリティが進むだろう．近年を振り返っても，各処理部が次々とプログラマブルになり，より柔軟な処理が可能となってきた．そのため，グラフィックスハードウェアを従来のポリゴン描画以外の描画方法や CG 描画以外の用途に応用する研究が進んでいる．演算能力のさらなる増加によって，従来のポリゴン方式ではなく，グローバルイルミネーション系の描画方式（レイトレーシング，ラジオシティ，フォトンマッピング）で複雑なシーンをリアルタイムに描画することが可能となるであろう． 〔森　健一〕

▶参考文献・Web
1) Sutherland, I. : Sketchpad: A man-machine graphical communication system. *IFIPS Proc. Spring Joint Computer Conference*, 1963.
2) 西村仁志：LINKS-1：コンピュータグラフィックスシステム．情報処理学会研究報告「マイクロコンピュータ」，1982 年度 No.024.
 http://www.ipsj.or.jp/members/SIGNotes/Jpn/08/1982/024/article001.html
3) Clark, J. H. : The Geometry Engine: A VLSI geometry system for graphics. *Proc. SIGGRAPH '82*, 127-133, 1982.
4) Pineda, J. : A parallel algorithm for polygon rasterization. *Proc. SIGGRAPH '88*, 17-20, 1988.
5) Olano, M. and Greer, T. : Triangle scan conversion using 2D homogeneous coordinates. *Proc. ACM SIGGRAPH/Eurographics Workshop on Graphics Hardware*, 89-95, 1997.
6) McCool, M. D., Wales, C. and Moule, K. : Incremental and hierarchical Hilbert order edge equation polygon rasterization. *Proc. ACM SIGGRAPH/Eurographics Workshop on Graphics Hardware*, 65-72, 2001.
7) [OpenEXR] http://www.openexr.com/·
8) Porter, T. and Duff, T. : Compositing digital images. *Proc. SIGGRAPH '84*, 253-259, 1984.
9) [3DMark] http://www.futuremark.com/
10) Molnar, S., Cox, M., Ellsworth, D. and Fuchs, H. : A sorting classification of parallel rendering. *IEEE Trans. Computer Graphics and Applications*, **14**(4), 23-32, 1994.
11) Eldridge, M., Igehy, H. and Hanrahan, P. : Pomegranate: a fully scalable graphics architecture. *Proc. SIGGRAPH '00*, 443-454, 2000.
12) Vlachos, A., Peters, J., Boyd, C. and Mitchell, J. L. : Curved PN triangles. *ACM Symposium on Interactive 3D Graphics*, 2001.
13) Bischoff, S., Kobbelt, L. P. and Seidel, H.-P. : Towards hardware implementation of loop subdivision. *Proc. ACM SIGGRAPH/Eurographics Hardware Workshop*, 41-50, 2000.
14) Lee, A., Moreton, H. and Hoppe, H. : Displaced subdivision surfaces. *Proc. SIGGRAPH '00*, 85-94, 2000.

15) Cook, R. L.: Shade trees. *Proc. SIGGRAPH '84*, 223-231, 1984.
16) Hanrahan, P. and Lawson, J.: A language for shading and lighting calculations. *Proc. SIGGRAPH '90*, 289-298, 1990.
17) Cook, R. L., Carpenter, L. and Catmull, E.: The Reyes image rendering architecture. *Proc. SIGGRAPH '87*, 95-102, 1987.
18) [GDDR-A] http://www.micron.com/products/dram/gddr/
    [GDDR - B] http://www.samsung.com/Products/Semiconductor/Graphics-Memory/index.htm
19) Montrym, J. S., Baum, D. R., Dignam, D. L. and Migdal, C. J.: InfiniteReality: a real-time graphics system. *Proc. SIGGRAPH '97*, 293-302, 1997.
20) http://www.ati.com/, 特に http://www.ati.com/developer/index.html
21) http://pc.watch.impress.co.jp/docs/2002/0118/kaigai01.htm
22) Suzuoki, M., Kutaragi, K., Hiroi, T., Magoshi, H., Okamoto, S., Oka, M., Ohba, A., Yamamoto, Y., Furuhashi, M., Tanaka, M., Yutaka, T., Okada, T., Nagamatsu, M., Urakawa, Y., Funyu, M., Kunimatsu, A., Goto, H., Hashimoto, K., Ide, N., Murakami, H., Ohtaguro, Y. and Aono, A.: A microprocessor with a 128-bit CPU, ten floating-point MAC's, four floating-point dividers, and an MPEG-2 decoder. *IEEE J. Solid-State Circuits*, **34**(11), 1608-1618, 1999.
23) [1T-SRAM] http://www.mosysinc.com/products/1t_sram.html
24) Kameyama, M., Kato, Y., Fujimoto, H., Negishi, H., Kodama, Y., Inoue, Y. and Kawai, H.: 3D graphics LSI core for mobile phone "Z3D". *Proc. ACM SIGGRAPH/Eurographics Workshop on Graphics Hardware*, 60-67, 2003.
25) Fuchs, H., Goldfeather, J., Hultquist, J., Spach, S., Austin, J., Brooks, F., Eyles, J. and Poulton, J.; Fast spheres, shadows, textures, transparencies, and image enhancements in Pixel-Planes. *Proc. SIGGRAPH '85*, 111-120, 1985.
26) Fuchs, H., Poulton, J., Eyles, J., Greer, T., Goldfeather, J., Ellsworth, D., Molnar, S., Turk, G., Tebbs, B. and Israel, L.: Pixel-planes 5: a heterogeneous multiprocessor graphics system using processor-enhanced memories. *Proc. SIGGRAPH '89*, 79-88, 1989.
27) [PXFL] http://www.cs.unc.edu/~pxfl/
28) Molnar, S., Eyles, J. and Poulton, J.: PixelFlow: High-speed rendering using image composition. *Proc. SIGGRAPH '92*, 231-240, 1992.
29) Lastra, A., Molnar, S., Olano, M. and Wang, Y.: Real-time programmable shading. *Proc. 1995 Symposium on Interactive 3D Graphics*, April 1995.
30) Olano, M. and Lastra, A.: A shading language on graphics hardware: The PixelFlow rendering system. *Proc. SIGGRAPH '98*, 159-168, 1998.
31) [Imagine] http://cva.stanford.edu/imagine/
32) Owens, J. D., Dally, W. J., Kapasi, U. J., Rixner, S., Mattson, P. and Mowery, B.: Polygon rendering on a stream architecture. *Proc. ACM SIGGRAPH/Eurographics Workshop on Graphics Hardware*, 23-32, August 2000.
33) Owens, J. D., Khailany, B., Towles, B. and Dally, W. J.: Comparing Reyes and OpenGL on a stream architecture. *Proc. ACM SIGGRAPH/Eurographics Workshop on Graphics Hardware*, 47-56, 2002.

34) [TE4 99] http://www.ibiblio.org/hwws/previous/www_1999/presentations/te4.pdf, HWWS, 1999.
35) Pfister, H., *et al.* : The VolumePro real-time ray-casting system. *Proc. SIGGRAPH '99*, 251-260, 1999.
36) [VHP, The Visible Human Project] http://www.nlm.nih.gov/research/visible/visible_human.html
37) Kirk, D., *et al.* : Implementing rotation matrix constraints in Analog VLSI. *Proc. SIGGRAPH '93*, 45-52, 1993.
38) [OpenGL] http://www.opengl.org/
39) [OpenGL ARB] http://www.opengl.org/about/arb/
40) [OpenGL ext] http://oss.sgi.com/projects/ogl-sample/registry/
41) [Mesa3D] http://www.mesa3d.org/
42) [OpenGL ES] http://www.khronos.org/opengles/
43) [DirectX] http://www.microsoft.com/directx/
    [DirectX lib] http://msdn.microsoft.com/library/default.asp
    [DirectX dev jp] http://www.microsoft.com/japan/msdn/directx/default.asp
44) [OSG, OpenSceneGraph] http://openscenegraph.sourceforge.net/
45) [OpenSG] http://www.opensg.org/
46) [RI Spec] https://renderman.pixar.com/products/rispec/index.htm
47) [OpenGL SL, OpenGL Shading Language] http://www.opengl.org/developers/documentation/oglsl/
48) [nVIDIA] http://www.nvidia.com/, 特に http://developer.nvidia.com/
    [nVIDIA Cg] http://developer.nvidia.com/page/cg_main.html

3

出 力 系

3.1 メガネ使用

3.1.1 ステレオ写真の撮影と観賞

ステレオ写真（stereo photography）は，3D写真，立体写真，古くは双眼写真，実体写真などと呼ばれ，写真の発明直後の時代から撮影されてきた．フィルムや印画紙など銀塩写真によるステレオ写真の技法は昔も今も基本は変わらない．しかし，歴史の長さに反して現在は普及していない．

その撮影と観賞の方法は，撮影の目的（用途）により異なるが，ここでは実物を直接見るかのように，観賞して楽しむための基本的なステレオ写真について述べる．建造物などの記録や計測，地形の測量その他，学術研究用に類するものは省略する．

a. ステレオ写真用機材

撮影（入力）用機材と観賞（出力）用機材に分けられるが，個人的用途では撮影原板をそのまま観賞用に使うことが多く，撮影と観賞とは切り離せない密接な関係にある．

機材は過去にいろいろ作られた時代もあったが，市場が狭く企業として成り立たず，ごく一部のものを除き現在はほとんど製造されていない．

現在，国際規格（ISO, the International Organization for Standardization）で決められているステレオ写真の規格は1種類のみである．これは35 mmフィルムを使用するもので，焦点距離35 mmの撮影レンズを2本，左右に配置し，左右の画面の間隔（中心間距離）を71.25 mm（フィルムのパーフォレーションで15穴）としたステレオカメラ（stereo camera）と，観賞に必要なスライドマウント（slide mount）に関する規格である．

この規格のもとになったものは第二次世界大戦後，カラーリバーサルフィルムが普及し始めた頃，米国を中心に流行したシステムである．ステレオリアリストカメラ

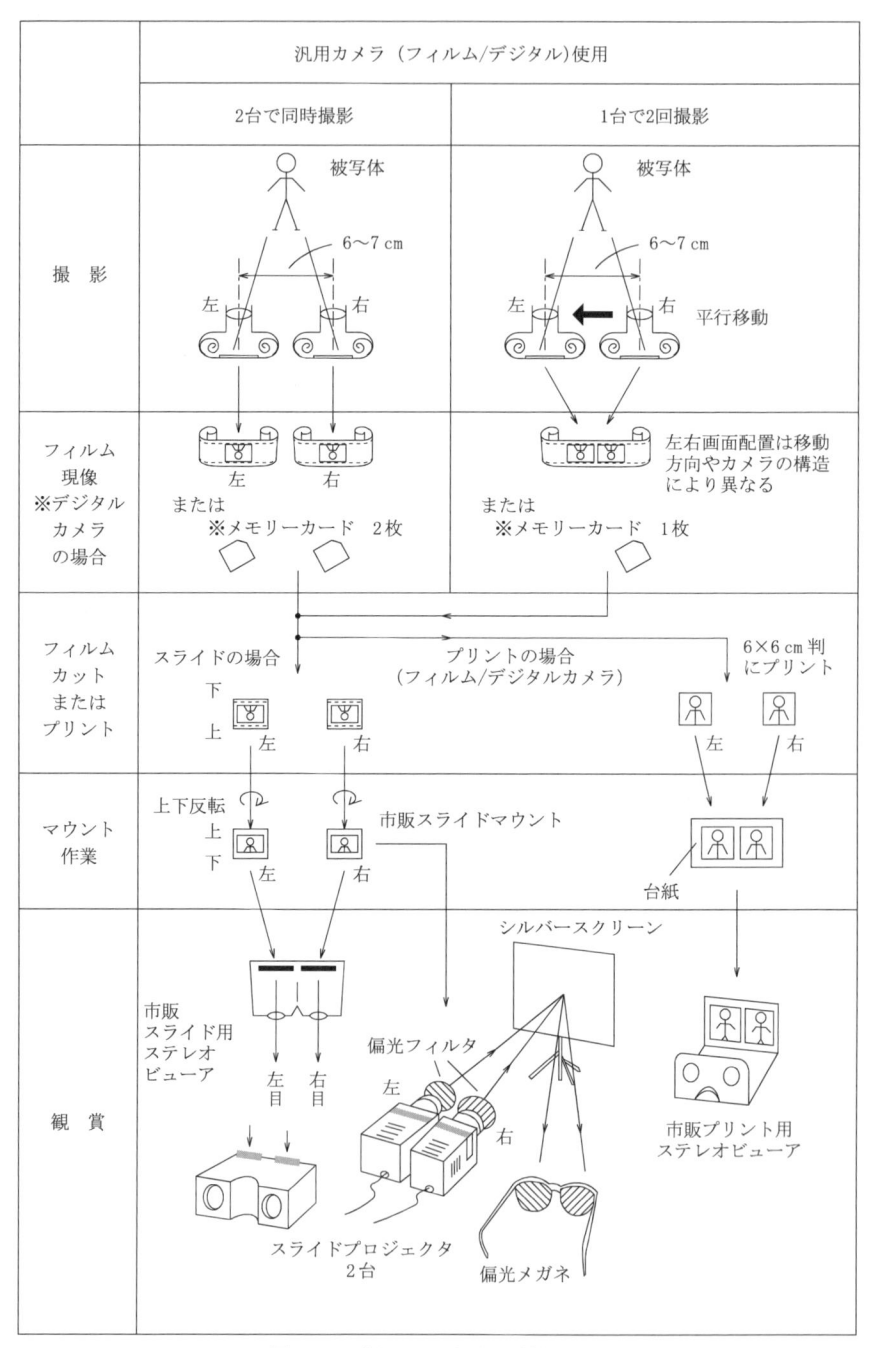

図 3.1.1 撮影および観賞用機材一覧表

3.1 メガネ使用

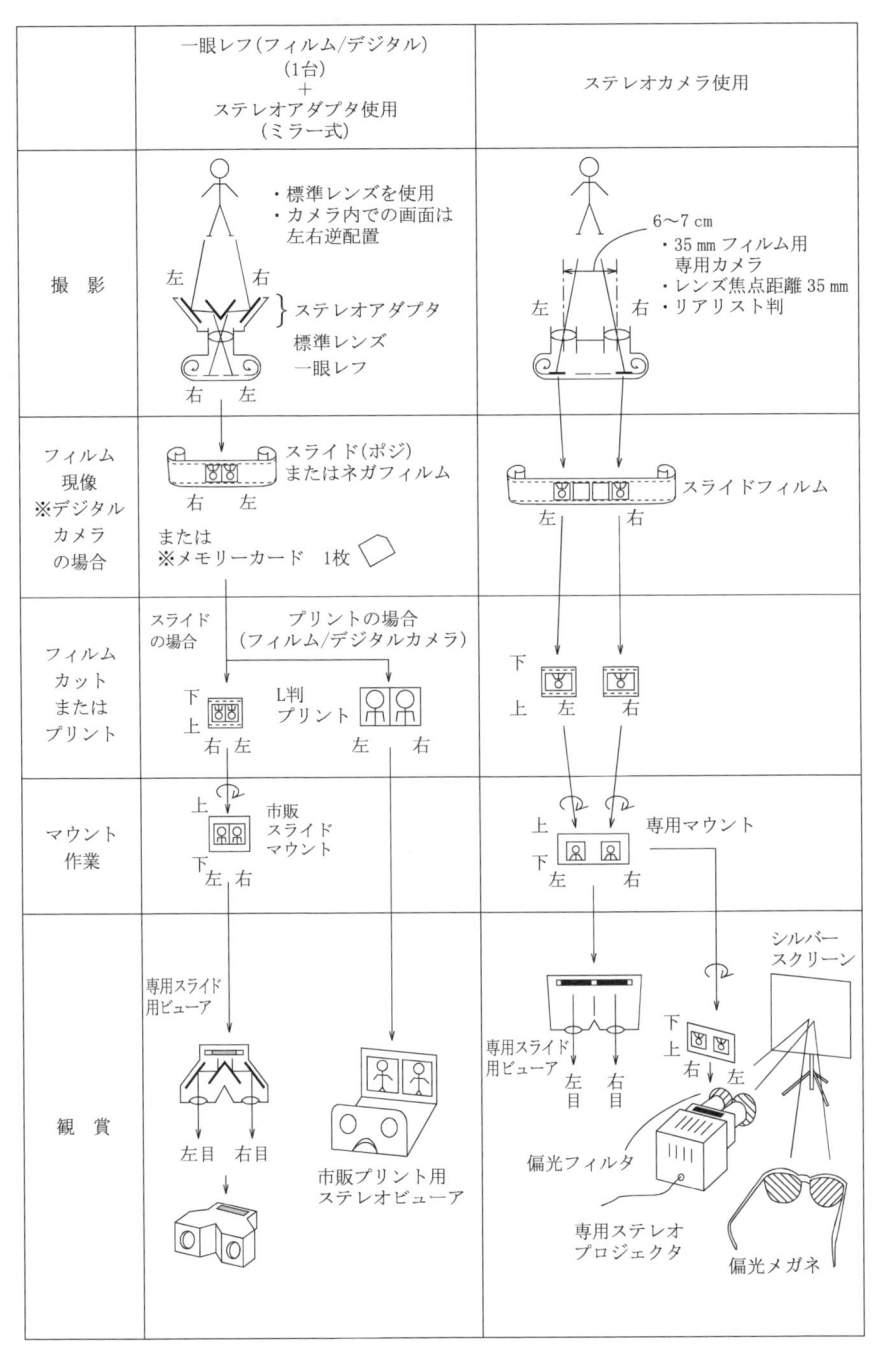

	一眼レフ(フィルム/デジタル) (1台) ＋ ステレオアダプタ使用 (ミラー式)	ステレオカメラ使用
撮影	・標準レンズを使用 ・カメラ内での画面は左右逆配置	6〜7 cm ・35 mmフィルム用専用カメラ ・レンズ焦点距離 35 mm ・リアリスト判
フィルム現像 ※デジタルカメラの場合	スライド(ポジ)またはネガフィルム または ※メモリーカード 1枚	スライドフィルム
フィルムカットまたはプリント	スライドの場合／プリントの場合(フィルム/デジタルカメラ) L判プリント	
マウント作業	市販スライドマウント	専用マウント
観賞	専用スライド用ビューア 左目 右目 市販プリント用ステレオビューア	専用スライド用ビューア 偏光フィルタ 専用ステレオプロジェクタ シルバースクリーン 偏光メガネ

図 3.1.1 つづき

(stereo realist camera) で代表されるこのシステムは，カメラのほかにスライド用ビューア (hand viewer)，プロジェクタ，マウントなどの関連機材が販売された．現在は製造されていないが中古カメラ市場には多少残っているので，ステレオ写真愛好家には使用者も多い．ただし，このシステムはプリント写真での観賞は考えていない．

これ以外のカメラやステレオ用関連機材も発売されたが，規格に沿って作られたものではなく，他の方式との互換性はないと考えた方がよい．

このような事情から現在は一般用カメラ2台を並べて撮影する場合が多いが，後述するステレオベースが目の間隔より多少長くなるのはやむをえない．プリント写真や印刷物にして観賞する場合は画面の拡大縮小が可能であるため，撮影時の画面サイズはある程度自由に決められるが，どのようなビューアで観賞するかを考えなければならない．訓練すれば裸眼視も可能で，視線の方向により平行法と交差法がある．

ステレオ専用のスライドプロジェクタ (stereo slide projector) または左右2台のプロジェクタで投影する場合は，左右それぞれのレンズに偏光フィルタ (polarizing filter) を取り付け，互いに90度の偏光角で打ち消し合うようにし，同様の偏光メガネ (polarizing eyeglasses) をかけて映像を左右に分離し，観賞する．投影には偏光の特性が保てるステレオ用の銀色のスクリーンを使用する．

撮影と観賞に使う機材の組み合わせの関係を示すために，代表的な方式を図3.1.1 にまとめておく．現在はデジタルカメラも使われる．

b．ステレオ写真の立体感

ステレオ写真で立体感が得られる最大の要素は両眼視差 (binocular parallax) によるものである．したがって，撮影の際の左右のレンズ間隔 (ステレオベース，stereo base：基線長) により立体感は変わる．

自然な立体感を得るために通常は"両眼の間隔"程度左右に異なった2か所から各1枚撮影をする．

この1組の写真 (ステレオ対) のポジ原画を観賞するには，通常はビューアを用いるが，そのレンズには撮影時に使用したレンズと同じ焦点距離 (倍率) のものを使うのが理想的である．プリントの場合は，その引き伸ばし倍率もそれに含め，通常は明視距離 250 mm を基準に倍率を決定する．

スクリーン上に投影する場合も，観賞距離により投影画面の大きさ (拡大倍率) を決めることになるが，自然な立体感にこだわらない場合は適宜決定する．

つまり，自然な立体感を得るためには，

① カメラのステレオベースは，目の間隔とほぼ等しくとって撮影する．
② ポジ原画用ビューアのレンズには，使用カメラのレンズの焦点距離 (倍率) と等しいものを使用するのが最もよい．

前者はステレオ独特のものであり，後者は通常の写真技法でいう望遠効果，広角効果として扱われる，つまりパースペクティブ (perspective) に関する問題である．

現在のように気軽にズームレンズを使う時代では忘れがちで注意すべき事柄である．

しかし，遠くの景色や打ち上げ花火など遠方のみの被写体の撮影，あるいは，肉眼では見えないような昆虫や花などの拡大撮影（接写）のように，意図的に立体感を変える場合は別で，遠景のみの場合はステレオベースを広くとり，接写の場合は狭くとる．これらはステレオ写真の特殊撮影として扱うべき技法と考えたい．

また，観賞を目的とするステレオ写真は単に立体感だけでなく，それ以前に写真としてすぐれていることが望ましい．　　　　　　　　　　　　　　　〔島　和也〕

3.1.2　覗き眼鏡方式

ステレオ写真が発表されたのは1838年で[1]，これは，ダゲレオタイプ（銀板写真）の発表の前年に当たる．このため，初期のステレオビューアは，線透視図法により描かれた図と銀板写真を立体視する装置であった．図3.1.2は，3次元物体を線透視図法で描く状態と，交差法による裸眼立体視を一度に説明する図で，1856年に刊行されたステレオ写真の歴史の本[2]に掲載されている図をもとにしている．

この図で，3次元物体Oは円錐台（円錐を底面に平行な平面で切った立体図形）の形状をしている．この物体を正面から見た場合には，物体の奥の面と手前の面は同心円になるが，左右眼どちらかの位置から見ると，2つの円の中心位置は左右にずれる．これがステレオ写真を立体視する際の"視差"となる．図で，左眼Lから物体に引いた直線群は作図面Sに引かれ，線透視図法の作図法となっている．同様に右眼Rから作図すると，右眼用の像I_Rが作図される．

この図はまた，交差法で配置されたステレオ図の対を，裸眼立体視する原理説明図にもなっている．印刷面（ハードコピーがおかれている面をわかりやすくするため，ここではこう呼ぶ）に，左眼用の像I_Lと，右眼用の画像I_Rとが，左右入れ替えて配置されているとする．左右両眼の注視位置を，印刷面よりも手前のO付近におくと，

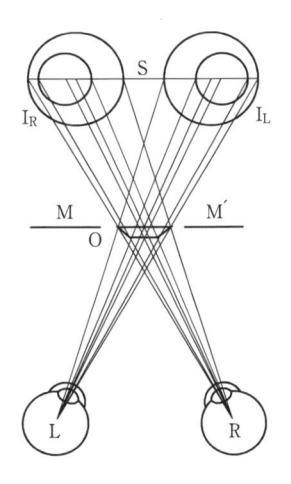

図 3.1.2　左右眼の視差と裸眼立体視（交差法）を説明する図[2]

左右の目には異なった像が見え,脳内での融像により立体像が観察される.このとき,眼球の焦点調節は印刷面Sに対して行われているため,注視位置までの距離と眼球の焦点調節にある程度の食い違いを生じることとなる.図に示すようにマスクM,M′を配置すると,立体視は容易となる.

図3.1.3は,注視位置までの距離と,焦点調節の食い違いをなくした,最も単純な構成のステレオビューアである[1].画像I_R,I_Lは反射鏡A,A′を通して観察される.画像の面内で左右(図中では上下)方向に2つの画像を微動することで,注視位置までの距離と焦点調節とを一致させることが可能となる.反射鏡を用いたステレオビューアは,1838年の論文発表という初期に多く用いられたが,大型の細密画を用いることができることや,ダゲレオタイプ(銀板写真)は左右逆像に写るため,反射鏡を用いる方式と相性がよいなどの利点があった.

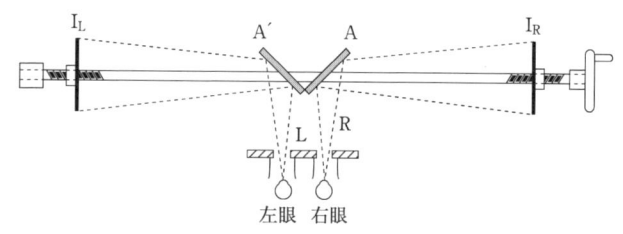

図 3.1.3 反射鏡を用いたステレオビューア[1]

ステレオビューアは,次にプリズムを用いた方式に改良されるが,最終的には図3.1.4に示す,接眼レンズを用いた方式に改良される.図のように,プリズムにかえて凸レンズを適当な間隔で配置することにより,小さな画像を拡大して遠方に表示し,同時に注視位置と焦点調節を合致させることも可能となる.レンズを用いたステレオビューアは,1850年以降大量生産されるが,本の表紙に組み込み,ステレオ写真対と一体になった出版物として現代でも数多く流通している.ステレオビューアには数多くの異なった光学系の構成が存在するが,ここでは図は割愛し,ステレオ写真の表示法の分類を図3.1.5に示す.

a. ランダムドットステレオグラム

ステレオ写真に関連した出版物として数多く販売されているものとして,ランダムドットステレオグラム(random dot stereogram;RDS)がある.RDSには,ステレオ写真対に相当する2枚のランダムドット図形を用いる(俗に2枚絵と呼ばれる)ものと,1枚のランダムドット図形の中に左右眼に対する画像が織り込まれている"オートステレオグラム"がある.図3.1.6は,オートステレオグラムの一例である.注視位置を印刷面よりも奥に設定して裸眼立体視を行う,いわゆる"平行法"で観察すると,手前に2段階に飛び出す正方形の領域が観察されるが,さらに注視距離を奥に設定すると,十字の図形を含む複雑な立体を見ることができる.最初の立体像を

3.1 メガネ使用　　　　　　　　　　　　　　　177

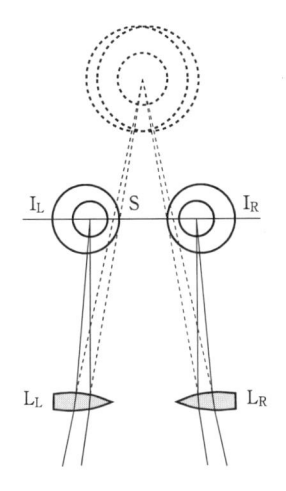

図 3.1.4　凸レンズを用いたステレオビューア

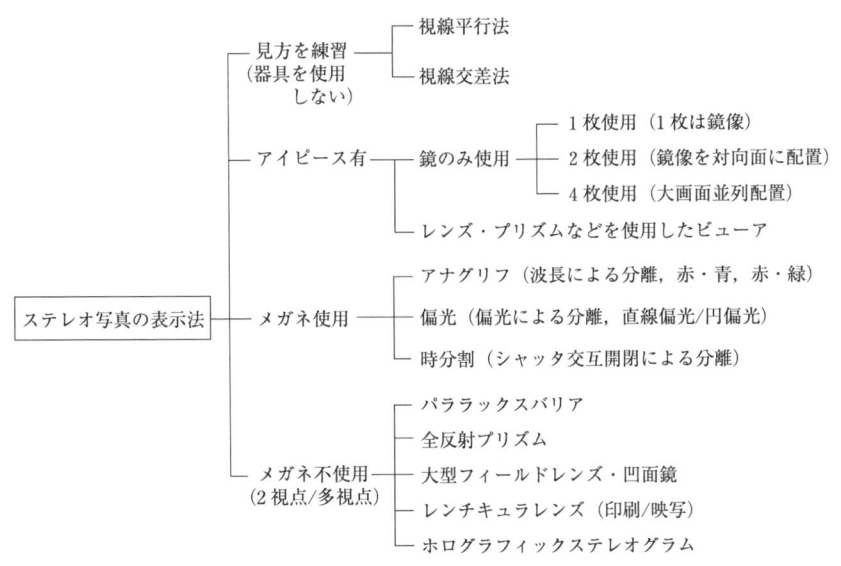

図 3.1.5　ステレオ写真の表示方法の分類

"1次の立体画像"，次の立体像を"2次の立体画像"と呼ぶ．1次と2次の立体画像が生じるメカニズムを図3.1.7に示す．2次以上の立体画像がどの次数まで観察できるかには個人差があり，また平行法と交差法のどちらか一方だけを得意とする人の数が多い．

b．ステレオ写真のブーム

ステレオ写真の歴史には，何回ものブームが記録されている．1851年，ロンドン

図 3.1.6 オートステレオグラムの例

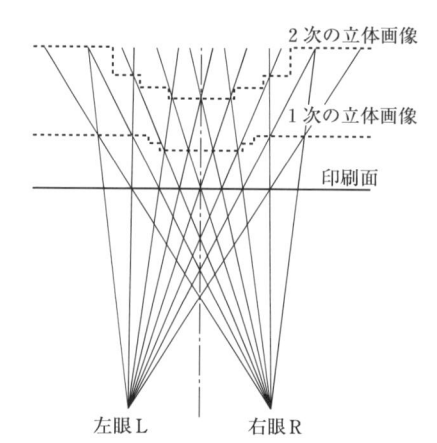

図 3.1.7 オートステレオグラムの見え方

の水晶宮で開催された万国博を契機とするブームが最初とされているが，1890年代，1910年代，1953年のステレオ映画ブームと同期したステレオ写真のブームなど，評価は困難である．1970年代には，ホログラフィに注目が集まったことから各種のステレオ写真関連技術やRDS（2枚絵）が数多く登場し，1993年から1995年にかけては日本，米国，ドイツ，イギリスでRDSの一大出版ブームが起こった．RDSは本だけではなく，ポスター，下敷き，うちわやマウスパッドなど数多くの商品の外観に用いられるようになった．

c. ヘッドマウントディスプレイ

ステレオビューアを通して観察される立体像を，目前におかれた3次元物体と重ねて観察できれば，他の手段では実現できない，新規な効果が得られる．仮想的な物体，たとえばオフィスや家庭における什器やインテリア，あるいは建築物などの中を自由に歩き回ることができれば，実物を設計するための確認や，訓練・教育など広く応用が考えられる．これを実現するのに，単純には図3.1.3の反射鏡をハーフミラーでおきかえ，ハードコピーにかえて左右それぞれの眼球位置から見える3次元物体を表示すればよい．このような構成は，"シースルー型" と呼ばれる．

ヘルメットなどに取り付けて，左右眼に向けて観察位置の移動に応じたステレオ画像を送り出す装置は，ヘッドマウントディスプレイ（head mounted display；HMD，あるいはヘルメットマウントディスプレイ）と呼ばれる．HMD は 1970 年頃から研究が開始されたが，①頭部に取り付けるには装置の大きさ・質量が過大である，②描画装置（パソコン）の能力と速度の制約から，用途に対応した画質での画像表示が実現できない，③実際の3次元物体と位置関係を保った仮想の3次元物体が表示されることが理想であるが，眼球位置の計測精度・計測の速度に加え，ディスプレイへの描画速度の制約から，仮想物体を満足できる精度で実物と重ねることが困難であるなどの技術的な制約があった．これらを解決する1つの方法として，シースルー型を断念し，ディスプレイの像だけを表示するやり方が実用化された．しかしこれでは"実際の3次元物体と仮想的な物体を重ね合わせる"という効果を捨てていることになる．

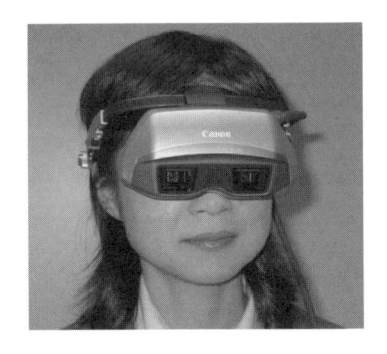

図 3.1.8 HMD の装着状況（写真提供：キヤノン株式会社先端技術研究本部知覚システム開発センター）

技術的な解決法として"ビデオシースルー"と呼ばれる方式が実現されている．図 3.1.8 は，HMD を装着している状態である．使用者の目には，ビデオカメラによる撮像画像と，3次元 CG による画像が重ねて表示される．ビデオカメラの撮像レンズは，図からもわかるように左右眼に一致した位置に配置されている．また CG 画像は，左右眼の位置の3次元座標を計測することと，ビデオ画像上のマーカーを手がかりに描画位置を決める2つの系統にしたがって描画されるために，①観察位置を動かしても実物との"ずれ"が生じにくい，②実物に対し，CG の描画の"時間遅れ"を防止することが可能となるなどの利点がある． 〔桑山哲郎〕

3.1.3 フィルタ方式（偏光，アナグリフ，時分割）

使用者がメガネをかけ，スクリーンや，印刷物上のステレオ写真を観賞する方法は，光の物理的な特性の差を用い，左右の目に対して像の分離を実現することが基本で，①偏光，②アナグリフ（赤-青あるいは赤-緑メガネを用いる），③時分割（シャッタメガネを用いる）などの方式がある．装置の外観上の構成はほぼ同一であるので，図 3.1.9 の偏光方式で原理を説明する．ここでは，左目と右目それぞれに表示す

るスライド原版(ステレオ対)が,同じスクリーン上に同時に映写される.左目に表示する原版を映写するレンズには左右方向に振動面を持つ直線偏光を透過する偏光フィルタが配置される.一方,右目用の原版を映写するレンズには,上下方向に振動面を持つ直線偏光を透過する偏光フィルタが配置されている.観賞者は,右目と左目に偏光フィルタを配置したメガネを用いて,スクリーン上に映写された2枚の画像を見る.このとき,スクリーンが偏光を乱さない特性を持っているため,2枚の原版の画像は分離されて左右の目に達し,立体視が実現される.偏光の方向としては,水平に対し 45°をなすカタカナの「ハ」の字形に配置した製品もある.この場合は,メガネの左右を入れ替えても不都合が生じないという利点がある.

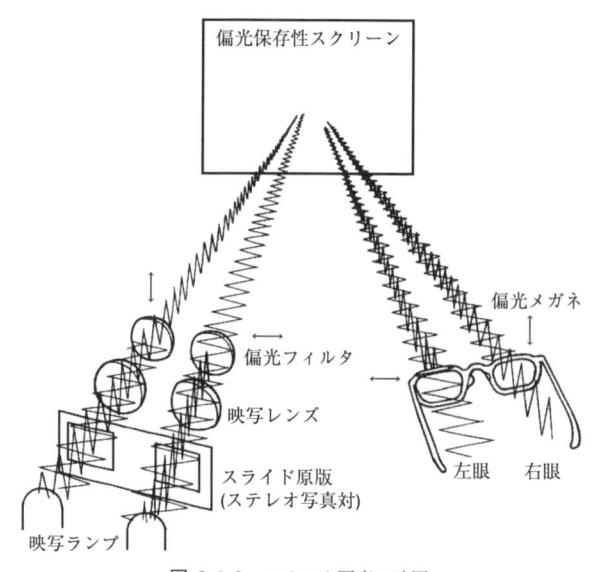

図 3.1.9 ステレオ写真の映写

偏光方式では,観賞者が軽量な偏光メガネをかけるだけでよく,簡単な装置で多人数の観賞を実現でき,画像の色彩にも制限を受けない利点がある.反面,偏光特性を乱さないスクリーンが必要なこと,観賞者が頭を傾けることによりクロストーク(左右像の分離が不完全で,他方の像が薄く見えてしまうこと)が生じるなどの欠点がある.頭を傾けることに対する対策としては,映写時の偏光フィルタの直後と,観賞者の偏光メガネの直前に4分の1波長板を配置することにより,右回り円偏光と左回り円偏光を用いた分離方式がある.2本の映写レンズを用いる場合には,映写機設置の都度,2枚の画像のレジストレーション(対応点の位置の合致)調整を行う必要が生じる.これに対する対策として,時分割で左右の目に対する画像を映写し,映写光の偏光状態を切り替える方式が実用化されている.偏光切り替えにはたとえば,電圧を

かけないときには 2 分の 1 波長板の特性を持ち，電圧をかけたときには偏光特性（副屈折特性）を持たなくなるスイッチング素子が用いられる．偏光切り替え方式は，スクリーンへの映写だけではなく，CRT や液晶ディスプレイにおいても用いられる．印刷物では，"ベクトグラフ（商品名）"などの，特定の直線偏光にのみ光学濃度を生じる記録材料を用いることで，偏光メガネをかけて立体画像を観賞することが可能となる．

図 3.1.10 は，アナグリフ方式による映写を表している．2 台の映写機のレンズには赤色と緑色のフィルタがかけられ，観賞者は右目と左目に赤色と緑色のフィルタを取り付けたメガネをかけてスクリーン上の画像を観察する．右目と左目には，対応する映写機からの像だけが見えることから左右像の分離が行われ，ステレオ画像の観賞が実現する．

図 3.1.10 アナグリフステレオ画像の映写（1858 年？）[9]

スクリーンへの映写や CRT ディスプレイでは，一方の目には赤色光を用い，他方の目に青色あるいは緑色を用いるのが基本であり，メガネもこれに対応している．左右の目に対する白黒テレビ信号を，赤（R），緑（G），青（B）から適当なチャンネルに入力することによりアナグリフ画像が実現されるが，いろいろな工夫を加えた方式が実用化されている．入力信号を白黒画像ではなく，左右の目に対するカラーテレビ信号の R と B，G とすることで，擬似的なフルカラーステレオ画像を実現することができる．この場合には，フィルタは赤色とシアン色の組み合わせとなる．また，フィルタをシアン色とオレンジ色の組み合わせとし，視差を与えていない画像はフルカラーで形成し，スクリーンから手前あるいは奥に表示される画像はシアン色と黄色とする方式も上演されている．アナグリフ方式で完全なフルカラーステレオ画像を実現した例として，図 3.1.11 の波長分離方式がある．この場合は，赤，緑，青の各波長域を長波長側と短波長側に分割し，フィルタメガネにもこの特性を持たせた方式である．

アナグリフ方式は印刷においても広く用いられる．基本は，マゼンタ（赤紫色）とシアン（青緑色）のインクで左右の目に対応する画像を印刷する方式である．メガネ

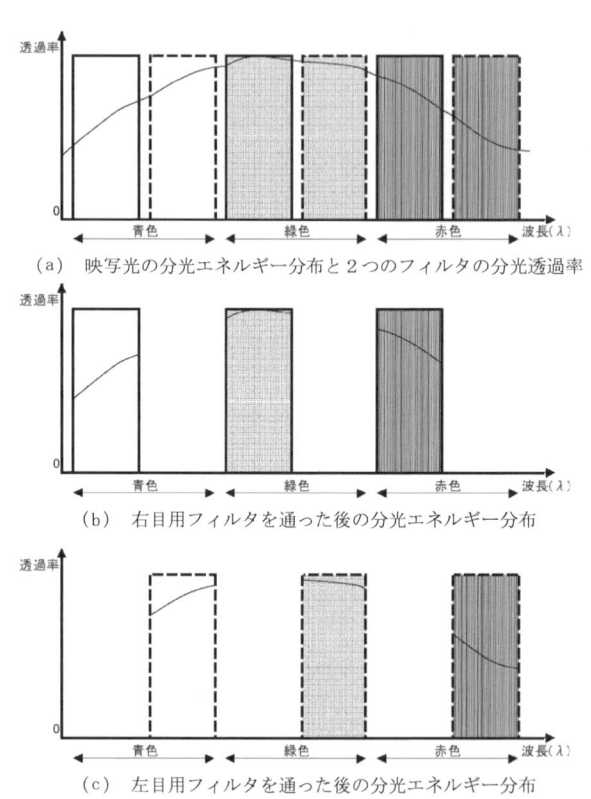

(a) 映写光の分光エネルギー分布と2つのフィルタの分光透過率

(b) 右目用フィルタを通った後の分光エネルギー分布

(c) 左目用フィルタを通った後の分光エネルギー分布

図 3.1.11　波長分離型ステレオ写真映像の原理
(INFITEC GmbH（Ulm，ドイツ）カタログより)

には，一方に緑色あるいはシアン，他方に赤色のフィルタが用いられる．また，映写方式と相似な，擬似的カラーステレオ写真の印刷もたびたび用いられている．

　左目と右目の画像の分離を，時分割で実現する方式も 70 年近く前から実用化されている．CRT 画面あるいは映写スクリーンに対し，通常の動画表示よりも多くのコマ数を表示し，観賞者は表示画像に同期したシャッタメガネをかけて，観賞する．フリッカ（ちらつき感）なく立体画像を観賞するには，表示コマ数を通常よりもかなり多く設定することが必要で，CRT では毎秒 120 コマ（左右それぞれに毎秒 60 コマ），映写においても毎秒 96 コマといった方式が用いられている．なお，大きな会場で多人数の観賞に対応するため，赤外光による信号を受信し，左右の目に対応する液晶シャッタを開閉する方式のメガネが用いられている．　　　　　　　　　　　〔桑山哲郎〕

▶参考文献
1) Sir Charles Wheatstone：Contribution to the Physiology of Vision, Part the First: On some remarkable, and hitherto unobserved, phenomena of binocular vision. *Philosophical Trans. Royal Society*, 371-394, 1838.
2) Sir David Brewster：*The Stereoscope Its History, Theory, and Construction*, 1856. Facsimile Edition：Morgan and Morgan Inc., 1971.
3) Gernsheim, H. and Gernsheim, A.：*The History of Photography*, Thames & Hudson, London, 1969.
4) ニムスロー 3Dカメラ．O plus E, No.37, 106-110, 1982.
5) 鏡 惟史：ステレオ写真を考える，「特集ステレオワールド」．カメラレビュー クラシックカメラ専科, No.27, 6-11, 朝日ソノラマ, 1993.
6) 長田昌次郎：奥行き分離方式立体装置と両眼立体視特性の測定．医用電子と生体工学, **20**, 154, 1984.
7) 桑山哲郎：3次元ディスプレイの歴史と今後．光技術コンタクト, **26**(9), 615, 1988.
8) 鏡 惟史：立体像表示法1：ステレオ写真とレンチキュラーステレオ写真―特集：画像による3次元工学．O plus E, No. 146, 79-86, 1992.
9) Morgan, H. and Symmes, D.：*Amazing 3-D*, Steam Press, Cambridge, Massachusetts, USA, 1982.

3.2 メガネ不使用

3.2.1 視点追従式

　視点追従式立体表示は，磁気センサを用いて，観察者の位置を特定し，その位置に応じた立体画像を左右の眼に提示する．これにより，3次元的な位置からの立体像を観察することができる．通常は，メガネを用いた方式（フィルタ方式など）で実現されている．しかし，メガネなし立体ディスプレイの場合，立体視ができる視域が制限されるので，その解決のために視点情報を利用する．多眼方式により視域を広げる方法があるが，多数の視点の異なる画像を用意する必要がある．そのため，左右画像の提示によるメガネなしの2眼式立体ディスプレイに適用される．メガネなしの2眼式立体ディスプレイは，レンチキュラ方式，パララックス方式が代表的なものであるが，最適視距離での左右方向での最大の立体視域は両眼間隔（65 mm）であり，前後の移動に対しても同様である．
　立体視域を広げる方法として，観察者の視点移動に応じて2眼式で制限されている立体視域を追従移動させれば，原理的には，自由な位置で，立体像を観察することができる．以下，関連研究を紹介する．

　a．画像切り替え方式

　2眼式レンチキュラ方式では，最適視距離では，左目画像領域と右目画像領域が左右方向に両眼間隔で交互に連続的に配置される．したがって，観察者の左右方向移動

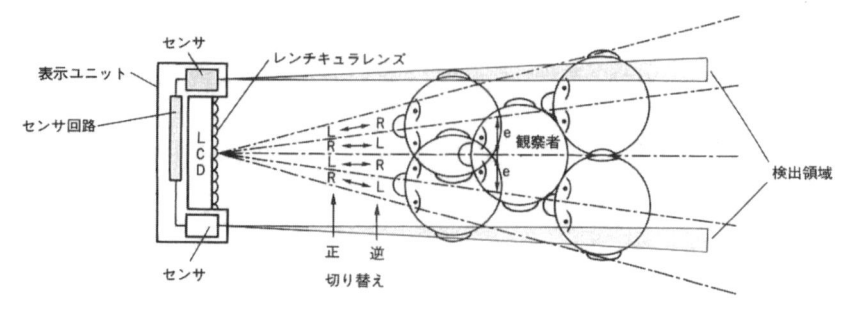

図 3.2.1 画像切り替え方式

にともない，両眼間隔ごとに，正立体視像，逆立体視像を観察することになる．これに対して，頭部の位置を検出し，逆立体視像の位置に視点がくると，左右画像を電子的に切り替えることにより正立体視像を提示し，立体視域を広げることが可能となる[1]．図 3.2.1 では，頭部が左右に移動したときに赤外線センサが感知し，左右画像を電子的に切り替える実現例を示す．簡易に実現できる特徴があるが，離散的な切り替えでの不自然さ，前後方向の立体視域は広がらない問題がある．

b．光学的駆動方式

レンチキュラ方式による視点追従式立体表示方法においては，観察者の視点位置（磁気センサ，瞳孔抽出）を常時検出し，その位置情報に基づいて投影画像（左右画像が縦ラインに対して交互に合成された画像）を左右に移動および拡大縮小し，視点に合致した立体視域を提供する[2),3)]．図 3.2.2 において，表示画素 RL は，プロジェクタによってレンチキュラシートの焦点面の拡散層に投影された左右画素である．レンチキュラシートのレンズの焦点距離を f とし，観察者の見る視距離を S とする．表示画素 RL はレンズを通して拡大投影され，視距離 S で幅 e（両眼間隔）になるように焦点距離 f を選ぶ．このような条件下で観察者が距離 I を移動したとき，表示画素 RL を距離 H だけ移動させることにより，立体視表示エリアを常に両目に確保することができる．奥行き方向については図 3.2.3 で説明する．投影画像とレンチキュラシートのサイズが同じ大きさの場合，投影画像のサイズを W とする．観察者が無限遠に存在する場合は投影画像サイズが W となり，図 3.2.2 に示すように観察者が距離 S' に近づいたときに投影画像サイズを W' に，さらに S'' に近づいたときには W'' に拡大する．これらの組み合わせで，前後左右に立体視域エリアを移動させることができる．

異なった方式として，バックライト分割ステレオディスプレイ装置が提案されている[4)]．2 枚の液晶ディスプレイの左右画像をハーフミラーで同一面で提示し，その液晶ディスプレイのバックライトを凸レンズによって指向性を持たせる．2 台の赤外線を顔の左右から照明し，カメラで撮影し，その画像を輝度としてバックライトに利用する．つまり，右半分の顔面の輝度が右画像用の液晶ディスプレイのバックライトと

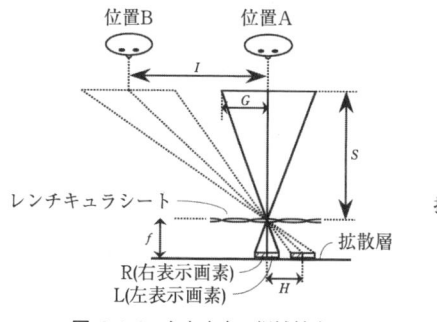

図 3.2.2 左右方向の視域拡大 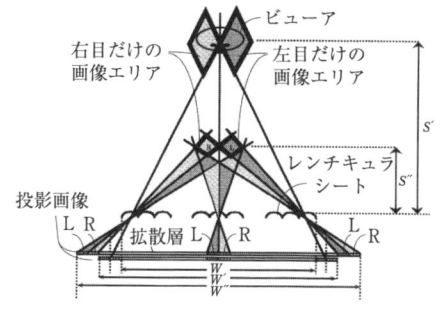　　　図 3.2.3 奥行き方向の視域拡大

なり，指向性で，右顔面（右目）にしか光が届かず，左顔面（左目）には右の液晶ディスプレイの画像が見えない．同様に，左顔面も同様な構成で，左右画像の選別が可能となる．したがって，観察者の動きに対してバックライトも移動するので，視点追従が可能となる．

c. 機構駆動方式

 2枚のレンチキュラシートで拡散層をはさんだダブルレンチキュラ方式は，これをはさんだ一方の側にある光源から発せられた光束はスクリーンに対して対称な他方の位置に集光される．この性質を利用して，左右画像を構成する2台の投影機を人の動きにあわせて移動させることで，視点移動可能な立体表示装置を実現できる[5]．投影機を人数分用意すれば，複数人の観測が可能になる特徴があるが，機構系が大型になる問題がある．　　　　　　　　　　　　　　　　　　　　　〔鉄谷信二〕

▶参考文献
1) 一之瀬　進，鉄谷信二，石橋守人：直視形頭部追跡立体画像表示技術の検討．電子情報通信学会論文誌，**J73-CⅡ**(3)，218-225，1990．
2) 鉄谷信二，岸野文郎：視点追従形連続視域立体表示．3D画像コンファレンス 1993，39-44，1993．
3) Tetsutani, N., Omura, K. and Kishino, F.：Wide screen autostereoscopic display system employing eye-position tracking. *Optical Engineering*, **33**(11), 3690-3697, 1994.
4) 大森，鈴木，片山，佐久間，服部：バックライト分割方式ステレオディスプレイシステム．3D画像コンファレンス 1994，199-224，1994．
5) 大村，鉄谷信二，志和，岸野文郎：複数人観測可能な視点追従型レンティキュラ立体表示装置．3D画像コンファレンス 1994，233-238，1994．

3.2.2 レンチキュラ方式，バリア方式

 メガネなど特別な器具を使用せずに立体視できる方式の1つに，レンチキュラ

(lenticular)方式とパララックスバリア（parallax barrier）方式がある．そして，これらの方式の3Dディスプレイは1ピッチの中に左右方向の視差のある2像を合成した"2像式3Dディスプレイ（parallax stereogram）"と3像またはそれ以上の"多像式3Dディスプレイ（parallax panoramagram）"の2種類に分類できる．

さらに，範囲を広げて"インテグラルフォトグラフィ（integral photography；IP）"についても若干ふれておく．

a．歴史的流れ

任意の視点からメガネなしで立体視できる技術が20世紀初頭に発表された（図3.2.4）．米国のアイビス（F. E. Ives）が1903年に"2像式3Dディスプレイ"[1)-3)]を，米国のC. W. Kanoltが1918年に"多像式3Dディスプレイ"[4)]を提案しており，これらが本技術の起点となっている．インテグラルフォトグラフィの世界では，フランスのリップマン（M. G. Lippmann）が1908年に"IP撮影"[5)]を，米国のアイビス（H. E. Ives）が1931年に"2段階IP法"[6)]を提案している．

図 3.2.4 歴史的流れ[1)]

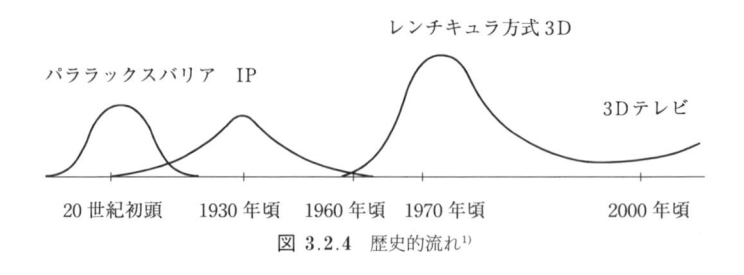

（1）初期の米国製レンチキュラ方式3D製品

米国『LOOK』誌の1964年4月7日号に商品名「Xograph」と称する製品が綴じ込まれていた[1)]．この製品は，ほかに，ポストカード，グリーティングカードなどとして市販されている（図3.2.5，図3.2.6）．さらに，1966～1971年頃『VENTURE』誌の表紙に採用されている（図3.2.7）．

（2）日本のレンチキュラ方式3D製品

日本国内での最初の商品は1960年に(株)日立製作所の宣伝用に凸版印刷株式会社で生産されたものであろう．印刷会社を中心に1970年頃に向かって，POP広告，ポストカードなど数多く生産され，現在に至っている[7),8)]（図3.2.8）．

（3）大阪，万国博覧会に展示されたレンチキュラ方式3Dディスプレイ

1970年に大阪で万国博覧会が開催された．このとき，フランス館にこの技術の生きた歴史といわれるボネ（Bonnet）スタジオで作られた製品が展示されている．さらに，ソ連館では，放射状のレンチキュラスクリーン[1),2)]を使った2像式正面投射型劇場用3D映画が上映されている．

図 3.2.5　1964 年頃の Xograph 製 3D ポストカード

図 3.2.6　1964 年頃の Xograph 製 3D グリーティングカード

図 3.2.7　『VENTURE』誌の表紙に載った Xograph 製 3D ディスプレイ

(4)　大衆写真としてのレンチキュラ方式 3D 製品

1970 年代に入り，カナダで"ニムスロ（NIMSLO）システム"が発表され，1976 年に日本のヤマトヤが輸入販売する発表[9]をしている．その後，1992 年には 4 像式の NISHIKA システム[10]が，1994 年には 3 像式の IMAGETECH システム[11]が販売されている（図 3.2.9）．さらに，1994 年には 3 像式の使いきりカメラによるシステムがコダックとコニカから発売[12),13]されている．

また，同じ技術を 1989 年に大阪にある(株)フォトクラフトが技術導入[14]し，宣伝用大型 3D 写真（図 3.2.10）として商品化している．さらに，1994 年から 5 像式 3D カメラを使ったスタジオ写真[15]に展開している．

(5)　つくば科学博覧会に展示されたレンチキュラ方式 3D ディスプレイ

松下電器産業株式会社のブースに 14 型 5 像式背面投射型 3D ディスプレイが展示

図 3.2.8 各種製品の例（凸版印刷株式会社製品）

図 3.2.9 ニムスロシステム 3D カメラ
うしろから NIMSLO，NISHIKA，IMAGETECH．

図 3.2.10 宣伝用大型 3D ディスプレイ（(株)フォトクラフト社製）

3.2 メガネ不使用

（6） レンチキュラ方式による臨場感通信，立体 TV システム

1980 年代後半頃，東京大学生産技術研究所においていろいろな 3D システムが実験[16)-18)]されている．1 つは，指標付き CRT の表面にレンチキュラ板を固定した直視型 3D ディスプレイに 8 台のビデオカメラからの画像が映し出され，観察者は広い範囲で立体視している．ほかに，多像式（26 像）正面投射型大型 3D ディスプレイシステム（図 3.2.11），1 方向大口径 3D カメラシステム，2 方向大口径 3D カメラシステムが研究，試作，展示されている．

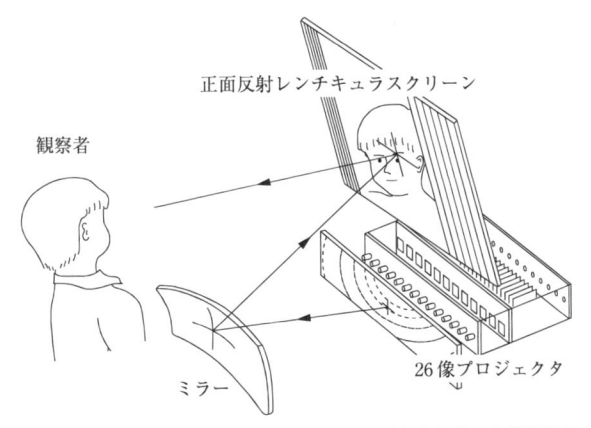

図 3.2.11 正面投射型大型 3D ディスプレイ（東京大学生産技術研究所）

1990 年代に入り，通信，放送，家電各社で将来に向かって実験，試作されている．1992～1994 年には臨場感通信，TV 電話の実験が報告[19)-21)]されている．2 像式のため逆立体視を避け，正立体視領域を広げるためにヘッドトラッキング方式が使われている（図 3.2.12）．1990～1994 年にかけて NHK 放送技術研究所の公開では毎年，背面投射型立体 TV が研究，試作，展示され，将来の立体 TV 放送に向けたシミュレーションがされている．それらは 2 像式から多像式（4 像，8 像），2 像式 HDTV 3D ディスプレイ（図 3.2.13）へ展開されている．

1994 年には三洋電機株式会社より 40 型背面投射型 2 像式 3D ディスプレイが産業用として発売されている[22),23)]（図 3.2.14）．

外国では，ドイツの H.H.I.研究所が多像式正面投射型 3D ディスプレイ，背面投射型 3D ディスプレイの実験，試作[24),25)]を行っている．

（7） バリア方式 3D ディスプレイ

1990 年の前半頃からレンチキュラ板にかわってパララックスバリアを用いた 3D ディスプレイが実験，試作されている．バリアには 2 種類あり，1 つは写真的手法により作られるバリアで，他は LCD の画素を黒と白にしたバリアである．実験，試作

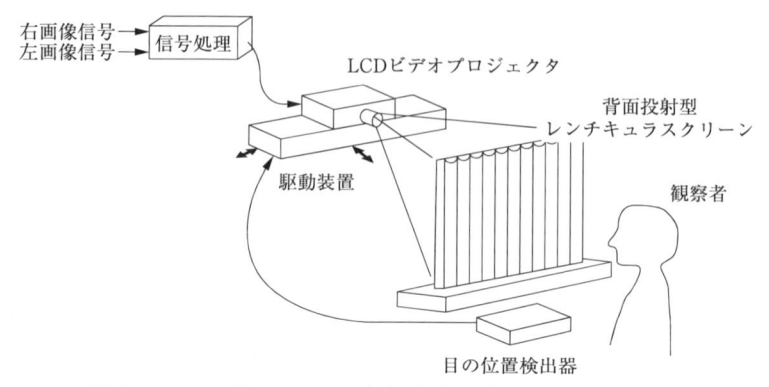

図 3.2.12 ヘッドトラッキング方式 2 像式背面投射型 3D ディスプレイ
((株) ATR 通信システム研究所)

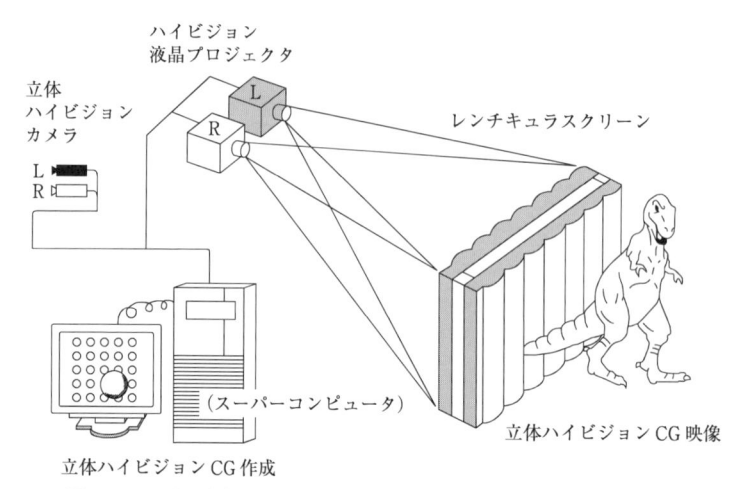

図 3.2.13 背面投射型 HDTV 3D ディスプレイ (NHK 放送技術研究所)

は，1993 年に NHK 放送技術研究所より報告[26),27)]されている．三洋電機株式会社は 1994 年 10 月のエレクトロニクスショーで 4 型，6 型，10 型の 3D ディスプレイを発表[28)-30)]している．1997 年には MR システム研究所が発表[31)]している．さらに，2002 年 9 月には三洋電機株式会社が 50 型 3D ディスプレイを発表[32)]している（図 3.2.15）．

（8） IP 方式 3D ディスプレイ

1908 年の考案以来 1970 年頃まで，米国，ソ連で実験が繰り返され[1),2)]，1972 年には米国の企業より日本の企業へ IP 技術導入の売り込みがあったが，技術導入には至っていない．

図 3.2.14 産業用に市販された背面投射型 2 像式 3D ディスプレイ（三洋電機株式会社製）

図 3.2.15 50 型 3D ディスプレイ（三洋電機株式会社製）

（9） 最近の動向

　国内の印刷業界を中心としたレンチキュラ方式 3D 製品の生産は，1970 年代から比較すると現在は低下しているが，最近のデジタル化にともない，再出発の感がある．当時の生産設備は撮影から仕上げまですべて生産企業の内作であったが，近年のデジタル化にともない，特別の生産設備は必要がなくなり，レンチキュラ板さえ手に入れば誰でもレンチキュラ方式 3D 製品の生産が可能である．

　最近の展示会では三洋電機株式会社をはじめ数社が 3D ディスプレイを展示している．画像は LCD や PDP となり，レンチキュラ方式，バリア方式ともに当初の 2 像式から多像式へ移行している．また，シャープ株式会社では 2002 年 11 月から携帯電話で立体視が可能となり（図 3.2.16），2003 年 9 月には 3D 機能を持った PC を発表[33]している．

　渋谷にある NHK 放送会館では 1995 年 3 月のリニューアルのときから 2 像式背面

図 3.2.16 立体視機能のついた携帯電話（シャープ株式会社製）

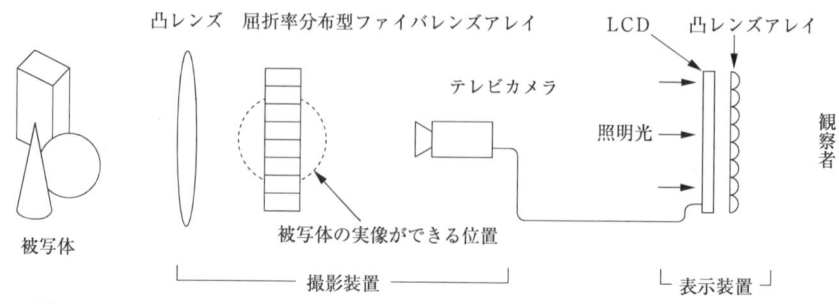

図 3.2.17 IP方式による3Dシステム(NHK技研,インテグラル3DTVシステム,1999年)

投射型110型 HDTV 3D ディスプレイを誰でも見学できる．
　近年，NHK 放送技術研究所では IP 方式による 3D ディスプレイの研究[34]が進められ，公開のときには見学することができる（図 3.2.17）．

b．光学特性

（1）定　義

　レンチキュラ板（lenticular plate）の定義を図 3.2.18 に示し，それらの写真を図 3.2.19～図 3.2.21 に示す．レンチキュラ板は無色透明な熱可塑性樹脂でできているが，PVC，PC，PMMA，MS 樹脂などが多く使われている．これらは熱をともなった成型方法で作られるか，PET，PC 樹脂シートなどを基材とした UV 成型方法で作られる．

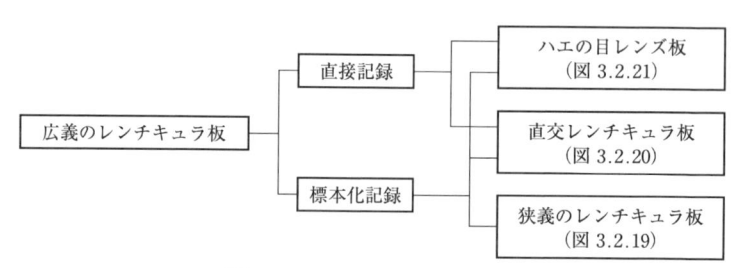

図 3.2.18 レンチキュラ板の定義

（2）集光特性

　図 3.2.22 にレンチキュラ板の集光特性[1),7),8),35)]を示した．その収束像は縦の細い線になる．その焦点面に立体合成された画像をおいて立体視できる．
　図 3.2.23 にレンチキュラ板とバリア（barrier）の光学的，幾何学的関係と立体視原理図を示した．幾何学的には両者は同じに扱うことができる．しかし，バリアは遮光によって集光と同等の機能を出しているので，シャープな特性を要求すると光の透過率が悪くなるという問題点を持っている．

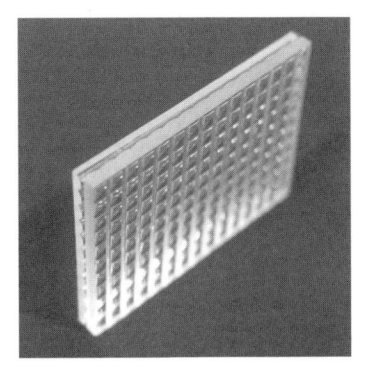

図 3.2.19 レンチキュラ板　　　図 3.2.20 直交型レンチキュラ板

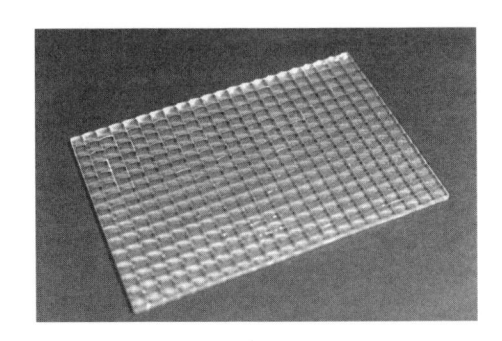

図 3.2.21 ハエの目レンズの一例

c. 奥行き再現性

（1）両眼視差と奥行き再現性

レンチキュラ方式，あるいはバリア方式における奥行き再現性（立体感）は両眼視差（binocular parallax）が主な要因になっている．図 3.2.24 に奥行き再現性と両眼視差との幾何学的関係図を示した[35]．奥行き再現性を S で表すと，

$$S = S_F + S_B = \frac{x_F D}{65 + x_F} + \frac{x_B D}{65 - x_B} \quad [\text{mm}]$$

となる．S_F は手前に浮いて見える奥行き再現性，S_B はうしろに沈んで見える奥行き再現性，x_F，x_B は両眼視差，D は観察距離，65 は観察者の一般的な眼間距離である．

（2）合成像数と奥行き再現性

立体視に必要な画像面に記録される像数を図 3.2.25 のように分類できる[8),35]．そして，図 3.2.26 は観察距離 $D = 1000$ mm において奥行き再現性（浮き）が $S_F = 100$ mm となる条件のもとで像数の違いによる奥行き再現性（浮き）を示している．2 像式の場合は観察距離により奥行き再現に圧縮や伸長があり不自然となるが，多像

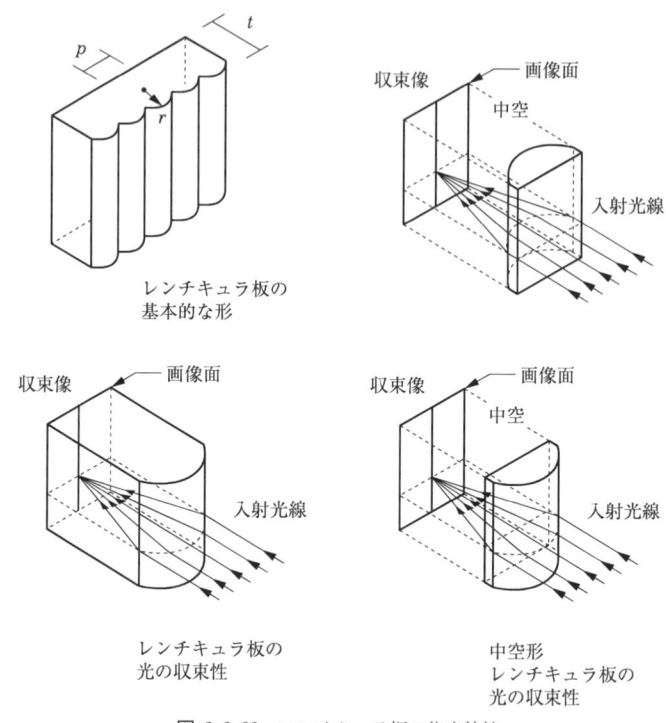

図 3.2.22 レンチキュラ板の集光特性

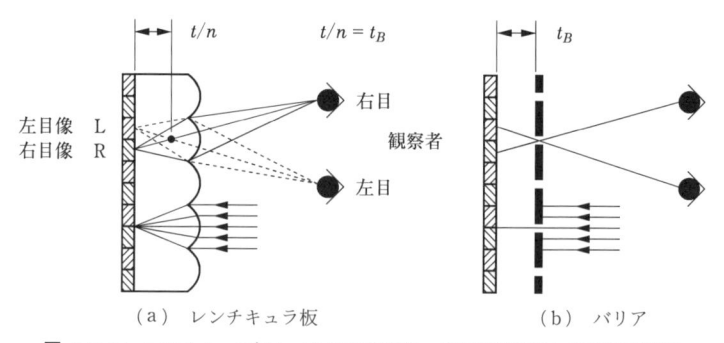

図 3.2.23 レンチキュラ板とバリアの光学的,幾何学的関係と立体視原理図

式になると像数の増加にともない奥行き再現性が自然に近くなることを示している.

d. 立体視可能領域

本方式3Dディスプレイは観察者の見ている場所により,"正立体視""逆立体視""非立体視"の3つの領域が存在する[35].

3.2 メガネ不使用   195

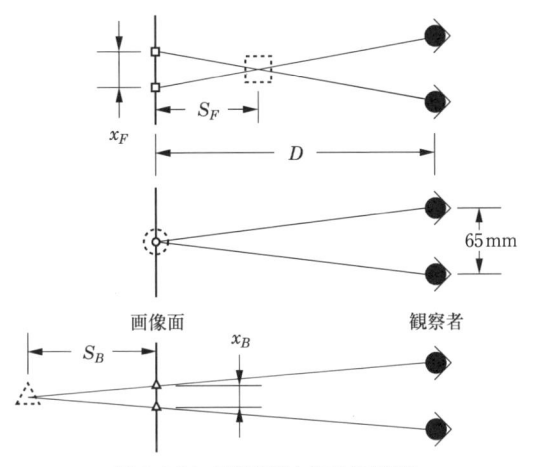

図 3.2.24 両眼視差と奥行き再現性

図 3.2.25 像数による分類

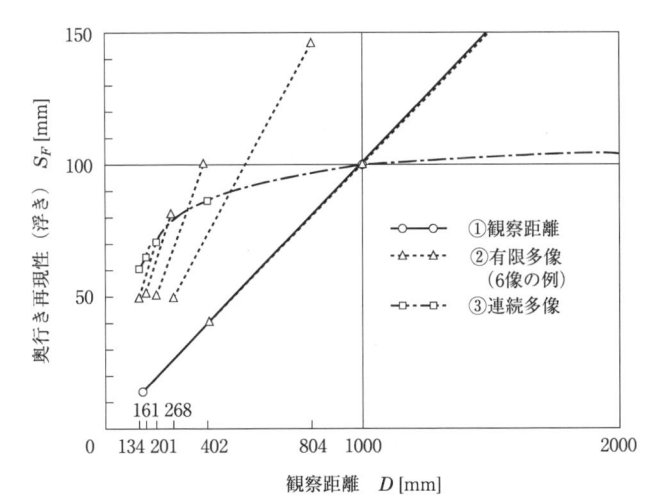

図 3.2.26 像数による奥行き再現性（浮き）

3. 出力系

2像の場合

$$\Delta p = \frac{65(t-r)}{D_0} = \frac{p}{2} \text{ のとき}$$

非立体視領域
副ローブ正立体視領域
眼間距離
主ローブ立体視領域
非立体視領域
副ローブ正立体視領域
逆立体視領域

D_F D_B
D_0

◎最適視距離

多像の場合

非立体視領域
非立体視領域
副ローブ正立体視領域
眼間距離
主ローブ立体視領域
副ローブ正立体視領域
逆立体視領域

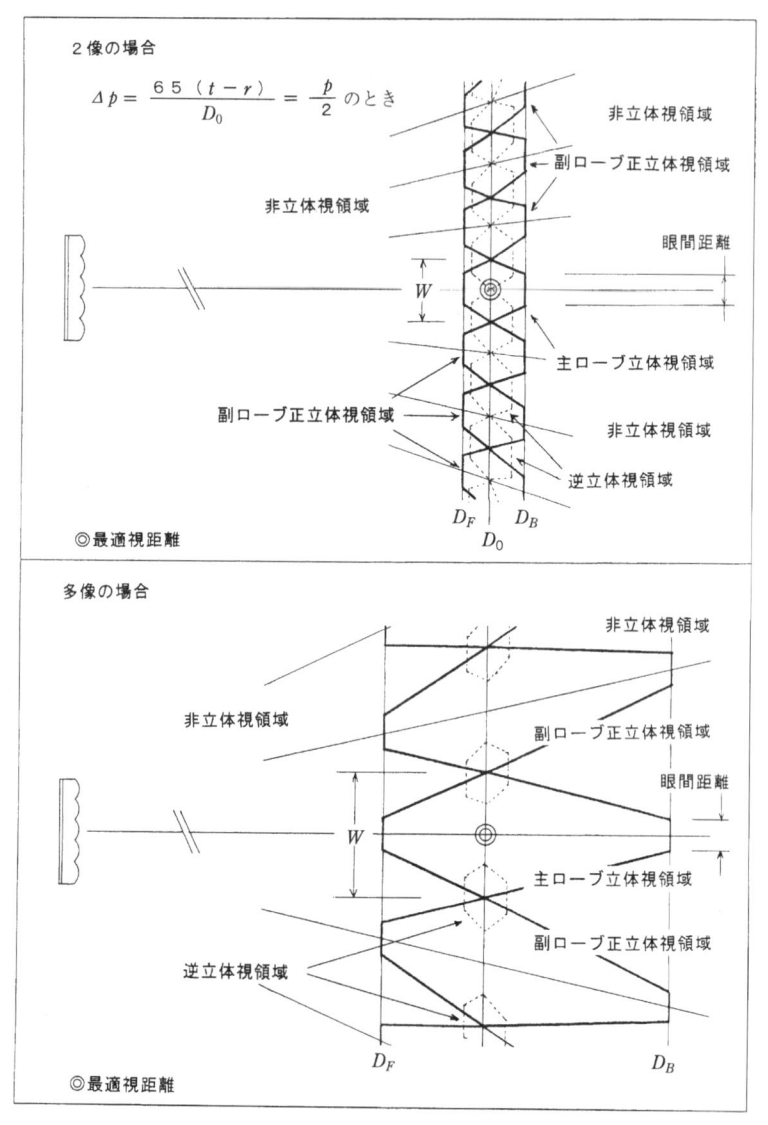

D_F D_B

◎最適視距離

図 3.2.27　2像式と多像式における立体視領域

- 正立体視：画像面全体で正しい奥行き再現となる状態
- 逆立体視：画像面全体で逆転した奥行き再現となる状態
- 非立体視：画像面の一部が正立体視や逆立体視，あるいは非立体視となる不自然な状態

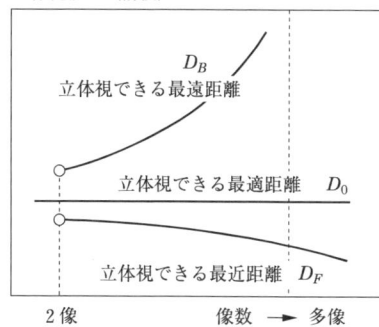

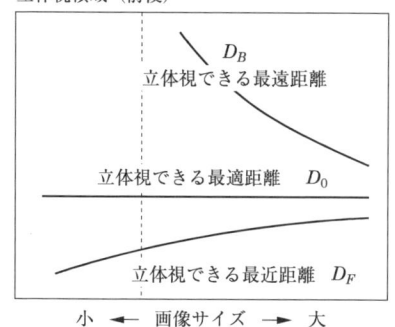

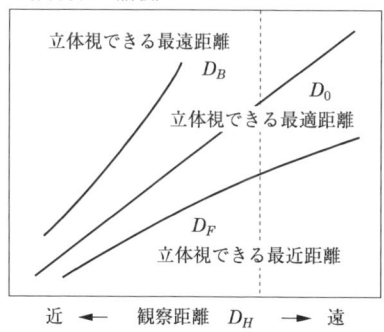

図 3.2.28 像数, 画像サイズ, 観察距離と立体視領域との関係図

そして、それぞれの領域は画像面に記録される像数により異なる。基本となる2像式で最も狭く、逆立体視の可能性が高い。一方、多像式では像数の増加にともない正立体視領域が広くなり、相対的に逆立体視領域が狭くなる利点がある。図3.2.27に2像式と多像式における立体視領域を示す。さらに、図3.2.28に像数, 画像サイズ, 観察距離と立体視領域との関係図を示した。

e. 3Dディスプレイの表示方法

図3.2.29に表示方法[8),35)]を示す。レンチキュラ板にかえてバリアを使うことができる。

〔山田千彦〕

▶参考文献

1) 大越孝敬：三次元画像工学，産業図書，1972．
2) Valyus, N. A.：*Stereoscopy*, The Focul Press, 1966.
3) Ives, F. E.：U. S. Patent 725,567, 1903.
4) Kanolt, C. W.：U. S. Patent 1,260,682, 1918.

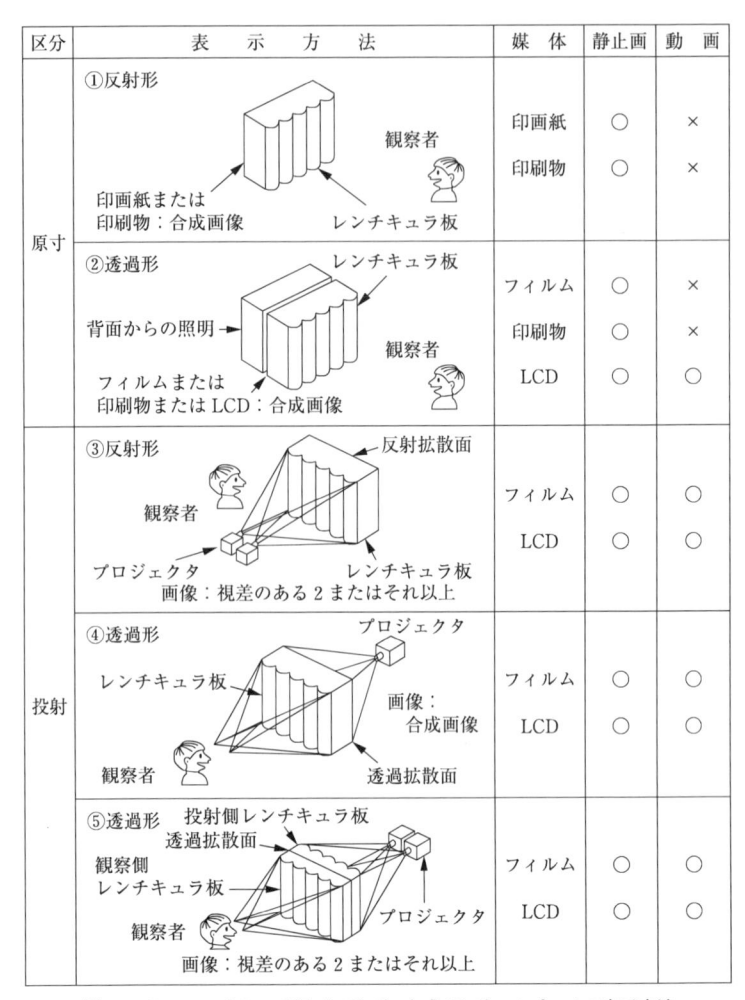

区分	表示方法	媒体	静止画	動画
原寸	①反射形（印画紙または印刷物：合成画像、レンチキュラ板、観察者）	印画紙	○	×
		印刷物	○	×
	②透過形（背面からの照明、レンチキュラ板、フィルムまたは印刷物またはLCD：合成画像、観察者）	フィルム	○	×
		印刷物	○	×
		LCD	○	○
投射	③反射形（反射拡散面、観察者、プロジェクタ、レンチキュラ板、画像：視差のある2またはそれ以上）	フィルム	○	○
		LCD	○	○
	④透過形（レンチキュラ板、プロジェクタ、画像：合成画像、観察者、透過拡散面）	フィルム	○	○
		LCD	○	○
	⑤透過形（投射側レンチキュラ板、透過拡散面、観察側レンチキュラ板、観察者、プロジェクタ、画像：視差のある2またはそれ以上）	フィルム	○	○
		LCD	○	○

図 3.2.29 レンチキュラ板（バリア）方式3Dディスプレイの表示方法

5) Lippmann, M. G.：Epreuves reversible donnant la swnsation du relief. *J. de Phys.*, **7**(4), 821-825, 1908.
6) Ives, H. E.：Optical properties of a Lippmann lenticulated sheet. *J. Optical Society America*, **21**, 171-176, 1931.
7) 山田千彦：ステレオ印刷とその利用分野．印刷雑誌，**58**(8)，19-25，1975．
8) 山田千彦：レンチキュラー板三次元画像．画像ラボ，**1**(12)，19-25，1990．
9) 印刷タイムス新聞1976年11月．
10) IPPF 配布試料：1994年型録．
11) 日経産業新聞1994年8月26日．

12) 日経産業新聞 1994 年 3 月 1 日.
13) 鏡　惟史：立体写真撮影用レンズ付きフィルム. 3D 映像, **8**(2), 3-9, 1994.
14) 日経産業新聞 1989 年 2 月 15 日.
15) 日刊工業新聞 1994 年 3 月 25 日.
16) 岡田三男ほか：液晶投射型連続視域三次元テレビジョンの実験. テレビジョン学会技術報告 (*ITEJ Technical Report*, **15**(56), 19-24, 1991).
17) 岡田三男ほか：明るい実時間三次元映像のブラウン管直接表示装置. 電子情報通信学会 1991 年春期全国大会 D-388, 1991.
18) 濱崎襄二：三次元映像実時間撮影装置の試作研究, 東京大学生産技術研究所研究成果報告書, 1989 年 3 月.
19) 鉄谷信二ほか：臨場感通信会議における眼鏡無し立体ディスプレイ. テレビジョン学会技術報告 (*ITEJ Technical Report*, **16**(80), 13-18, 1992).
20) 永嶋美雄ほか：視点追跡を用いた広視域立体表示技術. 電子情報通信学会論文誌, **J75-CⅡ**(11), 719-728, 1992.
21) Shiwa, S., *et al.*：Development of direct-view 3D display for video-phones using 15 inch LCD and lenticular sheet. *IEICE Trans. Information and System*, **E77-D**(9), 940-948, 1994.
22) 日刊工業新聞 1993 年 10 月 1 日.
23) 日刊工業新聞 1994 年 8 月 4 日.
24) Boerner, R.：Autostereoscopic 3D-imaging by front and rear projection and on flat panel displays. *Displays*, **14**(1), 1993.
25) Boerner, R.：Four autostereoscopic monitors on the level of industrial prototypes. Displays, No.20, 1999.
26) 磯野春雄：多眼式メガネなし 3 次元画像ディスプレイ. NHK 技研 R&D, No.23, 1993.
27) 磯野春雄ほか：液晶パララックスバリア方式 3 次元画像ディスプレイ. 電子情報通信学会論文誌, **J76-CⅡ**(1), 24-30, 1993.
28) 野口　隆ほか：メガネなし 3D ディスプレイシステム. KFC 情報, No.152, 1995.
29) Hamagishi, G., *et al.*：New stereoscopic LC display without special glasses. *ASIA DISPLAY '95*, S36-1, 1995.
30) 濱岸五郎ほか：イメージスピリッタ方式メガネなし 2D/3D ディスプレイ. 映像情報メディア学会誌, **53**(3), 466-472, 1999.
31) 日経テクノフロンティア 1997 年 9 月 8 日.
32) 日本経済新聞 2002 年 9 月 11 日.
33) 日経産業新聞 2003 年 9 月 11 日.
34) NHK 放送技術研究所：平成 11 年度公開資料.
35) 山田千彦：レンチキュラー板による立体像表示方法. 日本印刷学会誌, **31**(1), 14-24, 1994.

3.2.3 奥行き標本化法（切断面表示法，多層面法，体積走査法）

奥行き標本化法とは，表示したい3次元像（物体）の切断面像またはその輪郭（以下単に切断面と呼ぶ）を表示し，空中像を再生する方法[1]である．

メガネなし立体方式であり，視点の移動によりそれに応じて見える面も変化する．この性質を auto-stereoscopic という．一方，本来隠れて見えない面も透けて見える半透明の像（ファントムイメージ）となる欠点がある[2]．これは観測者が1人の場合はヘッドトラッキングと隠面処理で防止可能であるが，観測者が多数の場合は困難である．

機械的走査を用いるものが多く，この場合8～30 volumes/sのため明るいところでは表示像のフリッカが目立つ．

切断面の表示法により以下のように分類できる．これらにより電子回路および機構が大きく異なってくる．

1．切断面がシーケンシャル表示か同時表示かによる分類
 a) 各切断面を時間的に順次に表示
 b) 各切断面を同時に表示
2．座標系による分類
 a) 直角座標による表示
 b) 円筒座標による表示
3．各切断面表示面が受動面か能動面（発光面）かによる分類
 a) 各切断面表示面がスクリーンまたはミラーなどの受動面
 b) 各切断面表示面がCRT，LED，励起による発光などの能動面

これらのほかに切断面の描画法によりベクトルスキャン，ラスタスキャンの分類ができるが，これは機械的構成に大きな影響を及ぼすものではない．ベクトルスキャンによる例は少ない．

以下にこれまでに報告された方法を簡単に紹介する．各方法末尾 [ ] 内に上記分類のどれに該当するかを示す．

（1）バリフォーカルミラー（varifocal mirror）法[3]

図3.2.30に示すバリフォーカルミラー法は奥行き標本化法の先駆け的方法である．3次元映画，3次元テレビジョンなどへの応用が試みられた．

CRT上に順次に表示した切断面を可変焦点のミラーにより対応した奥行き位置に見えるようにする．可変焦点ミラーとしてはアルミニウムを蒸着した $6.35\,\mu m$ 厚のポリエステルフィルムをスピーカの前面に張り，空気圧により30～60 Hzで振動させる．

なおこの方法では，凹面鏡となって遠方の切断面を表示するときは像が大きくなり，凸面鏡となって手前の切断面を表示するときは像が小さくなるので，あらかじめ像の大小の補正が必要である．[1-a), 2-a), 3-a)]

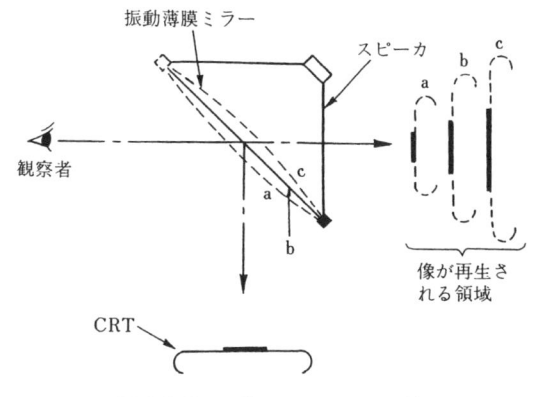

図 3.2.30 バリフォーカルミラー法

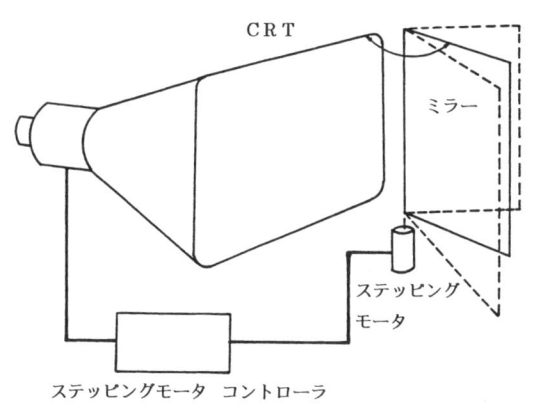

図 3.2.31 平面ミラーを往復回転運動させる方法

(2) 平面ミラーを往復回転運動させる方法[4]

図 3.2.31 のように平面ミラーの一端を軸として往復回転運動をさせ,それによって生じる扇形の空間を表示空間とする方法である.文献ではベクトルスキャンで描画する.[1-a),2-b)?,3-a)]

(3) シンサライザ (synthalyzer)[5]

図 3.2.32 のような透過拡散性のドラムの側面をらせん形にして回転させ,各切断面を撮影したフィルムを環状にしてその像をドラムの回転と同期してドラムの側面に投影していく方法である.[1-a),2-a),3-a)]

(4) らせん面や円板などの回転スクリーンを利用する方法

図 3.2.33 は 1 ターンのらせんスクリーンを軸 OO′ を中心にして回転させ,ビデオ信号で輝度変調したレーザ光をベクトルスキャンし,スクリーン上に投射する方法[6]

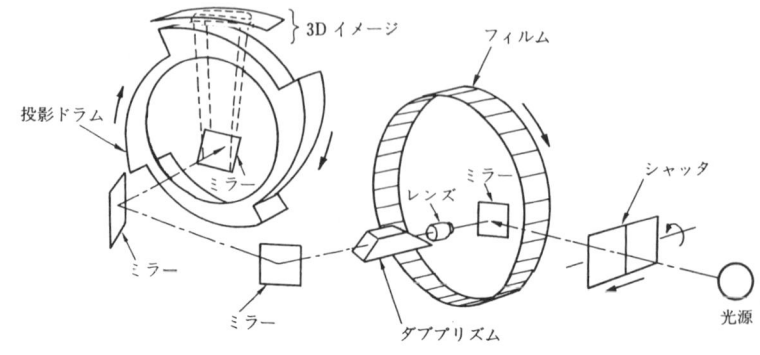

図 3.2.32 シンサライザ

図 3.2.33 1ターンのらせん面を用いる方法

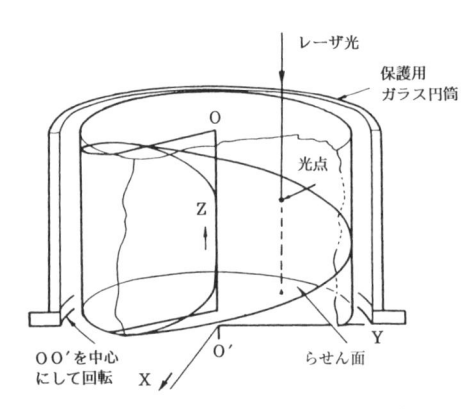

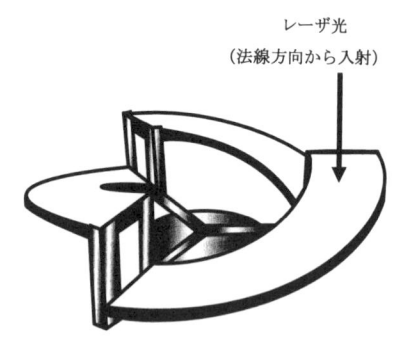

図 3.2.34 3セグメントのらせん面を用いる方法

である．[1-a), 2-b), 2-a)も可能, 3-a)]

　図 3.2.34 はらせん面を上下に移動する平面とみなし，切断面をレーザによるラスタスキャンで描く方法[7]である．スクリーンを3セグメントに分け，それぞれ赤，緑の有機蛍光塗料および白（青の発色は Ar レーザ光の青をそのまま利用）に塗りフィールド順次方式によりカラー化が可能である．[1-a), 2-a), 3-a)]

　図 3.2.35 はアルキメデスのらせんに沿ってスクリーンを立て，奥行き方向に移動する平面とみなす方法[8]である．[1-a), 2-a), 3-a)]

　図 3.2.36 は回転軸に対して傾けた円板をスクリーンとする方法[9]である．[1-a), 2-a), 3-a)]

　らせん面を利用する方法は商品化されているものがある[10]．

　（5）　2次元 LED アレイを用いる方法

　図 3.2.37 は LED を配列したパネルを回転させ，これに同期して円筒座標による放射状切断面に対応したビデオ信号で LED を駆動する方法[5]である．並列データで

3.2 メガネ不使用

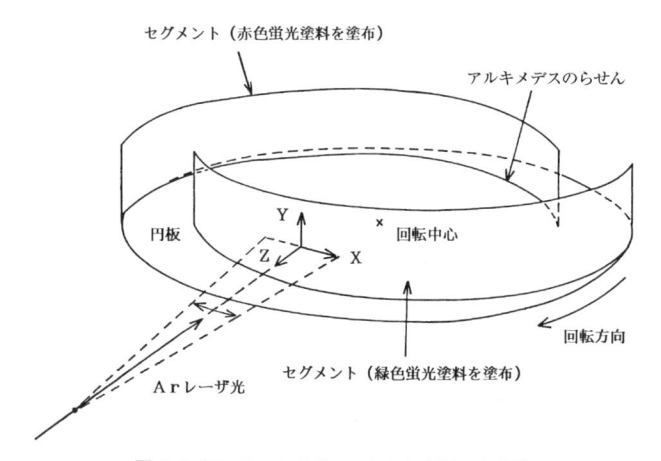

図 3.2.35 アルキメデスのらせんを用いる方法

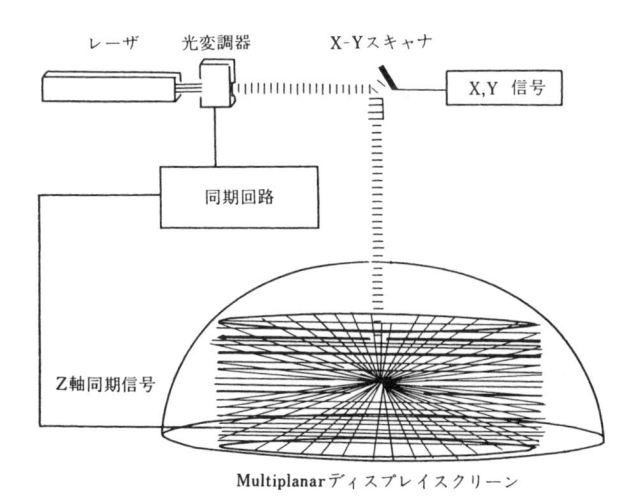

図 3.2.36 回転軸に対して傾いている円板を用いる方法

駆動するためフリッカのない高速表示が可能であるが，回転部への並列信号伝送部分が問題となる．[1-a), 2-b), 3-b)]

これを解決するため，マイクロコンピュータや LED の駆動回路など電子回路をすべて回転機構上に乗せ，外部からはスリップリングで AC 電源を供給し，光カプラで外部コンピュータと結んだ方法が報告されている[11]．[1-a), 2-b), 3-b)]

LED パネルを上下方向に動かし，直角座標による方法[12]の報告もある．[1-a), 2-a), 3-b)]

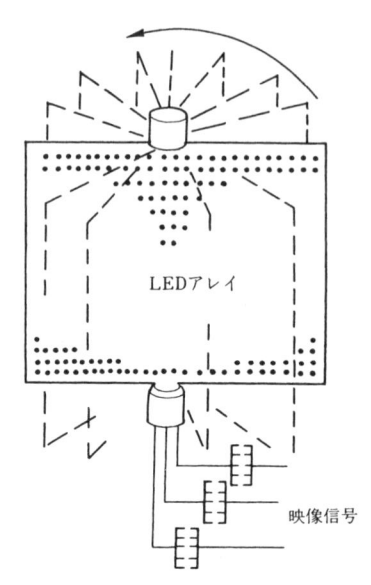

図 3.2.37　LEDアレイを回転させる方法

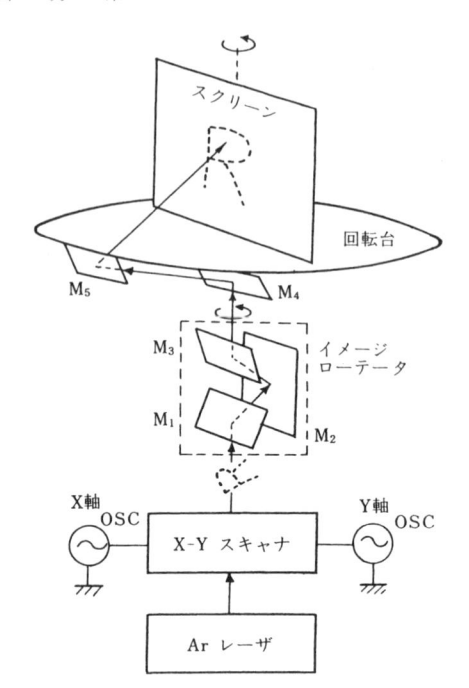

図 3.2.38　イメージローテータを用いる方法

（6）　イメージローテータによる方法

図3.2.38はArレーザで放射状切断面を描き，これを回転しているスクリーンの法線方向から投射するためにイメージローテータとミラーを組み合わせた光学系を用いた方法[13]である．[1-a), 2-b), 3-a)]

同様の方法で商品化されているものがある[14]．

（7）　ハーフミラーにより合成する方法[15]

図3.2.39は複数のCRTの表示像をハーフミラーによって合成する方法である．空間的に非常に場所をとり，観測者から遠い切断面はハーフミラーを通る回数が多くなり暗くなることから，切断面数を増すことは困難である．5枚のものが報告されている．時間的に同時表示のためフリッカがない．[1-b), 2-a), 3-b)]

（8）　液晶パネルによる表示面積層法[16]

図3.2.40はπセルとキラル（chiral）形液晶セルとを組み合わせ，これらの液晶セルを奥行き方向に配置して電子制御の反射板を構成し，CRTの像を対応する位置に見えるようにする方法である．なおキラル形液晶セルとは液晶分子のねじれが右旋（図中のRc）と左旋（図中のLc）のものがある液晶で，入射円偏光の回転方向が液晶のねじれと同方向の場合は反射し，異なる場合は透過するものである．またπセ

3.2 メガネ不使用

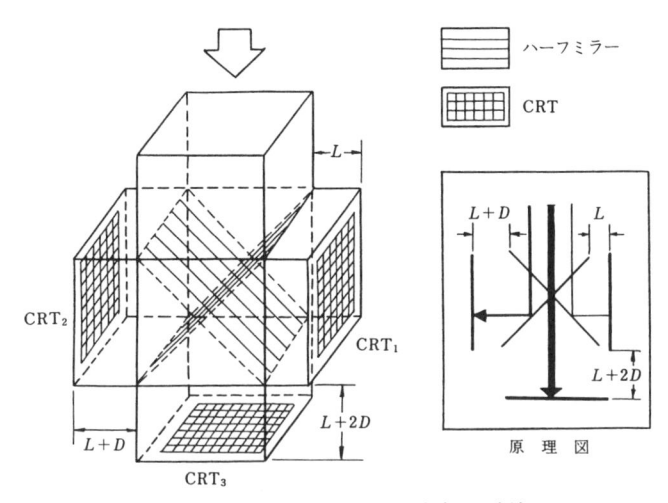

図 3.2.39 ハーフミラーにより合成する方法

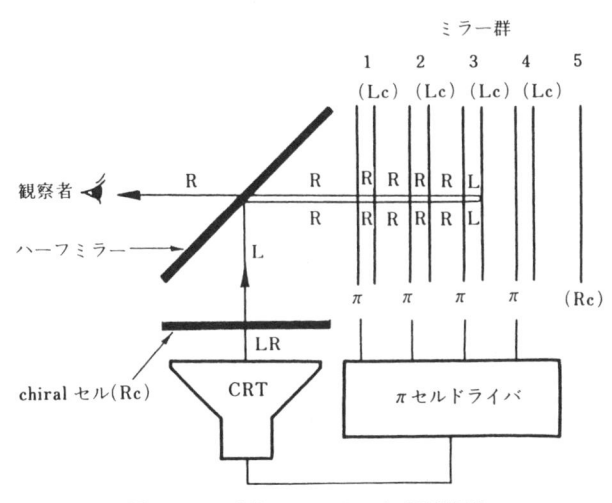

図 3.2.40 液晶パネルによる表示面積層法

ルは円偏光の回転方向を印加電圧により反転できる素子である．[1-a)，2-a)，3-a)]

（9） 固体中の発光を利用する方法[17]

図 3.2.41 は蛍石に Er^{3+} をドープした透明な結晶に $1.53\mu m$ と $0.83\mu m$ の赤外線を照射すると両者の交点が緑色に発光する現象を利用する．論文では 2cm 立方の結

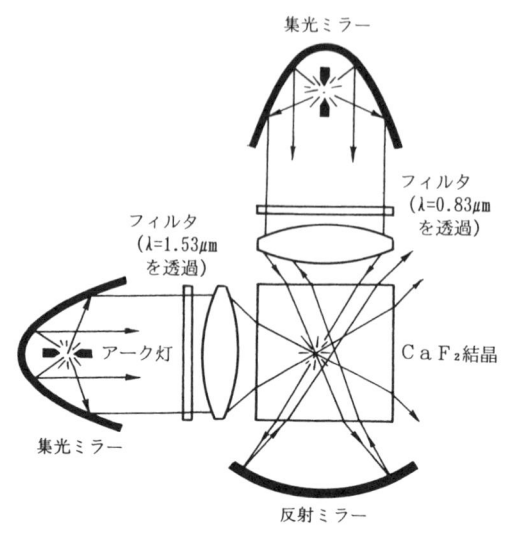

図 3.2.41 固体中の発光を利用する方法

晶を使用,大きな結晶を作るのが困難である.$0.83\mu m$ のかわりに $1.14\mu m$ を用いると赤色も発光可能である.[1-a), 2-a), 3-b)]　　　　　　　　　〔山田博昭〕

▶参考文献
1) 増田千尋:3次元ディスプレイ,産業図書,1990.
2) 大越孝敬:三次元画像工学,産業図書,1972.
3) Traub, A. C. : Stereoscopic display using varifocal mirror oscillations. *Applied Optics*, **6**(6), 1085-1087, 1967.
4) 特開昭 57-171313 電電公社.
5) Budinger, T. F. : An analysis of 3-D display strategies. *SPIE*, Vol. 507, Processing and Display of Three-Dimensional Data II, 2-8, 1984.
6) Brinkman, U. : A laser based three-dimensional display. *Laser & Applications*, 55-56, 1983.
7) Yamada, H., Akiyama, K., Muraoka, K. and Yamaguchi, Y. : A comparison of three kinds of screens for a volume scanning type 3D display. *Proc. TAO First International Symposium on Three Dimensional Image Communication Technology*, S-5-3-3〜S-5-3-10, December 1993.
8) Yamada, H., Masuda, C., Kubo, K., Ohhira, T. and Miyaji, K. : A 3-D display using a laser and a moving screen. *Proc. 6th International Display Research Conference*, 416-419, October 1986.
9) Williams, R. and Gracia, F. Jr. : A real-time autostereoscopic multiplanar 3D display system. *SID '88 Digest*, 91-94, 1988.
10) Texas Instruments Omniview™カタログ.

11) 松本三千緒:スペクトラムビジョンの開発. 3D映像, **4**(4), 12-15, 1990.
12) Kameyama, K., Ohtomi, K. and Sekimoto, S.: A interactive volumetric display system. *Proc. TAO First International Symposium on Three Dimensional Image Communication Technology*, E-5-1〜E-5-4, December 1993.
13) 山田博昭,西谷公男,増田千尋,高橋英郎,宮地杭一:回転蛍光スクリーンとイメージローテータを用いた3次元ディスプレイの検討. 電子情報通信学会全国大会 1286, 1985.
14) 日商エレクトロニクス PERSPECTA カタログ.
15) Tamura, S. and Tanaka, K.: Multilayer 3-D display by multidirectional beam splitter. *Applied Optics*, **21**(20), 3659-3663, 1982.
16) Buzak, T. S.: A field-sequential discrete-depth-plane three-dimensional display. *SID '85 Digest*, 345-347, 1985.
17) Lewis, J. D., Verber, C. M. and McGhee, R. B.: A true three-dimensional display. *IEEE Trans. Electron Devices*, **ED-18**(9), 724-732, 1971.

3.2.4 空間映像

従来,空間映像は1つの映像技術分野として認識されることがなく,範囲が不明確であったため,筆者として,まず,以下のように定義を行いたい.

空間映像とは,「スクリーン(表示デバイス画面を含む)の存在が認識されないように構成され,空間に映像が見えるような映像システム全般」を指す.ただし,ヘッドマウントディスプレイは除く.もちろん,空間映像といえども何も仕掛けのない空間に映像だけ出すことは不可能であるから,必ず装置は存在し,大別すれば,虚像系,実像系,特殊スクリーン系,に分類できる.

この空間映像は,展示における実物と映像の融和や,日常生活空間のさまざまの場面にさりげなく映像を組み込む際に大変有用である.また,空間映像の映像コンテンツは通常2Dでよいので,映像制作コストが低く経済的であるのも特筆すべき点である.

a. スクリーンが見えないメリット

われわれの従来の映像の見方は,映画,テレビの観賞方法そのものであった.

すなわち,スクリーン(画面)という窓を通して,窓向こうの編集された映像世界を見るのであり,いかに心的に映像世界と一体化したとしても,スクリーンは現実世界と映像世界を隔てる物理的障壁として厳然として存在し,両者が交わることはない.ところが,空間映像では映像はもはや窓向こうの世界でなく,触れることのできるような身近なものとして感じられる.

ユビキタス時代を迎えると,映像もまた日常の現実世界の1つの構成要素として,そこかしこにシームレスに存在するものとなることが求められる.空間映像は,こうした日常現実世界と映像を一体化するシステムとしてその本領を発揮することになるだろう.

b. 空間映像の種類と構成

（1） 実像系

凹面鏡やレンズなどの結像光学系によって，映像表示デバイスの画面の実像を空間上に結像させ，光軸方向から観察するものである．図3.2.42は凹面鏡を使用した場合の実像系装置の構成である．

代表的な例として，図3.2.43の空間プロジェクタをあげる．映像は，装置から手前の手の位置まで飛び出している．実像系では，装置からの像の飛び出し量と視域は残念ながら相反関係にあり，飛び出しを大きく設計すると視域は狭くなる．

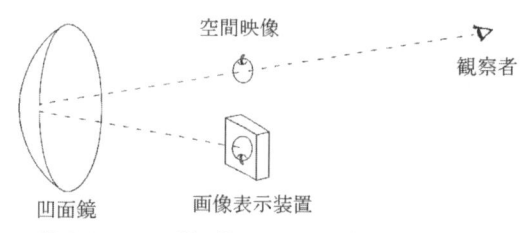

図 3.2.42 凹面鏡を使用した場合の実像系装置の構成

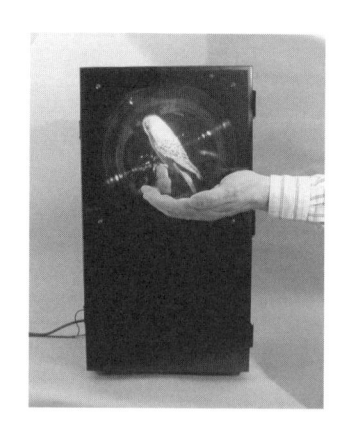

図 3.2.43 空間プロジェクタ

空間プロジェクタのレイアウトを変え，テーブル面上に人が立っているように見える映像を実現したのが図3.2.44のミニライブシアターである．

さらに，多方向から相異なった映像を見られるように考案されたのが図3.2.45の魔法球ディスプレイである．この装置は直径2mのテーブル面上の中央に空間像が位置するように構成され，最大10方向の映像を入力，表示できる．

（2） 虚像系

映像表示デバイスの画面をハーフミラーで反射させ，虚像を観察するもので，視域が広く，また，どこから見ても歪みがないのが特徴である．

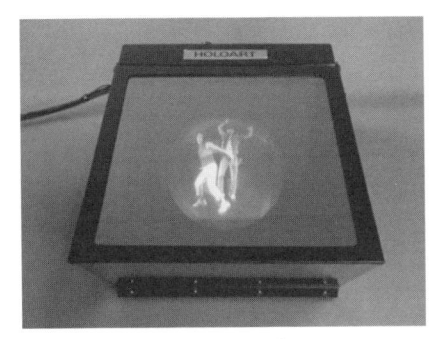

図 3.2.44 ミニライブシアター

図 3.2.45 魔法球ディスプレイ

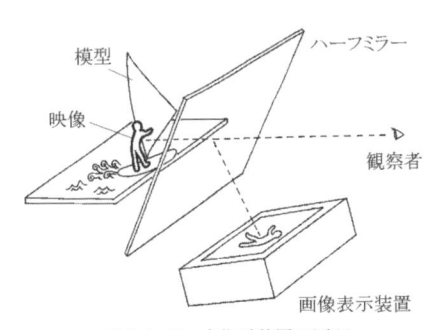

図 3.2.46 虚像系装置の原理

図 3.2.47 探検ビジョン

図 3.2.46 は虚像系装置の原理を示す．
　実像系と同じく，映像自体は平面であるが，虚像周辺に配置された立体の模型による視覚心理効果によって映像も立体であるように感じられる．一般の虚像系空間映像が決められたプログラムに沿って進むのに対し，手持ち赤外ライトとセンサの組み合わせにより，照らした所の映像が現れるインタラクティブ性を持たせた図 3.2.47 の探検ビジョンのような装置も作られている．
　虚像系空間映像の原型は，19 世紀ヨーロッパで行われた幽霊舞台（図 3.2.48）と考えられる．この場合，像は舞台下に隠れた役者の鏡像であるから，当然ながら完全立体でリアリティが高い．コンサートや演劇でのリバイバルを期待したい．
（3）特殊スクリーン系
　このタイプの場合，スクリーンは観察者の眼前に実在する．しかし，映像と一体化してその存在が知覚されないという意味でやはり空間映像といえる．
　第一のグループは，3DCG のマッピングのように，立体形状のスクリーンに映像を投映するもので，図 3.2.49 の VISCULA はこの方式の例である．決まった形状のも

図 3.2.48　幽霊舞台の仕掛け　　　　　図 3.2.49　VISCULA

のしか表示できない欠点はあるが，リアリティは群を抜いている．
　第二のグループは流体スクリーンである．霧，煙，水幕など，暗い所では存在が見えにくい媒質をスクリーンとして映像を投映する．現段階では，独特のおもしろさを生かして展示に使われることがあるが，画質，使いやすさの点でまだ満足のいくレベルにはない．

c．空間映像が立体的に見える理由

　空間映像の目的は必ずしも立体表示ではない．しかし，2D映像を入力したにもかかわらず立体のように感じられる性質は大変便利である．
　空間映像が立体的に見えるメカニズムはまだ学術的に解明されていないが，実像系，虚像系については筆者は次のような要因が寄与していると考えている．（特殊スクリーン系は除外）

- 画枠の除去：視覚の学習効果により，画枠＝映像＝平面という心理的枠組みがあり，画枠が見えずモチーフ映像のみが表示されると平面か立体かの手がかりを失い，通常の物体にならって立体と感じる．
- 奥行き知覚の混乱：空間映像の像位置を正確に視覚的に把握するのは難しい．その結果，逆に，像の奥行き方向に厚みを感じ立体的に見える．
- 光学系の収差による視差：実像系の場合，必然的に生じる収差により，右目と左目それぞれに見える像が異なる．この視差は3次元的な両眼視差と異なるが，立体感に寄与するのではないか．
- 立体の中の平面：像の周囲に立体物があると，像も立体と思う方が心理的に自然で，立体に感じてしまう．

d．空間映像の映像コンテンツ制作

　空間映像の視覚効果は，画面枠が見えない場合にかぎって得られる．したがって空間映像のコンテンツは通常，黒背景のモチーフ映像でなければならない．また，モチーフは常に画面内にとどまり，移動しても画枠で切られてしまわないよう注意する．
　このタイプの映像は，3DCGからは容易に作成できるし，実写の場合も新規撮影で

あれば容易である．問題は，実写既存映像からの抜き出しであったが，最近のコンピュータ画像処理技術の進歩により，自動抜き出しも可能になってきた．

e．まとめ

これから生活空間のあらゆる場所に映像が応用されてゆく際に，四角い画面が顕在化しない空間映像システムは環境に溶け込みやすく，大変有効と考える．しばしば要請のある，空間に等身大人物像を表示するといったプロジェクトも，360度視域とか立体といった難題をつけないかぎり，スペースと潤沢な予算があれば現実のものとなるだろう．より現実的なのは，家電製品，生活什器，車両などに空間映像を組み込み，操作表示などに用いることであり，すぐにでも実現可能で，かつ役立つものとなるだろう．
〔石川　洵〕

▶参考文献
1) 桑山哲郎，辻内順平編：ホログラフィックディスプレイ，24，産業図書，1990．
2) 石川光学造形研究所製品カタログ：空間プロジェクター，ミニライブシアター，魔法球ディスプレイ，探検ビジョン，VISCULA．
3) 石川　洵：博物館向け空間像系展示映像システム．画像電子学会，画像電ミュージアムテクニカルセッション 14，2001．
4) 石川　洵：空間像系映像装置シリーズ，日本バーチャルリアリティ学会第 7 回大会論文集，2002．
5) 石川　洵：空間映像としてのミニライブシアター．映像情報メディア学会技術報告，**27**(64)，7-9，2003．
6) 井上　弘：立体視の不思議を探る．オプトロニクス，104-105，1999．

3.3　ホログラフィ

3.3.1　歴史，種類

a．ホログラフィの歴史

ホログラフィの歴史は，1948 年にハンガリー生まれのイギリスの物理学者ガボール（Dennis Gabor, 1900—1979）が，電子線によって干渉パターンを記録し，可視光によって回折させ波面再生することで波長の比に基づく拡大像を得る"新しい顕微鏡の原理"を『Nature』誌に発表したことに始まる[1]．翌年，ガボールはより詳細な論文を発表し[2]，その中ではじめて"hologram"という用語を導入し，地道な研究が進められた．しかし，当時は記録再生に適した光源がなかったため，50 年代にかけて停滞を余儀なくされた．

1960 年にレーザが発明されると，1962 年に開発された可視光 He-Ne レーザを用いて米国のリース（Emmett N. Leith, 1927—）とウパトニークス（Juris Upatnieks, 1936—）がホログラフィを試み，ガボールの構成法を改良して 2 光束法を開

発し[3]，1964年の米国光学会ではじめて3次元再生像を発表しセンセーションを巻き起こし，レーザホログラフィが開花した[4]．

ついで，ソ連のデニシューク（Yuri N. Denisyuk, 1927―）が1962年に提案した[5]白色光再生反射型ホログラムが1965年に実現[6]，1968年には米国のベントン（Stephen A. Benton, 1941―2003）が白色光再生透過型（レインボー）ホログラムを開発し[7]，ディスプレイに応用される契機となった．

この間，1965年にホログラフィ映画の実験，日置隆らによる360度ホログラム[8]，ホログラフィ干渉計測，1966年にはホログラフィテレビを目指した伝送実験やパルスレーザによる人物撮影，1967年にはローマン（A. W. Lohmann）らがコンピュータによるホログラフィを試みている[9]．さらに1968年に外村彰（1942―）が電子線ホログラフィに成功[10]，1970年にはホログラムメモリ，回折格子，1972年にフォスター（Michael Foster）がエンボスホログラムを，クロス（Lloyd G. Cross）らによって白色光再生タイプのホログラフィックステレオグラムの実用化と，続々と応用技術が開発された．

1971年には，こうしたガボールの"ホログラフィの発明とその発展に対して"，ノーベル物理学賞が授与されている．

この新しい視覚メディアはアーティストの関心を呼び，1968年にイギリスのベンヨン（Margaret Benyon, 1940―）がアートメディアとしてホログラフィを手がけ始めて[11]国際的な広がりを見せ，1976年にはニューヨークにホログラフィ美術館が開館し，日本でも「ホログラフィの幻想展：レーザーによる三次元世界への招待」（西武美術館）が開催されて以後，1980年代にかけてホログラフィアートが一気に盛り上がった．しかし，1990年代に入ると，ホログラフィ美術館の閉館やホログラム感光板の生産中止などが相次ぎ，沈静化した．

一方，1989年にMITメディアラボのベントンらが電子的にホログラムを作成・再生する電子ホログラフィを発表したことから[12]，デジタル表示によるインタラクティブなホログラフィックディスプレイに向けて研究が進められている．

b．ホログラムの種類

ホログラフィは，その記録光路構成，再生光源，感光材料などによって細分すれば数十種類にも及ぶともいわれる．ここでは，主にディスプレイに用いられる記録・再生媒体であるホログラムについてあげておく．

（1）レーザ再生ホログラム

レーザ光で撮影し，レーザ光または高圧水銀灯で再生して見られるホログラム．

撮影時の被写体の位置によって各種が知られるが，フレネルホログラムが最も一般的なレーザ再生透過型ホログラムであり，きわめてリアルな像を再生する．これをマスターに用いて以下の白色光再生ホログラムを作成できるので基本的である．

なお，3色のレーザ光を用いて撮影・再生するカラーホログラムも試みられている．

(2) 白色光再生ホログラム

レーザ光で記録し,太陽や電灯などの白色光で再生して見られるホログラム.
① 反射型ホログラム:リップマンホログラムともいう.物体光と参照光を感光材料の両面から入射させて撮影し,手前から白色光を投じることによって再生像が見られる.レーザ再生ホログラムをマスターとして,二段階撮影によるイメージタイプもある.感光材料の膨潤による多色ホログラム,3色のレーザ光で多重露光するカラーホログラムもある.
② 透過型ホログラム:通称レインボーホログラム.レーザ再生ホログラムをマスターとして,水平方向のスリットを用いて二段階撮影によって合成し,白色光を透過させて再生像を得る.二段階撮影時に参照光角度の変化などによって擬似的なカラーホログラムも作成できる.

なお,このホログラムの背面に鏡面を貼付すれば,手前から再生光を投じて反射再生できる.その応用が,印刷物に圧印されるエンボスホログラムである.

(3) ホログラフィックステレオグラム

視点の異なる複数の平面画像,スライド,映画フィルムなどから,両眼視差に基づくステレオグラムを細長いスリット状に撮影したホログラム.白色光再生化した反射型と透過型があり,円筒形にして周囲360度から見られる透過型をマルチプレックスホログラムという.

(4) コンピュータホログラム

実在しない架空物体の再生像を得る技術として,以下の2つの方法が知られる.
① 計算機支援ホログラム (computer aided hologram):コンピュータ画像をもとに映画あるいはスライドを作成し,前述のホログラフィックステレオグラムにするものである.
② 計算機合成ホログラム (computer generated hologram):コンピュータによって作成したデータをもとに回折計算し,その結果をプロッタに出力したり電子ビームで描き出すホログラム. 〔三田村畯右〕

▶参考文献
1) Gabor, D. : A new microscopic principle. *Nature*, **161** (4098), 777-778, 1948.
2) Gabor, D. : Microscopy by reconstructed wave-fronts. *Proc. Royal Society*, Series A, **197** (A 1051), 454-487, 1949.
3) Leith, E. N. and Upatnieks, J. : Wavefronts reconstruction with continuous-tone transparencies. *J. Optical Society America*, **53**(4), 522, 1963.
4) Leith, E. N. and Upatnieks, J. : Lensless, three-dimensional photography by wave-front reconstruction. *J. Optical Society America*, **54**(11), 579-580, 1964.
5) Denisyuk, Yuri N. : Photographic reconstruction of the optical properties of an objects in its own scattered radiation field. *Sov. Phys-Doklady*, **7**(6), 543-545, 1962 ; *Doklady Akad. Nauk SSSR*, **144**(6), 1275-1278, 1962.

6) Stoke, G. W. and Labeyrie, A. E. : White-light reconstruction of holographic images using the Lippmann-Bragg diffraction effect. *Physical Letters*, **20**(4), 368-370, 1966.
7) Benton, S. A. : Hologram reconstructions with extended incoherent sources. *J. Optical Society America*, **59**, A, 1545-1546, 1969.
8) Hioki, R. and Suzuki, T. : Reconstruction of wavefronts in all directions. *Jpn. J. Applied Physics.*, No. 4, 816, 1965.
9) Lohmann, A. W. and Paris, D. P. : Binary Fraunhofer holograms generated by computer. *Applied Optics*, **6**(10), 1739-1748, 1967.
10) Tonomura, A., Fukuhara, A., Watanabe, H. and Komoda, T. : Optical reconstruction of image from Fraunhofer electron-hologram. *Jpn. J. Applied Physics*, No. 7, 295, 1968.
11) Benyon, M. : How is Holography Art? (PhD. thesis), Royal College of Art, UK, Submitted April 1994.
12) Kollin, J. S., Benton, S. A. and Jepsen, M. L. : Real-time display of 3-D computed holography by scanning the image of an acoustro-optic modulator. *SPIE*, Vol. 1136, Holographic Optics II, 1136-1160, 1989.

3.3.2 原理・制作
a. ホログラムの原理
ホログラフィは一般の写真のように,物体の光の強弱を直接画像として記録するものではなく,物体の光の強弱,奥行きの情報などを含む干渉縞を記録し,これからほぼ完全な物体の像を再生することのできる技術である.この原理に基づく実際の制作方法について述べる.

b. ホログラムの制作
次に説明する方法は前述した2光束干渉法と呼ばれ,1962年に米国のリースとウパトニークスによって考案された[1].現在のホログラムの作成において最も基本的な方法である.

(1) ホログラムの記録

ホログラムを作成するためには,安定した波長の光を得ることのできるレーザが必要である.ここではまず,最も基本的なホログラムの記録方法について説明する.

図3.3.1(a)に示すように,まずレーザから出た光はハーフミラーで2つに分けられ,一方の光はミラーで反射した後,レンズで広げられて感光材料に入る.これは物体などの影響を受けていない光で,一般に参照光という.

またこのときに,もう一方の光はレンズで広げられてから物体に照射され,跳ね返ってきて感光材料に入射する.これを一般に物体光という.この2つの光によって生ずる干渉縞が感光材料に記録されるのである.図3.3.2に撮影光学系を示す.

この感光材料を現像処理したものがホログラムである.ここでホログラムに記録されているのは干渉縞であるために,肉眼では薄く現像された写真乾板にしか見え

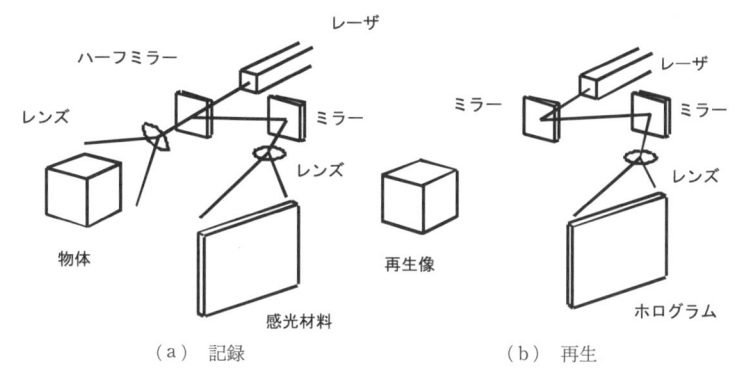

図 3.3.1 ホログラムの作成

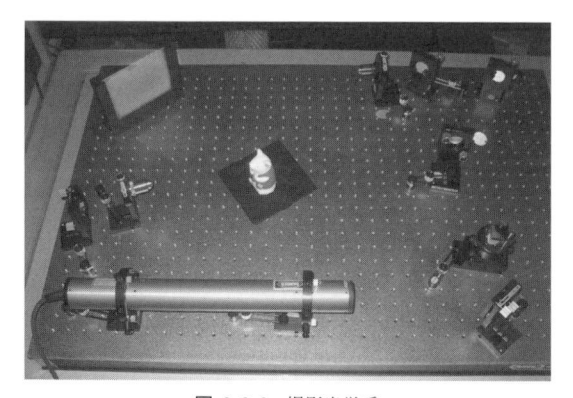

(a) 記録
(b) 再生

図 3.3.2 撮影光学系

ない．

(2) ホログラムの再生

図 3.3.1(b)のように，記録時の光学系でハーフミラーを通常のミラーにかえてホログラムをもとの位置におき，参照光と同じ方向からレンズで広げた光を入射する．このようにするとホログラムを通して，撮影時に物体があった所に像が再生される．この像はホログラムに記録された干渉縞の回折によって形作られるものである．このように通常の写真と異なりホログラフィは干渉縞で物体の情報を記録，再生するために，画像の振幅，すなわち明るさの情報だけではなく，位相，すなわち奥行きの情報も記録，再生することができる．このためホログラムに作成時の参照光の方向から光を当てると，非常に立体感のよい画像が浮かび上がってくるのである．

この方式はレーザで記録し，レーザで再生する最も基本的な方式でレーザ再生ホログラムと呼ばれている．

(a) 記録 (b) 再生

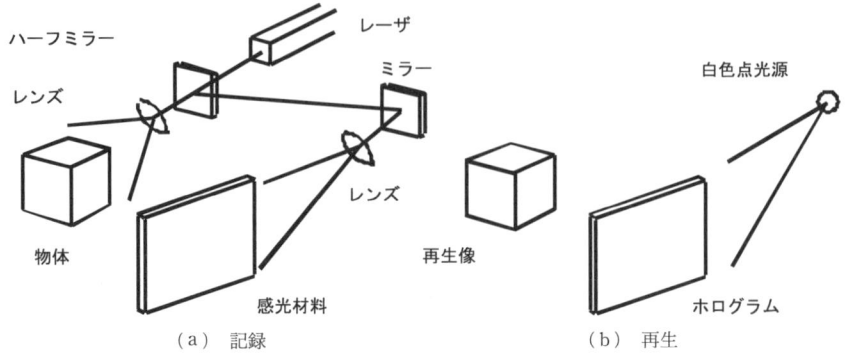

図 3.3.3 リップマンホログラムの作成

c. 白色光再生ホログラムの作成

ホログラムを一般的に用いるには高価なレーザを再生に用いる方法ではなく，再生には白色光を用いる方法が重要である．ここではその中で代表的なリップマンホログラムおよびレインボーホログラムの作成について説明する．

(1) リップマンホログラム

このタイプは1962年にソ連のデニシュークによって考案されたのがはじめといわれている[2]．

この方式は図3.3.3に示すように記録と再生を行うが，感光材料中に立体的に干渉縞を記録するのが特徴であり，このようにして記録されたホログラムは再生するときに良好な波長選択性を持つため，白色光で再生する場合に狭帯域のフィルタを使用したのと同じ効果があり，イメージ型と組み合わせるとぼけのない鮮明な画像の再生が可能になる大きな利点がある．

(2) レインボーホログラム

これは1969年に米国のベントンにより考案されたものであるが[3]，図3.3.4に示

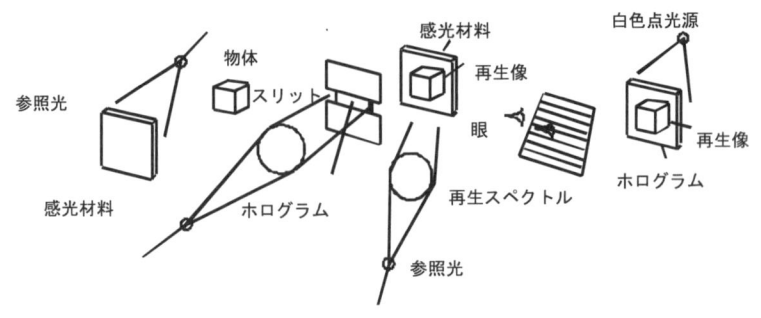

(a) マスターホログラム作成   (b) 第2段階記録   (c) 白色光による再生

図 3.3.4 レインボーホログラムの作成

すように,まず,マスターホログラムを作成し(図(a)),次にこのマスターホログラムからレーザ光を用いて実像再生を行い,像面に感光材料をおき,第2回目のホログラム記録(図(b))を行う.このときにマスターホログラムの画像の上下方向に当たる部分を制限するスリットを用いて実像再生を行うのが特徴である.このように第2段階で記録したホログラムを図(c)に示すように白色光で再生すると,第2段階記録で用いた,スリットの像が波長により,上下方向に連続して並ぶのである.ここに目をおくと目は水平方向に並んでいるために,そのうちの1つの波長の光が目に入り,しかも,画像が面上にあるので,ぼけのない明るく,鮮明な画像を観察できるのである.このホログラムは目を上下方向に動かすと美しい虹色の像が観察されるので,レインボーホログラムの名前がある.

なお,この方式のホログラムは干渉縞の記録を表面の凹凸の形(表面レリーフ型)で行うことが可能なので,この凹凸から金型を作り,これを熱可塑性プラスチックに熱プレスすることによる安価な大量複製が可能な大きな特徴を持っている[4,5].

〔岩田藤郎〕

▶ 参考文献
1) Leith, E. N. and Upatnieks, J.: Reconstructed wavefronts and communication theory. *J. Optical Society America*, **52**, 1123-1130, 1962.
2) Denisyuk, Yuri N.: Photographic reconstruction of the optical properties of an objects in its own scattered radiation field. *Soviet Physics Doklady*, **7**, 543-545, 1962.
3) Benton, S. A.: Hologram reconstructions with extended incoherent sources. *J. Optical Society America*, **59**, A, 1545-1546, 1969.
4) Iwata, F. and Tsujiuchi, J.: Characteristics of a photoresist hologram and its replica. *Applied Optics*, **13**, 1327-1336, 1974.
5) Imoto, S.: *The Penrose Annual 1975*, **68**, 221, 1975.

3.3.3 カラーホログラム

物体の色をそのまま再現した3次元カラー像を得ることは,ホログラフィ(holography)の究極の目的の1つである.原理的には,カラーホログラム(color hologram)は3原色に相当する赤,緑,青の3本のレーザ光(laser beam)を用いて,各成分のホログラム(hologram)を1枚の記録材料に3重記録することによって得られる[1].ここでは,光学的に記録する白色光再生(white-light reconstruction)カラーホログラムについて述べる.

a. カラーホログラムの記録

(1) 記録光学系

図3.3.5は,パンクロマチックな記録材料に3成分を同時に記録するための典型的な記録光学系の配置を示す.このホログラムからカラー再生像を得るためには,同じ3本のレーザ光で同じ方向から同時にこのホログラムを照明する.赤,緑,青の3成

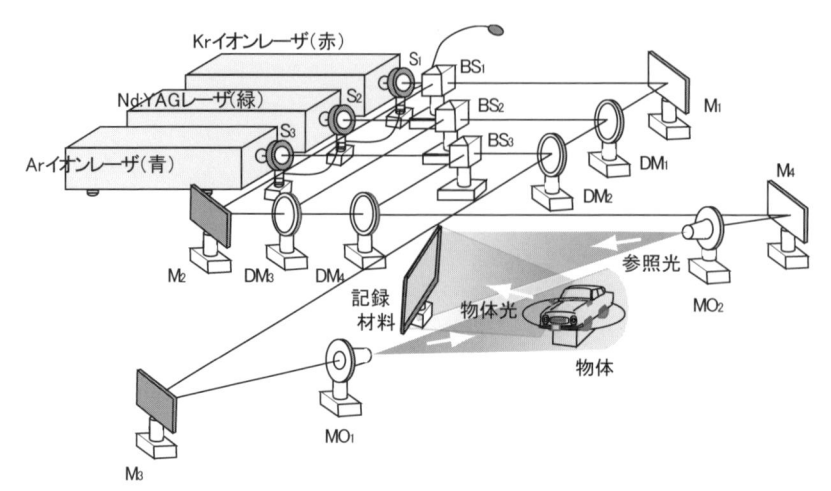

図 3.3.5 カラーホログラムを記録するための典型的な光学系の例
パンクロマチックな記録材料に，赤，緑，青のレーザ光で同時露光可能な配置．$S_1 \sim S_3$：シャッタ，$BS_1 \sim BS_3$：ビームスプリッタ，$M_1 \sim M_4$：ミラー，$DM_1 \sim DM_4$：ダイクロイックミラー，$MO_1 \sim MO_2$：対物レンズ．

分のホログラムから対応する色の像が再生され，それらが重なって加法混色の原理によりカラー画像が見える．このような3原色のレーザ光記録によるカラーホログラムは，フルカラーホログラム（full color hologram），あるいはナチュラルカラーホログラムと呼ばれる．1色のみを用いて記録するシュードカラーホログラム（pseudo-color hologram）もあるが，ここでは触れない．

（2） カラーホログラムの課題

満足できる高品質のカラーホログラムを得るために，真のカラー像以外に生じるクロストーク（crosstalk）像を除去することが必要であり，また，超高解像力のパンクロマチックな材料とその処理法の開発，再生像の色再現の解析などが行われている．

b．白色光再生カラーホログラム

銀塩乳剤，重クロム酸ゼラチン，フォトポリマーなどに記録されたカラーホログラムは，静止画像ではあるがきわめて質の高い3次元カラー画像が得られる．このカラーホログラムは電灯，太陽光など3原色を含んでいる手軽な白色光を使って再生できる方がよい．そのための方式としては，レインボーホログラム（rainbow hologram）とリップマンホログラム（Lippmann hologram）がある．

（1） カラーレインボーホログラム

① 再生像の特徴：マスターホログラム（master hologram）に横方向に細長いスリットをかけ，この部分だけからの再生光を物体光として記録する．したがって，縦方向の視差は犠牲になるが，そのために白色光で再生でき，明るい再生像が得られる．これをフルカラー化するには，赤，緑，青の3成分のマスターホロ

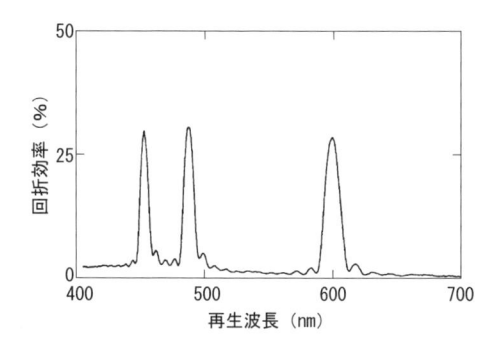

図 3.3.6 PFG-03Cに記録されたリップマンカラーホログラムの波長選択性（回折効率の再生波長依存性）の一例

記録波長は，633 nm（He-Neレーザ），および515 nm，488 nm（Arイオンレーザ）．露光量はいずれも1.5 mJ/cm²．

グラムを別々に記録しておき，それらをそれぞれの波長の光で順次再生し，1枚の記録材料に3重記録する．こうしてできるカラーレインボーホログラムを再生し，もとのスリットの位置に眼をおいて見れば赤，緑，青成分の像が正しく重なり，真のカラー画像が見える[2]．ただし，眼をこの位置からわずかでも上下させると再生像は色のバランスがくずれてしまうため，正しい色で見える範囲がきわめて狭い．

② 安価な複製ホログラム：長所は干渉縞の細かさが1 mmに1500本程度であり，比較的低解像力の記録材料が使える．また，ホログラム表面の凹凸によって干渉縞を記録できるため，エンボスホログラム（embossed hologram）として安価な複製ホログラム（replicated hologram）が大量に得られ，セキュリティなどに利用されている．

(2) リップマンカラーホログラム

① 再生像の特徴：リップマンホログラム（反射型ホログラム，reflection hologram）は，参照光の方向を記録材料の面に対して物体光と反対側から入射させて記録する．これに白色光を当てると，記録したときの波長を中心とするごく狭い範囲の波長幅，典型的には10〜30 nm程度の光のみが再生されるためクロストーク像は生じず，鮮明な再生像が得られる．またレインボーホログラムと異なり，眼の位置を上下に動かしても再生像の色は変わらない．したがって，カラー像再生に適したホログラムといえる．

② 使用する記録材料：しかし，リップマンホログラムの場合は干渉縞が非常に細かく，明るい再生像を得るためには1 mmに数千本になる干渉縞が記録できる高解像力の記録材料が必要である．パンクロマチックな記録材料として，銀塩乳剤ではPFG-03C[3]やBB-PAN[4]が市販されている．図3.3.6はPFG-03Cに3原色のレーザ光で3重露光されたリップマンホログラムの波長選択性である．また実験室レベルで作製された高感度の超微粒子乳剤を使った，きわめて高い回折効率（diffraction efficiency）を持つカラーホログラムが報告されている[5]．現像処理不要の記録材料としてフォトポリマーが開発されている[6]．この種のフォト

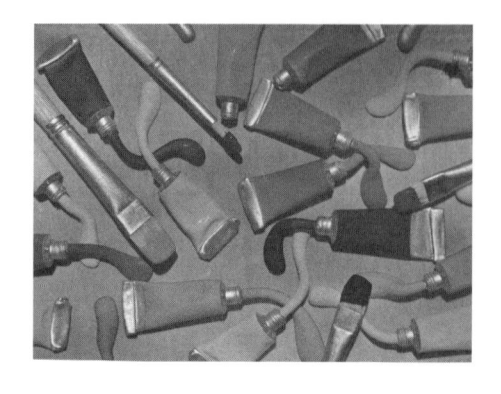

図 3.3.7 フォトポリマーに記録されたフルカラーホログラムからの再生像の一例[7]（口絵4参照）記録波長は，647 nm（Krイオンレーザ），532 nm（Nd：YAGレーザ），458 nm（Arイオンレーザ）．

ポリマーは銀塩乳剤と異なり，3原色の光を同時に当ててホログラムを作製しないとバランスのよい色の像が得られない．この材料は感度は低いがきわめて高い解像力を持っており，明るい再生像が得られている．この材料を使った複製のカラーホログラム[7]がパンフレットや装飾用の商品など身近な所で利用されている．図3.3.7は，そのカラーホログラムからの再生像の一例である．

③ ホログラフィックステレオグラム（holographic stereogram）の利用：ホログラフィックステレオグラムを使った大サイズ，広視域，フルパララックスのカラーホログラムが作製されており[8]，またホログラムポートレイト作製装置も開発されている[9]．

④ 色再現性：カラーホログラムは，前述したように原理的には3原色のレーザ光で物体を照明して記録され，白色光で再生する際ホログラム自身が特有の波長選択性を示す．したがって再生像の色は連続した分光反射率分布を持っている物体の色を正確に再現しているとはいえない．再生像の色再現に関して，最適な波長の組み合わせがCIE表色系を用いて解析されている[10]．

c. ホログラフィック光学素子（holographic optical element；HOE）を用いたカラー画像の表示

ホログラムは光学素子としての機能も持っており，ホログラム自身に3次元画像情報を記録するのではなく，カラー画像を表示するための手段としても利用されている．

（1）ホログラフィックスクリーン

ホログラフィックスクリーンは，そこに投影された光を必要な方向に集中的に集める作用をする．拡散板からの拡散光を物体光とする単純な透過型ホログラフィックスクリーンによって，液晶テレビなどの画像がカラー表示できる[11]．

（2）ヘッドアップディスプレイ（HUD）装置，ヘッドマウントディスプレイ（HMD）装置

これらは，観察者が外景を注視したままで必要な情報を知ることができるように，それらを前方の視野に重ねて表示するためのもので，その情報がカラーで表示される

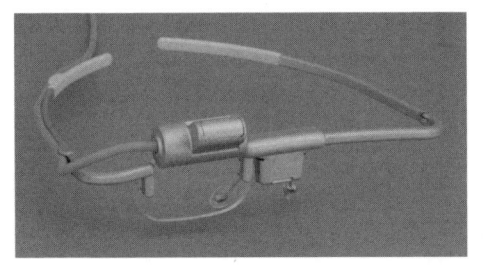

図 3.3.8 シースルー型ヘッドマウントディスプレイ装置の外観図[12]
ホログラムはガラス(プリズム)の中央部にはめ込まれている。その上部には3色のLEDで照明された液晶ディスプレイがあり、光はプリズム内を全反射してホログラムに達し、画像情報が視野の前方に表示される。

ことによって情報量が増え、また視認性もよくなる。ホログラムの波長選択性や高透過性を活かした超薄型、超軽量のシースルー型HMD装置のカラー化が実現しており、ウェアラブルコンピュータや携帯電話と組み合わせたさまざまな用途が期待されている[12]。図3.3.8はその外観図である。

d. おわりに

3原色のレーザ光を用いて光学的に記録する白色光再生カラーホログラムについて紹介した。得られるカラー像は眼にやさしい理想的な像であり、臨場感あふれるユニークな3次元の世界を創り出すことができる。多くの分野でカラーホログラムが利用されることを期待する。　　　　　　　　　　　　　　　　　　〔久保田敏弘〕

▶参考文献

1) Hariharan, P. : Colour holography. *Progress in Optics* XX, E. Wolf (ed), 263-324, North-Holland, Amsterdam, 1983.
2) 鈴木正根, 斎藤隆行, 松岡 猛 : カラーレインボウ・ホログラム. 光学, **7**(1), 29-31, 1978.
3) Zacharovas, S. J., Ratcliffe, D. B., skokov, G. R., Vorobiov, S. P., Kumonko, P. I. and Sazonov, Y. A. : Recent advances in holographic materials from Slavich. *Proc. SPIE*, Vol. 4149, 73-80, 2000.
4) Birenheide, R. : The BB emulsion series: Current standings and future developments. *Proc. SPIE*, Vol. 3358, 28-30, 1997.
5) Gentet, Y. and Gentet, P. : "Ultimate" emulsion and its applications: a laboratory-made silver halide emulsion of optimized quality for monochromatic pulsed and full color holography. *Proc. SPIE*, Vol. 4149, 56-62, 2000.
6) Stevenson, S. H. : DuPont multicolor holographic recording films. *Proc. SPIE*, Vol. 3011, 231-241, 1997.
7) Watanabe, M., Matsuyama, T., Kodama, D. and Hotta, T. : Mass-produced color graphic arts holograms. *Proc. SPIE*, Vol. 3637, 204-212, 1999.
8) *Holography Marketplace, 8th ed*, 53, Ross Books, Berkeley, USA, 1999.

9) Takano, M., Shigeta, H., Nishihara, T., Yamaguchi, M., Takahashi, S., Ohyama, N., Kobayashi, A. and Iwata, F.：Full-color holographic 3D printer. *Proc. SPIE*, Vol. 5005, 126-136, 2003.
10) Kubota, T., Takabayashi, E., Kashiwagi, T., Watanabe, M. and Ueda, K.：Color reflection holography using four recording wavelengths. *Proc. SPIE*, Vol. 4296, 126-133, 2001.
11) トリガー, **18**(3), 112-113, 1999.
12) 笠井一郎, 野田哲也, 遠藤 毅, 上田裕昭：HOE を用いた小型フルカラーシースルーディスプレイの開発. 第 28 回光学シンポジウム講演予稿集, 29-32, 2003 年 6 月.

3.3.4 動画ホログラム/計算機ホログラム
a．動画ホログラム

動画ホログラム（holographic video）による立体動画像表示のアイデアは，1965年のリース（Leith）らの論文[1]にすでに登場している．その論文の試算では 3 次元表示に必要な標本点数が毎秒 1.5×10^{11} となること，$1 \mu m$ 程度の微細な画素を持つ空間光変調器が必要なこと，などにより理論的には可能でも現実的ではないと考えられてきた．

ホログラムは 3 次元物体からの光の波面を記録・再生するために光の干渉を利用して干渉縞を形成している．空間光変調器でこの干渉縞を再現するためには標本化定理より，画素サイズを最小干渉縞周期の半分以下とする必要がある．干渉縞の周期は記録時には物体からの光と参照光のなす角度により決定され，再生時にはホログラムを照明する光の回折角度を決定する．参照光を平行光とした場合，ホログラムによる光の回折角は視域角と同じかそれ以上が必要である．ただし，画素サイズが大きい場合はレンズなどによる縮小光学系により見かけ上のサイズを小さくすることが可能である．デバイスの大きさを 100 mm 角とし，画素サイズが $1 \mu m$ ならば画素数は 10 万×10 万となり，100 億個の画素が必要となる．画素数の増大はデバイスの製造だけでなく電気信号としてデータを伝送する場合にも問題となる．画素数 100 億個で，1 画素 1 バイトでデジタル化して毎秒 60 画面の伝送を行うとすると，伝送速度は 4800 Gbit/s となる．このため，現時点では何らかの情報低減が必要である．

液晶パネルを用いたホログラムの表示[2]は，原理的には液晶パネルに直接レーザを照射するだけでよい．ただし，現在入手可能なビデオ表示用の液晶パネルの画素サイズはホログラムの表示には不十分なので，レンズレスフーリエ型にするなどの光学系の工夫が必要である．液晶パネルを用いたホログラム表示の基本的な光学系を図 3.3.9 に示す．液晶パネルにホログラムを表示し，レーザ光を照明光として照射し，凸レンズにより光を集光すると，ゼロ次回折光（非回折光）の近傍に再生像（1 次回折光）と共役像（−1 次回折光）が現れる．本来の再生像は 1 次回折光のみなので，それ以外の回折光が観察のじゃまにならないように工夫が必要である．

空間光変調器として音響光学偏向器（acousto-optical deflector；AOD）を用いる

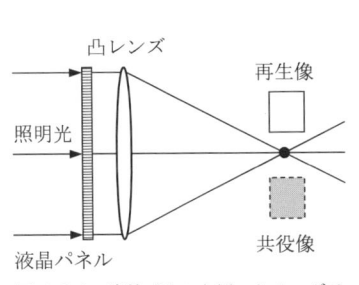

図 3.3.9 液晶パネルを用いたホログラム再生の基本的な光学系

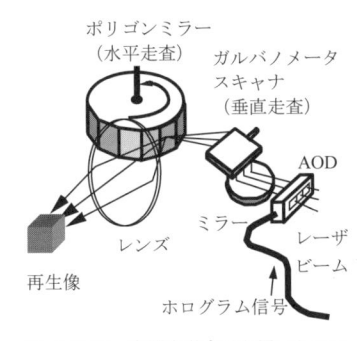

図 3.3.10 音響光学素子を用いたホログラム再生の光学系

方式では，縦方向の視差を廃棄するなどホログラムの情報量を十分な3次元知覚を行うための必要最小限まで低減し，音速で移動する干渉縞を停止させるための機械走査やAODの偏向角度の不足を補うための縮小光学系など，さまざまな工夫がなされている[3),4)]．

図3.3.10にディスプレイの光学系を示す．AODの帯域に変換されたホログラムの電気信号がトランスデューサで超音波に変換され結晶中を伝達するとき，弾性的に変調される屈折率変化が生じる．そのAODにレーザ光を入射すると，この屈折率変化による回折で光の進行方向が曲げられて，出射光としてホログラムからの再生像が得られる．AOD内に形成されたホログラムは音速で移動するため，ポリゴンミラーを同期して回転することでホログラムの像を静止させる．この水平走査によって小さいAOD結晶でも大きな再生像を得ることができる．このように形成された横長の線状ホログラムをガルバノメータスキャナによって垂直方向にも走査し，出射レンズの手前の空間に3次元像を形成する．

b．計算機合成ホログラム

計算機合成ホログラム（computer-generated hologram；CGH）は，光の干渉を計算機内部でシミュレーションしてホログラムを計算するものだけでなく，光学的手段で作製できないものも含まれている．物体からホログラムに到達する光の波面の厳密な計算は容易ではないので，通常は何らかの近似を用いる．

簡単な近似方法の1つとして，被写体を点光源の集合として表す方法がある[5)]．被写体をN個の点で表し，j番目の点の座標を (x_j, y_j, z_j)，振幅を a_j，ホログラムまでの距離を r_j とすると，ホログラム上での物体光の複素振幅 O は，

$$O(x, y) = \sum_{j=1}^{N} \frac{a_j}{r_j} \exp(ikr_j) \tag{3.3.1}$$

となる．ここで，j番目の点からホログラムまでの距離 r_j は次式により定義される．

$$r_j = \sqrt{(x_j - x)^2 + (y_j - y)^2 + z_j^2} \tag{3.3.2}$$

ホログラム上に形成される干渉縞は，次式のように物体光 O と参照光 R を合成した光強度の時間平均で与えられる．

$$I(x) = |O + R|^2 = |O|^2 + |R|^2 + R^*O + RO^* \qquad (3.3.3)$$

ここで，R^*，O^* はそれぞれ R，O の複素共役を表す．上式の右辺は4つの項からなるが，最初の2項は物体光および参照光の強度分布でほぼ一定値となる．最後の2項はホログラムとしての干渉情報を持っているので，コンピュータで干渉縞を計算する際は，この2項のみを計算した方が効率的であるので，この項のみを取り出して変形すると，次式のようになる[5]．

$$I_b(x, y) = \sum_{j=1}^{N} \frac{a_j}{r_j} \cos(kr_j + ky \sin\theta_R) \qquad (3.3.4)$$

ただし，参照光は斜め上から角度 θ_R で入射する平行光を仮定している．上式では干渉縞 I_b が正負の値をとるので，画像として出力する場合は値をシフトして常に正の値をとるようにする．

別の近似法としてフーリエ変換（Fourier transform）による方法がある[6]．被写体がホログラムと平行な面内に存在し，ホログラムから十分離れている場合には，ホログラム上での物体光の複素振幅は被写体の光振幅分布のフーリエ変換として求められる．十分離れているとみなされる条件は，数百m以上となることもあるが，レンズを用いて焦点距離 f の間隔に物体やホログラムを配置すれば，ホログラムの記録および再生が可能である．フーリエ変換により求めた物体光に，任意の参照光成分を加えてホログラムを計算する．2次元画像を入力とする場合，画像の振幅は正の値のみをとるため，そのままフーリエ変換を行うと大きな直流分がフーリエスペクトルの中心に現れて周辺のホログラム情報のダイナミックレンジを下げてしまう．そのため，通常は画像にランダム位相を付加する．このためには，画像の振幅値にランダムにプラスまたはマイナス1をかければよい．フーリエ変換を用いる場合，被写体は2次元画像であるので，3次元画像を表示するには，物体を奥行き方向の多数の断層面で表したり，ホログラムを多数の要素に分割して，ホログラフィックステレオグラム（holographic stereogram）の手法を適用するなどの工夫が必要である．

〔吉川　浩〕

▶参考文献

1) Leith, E. N., Upatnieks, J., Hildebrand, B. P. and Haines, K.：Requirements for a wave-front reconstruction television facsimile system. *J. Society Motion Picture and Television Engineers*, **74**(10), 893-896, 1965.
2) 佐藤甲癸：液晶デバイスを用いた動画ホログラフィ研究の展望．ディスプレイ アンド イメージング, **2**, 309-315, 1994．
3) St.-Hilaire, P., Benton, S. A., Lucente, M., Jepsen, M. L., Kollin, J., Yoshikawa, H. and Underkoffler, J.：Electronic display system for computational holography. *Proc. SPIE*, Vol. 1212, 174-182, 1990.

4) S. A. ベントン著,吉川 浩訳:ホログラフィックビデオ画像に関する実験. 3D 映像, **5**(2), 36-68, 1991.
5) Waters, J. P.: Holographic image synthesis utilizing theoretical method. *Applied Physics Letters*, **9**(11), 405-407, 1966.
6) 谷田貝豊彦:光とフーリエ変換, 朝倉書店, 1992.

3.4 出力系の新しい技術

3.4.1 バックライト分配方式 3D ディスプレイ

視差バリア方式では,多人数で各観察者が動きながらでもメガネなしで立体認識できるステレオ(2眼)ディスプレイの実現は,原理的に不可能である.よって現在開発されている 3D ディスプレイの多くは多眼方式である.

シーフォン社が開発している立体視のメカニズムは 1992 年に名古屋大学から発表[1]されたもので,現在のところ,多人数で各観察者がそれぞれ自由に動けてメガネなしで立体認識できる唯一のステレオ(2眼)ディスプレイである.

実際商品化している 3D 液晶ディスプレイでは,フレネル凸レンズによって,3D 液晶ディスプレイのバックライトの光の進行方向を制御し,左右の眼に異なる映像を見せることにより,多人数でのメガネなし立体認識をすることができる.原理はフレネル凸レンズ付きバックライトを有した TFT 液晶ディスプレイにより,実現できる.図 3.4.1 にその原理を示す[2)-6)].

観察者の左右の眼がフレネル凸レンズによって焦立しているバックライトの左右の眼のどちらかに相当する位置を発光させると,その輝点に相当する眼のみはフレネル凸レンズ面全面が均一に輝度を有した状態で視認できる.この状態で液晶画面にステレオ像の適当な片方の画像を表示することにより,複数の観察者に同時に左右片方の眼のみに表示画像が認識される.このバックライトの輝点と液晶の表示画像を電気的に制御し,左右の眼に異なる映像を送る.そして,右眼用映像と左眼用映像を時間

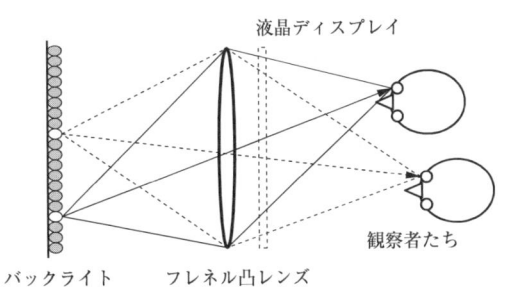

図 3.4.1 バックライト分配方式 (back light distribution method)[1)]3D 原理

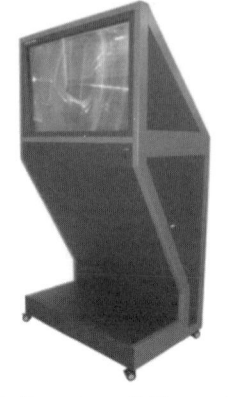

図 3.4.2　製品，左から 12.1 インチ（シーフォン社製），30 インチ（東京システム開発株式会社製），薄型フルカラーアナグリフタイプ（東京システム開発株式会社，三谷商事株式会社製）

的，空間的または色的に足し合わせた映像を，TFT 液晶ディスプレイに表示することにより，立体画像として左右の眼に応じた映像が見える．また，特別な制御を行わなくても従来の 2D ディスプレイとしての表示も当然できる．

図 3.4.2 に本方式による 3 タイプの製品を示す．

従来（12.1 インチタイプ）は図 3.4.1 のフレネルレンズを前後に駆動させることにより奥行き方向に観察者をトラッキングしていた．この場合観察者 1 人にしか対応できないため，複数人の観察者が奥行き方向に広く分布する場合，最も近い観察者に焦立条件が満たされるようプログラムされていた．現行の 30 インチタイプでは，フレネルレンズは駆動せず，バックライトの輝点の発光位置を図 3.4.3 のように奥行き方向にそれぞれ観察者に対して変化させトラッキングしている．

また，現在では薄型フルカラーアナグリフタイプのように，フレネルレンズをマルチフレネル[5]にしたり，最近のリアプロジェクションディスプレイのようにミラーを介してバックライトを構成することにより薄型化が容易となった．

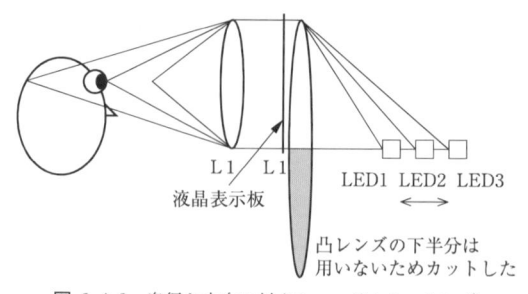

図 3.4.3　奥行き方向に対するヘッドトラッキング

画素数が少ない携帯電話の液晶表示の場合，時分割でステレオ表示が可能である．通常のパーソナルコンピュータの表示用のディスプレイの場合，現在 $1/\lambda$ 板を垂直方向に短冊状に1画素ごとに液晶のバックライト光入射面側に貼り付け，バックライト光源は左右眼用の光を互いに直角に偏光させ，液晶に垂直方向の奇数行画素と偶数行画素にステレオ像を振り分け，空間分割でステレオ像を表示しているものが主流である．

しかし，フルカラーのアナグリフ内視鏡[7]などの映像は RGB のうち，赤色は右眼用の映像の中の赤成分のみ，青色は左眼用の映像の青成分のみ，緑色はその中間視差像の中の緑成分のみで構成された映像である．この映像に対してはバックライトを RGB で構成し，R 発光は右眼用，B 発光は左眼用，G 発光は左右眼用に対応発光させることにより，フルカラーのアナグリフ表示が可能になる．当然ではあるが，$1/\lambda$ 板などの偏光素子は不要である．さらに入力ステレオ像は通常の 2D 像と同じサイズですむ．

実際の多くの製品はバックライト光源が微小な LED で構成されているので，表示映像は近似的にマクスウェル視像になり，各観察者の水晶体に由来する視力にほぼ影響されることなく立体視できる．よって輻輳調節矛盾も減少される．結果として従来型と比較して長時間観察の際の疲労軽減も確認されている． 〔服部知彦〕

▶参考文献

1) Hattori, T.：Progress in autostereoscopic display technology at Nagoya University College of Medical Technology. *Proc. International Conference on 3Dmt,* 1992.
2) Hattori, T. *et al.*：医用画像用三次元映像表示システム．3D 映像，**7**(2)，34-37, 1993.
3) Hattori, T. *et al.*：Stereoscopic liquid crystal display. *Proc. TAO,* 541-547, 1993.
4) Hattori, T. *et al.*：Stereoscopic liquid crystal display I. *SPIE,* Vol. 2177, 1994.
5) Hattori, T. *et al.*：On the-wall stereoscopic liquid crystal display. *SPIE,* Vol.2409, February 1995.
6) Hattori, T.：Sea Phone 3D display. 画像ラボ，**15**(5)，12-13, 2004.
7) Hattori, T. *et al.*：A new color anaglyph method. *SPIE,* Vol. 3012, 1997.

3.4.2 再帰性表示

立体ディスプレイとは，要するに"右目と左目に異なる映像を提示する技術"ととらえることができる．これは光を制御する技術であり，所望の位置と方向に適切な光の束（映像）を出力することによって達成される．この光の制御に，偏光や時分割を用いる手法が有名であるが，新たな方法として，物体（もしくはスクリーン）における反射を利用するものを紹介する．

物体表面における反射は，一般には，鏡面反射と拡散反射に大別される．これに対して，物体表面に微細な加工を施すことにより，再帰性（回帰性）反射という新たな

図 3.4.4 物体表面におけるさまざまな反射

性質を付与することができる．図 3.4.4 は，この 3 つの反射の様子を図示したものである．

再帰性反射の仕組みは，図 3.4.5 に示す微小なガラスビーズ（ガラスの球体）を考えるとわかりやすい．ガラスビーズに入射した光は，表面での屈折と球内での反射を経て，入射してきた方向に返される．このような微小なガラスビーズが表面に敷き詰められた物体は再帰性反射特性を示す．

再帰性反射材は，交通標識などで広く利用されている．これは，車のヘッドライトから届いた光を効率的にドライバーに返すことにより，標識の視認性を高めることができるからである．

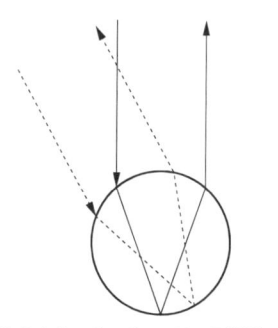

図 3.4.5 ビーズにおける再帰性反射 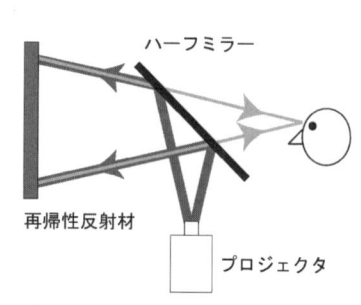　　図 3.4.6 視点位置に応じた映像提示

再帰性反射材を立体ディスプレイに応用する場合の仕組みを図 3.4.6 に示す．再帰性反射材をスクリーンにしてプロジェクタで映像を投影すると，その光はプロジェクタに向かって返っていく．ここでハーフミラーを利用することで，観察者の目の位置に光が戻るようにすることができる．右目用と左目用のプロジェクタをそれぞれ用意することにより，1 枚の再帰性反射材の見え方が，右目と左目で異なるものになり，メガネなしの立体ディスプレイとして機能するようになる．

さらにプロジェクタの台数を増やすことにより，2 眼式だけでなく，多眼式のシステムを構築できる点が，再帰性表示方式の特徴である．これにより，多人数鑑賞や運動視差にも対応することが理論的には可能となるが，プロジェクタの物理的な大きさなどが制約となり実装は大規模なシステムになる傾向がある．　　　〔苗村　健〕

3.4.3 DFD 表示方式

DFD (depth-fused 3-D) 表示方式は，新たな立体錯視現象 (3-D visual illusion) である DFD 錯視現象の発見[1]に基づいて考案された方式である[2]．この方式は，観察位置は限定されるが，比較的簡便な構成で疲労感の少ない 3D 像 (three-dimensional image) を立体メガネなしで提示できる[3]．また，両眼の視力差が大きい観察者でも 3D 像として見えやすい長所を有する[4]．

（1） 基本方式

透明な 2D 像の積層により 3D 像を提示する方法は従来から検討されてきたが，一般的なカラー画像への適用には多くの制約があった[5),6)]．これに対して，DFD 錯視現象は，多くの一般的な画像（明確なエッジを含む画像）に適用できる特徴を有する[7]．

DFD 錯視現象の概要を図 3.4.7 に示す．まず，表示したい一般的な 3D 像（ここでは長方形の板）の透明な 2D 射影像を，前後の表示面に観察者の位置から見て重なり合うように表示する（図左上）．すると，観察者はこれを奥行きの異なる 2 つの像としてではなく，図右上のように奥行き方向に融合した 1 つの像として感じる．次に，表示したい 3D 像の奥行き位置に応じて前後 2 面の像の輝度比を変化させると（図左下），図右下のようにその奥行き位置が連続的に変化して感じられる．

定量的な心理実験結果により（図 3.4.8），奥行き位置は輝度比に対して連続的に変化することが示されている[1]．

（2） 飛出し DFD 表示方式

基本方式のように，表示したい 3D 像の輝度比のみを考慮した場合，3D 像の奥行き範囲は前後 2 面の間に限定される（図 3.4.7，3.4.8）．しかし，図 3.4.9 のように 3D 像の周囲の輝度を考慮に入れることにより，本方式は前後 2 面の外側へ飛び出した 3D 表示に拡張可能である[8]．

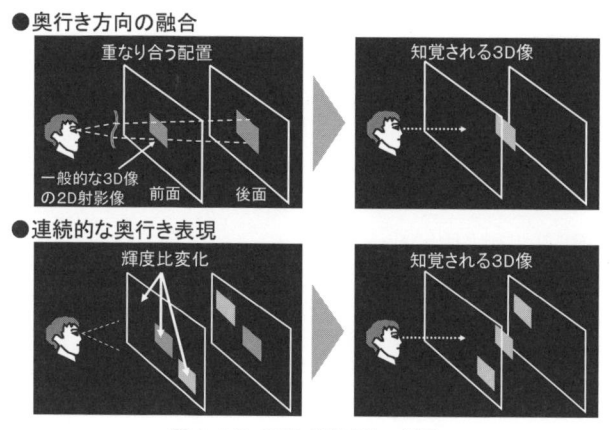

図 3.4.7 DFD 錯視現象の概要

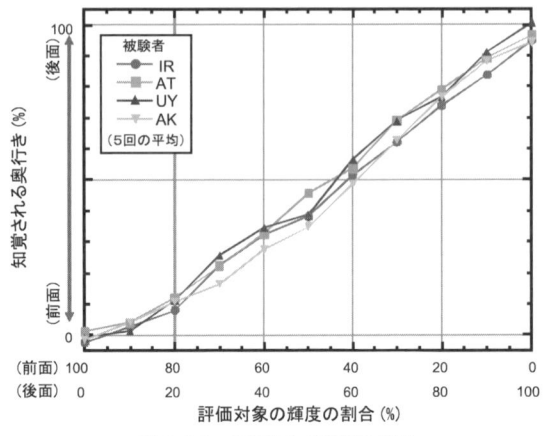

図 3.4.8 定量的な心理実験結果

定量的な心理実験結果から，2面の間隔の平均40％程度まで，前後に飛び出して感じられることが示されている．
（3）偏光加算型 DFD 表示方式

図 3.4.7〜3.4.9 のような透明な像の重ね合わせを実現するには，ハーフミラーを用いる方法（図 3.4.10 左上）があるが，装置が大型化する欠点を有している．そこで，図 3.4.10 右上のように2枚の LCD を重ね合わせ，偏光変化の加算性を利用することで，DFD 表示装置を大幅に薄型化できる[9]．本方式は，前後2枚の LCD（偏光板なし）を2枚の偏光板の間に配置することにより，前面 LCD と後面 LCD におけるそれぞれの偏光変化が加算され，全体としてはあたかも双方の LCD の表示輝度が加算されているかのように見えることを用いている[10]．

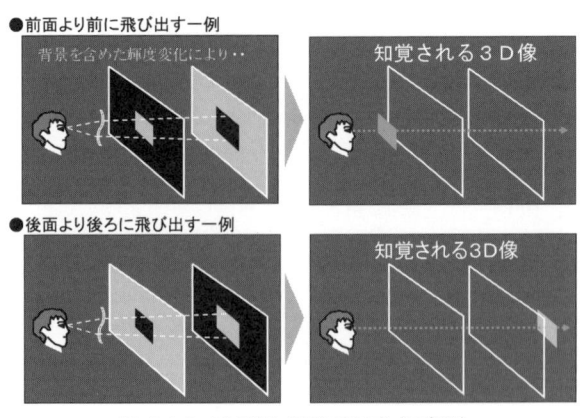

図 3.4.9 飛び出し DFD 表示方式の概要

3.4 出力系の新しい技術   231

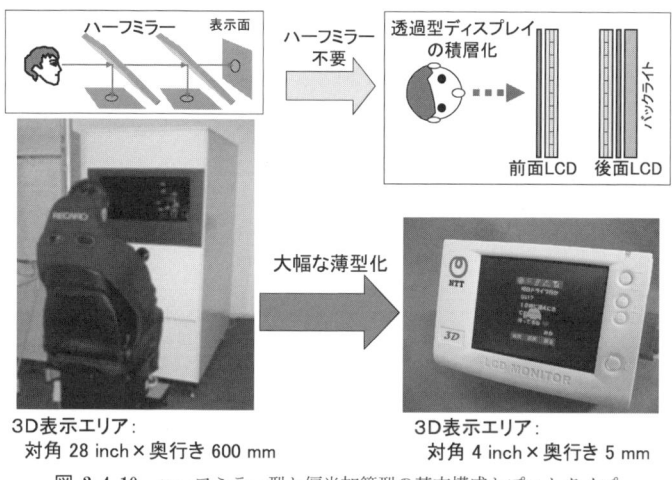

図 3.4.10　ハーフミラー型と偏光加算型の基本構成とプロトタイプ

(4) プロトタイプ

DFD 表示方式のプロトタイプを図 3.4.10 下に示す．ハーフミラーを用いたプロトタイプ（図左下）は，装置が大型となるが，表示エリアとしては対角 28 inch×奥行き 600 mm と大きな領域を確保している．一方，偏光加算型（図右下）は，2 面の LCD を用いた簡単な構成で実現でき，薄型化できている．その表示エリアは対角 4 inch×奥行き 5 mm と浅いが，十分な立体感を得ることができた．双方とも，パソコン制御で簡便に種々のカラー 3D 動画像を表示できる．

さらに，本方式は，電子ディスプレイだけでなく，前面に透明な印刷シートを用いた印刷物にも適用でき，それらの像の濃度比を変化させることにより，きわめて簡便に 3D 静止画像を実現できる[11]．

(5) まとめ

DFD 錯視現象により，表示したい 3D 像の 2D 射影像を前後 2 面に表示し，その輝度比と周囲輝度を変化させることにより，前後 2 面間および前後面より飛び出した位置にある 3D 像を連続的に表現できる．さらに，2 面の LCD における偏光変化の加算性を利用することにより，装置の薄型化が可能である．このように，DFD 表示方式は，携帯電話，PDA，PC モニタから中・大型表示まで各種の情報端末用として有望と考える．

〔陶山史朗〕

▶参考文献
1) Suyama, S., Ohtsuka, S., Takada, H., Uehira, K. and Sakai, S.: Apparent 3-D image perceived from luminance-modulated two 2-D images displayed at different depths. *Vision Research*, **44**, 785, 2004.

2) Suyama, S., Takada, H. and Ohtsuka, S.: A direct-vision 3-D display using a new depth-fusing perceptual phenomenon in 2-D displays with different depths. *IEICE Trans. on Electron.*, **E85-C**(11), 1911-1915, 2002.
3) Ishigure, Y., Suyama, S., Takada, H., Nakazawa, K., Hosohata, J., Takao, Y. and Fujikado, T.: Evaluation of visual fatigue relative in the viewing of a depth-fused 3-D display and 2-D display. *Proc. IDW '04* (VHFp-3), 1627, 2004.
4) Sekimoto, N., Mizuno, M., Okai, K., Akaike, A., Takami, Y., Asonuma, S., Hosohata, J., Suyama, S., Takada, H., Sakai, S. and Fujikado, T.: A development of stereotest using luminance modulation. *Proc. Progress in Strabismus 9th Meeting of International Strabismological Association*, 117-119, 2003.
5) 安藤 繁:微分両眼立体視法による多層立体知覚の基礎. 計測自動制御学会論文誌, **24**(9), 973-979, 1988.
6) 永津昭人:積層型液晶パネルによる3次元画像表示. テレビジョン学会技術報告, **20**(5), 61-66, 1996.
7) 大塚作一, 陶山史朗, 高田英明, 石樽康雄:両眼視差に基づく奥行き知覚と立体表示. 電気情報通信学会信学技法, **EID2000-51**, 37-42, 2000.
8) Suyama, S., Takada, H., Uehira, K., Sakai, S. and Ohtsuka, S.: A new method for protruding apparent 3-D images in the DFD (depth-fused 3-D) display. *SID '01 Digest of Technical Papers* (53.3), 1300-1303, 2001.
9) 高田英明, 陶山史朗, 伊達宗和, 昼間香織, 中沢憲二:前後2面のLCDを積層した小形DFDディスプレイ. 映像情報メディア学会誌, **58**(6), 807, 2004.
10) Date, M., Hisaki, T., Takada, H., Suyama, S. and Nakazawa, K.: Luminance addition of a stack of multi-domain LCDs and capability for depth-fused-3D (DFD) display application. *Applied Optics*, **44**(6), 898, 2005.
11) Takada, H., Suyama, S. and Nakazawa, K.: A new 3-D display method using 3-D visual illusion produced by overlapping two luminance division displays. *IEICE Trans. on Electron.*, **E88-C**(3), 445, 2005.

3.5 VR, AR, MR

3.5.1 AR と MR

(1) AR/MR の概念—VR の発展形

コンピュータ内に仮想環境を構築しフル CG 映像を体験する VR (virtual reality) に対して, 現実世界に電子データを重畳表示することを AR (augmented reality), 仮想と現実を違和感なく融合することを MR (mixed reality) という. MR の方が少し広い概念であるが, 実際にはほぼ同じ意味で使われる. 日本語では AR を"拡張現実感"ということもあるが, MR の訳語である"複合現実感"が定着しつつある.

いずれも VR の発展形で, 体験者の視点移動に追随してリアルタイム対話的に利

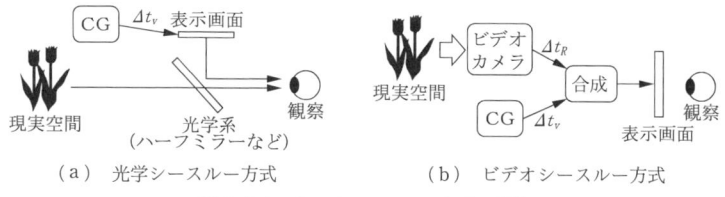

図 3.5.1　2つのシースルー方式の比較

用できる．実写とCGを合成する映像制作のVFX（5.3節参照）が撮影後のポストプロダクションで施されるのに対して，AR/MRはリアルタイム1人称視点での体験型VFXであるといえる．

（2）AR/MRの方式と立体映像

現実・仮想の映像合成方式は大別して2つある．目の前の光景にCGデータの映像をハーフミラー機能で光学的に重ね合わせる"光学シースルー方式"と，目の前の光景を左右2台のビデオカメラでとらえ，そこにCG映像を重畳する"ビデオシースルー方式"である（図3.5.1）．現実世界を視認しやすいのは前者であるが，画質的な整合性は後者が達成しやすい．いったんコンピュータに取り込んだ画像をマーカー認識用に使えるという優位性もある．遮閉型HMD（head mounted display）の外にビデオカメラを付着してビデオシースルーを実現する試みもあるが，これでは近くの物体に対して正しい立体感が得られない．撮像光学系と表示光学系の光軸を一致させた方式（図3.5.2）が望ましい[1]．

（3）現実世界と仮想世界の整合性

現実世界と仮想世界を違和感なく融合するには，①幾何的整合性（位置ずれの解消），②光学的整合性（画質ずれの解消），③時間的整合性（時間ずれの軽減）の3つを達成する必要がある[2]．なかんずく①は最大の課題で，体験者の頭部位置姿勢をリアルタイムで追跡する能力が求められる．市販の物理的な6自由度センサでは精度的に不十分なことが多いので，その計測値をマーカーの画像認識で補正する方式や，画像認識だけで達成する方式が採用されている．光学的整合性の達成には，現実世界の

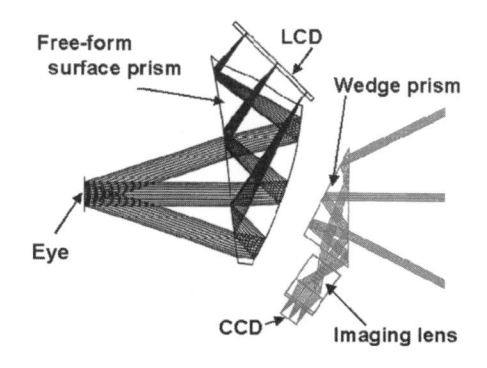

図 3.5.2　光軸を一致させたHMDの光学系

照明状況を計測し,仮想物体の陰影付けに活用する方式が用いられている[3]（図3.5.3）.

(a) 仮想物体に影なし　　(b) 実照明条件を反映した影付け
図 3.5.3　仮想と現実の光学的整合性[3]（口絵3参照）

図 3.5.4　愛知万博・日立グループ館における MR アトラクション
（精巧なジオラマに CG 製の海亀が合成されて見える）

(4) 主な応用分野と今後の展開

AR/MR の応用分野は,医療・福祉,建築・都市計画・防災,教育・芸術・娯楽,設計・製造・保守など多岐にわたる.患者の体表面に体内の画像を重ねて手術計画を立てたり,想定災害を屋外の現場で仮想体験して視認するなどである.空間型アトラクション（図3.5.4）や観光ガイドなどにも活用されている.コンピュータの CG 描画能力が増すにつれ,今後は携帯電話や携帯情報端末（PDA）などのモバイル機器,家庭用ゲーム機にも AR/MR 機能が実装され活用されていくと予想される.

〔田村秀行〕

▶参考文献
1) Takagi, A., Yamazaki, S., Saito, Y. and Taniguchi, N.：Development of a stereo

video see-through HMD for AR systems. *Proc. 2nd International Symposium on Augmented Reality*, 68-77, 2000.
2) 田村秀行,大田友一:複合現実感.映像情報メディア学会誌, **52**(3), 266-272, 1997.
3) 池内克史,佐藤洋一,西野恒,佐藤いまり:複合現実感における光学的整合性の実現.日本バーチャルリアリティ学会論文誌, **4**(4), 623-630, 1999.

3.5.2 VR表示装置

VR表示装置としては広視野角,没入感,臨場感(高解像度)が必要とされ,立体視がサポートされたHMDやCAVE(多面立体視)が代表的なものとしてあげられる.

(1) HMD (head mounted display)

人間の視覚情報をvirtualとして満足させるものとしてHMDが1989年に米国VPL社よりEyephoneとして登場した.磁気センサ(6自由度データ)を視点情報としてコンピュータに与えることにより眼前に360度のVR空間の構築が可能となった.その後いろいろなタイプが出されたが,高解像度液晶パネルの製造が難しいことや,装着性の問題,目に対する影響対策が難しいため,一部用途を除き使用が限定されている.

(2) CAVE (CAVE Automatic Virtual Environment):多人数参加型イマーシブマルチプロジェクションシステム

米国イリノイ大学EVL (Electronic Visualization Laboratory)にて開発され,1992年SIGGRAPH '92にてはじめて一般公開された.

1面〜6面スクリーンと立体プロジェクタによりVR空間を作り,この中で体験者は体の動きとVR空間と同期をとるトラッキングセンサ(6自由度データ)を装着する.映像は各面に対応したコンピュータがCAVElibソフトにより同期をとられ,立体メガネを装着することにより立体ステレオビューが実現される(1面タイプはスクリーン面を傾斜させることにより没入感を増大させる).

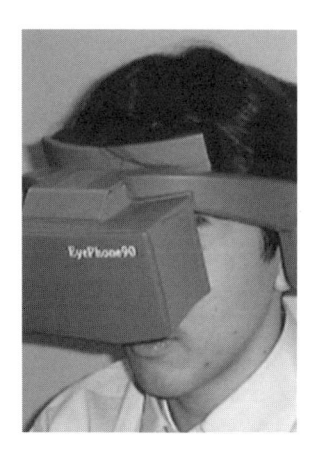

図 3.5.5 Eyephone 90
(日商エレクトロニクス株式会社)

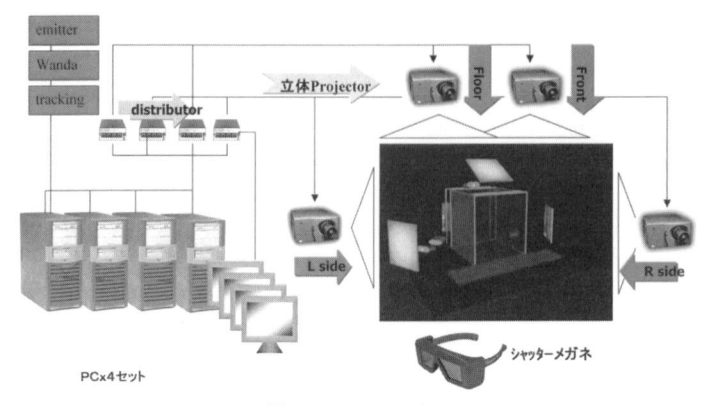

図 3.5.6　4 面構成図

　この VR 空間ではその中を自由に歩きまわったり，VR 空間のものを動かしたりインタラクションすることが可能であり，また他の CAVE システムと接続することにより協調作業も可能となっている．
　基本構成
　　・スクリーン（1～6 面）
　　・立体プロジェクタ（CRT・液晶・DLP）
　　・立体方式（偏向立体・液晶シャッタ）
　　・トラッキング（磁気センサ・超音波センサ・光学センサ）
　　・PC（GenLock が可能な立体用グラフィックカード必要）
　　・ソフト CAVE ライブラリー（入出力デバイス/プロジェクションコントロール，多面スクリーンでの同期コントロール）　　　　　　　　〔菊池　望〕

3.5.3　ウェアラブルコンピュータ

　身に着けることができるように工夫されたコンピュータのことである．大型機からミニコンへとダウンサイジングを重ね，ついにはパソコンや携帯端末の大きさになったコンピュータの次世代の形と考えられ，各国で研究が進んでいる．これまでの携帯端末が備えている通信などの機能ばかりか，多様なセンサ機能や生体に対応する機能を持ち，衣服に組み込んだり腕時計や装飾品の形にすることで，いつでもどこでも常に情報環境と接することが可能になるのが特徴である．
　ウェアラブルが話題になったのは，1990 年代に米 MIT でスティーブ・マン（Steve Mann）たちの研究者が"ウェブカム"と呼ばれる，カメラで毎日の生活場面を常時ネットに送信できる装置の常時着用実験を開始してからといわれる．こうした流れを受けて，1997 年には MIT のメディアラボを中心に"ウェアラブルズ"会議が開かれることで一般の関心が高まった．日本でも 1998 年にはウェアラブルを主題に

3.5 VR, AR, MR

した会議が相ついで開催され，その後も各所で学会発表やファッションショーなどのイベントが継続的に行われている．

ウェアラブル型のコンピュータはすでに，米ザイブナー（Xybernaut）社などが商品化している．代表的なモデルでは，Windows で動くパソコンの入った本体ユニットを腕や腰に着け，メガネ型のディスプレイに情報を表示し，音声やハンドヘルド型のキーボードで操作する．現在は主に，機器整備のためのマニュアル検索や在庫管理のデータ入力など，ハンズフリーが必要とされる現場で利用される．博物館や屋外の展示物をガイドするシステムや，ガードマンなどのセキュリティ関係者向けシステム，身障者の活動をサポートする応用も考えられている．また米軍では，次世代の兵士の戦闘用情報システムをウェアラブル化する研究も進んでいる．

現状のウェアラブルコンピュータはこれまであったパソコンを小型化したものが中心だが，今後は有機 EL に代表される薄型で柔軟性のあるディスプレイや，繊維状の素子が開発されることで，服などに違和感なく組み込めるような形になると考えられる．利用法としては，これまでのパソコンや携帯電話を高度化したものばかりか，人体用センサを組み込んで健康モニタに使ったり，服地をディスプレイ化して色や模様を変えることも可能になると予想されている．効率化に役立つばかりか，もっと感情や情動など，人間の右脳の活動を支援するまったく新しい使い方が開けることが期待されている．

ウェアラブルコンピュータは，今後はモバイル機器の機能を取り込み，ユビキタス化したネットワークと連携して一般的に利用されると考えられる．常時利用可能で，日常生活に違和感なく溶け込むためには，長時間利用できる新しい電源，小型で折り曲げ可能な素子や人間の五感をサポートするセンサなどの開発や，近距離で広帯域な通信方式，皮膚の表面を使った情報伝達が可能な PAN（personal area network）な

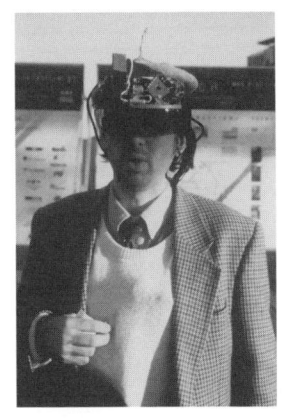

図 3.5.7　初期のウェアラブルコンピュータを着けたスティーブ・マン氏

図 3.5.8　MIT で行われた「ウェアラブルズ」

どの新しいネットワーク技術の実用化も課題となる．　　　　　〔服部　桂〕

3.5.4 ハプティックス装置

"ハプティックス（Haptics：触覚学，触知覚）"は日本語では触覚や力覚と解釈され，広く人間の触感覚をデジタルでシミュレートする技術を表す．人の感覚を多角的にシミュレートするバーチャルリアリティやヒューマンインタフェースにおいて，ますます重要な技術として研究例も多く，実用化も始まっている．ハプティックスは基本的に，仮想的にデジタル情報を触感に変換するハードウェア装置と，それを制御するデバイスドライバと開発ツールキット（SDK），その SDK を使って開発されたハプティックス装置をサポートするアプリケーションソフトの3要素からなる．装置は，力覚・皮膚感覚などによって仕組みは異なるが，最も一般的な力覚デバイスでは，入力（エンコーダなどのセンサ）と出力（モータなどのアクチュエータ）の自由度によって，2D/3D，位置と回転があり，応用範囲も変わる．1993 年から商用化されているセンサブル・テクノロジーズ（SensAble Technologies Inc）の PHANToM (R) を例にとると，スタイラスを手に持って操作する"把持型"デバイスで，力覚提示位置は1点，入力自由度は6，出力自由度は3ないし6（6ではトルクも得られる）．元来 MIT で開発されたワイヤによるシンプルで小型のリンク機構が，商品化と価格安定化をもたらし，改良も進んだ（図 3.5.9）．装置を判断する特性には，作業範囲 (x, y, z)，力覚位置分解能，バックドライブ摩擦，最大提示力，慣性，連続力覚提示力，更新クロック数などがある．基本的な仕組みとしては，まず力覚ポイントの位置や回転情報をセンサで読み取り，それをインタフェースを経由してホストコンピュータに送り，そこで計算された結果の力ベクトルが装置に返され，その数値によって最適な力覚をモータが出力することでユーザの手の先に感覚が返る，というサイクルを高周波で繰り返す．一般的に，人に自然な触感を与えるには，最低でも1秒間に 1000 サイクル（1 KHz）が必要といわれているが，場合によっては可変できることも必要となる．入力と出力がほぼ同時に発生する双方向型であるため，視覚や聴覚デバイスとは異なり，コンピュータの性能も要求される．通常，リアルタイムの衝突検出や変形（弾性，塑性）アルゴリズムなどがアプリケーション側で必要となり，3D Graphics のハンドリングも考慮すると，コンピュータは Dual CPU 搭載機で，マルチスレッド対応のプログラムが望ましい．普及を考えると，デバイスは卓上でシンプルなデザイン，大量生産への対応が必須となるが，特殊な用途に向けたカスタム装置の必要性も高い（大型で提示力の大きなもの，皮膚感覚を提示できるものなど）．デバイスドライバは OS，インタフェースごとに装置を接続し，SDK では低レベルな機能（入力データ取得，出力提示，キャリブレーション，エラー通知など）から高レベルな機能（シーングラフ，衝突検出，変形，通信における遅延制御など）までを考慮する必要がある．応用分野としては，触感により操作性を高めるもの（3D のデザインや造形システム，バーチャルプロトタイプの組み立てシミュレーション，

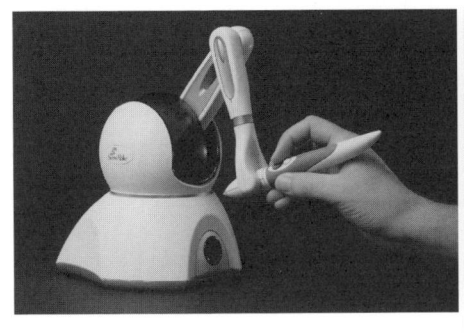

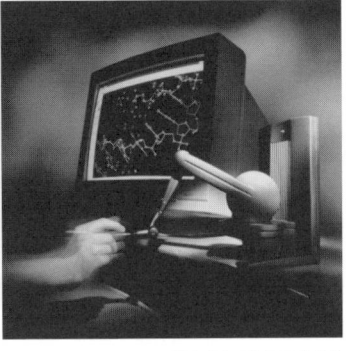

図 3.5.9 SensAble Technologies Inc ハプティック・デバイス PHANTOM (R) OMNI (TM)

分子構造モデリング，ゲーム），触感をたよりに経験的に習得するもの（外科手術の訓練やシミュレーション），視覚情報の補助として使うもの（視覚障害者の補助，ナノマニピュレータ，油田などの地質調査，ロボット制御，博物館の展示）などがある．3D デザインの用途では，FreeForm (R) modeling のようにシステムとして商品開発工程に組み込まれ，生産性を高めている例もある（http://www.sensable.com/products/3ddesign/freeform/customers.asp）．また通信技術とともに応用され，遠隔地間でハプティックスデバイスをつなぎ，情報を共有する研究も始まっている．

〔小林広美〕

3.5.5 ロボティックビジョン

ロボットの眼をあたかも人間の眼であるかのように利用して遠隔の状況をとらえ 3 次元映像として人間に提示するシステムをロボティックビジョンと定義し，そのシステムについて表 3.5.1 のように分類し記述する．なお，このシステムは，テレイグジスタンス（telexistence, tele-existence）[1] のためのビジョンシステムととらえることができる．

最も基本的なシステムでは，ロボットの頭部に 2 つのビデオカメラを人間の眼間距離だけ離して配置し，遠隔の人間の頭部運動に追従させてロボットを制御する．ロボットに搭載されたカメラからの情報が，人間が被った頭部搭載型ディスプレイ

表 3.5.1 テレイグジスタンスの撮像系と提示系

撮像系 \ 提示系	頭部搭載型 (HMD, HMP など)	環境型 (CAVE, TWISTER など)
2 眼カメラ	サーボを利用した 頭部運動追従提示	専用カメラ利用全周提示 バーチャル HMP 提示
全周カメラ	電子的な頭部運動 追従提示	全周カメラの頭部運動追従 多眼 IBR 利用全周提示

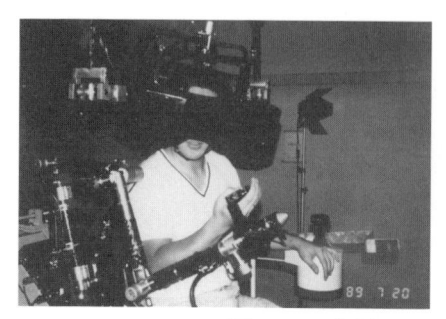

図 3.5.10 基本的なテレイグジスタンスシステム
人間型ロボット TELESAR に入り込んだような臨場感覚を得ながら，ロボットを自分の分身のように自在に制御できる．

(head mounted display：HMD) により人間に提示されるシステムである[2]．サーボを利用した頭部運動追従提示が行われる（図 3.5.10）．

この頭部搭載型の装置として，従来の HMD に加えて，頭部搭載型プロジェクタ (head mounted projector：HMP) も利用できるようになってきている．再帰性投影技術（retro-reflective projection technology：RPT）[3]に基づく装置であり，再帰性素材のスクリーンに，等価的な人間の眼の位置からプロジェクタで映像を投影する（図 3.5.11）．反射効率がよいため微量光量ですむこと，複雑な形状の物体でもスクリーンとしうること，両眼の位置から投影してメガネなしで立体視が可能であること，また，多重投影が可能であることなどの利点により，特に，実世界の情報世界を重畳する拡張現実技術（augmented reality：AR）[4]の状況で効果を発揮する．

カメラを 2 眼カメラではなく全周カメラ[5]にすることも可能であり，その場合には，電子的に頭部運動に追従する提示となり応答特性があがる．ただし，画像の分解能と転送容量の増加などに問題は残る．全周カメラまでいかなくとも複数のカメラを

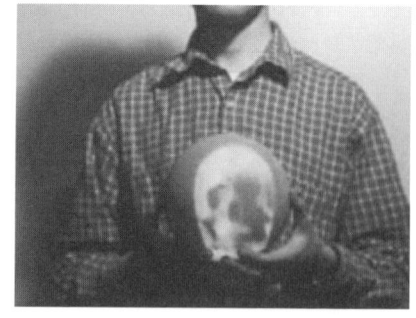

図 3.5.11 HMP（頭部搭載型プロジェクタ）と再帰性投影技術を用いた映像の投影

3.5 VR, AR, MR

図 3.5.12 TWISTER によるメガネなしフルカラー 360 度立体表示の例

用いて多視点画像を得ることもイメージベーストレンダリング (image-based rendering : IBR) を適用して可能であり，研究がなされている[6].

一方，HMD や HMP などの頭部搭載型ではなく，壁面や天井あるいは床などの環境に大型のディスプレイを配置するいわゆる環境型の提示系も利用されている．その代表が，CAVE (CAVE Automatic Virtual Environment)[7]である．2〜3 m 立方の部屋の壁面，床，天井をスクリーンとして 3 次元空間を提示する．

CAVE に加えて，TWISTER (Telexistence Wide-angle Immersive STEReoscope) と呼ばれる"可動パララックスバリア"方式[8]が注目されている．左右眼用の光源列がそれぞれ一方の眼にしか入らないように，光源列より少し手前にバリアを設け，これを 1 つのユニットとして観察者のまわりを回転走査させることでメガネなしの立体視を実現させるものである．ディスプレイとしては左右眼用の多数のフルカラー LED を短冊状の基板にそれぞれ縦に密に並べて，その短冊とパララックスバリアを円筒に沿って複数個配置し，その円筒をモータで回転させる．回転円筒状のLED を，提示したい映像がその位置に来たときに，見せたいパターンで点灯する．それが人間の感覚で統合されることにより 360 度でのフルカラー立体映像が再生可能となる（図 3.5.12）．

この装置でカメラも同時に回転システムに組み込むことにより，自由な視点からの映像が得られる．したがって，このようなブースを街角やオフィスなどに電話ボックスのかわりとして設置することにより，電話の延長としての新しいコミュニケーション手段となりうる．つまり，テレイグジスタンス電話が実現すると期待されている．

CAVE や TWISTER などの環境型に対応するロボット側の入力方法としては，上記の全周カメラを用いるほか，複数のステレオカメラを提示装置の形状にあわせて配置し組み合わせる方式[9]があり，人間型二足歩行ロボットへテレイグジスタンスするためのスーパーコックピットシステムに用いられた（図 3.5.13）．また，特殊な動きをして大型平面ディスプレイや CAVE などの固定スクリーンへの提示との整合性をとるカメラシステム[10]などが研究開発されている．さらに，IBR を利用してバーチ

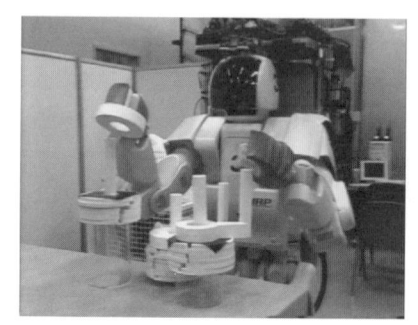

図 3.5.13 スーパーコックピットを用いた人間型二足歩行ロボットへのテレイグジスタンス実験

ャル HMP を構成する方法も行われ始めている．　　　　　　　　　　〔舘　暲〕

▶参考文献
1) 舘　暲：ロボット入門：つくる哲学・つかう知恵，153-166，筑摩書房，2002.
2) Tachi, S.：Real-time remote robotics—Toward networked telexistence. *IEEE Trans. Computer Graphics and Applications*, **18**(6), 6-9, 1998.
3) Tachi, S., Kawakami, N., Inami, M. and Zaitsu, Y.：Mutual telexistence system using retro-reflective projection technology. *Int. J. Humanoid Robotics*, **1**(1), 45-64, 2004.
4) 舘　暲：バーチャルリアリティ入門，139-161，筑摩書房，2002.
5) 谷川智洋，広瀬和彦，山田俊郎，小木哲朗，広田光一，廣瀬通孝：全周カメラシステムによる没入型ディスプレイのための3次元アバタの研究．日本バーチャルリアリティ学会論文誌，8(4)，389-397, 2003.
6) 苗村　健，原島　博：多眼ビデオ入力を用いた実時間IBRシステム—Video-Based Rendering—．日本バーチャルリアリティ学会論文誌，**4**(4), 639-646, 1999.
7) Cruz-Neira, C., DeFanti, T. A. and Sandin, D.：Surround-screen projection-based virtual reality: The design and implementation of the CAVE. *ACM SIGGRAPH '93 Conference Proceedings*, 135-142, 1993.
8) 田中健司，林　淳哉，川渕一郎，稲見昌彦，舘　暲：裸眼全周囲ステレオ動画ディスプレイ TWISTER III．映像情報メディア学会誌，**58**(6), 819-826, 2004.

9) Tachi, S., Komoriya, K., Sawada, K., Nishiyama, T., Itoko, T., Kobayashi, M. and Inoue, K.：Telexistence cockpit for humanoid robot control. *Advanced Robotics*, **17** (3), 199-217, 2003.
10) 柳田康幸, 前田太郎, 舘 暲：固定スクリーン型視覚提示装置を用いたテレイグジスタンス視覚系の構築手法, 日本バーチャルリアリティ学会論文誌, **4**(3), 539-547, 1999.

3.6 3次元音響

3.6.1 聴覚の性質

音は空気中を伝わる縦波で，20 Hz から 20 kHz のヒトの聴覚で知覚できる範囲の波動を指す．波長は 1.7 cm から 17 m に及ぶ．音が存在するときの気圧の増分を Δp とするとき，Δp の 2 乗平均値を音圧という．一般的には $20 \mu Pa$（1 kHz においてヒトの耳で知覚しうる最小の音圧）を基準とした dB で表記する．これを音圧レベルという．ヒトの聴覚で知覚できる音圧レベルは 1 kHz でおよそ 0 dB から 110 dB の範囲である．

無響室のような特殊な環境を除いて，耳には音源から直接到達する音のほかに，壁面や床からの反射が到達する．直接到達する音を直接音（direct sound），約 80 ms 以内に到達する反射を初期反射音（early reflection），それ以降に到達する反射を後部残響音（late reverberation）という．一般的に音の方向感には直接音が，距離感や広がり感には初期反射音や後部残響音が寄与する．

（1）両耳聴

ヒトは左右の耳で聞くことによって，音の到来方向を単耳よりははるかに明確に認識することができる．2つの耳で聞くことを両耳聴（binaural）という．一方，1つの耳で聞くことは単耳聴（monaural）という．ヒトの聴覚は両耳の差に敏感で，位相差の検知限は 800 Hz 以下の純音でおよそ 2.5～5 度，レベル差の検知限はほぼ全帯域にわたって 0.5～1 dB である[1]．また，聴覚にはマスキングといって小さな音が大きな音にかき消されて聞こえない現象があるが，両耳間のマスキング量は単耳のマスキング量よりもはるかに小さいことが知られている[2]．

（2）音源定位

音源の空間的な位置を知覚することを音源定位（localization）という．心理的には音源の位置にある種の像を認識しているように感じられるので，これを音像（sound image あるいは auditory event）と呼ぶ．音源とは異なる位置に音像を知覚する場合もあるので，音像定位ということもある．

（3）方向感

正弦波が音源である場合，水平面内の音像定位方向は両耳間のレベル差と位相差が

手がかりになる．およそ 1.3 kHz 以下の低い周波数では位相差が，1.3 kHz 以上の高い周波数ではレベル差が主たる手がかりである．1.3 kHz の音波の波長は約 26 cm であり，両耳の間隔にほぼ等しい．方向の弁別限は正面方向で最も小さく約 1 度である[3]．

広帯域な音源では両耳間時間差が主要な手がかりになる．広帯域音の場合は反射の存在する部屋の中でも音源の方向に音像が定位する．この現象を先行音効果またはハース効果（Haas effect）という．これは聴覚機構に後続音を抑制する働きがあるためと説明されている．

（4） 上下感

2 つの耳がほぼ水平に位置しているために，垂直面内の定位は水平方向に比べてかなりあいまいである．頭部や耳介における音波の回折効果によって生じるわずかな音色変化が手がかりとなっている．したがって上下方向の定位のためには音源が広帯域，特に 7 kHz 以上の高域を含む必要がある．ごく狭い帯域の音に対しては，音源方向にかかわらず周波数によって定位方向が変わる現象が見られる．8 kHz は上方に，4 kHz は前方に，1 kHz は後方に定位するという実験結果がある[4]．これらの特徴的な帯域を directional band という．

（5） 距離感

聴覚には視覚における輻輳と調節に対応する機能がない．したがって音源までの絶対距離を判断することは原理的に不可能と思われる．しかし，実際には音の大きさ，直接音と反射音の比率，音色から経験的に判断できている．実物の話者の声のように大きさが既知である場合には，音源までの絶対距離を認識することも可能である．スピーカ再生のように音の大きさを変えられる場合には，聴感上の距離と音源距離は必ずしも対応しない．実際，無響室内で正面方向のさまざまな距離にスピーカを配置し，レベルを変えて再生すると，距離定位はスピーカの距離に無関係に，聴取レベルによって決まる[5]．

室内のように反射音が生じる環境では，直接音と反射音の比率が音の距離感の主要な要因になる．反射音は直接音と異なる方向から到来する場合の方が，同一方向の反射音よりも距離感への影響が大きいといわれる[6]．

（6） 頭内定位

ヘッドホンで左右耳に同じ音を与えると音像が頭の中に定位する．これを頭内定位（in-head localization）という．スピーカ再生でも左右から逆位相の音を再生するときに頭内定位が発生することがある．頭内定位の原因ははっきりしていないが，頭部の動きが聴覚にフィードバックされない聴取状態において発生しやすい．逆に頭の外に定位することを頭外定位（out-of-head localization）という．

（7） 音の広がり感

コンサートホールの中のように，音が複雑に反射し拡散した状態では，音が空間的な広がりを持って知覚される．反射音の初期部によるものは音源の大きさとして，後

部反射音によるものは空間の広さとして感じられる．反射音がランダムな方向から多数到来するような条件では，音の広がり感は両耳入口の音圧間の相互相関係数(inter-aural cross-correlation)と対応がとれることが知られている[7]．

(8) 視覚との相互作用

関連する視覚情報が与えられると，音の方向感が視覚情報に引き付けられる．これは腹話術効果（ventriloquism effect）と呼ばれ，心理学の分野で多数の研究例がある[8]．空間知覚にかかわる視覚，触覚，聴覚のうち視覚が最も優位であるために起こる現象（visual capture）である．映像と音が同期し，音像と視覚像の位置が近いとき（10度以内）に顕著に現れる[9]．

3.6.2 頭部伝達関数

音の立体感は両耳に加わる音圧によってすべて説明できるという立場をとるならば，音源から鼓膜までの伝達特性にすべての情報が含まれている．この伝達特性を伝達関数として表したものを頭部伝達関数（head-related transfer function；HRTF）という．自由音場（反射の起きない音場）に1つの平面波がある方向から到来しているとき，ある点における音圧の周波数スペクトルを $P_0(j\omega)$，その点に頭の中心をおいたときに両耳の外耳道入口に生じる音圧の周波数スペクトルをそれぞれ $P_L(j\omega)$, $P_R(j\omega)$ とするとき，

$$P_L/P_0, \quad P_R/P_0$$

をその方向の頭部伝達関数と呼ぶ．実際にはスピーカ-マイク間のインパルス応答の形で測定されることが多い．スピーカから再生された TSP（time stretched pulse）信号を，外耳道入口に仕込んだプローブマイクにより収音し，同期加算する手法がとられる．この方法ではスピーカとマイクの特性を校正しておく必要がある．

頭や耳介の形は人により異なるので，頭部伝達関数には個人差がある．特に高域で差が大きい．個人差レベルの再現精度を必要としない場合は，人頭のかわりに Kemar と呼ばれるマネキンを用いて測定されたデータがよく用いられる．Kemar の HRTF は MIT により Web 上で公開されている[10]．

3.6.3 2スピーカによる立体再生

(1) バイノーラル再生

外耳道入口の音圧を収音音場と再生音場で等しくできれば，音の空間知覚が忠実に再現されるはずである．ダミーヘッド（artificial head）録音はその最も基本的な方法で，マネキンの外耳道に仕込んだマイクで収音し，ヘッドホンで再生する．ヘッドホンから聴取者の外耳道入口までの伝達特性は平坦化しておく必要がある．ダミーヘッドのかわりに音源信号に頭部伝達関数を畳み込んでヘッドホンで再生しても同等であるが，間接音を含めた再現は1組の頭部伝達関数ではできない．

（2） トランスオーラル再生

ダミーヘッド録音した音を左右の2本のスピーカで再生すると，スピーカと反対方向の耳にも音が回りこんでクロストーク成分が発生し，外耳道入口音圧の忠実な再現にならない．忠実な再現を行うためには，反対側の耳に到達する音を同側のスピーカからの音でキャンセルする必要がある．この回路を用いた再生をいわゆるトランスオーラルステレオ[11]という．

（3） ステレオフォニック（2チャンネルステレオ）

音楽録音で一般的なステレオフォニック（stereophonic）は2本のマイクで収音した音をそのまま2本のスピーカから再生するものである．バイノーラルやトランスオーラルと異なり両耳の入口の音圧は収音音場のそれとは異なるものになる．しかし，マイクの選択や配置で立体感を調整できる利点があり，音楽録音では標準的な方法である．ステレオフォニックの標準的なスピーカ配置は，左右のスピーカ間隔が2〜3 m，聴取位置から見た開き角が60度である．なお，1本のスピーカによる再生をモノラルと呼ぶのは誤りで，正しくはモノフォニック（monophonic）である．

（4） ステレオフォニックの収音法

大別すると，①2本の指向性マイクを主軸の向きを変えて同軸上に配置する方法，②指向性マイクを十数 cm から 30 cm 程度離す方法，③全指向性マイクを1〜2 m 離す方法の3種類がある．マイク間隔が狭いほど音像定位がよく，広いほど広がり感が大きい．

各音源を別々のマイクで収音し，パンポット（panoramic potentiometer）と呼ばれる音声調整卓の回路を用いて，各音源をスピーカ間に定位させる方法がある．このような録音方法によるステレオをインテンシティステレオ（intensity stereo）といい，ポピュラー音楽では主流である．インテンシティステレオの定位の予測式としては次の2つがよく用いられる[12]．

$$\theta = \arctan\left(\tan(\theta_0)\frac{R-L}{R+L}\right) \quad \text{または} \quad \theta = \arcsin\left(\sin(\theta_0)\frac{R-L}{R+L}\right)$$

ここで，θ は正面方向を0度とし右回りに測った音像方向，θ_0 はスピーカの開き角の1/2，L，R はそれぞれ左右チャンネルの振幅である．$\theta_0 = 30$ 度では両式に大差はないが，前者は頭を音像方向に向けた場合，後者は正面を向いた場合を仮定した式である．

3.6.4 マルチチャンネル再生

（1） 5.1チャンネルサラウンド

映画やハイビジョンの音声は，前方に3つ，後方に2つ，低域強調に1つのチャンネルを割り当てた多チャンネルステレオが標準的な方式である．側方や後方のスピーカから聴取者を取り囲むような音を再生することから通称としてサラウンドという言葉が定着している．前方のセンタースピーカは映像と音像の方向感の一致や，聴取範

囲の拡大に効果がある．スピーカ配置には映画館向けの配置と放送用の ITU-R 配置がある．映画ではサラウンドチャンネルをさらに増やした 6.1 や 7.1 という方式も実用化されている．

（2） ITU-R 勧告 775.1 による配置

放送のスタジオ用スピーカ配置として 1994 年に ITU（International Telecommunication Union）で勧告化[13]された配置で，日本の放送局はこの配置を採用している．ITU-R 配置は 2 チャンネルステレオ配置との互換性，映像と音像の一致，臨場感の評価など現実的な理由から決定された．当時は理論的裏づけがなかったが，最近になって，センターを除く 4 つのスピーカから独立な残響音を再生したときに，拡散音場と同等な単耳スペクトルと両耳間相互相関係数が得られる配置であることが確かめられている[14]．

（3） 多方向からの再生

音場が平面波の重ね合わせで表せると仮定できる場合には，各方向からの平面波を無響室に球面上に配置した各方向のスピーカから再生すれば，中央では音場が再現される．これはシミュレーション音場の可聴化（auralization）などの分野で使われる手法である．必要なスピーカ数については，音源の種類に依存すると考えられるが，音楽演奏で水平面にかぎれば 8 から 12 個のスピーカがあれば十分であるとする報告もある[15]．このような再生方法において聴取範囲を広くする手法として，多数のスピーカをアレイ上に並べる手法がある[16]．

音源-受音点間の方向別インパルス応答を実測する方法としては，狭指向性のマイクアレイによる方法と，近接した 4 から 6 の無指向性マイクを用いる方法がある．後者では結果は波形レベルの応答ではなく，音源の鏡像の分布として求められる．また，室内の反射音の応答は幾何音響シミュレーションを用いることも多い．矩形のような単純な室形では鏡像法（image method）が，ホールのように複雑な室形では音線追跡法（ray tracing method）がよく用いられる．

（4） 音場再生

全く等しい音場を再現する考え方として，キルヒホフの積分方程式による方法がある．キルヒホフの式は，波動方程式の積分的表現で，「音の湧き出しと吸い込みのない閉空間においては，境界面の音圧と音圧傾度を規定すれば内部の音場が一義的に定まる」というものである．この原理によれば，非常に多数のスピーカを用いて，対象とする空間の境界面の音圧および音圧傾度を制御できれば，理論上は忠実な音場再生が可能である[17]．しかし，波長が 1.7 cm から 17 m におよぶ可聴音の帯域全体を制御することは，現在のスピーカでは困難である．

半自由空間の波面の再生を行う方法としては，舞台の前縁にスピーカを多数並べ，舞台上の音源からの音を波面をそろえて拡声するシステム[18]や，多数のスピーカからの音波が焦点を形成するように各スピーカに遅延素子を入れ，その場所から音が出ているかのように感じさせる方法[19]などの提案がある．　　　　　　〔小宮山　摂〕

▶ 参考文献・Web

1) Mills, A. W. : Lateralization of high-frequency tone. *J. Acoustic Society America*, **32**, 132-134, 1960.
2) Wegel, R. L., *et al.* : The auditory masking of one pure tone by another and its probable relation to the dynamics of the inner ear. *Physical Review*, **23**, 221, 1924.
3) Mills, A. W. : On the minimum audible angle. *J. Acoustic Society America*, **30**, 237, 1953.
4) イェンス・ブラウエルト, 森本政之, 後藤敏幸：空間音響, 95-100, 鹿島出版会, 1987.
5) Gardner, M. B. : Distance estimation of 0° or apparent 0°-oriented speech signals in anechoic space. *J. Acoustic Society America*, **45**, 47, 1969.
6) Gotoh, T., Kimura, Y., Kurahashi, A. and Yamada, A. : A consideration of distance perception in binaural hearing. *J. Acoustic Society Jpn.* (J) **33**, 667-671, 1977.
7) Damaske, P. : Subjective investigations of sound fields. *Acoustica*, **19**, 198-213, 1967/68.
8) Welch, B. R. and Warren, D. H. : Immediate perception response to intersensory discrepancy. *Psychological Bulletin*, **88**, 638-667, 1980.
9) Komiyama, S. : Subjective evaluation of angular displacement between picture and sound directions for HDTV. *J. Audio Engineering Society*, **37**, 210-214, 1989.
10) http://sound.media.mit.edu/KEMAR.html
11) Bauck, J., *et al.* : Generalized transaural stereo. *Proc. 93rd AES Conference*, San Francisco, October 1992.
12) Makita, Y. : On the directional localization of sound in the stereophonic sound field. *E. B. U. Review*, Part A, **73**, 2, 1962.
13) ITU-R BS. 775-1, Multichannel stereophonic sound system with and without accompanying picture, International Telecommunication Union, Geneva, 1994.
14) Hiyama, K., Komiyama, S. and Hamasaki, K. : The minimum number of loudspeakers and its arrangement for reproducing the spatial impression of diffuse sound field. *Proc. 113th AES Convention*, Los Angeles, October 2002.
15) 藤倉威聡, 大久保洋幸, 小宮山 摂, 芝山秀雄：楽音を用いた空間的印象に基づく多チャンネル音場再生に関する検討. 電子情報通信学会技術報告, **EA2001**-125, 47-53, 2002.
16) Ono, K., Komiyama, S. and Nakabayashi, K. : A method of reproducing concert hall sounds by "loudspeaker walls". *J. Audio Engineering Society*, **46**, 11, 1998.
17) Ise, S. : Theory of the sound field reproduction based on the Kirchhoff-Helmholtz integral equation. *Int. Congress on Acoustics (ICA)*, **95**, 85-90, 1995.
18) Berkhout, A. J. : A holographic approach to acoustic control. *J. Audio Engineering Society*, **36**, 977-995, 1988.
19) Komiyama, S., Nakayama, Y., Ono, K. and Koizumi, S. : A loudspeaker-array to control sound image distance. *Acoustic Science & Technology*, **24**, 5, 2003.

3次元映像体験つれづれなるままに

　研究者の間で使われている 3 次元映像という言葉は，ホログラフィや両眼視知覚のように，立体視をもたらす技術や技法，あるいは 3 次元空間を 2 次元の媒体，たとえば CG やビデオ映像に描き出す技法を意味しているようである．
　しかし，専門外の人間にとっては，必ずしもわかりやすい言葉とはいえまい．最近では VR（バーチャルリアリティ）というのが流行していて，それとも関係がありそうだが，VR 自体も同様にわかりにくい言葉の 1 つである．
　そのくせ，それらの言葉には，だれもが生きている間に多かれ少なかれ体験する虚像と実像の間の記憶とも，どこかで結びついているような響きがあって，そんな言葉を聞くと，なぜか幼児期の奇妙な視覚体験まで次々に思い出され，意識の揺らぎを感じる人も少なくないようである．
　私自身にとっても例外ではなかった．個人的な体験を振り返ると，やはり子どもの頃から，光の現象や，光学おもちゃには眼がなかった方である．幼児期に，障子の穴からさす光が，ピンホールカメラのように，戸外の風景を部屋の壁の上にぼんやりした映像を映し出すのに気づいたときの驚きと喜びを，いまでも思い出す．小学 2 年生の頃には，当時，月刊少年倶楽部で実体映写機の製作法を知り，ボール紙に凸レンズや鏡，電球などを組み込んで作り上げ，仲間の子どもたちを集めて，この実体映写機の下に，手のひらやおもちゃなどを差し入れて，そのイメージがふすまの上に拡大投影されるのに酔いしれたこともあった．日光写真やレンズ遊び，プリズム遊びにうつつを抜かしたり，安いベスト版のカメラを通信販売で買ってもらい，撮影したりしたこともいまとなっては懐かしい思い出である．
　中学，高校時代には寺田寅彦の随筆に触発されることが多かった．彼の文章にでてくる自然現象から人間の行動パターンにまで広がる独特な観察や分析に魅かれ，寅彦の映画の見方や科学と芸術の境界をつなぐ洞察にも目を開かれた．
　大学を出て新聞記者（朝日新聞）になってから，意識的に科学と芸術の境界領域の取材を始めたのも，そんな子どもの頃からの興味と無関係だったとはいえまい．寅彦の自然観や考え方に影響されたところもずいぶんあったようである．
　ホログラフィの存在自体は，1960 年代の中頃，東京大学の生産技術研究所ではじめて見て好奇心に火がついた．デニス・ガボール氏来日の際には，もちろん追っかけて取材もしたし，凸版印刷や大日本印刷で開発していたレンチキュラ方式の立体視写真も，展示会のたびに見て回った．1970 年の万博では，

ソ連館で舞台正面の巨大なレンチキュラ方式のスクリーンに，2台の映写機から投影される立体映像をメガネなしで鑑賞して，息をのんだ思い出もある．やはりソ連館の一隅では，手前の13個の小型プロジェクタから正面のスクリーン上にイメージを投影して，こちらが左右に移動しながらでも立体像がスムーズに動いて見える実験的装置が展示されているのにも，目を瞠った．当時としては文句なしに，ソ連の立体視映像技術が世界をリードしているように思われたほどである．

　私自身は，そのほかにも大阪万博で数多くの芸術と技術の融合の成果を体験した後，70年夏から1年間ハーバード大学のニーマンフェローとして滞米したが，その滞在中にもさらに多くの立体視技術との出会いがあった．ワシントンのスミソニアン自然史博物館で開かれていた「レーザー10」は，レーザ光線発見10周年を記念する展覧会だったが，ここにはデニシューク方式の白色光ホログラムを応用したガラスコップの中に浮かぶサイコロの3次元像に眼を疑った．それまでに見てきたマルチプレックスホログラムとは違い，上下左右の視差が完全に再現されていたからである．会場にはほかに，ペンライト付きのホログラムがコンダクトロン社のノベルティとして売られていて，何枚も買い込んだほどである．70年冬にシカゴで開かれたAAASの会議に出席した際には，思い切ってアン・アーバーのコンダクトロン社まで足をのばし，そこで直径60センチの透明な円筒形スクリーンの中に，完全な視差の女性の立体像が記録されているホログラフィを水銀灯照明で見せてもらい，一驚した．スミソニアンで見たサイコロと同様な技法で，さらに大型版に仕立てたものであった．さらに，滞米中の71年7月には，ウィーンで開かれたICOGRADAの会議にも出かけたが，その隣接会場では，ホログラフィアートのパイオニア，マーガレット・ベンヨン女史が，パルスレーザによる果物のイメージのホログラフィ作品展を開いていて，感動しながら取材したことも忘れられない．そんな一連の思い出の中では，米国から帰国途中に寄ったユタ大学の，サザランド博士が開発した初期のHMDによる立体視メガネも，実際に装着，体験した印象として鮮やかに残っている（1971年10月21日付朝日新聞科学欄「広がる視覚の世界」参照）．

　帰国後の数年間は科学部のデスクとなったため，海外に出かける機会はなかったが，1975年秋に学芸部の編集委員となると同時に，文化欄で「境界線の旅」，家庭欄で「遊びの博物誌」の連載を同時に始めることができ，海外取材の機会が増えた．その年末の訪米の際には，それまでのわずか4年の間に，草の根的なホログラフィ創造活動が米国を中心に急速に広がり，たくさんの新人ホログラフィアーティストが生まれているのに一驚した．そのときの出張体験がもとで，翌1976年5月には西武美術館で「ホログラフィの幻想展」の企画，構想にかかわり，さらに1978年には伊勢丹美術館で，国内外のホログラフィ

研究者の協力を仰ぎながら，世界各地から100点のホログラフィ作品を集める当時としては最大級の展覧会を開いた．このときは，わざわざハワイを訪ねて，ハワイ大学のピーター・ニコルソンに，現地のタレント，アグネス・ラムの肖像ホログラフィを作ってもらい，展覧会の目玉作品にもしたほどである．

透過型白色光ホログラフィ，通称レインボーホログラフィの発明者スティーブン・ベントンとは1975年の訪米で知りあい，それ以来30年近く，家族ぐるみの親しい友人として親交を深めてきた．世界のホログラフィ研究者，アーティストから敬愛され，日本にも知人，友人がずいぶん多かったベントンが，2002年に脳腫瘍を発症，手を尽くした闘病生活も及ばず，2003年11月初めに先立ってしまったのは，かえすがえす残念でならない．

私自身の3次元映像とのつき合いは，70年代末からさらに広がり，ニューヨークで，蜂の巣状のレンチキュラレンズを使ったフルパララックスのある立体視映像作品を作っていたロジャー・デ・モンテベロを訪ねて取材したり，版画技術の中に立体視技法を取り入れて，さまざまな作品を作っているジェラルド・マークスと懇意になったり，モアレ現象を利用して，立体視作品を生み出すルードビッヒ・ビルディングにも会い，1982年に伊勢丹美術館で開いた「光とイリュージョンの世界展」で紹介したりもした．

3次元映像の関連分野はそれにとどまらず，疑似的立体視ともいうべきプルフリッヒの錯視を応用した制作活動までが活発化してきていた．上記のジェラルド・マークス自身が，動くオブジェの影が片目だけ半透明のメガネを通して見ると回転する立体像に見える「プルフリッヒ劇場」を作りだし，サンフランシスコのエクスプロラトリアムで人気を集めていた．さらに，同じプルフリッヒの錯視技法を巧妙に使って，立体視テレビ番組の作品を作るノウハウの開発者レスリー・ダッドレー氏のことを知り，ロスの自宅に会いにいったこともある．その技法による立体アニメ「母を訪ねて」が日本のテレビ番組でも放映されたり，ソニーの研究者がこの手法で自然の風景を立体視するビデオコンテンツの開発を進めているのも知り，何度か訪ねてその見事な立体視効果に感動した．

60年代の立体視知覚に関する現象でやや異端的な発見だったのは，ランダムドットステレオグラムの原理だろう．私自身1969年末に杉浦康平氏から当時の『サイエンティフィック・アメリカ』誌に出ていたベラ・ユレシュの記事を紹介され，当時朝日新聞の科学欄で連載していた「美の座標」に，杉浦氏に作ってもらったイメージと一緒に紹介した．しかもその連載が1973年にみすず書房から1冊の本にまとまる際には，1枚のランダムドットの図から数種類の多様な立体視像が得られる伊藤正行さんの作品まで追加し，当時としては珍しい出版物となった．1974年には，月刊誌『コンピュートピア』から，表紙のイメージ制作を1年間委嘱され，その1回には，大学時代の後輩でもあった

月尾嘉男さんにコンピュータでランダムドットの立体視作品を作れないかと相談したところ，彼自身，夜間の国際電話回線を介して米国のコンピュータを駆使して，一晩の間に一対の作品を2種類も作り上げてしまったのには脱帽した．

　さらに90年代はじめになって，にわかにランダムドットステレオブームが巻き起こり，しかも数年で消えていってしまったのには，あらためて立体視現象への人間のあくなき好奇心と，同様にうつろいやすい知覚現象の風化に感慨を新たにしたほどである．

　こんな風に，60年代以降，世界各地で出会った立体視アーティストや技術者は少なくないが，なかでもこの道一筋にスケールの大きい立体視作品の創作活動を続けてきた作家として，スイス生まれのアルフォンス・シリングをあげないわけにはいかない．1976年頃にニューヨークの個展ではじめて会って以来，彼の作品を何度となく見てきたが，80年代にウィーンに移ってからつい最近まで，いまでもその活動を続けている．つい数年前には壮大な回顧展を開き，そのカタログが記念碑的なドキュメントになっているほどである．その他，80年代にまだ40代末の若さで亡くなったサンフランシスコのジム・ポメロイも，米国の立体視作家たちに影響を及ぼしたユニークな人物として忘れられない．彼は立体視の手法を使いながら，社会風刺から政治的な暗喩までを封じ込め，現代のコミュニケーションメディアの社会的可能性までを予見していた人であった．また，立体像を構成する左右2枚の絵を，1本の色鉛筆を使い両眼視メガネの中で，まるで空中の立体像を描いていくように動かすだけで自然に描き上る描画装置の発明者に会ったのも，忘れられない．パレスチナ人ウラジミール・タマリさんで，日本人と結婚して一家を構え，当時はよく立体画像の個展を開いたりされていたし，1982年の「遊びの博物館part II」で紹介したことも懐かしい思い出である．

　このように，一口に3次元映像といっても，そこで働いている人間の知覚現象をたどると，単なる両眼視だけでとどまらず，虚像，実像にからむ五感体験から，さらに記憶や意識の中のさまざまな活動までからみあっているということを思わずにはいられない．

　確かに，ふだん人々は，目の外側に広がる世界の空間構造と，目を通して入ってくる視覚から，やがて脳の内部で3次元的に再構成されていくイメージの構造との間に，どんな関係が発生しているかまでは，ほとんど意識することがない．

　たとえば，多少でも遠近法のことを学んで，この3次元的な空間の奥行き感覚を平面の紙の上で正確に再現できることを体験した人でも，この奥行き感覚なるものが，眼を閉じても瞼の裏でリアルに忠実に再現できるのかどうかとなると，心もとないに違いない．私自身の体験でも，心眼のイメージの中で，目

の前の風景の見え方，距離感が自分の位置を変えるにつれて，刻々と正確さを保ちながら変わるといった遠近法的な知覚体験を維持していくことは，実際上難しいし，むしろイメージの中の3次元映像というのは，夢の中で見る風景と同様に，かなり心理的な歪曲や飛躍に満ちているように思えてならない．

　人類のアートの歴史を振り返ると，確かにルネッサンス期の頃には，遠近法の発明によって，一見眼で見るままの奥行き感覚がリアルに表現された絵画が生まれ，人々はいたく感動して，その手法による絵画がたくさん生まれたが，しかしその一方では，その遠近法をあざ笑うかのようなアナモルフォーシス（歪像絵画）も，ほぼ同じ時期に生まれてきて，人々は興じてきた．その理由を探ると，単なる知的な遊びの精神からだけでなく，それが人間の，一種の内面的で屈折した知覚の意識とも通じるものがあったのではあるまいか．

　そうだとすると，どうも眼から外界に向けて展開する光学的な世界の構造と，眼の内部で展開する心理的な意識の構造の間には，必ずしも科学的ではないが，微妙に屈折したトポロジー的ともいえる関係が働いているようにさえ思えるほどである．それが，人間の意識の宿る脳内の複雑な構造世界と，眼の外に広がる一見均質な空間の構造との間にある差異から由来しているのかどうかは，私の想像力の及ぶところではないのだが……．

　しかし，そうはいいながら，人類がこの歴史の過程の中で，立体視のもたらす迫真性とその怪しい魅力を発見したときの驚くべき喜びというものは，否定することができない．それを可能にしたものは，やはり幾何学的，あるいは物理科学的な技法や技術なのだが，その新しい発明，発見が行われるたびに，人類は3次元映像や立体視の魅力に繰り返しとらえられ，新しい社会的ブームまでを生み出してきたのである．

　一方，私は，こんな立体視知覚に対しては，視覚以外の感覚もどこかで関与しているのではないかと思わずにはいられない．私たちが，意識の中で外界の空間的広がりやその意味するところを感じとることができるのは，もちろん視覚を通じて認知する空間内の距離感やイメージの微妙な差異感の長い学習体験によるものではあるだろう．しかし，同時に，微妙に重なり合っている布地や紙片の厚みへの手触りや，自分の背中の皮膚で感じとる空間的な広がりなど，視覚だけでなく，触覚や嗅覚，温覚など，生体の五感が外界との触れ合いの中で総合される知覚の全体と，どこかでかかわり合っていると思えてならない．

　実際，1970年にニューヨークのジューイッシュ美術館で開かれた「Software展」には，サンフランシスコのスミス・ケトルウェル視覚研究所が出展した，盲目の人が背中の皮膚知覚を使って目の前の物体を認知する装置まであって，視覚と触覚の相関性を強く感じたことがある．あるいは，初期のサザランド博士のHMDが，頭の上に着けた被験者の動きと連動するセンサを利用していたり，1985年頃にNASAのスコット・フィッシャーがデータグローブ

を通じて手の動きとHMDの3次元イメージの相関性をとり，イメージの誤差の修正に利用しようとしたことの意味の深さが，いまになってわかるような気がしてくる．

＊　　　　　＊　　　　　＊

そう考えてくると，3次元知覚や立体視感覚に対する人間の反応は，もはや単なる視覚現象を超えて，身体や五感を含む人間存在全体とまわりの環境との相互作用の間の永年の反応の記憶が基盤になっているように思えてならない．もしかしたら，ときには文学や詩からの感動や，社会的な現象への共感や反感さえもが，その全身知覚に無意識的に働いているかもしれない．

専門の研究者の集まる学会というのは，特殊な研究テーマに的を絞って研究業績を発表しあう組織だろうが，こんな3次元映像や立体視のような人間の奥深い知覚に関係するテーマなら，もっと学際的に広い分野から視知覚と他の感覚に関する研究を持ち寄って意見交換してもよいのではあるまいか．アーティストたちは，古くから，そんな新しい知見の発見に，創造意欲を触発されることも多かったようだから，これから先は，文学，音楽，絵画など芸術領域のほか，スポーツや心理学，文化人類学など，さらに幅広い専門分野の研究者まで集まって，3次元知覚の広がりやその文化との相互関係について意見交換しあってはどうだろう．そこから，知覚の謎に秘められた人間存在の不思議さと奥深さが少しは明るみにでてくるのではあるまいか． 〔**坂根厳夫**〕

II

広がる3次元映像の世界

4. 芸術・娯楽
5. 映　画
6. 通信・放送・ネットワーク
7. 教育・文化活動
8. 産　業
9. 医　学

4

芸術・娯楽

4.1 ホログラフィアート

　ホログラフィを表現メディアとしてとらえる場合，他のメディアでは実現不可能なユニークな特徴が内包されている．このメディアを使って表現するものにとって，魅力と共感を覚える対象としての特徴は一様ではなく，その結果多様な作品展開が見られる．

4.1.1 アートメディアとしての歴史と背景

　1960年代から70年代中頃にかけて，ホログラフィ技術の研究が最も活発に行われた時期といわれているが，この時期すでに好奇心旺盛なアーティストたちはこの光の最先端技術に熱い視線をなげかけている．
　米国の現代美術作家のブルース・ナウマン（Bruce Nauman, 1941－）は1969年，パフォーマンスのドキュメントとしてレーザ再生のポートレートホログラムをニューヨークの画廊で発表．イギリスではオップアートの流れを汲むマーガレット・ベンヨン（Margaret Benyon, 1940－）がホログラムによる最初の個展を開く[1]．同じ頃スウェーデンではカール・フレデリック・ロイテスワルト（Carl Frederick Reuterswärd, 1934－）がレーザ，ホログラム，オブジェを組み合わせた作品「KILROY」を発表．後にこれはパリのポンピドーセンターのコレクションに加えられる[2]．1972年にはシュールレアリスムの画家として知られるサルバドール・ダリ（Salvador Dali, 1904－1989）によるペインティング，ドローイング，ホログラムをあわせたはじめての展示会がニューヨークの画廊で開催された．このように60年代後半はホログラフィアートの誕生時期といえる．
　初期のホログラム作品はレーザ再生型であるが，展示法が難点であった．1962年に旧ソ連のユリ・デニシューク（Yuri N. Denisyuk, 1927－）によって考案された

反射型ホログラム，別名リップマンホログラムは白色光で画像再生され，白色の点光源さえあればホログラム像を絵画のように壁に掛けて鑑賞できる．また1968年には当時ポラロイド社の研究所員であったスティーブ・A・ベントン（Stephen A. Benton, 1941―2003）が白色光再生透過型のレインボーホログラムを発明した．これによって多くのアーティストたちが活発にさまざまな作品展開を試みるようになる．

撮影時の光学系や記録材料の違いによって特徴は大きく異なり，どこを活かし表現するかによって展開方法は大きく変わる．壁に掛ける絵のように扱うこともできるし，立体のオブジェの素材にもなる．また光学的特性を利用して，光の空間演出も可能である．展開の場はギャラリーや美術館のみならず，日常の建築空間から野外の環境空間にまで広がっていく．

4.1.2 真を写す
a．リアリティ：切り取られた空間

はじめてホログラフィに触れる人がまず驚くことは，実在感の強さであろう．あるものをそのままそっくり写し取り，空間を移動して再び別の実空間にその3次元像を再生する．視覚的にあたかも実在するがごとく見えるにもかかわらず，触れることができないという視覚と触覚のギャップをともなった感覚は，従来にはない非日常的な体験である．この視覚効果はアーティストたちの創作意欲を刺激し，奇妙な感覚は他のメディアとの組み合わせによってさらに強調される．

1980年代イギリス，カナダを中心に反射型（壁掛けタイプ）ホログラムと他のメディアをミックスした作品が多く発表される．一見平面作品のように見えながら，視点を移動すると実はイメージの一部に奥行きが見えてくるというものや，ホログラムの記録面にドローイングを加え，絵の手法と組み合わせるものなどである．

米国のアーティスト，ダグ・タイラー（Douglas E. Tyler, 1949―）の作品は透明なパネルに描かれた線と面からなる幾何学的コンポジションであるが，その面には小さくカットされた透過型ホログラムがはめ込まれている．像は具象性を持たず奥行き感だけを有する．「ホログラフィというメディアには生理的にぞくぞくさせられる何かがあり，その1つは次元という謎めいたイリュージョンである」[3]と語っているが，作品は視点の移動によって異なる2つの次元の違いをいっそう観る者に強く印象づける．さらに「重要なことはホログラフィは相互作用的メディアであり，このメディアを介してアーティスト，作品，鑑賞者が動的な共存関係を分かち合えることだ」[3,4]と述べているが，この言葉はホログラフィの特性を実によくいい表している．

米国のホログラフィアートのパイオニアの1人で，演劇，映像を学びアクターとしての経歴のあるダン・シュバイツアー（Dan Schweizer, 1946―2001）は，彼独特のステージの世界をミニチュアの立体オブジェとホログラムを組み合わせることによって具現化している．またリック・シルバーマン（Rick Silbermann, 1951―）の

「ザ・ミーティング」は上部が欠けた実物のワイングラスがおかれ，欠けた部分を補うようにシャドウグラムの虚像が重ねあわされている．虚と実が互いに見事に補完しあう代表的な作品である．1983年に発表した石井のインスタレーション（図 4.1.1）は白い小石が床に広げられ，実物の小石の合間や床の上にDCGリップマンホログラムによる実在感ある凹凸の虚像が仕掛けられている．ホログラムを覗き込むと本来平坦なはずの床に凹凸が見え，非日常的な奇妙な錯覚にとらわれる．

表現される内容は個々の作家によってさまざまに異なるが，虚像と実像の対比を用いる手法はいまではホログラフィ作品の古典的表現手法の1つとなっている．

図 4.1.1 Riverside (Setsuko Ishii)「幻想と造形展」，岐阜県美術館，1983．

b．時間の凍結：切り取られた時間

パルスレーザの発振時間は非常に短く，ホログラムの撮影によく使用されるルビーレーザでは数十nsの単位となる．通常の高速度写真に比べると4〜5桁短い時間である．それゆえにこれで撮影されたホログラム像には，いままで目にすることのできなかった瞬間の世界が，時間が凍結されて記録される．石井の「Crystal White」(1979)は割れた卵が落下する瞬間のホログラムである．ここでは白身がドロドロした流動物質に見えず，たたくと鋭い音が返ってくるようなあたかも硬質なガラスのように記録され，そこには背景が写り込むレンズ効果まで見てとれる．

時間が凍結した世界では液体の流動的な感触は完全に消失し，音も存在しない静寂の世界が現出される．流れる時間の中で現実世界を見ているわれわれにとって，このような時間の止められた現実を見た経験はなく，まったく異質の別世界のように映る．新たに手に入れた拡張された目を表現の道具としたとき，まったく新しい視覚体験が可能となる．

4.1.3　色彩の魔術
a．光の色

もう1つの代表的な特性は再生される色彩である．ホログラムは光源が照射されて

はじめて像が再生される．特に白色光透過型は垂直方向のパララックスを代償に，光源に内包されている光をスペクトルに分解し，あらためて光を色の塊として像を空間に再構築する．

光の色，それは雨あがりの虹，薄暮時の景色を沈める深い碧，燃えるような真っ赤な夕焼けなど，これらを目にして誰もが一度はハッとするような感動を覚えた経験があるに違いない．しかしこれらの現象は限られた瞬間，"その時"にしか目にすることができない．ホログラフィは光の色彩を自在に手のひらにおさめ，粘土のように形づくることを可能にしてくれるメディアである．

リアリティから離れ，光の色彩あるいは光の演出のツールとする作品が現れる．

ベントンの光の点が3次元の格子状に連なったイメージの「Crystal Beginning」をはじめ，オランダ出身のニューヨークで活動するルディ・バーコウト（Rudie Berkhout, 1946—）の光のエレメントにより創り出される抽象的なイメージは，このメディアによってしか具現化できないイメージの世界を創りあげている．色彩と形は視点の移動とともに千変万化する．そこにおいては被写体の実体は定かではなく，実物の複製としてではないホログラム独自の世界が繰り広げられる．3次元空間に浮かぶ多彩な光のイメージはそれを包含する周囲の空間を取り込み，観る者たちが現実に身をおく身体的空間にまで働きかける．

図4.1.2は銀杏の葉のシルエットを写したマルチカラーのシャドウグラムである．ホログラムには拡散板を背景に実物の銀杏の枝を逆光で撮影したイメージが多重に記録されており，視点の移動につれて，葉の重なりや色彩が千変万化する．

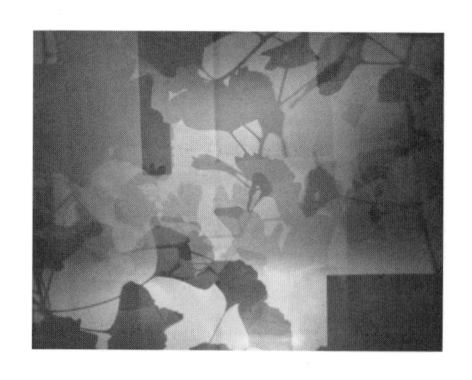

図 4.1.2 Still Alive (Setsuko Ishii) マルチカラーレインボーホログラム（50 cm×60 cm），1989．

このシャドウグラムの手法を応用すると，光の色彩による筆のタッチを空間にとどめることができる．1990年，ヴィンセント・ヴァン・ゴッホ（Vincent van Gogh, 1853—1890）の没後100年を記念して東京で「オマージュ ゴッホ」展が企画され「空気の乱舞」を制作した．ゴッホと同じ後期印象派のスーラ（Georges Seurat, 1859—1891）の点描法を踏襲し，ホログラフィによって光による色の点の集合からなる表現を試みた．この作業は筆者に新しい展開を示唆してくれた．まさに空間をキャ

ンバスに見立て，光の絵の具と筆で空間にイメージを描くという比喩がそのまま具現化されている．この表現手法はその後現在に至るまで作品制作において大きな比重を占めている（図4.1.4参照）．

b．色再現

反射型ホログラムは再生像に波長の選択性がある．特にDCGリップマンホログラムはその再現色が金属色，パール色などを特徴とする．なかでも青いホログラムは特別である．それは南米の美しい青のモルフォ蝶（別名空飛ぶ宝石とも呼ばれている）の羽の色とそっくりである．見る角度を変えると，その色彩は光沢ある明るい青から深いウルトラマリンへと変化する．実は蝶の羽には色素が含まれていない．この色は構造色と呼ばれ，羽の表面に光があたると，表面に規則的に並んだ鱗片の特殊な細密構造が光の中の特別の波長を選択して回折する[5]．そして見える色があの美しい青である．蝶の羽の表面の特殊構造が，青いDCGのリップマンホログラムの，干渉縞と同じ物理条件を満たしているのである．玉虫色をはじめとして自然界には数多くの構造色が存在するが，これらの色を"新しい絵の具"として再現できる可能性をこのメディアは秘めている．

4.1.4 作品展開

a．インスタレーション

絵画のように四角いフレームの中に物語を閉じ込めるのに対し，光のイメージを積極的に身体空間に開放しようとする作品が現れる．ニューヨーク出身のサム・モレ (Samuel Moree, 1946—) はネオン管とホログラムを組み合わせて立体作品に仕上げている．

図4.1.3はギャラリーでの展示風景である．DCGホログラムと，ダイクロイックミラーガラスのインスタレーションである．観客は展示空間の中を移動しながらイメージと色彩の変化を体験していく．

図 4.1.3 「ひかりのなかのひかり」(Setsuko Ishii) ミクストメディア インスタレーション，「もうひとつの光展」，ミュンヘン，1989.

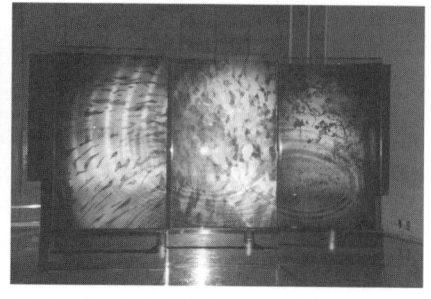

図 4.1.4 水の演出を組み込んだ作品 (Setsuko Ishii) 「アクエウスのつぶやき1995」，東京工業大学百年記念館，2003.

ホログラフィの演出の名脇役として水の存在は魅力的である．再生用光源を水槽に沈めたミラーで一度反射させるだけでよい．水面の波紋はミラーを通してホログラムの画像上にそのまま現れる（図4.1.4）．水と光の融合は，われわれの心に眠っていたある原風景を呼び覚ます．水の波紋はわれわれに心地よい安らぎを与え，ホログラムの虚像と一体化されて，より複雑で情緒的な空間が演出される．

b．建築空間

ホログラムグレーティングはプリズムのように光を分光する．これを日の差す窓辺におくと太陽光は分光されて，部屋の天井に虹が映しだされる．この虹は太陽の位置の変化につれて場所を移動する．このアイデアは2000年，元気な高齢者のための居住施設で開催されたアートコミュニケーションと題したアートプロジェクトで実行された．日の光による虹の演出は日常の生活空間に華やかさと安らぎを運び入れる．図4.1.5は公共建築空間での光のデザインの実例である．アトリウム空間にはDCGホログラムと多層膜ミラーが配置され，天窓から入る自然光の変化につれてその反射や映り込みの色彩やイメージが時々刻々移り変わっていく．

図 4.1.5　公共空間アトリウム演出（Setsuko Ishii）「彩戯」，諫早市健康福祉センター，1997．

ホログラムを絵のようにあるいはタイルや陶板に見立てると，壁面装飾の新たな素材として大きな期待が持てる．1992年に地下3階の24時間活動を続ける情報センターの壁面に設置された作品は，ビルの屋上から光ファイバを通して太陽光を地下まで誘導し，ホログラムを照らした．そこに働く人々は居ながらにして外の天候を知ることができる．同じ頃，教育施設の地下のセミナールームにも同様のコンセプトによる作品を設置した[5]．近年都市生活で増え続ける地下空間のアメニティにとって，太陽の光は大切な要素である．ホログラムと太陽光の組み合わせはまったく新しい空間演出の手段といえよう．

c. 自然環境空間
（1） 地下岩盤空間

人は新しい空間と出会い，手に入れたとき，創造性が刺激され文化の飛躍が見られる．新大陸，宇宙，深海そして地下あるいは地中空間．地下は古くて新しい空間である．天然の洞窟にはじまり，鉱山の採掘空間，現代の都市地下空間など人類の歴史とともにある．

図4.1.6は地下空間利用の研究プロジェクトの一環として実現した実験的な試みである．岩手県釜石鉱山の白色大理石の採掘後の大深度地下空間におけるインスタレーションである．"壁"や"天井"のすべてが高い岩圧の緊張した岩盤空間である．

図 4.1.6 白色大理石採掘空間のインスタレーション（Setsuko Ishii）（口絵6参照）「Requiem」，釜石鉱山マーブルホール，1993．

図 4.1.7 光，水，音によるホログラフィインスタレーション（Setsuko Ishii）「Spinning Threat of Light」Point of View, Retretti Art Center, Finland, 1994．

硬質な岩盤と虚像の組み合わせ，物質と非物質，モノカラーと鮮やかな光の色の対比など，周囲の環境をすべて包括し，美術館やギャラリーでは決して実現できない，まったく新しいアート空間を実現している．ここでは従来の日常の建築空間にはない"something new"の要素が加わり，既成の美術はそのままでは決して受け入れられない．周囲の環境との一体化によってはじめて成立するホログラフィアートにとって，この地下空間との出会いは大きな発見であり新しい創造をかきたてられるに十分である．

フィンランドのレトレッティアートセンターはこのような岩盤空間を利用した美術館である．地表から掘り下げられた階段をおりていくと，まるでラビリンスのように岩盤の部屋が複雑に展開していく．そこで展示された作品の一部が図4.1.7である[6]．

（2） 野外空間へ—太陽の贈り物

野外の現代彫刻には，電力，水，風のエネルギーを利用して動くキネティック作品

などはあるが，太陽の光を積極的に取り入れたものはない．光のオブジェは日中では"昼行灯"になって効果がなく，一般に夜の演出のためにある．ところが，グレーティングホログラムは太陽の光を分光し美しい色彩に輝く．どんなに明るい日差しのもとでも，それに比例して明るい色彩が現れる．このホログラムによる野外の作品例が図 4.1.8 である．1日の太陽の動きにつれて色が順次変わり，水面にはまた異なる色が映える．太陽光を取り入れ，時間や天候，気候の移り変わりすべてを内包する作品が可能となる．

図 4.1.8 池の中のインスタレーション（Setsuko Ishii）（口絵 7 参照）
「太陽の贈り物―T」，メビウスの卵展多摩，パルテノン多摩，1997．

4.1.5 今後の展開と課題

表現メディアとして，使う側にとってこのホログラフィは大変魅力に富んだ多くの可能性を秘めた表現技術である．過去には存在しなかったまったく新しいツールである．複数の特徴を持ち，それぞれが独自の新しい展開を予感させてくれる．ここでは動画や CG イメージからのホログラム作品については触れなかったが，新たな展開への挑戦は，ときとして技術的な限界への挑戦でもある．その展開がどのように可能かは，常に個々のケースにしたがって，模索していくしかない．発想としての広がりを作品によって具現化するためには，現実の技術的裏づけが必要である．このようなメディアにおいては表現する者と技術開発に携わる者との相互協力が不可欠であり，アートとサイエンスの融合こそが，新たな可能性を押し広げる原動力となりうる．

〔石井勢津子〕

▶参考文献
1) カタログ，「LIGHT DIMENSIONS―The Exhibition of the Evolution of Holography」, The Royal Photographic Society of Great Britain, 33, 1983.

2) カタログ,「HOLOGRAPHIE—Medium zwischen Kunst und Technik」, Museum für Holographie & neue visuelle Medien, Pulheim, 48, 1983.
3) カタログ,「HOLOGRAPHIE—Medium zwischen Kunst und Technik」, Museum für Holographie & neue visuelle Medien, Pulheim, 58, 1983.
4) カタログ,「国際展世界最新のホログラフィ・時と空間のイメージ」, 船橋アート・フォーラム, 89, 1990.
5) 木下修一:総論, 構造色とその応用. O plus E, 298-301, 2001.
6) Ishii, S.: A novel architectural application for art holography, holographic imaging and material. *SPIE*, Vol. 2043, 101-103, Quebec, Canada, 1993.
7) カタログ,「Point of View」, Retretti Art Center, Finland, 1994.

4.2 人工生命

4.2.1 概要

人工生命(artificial life;A-life, AL)とは生命現象の人工的創出, すなわち生命の諸相のシミュレーションやその応用を軸とした学際的な概念である. クリス・ラングトン(Christopher Langton)により1980年代に提唱され, 1987年にロス・アラモス国立研究所で開かれた第1回国際会議によって一躍注目を集めた[1]. コンピュータによって大きく発展した情報学の分野としてゲーム理論, カオス, 複雑系などがあるが, 人工生命もこうした一連の流れの中に位置づけることができる[2]. 人間を含めた生物が長年の進化によって到達した形態や生態, 知能や社会が, きわめて複雑かつ高度に洗練された事象であることはいうまでもない. それらをトップダウン型のアプローチで解釈しようとするのではなく, 単純な現象やルールから複雑さが生じるという視点から生命らしさ, 生物らしさを創りだす, あるいは複雑な事象を単純なルールの積み重ねによってシミュレートする, という考え方が人工生命という概念の根底にある. また, いま地球上にある生命体が進化の歴史の中で起こった多くの偶然の産物である以上, ありえたかもしれない別の生命や生態系をコンピュータによって創りだすことによって, 生命や進化を新たな視点から検討することができる.

人工生命はハードウェア(ロボットなど), ソフトウェア(アルゴリズムが中心), ウェットウェア(遺伝子工学など実際の生命体やその一部が対象)の3分野に分けることができる. なかでもソフトウェアとしての人工生命は応用範囲が広く, 進化生物学や動物生態学の分野でのシミュレーションや遺伝アルゴリズム(GA)の工学への応用だけでなく, 株価変動など社会現象や経済現象の分析にも用いられる. CGによるアルゴリズミックな動植物の生成や群れや群衆の動きは映画やゲームに普通に使われ, 仮想の生命体や知性が構成する世界は映画やゲーム, アート作品だけでなく以前から小説を通じてわれわれにも身近である[3].

このように人工生命は, 理論生物学あるいはメタ生物学とも呼ぶべき視点, 進化・

生態などをモデルにした情報工学への応用，"生命"のシミュレーションや発展的解釈によるアートやエンターテインメント分野における創造など，生命をめぐる多様なアプローチに求心力を与え，異分野の研究者やアーティストの交流の場を開いた．その成果は"創発"研究から「たまごっち」など"育成"ゲームやペットロボットなどエンターテインメント分野における人工生命の大衆化まで広い範囲に及んでいる．

抽象的な概念である人工生命の急速な具体化にはCGによる成果が大きい．第1回国際会議に出席した著名な進化生物学者リチャード・ドーキンス（Richard Dawkins）は，BASICを用いた昆虫の形態進化モデルで自身の進化仮説を検証したし，クレイグ・レイノルズ（Craig Raynolds）による群れのシミュレーション，トーマス・レイ（Thomas Ray）による種の多様化モデル"Tierra"とそのグラフィック表示，ラリー・イェガー（Larry Yaeger）らによる"PolyWorld"，カール・シムズ（Karl Sims）による"Evolving Virtual Creatures"，河口洋一郎によるグロースモデルに基づいた作品群，クリスタ・ソムラー（Christa Sommerer）とロラン・ミニョノー（Laurent Mignonneau）によるインタラクティブアートなど，多くのアルゴリズムや作品が人工生命という考え方とその可能性を裏づけてきた[4]．

〔草原真知子〕

▶注
1) 国際会議は現在までInternational Society of Artificial Lifeによって開催され，学会誌はMIT Pressより発行．http://www.alife.org/
2) これらの分野およびニューラルネットワークなど現在の人工知能研究の主要な考え方は人工生命と密接な関係がある．また人工生命の基礎概念の1つであるセル・オートマトンに注目したパイオニアの1人はフォン・ノイマンである．
3) これらの分野で研究，開発，制作を行う人々が人工生命という概念を意識しているとはかぎらないが，広い範囲で醸成しつつある動きを"人工生命"と名づけることでその位置づけが明確になった．小説におけるメアリー・シェリーの古典『フランケンシュタイン』から数学者でありセル・オートマトンの開発も行っているルディ・ラッカーの『ウェットウェア』，瀬名秀明『パラサイト・イヴ』などへの流れ，あるいは18世紀の自動人形や江戸時代のからくり人形から現代のASIMOやPINOに至る系譜は，人工生命への関心の歴史の長さを物語っている．
4) ドーキンスが自作したプログラムの成果は著書『ブラインド・ウォッチメーカー』参照．レイノルズは群れの行動を3つの原則で定式化，LISPで記述した．CG短編アニメーション「Stanley and Stella」に応用して注目を浴び，すぐに「バットマンリターンズ」「クリフハンガー」などの大作映画に用いられ，現在では映画やゲームに広く使われている．http://www.red3d.com/cwr/boids/参照．
　イェガーとPolyWorldについてはhttp://homepage.mac.com/larryy/larryy/PolyWorld.html参照．
　シムズは"Evolving Virtual Creatures"の論文と映像をSIGGRAPH '94で発表して衝撃を与えた．http://www.genarts.com/karl/evolved-virtual-creatures.html参照．
　河口洋一郎が1970年代末に考案し，作品に用いたグロースモデルは生物の成長過程を模

式化するアルゴリズムで有機的な形態のモデリングと成長のアニメーションを可能にして 80 年代はじめに CG に大きな影響を与えた．http://www.race.u-tokyo.ac.jp/~yoichiro/参照．
　ソムラーとミニョノーは A-Volve など仮想生命をテーマにした一連の作品で国際的に知られる．http://www.iamas.ac.jp/~christa/

4.2.2 CG 生命体

　CG による芸術創造の観点からの重要な研究テーマの１つは，コンピュータによって自己生成された情報を"生命化"することである．まず，情報にどのように芸術的「人工生命体」を創出するかについて考える．次に「人工生命体」を中心として，芸術的創造としての CG 生命体の空間創造へと連なっていく CG 芸術について述べる．また近年研究を進めている，情感的に成長，進化，遺伝する芸術「ジェモーション (Gemotion)」について，その可能性を考える．

a．CG 生命体

　コンピュータを使ってしかできない芸術的な空間を生み出す方法を考える（図 4.2.1）．それは，1975 年からの長い期間研究してきた自己組織化する「グロースモデル」に，より生命的なものを加味することでもある．このモデルは再帰的分岐による複雑な形態生成モデルに実現させ ACM-SIGGRAPH '82 国際大会にて発表した（図 4.2.2）．
　まず生命体の自己生成にどのような新しい手法が必要なのかを考えてみる．この発想は，自由奔放にオブジェが発生，成長，進化する生命的世界でもある．また人間にエモーショナルに反応させるためには，思考する高度な仮想の CG 生命体として考えてみることである．思考する CG 生命体は自分自身で高次元に発達していくことになる．このような思考する CG 生命体がどのように自己進化するのかを芸術的に生成し

図 4.2.1 《Gemotion》のためのドローイング　　図 4.2.2 グロースモデル SIGGRAPH '82

実証していくことである．

b．CG生命体の感覚

CG生命体は，そのなまめかしい皮膚感表現によって（図4.2.3），人間に強力な芸術的インパクトを与えることが考えられる．自分自身の自己増殖を始め，新種生命体の共同コミュニティを形成するかもしれない．そこでは新種生命体どうしの集団が形成され，お互いの無言の芸術的交感が始まる．そうなるとCG生命体の感覚は，視覚，聴覚，触覚，嗅覚，味覚，さらにそれ以上の超感覚を人間のかわりに察知してくれる新しい総合的な芸術オブジェにもなりうる．そして，外界の刺激に対して生き物のように反応して自らうごめき，色を変え，触手のように行動を起こすことになる．そのことが，結果としてCG生命体のコミュニケーション手法をも高度に芸術化していくことになる．

c．CG生命体の進化

CGによって自己生成された芸術作品が，形態的にも色彩的にもさらに質感的にも，生命の原理・法則から発想されていることが必要になる．それは運動の生成にまであてはまる．CG生命体を進化させるには，コンピュータによるCG生命体をいくつも生み出さなければならない．また集団としての重要な個体数も考える必要がある．個体数が多くなると造形としてもおもしろくなってくる（図4.2.4）．また，それ自身が成長していくプロセスにさらに突然変異の確率も必要になる．そこから形の増幅・高度化が起こるからである．

人工生命体は自律的に外界の刺激に対してそれぞれの種類が反応し集団的に行動をするようにした方がよい．そうすると，それ自身が集団的に相互の発想をし，繰り返しの自己学習の中から進化の方向を見出していき，進化の方向を誤った集団は絶滅することになるからである．

原始の海から生物が発生し，原生動物から両生類，爬虫類，哺乳類へと進化していったように，形の進化の道筋をたどってみるとおもしろい．なぜなら感覚受容器の仕組みの変遷は，自然界にいる多種類の生物の進化に学ぶことが多いからである．CG生命体の感覚受容器を視覚認識や音声認織，温度や臭いに反応する知覚機械として考えるとさらにおもしろい．

d．CG生命体の記憶

CG生命体が反応するうえで重要なのは，柔軟な知覚反応である．外界の刺激に対する認知モデルを内包し，それに対する知覚反応を，繰り返しの学習を通して理解させることが重要になる．自己学習とは人間にあてはめれば，繰り返し繰り返しの反復学習である．どのようなことでも，徹底的に頭の中に記憶されるまでに反復すれば忘れにくくなる．CG生命体を操るコンピュータは記憶という点においては，ある一面で，生物よりもすぐれている．というよりもコンピュータは忘れることがない．生き物らしいものにするためにはコンピュータに記憶率あるいは忘却率を設定する必要があるだろう．そのようにすることで人工生命体それぞれに異なったくせを持たせるこ

図 4.2.3 濃密な皮膚感表現による人工生命体.《Eggy》1990（口絵8参照）

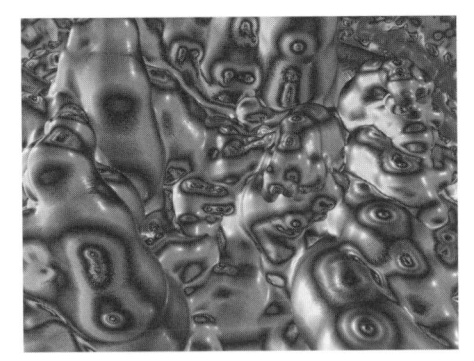

図 4.2.4 個体の集合による複雑な形態を持ったCG生命体.《Coacervater》1994（口絵9参照）

とができ，おもしろくなる．

　現実にCG生命体が自分自身でまわりを観察し発見しながら，自己学習するたびに，視覚センサ，聴覚センサ，触覚センサ，さらに温覚，味覚などのセンサの論理回路が活性化することによって，知的増幅が行われるのである．五感の刺激をもとにしたCG生命体は，自己学習による超アルゴリズミックな変容の思考を通しておもしろくなるのである．

e．CG生命体の循環網

　CG生命体は，外的に攻撃されて，ひょっとしたらCG生命体の一部，あるいは全体の相当部分の機能を失うことがあるだろう．このときCG生命体は自分自身で自分の身体の壊れた部分を修復できるのだろうか？　CG生命体の自己修復プログラムはどこまで自分自身を回復させることができるのだろうか？　CG生命体の形が自己増殖アルゴリズムによって生成されているとき，その損失部分を探し，そこから再び自己再生させることができれば，おもしろい自己修復が期待できるだろう．

　単純な生命体の場合は，致命的な損傷は修復不可能だ．全体の構造が部分と密接な関係にあるほど，自己修復は困難になる．修復のためのバックアップがなければ最初からやり直さなければならないことになる．損傷した箇所を発見するには，CG生命体全身に張り巡らされた感覚網がその役割を果たすことになる．局所的な感覚網から，全体を縦横無尽に循環する広域の網までが考えられる．生命体の各部位がある損傷を受けた場合，放っておいてもそれ自身の自己修復が行えれば，本物の生命体に少しずつ近づいていくかもしれない．先端は敏感な感覚機能を必要とする．損傷の痛みや心地よさを触覚として感受し，中枢司令部に伝えることでその後の対処の仕方を決

めなければならないからである．

f．メディア空間の拡張

メディア空間はこれまでの物質環境を超越して，新しい非物質空間を出現させることを可能にしている．この非物質空間の中は，無重力か，4次元的である可能性もある（図4.2.5）．そこに人工の生命体は生息することができるのであろうか．人工の生命体は自然の生命体の生物物理学的原理，法則を内包しつつ地球的メディア空間の中で生成されてきた．自然の生命体の発生・成長・進化の物質的空間の限界を超越して，もう1つの非物質の超空間を生みだすことになる．このメディア生命体は情報空間の中で，これまでの人類の生活空間の限界を超越したもう1つの非物質空間を芸術的に創出していくことになる．その世界は，光速に近い超絶的な速度感に囲まれ，光をも曲げられる超空間なのである．

g．情感のCG芸術

生き物のように反応するインタラクティブな芸術空間の創出について考えてみる．環境としての周囲の画像空間が生き物のように呼吸し，反応するとはどういうことだろう．目で見える，手で触れる，反応が返ってくる，という私たち人間にとっての根源的なわくわくどきどきする行為を，芸術のために転化できるだろうか．私たちが，ステージでの身振り，手振りで，踊り，あるいはパフォーマンス行為で，作品と対峙しようとするとき，周辺空間がリアルタイムに反応することは，魅力的である．あたかも胎内で踊らされているような錯覚を覚え，感覚網をよりプリミティブに研ぎ澄まし豊かにしてくれるかもしれない．

通常作品が目の前に見えるのに触れようとしても触れることができないものを，手で直接触れることを考えてみた．同じく，あくまで映像が投影されているスクリーン画面は平面だと思っているのに，そのスクリーンそのものが突然，作品の高まりに応じて，手前に膨らんだり，後方にへこんだりすることはとてもおもしろいものに思えた．作品にやさしく接すると作品自体が穏やかな呼吸運動の状態でいる．ところが，

図 4.2.5 メディア空間に生息する4次元フィッシュ

もし作品に対して，激しく攻撃的に接すると，それに応じて作品自身の呼吸運動がリズム的に興奮状態に高まる．高まる度合いはまず視覚的にはどのようにしたらよいのだろうか．色彩が穏やかな状態の配色から，激しい興奮状態に至るまでの色彩変化を，生き物たちの基本的な反応行為に共鳴させて反応する自己色彩の試みから始めた．それが動画像で相互通信可能になると，インタラクティブな画像の反応が直接目の前で確かめられることに連なるからである．重要なことは，作品に触りたい，作品が人に呼応してくれる，というアイデアを直接に体全身が体感し，目に見える形にまで高めることである．映像空間そのものが，生き物のように凹凸の動きを起こすし，それを実際に舞台パフォーマンス作品の形に表して，はじめてその作品との呼吸が始まる．やはり，目の前の映像空間が視角的に見えるだけでなく，実際に凹凸の膨張，収縮を触覚的に行うとおもしろい．そのような映像との接触の場の空間を生成する技術が必要であり，それを高度なエモーショナルな芸術にまで高めなければならない．できるかぎり，反応する作品は，生き物的なものに近づけていくのが望まれる．もう1つの新たな超次元空間を誕生させ，根源的な情感をいきいきと呼吸させることこそがジェモーション作品の始まりなのである． 〔河口洋一郎〕

▶ 参考文献
1) Kawaguchi, Y.: *Morphogenesis*, JICC Publishing Inc., 1984.
2) Kawaguchi, Y.: *COACERVATER*, NTT Publishing, Tokyo, 1994.
3) Kawaguchi, Y.: *YOICHIRO KAWAGUCHI* (ggg-books 38), Trans Art, 1998.
4) Kawaguchi, Y.: *LUMINOUS VISIONS* (Video), Odyssey Productions, 1998.
5) Kawaguchi, Y.: A morphological study of the form of nature. *Proc. SIGGRAPH '82*, **16**(3), July 1982.
6) Kawaguchi, Y.: The art of growth algorithm with cells. *Artificial Life* V, 159-166, 1997.
7) Kawaguchi, Y.: Self-organized objects with the GROWTH Model. *ICAT 2000*, 10-14, 2000.
8) 河口洋一郎監修：CG入門，2-33，丸善，2003．
9) 「河口洋一郎のサイバーアート展」個展，鹿児島県霧島アートの森，2003．

4.3 娯　　楽

4.3.1 パークアトラクションにおける3次元映像の展開

国際科学技術博覧会（科学万博—つくば'85）に世界初のOMNIMAX 3D方式[1]の映画「ザ・ユニバース」（ネルソン・マックス作品）が公開され，大画面による深い没入感が評判になった．ちょうど2年後の1987年3月，東京ディズニーランド（TDL）に新アトラクション「キャプテンEO」が公開された．ルーカス製作，コッ

ポラ監督，マイケル・ジャクソン主演で，1700万ドルをかけたとされる17分間の劇場形式の作品．シングルヒットをした「Another part of me」などの踊りは，悪い女王（アンジェリカ・ヒューストン）の心も溶かした[2]．そして2001年，ユニバーサル・スタジオ・ジャパン（USJ）のオープンに際して，話題のアトラクション「ターミネーター2：3-D」が公開された．ジェームス・キャメロン監督，シュワルツネッガー主演の劇場形式の作品で，大画面の3D実写映画と実演が組み合わされている．映画版の続編的な筋立てで，人類とスカイネットが戦う[3]．劇場形式の3Dアトラクションには，ほかにTDLの「ミクロアドベンチャー」（1996年～），東京ジョイポリスの「ダークチャペル」（2004年～）などがある．

USJには，その後，2004年に「アメージング・アドベンチャー・オブ・スパイダーマン・ザ・ライド」が公開された．作画はCGだが，25台のプロジェクタ，13面のスクリーンと上下左右170度にカーブする"世界最大級の巨大3-Dスクリーン"によって，ゲストも協力して「自由の女神盗難事件」を解決するアトラクションである．こちらは，回転しつつ移動するビーグルに乗って楽しむ[4]．

大画面の没入感にゲームのインタラクティブ性を加味して現実感を高めた3Dアトラクションとして，ジョイポリスに「アクアノーバ」（1996年～）が公開されている．宇宙ステーションの海底都市で，3D画面の巨大なタコに向かってミサイルをシューティングするという趣向のゲーム仕立て．画像に同期して，モーションベースも揺動する．また，CAVE[5]型アトラクションとして，地下迷宮でゾンビに遭遇しつつ宝を守る岩石人間に頭を殴られる「ザ・クリプト」（1996～2004年）が，東京ジョイポリスで公開されていた．（本項では事例を，日本国内に限った．）　〔武田博直〕

▶注
1) "OMNIMAX"は，魚眼レンズで撮影した映像を半球型のドーム状スクリーンに映写する方式．米国IMAX社が開発した．
2) 「キャプテンEO」の米国公開は1986年．TDLでは1987～1996年の公開．
3) 「ターミネーター2：3-D」の米国公開は1996年．
4) 装置の仕様は，USJ公式Webサイトより転載．米国では1999年の公開．
5) "CAVE"は，1辺約10フィートの立方体状の3D映像表示装置．正面，両側面，床面それぞれに3D映像が映写され，観客は液晶シャッタメガネをかけて全体として1つのバーチャル空間を体験する．観客の位置と視線に対応したインタラクティブな映像が，リアルタイムにスクリーンに表示される．なお，「ザ・クリプト」では背面も使用．

4.3.2　ゲーム装置としての3次元映像

ゲーム産業における3次元映像の歴史は意外と古い．現在のようなビデオゲームの登場以前からエレクトロメカニカルな装置によって3次元映像表現がされている．具体的には1968年に(株)関西精機製作所から発表された「インディ500」が初期のアミューズメント機器である．これは点光源による表現システムで，半透明の道路や車

の部材を透してスクリーンに投影するものである．ゲーム装置における3次元映像は，3次元データをコンピュータ処理することによってスクリーンなどに映し出すシステムに主眼はなく，むしろ映像，音響，揺動装置などの総合的な刺激を与えることによって臨場感や没入感をプレイヤーに感じてもらえればよいところが他のメディアと異なる点である．

a．擬似的映像表現

3次元擬似映像表現では，車によるレースゲームが時代を開いていった．俯瞰視によるレースゲームが多かった中，1977年に米国アタリ社から発表されたビデオゲームの「ナイトドライバー」は，1人称視点から見た映像が展開され臨場感あるレースゲームを実現させた．その後，1982年に(株)ナムコから発表された「ポールポジション」により映像表現はより豊かになり，プレイヤーはあたかも運転者になった気分でレースゲームに没頭したのである．また，レーザディスクに実際のサーキット映像を撮り込み，コンピュータ生成映像と合成させた「レーザーグランプリ」(1983年，(株)タイトー) などが発表された．同年には辰巳電子工業(株)から，CRTモニタを3画面横並びにしたワイドビューのレースゲーム「TX-1」が発表された．

b．体感ゲームの時代

ビデオゲームの特徴はプレイヤーの操作に応じてリアルタイムに操作信号をコンピュータが処理し，操作に合わせて変化していく映像を送出するインタラクティブ性があげられる．プレイヤーの操作にコンピュータの処理が遅れるのは許されず，1/60秒以内に映像計算が終了しなければならない．そうでなければコントロール性の悪いゲームとして判断され出荷さえもできないのである．また，コンピュータボードの技術も日々進化していき，映像の高度化による迫力ある1人称の表現が主流となっていった．その中で映像表現以外の方法で臨場感を増す試みがなされるようになり，いわゆる体感ゲームの時代がやってきたのである．1985年に(株)セガから発表されたバイクゲーム「ハングオン」が初期の体感ゲームで，バイクを模した筐体にプレイヤーがまたがり，左右に傾倒させてプレイするのであるが，製作メーカとしてはプレイヤーが恥かしがってプレイしないと当初は危惧したらしい．それまでは，レバーとボタンあるいはハンドルなどが入力装置であって，体全体を使ってプレイするものはなかったからである．しかし，創り手の心配も杞憂に終わり体感ゲームが主流になっていったのである．

c．3次元リアルタイムCGシステム

従来のビデオゲームの映像生成は2次元処理であり，アニメーションのセル動画のようにあらかじめ用意された映像データをコマ割り風に送出しだけであったために，自由なカメラワークは不可能であった．そこで登場したのが1988年に(株)ナムコから発表された3次元リアルタイムCGシステムを用いたレースゲーム「ウィニングラン」である (図4.3.1)．これはCG立体物の表現単位の1つの多角形であるポリゴンを生成する演算処理チップにより，1000枚のポリゴンを1/60秒ごとにスクリ

図 4.3.1 ウィニングラン
(©(株)ナムコ)

ーンに表示できるシステムである．このシステムでは，コース・風景・車体のすべての映像データがX, Y, Zの3次元データとしてリアルタイムに演算され，自由なカメラワークが可能となった．

その後の技術革新によりポリゴン数の劇的な増加，テクスチャマッピングの採用などで質感のある豊かな映像表現がされるようになり，演算チップの集積化などでゲーム専用機として全世界の各家庭にまで進出するようになったのである．〔岩谷　徹〕

5

映 画

5.1 3DCG

　コンピュータを利用して画像や映像を生成するコンピュータグラフィックス（以下CGと略す）は，現在，映画におけるビジュアルエフェクトのみならず，産業（工業デザイン，建築設計など），科学（サイエンスビジュアライゼーション），教育，シミュレーション，ゲームなど広い分野で活用されており，今後，仮想な物体を対象とするホログラフィにおける立体映像生成における基幹技術的な役割を担うことになるともいえる．現在，CGの分野では，単なる平面画像データのみを扱う2次元CGと，奥行き情報を含む3次元CGがある．しかし，ホログラフィへの応用となると3次元CGが基本となる．

　3次元CGにおける立体映像生成の基本的な方法は，まず対象立体をモデリングし，さらに表示スクリーンへ数学的な幾何変換を施し，最終的に可視映像化するレンダリング手法（陰影処理，テクスチャマッピング，レイトレーシングなど）から構成されている．

　ここでは，コンピュータ内に蓄積されたモデリングデータからディスプレイ上に映像を作成するレンダリング法の技法について簡単に紹介する．

5.1.1 モデリング

　モデリングとは，出力したい映像を生成するためのすべての情報をコンピュータに入力する過程といえる．具体的には，環境情報（光源の位置やそのスペクトル情報など），対象物体情報（形状，個数，位置など），背景情報（背景の状況，消点の位置など），動きの情報（物体の運動，干渉など），ビジュアル化情報（視点の位置，スクリーン面の位置や大きさ）などがある．その中でも対象とする物体の3次元形状情報がきわめて重要であり，それを立体のモデリングまたは幾何モデリングと呼び，通常は

物体独自のローカル座標系により定義される．
　以下に代表的な立体のモデリング方式を紹介する．
　（1）ワイヤーフレームモデル
　立体を直線または曲線群として表現したもので，比較的簡単に入力可能であるが，隠れた線の消去が困難である，美しさに欠けるなどの欠点がある．しかし，ホログラフィの立体表現においては，色より形およびその3次元的な変形が重要な役割を果たす作品として利用されている．
　（2）ポリゴンモデル
　従来から，映像生成の分野においては，立体をポリゴンと呼ばれる多角形の平面の集まりとして近似するポリゴンモデルが主流である．このモデルでは，立体を構成するすべての面の頂点列を時計方向（反時計方向でも可能）に入力することにより，隠面かどうかを判定できることになる．ホログラフィ作品においても最も広く利用されているモデルである．
　（3）ソリッドモデル
　主にCADの分野において利用されているもので，立方体，球，シリンダなどのプリミティブと名づけられる単純な立体を集合演算などの操作を施し，最終的に複雑な立体を構成する立体のモデルである．ホログラフィの分野においてはあまり使われていない．
　（4）ボリュームモデル
　最近では，コンピュータの記憶容量の増加および高速化にともない，3次元空間内の格子点ごとにあるスカラー値が与えられるボリュームデータに対し直接レンダリングを行う，ボリュームレンダリングが普及しつつある．ホログラフィにおけるモデリングとして，今後ボリュームデータが主流になる可能性もあると考えられる．
　その他のモデルとして，独特でソフトな効果を演出するためのメタボール（等ポテンシャル曲面を利用して，滑らかな形状を表現する）やデータ圧縮効果が期待される4進木や8進木も使用されている．

5.1.2　レンダリング

　ローカル座標系により与えられた立体のモデルを，ワールド座標系内に配置し，さらに視点，ディスプレイ面，光源などを設定して可視化を行う作業をレンダリングという．レンダリングの手法は，モデルの形式，質感の表現方法，光源の特性の考慮などにより多くの方式が提案されている．その中で最も広く利用されているのがポリゴンの陰影処理によるレンダリングであり，以下のような過程となっている．
　①　対象物体のワールド座標系への配置：立体の幾何学的変換
　②　視点およびディスプレイ面の配置：視野変換，透視変換
　③　隠面・隠線消去法
　④　陰影処理：シェーディング，スムーズシェーディング

⑤ 付影処理

　対象とする立体をディスプレイ面に表示する際には，手前に存在する物体により隠されて本来見えない面や線を消去する作業が必要となる．代表的なアルゴリズムはZバッファ法であり，またスキャンラインアルゴリズムも三角形パッチでモデルが与えられた物体に対して利用されている．現在のレンダリングの研究の方向としては，より高速に実行するための並列処理方法，より正確なレンダリングの実行方法，さらに，フォトリアリスティックでない，新しいノンフォトリアリスティックレンダリングの開発が進められているといえる． 〔中嶋正之〕

5.2 立体映画の歴史

5.2.1 立体映画の黎明

　立体映画は，映画そのものの誕生と同時に生まれている．映画発明者の1人である，イギリスのウィリアム・フリーズグリーン（William FrieseGreene）は，ステレオスコープ（覗き眼鏡）式の立体映像システムを1889年に考案し，実際に撮影も行った．また，エジソン社のウィリアム・ディクソン（William K. L. Dickson）は，1893年に立体のキネトグラフ（Kinetograph）の特許を申請している．

　このように，アイデア自体が生まれたのは早かったのだが，実際に立体映画がきちんと作られたのは，ずっと後になってからである．一説によると，実際に観客の前で上映された最初の立体映画は，シネマトグラフの発明者である，リュミエール兄弟（Louis/August Lumière）によって作られたという．1903年に，2台のシネマトグラフ（Cinematographe）を用いて撮影し，赤と青緑のフィルタを用いて，アナグリフ[1]映写したそうである．

　しかし，これが事実かどうかを確かめることは大変難しい．実際，2003年にハリウッドのエジプシャン・シアターにおいて，立体映画を一堂に集め，35mmプリントで3D上映するという映画祭，「The World 3-D Film Expo」が開催され，リュミエール兄弟の作品「Lumière 3-D Experiments」も公開された．そこには，赤ん坊をあやす母親，映画スタジオの撮影風景，ダンスパーティー，駅に到着する列車などの映像が，たしかに立体撮影されていた．しかし，そこに記録された年号は1934年である．この映像と，1903年に公開されたというフィルムの関連性については，不明のままである．

　商業的な公開の最初の例として記録されているものでは，ニューヨークのアスター劇場における1915年のアナグリフ上映がある．作品は，エドウィン・S・ポーター（Edwin S. Porter）とウィリアム・ワッデル（William E. Waddell）が提供したもので，ニューヨークやニュージャージーの風景を撮影したものらしい．ポーターはエジソン社の演出部長として，「大列車強盗」（The Great Train Robbery, 1903年）な

どの作品で，新しい表現テクニックを開拓していった人物である．

5.2.2　1920年代：アナグリフ立体映画の流行

1920年代に入ると，もう少し明瞭に記録が残っている．1922年には，最初の立体劇映画である「The Power of Love」が，ロサンゼルスのアンバサダーホテルの劇場で公開された．監督はナット・デヴェリック（Nat Deverich），撮影と立体技術はハリー・フェアラル（Harry K. Fairall）が担当．アナグリフ方式で，上映時間は1時間16分もあったらしい．

また，ウィリアム・ヴァン・ドーレン・ケリー（William Van Doren Kelley）が考案し，"Plasticon"という名称をつけたアナグリフ方式で，デモ用の短編作品「Plasticon」と「Movies of the Future」を，1922年にニューヨークのリヴォリ劇場で公開した．製作・監督・技術監督は，すべてケリーが担当している．1923年には，題名がわからないが，ワシントンで撮影された紀行短編が，リヴォリ劇場で公開されているらしい．

さらに1922年には，ヤコブ・F・レーベンタール（Jacob F. Leventhal）という人物が，やはりアナグリフのシステムに"Plastigram"という名称をつけて発表した．このシステムのデモ映像である短編「Plastigrams」が，1923年から1924年にかけて，エデュケーショナル映画社の配給によって各地で公開された．エデュケーショナル映画社は，これ1作で配給を降りてしまったため，かわりにパテ社がレーベンタールの作品を扱うことになった．システムの名称は，Plastigramから"Stereoscopiks"に変わり，「A Runaway Taxi」「Luna-cy」「Ouch」「Zowie」といった短編が1925年に公開された．

同じく1922年には，ローレンス・ハモンド（Laurens Hammond）が，モータで1分間に1500回転するシャッタを用いた，オルタネート（時間差）方式による立体映像システム"Teleview"を発明している．手持ちの小型扇風機を，目の前で回している感じを想像してもらえれば，わりと近いイメージだろう．この方式用のデモとして，ネイティブアメリカンのナバホ族とポピ族を記録した短編と，長編劇映画「Radio-Mania」（1923年）も作られ，ニューヨークのセルウィン劇場で興行されている．「Radio-Mania」の上映時間は1時間35分もあったらしいが，回転シャッタの煩わしさと，映画の内容のお粗末さゆえに，Televiewは失敗に終わった．

なお1920年代において，謎のできごとがある．それは，フランスのアベル・ガンス（Abel Gance）が監督したサイレント映画「ナポレオン」（Napoleon，1925年）についてである．この作品は，全3時間42分中，最後の20分間がトリプルエクランと呼ばれている．これは3面スクリーンを用い，3.66：1というアスペクト比で，パノラマ効果やマルチスクリーン効果を実現させたもので，このシステムには"Polyvision"という名称も与えられた．さらに左右の画面は，それぞれ赤と青に染色され，フランス国旗のトリコロールカラーを表現していた．

だが，このトリプルエクランのシーンは，当初アナグリフの立体映像として作られていたという話が，米国の雑誌『American Cinematographer』1983年7月号にガンス監督のコメント付きで紹介されている．実際に撮影されたのだが，劇場公開時には立体映写は割愛されてしまったというのである．同様の話は，R. M. Hayes著の『3-D Movies』（1989年）にも書かれている．

しかし，フランスの映像展示デザイナー Polieri Jacques が書いた，特殊映像装置の歴史をまとめた『Scenographie, Theatre-Cinema-Television』（1963年）という本には，Polyvisionの撮影風景と上映システムの写真が載っている．これを見るかぎりでは，カメラは3台しか使われていない．3面スクリーンで立体上映するためには，6台のカメラが必要なはずである．テスト撮影が行われた可能性は否定できないものの，実際の作品が立体で撮られていた可能性は低いといわざるをえない．

また，この「ナポレオン」の影響なのか，1920年代には，米仏でワイドスクリーンの開発ブームが起こる．たとえば，ナチュラル・ビジョン・ピクチャーズ社とRKOの"Natural Vision"（1923〜30年），フランスのアンリ・クレティアン教授の"Hypergonar"（1927年），パラマウント社の"Magnascope"と"Magnifilm"（1929年），20世紀フォックスの"Grandeur"（1929年），MGMとミッチェル社の"Realife"（1930年），ワーナー・ブラザーズとファースト・ナショナル社の"Vitascope"（1930年）などがある．この時点では，どれもフォーマットとして定着することがなかった．

その背景には1929年に始まった大恐慌もあるが，映画界ではカラーフィルムとトーキーの開発に話題が集中したことが考えられる．1927年には，最初のトーキー映画である「ジャズ・シンガー」（The Jazz Singer）が公開された．1928年にテクニカラー社が，1枚のフィルムに赤橙と青緑を転染プリントする2色カラーを開発し，実用化させている．また1932年には，テクニカラーが3色法[2]によるカラープリント方式を開発し，1935年にはコダクロームも開発され，カラー映画の時代が到来した．その一方で，立体映像やワイドスクリーンは，しばらく忘れられる存在となった．

5.2.3 1930年代：ポラロイド方式の誕生

立体映画が流行するためには，仕掛けが単純で，なおかつフルカラー表現が可能な，偏光フィルタ（ポラライザ）の開発を待つ必要があった．偏光フィルタそのものは，1852年にウィリアム・B・ハラパス（William Bird Herapath）によって考案され，1891年にアンダーソン（J. Anderson）によって立体映画への応用が提案されていた．だが実際は，1932年にハーバード大学のエドウィン・H・ランド（Edwin H. Land）によって実用化されるまで，待つ必要があった．彼はこれをきっかけとして，1937年にポラロイド（ポラライザとセルロイドからなる合成語）コーポレーションを設立する．そのため，偏光フィルタによる立体視をポラロイド方式ともいう．そし

て1937年に，ドイツで世界初のカラー立体短編映画「Zum Greifen Nah（You Can Nearly Touch It）」が作られた．

Plastigramを開発したレーベンタールは，やはり立体映画研究家のジョン・ノーリング（John Norling）と手を組むことにした．彼らは，手当たり次第に撮影したフィルムをMGMに持ち込んだ．これらの素材は，「Audioscopiks」（1936年）と「New Audioscopiks」（1938年）の，2本の短編にまとめられて，アナグリフで公開された．さらにこれを1本に編集し直して，「メトロスコピック」（Metroscopix）の題名で，1953年に日本に輸入された．これが国内における，最初の立体上映[3]だとされている．その様子は，フィルムコレクターの杉本五郎氏によって，『映画をあつめて』（平凡社，1990年）に記されている．

ノーリングは，1939〜40年に開催されたニューヨーク世界博覧会のクライスラー自動車館に，「In Tune With Tomorrow」という10分間の作品を提供した．ストップモーションアニメを駆使して，自動車工場を舞台に工作機械や部品たちが繰り広げる，ミュージカル作品である．ポラロイド方式が採用されたが，フィルムは白黒だった．これに満足できなかったノーリングは，同じ作品を3色法テクニカラーで1940年にリメイクし，同博覧会に出品し直している．このカラー版はRKO社に買い取られ，「Motor Rhythm」と改題して1953年に劇場公開されている．

ノーリングはさらに，1940年にサンフランシスコで開催されたゴールデンゲート国際博覧会で，ペンシルベニア鉄道パビリオンに，「Pennsylvania Railroad's Magic Movies」または「Thrills for You」と題された短編を提供した．ポラロイド方式だが，フィルムは白黒だった．

5.2.4　1940年代：レンチキュラ方式の登場

第二次世界大戦の勃発は，せっかく芽生えかけた立体映画流行の兆しを，摘みとってしまった．1941年にMGMは，「Audioscopiks」と「New Audioscopiks」の編集を担当したピート・スミス（Pete Smith）に，「Third Dimension Murder」という，7分半のアナグリフ短編を制作させるが（監督はジョージ・シドニー（George Sidney）が務めた），米国における立体映画がしばらく作られなくなる．

またオランダでは，Veri Visionというシステムが開発され，これを使用してユリアナ女王の戴冠式を撮影したニュース映画「Queen Juliana」が，1948年に制作されている．ポラロイド方式の短編らしい．

こういった西側の動きとは別に，共産圏ではまったく異なる立体映画の歴史があった．1941年に，モスクワに世界初の立体映画専門劇場がオープンし，Aleksandr Andreyevskiy監督の「Concerto」（別題名「Land of Youth」）と，Nikolai Ekk監督の「Day off in Moscow」（原題「Vikhodnoy deni v Moskve」）の2本のアナグリフ短編がここで上映されたが，第二次世界大戦のために4か月間で閉鎖になった．

また1940年に，ソ連のイワノフ（Semyon Pavlovich Ivanov）が，メガネを必要

としないレンチキュラ方式の立体上映システム[4]を開発した．戦後になり，長編の「Machine 22-12」(1945年) や「Robinson Crusoe」(1946年) が制作され，1947年に戦前の立体映画劇場の後継として設立された，ウォストキノ劇場で上映された．

その後，このウォストキノ劇場用の作品は，1948年の「Precious Gift」(Karandash nalidu)，1949年の「In the Steppes」と「Lalim」，1953年の「May Night」(Mayskaya nochi)，1954年の「Aleko」，1958年の「Pal」(原題は「Druzok」．別英題名は「Little Friend」) といった作品が続いた．

5.2.5　1950年代：空前の立体映画ブーム

1950年代の立体映像は，イギリスから始まった．第二次世界大戦からの復興を祝うために，ロンドンのテムズ河南岸のサウスバンク地区で，1951年に英国祭 (Festival of Britain) が開催された．レイモンドとナイジェルのスポティスウッド兄弟 (Raymond/Nigel Spottiswoode) は，このフェスティバルで未来の映画館"Telekinema"を企画した．この劇場は，ポラロイドの立体映写システムや，立体音響装置，テレビ画像のプロジェクタなども備えていた．

そして半年間の会期中に，5本の短編立体映画が上映された．まず，2本の制作がNFB (National Film Board Canada：カナダ映画省) のノーマン・マクラレン (Norman McLaren) に依頼された．マクラレンは，オシロスコープによるリサージュ図形を用いたアニメ「アラウンド・イズ・アラウンド」(Around is Around) と，切り紙アニメとダイレクトアニメに周波数カードによる音楽を加えた「さあ今だ！」(Now is the Time—to put on your glasses) を提供した．

またイギリス側でも，3本の短編ドキュメンタリーが作られた．ブライアン・スミス (Brian Smith) 監督の「Royal River」と，ピーター・ブラッドフォード (Peter Bradford) 監督の「A Solid Explanation」，およびジャック・チェンバーズ (Jack Chambers) 監督の「Sunshine Miners」である．

Telekinemaは，英国祭終了後も残されることが決まり，国立映画劇場 (National Film Theatre) として1952年10月に再オープンした．そこで，新たな立体映画のコンテンツを提供する必要があったため，1952年に「Twirligig」「The Black Swan」「On the Ball」「Flying Carpet」，1953年に「Royal Review」「The Owl and the Pussycat」「London Tribute」「Coronation of Queen Elizabeth」「College Capers」「Summer Island」「Bandit Island」「Capstan Cigarettes」「Kellog's Cornflakes」「A Day in the Country」「Bullfighting in Spain」「Vintage '28」という短編が作られた．

一方米国では，1950年頃から急速に家庭にテレビが普及し始める．そして1953年には，FCC (連邦通信委員会) がカラー放送の標準方式をNTSCに決定し，翌年から放送を開始した．ハリウッドのスタジオは観客の減少に危機感を感じ，何らかの対抗策を必要としていた．

1つは、1920年代に失敗に終わったワイドスクリーンの復活である。1952年のCineramaに始まり、20世紀フォックスのCinemascope（1953年）、テクニカラーのTechnirama（1957年）やSuper Technirama 70（1959年）、MGMのMGM Camera 65（1957年）、マイケル・トッドのTodd-AO（1955年）、パラマウントのVistavision（1954年）など、次々と新しいフォーマットが生まれていった。

そしてもう1つの対抗策として、立体映画も選ばれた。そのきっかけを作ったのは、カメラマンのフレンド・ベイカー（Friend Baker）である。彼が考案した16 mmカメラを使った立体撮影システムに、ミルトンとジュリアンのガンズバーグ兄弟（Milton/Julian Gunzberg）が注目した。そして、ブライン（O. S. Bryhn）と、カメラマンのジョセフ・ビロック（Joseph Biroc）、ロスロプ・ウォース（Lothrop Worth）らの協力を得て、1951年にNatural Visionカメラシステム[5]が完成した。これは、ミッチェルNCをベースとした35 mmシステムで、非常に大きなブリンプを用いていた。

彼らが設立したナチュラル・ビジョン社は、1952年からこのシステムの売り込みを始めた。まず強い興味を示したのが米空軍で、地形の測量や兵士の訓練用に、数多くのフィルムを撮影した。

さらに、ラジオ製作者のアーチ・オボラー（Arch Oboler）がNatural Visionに注目し、自ら製作・監督・脚本を務めた映画「ブワナの悪魔」（Bwana Devil, 1952年）を公開した。この作品をきっかけとして、翌年には異常なほどの立体映画ブームが全米に巻き起こる。この1953年だけでも、世界中で長編30本、短編44本もの立体映画が作られた。そのジャンルは、西部劇、ホラー、サスペンス、SF、ミュージカル、コメディ、ドキュメンタリー、アニメーションなど多岐にわたる。

この影響は米国以外にも広がり、ドイツ、ハンガリー、オランダ、香港などでも短編制作が試みられた。日本でも、「ブワナの悪魔」「恐怖の街」「肉の蠟人形」「タイコンデロガの砦」「フェザー河の襲撃」「第二の機会」「雨に濡れた欲情」「ホンドー」などが、立体上映されている。

そして「日本でもオリジナルの立体映画を作ってみよう」ということになり、戦時中に航空教育資料研究所で岩淵喜一が研究した技術をもとに、東宝でトービジョンというシステムが開発された。これは、2台の35 mmカメラを用いる方式で、村田武雄の脚本・監督による「飛びだした日曜日」と、田尻繁の脚本・監督による「私は狙われている」が制作された。これに対抗して松竹は、カメラ1台による松竹ナチュラル・ビジョン方式を開発し、田畠恒男監督「決闘」を制作した。しかしこれらの試みも、この3本で終わってしまった。

ハリウッドでも、立体映画ブームは急速に冷めていき、1953年の末には早くも終焉が見え始めていた。1954年にも、長編17本、短編3本が作られているが、アルフレッド・ヒッチコック（Alfred Hitchcock）監督の「ダイヤルMを廻せ！」（Dial M for Murder, 1954年）のように、立体で制作されながらも、普通に平面映画とし

て公開された作品も少なくない．

その後定着したワイドスクリーンに比べて，あまりにも早い幕引きである．その原因として考えられるのは，「立体感を強調する演出が陳腐」「立体効果が作品の内容上必要がない」「立体感が作品の鑑賞の邪魔になる」「立体効果に頼ってストーリーがおろそかになっている作品が少なくなかった」などがある．なかでも大きい理由は，長時間の鑑賞が疲労をもたらすことだった．この問題は現在でも解決されておらず，立体映画の普及を妨げ続けている．

5.2.6　1960〜1970年代：ポルノ映画ブーム

立体映画ブームは去ったが，まったくなくなったわけではなく，ポツリポツリと作られ続けてはいた．しかしそれらは，ハリウッドのメジャースタジオではなく，独立系の小さなプロダクションで作られていた．扱いとしては，映画に付加価値を与えるギミック（仕掛け）としての存在である．

こういった，ハリウッド外の弱小スタジオが生き残る道というのは，ハリウッドではできないことに挑戦することである．ハリウッド作品は，MPPDA（全米映画製作配給者協会）が1930年に定めた倫理規定，通称ヘイズコード（Hays Code）に縛られていた．特に厳しかったのが，ヌードやセックスに対する規制である．

しかし，ラス・メイヤー（Russ Meyer）に代表される独立系の映画製作者たちは，1960年代にヘイズコードに縛られることなく，ヌードを扱った低予算映画を作り続けた．なかでも，後に大監督になるフランシス・フォード・コッポラ（Francis Ford Coppola）も，UCLAの映画コース在学中に，同級生のジャック・ヒル（Jack Hill）と共同で，ポルノ映画の監督としてデビューした．彼が，1962年に西ドイツと米国の合作という形で手がけたポルノ「The Playgirls and the Bellboy」（日本未公開）は，全上映時間1時間34分中の17分間が，立体映画として作られていた．内容らしいものはなく，単にヌードを見せるのを目的にしている作品である．

立体映画とポルノの関係を決定づけたのは，アル・シリマン・Jr.（Al Silliman Jr.）が監督・脚本を務めた，1969年の「淫魔」（The Stewardesses）である．10万ドルという，超低予算で作られた作品だったが，サンフランシスコとロサンゼルスで上映され，2600万ドル（当時の邦貨で90億円）という信じられない興行成績を記録した．1973年には，東映洋画の配給で日本でも封切られている．そのときの宣伝コピーは，「世界初の全篇90分立体ポルノ！轟々たる話題を呼び日本登場」というものだった．長く忘れられていた立体映画が，久しぶりに人々の関心を集めたのである．

1968年にはヘイズコードも廃止され，セックス描写に対する規制がゆるくなるにつれ，立体ポルノ映画も増加していった．1970年代に作られた立体ポルノは，確認できただけでも21本にも達する．しかもこれらが，題名を変えたり，編集を直して，再公開を繰り返していた．

もっともポルノばかりが，1960〜1970年代の立体映画ではない．単発的だが，印

象深い一般映画も作られている．たとえば，ポール・モリセイ（Paul Morrissey）監督のイタリア＝フランス合作のスプラッターホラー「悪魔のはらわた」（Flesh for Frankenstein, 1973年）は，監修に現代アートの巨匠アンディ・ウォーホル（Andy Warhol）が参加していた．ポール・レダー（Paul Leder）[6]が1976年に監督した「Ape」（日本未公開）は，「キング・コング」を模倣した米韓合作映画だった．

カンフー映画がブームになったときは，アジアでいくつかの立体カンフーが作られている．たとえば，台湾の「空飛ぶ十字剣」（千刀萬里追，1977年）や，香港の「ジャッキー・チェンの燃えよ！飛龍神拳/怒りのプロジェクト・カンフー」（飛渡捲雲山，1978年）などがそうである．

5.2.7　1980年代：第2次立体映画ブーム

1980年代に入ると，米国の家庭にケーブルテレビが普及し始める．そして，一気に増えた放送時間とチャンネルを埋めるために，古い映画がどんどん放送されていった．その中には，1950年代の立体映画も含まれていた．あるケーブル局が，視聴者に赤青メガネを配布して，アナグリフで放送するという実験をやったところ，これが話題になり，次々と古い立体映画が放送された．

同様の試みは，日本でも1983年にテレビ東京が行っている．ハーモン・ジョーンズ（Harmon Jones）監督の「ゴリラの復讐」（Gorilla at Large, 1954年）をアナグリフで放送し，視聴者はセブンイレブンから配布された赤青メガネをかけて鑑賞した．

こういった流行にハリウッドが新たな可能性を感じ，新作の立体映画を立て続けに制作していった．たとえば1982年には，「13日の金曜日 Part 3」「悪魔の寄生虫・パラサイト」など長編5本，1983年には「ジョーズ3D」「悪魔の棲む家 Part 3」「スペースハンター」など長編7本，1984年にも「ジェイル・ヒート/脱獄番外地」「サイレント・キラー/白い狂気」など長編5本が作られた．

しかしどれも，気の抜けた"Part 3"だったり，中身の薄い低予算映画ばかりで，この第2次ブームも終焉を迎えた．

5.2.8　1980～1990年代(1)：博覧会ブーム

実は，この時代を象徴する大きなできごとは，まったく別のところから生まれた．映画監督のマレー・ラーナー（Murray Lerner）は，マリンランド・オブ・フロリダという海洋テーマパークから，映像アトラクションの制作を依頼された．ラーナーはいくつかの手法を検討し，魚の浮遊感の描写に向いた立体映像を選択した．こうして1978年に公開された，23分間の「Sea Dream」という作品は，単なるアトラクションとしてだけでなく，映画としてカンヌ映画祭に正式出展された．立体映像がカンヌで公開されたのは，これが最初だった．

ラーナーは次にディズニーから，フロリダのエプコットセンターにできるアトラク

ション,「マジック・ジャーニー」(Magic Journeys, 1982 年) の映像制作の依頼を受ける．ラーナーは，WED 社とコダックが開発した，65 mm 5 パーフォレーションのカメラを 2 台用いて撮影し，上映は 70 mm 5 パーフォレーションのプロジェクタ台で映写する方式を選んだ．このため，偏光メガネをかけても十分に明るく鮮明な画質が得られた．

このアトラクションの成功は，日本の広告代理店に大きな影響を与えた．ちょうど日本では，筑波で 1985 年に開催される科学万博の企画が進められていたときだったからである．ラーナーは，電通と電通映画社に招かれ，日立館インターフェイス・シアター第 3 劇場のプロデュースを担当することになった．この劇場では，35 mm 4 パーフォレーション (2 パーフォレーションずつ上下に分割) の Stereo Vision を採用し，ロサンゼルスのデジタル・プロダクション (Digital Productions) が制作した CG で，太陽系の各天体を描いていた．

また，同じ科学万博の住友館 3D-ファンタジアムでは，「マジック・ジャーニー」と同様のシステムが用いられた「大地の詩」という作品が上映された．

だが，その科学万博で最も注目を集めたのが，富士通パビリオンである．ここで，世界ではじめて公開されたのが，OMNIMAX 3D システムである．70 mm 15 パーフォレーションの IMAX フィルムを，ドームスクリーンに投影する OMNIMAX (現在は IMAX Dome と改名) システムは，1973 年に生まれた．これを開発したカナダのアイマックス社は，NFB，ウォータールー大学，そして米ローレンス・リバモア・ラボ (Lawrence Livermore National Lab.) と共同で，OMNIMAX を立体化する研究を行っていた．

ドームスクリーンは魚眼レンズで投影するため，通常の方法で作った映像では，湾曲して見えてしまう．したがって，ドームの曲率とは逆の歪みを画像に与えることで，投影されたときに正しい形が表示される．このプログラムを担当したのが，ローレンス・リバモア・ラボのネルソン・マックス (Nelson Max) だった．

なぜ，ドームスクリーンに投影する必要があるのか．通常の四角いフレームに表示される映像では，常にフレーム内に映像が収まっていないと，正しく立体視ができない．そのため，運動の方向や，物体の大きさ，前後の奥行き感などに，著しく制限を与えてしまう．しかし，きちんとドームに立体映像が投影されると，巨大な物体を出現させたり，スクリーンから飛び出してきた物体が，観客の身体を通過して後方まで飛んでいったり，真横から伸びてきた物体が反対側へ抜けていったりという，本当に立体感のある表現が演出できる．

富士通株式会社はアイマックス社と富士通パビリオンの OMNIMAX 3D 映画「ザ・ユニバース」(We are Born of Stars) を制作した．銀河，土星，太陽の表面，超新星爆発，氷の結晶の分子構造，DNA などが，フル 3DCG で表現された．CG 制作は，富士通と(株)トーヨーリンクスが手がけている．コンピューティングディレクターとして，マックスが参加した．なお，偏光フィルタ (直線偏光) は，フラットス

クリーンを想定して考案されたものであるため，ドームには対応できない．そこでこのときは映像を白黒にして，アナグリフ方式で上映された．

この問題を解決するべく，富士通とアイマックス社は，1990年に大阪で開催された花の万博・富士通パビリオンで，全天周フルカラー立体映像を公開すべく，開発に取り組み始めた．解決策は，1922年にローレンス・ハモンドが"Teleview"で用いていたオルタネート方式を，液晶シャッタメガネ[7]で復活させることだった．赤外線パルスコントロールによるメガネのワイヤレス化を行い，またシャッタ速度を96 Hzに設定してフリッカを感じなくさせている．また，1台の映写機に2組のレンズを持ち，2本のIMAXフィルムを映写する，IMAX SOLIDOプロジェクタの開発が行われた．同時にスクリーン材質も高利得反射をする新素材を用い，ドーム映像特有の相互反射による彩度・コントラストの低下も克服している．同時に，ここで上映する作品「ユニバース2～太陽の響～」(Echoes of the Sun) も，富士通とアイマックス社で制作された．植物の光合成と，動物の筋肉で起こる解糖反応をテーマとしている．分子動力学シミュレーションを駆使したCGと，人形劇やアライグマ，鼓童の演奏といった実写映像が，半々で組み合わされている．CG制作には，再びマックスが参加し，筆者がヘッドデザイナーを務めている．

またアイマックス社は，もう1つの立体映像システムを開発していた．それは，1986年にカナダのバンクーバーで開催された，交通博のカナダプレースで公開された，IMAX-3Dシステムである．撮影は，2台のIMAXカメラをミラーを介して，90度の位置で組み合わせ，上映には2台のIMAX映写機を横に並べる方法が用いられていた．巨大スクリーンでの上映は，ドームスクリーンほどではないにせよ，フレーム枠による問題を生じにくい．同社は，ここで上映された「Transitions」(日本未公開) に続いて，花の万博・サントリー館でもIMAX-3D方式による「野生よふたたび」(The Last Buffalo) を公開している．

1980～1990年代にはほかにも，上越新幹線開通記念「'83 新潟博覧会」や，ニューオリンズ河川博 (1984年)，ぎふ中部未来博 (1988年)，瀬戸大橋博'88/四国，横浜博覧会 (1989年)，名古屋の世界デザイン博 (1989年)，福岡のアジア太平洋博 (1989年)，静岡駿府博 (1989年)，海と島の博覧会・ひろしま (1989年)，セビリア万博 (1992年)，韓国の大田博覧会 (1993年) といった，国際博や地方博が数多く開催され，立体映像が呼び物として注目を集めた．

5.2.9　1980～1990年代(2)：テーマパーク

1980～1990年代を象徴するできごとの1つが，テーマパークの復活である．世界を代表するテーマパークである，ディズニーランドがオープンしたのは，1955年である．しかしその頃から，ディズニーの本業であるアニメーションや映画の制作は，どんどん弱体化していった．特に，1966年にウォルト・ディズニーが永眠してからは，惰性でグループを維持していたにすぎず，当然テーマパークへの集客も減少する

5.2 立体映画の歴史

一方だった.

1984 年には，元パラマウントのマイケル・アイズナー（Michael Eisner）が，ディズニーの新会長として就任し，疲弊しきったディズニーグループに大改革を行う．ディズニーランドのアトラクション企画にも，外部のクリエーターの意見を積極的に取り入れた.

その1つが，1986 年にオープンした立体映像アトラクション「キャプテン EO」(Captain EO) であった．この企画は，アイズナーがパラマウントからつれてきた役員のジェフリー・カッツェンバーグ（Jeffrey Katzenberg）によるものである．カッツェンバーグはゲフィンレコードのオーナーのデヴィッド・ゲフィン（David Geffen）に依頼し，主演としてマイケル・ジャクソンを招く．さらに製作にジョージ・ルーカス（George Lucas），監督にフランシス・フォード・コッポラという豪華な顔ぶれをそろえ，1700 万ドルの製作費を投じて完成させた．VFX は ILM が担当し，ツイン式 65 mm 3D カメラが用いられた（このアトラクションは東京ディズニーランドにも設置されたが，現在日米とも営業されていない).

次にアイズナーは，フロリダのディズニー MGM スタジオのアトラクションとして，マペットショーで有名なジム・ヘンソン・プロダクション（Jim Henson Production）に企画を依頼した，「Jim Hensons Muppet Vision 3D」を 1991 年にオープンさせた．これは，70 mm の立体映像に，アニマトロニクスや着ぐるみをかぶった俳優，水飛沫，シャボン玉などのギミックを組み合わせたものである.

さらに 1995 年に，「Honey, I Shrunk the Audience」をエプコットセンター内にオープンさせた．これは 70 mm 立体映像システムを用いて，映画「ミクロキッズ」(1989 年) と，その続編「ジャイアント・ベビー」(1993 年) の世界を，観客に体験させるものである．リック・モラニス扮する発明家ザリンスキー博士が，物体の大きさを自由に変えられる装置を発明し，観客にミクロ化光線を浴びせてしまう．そしてさまざまなアクシデントが相つぎ，場内はパニックの連続となる．映像以外にも，さまざまなギミックで観客を楽しませてくれる．たとえば，ステージから実験用のネズミが客席に逃げ出したというシーンでは，場内が真っ暗になり，客席の下に仕掛けられた装置で，あたかも本物のネズミが足元を這い回っているような強烈な錯覚が起こる．さらに巨大化した犬がくしゃみをするシーンでは，観客席に水飛沫が撒かれる．ほかにも，ファンや紙吹雪といったギミックが用意されている．1つ1つはたわいもない仕掛けなのだが，映像や照明とうまく組み合わせることで，視聴覚以外の感覚も組み合わせたトータルなバーチャルリアリティ装置として，非常に完成度の高い仕上がりになっている．東京ディズニーランドの「ミクロアドベンチャー！」もほぼ同じ内容である.

1998 年には，オーランドのアニマルキングダムに，「Its Tough to be a Bug!」（日本未公開）が設置された．フル 3DCG 映画「バグズ・ライフ」(1998 年) をベースにして，昆虫たちの世界を CG で表現しているが，登場するキャラクターのうち，「バ

グズ・ライフ」のフリックとホッパー以外は，CG を制作したリズム ＆ ヒューズ・スタジオの日本人デザイナー中島聖が，独自にデザインしている．ショーは 70 mm 立体映像がメインであるが，観客席の背には振動するバイブレーターが，尻の下には自動あんま器のようなローラーが仕掛けられており，前列の観客席の背もたれからは，圧縮空気や水飛沫も吹き出し，映像の立体感を強調する役割を果たしている．さらに，カメムシのキャラクターが観客に向かってオナラをすると，実際に軽い刺激臭が会場に散布されるというギミックもある．

このほかにも，ディズニーのテーマパークに作られた立体映像アトラクションには，東京ディズニーシーの「マジックランプシアター」(2001 年) や，マジックキングダムの「Mickey's PhilharMagic」(2003 年) などがあり，どれも人気を呼んでいる．

一方，ディズニーとテーマパーク事業でライバル関係にあるユニバーサル・スタジオは，1996 年にユニバーサル・スタジオ・フロリダ内に，製作費 6000 万ドルをかけた「ターミネーター 2：3D」(Terminator 2：3-D Battle Across Time) をオープンさせた．このアトラクションは，監督のジェームズ・キャメロン (James Cameron) のほか，映画版の関係者がほぼそのまま取り組んだ．ショーの内容は，映画「ターミネーター 2」(1991 年) の後日談といった内容で，サイバーダイン社 (ターミネーターを設計し，後に世界を支配することになる企業) を観客たちが訪問するという設定である．そしてライブステージによる，生身の役者 (代役) とアニマトロニクスによる舞台が始まり，やがて彼らはスクリーン内の立体映像へと移動する (映像の中は本物の役者)．撮影には 65 mm 5 パーフォレーションカメラが 2 台使用され，背景のミニチュアセットと俳優のデジタル合成が行われている．ショーの後半は，コンピュータ防衛システム「スカイネット」に T-800 たちが潜入するところから大きく変貌する．スクリーンはそれまでの 1 面 (7 m×15 m) から，ほぼ視野全体を覆う 3 面 (7 m×45 m) へと展開し，立体視効果が抜群に向上する．そこへリキッドメタルでできた，クモ型の巨大ロボット T-1000000 が登場する．この施設にもギミックが用意されており，爆発の映像に合わせて，風やスモーク，水飛沫が観客に向けて噴射される．さらに，主人公たちの乗るエレベーターに合わせて客席も下降する．わずかなストロークだが効果は大きい．1998 年にはユニバーサル・スタジオ・ハリウッド，2001 年には大阪のユニバーサル・スタジオ・ジャパンにも導入された．

ユニバーサル・スタジオは，オーランドのアイランド・オブ・アドベンチャーに，「アメージング・アドベンチャー・オブ・スパイダーマン・ザ・ライド」(The Amazing Adventures of Spider-Man) を，1999 年に設置した．これはダークライド (暗い施設内を乗り物に乗って移動するアトラクション) と，立体映像を組み合わせたアトラクションである．観客は，ニューヨークの街並みのセットを移動していくが，セットと正確にパースを合わせた立体映像から，マーヴルコミックスの「スパイダーマン」のキャラクターたちが飛び出してきて，ライドのボンネットに乗っかって

くる．12面もあるスクリーンには，70 mm 5 パーフォレーションのプロジェクタから，CG の立体映像が投影されている．そのリアリティは非常にすぐれたもので，これを実現するために，ライドの動きに合わせて，スクリーンと動いている観客の距離を計算し，フレームごとに輻輳角を調整する新技術"Squinching"（または"Moving Point of Convergence"とも呼ばれる）が導入されている．このうえさらに，風や水飛沫，炎などのギミックも組み合わされている．2004 年には，ユニバーサル・スタジオ・ジャパンにも導入された．

さらにユニバーサルは，フル3DCG 映画「シュレック」（2001 年）をベースとした，立体映像アトラクション「シュレック 4-D アドベンチャー」（Shrek's 4-D Adventure）を，フロリダ，ハリウッド，大阪の3か所で，2003 年に同時オープンさせた．なお，大阪のユニバーサル・スタジオ・ジャパンだけ，ジム・ヘンソン・プロダクションの幼児向けテレビ教育番組「セサミストリート」をベースとした，「セサミストリート 4-D ムービーマジック」（Sesame Street 4-D Movie Magic）と交代で上演している．

こういった外資系だけでなく，純国産テーマパークでも，立体映像アトラクションは人気を集めた．たとえば，東京多摩のサンリオ・ピューロランドと，大分ハーモニーランドの「夢のタイムマシン」（1990 年）や，長崎ハウステンボスのミステリアスエッシャー館で上映される「エッシャー・永遠の滝伝説」（1992 年）などである．短期的な流行に振り回される劇映画の世界と違い，テーマパークは立体映像にとって安住の地といえるかもしれない．

5.2.10　1990〜2000 年代：大型映像

バンクーバーで1986 年に開催された交通博のカナダプレースは，その後，常設のCN-IMAX シアターとして運営されている．だがしばらくの間，IMAX-3D 作品は，博覧会のお下がりを上映しているだけだった．

やがて，2組のカメラやプロジェクタを必要とせず，それぞれ1台のボディに2組のレンズとフィルムを収める IMAX SOLIDO システムが完成した．これにより，撮影の制約が大幅に少なくなり，海中などの過酷な状況でも立体撮影が可能になった．また劇場側も，従来の IMAX シアターのプロジェクタを交換するだけで，簡単にIMAX-3D の常設館に変われるようになった．こうして，常設の立体劇場が増えるにつれ，博覧会とは独立した IMAX-3D 作品も作られるようになった．

一時期，積極的に取り組んでいた製作会社が，ソニー・ピクチャーズ・クラシックスである．スティーブン・ロウ（Stephen Low）の製作・監督による，「遥かなる夢・ニューヨーク物語」（Across The Sea of Time, 1995 年）や，「マーク・トウェイン'S アメリカ」（MarkTwain's AMERICA, 1998 年），ジャン＝ジャック・アノー（Jean-Jacques Annaud）が製作・監督・脚本を務めた「愛と勇気の翼」（Wings of Courage, 1995 年），カナダのパフォーマンス集団シルク・ド・ソレイユを描いた

「シルク・ド・ソレイユ ジャーニー・オブ・マン」（Cirque du Soliel : Journey of Man，1999 年）などの作品を製作・配給した．

また，ベルギーのエヌウェーブ・ピクチャーズ（nWAVE Pictures）社を率いるベン・スタッセン（Ben Stassen）は，世界で最も積極的に大型立体映像を作り続けている人物である．たとえば，立体映像の仕組みと歴史そのものをテーマとした「エンカウンター 3D」（Encounter in the Third Dimension，1998 年）や，その続編である「爆笑問題の 3D 迷宮事件」（MisAdventures in 3D，2003 年）のほか，「エイリアン・アドベンチャー」（Alien Adventure，1999 年），「ホーンテッド・キャッスル」（Haunted Castle，2001 年），「向井千秋の SOS プラネット 3D」（SOS Planet，2002 年）といった作品を，ほぼ毎年発表している．

システムの開発元であるアイマックス社でも，不可能の壁を突き破るべく，毎回困難な題材に取り組んでいる．たとえば 2002 年に公開された「スペース・ステーション」（Space Station）は，実際に宇宙空間で立体撮影を試みた，史上初の作品である．国際宇宙ステーションの建設の様子を，実際に作業に当たっている宇宙飛行士たちが，IMAX-3D カメラで記録している．MSM デザイン社のマーチン・ミューラーは，このために特別に 2 種類の立体カメラを開発している．1 つは，スペースシャトルのカーゴベイに取り付けられる遠隔操作カメラ（ICBC 3D）と，もう 1 つはステーション内部での生活や作業を記録するカメラである．

IMAX SOLIDO カメラは，サイズが大きすぎて宇宙船に搭載できない．そこで 1 本のフィルムに，L1/R1/L2/R2/L3/R3…というように，交互に左右の画像を記録するカメラが考案された．このフィルムは，現像後にロサンゼルスの DKP 70 MM 社に送られ，オプティカルプリンタを使って，L1/L2/L3…と，R1/R2/R3…の，2 本のフィルムに分離される．通常の IMAX カメラに比べて，フィルムの使用量が 2 倍になるため，10000 フィートのフィルムを使っても，最大 14 分しか記録できなかった．

しかし，このカメラの開発が間に合わなかったシーンもあり，地上での打ち上げシーンには，IMAX SOLIDO カメラが使用され，宇宙シーンでは通常の IMAX 2D カメラが用いられた．この 2D 画像は，アイマックス社によって 8 K でデジタイズされて，2D → 3D 変換され疑似的な立体映像が作られた．しかし，そのでき映えはすばらしく，両者の違いはほとんどわからない．アイマックス社は，デジタル・メディア・グループ社（Digital Media Group, Ltd.）が開発した 3D 変換技術を使用する権利を持っており，これまでにも世界的に有名なマジシャンを描いた IMAX-3D 作品「ジークフリート＆ロイ マジック・ボックス」（Siegfried & Roy: The Magic Box，1999 年）に使用している．

こういった努力によって，IMAX-3D システムは一般に浸透していった．しかしそのコンテンツの制作には，非常に予算がかかる．そのため，年間 2 〜 3 本程度しか新作が作られない．その内容も生真面目な教育用短編が多く，次第に観客の足は遠のい

ていった．

　こうしたことから最近では，通常の劇映画を IMAX シアターで公開するケースが増えてきた．これは，35 mm で撮られたフィルムをデジタイズし，エンハンス処理（解像度の拡大，フィルム粒子の消去，シャープネスの向上，カラーコレクションなど）を施して，IMAX フィルムにマスタリングする技術 "IMAX DMR（Digital Re-Mastering）" が進歩したことによる．IMAX DMR 処理は，アニメーションやフル CG 作品にも応用され，人気のある劇映画が封切りとほぼ同時に IMAX でも公開されるようになった．

　実例として，ロバート・ゼメキス（Robert Zemeckis）監督，トム・ハンクス主演の，全編パフォーマンスキャプチャによるフル CG 映画「ポーラー・エクスプレス」（Polar Express, 2004 年）では，通常の 35 mm 2D 版と同時に IMAX-3D バージョンも公開された．この作品では立体版の制作のために，3D レンダリングやコンポジットを新たに行っている．

　また俳優のトム・ハンクスは，自らプロデュースした作品「Magnificent Desolation 3D: Walking on the Moon」（2005 年）を，IMAX-3D で公開した．これは，アポロ計画を扱ったドキュメンタリーで，IMAX-3D カメラで新しく撮影した映像に，NASA の記録映像を IMAX DMR 処理と 2D→3D 変換処理したパートを加えたものである．

　また 1990 年代を象徴するできごとの 1 つに，立体ハイビジョンの流行がある．NHK 放送技術研究所での研究をベースに，NHK テクニカルサービスが積極的にコンテンツを制作した．またソニー PCL も，ソニーで開発された立体ハイビジョンシステムを用い，コンテンツの制作・販売と上映システムの設置を行った．その結果，博物館，科学館，遊園地など，日本全国のさまざまな施設に立体ハイビジョンの上映システムが導入された．同時にレーザディスクを用いた NTSC の立体上映システムも普及し，「水のない水族館」などのコンテンツが人気を呼んだ．特に 1990 年代前半は，出版界を中心にステレオ写真の流行があり，これも普及の後押しをしたと思われる．

5.2.11　2000 年代：デジタルシネマ

　ジョージ・ルーカスは 1996 年末に，映画の撮影から保存まで一貫したデジタル化の構想を抱いた．ルーカスはこの構想を "E-Cinema" と名づけ，1999 年に発表した．これをきっかけとして，世界中にデジタルシネマのブームが始まった．

　ルーカスは，まず撮影の過程をデジタル化すべく，ソニーに働きかけた．「スター・ウォーズ エピソード 2／クローンの攻撃」（2002 年）のために特別に開発されたのが，HD-24p 方式のカムコーダ HDCAM HDW-F 900 "CineAlta" である．HD-24p とは，映画フィルムと同じ毎秒 24 フレームで，プログレッシブ（順次走査）のハイビジョンという意味である．

このHD-24pに注目したのが,「タイタニック」(1997年)で大ヒットを飛ばしたジェームズ・キャメロン監督である.彼は,ロシアの深海潜水艇ミール2隻に乗り込み,北大西洋沖3650 m の海底に沈むタイタニック号を立体撮影する,「ジェームズ・キャメロンのタイタニックの秘密」(Ghosts of the Abyss, 2002年)を企画した.そこでキャメロンは,ソニーに特別オーダーを出して,立体撮影用の"リアリティカメラシステム"を開発した.これは,HDC-F 950(カメラとレコーダを分離したシステム)をベースに,重量を10 kg にまで抑え,焦点距離に合わせて輻輳角を調整する機能も持っている.撮影された映像は,フィルムレコーダでIMAXフィルムに焼かれ,IMAX-3Dの劇場で公開された.キャメロンは続けて,深海の熱水鉱床を撮影した「エイリアン・オブ・ザ・ディープ」(Aliens of the Deep, 2005年)にも,このシステムを使用している.

　また,「スパイキッズ2　失われた夢の島」(2002年)で,HDW-F 900を使った経験のあるロバート・ロドリゲス(Robert Rodriguez)監督は,「スパイキッズ」シリーズの第3弾である「スパイキッズ3-D:ゲームオーバー」(Spy Kids 3-D: Game Over, 2003年)を,部分的に立体映画として制作することを計画した.そこでキャメロンに協力を求め,リアリティカメラシステムを借りて撮影した.この作品は一般の映画館で公開されたためアナグリフで上映されたが,興行的には成功した.そこでロドリゲスは,同じ機材を用いて「The Adventures of Shark Boy and Lava Girl in 3-D」(2005年)も制作した.

　また,UNEP(国連環境計画)とWWF(世界自然保護基金)が,オーストラリアのグレートバリアリーフやバハマなどの珊瑚礁をIMAX-3Dで描く,「オーシャンワンダーランド」(Ocean Wonderland 3D, 2003年)という作品を企画した.この作品は,HDW-F 900を2台組み合わせ,水中ハウジングに収めた撮影装置で撮られている.従来のIMAXカメラでは,連続撮影時間はたった3分間しかなかった.したがって水中で珍しい生物と出会っても,フィルムチェンジのたびに浮上しなければならず,再び潜っても同じ被写体に巡り合える保証はない.その点,HDW-F 900なら連続45分間も撮影が可能だった.そして,IMAXフィルムにレコーディングされ,IMAX-3D劇場向けに配給された.この作品のスタッフは,続けて同じ手法で「Sharks 3D」(2004年)という作品も制作している.

5.2.12　2D→3D変換による立体映画ブーム

　2005年にラスヴェガスで開催された映画興行関係者向けのコンベンションSHOW WESTでは,ジョージ・ルーカス,ロバート・ゼメキス,ジェームズ・キャメロン,ロバート・ロドリゲス,ランダル・クレイザー(Randal Kleiser)らの映画監督たちが,デジタル立体上映に関するシンポジウムを行った.

　ここで話し合われた内容は,「いまの劇場の映写や音響の環境は,あまりにも粗悪で,観客を軽視しすぎている.さらに,DVDや大型ディスプレイの普及により,観

客は劇場から離れる傾向にある．したがって客離れをくい止めるため，新たな映写の手法の開発に取り組む必要がある．そのためのアイデアの1つが立体映像だ」という主張であった．

このシンポジウムを主催したのは，テキサス・インスツルメンツ（Texas Instruments：以下 TI）社である．TI は，1台の DLP Cinema プロジェクタと液晶メガネを用いたオルタネート式の立体上映システムを世界中の劇場に普及させる戦略を持っており，これはそのための普及プロモーションであった．この計画のキラーコンテンツとされるのが，「スター・ウォーズ」(Star Wars) 全6作を 2D→3D 変換して上映する計画である．シリーズ第1作の「エピソード4/新たなる希望」(Episode IV-A New Hope) を 2006 年後半〜2007 年に封切り，以降制作順に年1作ずつ公開される計画である．ルーカスフィルム社の試算では，2007 年にはデジタルプロジェクタを導入した米国の劇場が，2500〜3000 館に達していると予測している．

ちなみに「スター・ウォーズ」の 2D→3D 変換を手がける企業は，米国のインスリー（In-Three）社である．同社はこの技術に，ディメンショナリゼーション（Dimensionalization）という名称を与えている．現在，2D→3D 変換の技術はインスリーのほかに，アイマックス，米 DDD，日本のマーキュリーシステム，デジタルモーション，インターサイエンス，ネプラスなどといった会社が取り組んでいる．「スター・ウォーズ」の 3D 変換と IMAX-3D での上映の権利を獲得できなかったアイマックス社は，インスリーを特許侵害で訴えるなど，この分野が激戦の様相を呈してきた．各社とも今後，2D→3D 変換による立体映画が，大きなビジネスになる可能性を秘めていると感じているのだろう．

実際にこの動きが，1950 年代のような大きなブームになるのかは，もう少し経過しないと結論が出せないが，立体映画の本数が急増しそうなのは確かである．

おわりに

劇映画だけでなく，ドキュメンタリー，博物館展示映像，テーマパークのアトラクション，博覧会映像など幅広く紹介した「立体映像作品リスト」が 3D フォーラムのホームページに掲載されている．逐次更新する予定なので，参照されたい．

〔大口孝之〕

▶注
1) アナグリフ方式は，1853 年にロールマン（Rollman）によって，赤と青緑のフィルタを用いた立体視の原理が提示され，1858 年にドゥ・アルメイダ（D'Almeida）によって，実際に幻灯映写が行われた．
2) 3色法（3ストリップ）テクニカラーとは，3本のモノクロネガで撮影し，シアン・マゼンタ・イエロー・墨の4色を1本のフィルムに転染プリントするもの．
3) 雑誌『日本文学』（1932 年7月号）に掲載された，寺田寅彦の随筆「映画芸術」の中に，立体映画の章がある．その一部を抜粋してみると「二次元的平面映像の代わりに

深さのある立体映像を作ろうという企てはいろいろあるがまだ充分に成功したもはない．特別なめがねなどをかけない肉眼のままの観客に，広い観覧席のどこにいても同じように立体的に見えるような映画を映し出すということにはかなりな光学的な困難があるのである．しかし，そういう技術上の困難は別として，そういう立体的な映画ができあがったとしたら，それは映画芸術にいかなる反応を生ずるであろうか．」という記述が見られる．寺田はどこかで，立体映像の実験上映を見たのかもしれない．

4) 1970年には，日本万国博覧会のソ連館にもレンチキュラ式の裸眼立体劇場が導入された．70mm 5パーフォレーションのフィルムを左右に分割し，それぞれに左眼，右眼に対応する動画像を記録するサイド・バイ・サイド方式．上映は4m×3mのスクリーンに投影する．また，35mmフィルム9枚を使用する多眼式のレンチキュラ裸眼立体システムもあったが，こちらは静止画のみだった．

5) 1920年代に63mmフィルムを用いるNatural Visionの普及に失敗したナチュラル・ビジョン・ピクチャーズ社とは無関係．

6) ポール・レダーは，「ピースメーカー」(1997年)，「ディープ・インパクト」(1998年)，「ペイ・フォワード 可能の王国」(2000年)などの監督であるミミ・レダーの父親．

7) 液晶シャッタメガネは，1981年に松下電器産業株式会社から発表された，立体テレビの試作機でも用いられていた．この立体テレビは，ロバート・エイブル＆アソシエイツ(Robert Abel & Associates)によってデモ映像「Panasonic "Glider"」が作られただけで，商品化には至らなかった．その後，1987年に日本ビクター株式会社から発売された，立体VHDビデオディスクプレーヤーにも，液晶メガネが採用された．

また現在でも，DVD用の立体システムとして，米国のrazor3Dや，SlingShot-Entertainmentなどの会社から発売されている．なお，このシステム用の立体DVDソフトは，IMAX-3D方式で撮影された映画を収録したものと，普通の2D映画を3Dに変換処理したものである．3D変換の作品には，ジョージ・A・ロメロの「ナイト・オブ・ザ・リビング・デッド/ゾンビの誕生」(1968年)や，フランシス・フォード・コッポラの「ディメンシャ13」(1963年)，ロジャー・コーマンの「リトル・ショップ・オブ・ホラーズ」(1960年)など，古いホラーやSF映画が選ばれている．最大の珍品は，「Monster From a Prehistoric Planet」で，オリジナルは日活の怪獣映画「大巨獣ガッパ」(1967年)である．

▶参考文献

- Hayes, R. M.：*3-D Movies—A History and Filmography of Stereoscopic Cinema*, McFarland & Company, 1989.
- Symmes, D. L.：3-D The slowest revolution. *American Cinematographer*, July, 1983.
- Symmes, D. L.：*World 3-D Film Expo Souvenir Book*, SabuCat Productions, 2003.
- Hutchison, D.：*FANTASTIC 3-D, A Starlog Photo Guidebook*, 1982.
- Jacques, P.：*Scenographie, Theatre-Cinema-Television*, Jean-Michel Place, 1963.
- 「第1回映像展示ショーケース」実行委員会/西武美術館編：ニューメディア時代の現代映像展示ハンドブック—「第1回映像展示ショーケース」公式報告書，講談社，1984.

5.3 現在の技術（VFXを中心に）

a. VFXとは何か

現在，世界で作られるほとんどの映画には，何かしらVFX（visual effects, 視覚効果）の技術が使われている．VFXとは，撮影ずみの映像に対して，2次的な加工を行うことを意味し，撮影現場でリアルタイムに処理されるSFX（special effects, SpFXと省略することもある．日本では操演，または特殊効果と訳される）とは区別されるものである（表5.3.1）．

VFXの仕事の内容は，主にミニチュア撮影，エフェクトアニメーション，モデルアニメーション，マットペインティング，オプチカル合成などの，ポストプロダクションワークである．最近は，急速に作業のデジタル化が進み，オプチカル合成やマットペインティングは，デジタルにほぼ完全に移行しつつあり，その他のパートも2D/3DのCGにとってかわりつつある．注意すべきなのは，作業にコンピュータを使用することをVFXだと思っている人が多いのだが，コンピュータを使う使わないは直接関係ない．

b. 立体映像とVFXの関係

3次元映像とVFXの関係は，2つの方向が考えられる．
① 最終的な出力（上映）形態が立体映像になる場合
② 出力は通常の2次元映像であるが，映像の制作過程において3次元映像技術を用いる場合

表 5.3.1 VFXとSFXの仕事の違い

VFXの例		SFXの例
物理的な処理によるもの	コンピュータ内で処理されるもの	
ミニチュア撮影	CG	風
モーションコントロール撮影	デジタル合成	雨，雪，雹
エフェクトアニメーション	スタビライズ（画面の安定化）	スモーク（霧，煙，雲，強制遠近効果）
モデルアニメーション	カラーコレクション（色彩調整）	
スクリーンプロセス（リアプロジェクション/フロントプロジェクション）	モーショントラッキング/マッチムーブ（カメラや物体の運動軌跡の解析と，それにCGの動きを一致させること）	爆発，火災
		洪水，海面の表現
		地震，建物の倒壊
マットペインティング（ラテントイメージ/オプチカル処理）	2Dデジタルペイント	火山灰，火山弾
	3Dマットペインティング	ガンエフェクト，弾着，血糊
オプチカル合成（エリアル合成を含む）	2Dエフェクトアニメーション	車両の横転など，機械を用いるカースタント
	モーフィング	飛行機，潜水艦，船舶などの揺れ
	リタイミング（フレームを重ねて時間を圧縮したり，逆にフレーム補間をして疑似スローモーション効果を作ること）	ワイヤワーク，フライングエフェクト
		メカニカルエフェクト

①は、要するに立体映画におけるVFXの活用についてだが、これはきわめて関係性が薄い。特に、映画館に配給される劇映画では、ほとんどない。これまで実際に、VFXを使用した立体劇映画としては、ビデオ合成を用いた「ジョーズ3D」（1983年）や、宇宙船のミニチュアが登場する「スペースハンター」（1983年）、最近ではロバート・ロドリゲス（Robert Rodriguez）の「スパイキッズ3-D：ゲームオーバー」（2003年）などがある。立体映画自体の数も少ないのだが、VFXを使っているとなるとさらに希少である。

これは、一般的に立体映画がキワモノ扱いであり、その多くがローバジェット作品であるため、VFXにまで予算がまわらない。また立体視自体が十分に"視覚効果"的であるため、さらにエフェクトを加える必要はない……などという理由が考えられる。

また技術的にも、平面映画と立体映画において、VFXのテクニック自体に本質的な違いはない。左右2画面分の作業をするというだけのことである。「スパイキッズ3-D：ゲームオーバー」の場合は、CGで作られた環境の中に、実写の俳優を合成している。CGの立体視は、視点を2か所設定するだけであり、これも特別のソフトを必要とはしない。通常のCGソフトに備わっている、ステレオレンダリング機能を用いるだけですむ。

c. 特殊スクリーンにおける問題

一方、IMAXなどの大型映像や、テーマパークのアトラクション映像には、VFXを多用する作品が多い。たとえば、東京ディズニーランドの「ミクロアドベンチャー！」や、ディズニーシーの「マジックランプシアター」、ユニバーサル・スタジオ・ジャパンの「ターミネーター2：3-D」「アメージング・アドベンチャー・オブ・スパイダーマン・ザ・ライド」「シュレック4-Dアドベンチャー」「セサミストリート4-Dムービーマジック」、IMAX-3D映画の「T-REX」や「エンカウンター3D」などである。多くの場合、フルCGやCGと実写の合成作品であり、技術的には普通のCGソフト、デジタル合成システムなどで処理されている。大型スクリーンやマルチスクリーンでも、基本は変わらない。

ただし、IMAX-SOLIDOなどのドームスクリーンである場合は、少々複雑になる。まず実写撮影だが、完全なドーム映像を求めるために、画角180度の魚眼レンズで立体撮影した場合、左右のレンズどうしが互いに写り込んでしまう。また、IMAX-DOME方式の魚眼レンズは非常に巨大なため、輻輳角が開きすぎてしまう。したがって、いくぶん画角を狭めた、小さめのレンズを使うことになる。

さらに合成用のブルー（ないしグリーン）スクリーンは、非常に大きなものを用意して、カメラの周囲を囲む必要が生じる。それでも、天井のライトやスタジオの撮影機材が写り込んでしまうため、ロトスコーピングによって手描きのマスクを作り、消し込む作業が必要になる。だが、実際にこんなことをしてまで、立体ドームスクリーンでの実写合成をやった例はない。

フル CG ならば，こういうやっかいな問題は生じない．しかし，通常広く使用されている CG のレンダラー（たとえばピクサー・アニメーション・スタジオ製の RenderMan など）には，スキャンラインアルゴリズムが用いられている．このアルゴリズムは，あくまでも平面のスクリーンを前提に設計されているため，曲面スクリーンには対応できない．そのため，レイトレーシングアルゴリズムを使う方法が考えられるが，レンダリング時間を多く必要とする．

これを解決するために，ドームマッピングという方法も考えられた．これは，上下左右前後の 6 面（下面を省略した 5 面でも可）をスキャンラインアルゴリズムでレンダリングし，1 つの球体にテクスチャマッピングすることで，ドームスクリーンを実現させるというものである．最近のデジタルプラネタリウムなどに広く使われている手法である．

d．映像制作に 3 次元映像技術を用いたケース

b 項②の，通常の平面映像の制作過程に，3 次元映像技術を用いるケースに関してはどうだろう．最も活用されている分野としては，CG のモデリングが考えられる．これは，複数の視点から撮影された画像から，その視差を利用して立体形状を復元するフォトグラメトリー技術を応用したもので，イメージベースドモデリング（image-based modeling；IBM）と呼ばれる．そしてその立体モデルに，もとの画像から抽出したテクスチャをマッピングすれば，あたかも実物が存在しているように，リアルな映像が表示できる．このことを，イメージベースドレンダリング（image-based rendering；IBR）と呼ぶ．

実際にこの技術を用いた映像作品には，以下のような例がある．

① 「Like A Rolling Stone」（1996 年）

ミシェル・ゴンドリー（Michel Gondry）監督と，フランスの CG プロダクションの BUF 社は，ローリング・ストーンズのミュージックビデオ「Like A Rolling Stone」において，時間は静止していながらカメラは移動しているという，不思議な映像を提供している．これは，BUF が 1991 年に開発したイメージベースドモデリング/レンダリング（IBM/IBR）技術を用い，2 台のポラロイドカメラで撮影した映像の視差から風景の立体形状を計算し，2 点間をバーチャルカメラで連続させるというものだった．

② 「ファイト・クラブ」（Fight Club，1999 年）

BUF は，「Like A Rolling Stone」の技術に改良を加え，米映画「ファイト・クラブ」における，タイラーとマーラのベッドシーンに応用した．ここでは，5 台の 35 mm スチルカメラ（キヤノン EOS）を用いて撮影された画像をもとに，3DCG で俳優が再構築され，背景とベッドが異なる速度で回転していたり，別に撮影された顔をモーフィングでつないで，その間をモーションブラーでぼかすといった複雑な処理が施されている．またこの作品では，主人公のジャックがピストルで自殺未遂を起こすシーンでも，IBM/IBR 技術が応用されている．これは，パナビジョン社の 35 mm

ムービーカメラ5台で俳優の周囲を取り囲み，そこから得られた映像をベースにして，ほぼ完全な3DCGの頭部を作り上げたものだった．

③「マトリックス」(The Matrix, 1999年)

米マニックス・ビジュアル・エフェクト社（Manex Visual Effects, LLC）は，米映画「マトリックス」において，「Like A Rolling Stone」をヒントにした，Bullet Time（人物は超スローモーションだが，その周囲を旋回するカメラは高速に移動しているという効果）と呼ばれる手法を用いている．BUFとの違いは，IBM/IBRを使わず，120台ものキヤノンEOSで撮影した画像を連続させる手法を用いていることである．ただし，背景となるシドニーの街並みは，風景を撮影した写真からIBM/IBRが行われた．この作業は，カリフォルニア州立大学バークレー校において，ポール・デベヴェック（Paul Debevec：現・南カリフォルニア大学）らとともに，IBM/IBRの開発に当たったジョージ・ボルシュコフ（George Borshukov）が担当している．

④「マトリックス・リローデッド」(The Matrix Reloaded, 2003年)/「マトリックス・レボリューションズ」(The Matrix Revolutions, 2003年)

「マトリックス」の続編となる「マトリックス・リローデッド」と「マトリックス・レボリューションズ」では，より迫力ある格闘シーンやアクションシーンを実現させるため，実物と見分けがつかない精密なデジタルダブル（CGによる俳優の代役）を作り上げることになった．マニックスから独立した，米エスケープ・エンターテインメント（Esc Entertainment）社は，主演俳優のキアヌ・リーヴス，ヒューゴ・ウィーヴィング，ローレンス・フィッシュバーンらの頭部を，3D動画データとして取り込むことにした．ボルシュコフは，SONYのHD-24pカムコーダーHDW-F900 "CineAlta" を5台用い，俳優の周囲を取り囲む形で，非圧縮10bitの映像をHDDレコーダに記録した．そして，IBM/IBRとモーショントラッキング技術を組み合わせて，表情の変化をともなう頭部の形状と質感が，忠実に取り込まれた．エスケープ社は，この手法にユニバーサルキャプチャという名称を与えている．

⑤「マイノリティ・リポート」(Minority Report, 2002年)

米映画「マイノリティ・リポート」には，主人公が家庭用ホログラムプロジェクタで，誘拐された息子や，別れた妻の立体映像を見る場面がある．このイメージは，実際にMITメディアラボでホログラフィの研究に携わっている，ジョン・アンダーコフラー（John Underkoffler）のアドバイスで表現されたものである．とはいえ，実際にホログラフィが使用されているわけではなく，VFXプロダクションの米ILM（Industrial Light＋Magic）によって，3DCGで描かれたものである．これは，グリーンスクリーンの前で12台のビデオカメラでシンクロ撮影した俳優の映像をもとに，同社のスティーヴ・サリバン（Steve Sullivan）が開発したフォトグラメトリーのソフトを用いたIBM/IBRによって，立体的な人物像が求められた．また，逮捕された囚人たちを，カプセル内で仮死状態にして留置する収容所の場面では，囚人たちの描

写に IBM/IBR が用いられており，15台のスチルカメラで撮影された18人のエキストラの写真から，3DCG の人物像が構築された．

⑥「ネメシス/S.T.X」(Star Trek：Nemesis, 2002年)

「スター・トレック」シリーズの劇場用映画第10作「ネメシス/S.T.X」では，映画の冒頭近く，ロミュラン帝国の評議会において，議員たちが緑色の光線を浴びて灰になるシーンがある．クローズアップとなる法務官は，3D レーザスキャナの Cyberware を用いて高解像度で 3D スキャンニングされたものだが，その他の議員たちは，予算を抑えるために簡易的な手法が用いられることになった．そこで，映画，ゲーム，テレビ向けの 3D スキャンサービスを行っている米アイトロニクス (Eyetronics) 社が選ばれ，12人の俳優がスキャンニングされた．同社は，デジタルカメラを用いたハンドヘルドの 3D スキャナ ShapeCam を開発し，IBM/IBR 技術で 3DCG のモデリングを行っている．

アイトロニクス社は，これまでにも「ダイ・アナザー・デイ」(2002年)，「トリプル X」(2002年)，「バレット モンク」(2003年)，「トゥームレイダー 2」(2003年)，「リーグ・オブ・レジェンド/時空を超えた戦い」(2003年)，「フレディ VS ジェイソン」(2003年)，「ラスト サムライ」(2003年)，「マスター・アンド・コマンダー」(2003年)，「ゴシカ」(2003年)，「エージェント・コーディ」(2003年)，「キング・アーサー」(2004年)，「キャットウーマン」(2004年)，「コラテラル」(2004年)，「エクソシストビギニング」(2004年)，「バットマンビギンズ」(2005年) といった映画の，3D スキャンデータ作成を担当している．

e．**3D レーザスキャンニング**

広義では，3D レーザスキャナを用いた直接計測も，3次元映像技術と呼べるかもしれない．これには，サイバーウェア (Cyberware) 社の人体頭部や全身のデータをとる 3D スキャナや，建造物，地形など広範囲の計測が可能なライダー (light detection and ranging；LIDAR) を用いる手法が知られている．

前者は広くさまざまな作品の，デジタルダブルのデータ入力に用いられている．また後者も，「奇蹟の輝き」(1998年) のグレイシア国立公園や，「ブラックホーク・ダウン」(2001年) のソマリア (実際はモロッコ) の街，「デイ・アフター・トゥモロー」(2004年) の水没し氷河に覆われるニューヨークなどの計測に使われた例がある．

〔大口孝之〕

6

通信・放送・ネットワーク

6.1 情報通信技術

3D画像,映像,音声などマルチメディア情報に関連する情報通信技術について述べる.

6.1.1 サービス統合デジタル通信網

1980年代になると,交換機や通信網のデジタル化が進展し,音声,画像,映像,データ,ファクシミリなどを1つの通信網で伝送できるようにするために,サービス統合デジタル網(ISDN)の構想が提案された.そして,CCITT(現在のITU-T)で標準化の検討が行われ,1985年に勧告がだされ,各国でこの標準化の導入が進められてきた.

これは主として音声を扱うN-ISDNと画像や映像やデータなどを扱うB-ISDNに分類される.

(1) N-ISDN

N-ISDNはITU-T勧告案に沿ってIシリーズとして標準化された.IシリーズはI.100,I.200,I.300,I.400,I.500,I.600がある.I.100はISDNの基本概念を規定する.I.200はISDNのサービスを規定する.I.300はISDNのネットワーク機能を規定する.I.400はユーザとネットワークのインタフェースを規定する.I.500はネットワーク間のインタフェースを規定する.I.600はISDNの保守と管理機能を規定する.ユーザとネットワークのインタフェース(UNI)の参照点として,点T,S,Rが指定される.

点Tはネットワークの終点でネットワーク終端装置NT1とのインタフェース点である.PBXやLANなどのNT2が点Tに接続されるとき,NT2の終点は点Sと呼ばれる.デジタル電話やG4ファックスなどのTE1が点Sに接続される.

アナログ電話やアナログファックスなどのアナログ機器 TE2 が接続されるときには，インタフェース装置 TA が TE2 と NT2 とのインタフェースとして機能する．TA と TE2 のインタフェース点が点 R である．

N-ISDN サービスでは，B チャンネル，D チャンネル，H チャンネルが提供される．B チャンネルはユーザの通信チャンネルで，8 kbps, 16 kbps, 32 kbps と 64 kbps の伝送サービスからなる．D チャンネルは制御チャンネルで 16 kbps と 64 kbps サービスがある．H チャンネルはユーザの通信チャンネルで，384 kbps, 1536 kbps, 1920 kbps サービスがある．

（2） B-ISDN

B-ISDN は高速なデジタルデータの伝送を行うために利用する．B-ISDN には，インタラクティブサービスと情報配信サービスがある．

インタラクティブサービスには，会話サービス，メッセージ交換サービス，情報検索サービスなどがある．情報配信サービスには，ラジオやテレビなどの放送サービスがある．B-ISDN の UNI として，点 TB, SB, R が指定されている．たとえば，アナログテレビのようなアナログ装置は，B-TA 経由で B-NT2 に接続される．デジタルテレビのようなデジタル装置は直接 B-NT2 に接続される．

（3） ATM 交換方式

ATM (asynchronous transfer mode) は高速な交換機能を実現する．ATM パケットは 53 オクテットの ATM セルと呼ばれる．ATM セルは制御情報とデータからなる．パケット交換ではパケットのサイズは可変である．このためパケットを認識するのに時間がかかる．これに対して ATM セルは固定長なので処理が簡単である．したがって処理速度の向上が図れる．

6.1.2 ナショナルインフォメーションインフラストラクチャ

当時のクリントン政権からナショナルインフォメーションインフラストラクチャ (NII) が提案されたのが，1992 年である．この提案は当時世界から驚きをもって迎えられた．NII で音声，映像，画像などのマルチメディア情報が瞬時に送ることができるというものである．それまで音声中心の通信から映像中心の通信に転換するというものであった．これによりテレショッピングなどの商取引やオンラインで製品の設計を行うなどの新しい産業が興ると予測された．テレビは放送の形態で送られてきたプログラムから好きな番組を選択して楽しむものだが，155 Mbps の情報ハイウェイが各家庭に引かれれば，映像情報をリアルタイムでやりとりでき，放送局から好きな番組を送ってもらうことができる．

この実現に向けて動き出しているのが，光ファイバやケーブルを各家庭に引き，情報ハイウェイを実現する構想である．しかし光ファイバを各家庭に引くとなると，膨大な設備投資が必要で，計画は遅々として進んでいないのが現状である．これにかわって，いま家庭に引かれているメタルケーブルをそのまま使い高速化を実現する

ADSLの利用が各国で始められている．これは家庭と家庭の加入者線を収容する電話局の加入者線交換機の端子にADSLモデムを設置することで実現するもので，大きな設備投資は必要ない．ADSLでは，上り（加入者から電話局）回線で600 kbpsの速度，下り（電話局から加入者）回線で12〜6 Mbps程度の高速化を実現できる．

6.1.3 グローバルインフォメーションインフラストラクチャ

1992年のクリントン政権のNIIの提案を受けて，日本，イギリス，ドイツ，フランスなどの先進各国が情報通信ネットワークの高速化構想を相ついで発表した．

そして1994年米国は，NIIを基礎概念として，国際電気通信連合（ITU）の全権会議でグローバルインフォメーションインフラストラクチャ（GII）を提案した．GIIはいかなる国のいかなる人々もGIIにアクセスできること，GIIを利用して自由に競争ができること，GIIの通信速度やサービスの向上にあたっては，既存のサービスやオペレーションに影響を与えないこと，そしてユニバーサルサービスがGIIにより提供できることなどを目標として設定された．

グローバルインフォメーションインフラストラクチャを成功に導くには，プロトコルや通信方法が標準化されなければならない．標準化の方法としては，大きく2つのやり方がある．1つはマイクロソフトのWindowsのように，誰でもが使うことで業界や市場の事実上の標準になってしまうやり方，もう1つはITUなどの国際標準化機関が標準案を作り，関係機関のコンセンサスを得るやり方である．

これらにはそれぞれ問題がある．業界標準は市場の寡占化を招く心配がある．一方標準案を作ってからものを作るというやり方は，技術の進展を阻害する心配がある．これらの問題を解決するには，標準化機関と技術開発を担当する業界との円滑な情報交換と協力が欠かせないであろう．

6.1.4 具体的な高速化の取り組み

NIIやGIIの提案を背景として，どのようなネットワークの高速化の動きがあるか見てみよう．1990年代に米国から，2つのプロジェクトが提案された．これについて述べる．

（1）ギガビットテストベッドプロジェクト

ギガビットテストベッドプロジェクトがナショナルリサーチエデュケーションネットワーク（NREN）プログラムとして，1995年まで行われた．このプロジェクトは，大学，通信事業者，コンピュータ製造事業者，研究機関を含む40機関が参加し，主にギガビットネットワークで動く応用プログラムの開発の実験が行われた．ここで，5つのテストベッドが実施された．それらはAurora, Blanka, Casa, Nector, Vistanetである．このプロジェクトはナショナルサイエンスファウンデーション（NSF）と米国防総省高等研究企画庁（DARPA）によって行われた．ナショナルリサーチイニシアチブ（NRI）協会は，コンソーシアムに参加するメンバーと政府との

調整を行う機関である．政府は5年間にわたって約2000万ドルをこのプロジェクトに当てた．一方通信事業者やコンピュータ製造事業者も資金を出し，総額は40億ドルにもなったといわれている．このプロジェクトの結果として得られた成果の1つとして，イリノイ大学が開発したCAVEがある．これはバーチャルリアリティの分散環境である．観察者はこのCAVEの中に入り，バーチャルリアリティの世界に没入することができる．センサ付きのメガネをつけると，観察者はCAVEに映し出された仮想の3次元物体を立体的に見ることができる．CAVEシステムは，観察者の視点の位置を検出して，その位置に合わせて3次元物体の形状を変形し，テクスチャを張って表示する．こうすることで観察者は任意の位置からその物体を見ることができる．

（2） 超高速バックボーンネットワークプロジェクト

超高速バックボーンネットワークプロジェクトには，MCIプロジェクトやACTプロジェクトがある．後者はNASAにより実行された．

1990年代初頭に，長距離通信サービスを行っているMCIがそのバックボーンネットワークのスピードを155 Mbpsから622 Mbpsにアップグレードした．1993年にNSFは米国内のスーパーコンピュータを接続するために，2.4 Gbpsのネットワークサービス（VBNS）を構築することを決めた．この決定を受けて，MCIはNSFの協力を得て，超高速バックボーンネットワークサービス（VBNS）の運用を始めた．そして1998年に，MCIはその基幹ネットワークのスピードを1.2 Gbpsに上げた．天気予報のモデリングや可視化を行うためのプロジェクトがこのVBNSを用いて行われた．このプロジェクトでは，クライアントはスーパーコンピュータへVBNSを利用してアクセスした．VBNSはインターネットプロトコルやATMプロトコルを用いている．そしてVBNSのユーザには622 Mbpsのネットワークサービスが提供された．

このほかに超高速ネットワークプロジェクトとして，衛星を用いた高速データ伝送のプロジェクトがある．この1つのプロジェクトとして，1993年から始められた先端通信技術衛星（ACTS）プロジェクトがある．

このプロジェクトの一環として，NASAは通信衛星を打ち上げた．このプロジェクトはKAバンド（20～30 GHz）を利用しており，ユーザには2.5 GHzの帯域を提供している．衛星と基地局の伝送速度は，最初は156 Mbpsであったが，徐々に600 Mbpsに拡大された．ACTSは主にスーパーコンピュータの分散ネットワークに用いられた．この代表的な事例は，ワシントンD. C. にあるNASAのゴッダードスペースセンターとカリフォルニアのジェット推進研究所（JPL）との接続である．ここで流体力学の共同研究が実施された．ACTSのプロジェクトのもと，ハワイのKeck天体望遠鏡がカリフォルニア工科大学から遠隔操作され，望遠鏡から得られた情報が可視化された．衛星ネットワークは米国本土とハワイをACTSで接続して確立された．そしてその後ハワイと日本をインテルサットで接続した．ATM Research and

Industrial Enterprise Study (ARIES), NASA, エネルギー省と通信事業者は ACTS と陸上通信回線と船舶をネットワークで接続して, 石油の探索や遠隔医療の共同研究を行った. ARIES はまた NASA と JPL が協力して, NASA の Lewis Research Center と JPL を ACTS で接続して, 高速伝送の共同実験を行った.

(3) インターネットの高速化

一方でインターネットは世界中に急速に拡大している. しかし高速通信サービスは実施されていない. このためイメージや映像や3次元画像情報などをリアルタイムにやりとりすることはできない. このためインターネットの高速化への要求は日増しに強まってきた. これに答えるかたちで, 米国で1996年, 2つのイニシアチブが発表された. 1つはインターネット2のイニシアチブであり, もう1つは次世代インターネットのイニシアチブである. インターネット2は米国の大学連合から提案され開発が開始された. 次世代インターネットはクリントン政権から発表された.

(i) インターネット2

インターネット2は GiGaPOP (Gigabit Capacity Point of Presence) と呼ばれる大学間を接続する高速ネットワークで, 映像や3次元画像情報の情報伝送などの種々のインターネットサービスを提供する. GiGaPOP は高速バックボーンネットワーク BNS に接続されている. BNS はネットワークの集合体 (collective entity) の役割を果たしている. GiGaPOP の伝送速度は約 622 Mbps である. そしてユーザには1～10 Mbps の高速伝送とネットワークの安全性や高品質化をねらいとしている.

(ii) 次世代インターネット

次世代インターネット (NGI) はより高速なインターネットの実現を目指している. その目標はいま利用されているインターネットの100倍から1000倍の高速化である. NGI を用いることができれば, 高品質のビデオ会議システムなどのリアルタイムのマルチメディアサービスなどを行うことができる. NGI にアクセスするユーザの数はサービスが高度になるにつれ, 増え続けている. 次世代インターネットサービスで回線スピードは現状の 64 kbps から 6.4 Mbps さらに 64 Mbps に拡大された.

64 Mbps の回線を用いれば, 動画像をリアルタイムに伝送することができる. また 1.5 Mbps のインターネットサービスは 150 Mbps から 1.5 Gbps に拡大された. これによりスーパーコンピュータで生成されたり, 処理されたりした大量の情報をリアルタイムに伝送することができるようになった. NGI を利用して, 協調設計, 遠隔教育, 遠隔医療などのプロジェクトが推進されている.

6.1.5 高速ネットワークの将来

高速ネットワークが実現されるにつれ, これに接続されるコンピュータや端末装置間の高速伝送が可能になり, あたかも全体が1つのコンピュータとして機能するようになる. そしてそれぞれに構築されるデータが他のコンピュータにも利用され, その相乗効果で新しい発見や発明を誘発することも期待されよう. またネットワークの設

計技術，ネットワークを利用して構築されるアプリケーション設計技術なども高度化が進むであろう．

ネットワークの設計技術としては，STR（state transition rule）形式の記述法などが研究された．アプリケーション記述にはオブジェクト指向言語などが使われている．サイバースペース上のより快適なコミュニケーション環境の研究も行われている．コミュニケーション環境のパラダイムとして，ハイパーリアリティ（Hyper-Reality）やテレイマージョン（Tele-Immersion）などの新しいパラダイムが提案され，研究が行われている．ハイパーリアリティは寺島，John Tiffin らにより提案されたもので，現実の空間とサイバースペースの融合された空間上に現実と同じようなコミュニケーションの環境を構築し，そこで互いに遠隔地にいる人間を含む生物やエージェントが協調して作業をしたりプレーをしたりできる coaction fields などの新しい概念が導入されている．テレイマージョンは Jaron Lanier と研究グループにより提案されたもので，互いに遠隔地にいるものどうしが，あたかも一堂に会しているかのように共有されシミュレートされた環境で協調作業ができることを目指した概念である．

これを支えるハードウェアの進歩も見逃せない．並列処理コンピュータや量子コンピュータなどの研究も今後進展するだろうし，これを生み出すナノテクノロジーの研究からも目が離せない．以上の諸技術の発展が相まって，情報通信技術はますます高度化が進むだろう．　　　　　　　　　　　　　　　　　　　　　　〔寺島信義〕

▶参考文献

1) Terashima, N.：HyperReality. *Proc. International Conference Recent Advances in Mechatronics*, 1995.
2) Terashima, N. and Tiffin, J. eds.：*HyperReality—Paradigm for the Third Millenium*, Routledge, 2002. 寺島信義監訳：ハイパーリアリティ―第三千年紀のパラダイム，電気通信協会，2003．
3) Terashima, N.：*Intelligent Communication Systems*, Academic Press, 2002.
4) 岡田博美：情報ネットワーク，培風館，1994．
5) Lanier, J.：National Tele-Immersion Initiative, http://www.advanced.org/teleimmersion.html
6) Panko, R.：*Business Data Networks and Telecommunications, 4th ed*., Prentice Hall, 2002.
7) Bertsekas, D. and Bertsekas, D. P.：*Data Networks, 2nd ed.*, Prentice Hall, 1991.
8) Hioki, W.：*Telecommunications, 4th ed*., Prentice Hall, 2001.
9) Haykin, S.：*Communication Systems*, Wiley Text Books, 2000.

6.2 次世代高臨場感映像表現とディスプレイ開発動向

6.2.1 映像メディアの発展と21世紀の高臨場感ディスプレイ

日本でTV放送が始まって半世紀になる．この間，モノクロ画像に始まり，カラー画像化，大画面・ワイド画面化と大いなる進展を歩んできて，現在はデジタル化とともに大画面高精細のHDTV時代が幕開けしたところである．TV放送の進展およびそれに呼応したディスプレイのこれまでの発展は，臨場感やリアリティの向上を目指してきたものといえる．しかし，20世紀のディスプレイは図6.2.1に示すように，目で見ている3次元広視野視界を狭い視野の2次元映像に閉じこめたもので，本当の臨場感，リアリティ感には乏しかったといわざるをえない．

最近，このような20世紀型映像/ディスプレイの限界を打破してハイパーリアルな映像表現の実現を目指す21世紀型の新しいディスプレイカテゴリー"高臨場感ディスプレイ"に対する関心が高まってきており，その技術も著しくかつ多様に進展してきている[1]．実用化に関しても，これまではマイナーな市場に対して多様なトライアルが行われてきてはいたが，最近になって本格的なマスマーケットに対する挑戦も始まってきている．本節では，高臨場感表現/ディスプレイの本質的特性をレビューするとともに，最近の高臨場感ディスプレイに関する技術開発動向と産業展開の新しいムーブメントなどについて概説する．

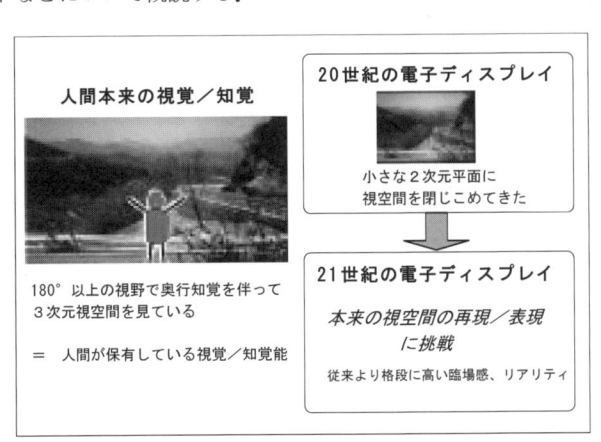

図 6.2.1　20世紀のディスプレイと21世紀のディスプレイ

6.2.2 高臨場感表現と主な表示機能

視覚空間に対する表示機能を図6.2.2に示す．ディスプレイの一般的な性能指数である解像度，階調，色度も当然臨場感に関与し，これまでも臨場感やリアリティを向上させるためにこれらの性能の改善に努めてきたわけである．しかし，人が目で現実

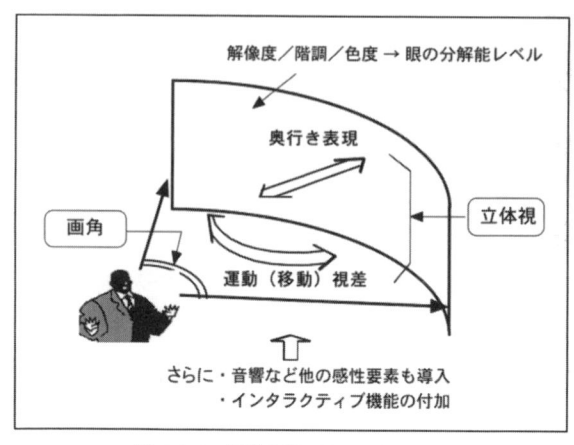

図 6.2.2 視覚空間に対する表示機能

世界を見た視界と比べると，まだ大きな隔たりがある．その理由は主に視野の広さと奥行き感（3次元感）が根本的に不足している点にある．いいかえれば，実世界を目で見た場合と同様の高い臨場感，リアリティを視覚映像に与えるには，図に示すように立体視機能と広い画角の付加が必要である．立体視機能は，主として奥行き表現と運動（位置）視差表現に分けられる．奥行き表現は視界内の前後方向の位置関係の提示で，運動視差表現は観視者が移動した場合に被視体オブジェクト間の位置関係の見え方の変化や，違った視角からの被視体の見え方変化などの提示である．一方，画角については，従来のテレビなどの一般的なディスプレイを見る場合の水平画角は10度程度であり，ハイビジョン壁掛けディスプレイにおいても30度程度である．臨場感，没入感は画角が30度あたりを超えて大きなるほど顕著に高くなると報告されている[2]．広画角化は高臨場感表現の最も重要な課題の1つであるが，ただ画角を広げるだけでは解像度，画質が低下してかえってリアリティを落とすので，広画角化は同時に高精細化を伴うものでなければならない．

このようにディスプレイの高臨場感表現を実現するためには，高解像度，高階調，高色度などの従来表示性能のさらなる改善とともに，立体視と広画角という2つの新しい表示機能を導入していかなければならない．なお，高臨場感ディスプレイシステムを広義のヒューマンインタフェースとしてとらえた場合，臨場感あるいはリアリティをさらに高揚するには，映像と観視者とのインタラクション（対話性）や視覚以外の感覚（触覚とか嗅覚など）による入出力（マルチモーダル）の導入もきわめて効果的であり，バーチャルリアリティなどの分野に関連してこれらの研究開発も活発に進められているが[3]，本節では紙数の関係上詳細は割愛させていただく．

6.2.3 高臨場感ディスプレイ方式の分類と最近の開発動向

高臨場感ディスプレイ技術の方式は，立体視を重視する立体表示と，広画角効果を重視する広画角表示に大別されるが，より高度な高臨場感表示のために両機能を組み合わせるディスプレイの開発も多い．基本的な分類を図6.2.3に示す．

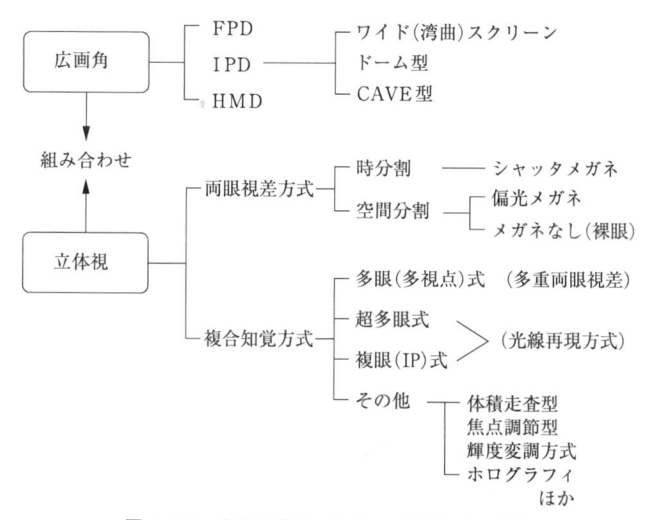

```
広画角 ─┬─ FPD ──┬─ ワイド(湾曲)スクリーン
        ├─ IPD   ├─ ドーム型
        └─ HMD   └─ CAVE型
   │
   ↓ 組み合わせ
   │
立体視 ─┬─ 両眼視差方式 ─┬─ 時分割 ──── シャッタメガネ
        │               └─ 空間分割 ─┬─ 偏光メガネ
        │                            └─ メガネなし(裸眼)
        └─ 複合知覚方式 ─┬─ 多眼(多視点)式 (多重両眼視差)
                        ├─ 超多眼式          (光線再現方式)
                        ├─ 複眼(IP)式
                        └─ その他 ─┬─ 体積走査型
                                   ├─ 焦点調節型
                                   ├─ 輝度変調方式
                                   ├─ ホログラフィ
                                   └─ ほか
```

図 6.2.3　高臨場感ディスプレイ技術方式の分類

(1) 立体表示

立体表示に関してはこれまで多くの方式が提案されてきており，その分類方法も視点によってさまざまな方法がある．ここでは，立体表示の方式を，最も効果的ですでに実用化もされている両眼視差方式と，両眼視差だけでなく他の視差知覚も導入する，より自然な立体視を目指す複合知覚方式とに大別する．なお，立体を意味する用語に関して，"3D（3次元）"や"立体"などが混同して用いられているが，3D は従来の 2D 画面上で 3 次元的に操作できる CG 映像でも多く用いられていて混乱しやすいので，ここでは実際に立体視できる映像を原則として"立体"映像と称することにする．

① 両眼視差方式

両眼視差方式は左右眼の網膜に映る像の視差で奥行きを知覚する最も基本的な方式である．この方式の立体ディスプレイには特殊なメガネを着用する方式とメガネなし（裸眼）式とがあり，ともに実用化されている．両眼視差方式の立体映像は初期の段階では画品質も低くアミューズメント応用レベルであったが，最近は映像コンテンツの作成方法やディスプレイそのものの表示性能レベルも向上して本格的実用性が大幅に改善されてきている[4]．メガネ着用方式では，安易な偏光メガネを使用する立体プ

ロジェクタがアミューズメント分野やイベントビジネス分野などで実用されている．一方メガネなし（裸眼）方式では，一般に立体視域が非常に狭く1人しか立体視できなかったため実用普及は足踏みしていたが，最近では視域の改善とともに，狭い視域でも差し支えないパーソナル/モバイルユースへの応用が検討され始めている．

② 複合知覚方式

複合知覚方式は，両眼視差だけでなく人間が持つ他の奥行き知覚や運動視差機能を複合的に取り込む，より自然な立体表示を目指すもので，これまでにも多くの方式が提案されている[5]．最近，高解像度のFPDを用いて両眼視差方式を視点数で多重化した多眼（多視点）方式が世界各所で開発され，製品が市場に出るようになった[6]．視点数はまだ水平方向で4～8程度であるが，多視点化すると運動視差のある映像を比較的広視域で複数の人が立体視できるため，その実用化は注目すべきことである．今後さらに視点数を増やし，画像処理によるスムージングによって自然な運動視差が得られるようになれば，本格的な実用化進展が期待できる．

また，広い意味において光線再現方式と呼ばれるいくつかの方式の開発が顕著に進展している．たとえば，NHKが開発を進めている複眼（IP）方式[7]や東京農工大学高木研究室で開発されている指向性高密度表示方式などが注目されている[8]．図6.2.4は指向性高密度表示方式による立体画像例だが，水平視角±10度での明瞭な運動視差が示されている．これらの方式では奥行き感だけでなく運動視差や焦点調節も得られるため，自然な立体表示方式として実用化に向けたいっそうの開発進展が楽しみである．一方，かねてから究極の立体表示方式として期待されている光波面再生方式であるホログラフィ方式は，超高密度の莫大なエレメント数を必要とすることから実用レベルにはまだ遠く，地道な研究が続けられている．

図 6.2.4　運動視差のある立体表示画像例

（2） 広画角表示

広画角方式は，フラットパネルディスプレイを用いるFPD（flat panel display）系，プロジェクタを用いるIPD（immersive projection display）系，そしてヘッドマウントディスプレイ（head mounted display；HMD）を用いる方式に分類される．FPD系は表示面積の点から単独では広画角化は一般に困難であるため，PDPなどのパネル配列方式が試みられている．IPD系には，投写スクリーン構造により，ワイド/湾曲型，球面（ドーム）型，多面周壁型（CAVE方式など）などがあり，それぞれの特徴を生かした応用開発が進められている．ワイド型では，水平10mを超

す大スクリーンに HDTV レベルのプロジェクタを複数台用いる広画角高精細なディスプレイなどが登場している．また，800万画素液晶ライトバルブを4枚用いた走査線 4000 本級の超高精細プロジェクションシステムも開発されている[9]．HMD では小型軽量でかつ安価な家庭娯楽用途のものが製品化されたが，普及には至っていない．一方，シースルー機能を持たせて，後述する高度なミックスリアリティ表示への応用開発も始まっている．

　高臨場感ディスプレイ技術の今後の展開は，上述した広画角高精細表示および立体視表示の改良が基本軸となるが，将来の主軸は応用目的に合わせ両機能をうまく組み合わせた形態になるだろうと予測される．また，長期的に見ると，前述したように視覚以外の感覚入出力を利用するインタラクティブ機能を付加して，より高度な高臨場感ヒューマンインタフェースシステム化を目指していくものと予測される．そのためには，表示技術のみならず新入力技術やソフトウェア技術の革新的開発の重要性も高まってくると予想される．

6.2.4　ハイパーリアリティ映像

　高臨場感ディスプレイで表示される映像コンテンツは，図 6.2.5 のように，実写映像と CG 映像，および複合映像に大別される．実写映像の高臨場感化については，これまでもディスプレイが目指してきた目標でもあり，人間が目で直接見る視野の広い3次元空間を目の前に高精細に再現することはディスプレイの究極の目標ともいえる．このような高臨場感実写映像の特性を，本項では"スーパーリアリティ（超リアル感）"と呼ぶことにする．CG 映像の高臨場感化は，人工（仮想）的に高い現実感を作り出すことにあり，このような特性を一般的に"バーチャルリアリティ（仮想現実感）"[10]と呼んでいる．一方，複合映像は，実写映像と CG 映像をミックスするだけではなく，直接見る現実世界に CG 映像や別の実写映像を重ねて見せる映像形態で，このように異種の視覚空間をミックスして生まれる映像特性を"ミックスリアリティ

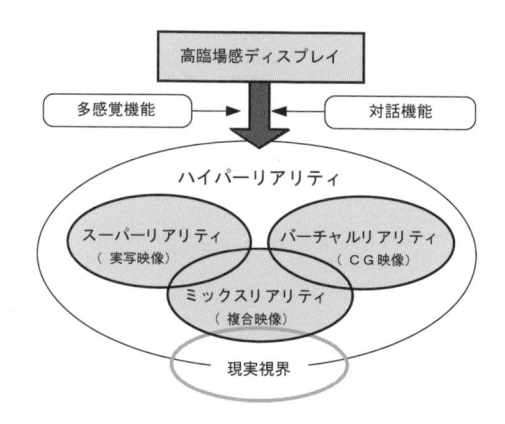

図 6.2.5　高臨場感映像効果

(複合現実感)"[11]と呼んでいる．また，高臨場感ディスプレイをシステムとしてみると，前述したようにより臨場感を高めるために，バーチャルリアリティシステムを中心に映像と人とのインタラクティブ機能（対話性）の導入が積極的に試み始められている．さらに，視覚だけでなく，力覚，触覚あるいは揺動といった他の感覚による入力や提示をシステムに取り入れる開発も進んでいる．高臨場感ディスプレイが生み出す上述した新しい映像効果を総称して"ハイパーリアリティ"と呼ぶことにする[12]．

6.2.5 高臨場感ディスプレイの応用展開方向と産業化課題

ハイパーリアリティ映像を一言で表すなら，"あたかもそこに居る/在る"かのように感じさせる映像空間といえよう．このようなハイパーリアリティ映像は高い表現能を持つ分，従来映像に比べて一般に格段に大きな情報量となるが，周知のように情報通信社会（IT社会）はブロードバンドへ邁進中であり，またTV放送は多チャンネルを可能にするデジタル化が進行中であり，一方，記録メディアを含めたコンピュータの画像処理性能/価格も年々驚異的に向上していることを考えると，ハイパーリアリティ映像を社会に普及させうる情報メディア環境は近い将来に十分整ってきていると考えてよいだろう．

このような環境下，高臨場感ディスプレイは多様な形態，多様な表現効果が可能なため，トライアル的なものも含めると，非常に多岐にわたる分野で応用展開が図られようとしている．その全体の概略的な様子を図6.2.6に示す（図中写真の提供元・詳細は参考文献13)を参照）．最近のトピックスでは，立体ディスプレイに関してはシャープ株式会社による立体表示LCDの携帯電話およびノートPCへの搭載であろう．表示原理は両眼視差方式だが，2D/3Dの自由な変換を可能にするデバイスとソフトを内蔵している．一方，広画角表示では，松下電工株式会社が東京本社に構築した「汐留サイバードーム」が多人数を対象にした高臨場感システムとして注目される．18台の液晶プロジェクタを用い半径8.5 mの半球型ドームスクリーンに等身大の立体映像を表示して，視野180×150度の非常に高い臨場感を得ている（図6.2.7)[14]．一方，マルチモーダルによる映像とのインタラクションについては，ペン型などのデバイスを使って立体映像と力覚的にインタラクションできるシステムが米国から発売されているが（図6.2.8)，手で映像オブジェクトに触覚を感じながら直接触れられるようなシステムはまだ研究段階である．

むすび

高臨場感ディスプレイは，20世紀までのディスプレイの表現能力限界を大きく打破して，これまで体験しえなかった新しい豊かなハイパーリアリティ映像世界を創り出すとともに，21世紀における日本の新しい大型産業として成長していくことが期待される．このようなビジョンを本格的に実現するためには，ハードウェア技術，ソフトウェア技術，ならびに魅力的で効果的なコンテンツおよびビジネスシステムなど

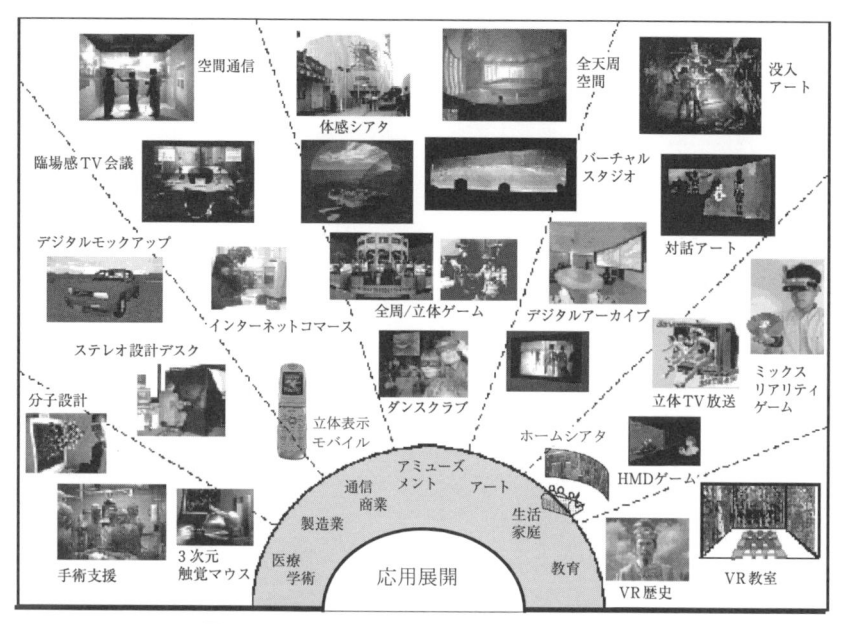

6.2 次世代高臨場感映像表現とディスプレイ開発動向　　　　　　　　　　　　　313

図 6.2.6　高臨場感ディスプレイの応用開発展開動向

図 6.2.7　汐留サイバードーム 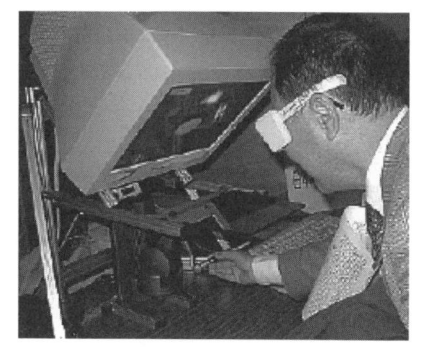　　図 6.2.8　力覚的にインタラクションできる
　　　　　　　　　　　　　　　　　　　　　　立体ディスプレイ

がベクトルを合わせて同期的に開発されていかなければならないが，このような課題に対して積極的な仕組み作りを目指す業界団体活動も興ってきている．ディスプレイ分野をはじめとして関連分野の多くの方々がそれぞれの得意分野で新技術の開発実用化を進めるとともに，上記のような共同活動/開発にも積極的に参加して業界全体的

推進に寄与していただければ，高臨場感ディスプレイ/映像の本格的産業化は思いのほか早く来るのではなかろうか．世界に先駆けてハイパーリアルな映像をさまざまな生活シーンにおいて享受できる日が早く到来するとともに，新しい高度映像産業が日本の産業再活性化の大きな力となることも期待したい． 〔谷 千束〕

▶参考文献

1) Tani, C. : Display big-bang and hyper realistic displays for next era. *ASID '00, Proceedings*, 5-10, 2000.
2) 畑田豊彦ほか：画面サイズによる方向感覚誘導効果―大画面による臨場感の基礎実験．テレビジョン学会誌，**33**(5), 407-413, 1979.
3) 久米祐一郎：多感覚の利用．映像情報メディア学会誌，**53**(7), 932-936, 1999.
4) 志水英二，岸本俊一：ここまできた立体映像技術，工業調査会，2000.
5) 梶木善裕：自然な立体視を目指した立体表示技術の動向．映像学技報，**23**(70), 43-48, 1999.
6) 安東孝久ほか：多視点方式メガネなし3Dディスプレイ．映像学技報，**26**(73), 33-36, 2002.
7) 山田光穂：インテグラル立体テレビ．月刊ディスプレイ，6月号，29-34, 2001.
8) 高木康博：指向性画像高密度表示による三次元表示と64画像表示フルカラー三次元ディスプレイ．映像学技報，**26**(73), 9-12, 2002.
9) 菅原正幸ほか：走査線4000本級の超高精細映像システム．映像学技報，**26**(73), 53-56, 2002.
10) 野村淳二，澤田一哉：バーチャルリアリティ，朝倉書店，1997.
11) 田村秀行，大田友一：複合現実感．映像情報メディア学会誌，**52**(3), 266-272, 1998.
12) Tiffin, J., *et al*.著，寺島信義監訳：ハイパーリアリティ，電気通信協会，2002.
13) 谷　千束：映像社会を変える高臨場感ディスプレイ，工業調査会，2001.
14) 柴野伸之ほか：半球ドーム型VRシステムCyber Dome. 松下電工技報，Mar.73, 37-43, 2003.

6.3 立体TV会議システム

　高臨場感TV会議を実現するためには，大画面ディスプレイ上への高精細な立体表示が効果的である．また，大量の画像データの伝送が必要となり，広帯域ネットワークの利用が不可避である．ここではNTT研究所で試作した，高臨場感マルチメディア通信会議システム[1]をベースにした立体TV会議システムを紹介する．

a. 概　要

　距離の離れた3地点の会議室を光ネットワークで接続しHDTV立体映像と音像定位により高臨場感の創出を目指して，あたかも，そこに参加者が集まっているかのような雰囲気を体感できるシステムの実現を目指した．NTTの横須賀研究開発センターに構築したメイン会議室と同研究開発センターのサブ会議室，および，ロケーショ

ンの異なる NTT の武蔵野研究開発センターのサブ会議室を接続し，サブ会議室から送られてくる会議参加者の映像を大画面ディスプレイに立体表示して，メイン会議室において，あたかも，そこに参加者が集まっているかのような雰囲気を体感できる．図 6.3.1 にシステム構成を示す．映像は横須賀と武蔵野との間は 156 Mbps の ATM 回線，横須賀の会議室間は光ファイバで直接接続して伝送した．音声は武蔵野と横須賀間は 6.3 Mbps の専用回線で，また，横須賀の会議室間は同軸ケーブルで直接接続して伝送した．

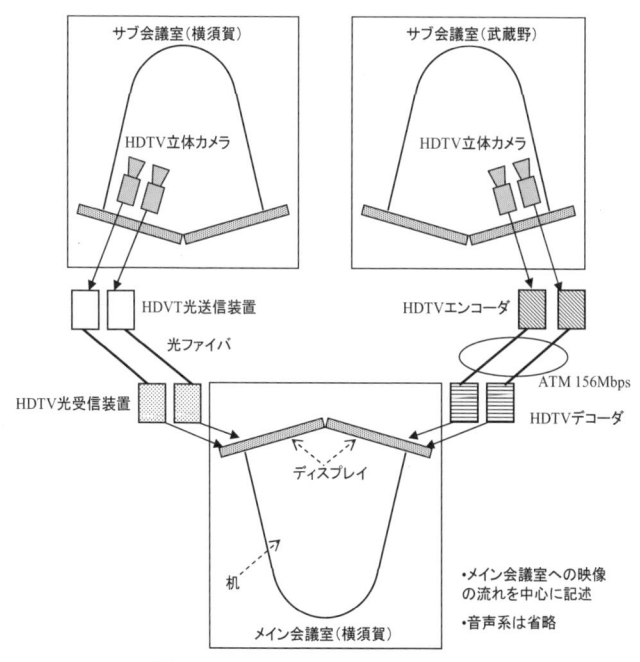

図 6.3.1 立体 TV 会議システムの構成

b．表示装置

高臨場感を実現するために相手の映像を等身大で高精細に表示する必要性から，110 インチの超高精細ディスプレイ[2]を用いた．図 6.3.2 に概略図を示す．4 台の HDTV プロジェクタからの画像をスクリーン上で重畳合成する方式であり，1 台のプロジェクタに比べ 4 倍の画素数を表示できる．立体 TV 会議システムの実験では，偏光メガネ方式による立体像観察用として使用した．たとえば，PJ-A と PJ-D からは右眼用として一方向に偏光した映像を投影し，その偏光方向に直交した映像を左眼用として PJ-B と PJ-C から投影した．

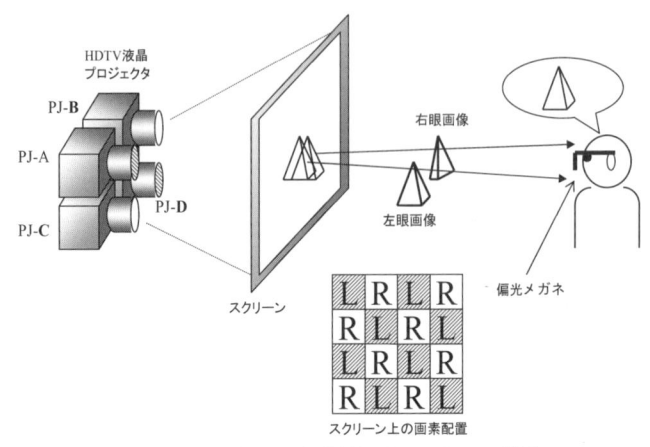

図 6.3.2 立体表示用超高精細ディスプレイの構成

c．撮像装置

サブ会議室に左右両眼用に2台のHDTVカメラを設置した．カメラのレンズ間隔を人間の平均的な瞳孔間隔である65 mmとするために，レンズ構成が大きいHDTVクラスのレンズは使えず，ここでは工業用のNTSCクラスのレンズを用いた．スクリーン上に表示する立体映像の位置や大きさ，また，奥行き感などを調整できるよう，カメラ配置の高さ調整や水平調整に加え，X軸方向およびY軸方向，回転方向，チルト角も可変できる機構を取り入れた特殊な雲台を製作して使用した．

d．演出

3地点の会議室があたかも連続しているかのような雰囲気を創出するため，机やカーテン，照明などの実空間の装飾と音響環境もパラメータであり多くの工夫を図った[1]．メイン会議室には馬蹄形の会議机を設置し，サブ会議室にもそれと同様な机を配置した．また，2つのサブ会議室で撮像された映像の明るさをそろえるため，会議室の照度が同じになるよう調光した．映像による臨場感に加え，音声による臨場感創出にも工夫を凝らした．画面上の相手の口元から音が聞こえてくるような音響環境を実現する音像定位システムを開発した．このシステムでは，天井などの参加者の目に触れない位置にマイクロフォンマトリクスを設置して集音し，会議室に配置したスピーカーアレイを用いてその場の環境を再生する音響システムを実現した．また，相手の映像だけでなく，CG画像なども立体画像として観察できるよう，画像サーバを設置した．CG画像による商品などをあたかもそこにあるかのように表示できる．図6.3.3に立体会議システムの使用例を示す．

e．課題

ここでは，立体TV会議システムに関するコンセプトについて先駆的に試作したシステムを紹介した．しかし，メガネをかけずに誰もが，自分の席から自然な立体映

図 6.3.3 立体会議システムの使用例
自動車の CG 画像ははめ込み．

像を観察できるような実用的で理想的なシステムを実現するには，まだ，多くの技術課題がある．今後とも技術開拓が望まれる分野である． 〔中沢憲二〕

▶参考文献
1) 酒井重信，上平員丈，新居亨一，並木育夫：高臨場感マルチメディア通信会議システム．NTT 技術ジャーナル，**10**(5)，72-75，1998．
2) 中沢憲二，上平員丈，酒井重信：超高精細大画面表示システム．映像情報メディア学会誌，**52**(7)，915-919，1998．

6.4 放　　送

2眼式の立体テレビ放送は現在実施されていないが，オリンピックなどのビッグイベントでは放送番組の制作とともにクローズドな公開や番組試作を目的にした番組制作が行われている．

a．番組制作

2眼式の立体システムでは，通常，カメラ，記録装置，編集装置，伝送装置，表示装置などが通常の 2D の装置を2式用いて構成され，それらを同期運転することが基本となる．ただし，比較的大規模なスポーツ番組の制作では，編集や記録，伝送を容易にするため，2画面圧縮装置が使用されることもある．2画面圧縮装置は立体映像を1台の VTR で記録することを目的に開発されたもので，左右映像をフィールド内サブサンプリングにより圧縮して1画面内の左右に配置することで，通常の 2D 映像と同様に扱うことができる[1]．立体番組の制作では，撮影時のカメラ調整とともに，ポストプロダクションで映像を見ながら立体感の調整を行うが，実際に視聴する画面

と同じサイズの画面で確認することが難しいので，立体感の演出には経験が必要となり，立体コーディネーターの役割が重要となる．

b．MPEG@MVP

立体番組を放送するためには左右映像を伝送する必要があるが，伝送回線を2チャンネル使用して伝送する方法と圧縮して1チャンネルで伝送する方法が考えられる．前者は通常の2倍の伝送帯域を必要とし，受信側で左右映像の同期が完全にとれるような工夫が必要となるが高画質な伝送が可能となる．一方，後者はたとえば，現在のテレビ信号の第1フィールドに左映像を，第2フィールドに右映像を割り当てて伝送する時分割多重方法や，前記の2画面圧縮装置を用いて伝送し，受信側でデコードする方法などが考えられる．しかし，この場合，時間解像度や空間解像度が劣化する．最近の立体ハイビジョンの伝送では，2画面圧縮装置で1画面にした後 MPEG 圧縮して ATM 回線などで伝送することもある．以上は実際の事例[2),3)]に基づいて述べた方法であるが，現在，立体映像に関して唯一規格化されているものとして，2眼式立体テレビ映像の符号化方式，MPEG2のマルチビュープロファイル（MPEG@MVP）がある[4),5)]．MPEG@MVP方式では，図6.4.1に示すように，左映像はMPEG2のメインプロファイルにより符号化され，右映像は動き補償予測だけでなく，左映像からの視差補償予測も用いて符号化される．

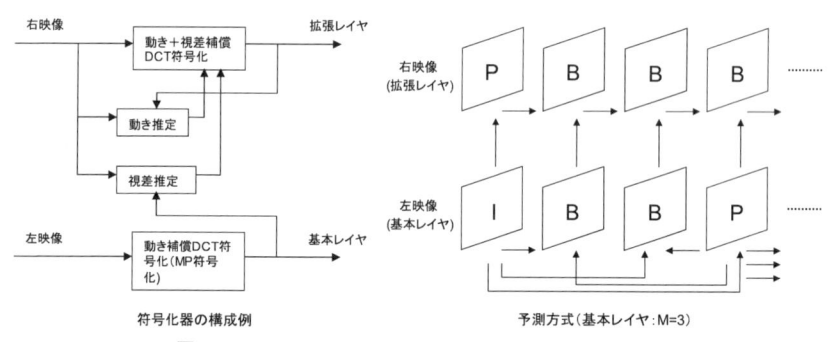

図 6.4.1　MPEG2 マルチビュープロファイル符号化方式

c．立体放送の課題

立体放送を実現するためのインフラはかなり整ってきたが，放送を実現するための課題の1つに2眼式立体映像が観察者に及ぼす特有の問題がある[6)]．2眼式立体映像は立体感の手がかりとして主に両眼視差を利用したものであり，撮像条件や観視条件により次のような問題が生じることがある．

① 撮像条件と観視条件により，実際に見ている対象物や風景と立体映像として見る対象物や風景との間に奥行き距離の歪みが発生し，立体感が強調されたり圧縮されたりする．これは立体感の演出にも利用できるが，絵柄によっては不自然さ

を感じる要因となる[7),8)].

② 左右映像の大きさやレベルなどの違いは左右映像の融合のしづらさの原因となる[9),10)]. また，画面内の視差の分布範囲や画面間の視差の時間変化が大きい場合にも，左右映像は融合しづらく見づらい立体映像となることがある[11),12)].

③ 2眼式立体映像では眼のピント調節位置と輻輳点の位置がずれるが，大きく飛び出した映像などではこのずれ量も大きくなり，長時間観視すると視覚疲労を引き起こすことがある[13),14)].

2眼式の立体放送を実現するためには，視聴環境やコンテンツの内容を十分考慮するとともに，視差の大きさなどを制限して，以上の問題に対処する必要がある．立体感の演出とも関係し，魅力があり，視覚疲労も少ない立体映像を実現するための大きな課題である． 〔野尻裕司〕

▶参考文献

1) 奥田治雄，久下哲郎，蓼沼 眞：立体ハイビジョン圧縮伸張装置．放送技術，**11**，1201-1207，1995．
2) 大内 保，高野俊博，遠藤信明，吉岡慎悟，大木洋一，市岡直人，萩原岳美，村上篤史：立体ハイビジョン制作．放送技術，**7**，679-684，1998．
3) Hur, N., Lee, G., Ahn, C. and Ahn, C. : 3D HDTV relay broadcast experiments using a terrestrial and satellite network in Korea. *IDW '02*, 1221-1224, 2002.
4) Javidi, B. and Okano, F. : *Three-Dimensional Television, Video, and Display Technologies*, Springer, 2002.
5) 今泉浩幸，酒井美和，蓑毛 研，岩舘祐一：MPEG2 MVP@HLによるHDTV立体符号化における左・右画像へのレート配分．オーディオビジュアル複合情報処理，**18**(3)，15-22，1997．
6) (財)機械システム振興協会：「3次元映像の生体影響総合評価システムの開発に関するフィージビリスタディ」報告書（平成11年6月）抜粋 3次元映像に関するガイドライン試案，2002年7月．
7) 山之上裕一，奥井誠人，岡野文男，湯山一郎：2眼式立体画像における箱庭・書き割り効果の幾何学的考察．映像情報メディア学会誌，**56**(4)，575-582，2002．
8) Woods, A., Docherty, T. and Koch, R. : Image distortions in stereoscopic video systems. *Proc. SPIE*, Vol.1915, 36-48, 1993.
9) CCIR : *Design of a System of Stereoscopic Television*, CCIR XI/22-E, Moscow, 1958.
10) 山之上裕一，永山 克，元木紀雄，三橋哲雄，羽鳥光俊：立体ハイビジョン撮像における左右画像間の幾何学的歪みの検知限の検討．電子情報通信学会技術研究報告，HIR96-71，1996．
11) Nojiri, Y., Yamanoue, H., Hanazato, A. and Okan, F. : Measurement of parallax distribution, and it's application to the analysis of visual comfort for stereoscopic HDTV. *SPIE Proc., Stereoscopic Displays and Virtual Reality Systems X*, 195-205, 2003.
12) 矢野澄男，井出真司，奥井誠人：立体画像の視差・動き量と見やすさとのかかわり．映像情報メディア学会誌，**55**(5)，736-741，2001．

13) 畑田豊彦：疲れない立体ディスプレイを探る．日経エレクトロニクス，205-223，1988年4月．
14) 江本正喜：立体画像観視における両眼の輻湊と焦点調節の不一致と視覚疲労の関係．映像情報メディア学会誌，**56**(3)，447-454，2002．

6.5 インターネット

インターネットは"ネットワークのネットワーク"の意味で，ローカルエリアネットワークがルータやゲートウェイにより次々に接続され世界中に広まったネットワークである．

（1） ローカルエリアネットワーク

ローカルエリアネットワークの特徴は次のようなものである．

ネットワークのカバーする範囲は，部屋，工場，ビル内に限定され，エリアの大きさは10 km以内である．伝送速度は1 kbps以上である．ネットワークに収容されるコンピュータや端末などのノードの数は10から1000程度である．ネットワークのトポロジーはシンプルで，柔軟性と信頼性に富んでいる．通信の制御法は簡単で低価格である．ネットワークはルータやゲートウェイにより次々に拡張される．パソコン，スーパーコンピュータ，データベースマシン，ファイルサーバ，ワークステーションなど，どのような端末でも収容できる．通信規約（プロトコル）としては，TCP/IPが用いられる．

アプリケーション層のプロトコルとしては，ファイル転送（FTP），メール転送（SMTP），リモート端末（TELNET），HTMLプロトコル（HTTP）などのプロトコルがある．

ローカルエリアネットワークのトポロジーとしては，スター結合，バス結合，リング結合がある．スター結合では，各ノードがセンターのノードに結合される．この結合はピア・ツー・ピアの通信に有効である．しかしセンターのノードに負荷がかかるため，信頼性や効率の面で弱点がある．

バス結合は，すべてのノードに共通のバスによって結合される．共通のバスで接続されているので，1つのノードに障害が発生してもほかのノードの通信に影響しない．ただしいかなる情報もバスを通過するので，情報のセキュリティに問題がある．またバスに障害が発生すると，ネットワーク全体がトラブルに巻き込まれる．

リング結合は，リングとなる通信回線にすべてのノードが接続される．通信に使われるデータはこのリングを流れる．リングには1つまたは2つのトークンが流れており，これを使ってデータのやりとりが行われる．1つのトークンの通信は次のように行われる．空のトークンがリングを流れている．これを捕捉したものが，通信の権利を持ち，データをこのトークンにつけてリングに流す．他のノードは常にリングの中

を流れるデータを監視しており，自分あてのデータが来たら，それを捕捉して，データを受け取り，返事のデータをトークンにつけて，リングに流す．そして発信元がそれを受け取ると，空のトークンにしてリングに流す．

（2） インターネットのアプリケーション

インターネットの普及に弾みがついたのは，WWW (World Wide Web) の出現である．WWW はデータ通信のインフラから世界中の情報の共有や発信を可能にするメディアとして急速に普及した．誰でもが情報発信基地となるインフラを提供したのである．

マルチメディアの主役は ATM を中心とした高品質なネットワークからインターネット上のサービスに移り，インターネットが通信，放送，コンピュータ，家電，コンテンツプロバイダなどの事業者がしのぎを削って新サービスを提供するプラットフォームと化したのである．

インターネット電話，遠隔医療，遠隔教育，遠隔博物館，インターネットによる協調設計など種々のサービス開発がなされている．その事例として，日本，オーストラリア，ニュージーランドの3地点をインターネットで接続し，3次元のサイバースペースを構築して実験が行われたハイパークラスの研究や町並みの設計の合意形成の実験システムなどの研究がある．

（3） 情報セキュリティ

インターネットは多数のノードとなるコンピュータやパソコンや端末に共通に利用され，データの漏洩が懸念される．この問題を解決するために，情報セキュリティの対策が行われる．

（4） データの暗号化

通信の対象となるデータを暗号化して，漏洩を防ぐ方法がとられる．その1つに公開鍵暗号方式がある．これは，1978年リベスト，シャミア，エイドルマンの3人の科学者により開発されたもので，RSA (Rivest, Shamir, Adleman) 暗号といわれる．この方式は，公開鍵と秘密鍵のペアからなる．まずデータをあて先の公開鍵で暗号化し，あて先に送る．あて先では送られてきた暗号文を自分の秘密鍵で復号化する．

（5） デジタル署名

はんこやサインにかわる署名法として，デジタル署名がある．

発信元では，送るべき文書をハッシュ関数を用いて，メッセージダイジェストを作る．メッセージダイジェストを発信元の秘密鍵で暗号化して，デジタル署名を作る．そして文書にこのデジタル署名を添付して，あて先に送る．あて先では受け取った文書から先ほどのハッシュ関数でメッセージダイジェストを作る．添付されてきたデジタル署名を発信元の公開鍵で復号化してメッセージダイジェストを得る．そしてこれら2つのメッセージダイジェストが同じなら，確かに発信元から送られてきた文書であり，通信の途中で改ざんなどの妨害を受けていないことを確認できる．

このほかにインターネットで安全に商取引を行うための，SET（secure electronic transaction）などが提案され，利用されている． 〔寺島信義〕

▶参考文献
1) Terashima, N.：*Intelligent Communication Systems*, Academic Press, 2002.
2) Comer, D. and Droms, R.　：*ComputerNetworks and Internets, with Internet Applications, 3rd ed.*, Prentice Hall, 2001.
3) Gralla, P.：*How the Internet Works, Seventh ed.*, Que, 2003.
4) Korper, S. and Ellis, J.：*Commerce Book Building the E-Empire*, Academic Press, 2000.
5) Terashima, N., Tiffin, J., Rajasingham, L. and Gooley, A.：HyperClass: Concept and its experiment. *Proc. PTC*, 2003.
6) Terashima, N., Tiffin, J., Rajasingham, L. and Gooley, A.：Remote Collaboration for city planning. *Proc. PTC*, 2004.

6.6 Web 3D, X3D

　Web 3D は Web サイトを表示するブラウザの中に 3DCG アニメーションをリアルタイムレンダリングで表示するコンテンツである．主に汎用の WWW ブラウザに表示プラグインをインストールし表示させる手段をとるが，いくつかの手段では JAVA アプレットを使ってプラグインを不要にしたり，別途専用ブラウザで表示する方法がある．動作の流れを図 6.6.1 に示す．特徴として，ユーザの動作指示に合わせて，形状データやアニメーションデータが次々と送られてくる点と，インターネッ

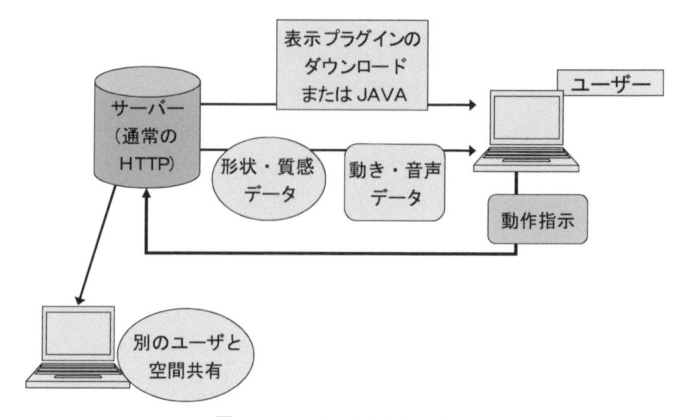

図 **6.6.1**　Web 3D 動作の流れ

6.6 Web 3D, X3D

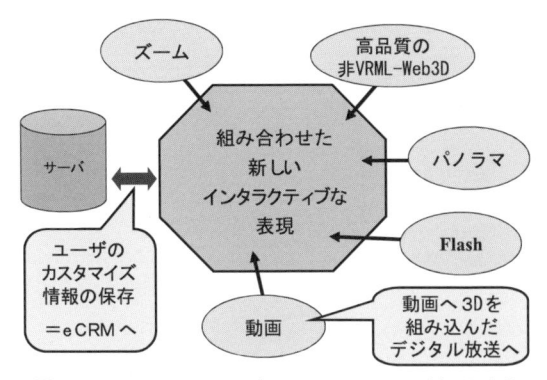

図 6.6.2 Web リッチメディアとしての 3D の新たな表現

ト越しに別の PC から同じバーチャル空間を共有できるという点がある．ストリーミングビデオやベクターアニメーション（Flash），サウンド，パノラマ画像と混在して表現させることも可能であり，インターネットコンテンツとして，xDSL や FTTH などの高速な回線でのコンテンツとして図 6.6.2 のように"Web リッチメディア"と呼ばれる場合もある．

　3DCG が持つわかりやすさに加え，リアルタイムのインタラクティブ性のおもしろさが特筆点であり，インターネットでの新しいコミュニケーション手段のコンテンツであると考えられる．ビジネス用途としては，非常に詳細に商品情報が伝わる電子カタログ，ネットから通信販売させる"EC"（エレクトロニックコマース，電子商取引），ネットの情報で経営判断する"eCRM"（e・カスタマーリレーションシップマネジメント），ネット上で通信教育をする"e ラーニング"などがある．3D データのデータベースとのリンクをすれば，顧客が自分で好きな商品を組み立てて注文する B.T.O（ビルド・トゥ・オーダ）に最適であるし，同一バーチャル空間を共有できるので，ユーザと企業間や企業どうしの機器のカスタムサポートや営業など，いままでにないビジネスモデルが確立できる．

　こういった動きは 1994 年 6 月に Mark Pesce と Tony Parisi の 2 人が Web サイト上で 3 次元モデルを形成する技術の必要性を発表したことから始まり，メーリングリストが設置されプロジェクトとなった．この時点では Virtual Reality Markup Language（VRML）と呼ばれ，HTML のようなプログラミング言語での構築を目的としていた．同年 8 月の Siggraph'94（シーグラフ：米国のコンピュータ学会）でのディスカッションでシリコングラフィックス（Silicon Graphics）社（現在は SGI）の「Open Inventor」が VRML の基盤として選ばれた．これにネットワーク機能が拡張され，標準規格 VRML 1.0 になり，この時点で Virtual Reality Modeling Language となったといわれる．1996 年には VRML 2.0 が発表され，その年末には，VRML コンソーシアムが設立し，運営も組織化した．現在は Web 3D コンソ

ーシアムと名称変更している（URL＝http://www.web3d.org）．1997年にVRML 97としてISO/IEC 14772（国際標準規格）になり，JavaScriptによりさらにインタラクティブ性を高めた．

しかし，このVRMLは一部の研究者の間だけでしか広まらず，インターネットのコンテンツを変革させるには至らなかった．その問題点として，
1. 当時，高額であったSGIのワークステーションでしか高度な表現ができなかった．
2. 制作はプログラミングがメインで，デザイナが参加できるよいツールがなかった．
3. 当時の一般ユーザは電話回線とモデムのインフラもあるが，3Dデータ容量が巨大になる．
4. お世辞にも美しいCG表現でなかったので，心に響くデザインにならなかった．
5. 表示させるブラウザが当時高額であったメモリの不足による不安定さがあり，特にApple Macintoshでのフリーズの危険が多かった．
6. 形状データがテキストなので，ソースコードより製品の形状データを安易に解析できてしまうセキュリティの甘さがあり，著作侵害しやすい．

という点があげられる．

その後，1998年以降，VRMLはX3Dと問題点を解決すべくXMLタグ対応などで規格を拡張して復権をねらっている．また，同時期にSun MicrosystemsがJava 3Dを発表したが，両者ともに，あまり大きな発展の兆しが見えない状態が続いている．

そこで，一般企業の独自研究でのWeb 3Dツールの開発を開始した．通信インフラの整備やパソコンの高性能化も追い風となり，VRMLの欠点を埋めるべく，多くの会社が参入し，戦国時代を迎えることになった．その特徴として，
1. 独自のデータ圧縮技術を用いてデータを数バイトから数百キロバイトにでき，ユーザを待たせることがなくなった．
2. ガラス，金属，影，アンチエリアスなどリアリティの高い非常に美しい表現ができるようになった．
3. 形状データのバイナリ化，暗号化での高いセキュリティを持っている．

という点があげられる．

しかし，国際規格でないという点がフォーマットと表示方法が乱立させてしまい，ユーザ，デザイナの採用に混乱を招く事態に陥っており，発展の妨げになっているのが現状である．

コンテンツの制作方法は，図6.6.3に示すとおりである．製造メーカが持つCADの3Dデータを3DCG制作ツールで加工し，オーサリングツールを用い，インタラクティブな仕掛けを作り，Webデザインツールでそれを埋め込む，という流れが一般

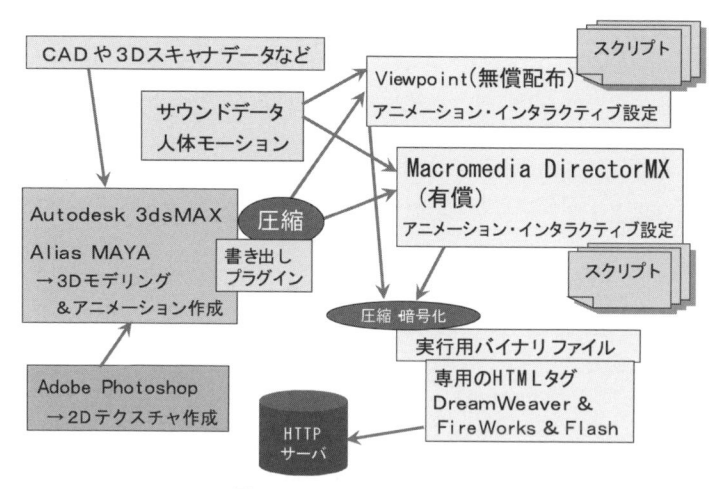

図 6.6.3 コンテンツ制作工程

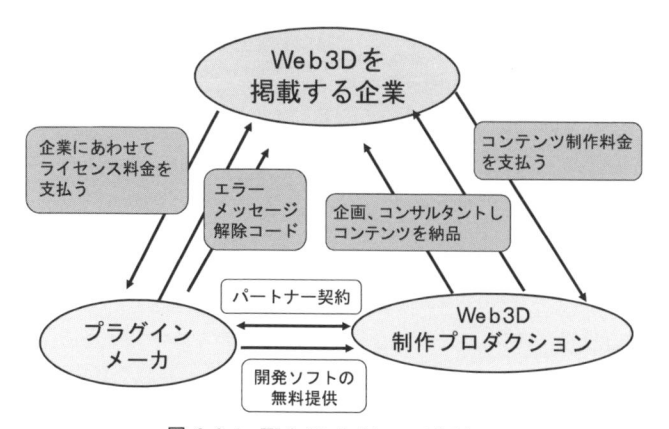

図 6.6.4 Web 3D ライセンスビジネス

的である．

　ここで注目すべき点が，オーサリングツールが有償の場合と無償の場合が存在するということである．ツールが無償である場合，ソフト開発メーカはビジネスにならないので，"ライセンス契約"という手段をとっている．これは図 6.6.4 のようにコンテンツを掲載する企業から掲載料を別途徴収する，というビジネスモデルである．これが発展の障害となっているのが現状であるが，近年その手段をとる企業はわずかになり，ビジネス展開が大きく期待される．

　また，インターネットの高速回線（ブロードバンド）のインフラの整備状況も「Yahoo!BB」をはじめ爆発的に伸び，2005 年には 3000 万世帯を超えると予想され，

景気の上向きも含め，今後のコンテンツ産業の発展が期待できる．

さらに，2011年より完全に地上波デジタル放送となることにあわせ，インターネット放送も本格化し始めている．そこに3Dコンテンツを使った新たな広告ビジネスが展開できることも予測できる．加えてGPU（graphics processing unit）の急速な高速化で，CPUの速度と関係なく3D表示技術が向上し，追い風になると考える．図6.6.5は「エヌ・テクノロジー」のコンテンツでGPUをフルに活用した3Dコンテンツで HDRI（high dynamic range images）と異方向性反射，NURBS曲面を使い，非常に美しい表現を実現している．

図 6.6.5 自由曲面で拡大してもカクカクしない（画面は開発中のもの）
(http://www.ntechnology.co.jp/)

乱立するWeb 3Dのコンテンツフォーマットとコンテンツの利用例の代表的なものを紹介する．どれがすぐれているという議論ではなく，それぞれ得意分野・苦手分野・価格帯が存在するので制作予算や要望に合わせて正しくチョイスすることが大切である．3Dを使うことの正しいメリットをクライアントに提供し，エンターテインメントを追求しなければ，コンテンツの成功はありえないので注意が必要である．

「ViewPoint（VET）」「Cult 3D」は表示が美しく，高機能でカタログやECに最適である．ツール無償でライセンス料金のビジネススタイルであるが，VETは2005年にツール販売に切り替えたことにより，発展が期待される．

図6.6.6は「スバル」でViewpointを，図6.6.7は「トヨタ」のCult 3Dを用いた自動車のカスタマイズを3Dで行うコンテンツである．Web 3Dが顧客の嗜好に合わせた販売ビジネスへ向いている素晴らしい事例である．

「ShockWave 3D」はWebコンテンツの制作ツールで有名なMacroMedia社の技術で，ネットワーク対戦ゲームやeラーニングに向いている．画質と圧縮があまりよくない．

6.6 Web 3D, X3D

図 6.6.6

図 6.6.7

それぞれ車の色やオプションを変更し，金額を確認できる
(http://accessory.subaru.co.jp/legacy/3d/flash.html　http://netz.jp/top.html)

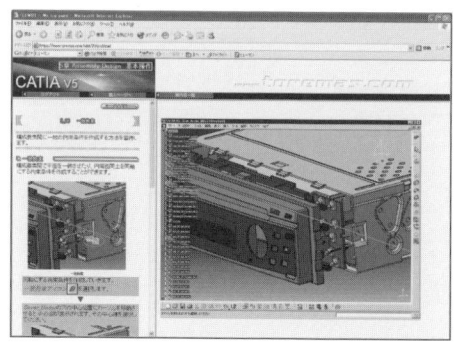

図 6.6.8　CATIA という CAD の操作を Web で学べる
(http://haa.athuman.com/class/course/cicd/)

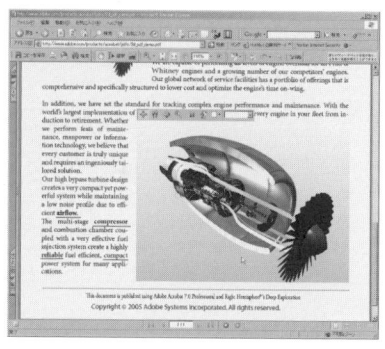

図 6.6.9　Acrobat の文をクリックすると 3D が動く
(http://www.adobe.com/products/acrobat/pdfs/3d_pdf_demo.pdf)

　図 6.6.8 はヒューマンアカデミーという専門学校で高額な CAD ソフトを実際に買うことなく自宅で学べる e ラーニングである．実際の機械設計をする操作性を忠実に再現している．「Acrobat」のバージョン 7 では標準文書フォーマットである PDF に 3D モデルを埋め込むことができ，Web 3D の仲間入りをしている．PDF は Web から切り離されたスタンドアローンのコンテンツとしても配布・表示・インタラクションできるところに特徴がある．この 2 社が合併する発表があり，3D に対する動向が期待される．

　メガソフト社の「3D インテリアデザイナー」はリアルタイムでラジオシティ表示する Web 3D である．もともとはマジックアワー社の「PowerSketch」というソフトが元であるが，メガソフト社の取り込みが「施主と建築士の 3D コミュニケーション」とのことであり，今後も期待したい．

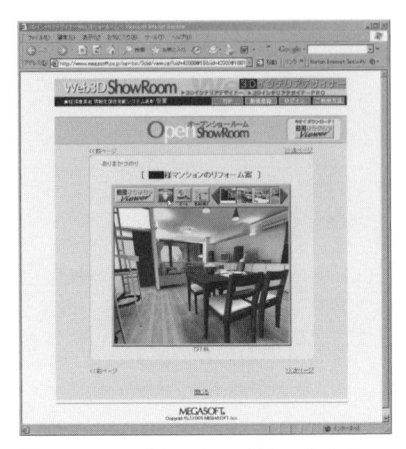

図 6.6.10 ラジオシティの美しいライティングでリフォーム後の部屋を歩ける
(http://www.megasoft.co.jp/3did/)

図 6.6.11 自分の分身（アバター）で 3D モールでのショッピング
(http://chakcha.com/)

　3D 表示ブラウザをユーザにダウンロードさせて使ってもらうタイプのコンテンツに「CHAKCHA」がある．WindowsXP-SP2 よりプラグインのインストールがブロックされるため，今後はこの形も重要である．コンテンツは 3D アバター（分身）どうしでチャットしたり，3D ショッピングモールで買い物をして，アバターに着せるなどができる．VRML が発明された時点より企画された内容である．

　「ラティステクノロジー（XVL）」は巨大な 3D CAD のデータを非常に高い圧縮率で Web 3D にする技術である．主に製造業どうしに向けてのコミュニケーションに用いられ，高いシェアを誇る．2005 年に発売された新しいフォーマット「V-XVL」では車 1 台分の 3D データを表示し，検証することが可能になっている．

　「QEDsoft」は，まさにゲームの感覚で人物や動物のキャラクターを表示し，サイトのガイドや教育に使う Web 3D に適している．

　そのほかには，「WireFusion (http://www.demicron.jp/wirefusion)」は最近人気が急上昇しているツールで，プログラミングせずアイコンをワイヤでつないでいくことで，インタラクティブな操作を設定できる．Java アプレットを使うのでプラグインは不要である点や，キャラクターアニメや物理シミュレーションも使えるのが特徴である．

　「レクサーマトリックス（eReality：http://www.lexermatrix.com/）」は，各サーバにおかれた 3D コンテンツがこのフォーマットで統一されていれば，ユーザは各サイトの 3D コンテンツを自由に組み合わせる仕組みを持っている．また，その組み合わせをしている空間を複数の遠隔地から同時に見て操作することができる．

　「マトリックスエンジン（http://www.net-dimension.com/）はタッチパネルのついたキオスク端末や Web ブラウザ内のインタフェースを得意とするツールである．

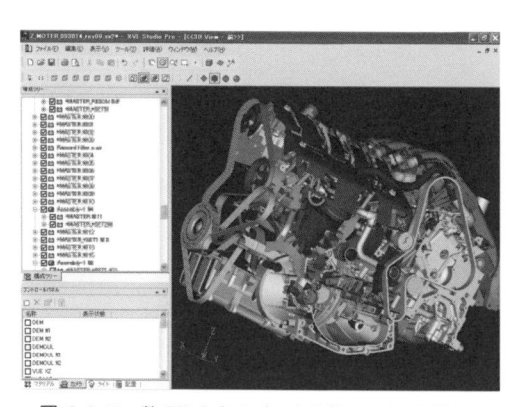

図 6.6.12 数 GB もあるデータを数キロまで圧縮し，製造業で活用できる
(http://www.xvl3d.com)

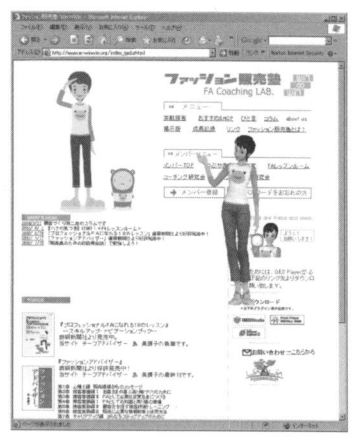

図 6.6.13 教育サイトでキャラクターが解説する，「ファッション販売塾」
(http://www.e-winwin.org/)

モデリングからオーサリングまですべて可能なツールで開発速度も速くでき，ゲームから組み込みまで用途は広い．2005 年に携帯電話用の 3D 表示 API「マスコットカプセル」との連動が発表された (http://www.mascotcapsule.com/)．

　Web 3D が持つ問題点は "2D コンテンツに比べて高い製造時間とコスト" という点があげられる．カタログで写真 1 枚であるのに対して，膨大な手間がかかるという点である．

　この対策として，Web サイトは広報部の管轄である，という日本の縦割りの組織が Web 3D 向きではなく，Web 3D コンテンツを「商品開発」「製造管理」「広報ツール」「営業接客ツール」「社員研修」「カスタマーサポート」と 3D データを会社全体の知識の資産として広く活用することが重要であると考える．　　〔深野暁雄〕

7

教育・文化活動

　2004年7月6日に文部科学省では，教育，文化・芸術分野における知的資産の電子的な保存・活用などに必要なソフトウェア技術基盤の構築のための研究開発を平成16年度から新たに開始することとし，研究機関などに対し，研究開発課題などを提案し，その内容を発表した．

　文部科学省では「誰もがいつでもどこでも教育，文化・芸術に触れられる環境の実現に向けて，知的資産の電子的な保存・活用を支援するソフトウェア技術基盤の構築」に関する研究開発課題が発表され，その中で，研究開発領域としては，①文化財のデジタルアーカイブ化，②教育機関向けデジタルアーカイブ利用システムがあげられた．

　ユビキタス時代において，学習者がいつでもどこでも異なるメディアやデジタルアーカイブから必要な情報を入手し，自主的な学習をすることが可能な技術を構築することが求められている時代に即応すべく，ユビキタス技術や情報検索・収集技術を活用したe-ラーニング用ソフトウェアの基盤技術について研究開発を行うこととなった．

　その中の1つに「伝統舞踊の3次元映像アーカイブに関する研究」があげられた．これは，NHKがユネスコと共同で進めている「世界遺産デジタル・アーカイブ化事業」と連携することにより伝統芸能などの無形文化財の3次元映像アーカイブを構築し，3次元映像技術のショーケースとして海外で公開展示や，3次元映像圧縮技術の標準化や3次元映像生成技術の放送番組応用による利活用が期待されているものである．

　以上に示すように，3次元表示技術が向上し，その普及にともなって，企業・産業での用途から，教育現場，家庭・個人へとその利用範囲は一段と広がってきている．本章では，特に教育・訓練や文化活動に使用されているケースを中心に述べる．

学校教育

　学校教育において，各教科の理解度を高め，学習効率を上げるため3次元映像を使用するケースが増えてきている．抽象的な概念のつかみにくい低学年の教育においては，なお効果的である．また，数学での空間（3次元座標）表現，幾何学での空間図形表現などに対する3次元画像による理解の助け，物理学での各種の物理現象（流体力学など）や化学での分子構造の把握や化学反応の理解，地質学（地形，地震発生地点など）や生物学での動植物の観察，遺伝子（DNA）などの構造理解，人体図などを含む自然科学の分野でのその利用効果は大きい．

　また，心理学，医学，福祉，薬学，保健体育，スポーツといった人間にかかわる分野でも，その学習効率を上げるには有効な手段である．心理学の測定結果の表示，医学サンプルの表示，手術状況の把握，高齢者や身障者用の映像，また，その介護方法，薬品の研究開発や研修に，スポーツ科学の分野では，選手の体の動きなどの分析と研究に使われるようになってきている．特に，最近注目されている分野としては，スポーツビジョンがあり，視機能を矯正，強化する内容を含んでいる．

　一方，美術，工芸，図画・工作，音楽などをはじめ，アパレル（服飾）関係などをも含めて，アート的な分野では，特に，その実在感，質感など，本物に近い，人間の感覚（感性）に可能なかぎり近い映像や音声を作り出すことが試みられている．また，作品などの表示装置としての扱いから，作品そのものに3次元映像（ホログラムなど）が使われ，現物と映像とを組み合わせる作品（インスタレーションアート，キネティックアート）などがあり，3次元映像はすでに，ここでは，作品自体となっている．また，ウェアラブルPCを着衣して，シースルーのMR（mixed reality）のメガネをかけた姿がファッション化していくと，そこにはすでに芸術性を持った3次元映像装置が現れることになる．

　建築設計や家具や車といった製品などのデザインを学習する場合では，平面の図面から3次元図面による把握が一般的になっており，より直感的に設計を行うためには，3次元映像は欠かせない手段となりつつある．3D CADの技術の普及にともない，金型や模型を作ることなく，画面上ででき上がった3次元画像にさまざまな角度から修正を加えることができ，その状況をより現実感を持った画像として把握することができるようになった．

　その他の教科，社会科，歴史（考古学），地理，経済や政治に至るまで，その視聴覚教材として，臨場感のある，また実在感のある表現手段として，利用し，学習者の興味を持たせる工夫もされている．

　特に，平面的な図形で示して，頭の中で立体図形を描くよりは，CGなどを利用して3次元的に表示し，直感的な把握をさせる方がはるかに理解度は高まる．また，イメージのはっきりした記憶は，長い期間頭に残る．最近のコンピュータを使っての教育（CAI：コンピュータ支援学習システム）では，さまざまなコンテンツに3次元映像が利用されるようになってきた．

社員教育・訓練

　一般の企業などでも，新製品などの教育・訓練で，製品説明，展示などの際に，3次元映像を利用するケースがある．特に，その製品の現物が高価なものであったり，非常に大きく移動できないもの，逆に非常に小さいもの，危険なもの，取り扱いが複雑であったり，困難であるものなどで，従来は写真や絵，模型を使っての教育・訓練であったが，これをよりわかりやすくするために，また限られた時間内に習得しなければならないような場合，3次元表示での説明は効果的である．特に，その製品に関してのなじみの薄い新入社員のような場合は，きわめて有効である．また，実際の営業や販売活動の際も，現物を持ち運ぶことなく，臨場感のある映像を持って製品説明を行うことができる．

公共施設：博物館，美術館，科学館，水族館，資料館，図書館など

　文化財や芸術作品などの保存，展示などに立体映像が使われることは，以前から行われてきた．文化財などは，ものによっては，そのサイズ，重量，重要性，保存・管理などの理由で，移動が容易でなかったり，輸送や警備などの問題も少なくない．そこで，重要な文化財などは，精密な複製品（レプリカ）を制作し，その代用品を展示することが多くなってきた．しかし，現物に近い複製品を制作するにもコストがかかることから，映像で記録する方法も広くとられてきた．

　最近では，画像での保存にハイビジョンカメラやさらに高解像度のスキャナなどを使って記録する手法もとられているが，同時に一部3次元映像で取り込み，展示上映する際に，3次元投影をすることがある．特に，最近では，メガネを使わない裸眼立体ディスプレイを使用して，展示することもある．また，カラーホログラムを使用して，高精細な3次元画像として保存し，展示するところもある．

　なお，このような3次元表示技術は，文化財の学究的な研究にも利用されている．さらに文化財の破損，欠落部分の修復や大型の仏像などのようなものを3次元画像として取り込み，そのさまざまな研究に利用することも行われている．

　また，博物館や展示館では，ごく限られた時間での観察であることが多いため，より効率のよい観察方法としても，3次元映像が使われている．展示物によっては，動かせない，触れない，見る角度が固定，内側や内部構造がわからないなど，見る視点などが制限されていることが少なくない．このような場合，3次元表示を利用すると，観察視点を自由に変更可能にしたり，内部にまで入って観察をすることができる．

　また，一部の水族館などでは，海中，海底の生物の生態を3次元映像で再現し，まるで水中にあるかのように表示させることができる．特に，水中の様子は非常に立体感があるために，潜水夫や潜水艇から立体撮影を行ったり，水中の古生物のCGを作成して，その仮想的な映像を臨場感のあるように表示することもなされてきた．

　ハーフミラーやパラボラ型ミラーを使用して，実物と反射像を重ね合わせた擬似的

な立体映像（空間表示映像）を利用するケースも少なくない．

印刷物，出版物

すでに，多くの印刷物（書籍，雑誌，地図，パッケージ，カード，書籍の表紙，文具，玩具，包装紙，化粧箱，ポスター，マウスパッドに至るまで）に3次元画像が使われてきた．メガネを使わなくてよいという点で，レンチキュラレンズやホログラムが使われることが多いのではあるが，ステレオ対を使ったり，アナグリフや偏光フィルタによるものも作られてきた．

また，クレジットカードやブランド品，コンピュータソフト，商品券，証券，切手，紙幣，乗車券，入場券などの偽造防止などのセキュリティのためにホログラムなどの光学材料が利用されており，単なるセキュリティのためだけではなく，美的な要素もあり，広く利用されるようになってきた．さらに，装飾品類（ネックレス，カフス，ネクタイピン，ブローチ，ペンダント，ワッペンなどに至る）にまで使われている．

ビデオ，CD，DVD，HD

各種のパッケージメディア（ビデオ，CDなど）で3次元映像が利用されてきたが，最近のメディアであるDVD，HD（ハードディスク）などでも，3次元映像を見ることのできる製品が出てきた．また，マルチメディア出版と称され，出版物にCDやDVDを組んで商品化しているケースもある．さらに，CDやDVDにURLが記されており，関連URLとつながるとそこからのダウンロード，あるいはじかに3次元映像を音声をともなって観察することができるケースもある．

ネットワーク教育

インターネットの普及にともなって，ネットワークを利用しての教育・訓練が行われるようになってきた．この教育方法には，e-ラーニングとか，WBT（web based training）と呼ばれ，自宅や遠方（海外）とのやりとりで行うことのできる教育・訓練手法がある．

3D用ソフト

最近では，OpenGL，JAVA 3DやWeb 3Dあるいは3DCG用ツールソフトなどを使って，立体的な映像を作り，よりわかりやすく表現できる手法がある．これによると，あるものの概観を上下左右前後のあらゆる角度から観察できたり，その構造の内容を見たり，自由に視点を変えたり，ウォークスルーができる．従来，メーカや販売店での製品説明などに多く使われていたが，その制作が簡便であることから広く教育・訓練の分野でも利用されるようになってきている．

シミュレーション

　物理学の分野でも，実際の実験をしないで，コンピュータの中で，実際の実験とほとんど同じような実験を行うことのできるシステムが開発されてきた．実験の費用や時間的な点から考えても，コンピュータによるシミュレーションは，さまざまな条件設定を変えての繰り返しの実験が容易にできるなどの利点があり，広く利用されるようになってきた．そのため非常に精度の高いシミュレーションが行われているが，その応用が教育・訓練のレベルにまで持ち込まれ，利用されるようになってきている．

　教育・訓練の現場では，機器の操作，交通機関（航空機，船舶，列車など）の運転操作訓練などに実際に応用されており，特に，突発的な事故や故障に対処するような，実現困難な状況に対する訓練も行うことができる．これらも立体表示によって，位置や距離感，スピード感，スケール感などがわかり，とっさの判断や操作手順を間違いなく実現することができる．

没入型3次元表示システム

　日本の国内でも多くの没入型3次元表示システム（CAVEなど）が大学，研究所，博物館，展示場などに導入されてきている．以来，中学，高校生や大学生への公開講座や体験入学などの教育および研究に用いられてきたケースがある．

　そこでは，3次元映像による教育・研究における効果などについて検討が行われた．そのテーマには以下のようなものがあげられた．

1. デジタルアート関連：（1）CGコンテンツ，（2）美術コンテンツ
2. 物理学：（1）電磁場解析，（2）核融合科学，（3）流体，燃焼解析
3. 化学：（1）結晶構造，（2）分子構造
4. 生物学：生体構造
5. 建築・機械：建造物・機械の解析など

その成果としては，大きな視野角の中で（没入して），かつ対話的に行うことによって，3次元空間データを立体視できるようにすることによる教育的効果があり，この方式のみでしか実現できない経験を会得することができる．

　現在までのこのシステムは，システム全体の価格が高価であり，また必要スペースも大きく，そのソフトの開発も時間とコストがかかったために，広く普及はしていないが，パソコンを使用するPC-CAVEなどのように簡便性が高まると今後の普及が可能となり，各大学や高校，地方の公共機関などでも利用できるようになる．

〔羽倉弘之〕

8

産　業

8.1 都市・土木・建築
―空間情報のビジュアライゼーション―

　3次元コンピュータグラフィックス（3D computer graphics；3DCG）はすでに成熟期を迎え，国土，都市，建築など空間情報のビジュアライゼーション手法としての利用も広がっている．また，リアルタイムな3DCGもしくはバーチャルリアリティ（virtual reality；VR）は，研究の段階から実用の段階に入ったといえよう．ここでは，都市・土木・建築あるいは文化遺産などのビジュアライゼーション（visualization）について，その手法，制作プロセスや最新の応用事例を紹介しながら，空間情報のビジュアライゼーションについて解説する．

8.1.1 空間情報の3DCG
　広義のコンピュータグラフィックス（CG）には，2次元CADなど2次元のコンピュータ画像も含まれようが，ここでは3次元モデルを利用した3DCGを対象とする．現在では，3DCGのソフトウェアが普及するとともに，PCの性能が向上したため，PCを使って高品質の3DCGアニメーション（3DCG animation）を制作することができる．

a．3DCGアニメーションの制作プロセス
　3DCGアニメーション制作のプロセスは，制作を取り巻く諸条件によってさまざまなバリエーションがあるが，基本的には，プリプロダクション（pre-production），プロダクション（production，制作），ポストプロセッシング（post-processing，後処理）の3段階からなる（図8.1.1）．

　（1）プリプロダクション
　プリプロダクションの段階では，制作に入る前にコンセプトを決定し，映像全体のプランニングを行ったうえで，シナリオや絵コンテを作成する．通常の実務では，決

```
┌─────────────────────┐
│  プリプロダクション  │
└─────────────────────┘
           │
┌─────────────────────────┐
│ プロダクション（制作）   │
│  ┌─────────────────┐    │
│  │   モデリング    │    │
│  └─────────────────┘    │
│  ┌─────────────────┐    │
│  │  アニメーション │    │
│  └─────────────────┘    │
│  ┌─────────────────┐    │
│  │   レンダリング  │    │
│  └─────────────────┘    │
└─────────────────────────┘
           │
┌───────────────────────────────┐
│ ポストプロセッシング（後処理） │
└───────────────────────────────┘
           │
   出力  ビデオ、CD-ROM、DVD など
```

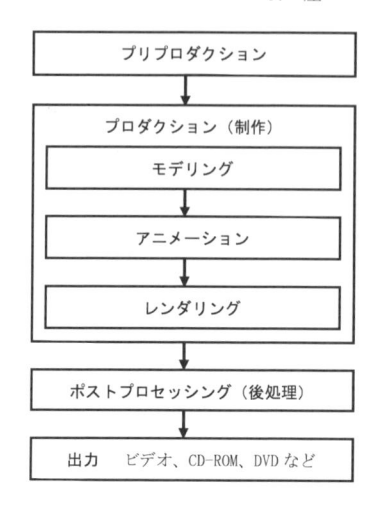

図 8.1.1　3DCG 制作のプロセス

められた予算と期間の中で，人とシステムのリソース（資源）を適切に配分することが非常に重要であり，できあがる作品のクオリティにも大きな影響を与える．

（2）プロダクション

実際に 3DCG アニメーションを制作する段階であり，モデリング（modeling），アニメーション（animation）およびレンダリング（rendering）を行う．

（3）モデリング

モデリングは，3 次元形状をコンピュータ上に作成することであり，適切な精度を持つ 3 次元形状を効率よく作成することが重要である．モデリングの手法として最も一般的なのは，3 次元 CAD ソフトウェアを用いて対話形式で形状を入力する方法である（図 8.1.2）．代表的なソフトウェアとしては，AutoCAD，form・Z，MicroStation，VectorWorks などがある．

レーザ計測（laser measurement）は，複雑な形状の対象物を効率的に精度よくモ

図 8.1.2　3 次元 CAD（form・Z）でモデリングした建築物

デリングする手法として有用である．

航空レーザ計測は，地形や都市など広域の範囲を対象に高さの計測を行う技術であり，航空機に搭載したレーザプロファイラ (laser profiler) から地上に向けてレーザを照射し，反射して戻ってくるレーザ光をとらえ，その往復時間により距離を計測する．最近では，航空レーザ計測のデータから生成した全国の政令指定都市の高精度な3次元モデルが市販されており，3DCG や VR に利用されることも多い（図 8.1.3）．

図 8.1.3 精細な 3 次元都市モデル（左：名古屋，右：大阪）
(株)キャドセンター・(株)パスコ・インクリメント P 株式会社の MAP CUBE™.

地上レーザ計測（もしくはレーザスキャニング（laser scanning））では，建築・土木構造物，文化財，プラント，局所的地形などの表面形状をレーザスキャナ (laser scanner) で計測して，3次元座標を持つ点群データ (point clouds) を取得する．さまざまなタイプのレーザスキャナがあるので，計測の対象と目的に応じて最適なスキャナを選択することが重要である．取得した点群データは，専用のソフトウェアで位置合わせ（アラインメント，alignment）を行った後，1つのポリゴンモデル（polygon model）に統合（マージング，merging）し，中間フォーマット（後出）を介して，3次元 CAD や 3DCG，VR などのソフトウェアに渡し，ビジュアライゼーションを行う．代表的な点群処理ソフトウェアとしては，PolyWorks，RapidForm などがあげられる．

（4） アニメーション

アニメーションでは，3次元のモデルを使って連続的に変化する2次元画像を生成する．アニメーションは，一連の動きのキーとなる瞬間（キーフレーム，key frame）を基準として動きを定義し（キーフレーム法，key framing），キーフレームの間を埋める動きのフレームを補間（インビトゥイーン，in-between）して作成する．

CG 制作には実に多様な表現手法を用いる．代表的なものとして，モーションキャプチャ（motion capture：人間の動きを計測して CG のキャラクターで再現する手法）や，モーフィング（morphing：2つの異なる形状から中間の形状を生成する手

法),複雑な現象や物体の動き(炎,煙,雲,水流,群集など)を表現するのに適したパーティクル(particle:粒子の集合の運動を利用した表現手法)などがある.

(5) レンダリング

レンダリングの段階においては,幾何形状,表面特性,ライティング(lighting),カメラなどの情報を設定して画像を生成する(図8.1.4).アニメーションとレンダリングでは,3DCG制作用のソフトウェアを使用するのが一般的である.代表的な3DCGソフトウェアとしては,3ds MAX,CINEMA 4D,MAYA,LightWave 3D,Softimageなどがある.

モデリングした形状データを3DCGのソフトウェアに渡す場合,相互のソフトの間で互換性が必要となる.各種のデータを異なるソフトウェア間で受け渡しするためのフォーマットを中間フォーマットと呼び,代表的なものとして,DXF,OBJ,VRMLなどがあげられる.モデリング用ソフトウェアのデータ出力がこれらの中間フォーマットに対応していない場合には,ファイル変換ユーティリティ(file exchange utility)用のソフトウェア(PolyTransなど)を使う.

図8.1.4 レンダリング後のCG画像の例

(6) ポストプロセッシング

ポストプロセッシングの段階では,レンダリングが終わった2次元のCG画像に対して,複数画像の合成(コンポジット,composite)や画質の改善・修正(エフェクト,effect;レタッチ,retouchingなど)を行い,最終的に所要のメディアに出力する.

b. 3DCGアニメーションの事例

都市計画,建築などの建設分野では,新たに建設するオフィスビルやマンションへのテナント誘致や販売促進を目的とする3DCGのほか,公共施設へのイベント誘致,都市開発(新都心開発,都市再開発,ニュータウン開発など)における計画検討,合意形成,事業PRなどにも3DCGアニメーションが広く利用されている(図8.1.5).

図 8.1.5 左:六本木ヒルズ (2003 年), 右:静岡スタジアム エコパ (1997 年)

8.1.2 空間情報のVR

本稿では,インタラクティブ (interactive) でリアルタイム (real-time) な 3DCG をバーチャルリアリティ (VR) と呼ぶことにする.なお,"リアルタイム"とは,映画やビデオに相当する毎秒 20〜30 フレーム以上の描画を実現できることとする.VR 技術の発展は CG と同様に PC の性能の急速な向上に支えられてきた.現在では,グラフィックスボード (graphics board) の性能が急速に向上し,PC で十分に VR を実現することができる.

3DCG アニメーションは,ビデオ作品の中で利用されることが多く,製作者が設定したストーリーによる説得の効果が大きい.これに対して VR は,双方向性が強いため,関係者の間の議論や合意形成などの目的に適する.

VR の代表的なソフトウェアとしては,MultiGen Creator/Vega Prime, World Tool Kit などがあげられる.

a. VR制作のプロセス

VR 制作 (プロダクション) のプロセスは,大きく 3 つの段階がある.

第一に,VR データの作成であり,形状データ,色彩・素材 (テクスチャ,texture) データ,音源データなどで構成される.第二に,VR データを含む仮想空間 (virtual space) の環境やカメラ (視線) などの属性情報,シミュレーション (simulation) を実行するコンピュータや入出力装置などハードウェア環境などの設定を行う.第三に,物体やカメラなどの振る舞い,ユーザインタフェース (user interface) などをプログラム言語またはオーサリング (authoring) ツールなどによって定義する (図 8.1.6).

(1) プリプロダクション

実際の VR 制作に入る前に,仕様の決定をする.利用目的,効果的な見せ方,実行環境などの条件をもとに,作成する対象の範囲や精度などを決定する.空間情報を扱う分野では,対象が大規模なためデータ量が大きくなりすぎる傾向があるので,仕様の決定は特に重要である.VR 制作では,コンピュータの能力の限界を知っておくことが最重要事項である.

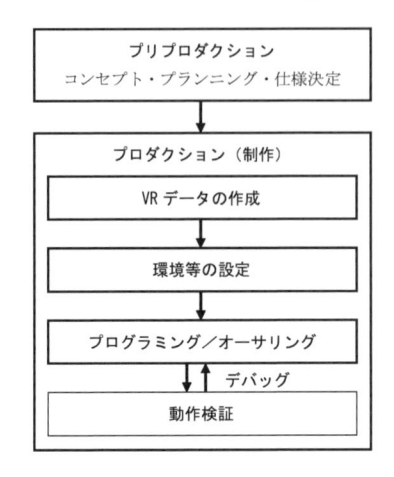

```
┌─────────────────────────┐
│   プリプロダクション        │
│ コンセプト・プランニング・仕様決定 │
└─────────────────────────┘
            │
┌─────────────────────────┐
│  プロダクション（制作）     │
│  ┌───────────────────┐  │
│  │  VRデータの作成     │  │
│  └───────────────────┘  │
│  ┌───────────────────┐  │
│  │  環境等の設定       │  │
│  └───────────────────┘  │
│  ┌───────────────────┐  │
│  │ プログラミング／オーサリング│ │
│  └───────────────────┘  │
│         ↓↑ デバッグ      │
│  ┌───────────────────┐  │
│  │  動作検証           │  │
│  └───────────────────┘  │
└─────────────────────────┘
```

図 8.1.6　VR制作のプロセス

（2）VRデータの作成

VRにおいても形状データの作成をモデリングというが，3次元CADソフトウェアを使用して作成した形状データをVR用のデータに変換する場合と，最初からVR用のモデリングソフトウェアを使う場合がある．

完成した形状データの各面（ポリゴン）に，色彩を定義し，写真などから作成したテクスチャを貼り付ける．データのポリゴン数や写真の解像度は，描画速度に影響を及ぼし，リアルタイム性を左右するので，綿密な計画と注意が必要である．

さらに，VRデータの作成では，データの適正なグループ化や，動作や可視不可視などの属性データの設定など，実際に見えないデータを付加することが重要になる．自動車など音源を持つデータを定義することもできる．

（3）環境などの設定

環境などの設定は，VRを最適な条件で動作させるための設定と，仮想空間の環境設定に大別される．前者は，VRを利用するシステム，表示条件，カメラの属性，入力デバイスの設定など多岐にわたる．仮想空間の環境設定には，構築されるシーン，シーンの環境，干渉，音響効果出力の設定などがあり，非常に多岐にわたる．

（4）プログラミング/オーサリング

作成したデータを定義された環境で単純に見るだけであれば，この工程はほとんど必要ないが，多様なVRの利用目的に合わせた最適化のために必要となる場合が多い．ここでは，入力デバイスとカメラの連動を定義したり，3次元データや文字情報，画像情報の動きの表示を制御したり，イベントを仮想空間に仕組むなど，さまざまなユーザインタフェースを定義する．

b．VRの事例

VRの利用分野は，景観計画，都市計画，防災，訓練用シミュレータ，イベント展示，報道，3次元/4次元GIS (geographic information system) など幅広い（図

図 8.1.7 左：フライトシミュレータ（SUKAGAWA フライトアカデミー，2001 年），右：第 3 回世界水フォーラム展示：道頓堀 VR（2003 年）

8.1.7).

　都市再開発などの大規模なプロジェクトは，計画から完成に至るまで非常に長い時間を要することが多い．その最大の原因は，計画者や近隣の住民・市民による計画の理解と合意が容易でないことにある．インタラクティブなシミュレーションを行いながら将来の町の姿を見ることを可能にする VR は，合意形成のプロセスにたいへん有用なツールである（図 8.1.8）．

図 8.1.8 日本橋川再生 VR（左：現状，右：将来構想）
© 2003 日本橋地域ルネッサンス 100 年計画委員会＋(株)キャドセンター，VR ビューアは(株)キャドセンターの UrbanViewer™ を使用．

　2003 年東京・上野の国立科学博物館「THE 地震展」に展示したコンテンツの 1 つ「東京 23 区危険度マップ」は，東京 23 区の 3 次元モデル（MAP CUBE™）をベースに，町丁目単位で地震危険度を表示する VR である（図 8.1.9）．地震防災の要諦である，地震災害の状況を明確にイメージできる能力の向上を目的とするシステム開発の成果の一部である．このコンテンツには，高速 3 次元描画エンジンを備えた VR ビューア（VR viewer）とタッチパネル感覚の光センサ方式表示装置 NEX-

図 8.1.9 左:東京 23 区危険度マップ(© 2003 東京大学目黒研究室+(株)キャドセンター(口絵 5 参照)),右:VR 表示装置 NEXTRAX™

TRAX™(いずれも(株)キャドセンターが開発)が使用された.

おわりに

最新のビジュアライゼーションの代表的手法である 3DCG と VR を中心に見てきた.制作のプロセスについては大筋を記したが,実際の制作の現場においては,3DCG や VR の標準的な制作プロセスといえるものはまだ確立されていないのが現状である.

3DCG や VR のほかにも,新しいビジュアライゼーションの手法が現れてくるだろう.たとえば複合現実感(mixed reality;MR)は,現実空間と人工空間を融合して豊かな表現を実現する技術であり,大きな可能性を持つ.また,3 次元の空間情報をリアルタイムにインターネットで配信する Web3D-GIS の技術も実用が進むと予想される.

ビジュアライゼーションの技術は,空間情報に大きな付加価値をもたらす.たえず進歩する最新の技術を常に学びつづけ,新しいビジュアライゼーションの手法を学び取り入れていくことが,ますます重要になるであろう. 〔髙瀬 裕〕

▶参考文献
1) 髙瀬 裕:都市と文化遺産のデジタル化とビジュアライゼーション.DiVA,No.5,75-84,夏目書房,2003.
2) アイザック・V・カーロウ著,渡部晃久訳:コンプリート 3DCG,エムディエヌコーポレーション,2001.
3) 舘 暲:バーチャルリアリティ入門,ちくま新書,2002.

▶関連 Web サイト
1) (株)キャドセンター,http://www.cadcenter.co.jp
2) MAP CUBE™,http://www.mapcube.jp
3) UrbanViewer™,http://www.urbanviewer.com

8.2 文化遺産への応用

3次元映像技術の応用として，文化遺産への適用が近年さかんになってきた．映像的にリアルに遠隔地にある文化財を観賞できたり，CG技術により失われた文化財の古の姿を再現できるといった面から，コンテンツビジネスとして，今後も成長が見込まれる分野である．

3次元映像技術の文化財への応用を考えた場合，手法的には，3次元世界の2次元映像を集め，人間の動体認識の能力を利用して，もとの3次元世界を意識させる映像コンテンツを生成するイメージベースの手法と，実際に何らかの方法で3次元モデルを持ち，これに基づいて映像コンテンツを生成するモデルベースの手法に分類できる．

8.2.1 イメージベースの手法

イメージベースの手法は，映像を生成する際，3次元的な処理をせず，映像の編集のみで直接的に得られた映像をそのままリプレイし，それの動きから3次元世界を意識させるのを基本とする．この際さらに，①現実に存在する3次元空間をビデオ映像化し，単にリプレイする単純映像生成法と，もう少し進めて，②ビデオ映像化した映像を蓄積し，このデータベースをコンピュータグラフィクスの最新の手法の1つであるイメージベースレンダリングと呼ばれる手法で，任意視点の映像が生成できるようにした合成映像生成法がある．

a．単純映像生成法

単純映像生成法に関しては，放送業界を中心に幅広く生成され，アーカイブも蓄積されてきている．最近の傾向として，通常のNTSCではなく，ハイディフィニション仕様のコンテンツが多くなってきている．日本国内のものとしては，NHKなどのシルクロードのアーカイブコンテンツや朝日放送などの奈良や京都の仏像を中心としたアーカイブコンテンツが精力的に蓄積され，再利用可能となっている．また，BBCをはじめとする海外のメディアでも積極的に収集が進んでいる．これらの放送コンテンツは，一時の放送のために使用されるだけでなく，アーカイブされ，ひとまとまりのコンテンツとして末永く利用できる傾向にある．また，ビデオ・DVDなどの媒体として販売されている．

b．合成映像生成法

単純映像生成法は，簡便にそれほどの計算機パワーを必要とせず，単に収録した映像を編集するだけで生成できるといった長所がある．一方，あくまでもビデオ的再生であるため，収録した視点からの映像しか生成できない．これに対して，近年，集められた画像をつぎはぎすることで，実際に収録した場所以外の視点からの映像を生成できるイメージベースレンダリング法という手法が，Stanford大学，マイクロソフ

ト社,東京大学などからほぼ同時に提案された.

図8.2.1にイメージベース法の1つの変種である全方位画像に基づく手法の原理を示す.たとえば,図(b)のように,直線にしたがって,全方位の映像を収録する.全方位画像は,360度に視野を持つ画像で,魚眼レンズやテレビカメラの前に法物面鏡をおくことで得られる.この直線に沿っては,全方位画像を得ているので,どの地点であっても通常の画像が再生できる.

この収録経路にないP地点での映像を考える(同図(c)).この場合,P視点での画像が,a,b,cなどの視線から成り立っていることを考えると,A地点のa,B地点のb,C地点のcなどの視線方向に対応する部分映像を集めてくることにより,P地点の映像が生成できる.ここでは,直線経路を全方位カメラで撮影する手法を述べたが,これ以外にも,アップル社のクイックタイムVR,Stanford大学のライトフィールドレンダリング,マイクロソフト社のルミグラフ,東京大学の光線空間法など,同様の手法が各種開発されている.このような手法の総称をイメージベース法と呼ぶ.マイクロソフト社では,このイメージベース法を用いて,秦の始皇帝の兵馬俑のコンテンツを作成した.

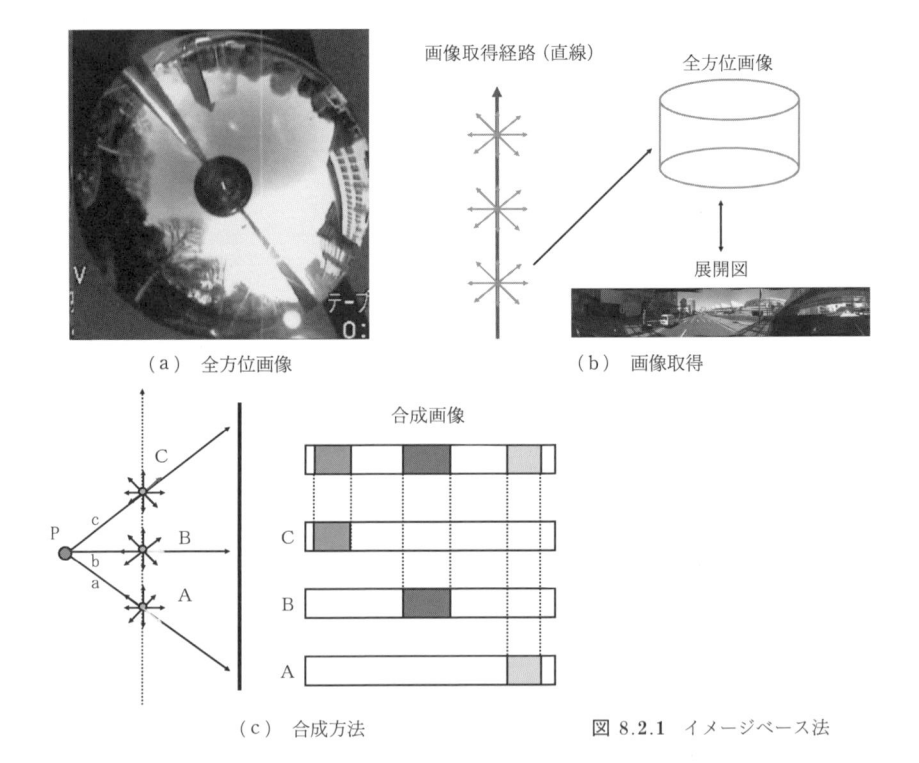

(a) 全方位画像　　(b) 画像取得

(c) 合成方法　　図 8.2.1 イメージベース法

8.2.2 モデルベースの手法

前項のイメージベースの手法は，すべてが2次元映像の集まりであった．これに対して，何らかの方法で実際に3次元モデルを持ち，これに基づいて映像を生成するモデルベースの手法によるコンテンツ開発も近年さかんになってきた．この際，①手作業により CAD モデルを作成する手作業ベースの手法と，②対象の一部または全部をレンジセンサなどの計測機器により実際に計測し，2章で述べられたようなポリゴンメッシュを得て，これから映像を再合成する測定ベースの手法に分類できる．

a．手作業ベースの手法

すでに失われてしまったような文化遺産を，設計図や再現図，あるいは古文書などをたよりに，モデリングを行い，在りし当時の姿を再現することができる．この場合，技術的には，旧来の手作業により CAD システムを操作し，建物を計算機内に建てるように，幾何モデルを作成していく．幾何モデルの上に，資料などから得られる写真などの映像データを貼り付けることで最終的な CG モデルが完成する．

CAD モデルの復元にあたっては，通常の技術的な側面だけでなく，可能なかぎり正確な歴史考証を行うことが非常に重要である．また，復元のモデリングでは，木割りや木組みといった伝統木造建築における構法のルールなどの理解も必須となる．

図 8.2.2 は，(株)キャドセンターにより復元された，仙台城の本丸・大広間の3次元 CG 映像の一部である．復元の監修は，建築については東北大学名誉教授・佐藤巧氏，美術については前仙台市博物館長・浜田直嗣氏が担当した．この映像は，仙台城跡の青葉城資料展示館において展示されている．また，2004年春には，同展示館において VR コンテンツとして，仙台城のほか大手門前の広小路や当時の商業中心地であった芭蕉の辻などが再現されている．同様の例は，(株)大林組による出雲大社復元や凸版印刷株式会社による中国故宮博物館，マヤ・コパン遺跡，奈良「唐招提寺」の再現などにも見られる．

これらの手法では，すべてが幾何モデルとして表現されていた．これに対して，大

（a）本丸　　　　　　　　　　（b）大広間上段の間

図 8.2.2　仙台城のモデルベース法による再現「仙台城 本丸・大広間編」(1993年)

枠は幾何モデルで，さらに細部は前項で述べたイメージベースの手法によるものがある．一般にすべてをCADモデルで正確に形状を作成すると，表示の際非常に重くなる．特に，一連のCGビデオを順に流すのではなく，ユーザや紹介者がインタラクティブに紹介する場合には，このモデルの重さが重要となる．そこで，大半の形状を平坦な平面とし，ある程度の3次元性は保つものの，その平面にテクスチャを貼ったり，さらには前項で述べたイメージベースレンダリングの手法を取り入れたりすることで，インタラクティブな使用に耐える高速性を確保しつつ，没入感を与えるという手法も散見されるようになってきた．たとえば凸版印刷では，京都市「元離宮二条城」（図8.2.3），バチカン「システィナ礼拝堂」などのコンテンツでは，大型の平面に精緻な色彩情報を加える，リアルタイムレンダリングの技術を利用することでインタラクティブ性を持った臨場感あるコンテンツを作成している．図8.2.3は凸版印刷が制作した「元離宮二条城」のVRコンテンツの一部である．これらの一部は，凸版印刷小石川ビル内に設置された国内最大級のVRシアタや各地の博物館で，来場者に対して公開され，国内外の文化情報の発信に役立っている．

図 8.2.3　元離宮二条城・大広間
　　　　　CG画像
　　　　　（口絵10参照）

b．測定ベースの手法

上記の手作業によるモデル生成は，入力の手間が問題となる．一方，現存する文化遺産については，2章で述べられた手法を利用して作成することも可能である．処理の流れとしては，2.1節で述べたように，レーザセンサなどの計測機器による部分データの取得，部分データ間の位置合わせ，統合アルゴリズムを用いた部分データの貼り合わせを用いるのが標準的である．さらに，現状のテクスチャを貼り合わせる場合は，2.1.4項で述べた手法を使用することができる．

このような測定ベースの応用例の中でも特に大規模なものとして，東京大学池内研究室が日本政府アンコール救済チームと共同で行っているカンボジアアンコール遺跡内，バイヨン寺院のデジタル化があげられる．バイヨン遺跡は一辺が100 mもあり，データ量が極端に膨大になる．このため，本書の2.1節で述べられた位置合わせ，統

合の両ステップで，1台の計算機にはデータが乗り切らないといった問題が発生する．このため，並列計算機上での並列分散処理アルゴリズムを用いることにより，メモリの制限や計算時間の増加といった問題が解決されている（図8.2.4）．

バイヨン寺院は，40mにも達する中央棟，多くの尊顔，石板で隠されているペデ

（a） 顔ライブラリの一部（デーバ，テバター，アシュラ）

（b） 回廊に彫られたペディメント

（c） 全体像

図 8.2.4 デジタル化されたバイヨン寺院

ィメント，非常に詳細な浮き彫りなど，非常に複雑な構成となっている．このため 1.1 節で紹介した VIVID や Cyrax などの地上据え置き型の距離センサでは測定できない箇所が多く存在する．そのため，気球センサ，はしごセンサ，鏡センサなど特殊用途のレーザセンサがバイヨン遺跡計測のために設計・開発されている．こういった遺跡専用の特殊用途のレーザセンサの開発も今後の課題となる．

これらの結果から，173 のすべての尊顔ライブラリ，隠されたペディメント，回廊全体の 3D データなどが得られた．これらから，バイヨン遺跡の正確な状況の保存，正確な平面図・立面図の作成，これらを用いた予期せぬ破壊や崩落の際の修復計画への利活用などが検討されている．

3 次元モデルの長所として，現状のデータに手を加えることで，古の姿を生成できるといったメリットがある．この際，色彩を古のものに変える場合や色彩のみならず形状まで変えるといった 2 つの場合がある．

図 8.2.5 は，キャドセンターが作成した，奈良・新薬師寺の十二神将の例であり，DVD 作品としてコンテンツ化された．形状に関しては，近距離用の VIVID センサを用いてポリゴンメッシュを得た（協力：元東京芸術大学教授・長澤市郎氏）．さらに，奈良教育大学助教授・大山明彦氏の監修により，天平期に像の表面に施されていた彩色が復元された．

仏像だけではなく，古墳に対しても同様の例が見られる．たとえば，凸版印刷と東京大学は，共同で九州・王塚古墳のコンテンツ化を行っている．福岡県桂川町にある王塚古墳はその構造の複雑さ，色彩の豊かさなどから国の特別史跡に指定されている．現在は崩落防止のための支柱が多数設置され（図 8.2.6(a)），また見学は年に 2 回，ガラス越しにその内部を観察できるのみである．

この古墳内部の形状に関して，全体形状は Z+F 全周型センサで，近距離の精密測定のためには VIVID を使用して形状データを得ている．高精細デジタルカメラで撮影した画像から現状の彩色の様子を再現した（図 8.2.6(b)）．さらに彩色の一部に

図 8.2.5　十二神将・バサラ大将の彩色復元（2004 年）（口絵 11 参照）

8.2 文化遺産への応用

(a) 現場実写
(b) CG 画像
(c) 松明光（左）と太陽光（右）の比較
(d) 彩色復元

図 8.2.6 王塚古墳の彩色復元
（口絵 12 参照）

ついては分光計測を行い，それが松明で照明されたときの色，太陽光で照明されたときの色の再現を試みた（図 8.2.6(c)）．また，東京文化財研究所の朽津信明主任研究官による彩色に用いられた顔料の分析結果から，建造当時の彩色をやはり照明光を替えて再現した（図 8.2.6(d)）．これらのコンテンツは九州国立博物館で展示されている．同様の例は，東京大学が行った，北海道余市町のフゴッペ古墳のコンテンツにも見られる．公開不可能な文化遺産の公開方法として，CG 技術による再現は非常に有効な手段だと考えられる．

　上の例では，形状は現在のデータをそのまま使用し，色彩のみを古のものへと変換していた．レーザセンサで得られた 3 次元データそのものを加工し，形状・色彩とも

(a) 現状のデジタルモデル  (b) 天平当時の大仏モデル

(c) 模型の3次元モデル  (d) 天平時の大仏殿の復元

(e) 天平時の大仏と大仏殿

図 8.2.7 天平大仏の復元
(口絵 13 参照)

変形させる試みもある．奈良大仏は，度重なる修造によって現在の大仏・大仏殿は創建当時と姿かたちが異なっている．現存する奈良大仏に関して，Cyrax レーザセンサによる計測により，現在3次元モデルを得る（図8.2.7(a)）．幸い創建期の大仏の寸法を記した文献は多く存在する．これらの文献値をもとにして現大仏の各部分モデルをモーフィングという CG 手法を用いて変形させ，創建期奈良大仏モデルの復元を行った．このようにして作成した創建期奈良大仏の3次元モデルを図8.2.7(b)に示す．

大仏殿の復元に関しては，歴史的建築の専門家である東京大学・藤井恵介教授に助言をいただき，概略として，大仏殿内に安置されている復元模型を信頼できる推定の1つであるとした．この復元模型は，天沼俊一博士の指導のもとで博覧会のために造られたものである．この模型の3次元モデルをレーザセンサで取得した（図8.2.7(c)）．ただし，模型の精度や計測機の精度不足から，細部は十分に表現できない．そこで，やはり藤井博士のご助言により，東大寺と同時代に建立され，当時の建築様式をほぼそのまま現在に伝えている唐招提寺の部分モデルを取得し，位置合わせアルゴリズムの変形ソフトウェアを用いて，この部分モデルを先の模型から得られた3次元モデルと組み合わせることによって，創建期東大寺大仏殿を復元した（図8.2.7(d)）．最後に得られた大仏殿の内部に，先の大仏を安置することで，天平時代の大仏・大仏殿の再現を行った（図8.2.7(e))．　〔大石岳史・髙瀬　裕・加茂竜一〕

▶参考文献
1) Ikeuchi, K. and Sato, Y.: *Modeling from Reality*, Kluwer Academic Press, 2001.
2) Brown, D., *et al.*: Recreating the past. *SIGGRAPH 2002*, Course #27, 2002.
3) Ikeuchi, K., *et al.*: Bayon digital archival project. *Proc. 10th International Conference on Virtual Systems and Multimedia*, 334-343, 2004.
4) 池内克史：文化遺産デジタルアーカイブとデジタル表現．人工知能学会誌，**18**(3)，2003．
5) Levoy, M., *et al.*: The digital Michelangelo project. *SIGGRAPH 2000*.
6) Wasserman, J.: *Michelangelo's Florence Pieta*, Princeton University Press, 2003.
7) Levoy, M. and Hanrahan, P.: Light field rendering. *Proc. SIGGRAPH '96*, 31-42, 1996.
8) Gortler, S. J., *et al.*: The Lumigraph, *SIGGRAPH '96*, 43-54, 1996.
9) Naemura, K. and Harashima, H.: Ray-based creation of photo-realistic virtual world. *Proc. 3rd International Conference on Virtual Systems and Multimedia*, 59-68, 1997.
10) Arnold, D. *et al.*: *4th International Symposium on Virtual Reality, Archaeology, and Intelligent Cultural Heritage*, Eurographics, Brighton, UK, 2003.
11) Yamamoto, K.: *10th International Conference on Virtual Systems and Multimedia*, Ogaki, Japan, 2004.
12) Godin, G.: *5th International Conference on Recent Advances in 3-D Digital Imaging and Modeling*, Ottawa, Canada, 2005.

8.3　シミュレータなどへの応用

　3次元映像の産業応用は，多岐にわたるとともに，技術的にも明確に分類されにくい類のものである．多岐にわたるものをある枠組みで説明することは，かえってどのように応用されたかの重要な論点がぼけると考えた．このため，筆者らは網羅的な説

明よりは，むしろ，厳しい競争の中から淘汰された代表的な装置を例にとり，3次元映像がその中でどのように使われているかを説明する方針をとった．また，代表的な装置の説明にあたっては，使われている技術を整理して説明する必要にせまられたため，説明に先立ち，"映像の提示"と"映像の発生"に分け，さらにその中を代表的な手法に分類して説明した．過去の技術は，未来技術の母体であると考え，現在の最新技術の産業応用以外に，過去の代表的な応用も説明し，全体として3次元映像の産業における技術の発展が俯瞰できるよう心がけた．また，3次元映像の産業応用の起源はフライトシミュレータにあるので，必然的にシミュレータへの応用例がここで取り上げた事例の多くを占めた．

8.3.1　3次元映像の提示

産業応用という観点から，3次元映像表示のシステムについて述べる．すなわち，ここではPDP・液晶などの表示パネルやプロジェクタといった個々のデバイスについては触れない．また，ホログラフィのような静止画像用システムについても触れない．映像が3次元的に知覚される度合いに応じて，立体映像の提示，無限遠表示，擬無限遠表示，非無限遠表示に分類して述べる．

a．立体映像の提示

（1）頭部搭載型表示装置（head mounted display；HMD）

この方式には，透過型HMDと閉鎖型HMDがある．シミュレータでは，操縦席の計器盤や操縦装置が見える必要があるため，図8.3.1に示す透過型が用いられる．この方式は，小型で広いトータル視野が得られること，立体視が可能なことが特徴であるが，現在のところ瞬間視野が狭く，分解能が低いことなどが欠点である．これらの欠点は液晶ディスプレイ技術などの進歩により解決され，この方式の表示装置は広く活用されていくものと思われる．しかし，装着がわずらわしい，装着すること自体違和感があるという欠点は，戦闘機のパイロットのように本来ヘルメットを装着する場合を除いて，本質的な問題として残る．

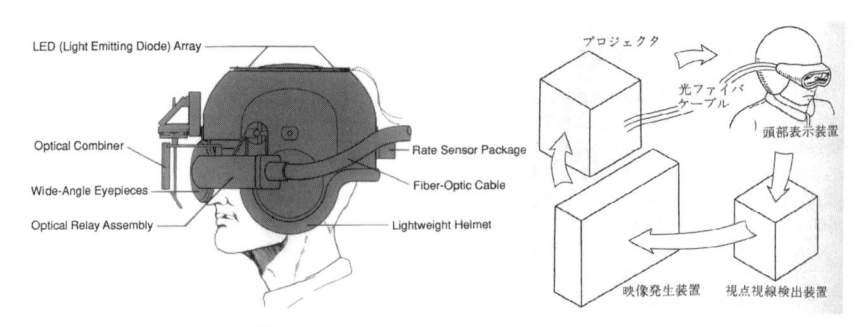

図 8.3.1　頭部搭載型表示装置（CAE社）

8.3 シミュレータなどへの応用

（2） 没入型投影ディスプレイ（immersive projection display；IPD）

この方式は，イリノイ大学で開発されたCAVEが有名であり，CABIN，COSMOS，VR-CUBEなど類似の装置が多数開発されている．CAVEは，図8.3.2(a)に示すように3m四方のスクリーンで正面，両側面および床面が覆われ，正面および側面は背面投影式のスクリーンになっており，高い没入感を提示することができる．ユーザは時空間分割方式のメガネを装着することにより立体像を見ることができ，ユーザが装着するメガネには磁気センサが取り付けられており，常にユーザの視点から見て正しい映像が表示されるようになっている．同図(b)に表示例を示す．この方式は，以下に述べる主にフライトシミュレータに用いられる各種の方式に対して，汎用性が高く研究開発用に広く活用されている．

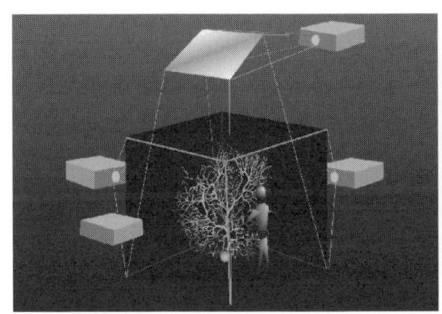

(a) 構成　　　　　　　　　　(b) 表示例

図 8.3.2　没入型投影ディスプレイ―CAVE（University of Illinois at Chicago）

b．無限遠表示―コリメイテッド

（1） ビームスプリッタ・凹面鏡方式

従来から用いられてきた方式で，図8.3.3(a)に示すようにCRT画面上の像はビ

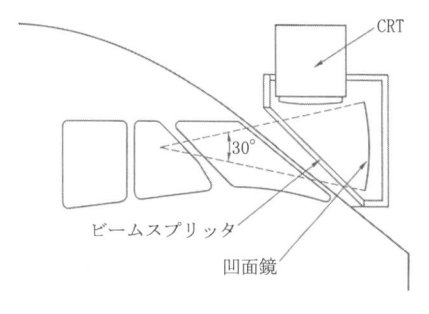

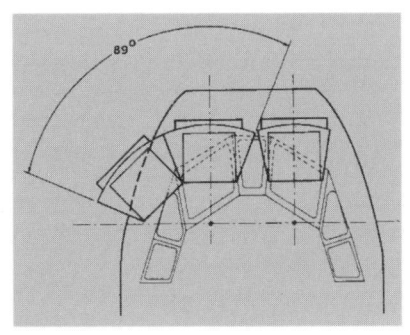

(a) 原理　　　　　　　　　　(b) 実装

図 8.3.3　ビームスプリッタ・凹面鏡表示方式（三菱プレシジョン株式会社）

ームスプリッタで折り返されてちょうど凹面鏡の焦点にくるようになっているので無限遠に虚像ができる．1台で約水平40度，垂直30度の視野が得られるので，広い視野が必要な場合は複数台配列して用いる．その場合，水平方向には任意の台数配置できるが，垂直方向にはその構造から上下対称に2台までしか配置することができない．また，この方式は低歪で見ることのできる視点の範囲（pupil）が小さいので，フライトシミュレータの場合，同図(b)に示すように操縦士用と副操縦士用を個々に用意する必要がある．

（2）広角無限遠表示（WIDE）方式

本方式は，ビームスプリッタ・凹面鏡方式のCRTのかわりに，図8.3.4に示すように透過型球面スクリーンと複数台のビデオプロジェクタを用いることにより広いFOV (field of view)を得る方式である．操縦席前方の大きな凹面鏡で無限遠に虚像を作る．水平150度ないし210度，垂直50度の視野が得られ，しかもpupilが大きくパイロットおよびコパイロットが同じ像を見ることができるので，エアライン用シミュレータはもっぱらこの方式が用いられる．この方式は，前記ビームスプリッタ・凹面鏡方式と異なり，凹面鏡への入射光と反射光の光軸がずれている．

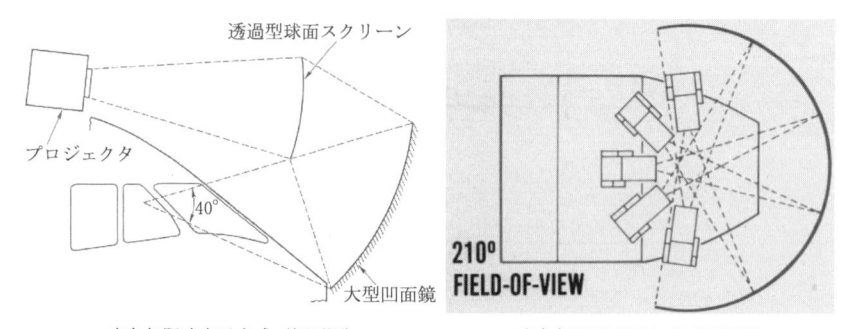

広角無限遠表示方式（側面図）　　広角無限遠表示方式（平面図）

図 8.3.4　広角無限遠表示方式（SINGER 社）

（3）パンケーキウィンドウ方式

ビームスプリッタ・凹面鏡方式が，CRTを光軸から90度折り曲げた位置に配置したのに対して，この方式は，図8.3.5(a)に示すように，CRTを光軸上の凹面鏡の背後に配置した方式である．そのためにはビームスプリッタでできた凹面鏡を用いる必要がある．また，CRT上の像が直接目に見えないように，パンケーキウィンドウは90度偏波面がずれた偏光板で挟まれている．このような構造にすることによって，図8.3.5(b)に示すように，すきまなくほぼ全周に表示装置を配列することができる．図8.3.6は，パンケーキウィンドウ方式を用いたSINGER社のシミュレータSAAC (Simulator for Air-to-Air Combat)で，正12面体のうち8面にパンケーキウィンドウ式表示装置を装着している．

8.3 シミュレータなどへの応用

(a) パンケーキウィンドウ　　(b) パンケーキウィンドウ方式の表示装置の構成

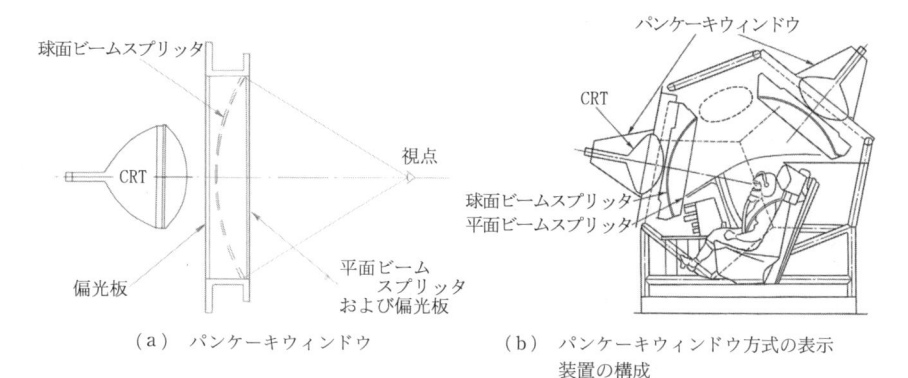

図 8.3.5　パンケーキウィンドウ方式（SINGER 社）

図 8.3.6　パンケーキウィンドウ方式を用いたシミュレータ（SINGER 社 SAAC）

c. 擬無限遠表示—大口径ドームプロジェクタ方式

コリメイトのための光学系を用いるかわりに，大きな球形スクリーンと複数台のビデオプロジェクタを用いて，できるだけ遠方に像を表示する方式である．戦闘機やヘリコプタのように非常に大きな視野を必要とするシミュレータにこの方式の表示装置が用いられる．

(1) ドームマルチプロジェクタ方式

最も簡単な方法は，図 8.3.7 に示すように大口径のドームスクリーンに複数のプロジェクタを一様に配列したものである．この方法では一般に必要な視野と分解能を得るために多くのプロジェクタが必要となる．しかし，多数のプロジェクタを，ドーム内の限られた空間に，操縦席や他のプロジェクタが互いに機械的光学的に干渉しないように配置するには構造的に限界がある．

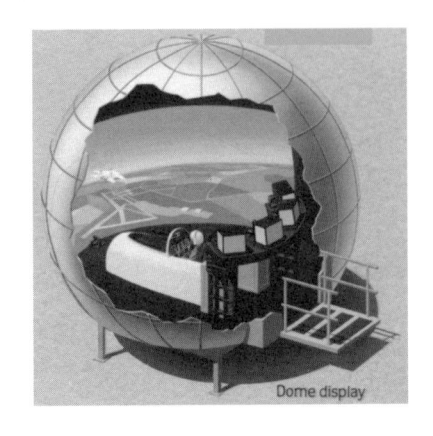

図 8.3.7 ドームマルチプロジェクタ方式
(Goodyear Aerospace 社)

(2) 目標追尾表示方式

できるだけ少ないプロジェクタで広い視野と高い分解能を両立させる方法として,高い分解能の映像を投影するプロジェクタと比較的に分解能を必要としない背景プロジェクタとを分離させる方法がある.図 8.3.8 は,空中戦における目標機などの目標物と地表などの背景を分離した目標追尾方式を示す.目標物のみの映像を高分解能で発生し,目標物の見える方向に投影方向をサーボで制御して,背景映像とスクリーン上で合成する.一般に,目標映像は単純にスクリーン上で背景と加算されるので,図 8.3.9 に示すように目標物は背景に比べて白く高輝度で表示される欠点がある.

図 8.3.8 目標追尾表示方式
(Thomson-CSF 社)

図 8.3.9 目標追尾表示方式の出力映像の例
(Thomson-CSF 社)

(3) 視線追尾表示方式

この方式は,パイロットの視線の方向を検知してその方向の映像を高精細に発生し,視線方向にサーボで投影方向を制御して投影し背景映像と合成する方法である.

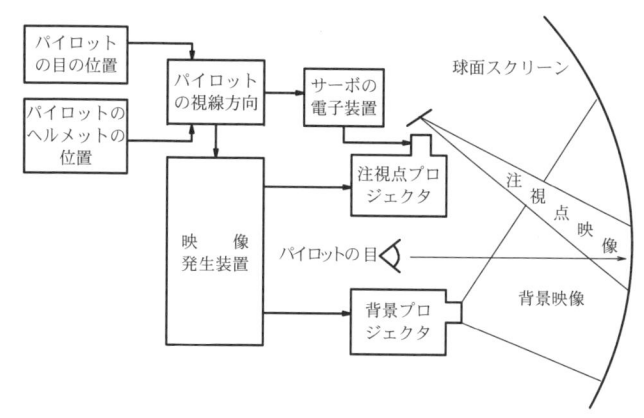

図 8.3.10 視線追尾表示方式(SINGER 社 ESPRIT)の動作原理

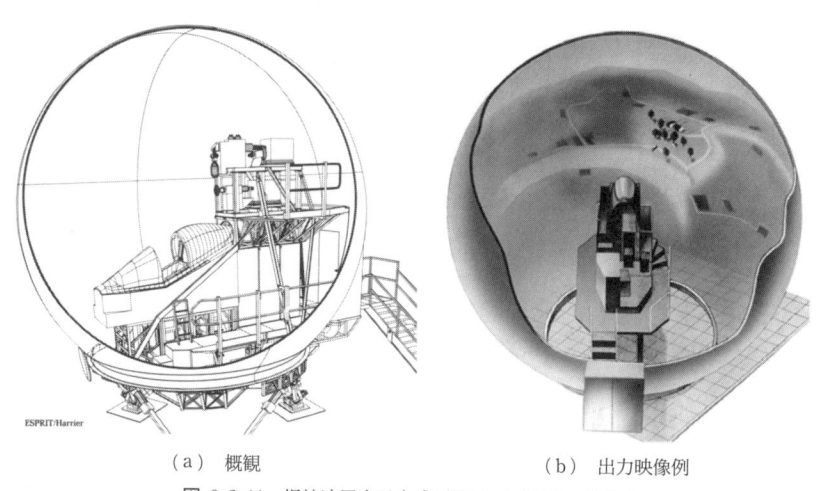

(a) 概観　　　　　　　　　(b) 出力映像例
図 8.3.11 視線追尾表示方式(SINGER 社 ESPRIT)

この方式は,人間の目の分解能が高いのは,注視点の周辺の狭い範囲(直径約 15 度)に限られるという性質を利用している.図 8.3.10 に SINGER 社の ESPRIT (Eye-Slaved Projected Raster InseT) の動作原理を示す.この装置は,高い分解能の注視点 (area of interest；AOI) を背景のその部分に滑らかにはめ込んでいる.この装置の概観と出力映像例を図 8.3.11 に示す.

d．非無限遠表示(プロジェクタ複合表示方式)

従来,プロジェクタ間の映像の不連続性は,主に物理的位置の調整で行われるため,プロジェクタ数が少ないことが保守の観点からよい表示システムであった.このため,画像の発生側で高分解能化を図り,対応する高分解能プロジェクタを用いる方

式が主流であった．この方式では映像発生に要するコストが高いといった問題がある．しかし，近年，PC クラスタ技術の出現により各 PC 内のグラフィックスボードと対応するプロジェクタを多数配置し，数により高分解能化を図る方式が現れた．この場合，画像間の連続性の調整が問題となるが，これは，投影したテストパターン映像をカメラにより取り込んで映像の歪みを認識し，画像発生側で逆歪み補正をかけて画像間の不連続性を自動的になくす方式がとられている[7]．

図 8.3.12 は，曲面スクリーンへの適用例である．同図(a)に示すように既知のテストパターンを投影し，カメラで撮像した画像から画像の歪みを認識する．この情報をもとに，画像発生側で画像を逆に歪ませておき，複合時の連続性を保つ．同図(b)でばらばらに表示されていた映像が同図(c)に示すように連続的に複合されている．画像が重なる部分は，輝度の補正を行い，輝度上も連続性を保つ．

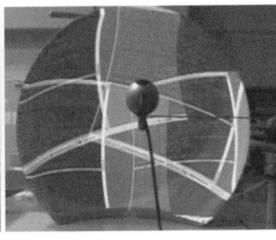

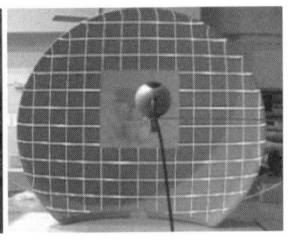

(a) 1 テストパターンの投影　　(b) 4 プロジェクタを投影　　(c) 4 プロジェクタの映像を統合
図 8.3.12　複合映像の光学的合成（Mitsubishi Electric Research Laboratories 社）

8.3.2　3 次元映像の発生

3 次元映像の発生は，箱庭様のミニチュアモデルやフィルム上の実写映像を映像発生のもとにするアナログ方式と，電子的に保持したモデルをもとにする CGI (computer generated imagery) 方式とに分かれる．アナログ方式では，モデルの変更が困難であり，柔軟性に欠ける．今日では，半導体素子の高集積化にともない，複雑なモデルを多数持つことが可能になったことや，モデルの変更が容易であるなどの理由から多くは CGI 方式である．

a．CGI 方式以前

現在，CGI 方式が主流であるが，CGI 方式が出現する以前は模型を用いる方法，映画フィルムを用いる方法，模型と電子合成画像との合成など種々の方式が工夫されていた

（i）モデル/TV 方式

縮尺模型を映像発生モデルとして用いる方式であり，テレビカメラを用いる CCTV (closed circuit television) 方式と，その改良であるレーザ光を用いた方式がある．

8.3 シミュレータなどへの応用

(1) CCTV方式

この方式は，縮尺模型をテレビカメラを通して見る方式である．模型が固定模型と可動模型の場合がある．固定模型方式の典型的な装置は，離着陸訓練用に用いられる空港および空港周辺の地形地物の縮尺模型を用いるものである．可動模型を用いる方式として，射撃訓練用の目標航空機や編隊飛行訓練用の僚機の縮尺模型を用いる方式がある．これらは通常，背景などの他の映像と合成して用いられる．

図8.3.13(a)は，SINGER社のCCTV方式模擬視界装置MARK-Vとそれを用いたフライトシミュレータを示す．主な構成品は，地勢模型アセンブリ，光学プローブおよび姿勢サーボ，カメラおよび駆動サーボ，模型照明，ならびに操縦室窓の外側に取り付けられるCRTおよび無限遠表示装置である．模型およびカメラ駆動サーボを同図(b)に示す．模型は大きさ約13.2 m×4.8 mで，縮尺2000分の1であり，平面度を保つために垂直に配置される．

空港および空港周辺の地勢模型を，航空機の運動に応じて位置および姿勢がサーボ機構によって制御されるテレビカメラで撮影し，その映像をCRTに表示する．雲，霧などの効果は電子的に発生し合成される．

この方式は実感的な映像が得られる反面，1つの空港しか模擬できないにもかかわらず，装置が大がかりである，広い視界が得られない，消費電力が大きい，維持整備の費用が大きいなどの欠点があり，最近ではほとんど利用されなくなった．

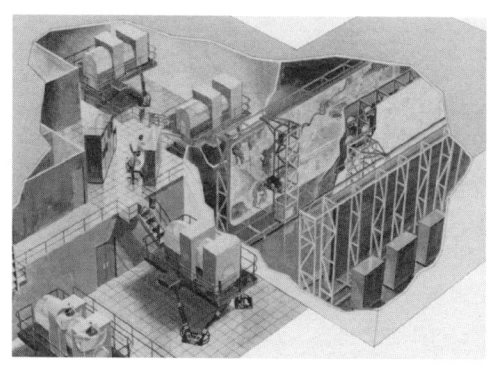

(a) SINGER社MARK-V　　　　(b) 模型とカメラ駆動サーボ

図 8.3.13　モデル/TV方式（CCTV）（SINGER社MARK-V）

(2) レーザ方式

CCTV方式の欠点を，レーザを用いて改良した方式も実用化された．図8.3.14は，SINGER社製のVisulink Laser Image Generatorである．この方式は，図8.3.15に示すように，光の経路が従来のCCTV方式とちょうど逆になっている．

従来のCCTVが模型の上方に配置された光源によって照明された模型からの散乱光をテレビカメラが受光するのに対して，レーザ方式ではカメラの位置するところに

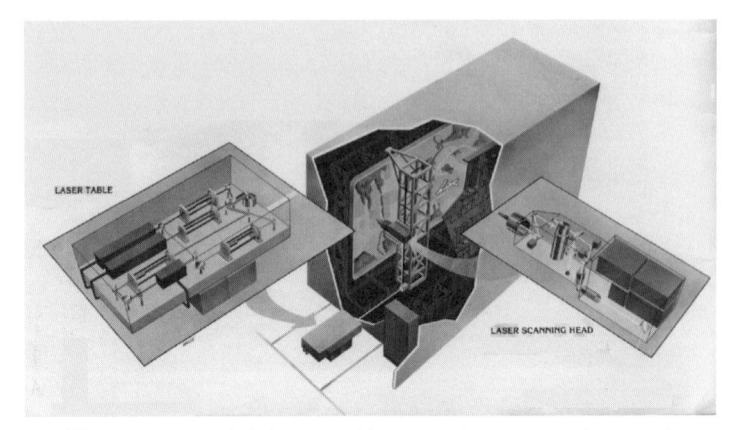

図 8.3.14 レーザ方式（SINGER社 Visulink Laser Image Generator）

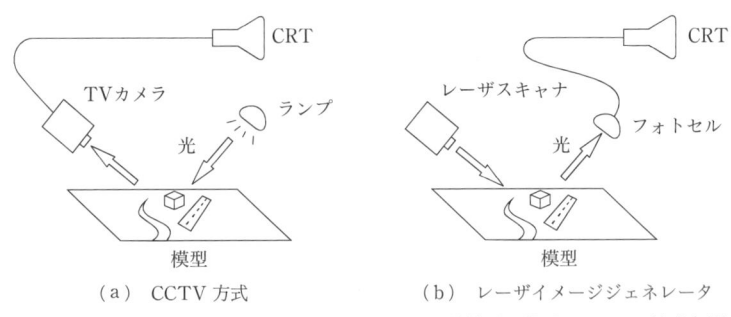

（a）CCTV方式　　　　　　（b）レーザイメージジェネレータ
図 8.3.15 CCTVとレーザイメージジェネレータの比較（三菱プレシジョン株式会社）

レーザスキャナがおかれ，そこからスキャンされるレーザ光が模型で散乱する光を，模型の上方に配置したフォトセルによってビデオ信号を作り出している．この方式によって，分解能を向上し，消費電力を低減している．

(3) 可動模型方式

移動目標の映像を精度よく発生する必要があるとき，目標物と背景を別々に発生して合成する方式がよく用いられてきた．この方式は，前記の図8.3.6のシステムに用いられていて，図の左下にジンバル機構に支持された目標航空機の模型が示されている．目標航空機の相対的姿勢は，サーボ機構により制御される．目標の可動部分，たとえば方向舵などもワイヤなどで作動される．目標との相対的な距離は，テレビカメラに取り付けられたズームレンズのズーム比を制御して模擬する．

模型の支持方法として，このほかに透明なプラスチックの球の中に模型を封じ込む方法，ワイヤでつる方法などがある．距離感を出す方法として，テレビカメラまたはCRTの走査線を拡大・縮小する方法もある．背景との合成方法として，スクリーン上で行う方法，CRT上で行う方法，単純に輝度を加算する方法，目標映像を背景に

はめ込む方法などがある．
（ⅱ）　フィルム方式

フィルム方式として，映画フィルムを用いるもの，球状フィルムあるいはフラットフィルムを用いるものがある．電車シミュレータのように軌道が固定されているものは，映画フィルムやレーザディスクなどが比較的よく用いられたが，次に述べるVAMPでは航空機シミュレータにこの方式が用いられた．

（１）　映画フィルムを用いる方式：VAMP

フライトシミュレータの窓外視界を作り出すもとの情報として，訓練の対象となる空港の標準的な飛行経路を飛行する航空機前方の光景の移り変わりの様子を撮影した映画フィルムを用いる方式である．SINGER社のVAMP（Variable Anamorphic Motion Picture）について説明する．フライトシミュレータで訓練生が飛行するとき，基準の飛行経路からずれるのでその偏差に応じた映像を発生する必要がある．VAMPはフィルムの映像を光学的に変形して，訓練生の位置および姿勢に応じた映像を近似的に作り出している．

VAMPの光学系の基本的な構成を図8.3.16(a)に示す．2組のアナモフィックレンズを使用しているのが特徴である．アナモフィックレンズとは，映画館でシネスコープに使用しているレンズで，像を一定方向にのみ拡大する機能を持っている．

姿勢のずれによる映像の変形は原理的にはフィルムの移動および回転で比較的簡単に発生でき，以前から行われていた方法である．位置のずれによる映像の変形は2組のアナモフィックレンズの拡大軸を回転して発生する．この原理を同図(b)に示す．この方式は，ある条件のもとでは，非常に実感的な映像が得られるのが特徴である．その条件とは，視野の中にビルや塔のような画面の中に高さを持つ垂直な構造物がないということである．垂直な物体は，同図(b)から明らかなように水平線に対して傾斜してしまう．しかし，飛行機は構造物の高さに比して比較的高い高度を飛行するし，空港の周辺は比較的この条件を満たしやすいものである．

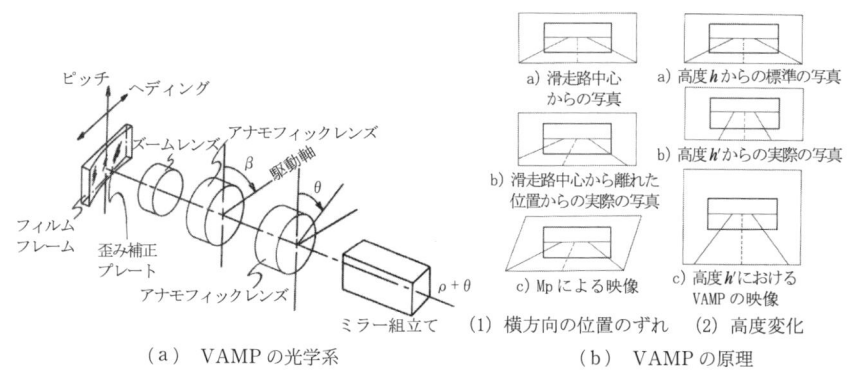

図 8.3.16　映画フィルムを用いる方式（SINGER社VAMP）

図 8.3.17 球状フィルムを用いたビジュアル
システム（SINGER 社）

　この方式の最大の欠点は飛行経路に対する自由度が少ないということである．シーンの中に移動物体の導入も困難である．VAMP は，画像を変形するのに光学系を用いたが，FSS (flying spot scanner) を用いて電子的に変形させる方法もその後開発された．
　(2) 球状フィルムを用いる方式
　この方式の例を図 8.3.17 に示す．球状フィルムの上半分に空の絵を描き，下半分に地表の絵を描き，球の中心の光源により球状スクリーンの内壁に球状フィルムを投影する．操縦席の上方におかれた球状フィルムが航空機の姿勢に応じてヨー，ピッチ，ロール軸のまわりに回転して航空機の姿勢を表現する．この方式は比較的簡単であるが，位置の変化を模擬することができない．

b. CGI 方式

　現在では，計算素子の著しい高性能化からモデルが容易に作れる CGI 方式が主流である．CGI 方式の映像発生法はどのようなモデルデータを映像の発生源として用いるかから決まる．モデルは，①ポリゴンモデル，②ボリュームモデル，③イメージモデルに三分類される．表 8.3.1 に応用分野と適したモデリング手法の対応を示す．シミュレータ，サイエンティフィックビジュアライゼーション以外の応用は他の章で説明されているので，ここでは，この 2 つの応用で用いられているポリゴンモデルおよびボリュームモデルを用いた映像発生法を説明する．
　(i) ポリゴンモデルを用いた映像発生
　CGI 方式の中でも，最も広く産業用として用いられているのがポリゴンモデルを用いた映像発生法である．産業応用では，映像の高速表示，取り扱うモデルが大容量であるなどが課題であるので処理には数々の工夫が施されている．以下では，実際に用いられている装置におけるこれらの工夫を説明する．
　(1) 映像発生装置の構成
　歴史的淘汰を経て主流となったポリゴンモデルを用いた映像発生装置の機能ブロッ

8.3 シミュレータなどへの応用

表 8.3.1 CGI 方式の応用分野と適した映像発生法

適用分野		特徴	適したモデリング手法
シミュレータ	航空機	即応性，広覆域，高精細，高ダイナミックレンジ．軍用では RADAR, IR 映像の表示も必要	ポリゴン
	自動車	即応性，中程度覆域，高精細	ポリゴン
	電車	即応性，中程度覆域，高精細	ポリゴン
	操船	即応性，中程度覆域，高精細	ポリゴン
	手術	即応性，中程度覆域，高精細	ポリゴン，VG
サイエンティフィックビジュアライゼーション		選択的表示，内部構造の表示	VG，ポリゴン
ゲーム		即応性，狭覆域，高精細	ポリゴン
バーチャルリアリティ		高現実感は必要であるが比較的狭覆域	IBR，ポリゴン，VG
建築（照明）		照明光および反射光の高精細模擬	ラジオシティ，レイトレーシング

VG：volume graphics, IBR：image-based rendering.

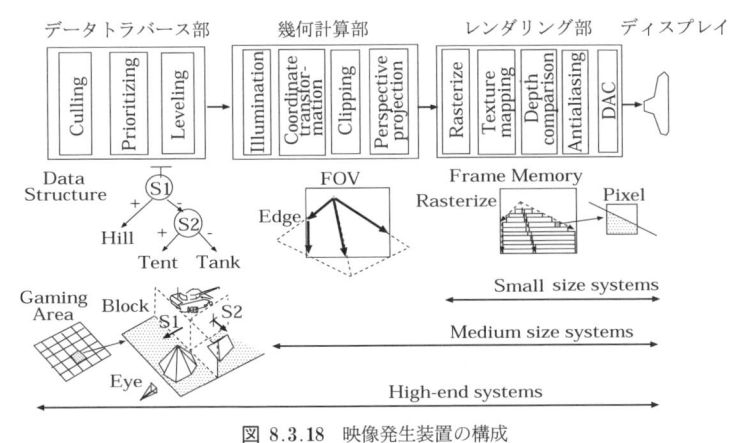

図 8.3.18 映像発生装置の構成

レンダリング部の計算量は他部と比較して約 1000 倍であるため，実線で示すように規模に応じて CRT 側から専用 H/W 化が行われる．

ク図を図 8.3.18 に示す．これは，軍用シミュレータの大規模なビジュアルシステムから今日のゲーム用 CG まで変わらない基本的な構成である[1),6),19),24),25),28)]．処理は，図 8.3.18 に示すように，①ツリートラバース部（あるいはシーングラフ），②幾何計算部，③レンダリング部からなる．

データトラバース部は，ゲーミングエリアを構成する階層化したデータベースから視野外のデータを処理の早い段階において，ゲーミングエリアの構成単位であるブロック単位に除外し，後段の計算部でのむだな計算をなくす（図 8.3.19(a)）．対象ブロックのモデルデータ（オブジェクト）は 2 進木で関係づけられており，プライオリ

8. 産　　業

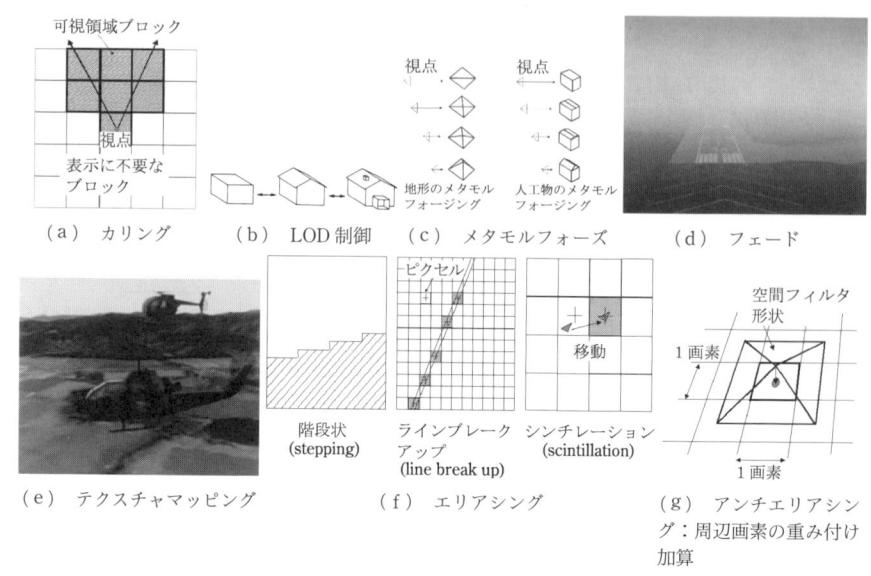

(a) カリング — 可視領域ブロック／視点／表示に不要なブロック
(b) LOD制御
(c) メタモルフォーズ — 視点／地形のメタモルフォージング／人工物のメタモルフォージング
(d) フェード
(e) テクスチャマッピング
(f) エリアシング — ピクセル／移動／階段状(stepping)／ラインブレークアップ(line break up)／シンチレーション(scintillation)
(g) アンチエリアシング：周辺画素の重み付け加算 — 空間フィルタ形状／1画素

図 8.3.19　ポリゴンモデルを用いた映像発生装置の特徴

ティ部で，binary space partitioning (BSP)[30]を用いて視点に近いオブジェクトから順に優先度を付して後段に送り出す．レベリング部では視点からの距離に応じて適切な詳細度のオブジェクトを選択する（同図(b)）．このとき，透明度を制御して詳細度切り替え時の突然の映像変化を防ぐ．また，透明度のみでは防げない形状の不連続性はメタモルフォーズ (metamorphose) の技術を用いて緩和される（同図(c)）．

シミュレータなどで用いる大規模なシステムでは，広いゲーミングエリアを表示対象とするため，幾何計算部の負荷低減を目的としてデータトラバース部を持つことが一般的である．

幾何計算部はデータベース座標で記述されているオブジェクトの各頂点を視点座標系に変換（座標変換），クリッピング，透視投影処理などを行い，最終的にオブジェクトを構成する3次元情報をエッジ情報に変えて，後段のレンダリング部へ送る．

レンダリング部では左右両エッジで挟まれた領域をスキャンライン方向にラスタライズ後，画素ごとの処理をする．画素の見え隠れ（隠顕処理）は奥行き値（Z値）および優先度を用いて決定し，可視画素の色をフレームメモリに半透明度を考慮して書き込む（ポリゴンフィリング）．このとき書き込む画素データには現実感を向上させるため，霧の効果（図8.3.19(d)），テクスチャマッピング（同図(e)），アンチエリアシング（同図(g)）などが施されている．特に，高い精度が要求される軍用目的のシミュレータの場合，エリアシングにより発生した形状を敵機などと誤認する可能性が高いので，アンチエリアシングは重要である．同図(f)にエリアシングにより発生する各種の異常映像を示す．

各部分の計算量は条件により異なるが，今井[16]の評価によれば，10万ポリゴンを1024×1024画素の分解能で表示したとき，幾何計算とレンダリングの計算量比率は1：1000である．別の報告においても，トラバース，幾何計算およびレンダリングの比は，ほぼ1：1：1000であり，前記計算量比率の確からしさを裏づけている[15]．このため1990年代初めまでの映像発生装置の構成は，レンダリング部を市販のVLSIと一部の専用VLSIを組み合わせて専用回路により構成し，幾何計算部は専用回路あるいは複数のCPUボードによる並列処理により構成する方法が一般的であった．

1994年3DLabs社がはじめてレンダリング部をワンチップ化し，PCクラスでのリアルタイムCG実現の道を開いた．以後，急速な性能向上と低価格化により，現在ではnVIDIA社のGeForceFXやATI社のRADEONのチップを用いたグラフィックボードを用いることによりPCでもリアルタイム表示ができるようになっている．

（2）特殊映像の発生

軍用のシステムでは，可視光以外の映像による外界の模擬が必要である．特に軍用シミュレータにおける戦技環境を模擬するうえでセンサ映像の模擬は重要である．図8.3.20に軍用シミュレータに用いる映像発生装置によるレーダおよび赤外線センサの模擬映像例を示す．これらのセンサ映像を発生するのに，それぞれのセンサに対応する映像発生装置およびデータベースを持つことは経済的でない．センサ映像発生処理の多くは，図8.3.18に示したIllumination部での輝度計算が可視光（すなわち通常のCG映像）の処理と異なるのみで，ほかはほぼ同じである．このことを利用して，データベースおよび映像発生装置の共用が行われている．すなわち，可視光のデータベースに電磁波の反射率，輻射率，吸収率などセンサ固有の属性を持たせ，センサ固有の処理を単一の映像発生装置に持つ．たとえば，赤外線映像発生の場合には，通常の太陽光を用いた輝度計算ではなく，輻射率などを用いたセンサ固有の処理に分岐して輝度計算が行われた後，可視光での処理と同様にグールドあるいはフォンシェーディングを用いた内挿法により最終的な輝度の計算が行われる．このようにデータ

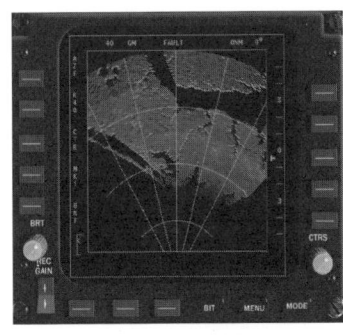

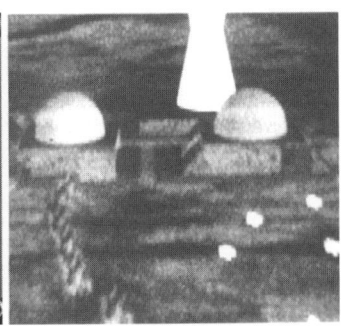

　　　　（a）レーダ映像　　　　　　　（b）赤外線映像
図 8.3.20　センサ映像（SINGER社）

ベースおよび処理を共用することにより装置の大規模化を防いでいる．
　人間が表示映像から情報を得て判断し，次の操作を行うため，映像発生の遅れが小さいことがシミュレータへの応用における特殊性である．このほか，高精度のシミュレータでは，広視野およびリアルな映像が要求される．表 8.3.2 にシミュレータ用映像発生装置として基本的に必要な機能性能をまとめる．表中の "paged geospecific" とは，常時視点付近のテクスチャパターンをディスクから動的に映像発生装置にアップロードする機能を指す．

表 8.3.2　ビジュアルシステムに必要な基本的機能・性能

		軍用			民航用	小規模汎用システム
		ミッションリハーサル	ミッショントレーニング	小規模システム		
表示遅れ時間		<40 ms	<40 ms	<80 ms	<80 ms	<80 ms
表示面	Kfaces/ch	8〜10	3〜8	1.2〜2	0.5〜1.0	0.5〜1.2
表示光点	Kpoints/ch	16〜30	7.5〜8	3.6	4〜8	5〜5.5
表示分解能	Mpxls/ch	1.5	1.5	0.3〜1.0	0.36〜1.0	0.25〜0.65
テクスチャ	maps	paged geospecific	64	24	32〜48	1〜24
アンチエリアシング		>16 samples	8〜4 samples	yes	yes	no/option
ミッションサポート	対地高度	yes	yes	yes	option	no/option
	レーザ測距	yes	yes	yes	no	no
	目標隠顕	yes	yes	yes	no	no
センサシミュレーション		yes	yes	yes	no	no/option
非線形イメージマッピング		yes	yes	no	no	no

map：256×256 texels.

（ii）　ボリュームモデルを用いた映像発生

　ポリゴンモデルで代表されるように，多くの映像発生法は表面の表現に注力している．ボリュームモデルを用いた映像発生法は，内部構造の表現を得意とする点で大いに異なる．また最近では，科学技術上の諸問題を計算機を用いて解き，結果を直感的に把握したいとの要求，あるいは高度医療における MRI，CT，超音波診断装置から得たデータの非専門家への提示，などから大容量の 3 次元情報を可視化する必要があり，この方面での高速な映像発生法の必要性が高まっている．

（1）　処理概要

　ボリュームの可視化は，①ボリュームが物質の光透過率などの情報を 3 次元空間内の格子点上に持つため大量のデータ処理を必要とする，②光の減衰を光線の経路に沿って 1 次元で計算するので比較的単純な積和計算の繰り返しである，などを特徴とする．しかし，データ量が膨大であることから，高速表示には，高価なスーパーコンピュータや専用ハードウェアが用いられている．図 8.3.21(a) にボリュームレンダリングの模式図を示す．また，同図(b) にボリュームの内部構造の表示例を示す．

8.3 シミュレータなどへの応用

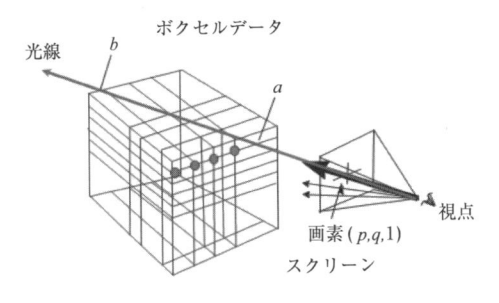

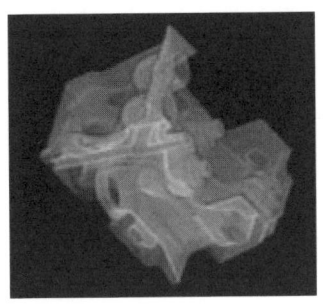

(a) ボリュームレンダリング　　(b) ボリュームデータ表示例

図 8.3.21　ボリュームデータを用いた映像表示

　ボリューム映像の発生には多くの方法が提案されているが，基本的にすべての方法は，ボリュームレンダリングの計算式(8.3.1)を用いて，光の減衰を考慮したボクセル色の合成を計算している．式中，$I(a,b)$ は位置 a から b 間を通過した光線の輝度を示し，$s(r)$ は光路における発光，$\alpha(t)$ は吸収をそれぞれ示す．

$$I(a,b) = \int_a^b s(r) e^{-\int_a^r \alpha(t)dt} dr \qquad (8.3.1)$$

　式(8.3.1)の簡略形として各サンプル点の計算に周囲のボクセル値による線形補間を用いている．それぞれのサンプル値の計算は比較的単純であるが，サンプル点の総数が膨大であるため，映像発生時間に占めるサンプル値計算の割合は高い．

(2) 映像発生装置の構成

　装置構成の観点に立てば，ボリュームレンダリングは次の2つの実現法に分類できる．それらは，①サンプルオーダ(sample-order)法，②ボクセルオーダ(voxel-order)法である．言葉が示すように前者は，処理の起点として表示スクリーン上の画素位置をサンプル点とし，この位置から，視線を考慮して，データ内の該当ボクセル位置を求め，このボクセル値を用いて，スクリーン上の画素への色の寄与を計算する．この方式は，ボクセルのアクセスが連続となりにくいが処理は簡単である（図8.3.22(a)）．これとは逆に，ボクセルオーダ法は処理の起点にボクセルを用い，この値がスクリーン上の該当画素へ寄与する色を計算する（同図(b)）．特徴は，ボクセルの連続アクセスができることである．それぞれの実現法は高速なボリュームレンダリング装置を構成するうえで，短所および長所を持つ．

①サンプルオーダ法

　サンプルオーダ法はボリュームレンダリング法の直接的な実現法[11),14)]であり，レイキャスティング法(raycasting)として実現されている．この方法では不透明になった光線の減衰計算を打ち切り，他の光線計算に計算資源を割り当てる"アーリレイターミネーション"(early ray termination)，メモリアクセスの局所性を利用した"アクセスコヒーレンスエンコーディング"(access coherence encoding)など[23)]を

(a) サンプルオーダ法 (b) ボクセルオーダ法

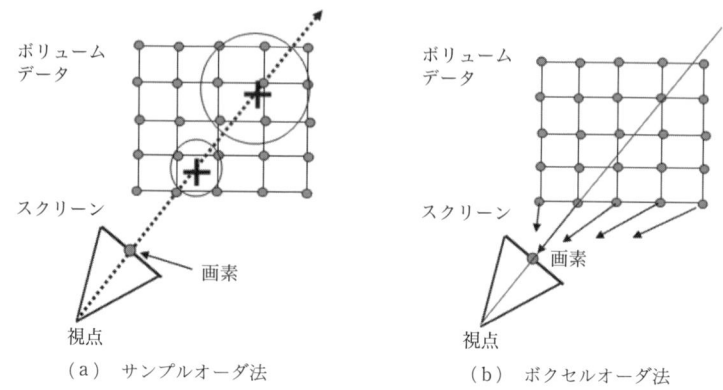

図 8.3.22 映像発生装置を構成する手法

用いた最適化による処理速度の向上が容易である．

本方式の欠点は，サンプル値の計算時，異なる複数の光線のサンプル値計算のために，同一ボクセルの同時読み出しを生じ，メモリ読み出しに待ちを発生させ，メモリ読み出しの実効速度が低下することにある．また，アクセスがメモリの格納順でないため，視点の姿勢を考慮したメモリアドレスの計算が必要である．これらの欠点がVLSI化したリアルタイムレンダリングアーキテクチャの実現を複雑にする．実現はソフトウェアによる実現が多く，高速表示にはPCクラスタでの実装が行われている．

②ボクセルオーダ法

ボクセルオーダ法は，ボクセルのアドレスを直接処理の起点に用いるので，メモリアドレスをサンプルオーダ法のように計算する必要がなく，また，メモリのアクセスも規則性を持つ．この特徴はアーキテクチャのVLSI化には有効である．このため，リアルタイム化に適した方法と考えられる．Cube-4[10]およびVLSIでこれを実現したEM-Cube[9],[8]は，シストリック構成をとるボクセルオーダ方式の最もすぐれた実現例である．この方式では，メモリ読み出しの規則性を活用して，読み出し内容の再利用により，メモリ読み出し回数を削減してリアルタイム表示を達成している．しかし，投影法が平行投影に限られている．シアーワープ（Shear-warp）法[12],[13]はこの分類に属し，平行投影および透視投影を統一して取り扱うことのできるすぐれた方法である．しかし，リサンプリングに必要なコンボリューションの実現が多数の積和計算を必要とするため，現状ではソフトウェアでのみ実現され，リアルタイム化にはPCクラスタなどを用いた並列化法がとられている．

8.3.3 応用システム

産業への応用として，3次元映像が最も有効に使われている主な例はシミュレータ

8.3 シミュレータなどへの応用

である．歴史的にも3次元映像がはじめて使われたのはフライトシミュレータである．このため，各種シミュレータを例にとり述べる．最近では，軍用，産業用から娯楽用まで広くシミュレータが活用されるようになってきた．

a. 乗り物用シミュレータ

図8.3.23はフライトシミュレータの典型的な構成概念である．図に示すように，模擬する物理モデルを演算処理装置で計算し，加速度，位置・姿勢などを求め，操作反力の提示や視界映像の発生・提示を行う．自動車，船舶，電車シミュレータは，図中の航空機に関連した用語を各シミュレータの用語に変換すれば，基本的に構成は共通である．

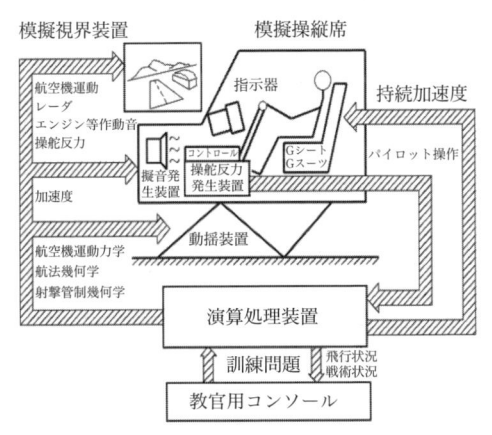

図 8.3.23 フライトシミュレータの構成概念

(1) 航空機用シミュレータ

図8.3.24に，航空機用シミュレータの外観を示す．6自由度の動揺装置の上に，窓外に模擬視界表示装置を取り付けた模擬操縦室とその後部に教官用コンソールが配置されている．後方の計算機室には，これらを制御する特殊な電子回路とデジタル計算機，ならびに模擬視界映像発生装置が設置されている．映像としては，ポリゴンモデルが用いられ，表示は無限遠表示を伴うものが多い．

(2) 自動車用シミュレータ

図8.3.25に，自動車用シミュレータの外観を示す．図(a)は自動車の研究開発に使用する研究用シミュレータであり，図(b)は訓練用ドライビングシミュレータである．規模精度に異なりはあるが，いずれも基本的構成は同じである．研究用シミュレータの場合，6自由度の動揺装置の上に，窓外に模擬視界表示装置を取り付けた模擬運転室とその後部に制御用コンソールが配置されている．計算機室（見えていない）には，これらを制御する特殊な電子回路とデジタル計算機，ならびに模擬視界映像発生装置が設置されている．映像としては，ポリゴンモデルが用いられ，表示は無限遠

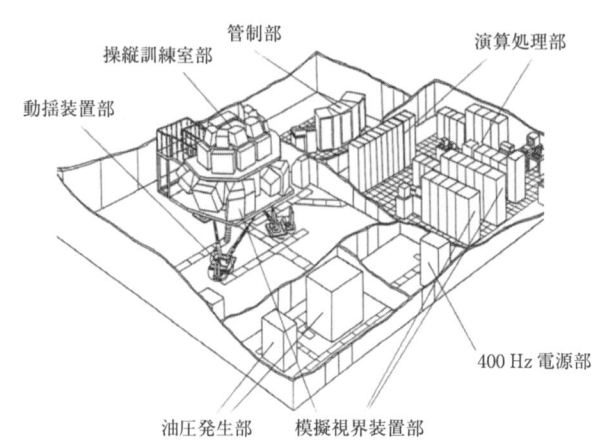

図 8.3.24 航空機用シミュレータ（三菱プレシジョン株式会社）

（a）研究用シミュレータ
（Daimler Benz 社）

（b）ドライビングシミュレータ
（三菱プレシジョン株式会社）

図 8.3.25 自動車用シミュレータ

表示を伴うものが多い．

　ドライビングシミュレータなど比較的小規模なものは，動揺装置を持たない．また，映像としてはポリゴンモデルが用いられるが，表示は無限遠表示を伴わないのが普通である．

（3）その他のシミュレータ

　その他，乗り物を対象としたシミュレータには，船舶，電車や二輪車などがある．図 8.3.26 に，概観をそれぞれ示す．モデル計算部，映像発生部，映像提示部からなる構成は大枠ではすべてに共通しており，これに，対象シミュレータの個別な応用が付加されて各用途向けのシミュレータとなる．映像発生は，主としてポリゴンモデルを対象としており，船舶などの場合，海面の波を模擬するなど特殊な表現機能が映像発生に付加されている．映像提示は，視野の広さに応じて選択される．低価格では平

(a) 電車用シミュレータ　　　(b) 二輪車用シミュレータ

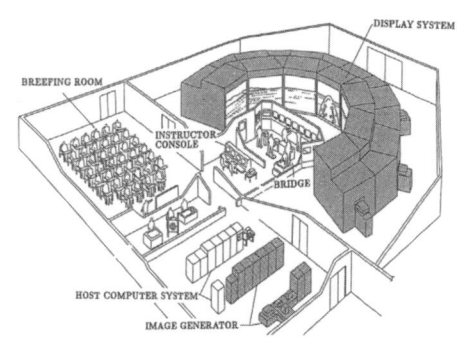

(c) 操船シミュレータ
(三菱プレシジョン株式会社)

図 8.3.26　各種シミュレータ

面への表示であるが，高級なものでは，没入感を得るためにドームやシリンドリカルなスクリーンを持つ映像提示システムが用いられる．

電車などでは軌道上を走り，自由な移動経路をとるわけではないので，映像発生には実写から作成したイメージモデルを用いるものも考案されている．

b．手術シミュレータ

シミュレータの特徴は，手順の慣熟や技量の向上維持のほか，現実には起こすことができない事故などを繰り返し起こし，その対処法を修得することにある．この意味で，主に乗り物のシミュレータが開発されてきた．この方面での新しい有望な分野に医療がある．やり直しができない，医療分野における高度な手術の予行やプランニング，また緊急処置の習熟にシミュレータが期待されている．現状では多くの技術課題を持つが，今後，手術シミュレータは体験型シミュレータにおいて重要な位置を占めると予想される．図 8.3.27 は実用化されている手術シミュレータである．現技術では，計算能力との兼ね合いから，いずれも，ポリゴンモデルが用いられており，今後，演算装置のさらなる発展により，より精度の高いボリュームモデルへ移行すると考えられている．

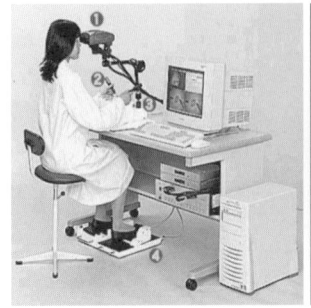

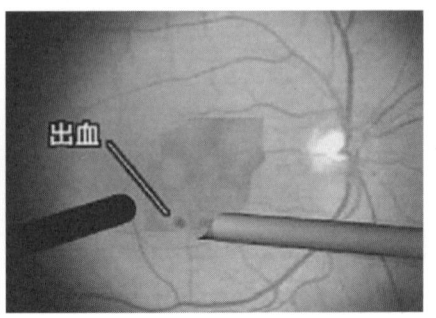

(a) 眼科シミュレータの概観　　(b) 模擬手術映像（旭川医科大学／三菱電機株式会社）

図 8.3.27　手術シミュレータ（眼科）

c. ビジュアライゼーション

明確な形状を持たない物体や，3次元空間に分布する情報の表示を得意とする VG (volume graphics) はサイエンティフィックビジュアライゼーションあるいは医療用途に用いられている．図 8.3.28 は，大規模なボリュームデータを取り扱うことのできる並列システムである．これは3次元ボリューム空間を部分空間に分割し並列に部分映像発生後，合成回路により最終映像を発生する．部分空間ごとのシミュレーションによるボリュームデータ生成を組み合わせることによりシミュレーションと可視化を同時進行できる装置である．今後，流れなど各種科学計算の可視化に応用が期待される．

従来は，スーパーコンピュータでシミュレーションし，その結果をディスクに格納

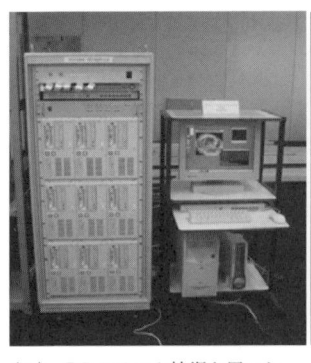

(a) PCクラスタ技術を用いたボリュームグラフィックス　　(b) 装置の表示例：人体胸部

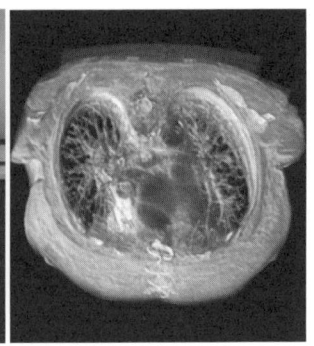

図 8.3.28　サイエンティフィックビジュアライゼーション
（(独)産業技術総合研究所および三菱プレシジョン株式会社）

図 8.3.29 シミュレーションと可視化の同時進行（東京大学インテリジェントモデリングラボラトリ）

しておき，後でそれを可視化するのが一般的であったが，パラメータ数と経過時間数の積だけデータをディスクに格納しておく必要があり膨大な記憶装置を必要とするといった問題が顕在化しはじめた．このことから，中間結果としてのデータをディスクに保持せず，シミュレーションと可視化を同時進行で行う装置の開発が行われている．その一例を図 8.3.29 に示す．

おわりに

以上，3次元映像の産業への応用として，具体的なシステムに対応して映像の提示，映像の発生を述べた．なかでも，CGI 方式の応用として最も成果をあげ，今後も発展が期待されるシミュレータおよび関連分野への応用を主体に，そのシステムで3次元映像がどのように利用されているかを説明した． 〔緒方正人・梶原景範〕

▶参考文献

1) 緒方正人ほか：最近のシミュレータ「後編」．映像情報メディア学会誌，**57**(1)，91-97，2003．
2) Raskar, R., *et al.*：*A Low-Cost Projector Mosaic with Fast Registration*, Asian Conference on Computer Vision (ACCV), 2002.
3) 中嶋正之ほか：小特集 高臨場感ディスプレイ．映像情報メディア学会誌，**55**(8/9)，1063-1093，2001．
4) 向井信彦ほか：PC ベースリアルタイム手術シミュレータの開発．電子情報通信学会論文誌，**83-DⅡ**(6)，1213-1221，2001．
5) 緒方正人ほか：実時間 CG 技術の現状．電子情報通信学会誌，**84**(3)，167-171，2001．
6) Oka, M., *et al.*：Designing and programmining the emotion engine. *IEEE MICRO*, 20-27, 1999.
7) Raskar, R., *et al.*：Multi-projector displays using camera-based registration. *IEEE Visualization 1999*, 61-68, 1999.
8) Pfister, H., *et al.*：The VolumePro Real-Time Ray-Casting Syatem. *ACM SIGGRAPH '99*, 251-260, 1999.

9) Osborne, R., et al.: EM-Cube: An architecture for low-cost real-time volume rendering. *Proc. 1997 SIGGRAPH/Eurographics Workshop on Graphics Hardware*, 131-138, 1997.
10) Pfister, H., et al.: Cube-4: A scalable architecture for real-time volume rendering. *Proc. ACM/IEEE Symposium on Volume Visualization*, 47-54, 1996.
11) Günther, T., et al.: Virim: A massively parallel processor for real-time volume visualization in medicine. *Computers and Graphics*, **19**(5), 705-710, 1995.
12) Lacroute, P. G.: Fast volume rendering using a shear-warp factorization of the viewing transformation. *Technical Report* CSL-TR-95-678 (Ph.D. Dissertation), Computer Systems Laboratory, Stanford University, 1995.
13) Lacroute, P. G., et al.: Fast volume rendering using a shear-warp factorization of the viewing transformation. *Proc. ACM SIGGRAPH '94 Conference*, 451-457, 1994.
14) Knittel, G., et al.: A compact volume rendering accelerator. *Proc. IEEE Symposium on Volume Visualization*, 67-74, 1994.
15) 緒方正人ほか：フライトシミュレータ用高性能ビジュアルシステムの試作．電子情報通信学会技術報告 CPSY, **bf93**(436), 9-15, 1994.
16) 今井正治編著：ASCI 技術の基礎と応用，電子情報通信学会，1994.
17) 梶原景範：シミュレータ用高性能模擬視界発生装置の研究—地形モデルの生成と表示—．第 13 回シミュレーション・テクノロジー・コンファレンス Sess., **11**(3), 279-284, 1994.
18) 梶原景範ほか：次世代ビジュアル・システムのアルゴリズム，アーキテクチャ．三菱プレシジョン技報, **1**, 70-77, 1992.
19) 麻生和男ほか：航空機用シミュレータ．シミュレーション, **9**(4), 259-270, 1990.
20) Cosman, M. A.: *Mission Rehearsal Modeling*, IMAGE VI Conference, 1992.
21) 梶原景範：リアルタイム・レンダリング．PIXEL, **92**, 124-130, 1990.
22) Ferguson, R. L., et al.: *Continuous Terrain Level of Detail for Visual Simulation*, IMAGE V Conference, 1990.
23) Levoy, M.: Efficient ray tracing of volume data. *ACM Trans. Graphics*, **9**(3), 245-261, 1990.
24) 梶原景範ほか：フライト・シミュレータにおけるコンピュータグラフィックス．情報処理, **29**(10), 111-120, 1988.
25) Fujino, M., et al.: *Dynamic Texture in Visual System*. American Institute of Aeronautics and Astronautics, 88-4578-CP, 1988.
26) Kaufman, A., et al.: Memory and processing architecture for 3d voxel-based imagery. *IEEE Trans. Computer Graphics and Applications*, **8**(6), 10-23, 1988.
27) Rolfe, J. M., et al.: *Flight Simulation*, Cambridge University Press, Cambridge, 1986.
28) Yan, J. K., et al.: Advances in computer-generated imagery for flight simulation. *IEEE Trans. Computer Graphics and Applications*, **5**(8), 37-51, 1985.
29) Schachter, B. J.: *Computer Image Generation*, John Wiley & Sons, New York, 1983.
30) Fuchs, H., et al.: On visible surface generation by a priori tree structures. *Proc. ACM SIGGRAPH '80 Conference*, 124-133, 1980.

9

医　学

9.1　装　　置

　医学画像を立体表示する方法は，X線透視像をわずかに撮影方向を変えて2枚撮影し，それらを並べて視線を交差させて観察する交差法や視線を平行にして観察する平行法，複数画像を連続的に表示する運動視差による方法などが古くから知られている．立体画像生成には2次元画像から立体映像を取得する方法と断層像から立体表示する方法がある．前者には内視鏡映像や眼底映像からの立体映像生成，後者にはCT，MRI，PET，超音波像などがある．医学，特に医療の臨床応用では，治療，診断支援，手術支援，手術シミュレーション，医学教育など広い範囲で実用化されている．患者を対象とする臨床ではデータの取得方法，立体映像構成が容易で患者への負担が少ないことなども重要である．また，正しい立体視を行うためには，観察者の立体視能力やトレーニングも必要である[1]．

9.1.1　超音波
　超音波を用いたイメージングは，比較的安価であること，リアルタイムイメージングが可能であることから，胎児の検査，心臓などの臓器の診断，外科手術中検査などに広く用いられている．また，非侵襲的に画像取得ができる超音波計測は，患者に苦痛や拘束を与えない特徴がある．立体計測には1次元に配置した振動アレイを機械的に走査する超音波プローブ（Bモード）や，2次元に配置した振動アレイを持つ3次元計測プローブが用いられる．診断画像の空間的な位置や形状は医師の解剖学的な知識をもとにイメージングしている．この断層像から3次元画像を構築して，各種臓器や腫瘍の体積，病変部位の位置，形状，種類などを的確に把握し，放射線治療や手術の計画支援システムの構築ができる[2]．
　体表プローブ法では，1次元アレイプローブを長軸方向を回転軸として断層面を扇

状に走査しながら，長軸方向に機械的に走査する3次元スキャナがある[3]．多数の断層画像の画像処理を行い，3次元断層表示（縦断層，横断層，水平断層），マルチ断層表示（自由な角度の切断像の回転表示）などの表示機能がある．

体腔内プローブ法では，食道，直腸などの計測に用いられ，体腔内にプローブを挿入して複数の断層像を収集，立体表示する方法がとられている．また，プローブを小型化して血管内に挿入して，超音波ビームをプローブ中心に放射状に走査する方法も利用されている（ラディアル走査細径プローブ）．血管や病変の立体構成では，血管内径と病変領域を識別するため，領域分割処理がされ，血管縦断像や血管内壁像を立体表示できる．

3次元心エコー法では，画像処理により，弁運動や心房中隔欠損，血流などが動画像として表示され，表示にはサーフェスモデルが利用される．

ナビゲーションシステムは超音波画像と3次元位置計測技術を統合したシステムで，観察中の超音波断層像が臓器の3次元モデルに対してどの位置でどの向きにあるかを3次元的にリアルタイム表示を行い，手術を支援することができる．

9.1.2 仮想内視鏡装置[3]-[7]

人間の胃や大腸などの臓器内部の観察にはファイバ先端にカメラが接続され，カメラがとらえた映像を外部から観察できる光学内視鏡装置が利用されている．内視鏡による臓器観察には，観察領域の物理的限界があるため，見えない部分，観察できない領域が存在する欠点がある．大腸の場合，内部に多くのひだがあるため，光学内視鏡ではひだの裏側などは死角になり観察できないことがある．

そこで，これらの欠点を解決するため，CT，MRI，超音波などのスライス画像からコンピュータグラフィックスの手法を用いて臓器内部から描画して，視線と視線方向を変化させて臓器内部を移動しながら観察するシミュレーションが開発され，これを仮想内視鏡という．3次元画像を得る処理手順は図9.1.1のように，スライス画像の入力，臓器の輪郭抽出（セグメンテーション），3次元モデリング，立体表示からなる．内視鏡の移動経路は，医師がマウスなどで操作するか，または，自動的に決められる．

表示方法には，ボリュームレンダリングとサーフェスレンダリングがある．ボリュームレンダリングの場合は，濃淡画像から直接，描画する．サーフェスレンダリングでは，対象臓器を切り出すセグメンテーションとポリゴンモデルなどによるモデルを生成後，描画を行う．

仮想内視鏡の利点と欠点は次のとおりである．
（1）利　点
① 実際の内視鏡では物理的な大きさの制約から観察できない部位を観察できる．
② どの位置・方向からでも観察ができる．
③ もとになる画像の撮影以外には患者に負担を与えない．

9.1 装　　置

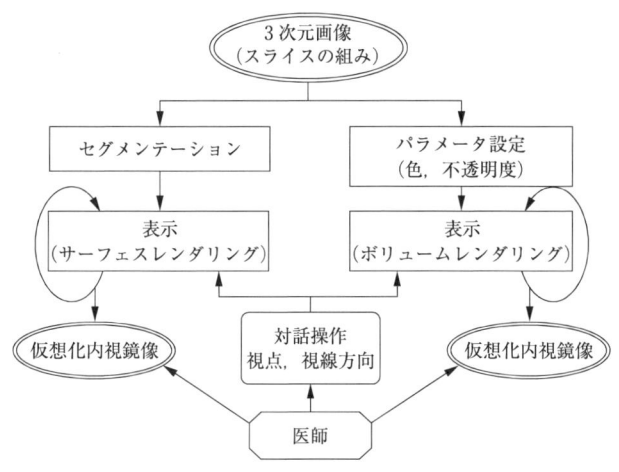

```
         ┌──────────────┐
         │  3次元画像    │
         │(スライスの組み)│
         └──────────────┘
           ↓          ↓
┌──────────────┐  ┌──────────────┐
│セグメンテーション│  │ パラメータ設定 │
│              │  │ (色，不透明度) │
└──────────────┘  └──────────────┘
       ↓                  ↓
┌──────────────┐  ┌──────────────┐
│    表示      │  │    表示      │
│(サーフェスレン│  │(ボリュームレン│
│  ダリング)   │  │  ダリング)   │
└──────────────┘  └──────────────┘
    ↓          ↑      ↑         ↓
┌─────────┐ ┌──────────┐ ┌─────────┐
│仮想化内視鏡像│ │  対話操作  │ │仮想化内視鏡像│
└─────────┘ │視点，視線方向│ └─────────┘
            └──────────┘
                  ↑
              ┌──────┐
              │ 医師 │
              └──────┘
```

図 9.1.1　仮想内視鏡システム（鳥脇[4]より引用）

④ 検査時間などの制約がないので，何回も繰り返して観察することができる．
⑤ 観察中に変形したり，観察に不要な部分を除去できるので，観察の自由度が高い．

（2）欠　　点

① もとになる画像にない情報は見ることができない．X線CT像から生成された場合は，色，質感，テクスチャ情報がないが，他のモダリティで撮影された画像を組み合わせることで改良できる．
② 画質はイメージング装置の空間解像度，濃度解像度などの撮影画像に影響される．

広くは，気管支，腸，血管，胃などから鼻腔，内耳，尿管などの検査に適応されている．また，医学系では教育ツールとしても利用されている．仮想内視鏡と光学内視鏡を統合して用いることで内視鏡経由の生体検査を支援する試みもある．

9.1.3　CT, MRI

　CT，MRIやPETなどは，撮影原理と得られるデータの医学的な意味は異なる．しかし，CT，MRI，PETなどは，人体をセンサにより断層像として3次元のボリュームデータを得ることができるため，このボリュームデータから3次元画像を再構成することができる（図9.1.2）．立体表示は，異なる視線方向から，2次元画面への投影画像を生成し，表示することで得ることができる．この際に，ボリュームデータから，投影画像を構成するためにはボリュームレンダリングをする必要があり，このボリュームレンダリング処理に多くの計算時間を要する．また，視差による立体手がかりだけでは奥行き感が小さい場合が多いので，陰影，重なりなどの単眼視手がか

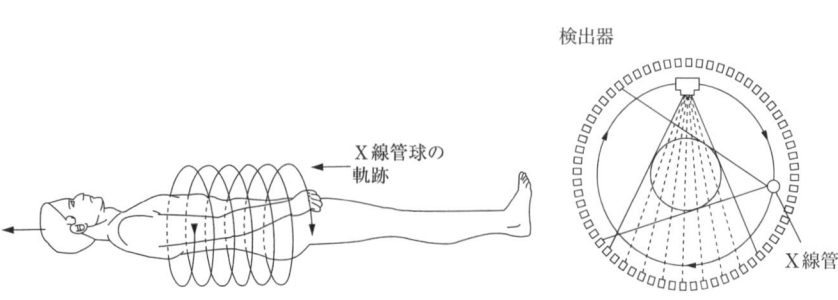

図 9.1.2 X 線 CT の原理
X 線管をヘリカル状に移動させ，3 次元データを収集する．

りを付加することで，奥行き感を向上させることができる．

CT は，シングルスライスヘリカル CT が普及しているが，時間分解能，空間分解能が低いため，より高性能のマルチスライス CT が出現した．検出器の多列化によるマルチスライス CT により，大腸全体の検査や，腸管の蠕動運動によるアーチファクトが解決され，膨大なスライスデータを短時間で収集できるようになった[7]．これによる良好な 3 次元画像から，実用的な大腸 CT 透視，CT 内視鏡，3 次元血管像が得られるようになった．腹腔鏡下手術では CT 画像から作成した精度の高い 3 次元画像を術中シミュレーションとして用いることで，全体像の把握を補助している．

歯科用 CT は，コーンビームによる X 線 CT の 1 つであり，図 9.1.3 のように X 線管球とイメージインテンシファイアが対となり，被写体の周囲を 1 回転して 360 度方向から 512 枚の撮像データが収集される．歯科用 CT は高解像度であるため，一般の骨領域の抽出に用いられる 2 値化処理では対象表面が欠落して，良好な 3 次元画像を得ることができない．そこで，ボリュームデータ（3 次元投影データ）を多方向から 2 次元画像上に切り出し，ノイズ低減，輪郭抽出を行い，再び構成する手法がある[8]．

MRI は空間解像度が CT に比べ低いが，非侵襲的であり軟骨の抽出が容易で，放

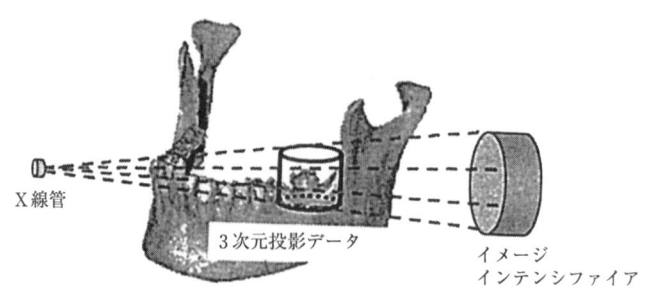

図 9.1.3 歯科用 CT（綱島ほか[8]より改変）

射線被曝問題がない利点がある．また，最近の MRI は比較的短時間で薄いスライス幅の断層像の撮影が可能である．

X 線 CT や MRI の画像診断結果を効率的に可視化・表示する方法としてボリュームレンダリングと 3 次元表示との組み合わせが有効である．ボリュームデータを 3 次元表示するためには，立体表示が効果的であり，多くの凹凸や自由曲面，空間的に異なった方向に多くのものが配置された構造に有効である．さらに，両眼視手がかりのほかに，重なりや陰影などの単眼視手がかりを加えることで立体感をいっそう高めることができる．ボリュームレンダリングした画像をリアルタイムで立体表示する装置も開発されている．

9.1.4 X 線

通常の X 線検査で得られるわずかに視差の違う 2 枚の撮影映像から，平行法や交差法によって立体映像を得ることができる．しかし，一般には立体表示には X 線 CT が利用されるため，これらが用いられることは少ない．CT は X 線被曝量が大きく設置コストが高額であることから，通常の X 線撮影で得られる 2 次元画像から 3 次元画像を構築する試みがされている．顎顔骨格の可視化の例を紹介する．

正面・側面方向から同時に撮影した画像から抽出した個人の解剖学的特徴点群（65 点）の 2 次元座標値から 3 次元座標値を算出する．骨格形状の表現には市販のポリゴンモデルを利用して，日本人成人の 3D-CT データによって基準化する．次に，個人の解剖学的特徴点の点群データを利用して，この基準モデルから個人の骨格形状モデルを構築する．これにより，高精度でリアリティの高い骨格形態の可視化が可能となる[9]．

9.1.5 手術シミュレーション

手術シミュレーションには，臓器モデルが必要で各種のモデルが提案されている．インタラクティブな手術シミュレーションに必要な臓器モデルは，実際の手術に対応するためには，力学的にリアルタイムで引く，押すなどの単純な操作に対応する弾性モデルや，切開，つかむ，削るなどの操作による生体の変形および反力を計算する物理モデルが必要である．このためには弾性球モデル，弾性モデルや有限要素法モデルがある[10]．また，臓器などの生体組織の形状を構築・表現する幾何モデリングがある．

医療画像から幾何モデルを生成する過程は，CT，MRI などの場合は，画像の各ピクセルデータにスライス間隔分の厚みを持たせるボリューム再構成によって，3 次元構造のボクセルデータを生成する．次に，このボクセルデータからボリュームレンダリングによって 3 次元サーフェス再構成をして，立体表示を行う[11]．この方法による大動脈触診シミュレーションシステムなどがある[12]．

腫瘍などの外科的な治療を行う場合，病変の局在および周囲の正常組織との位置関

係を3次元的に把握して,手術計画を立て,手術手順をシミュレーションすることは手術の重要な要素であり,手術者の知識と熟練によっていた.これを補助するシステムが手術シミュレーションシステムとナビゲーションシステムである.このシステムにより,外科手術をより正確に安全に行えることが期待されている.また,術前に開頭範囲などをシミュレーションすることにより,より侵襲の少ない手術を行える可能性がある.方法は術前にCTまたはMRIで撮像して,ターゲットやエントリポイントおよび範囲などのシミュレーションをしておく.術中ナビゲーションのために,3次元データと実際の患者の解剖学的な空間を一致させるレジストレーションが行われる.体表につけたマーカまたは解剖学的ランドマークを用いることで,座標を決めることができる.この方法は,定位脳放射線治療,動静脈への塞栓術などにも応用されている.また,脳腫瘍の摘出手術なども,脳磁図の機能イメージを重複表示することで,特定領域を避けてより精度の高い手術も可能である.さらに術中の動きに対する追跡システムの向上により,いっそう広い範囲の応用が可能である[13),14)].また,手術中に3次元X線撮影装置とナビゲーションを組み合わせたシステムも発表されている.

外科手術教育への応用を目的とした立体映像システムが開発されている.仮想化された病院や治療室を構成し,その中に定性シミュレーションによって様態の変化する仮想患者をおき,全体を可視化した臨床医療訓練システムもある.このシステムでは心臓血管系の病態生理学シミュレーションを行う.仮想患者の視覚表現には立体映像が利用され,自律的に動作する仮想患者は,関連する発作や症状を示す.実際に呼吸の速度,発汗,浮腫,チアノーゼ,心拍などを表現することができる[15)].ネットワークを利用した手術シミュレーションシステムも開発されている. 〔奥山文雄〕

▶参考文献

1) 片田和廣:三次元画像の臨床的有効性と課題.三次元画像コンファレンス '97, 97-102, 東京, 1997.
2) 大城 理, 南部雅幸, 眞溪 歩, 千原 宏:超音波診断装置と超音波プローブ位置ディジタイザを用いた3次元心臓表示システム.医用画像工学, **17**(2), 165-170, 1999.
3) 千原國宏:超音波3次元画像の現状と展望.三次元画像コンファレンス '99, 61-66, 1999.
4) 鳥脇純一郎:仮想化内視鏡システム.画像ラボ, **5**, 29-31, 2003.
5) 子田暁夫, 周藤安造, 譚 学厚, 山口玲央, 樋口正郷, 大瀧 誠, 堀井 実:Web上での多次元画像の仮想診断システムの開発―その1. 3次元画像コンファレンス 2003, 21-24, 東京, 2003.
6) 林 雄一郎, 森 健策, 長谷川純一, 末永康仁, 鳥脇純一郎:仮想化内視鏡システムにおける未提示領域の検出機能の開発.医用画像工学, **20**(5), 562-571, 2002.
7) 松木 充, 奥田準二, 可児弘行, 吉川秀司, 楢林 勇, 谷川允彦, 立神史稔:大腸がんに対するマルチスライスCTの最新の活用法.画像ラボ, **5**, 32-36, 2003.
8) 綱島 均, 別府嗣信, 山田鮎太, 新井嘉則:歯科用小型X線CTにおける3次元画像

構築法. 医用画像工学, **21**(2), 157-165, 2003.
9) 青木義満, 宮田宗樹, 寺嶋雅彦, 中島昭彦：頭部X線規格画像を用いた顎顔面骨格3次元形状可視化システムの構築. 日本医用画像工学, **22**(5), 205-257, 2004.
10) 田中 博：医学VRとバーチャル手術システムの動向—臓器変形と力学的VRの第2世代へ. 画像ラボ, No.8, 20-23, 2002.
11) 竹内博良, 胡摩心一郎, 佐野明人, 藤本英雄：インタラクティブな手術シミュレーションのための柔軟物操作モデリング. 日本バーチャルリアリティ学会誌, **8**(2), 137-144, 2003.
12) 中尾 恵, 黒田嘉宏, 黒田知宏, 小森 優, 小山博史：実時間力学計算手法のライブラリ化と手術シミュレータの開発. 画像ラボ, No.9, 31-34, 2003
13) 藤原俊朗, 松田浩一, 亀田昌志, 井上 敬, 土井章男, 小川 彰：脳外科手術前検討支援システムにおける脳溝線マーキングと頭部ボリューム切除機能. 三次元画像コンファレンス 2004, 185-188, 東京, 2004.
14) 金子健志, 古田 康, 石井伸明, 髙橋千尋, 寺江 聡, 宮坂和男：3次元画像による手術シミュレーションとナビゲーションシステム. 医用画像工学, **18**(2), 121-126, 2000.
15) アルティオン・シモ, 木島竜吾, マーク・カワザ：病態生理学的シミュレーションに基づく仮想患者を用いた臨床医療訓練システム. 日本バーチャルリアリティ学会誌, **8**(4), 413-420, 2003.

9.2 教育・訓練

　われわれが立体感, 奥行き感を得るには単眼視手がかりと両眼視手がかりを用いるが, 眼科領域では両眼視手がかり能力に重点をおく. 両眼視手がかりの精度は, 両眼視細胞 (binocular cell) の発育ならびに両眼眼球運動 (輻輳, 共同) に依存することは, 心理物理学[1]および神経生理学[2]の成績から証明されている. 両眼視力を獲得させるための種々な治療と訓練は眼科医と視能訓練士の協力のもとに行われる.

9.2.1 立体視訓練対象者の選別

　立体視訓練対象は視覚障害者の斜視 (heterotropia), 弱視 (amlyopia) に該当する人々であるが, その中から, 両眼視細胞の発育ならびに両眼眼球運動の状態を考慮して, 立体視機能を獲得できる潜在能力 (潜在的融像能力) を有する者が選択される. これら対象者への治療訓練内容は, 小児と成人によって異なる. 小児の場合は両眼視細胞の発育不全による弱視斜視改善に主体がおかれ, 成人の場合には, 外傷などによる両眼眼球運動不全の改善に主体がおかれる.

9.2.2 潜在的融像能力と立体視検査法

　両眼単一視 (binocular single vision) を得るには, 両眼の網膜中心窩に結像させ

るための両眼眼球運動機能と，そのうえで，融像視（fusional vision）を成立させるための脳内神経機能が要求される．前者の検査を運動面検査と呼び，後者のそれを感覚面検査と呼んでいる[3]．両検査とも主観的検査（自覚検査）であるから，言語表現の未熟な幼児の検査は困難を伴うことが多く，成人であっても，障害の自覚的反応を正確に表現することが容易でないので，判定には熟練を要する[3],[4]．

a．運動面検査

運動面（motor system）検査は，外像を両眼の中心窩に固定できる融像性輻輳（fusional convergence）と，そして，その状態を保ちながら眼位を変えても，両眼単一視が壊れない状態を保つことができる共同性眼球運動を調査するものである．この検査に用いる機器としては大弱視鏡を含めて，Tow Pencil 法，Bagolini 線条レンズ検査，Worth 4 dots test など斜視検査用具があげられる．

b．感覚面検査

感覚面（sensory system）検査は，網膜，外側膝状体，第1次視覚野から，腹側ストリームと背側ストリームを経て前頭葉に至る，いわゆる融像・認知能力に携わる視覚路の機能を調査するものである．生誕後に発育する両眼視機能は，視覚環境因子の影響を受けやすく，その結果として，共同眼球運動機能，輻輳（convergence）運動機能，固視（fixation）機能の発達の不全，斜視が誘発されることが大である．この検査に用いる代表的機器としては大弱視鏡があげられる．これによって，網膜対応状態（同時視検査），異常対応検出，網膜抑制領域，周辺融像，異常融像の評価が行われる．

c．立体視検査

この検査には静的立体視検査と動的立体視検査が含まれる[5]．

（1）静的立体視検査

これは，両眼視差情報を手がかりにして，静止物体の"奥行き感（depth sensation）"すなわち遠近感の有無を調査するものである．被験者は赤青メガネ，あるいは偏光メガネを着用して，一対の視差図形を見て，"奥行き感"の有無を答える．この検査に用いる器機としては Titmus Stereotest，TNO test，Lang Stereotest，液晶位相差ハプロスコープが汎用されているが，2歳児以下の乳幼児の立体視機能の量的評価には TV ランダムドットステレオテストが適していると報告されている[6]．

（2）動的立体視検査

これは動く物体が前後方向に動いているか否かを検出できているかを調査するものである．この遠近感は周辺網膜の機能に依存するので，静的立体視のできない先天斜視でも認められる．検査に用いる器機には Wang の動的立体視検査がある[6]．これによって，①前後に移動する物体像が投射される両眼の網膜像の動く方向の違いから奥行きを感じる両眼運動立体感（binocular depth-form-motion）と，②時間的に変化する視差量から得られる奥行きを感じとる動的立体視（dynamic random dot stereopsis）の両者を評価する．

9.2.3 視能矯正訓練

視能矯正訓練[4]の最終的目標は,
① 両眼に対して最高視力を獲得させる
② 手術の有無にかかわらず"まっすぐな眼"にする
③ 安定した融像を獲得させる
④ 良好な融像幅と融像域を保たせる
⑤ 装用レンズ類の調節を行い, 調節力の制御を獲得させ, 過剰調節の排除を行う
⑥ 精度のある立体視の獲得

である. その訓練手順は単眼固視訓練から始め, 抑制除去訓練, 対応異常の矯正訓練を経て立体視獲得訓練に至る. 訓練に用いられる器機は大型弱視鏡, 線条メガネ, auto convergence trainer, convergence card, カイロスコープ, 棒読書器などである. 訓練時間は, 通常, 1回5〜10分で, 1日に5〜10回反復させ, 同一訓練を最低1週間行う. 訓練効果の判定は, 自然治癒を排除するために, 一定の訓練休止期間(7〜10日)を設けて行う.

a. 立体視獲得訓練

立体視は融像のもとで成り立つのだから, 訓練は融像獲得, 融像幅増強, 融像側方移動訓練を行い, それらがある程度獲得されたうえで立体視の質向上訓練に移行する. 訓練は上述の立体視検査器機を用いて行われる.

立体視力 (stereoacuity) は生後3か月〜6か月で, 2300〜2500 arc sec を有しており, 3歳頃には100〜500 arc sec に達する[5]. 特に, 生後3か月〜6か月は機能発達が著しく強い時期 (感受性期, sensitive period) である. この時期に, 環境因子または眼筋運動不全により, 左右眼の視機能にアンバランスが生じると, 斜視, 弱視の成因になり, 両眼視および立体視に重大な障害を起こす[5),8)].

b. 獲得される立体視の質

立体視の質は"密な奥行き感"と"粗な奥行き感"に分けられる. 前者は外像がPanumの融像空間内に融像するときに達せられ, 両眼単一視能が強固に働いている. 一方, 後者はPanum境界と複視が生じる境界の間の空間に融像するときに達せられるが, 両眼単一視能が脆弱になっている. 外像が複視を生じる空間にあっても奥行き感は存在することが実験的に知られているが, 日常視では感じにくい. したがって, 立体視獲得訓練は"密と粗"の奥行き感を獲得することを目標に両眼融像獲得訓練から行われるが, その効果は容易には得られにくい. その理由を述べる.

50 cm 前方にある外像に両眼を固視したとき"密と粗"の奥行き感が得られる空間の大きさを図9.2.1に示す. 図からわかるように, 固視点の前後に生じる"密な奥行き感"を得る空間幅はきわめて狭い. 固視点から側方に4度離れた視線上でさえ±1.6 mm にすぎなく, "粗な奥行き感"のそれを加えても ±6.0 mm である. 側方視野4度以内での視情報は日常視で利用度が高いから, 厳しい両眼対応獲得訓練が要求されるのである.

〔二唐東朔〕

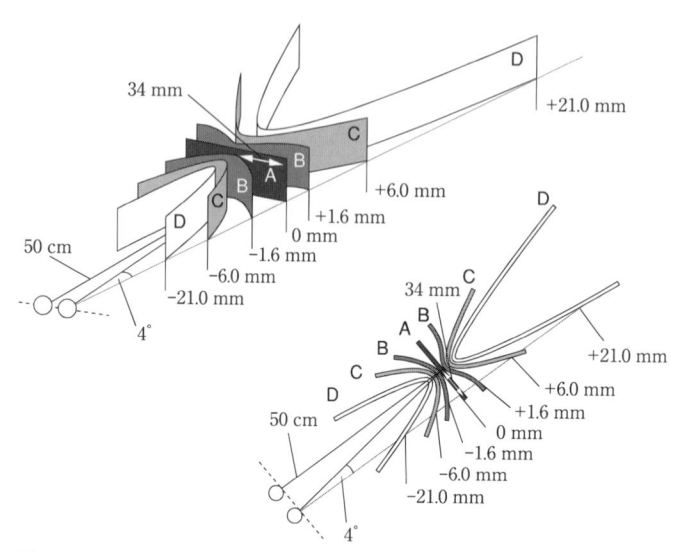

図 9.2.1 50 cm 前方に両眼固視したときに，側方視野 4 度の切線で見た立体視成立空間の大きさ

A 面：両眼融像面（Vieth Muller circle を含む面），A 面と B 面の間：密な奥行き感（Panum の融像空間），B 面と C 面の間：粗な奥行き感が生じる空間，C 面と D 面の間：複視が生じる空間．
A 面の 34 mm は側方視野 4 度での広がり，±の数字は A 面からの距離，4°の線は側方視野 4 度の切線．
右下の挿入図は左上図を真上から見た図．

▶参考文献

1) Howard, I. P. and Rogers, B. J. eds.：*Binocular Vision and Stereopsis* (No.29), 177-283, Oxford University Press, 1995.
2) Nikara, T., Bishop, P. O. and Pettigrew, J. D.：Analysis of retinal correspondence by studying receptive fields of binocular single units in cat striate cortex. *Experimental Brain Research*, **6**, 353-372, 1968.
3) 金谷まり子：日常視を重視した，簡単な器機を使用しての両眼視機能検査法．視能矯正マニュアル（植村恭夫監修），143-156，メディカル葵出版社，1993．
4) 深井小久子：斜視の治療．視能矯正マニュアル（植村恭夫監修），167-182，メディカル葵出版社，1993．
5) 深井小久子：斜視検査―両眼視機能と網膜対応検査―．神経眼科，**20**，95-102，2003．
6) 粟谷 忍：乳幼児の立体視の発達とその検査法．眼科紀要，**40**，1-8，1989．
7) Wang, A.-H.：Binocular depth-form-motion vs. depth from disparity (stereopsis) of strabismic patients. *Investigative Ophthalmology and Visual Science* (suppl), **37**, S280, 1996.
8) 不二門 尚：視力および立体視の発達と検査法．神経眼科，**19**，272-275，2002．

9.3 研究・開発

9.3.1 心臓シミュレーション

対話型 VR（バーチャルリアリティ）システムによる臨床診断や手術手技シミュレーションには臓器シミュレーションが不可欠であり，視覚的な表現と力学表示が重要である．心臓疾患では頻脈や細動などの不整脈による死亡例が多いが，心臓シミュレーションが治療や診断シミュレーションに利用される．その視覚的な表現に3次元立体画像が用いられる．心臓細胞の電気的特性は細胞膜のイオンチャンネルモデルが利用され，心室モデルはこれらのユニットの3次元結合体から構成されている．空間的には 300×300×300 の配列内の約 564 万ユニットの心室形状媒質を形成している．心室モデルは，CG 用に市販されている View-point 社の心臓形状ポリゴンデータを加工して作成している．計算データ可視化のためには OpenGL をパーソナルコンピュータ上に C 言語から呼び出して使用するビューアを開発している．心室モデルの興奮伝達の様子をより立体的，直感的に表現する方法には，図 9.3.1 に示すように視差角6度の左右画像を生成して視交差法で観察する．さらに，もととなるポリゴンデータは死体から作成されているので，心臓壁がやや厚いなどの正常心臓モデルとして適当でないため，MRI 画像から得られる1心拍周期分の心臓形状の空間的・時間的変化を利用して再構成している．このモデルにより，不整脈などの心臓疾患の時間的・空間的な実態を直感的にとらえることができる[1]．

心臓外科手術のシミュレーション環境を提供するため，心拍動の視覚的および力学的な表示を目的として開発され，力学的には時系列データに対する干渉計算手法を用い，心臓を流体と弾性体との複合オブジェクトと見た反力生成フレームワークモデルがある．視覚情報表示にはボクセルモデルを直接適応可能なボリュームレンダリングを用いている[2]．

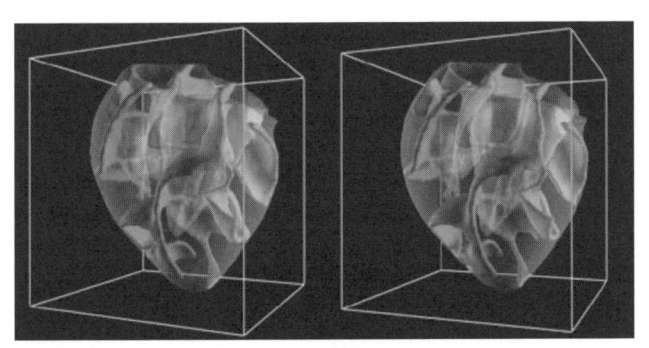

図 9.3.1 ステレオグラムによる心臓シミュレーションの立体表現
（視差6度，心室内部）（中沢ほか[1]より改変）

9.3.2 人体モデル

3次元立体画像表示を手術シミュレーションなどに応用する場合，人体のデジタルデータベースは不可欠である．米国国立医学図書館による Visible Human Project は，男女の全身の巨視的な人体輪切り断面の写真，および CT 画像や MR 画像データを提供し，医療画像処理や医学教育アプリケーションやシミュレーションに利用されている．しかし，生体組織の硬さや弾力などの接触感と接触に基づく臓器の変形などが表現されないため，医師の触診による乳がん診断などのアプリケーション開発ができなかった．この点を解決するため，実際の臓器や血管の正確なデータを提供する Sensible Human Project が国内で実施され，臓器ごとのデータや弾性係数などがモデル化された．さらに生理的な機能も再構成した Digital Human Project と進んでいる[3]．

9.3.3 リハビリテーション[4]-[6]

ここでは，高齢者を対象とした研究を紹介する．歩行訓練にはトレッドミルという訓練器が利用され，青年・壮年の健常者を対象として，立体映像を提示することで臨場感を向上させ訓練効果を高める装置がある．さらに，双方向コミュニケーションのため，自然な歩行による移動感覚を生成し，歩行者の動作をまったく阻害しない非接触で歩行動作を計測するアクティブ型トレッドミルを用いた装置がある．この装置による実験結果では，歩行者が任意に歩行速度を変更することができ，目標位置へ歩行者を保持できることが実証された．

高齢者のリハビリテーションでは，単調なリハビリテーションを立体映像コンテンツを提示することで，臨場感を高め，患者の積極的な行動を促すことが期待されている．長谷川式スコア 15～20（正常 30）の軽度痴呆患者の 2 m 前方に投射型立体ディスプレイをおき，園散歩などの実写映像を観賞させて，インタビュー形式で調査したところ，好評だった．また，健常者高齢者を対象とした評価では，立体映像は訓練の単調さを軽減する効果がある．

9.3.4 心理療法[7],[8]

高所恐怖症，飛行恐怖症などの心理療法には立体映像を利用した VR 装置が効果的である．恐怖症の治療として，恐怖反応を引き起こす刺激を十分にその反応が低減するまで患者に与える心理療法は，エクスポージャーと呼ばれている．VR を利用した恐怖刺激提示の利点は，恐怖刺激の統制と提示が容易である点にある．VR エクスポージャーが成功する条件には，映像のリアリティ（画質，現実場面）が重要である．

〔奥山文雄〕

▶参考文献
1) 中沢一雄，鈴木 亨，稲垣正司：バーチャルハート：仮想心臓による不整脈現象の解

明．映像ラボ，No.6, 38-43, 2003．
2) 中尾　恵，小山博史，小森　優，松田哲也，高橋　隆：心臓手術シミュレーションに要する心拍動の視覚及び力覚提示に関する研究．日本バーチャルリアリティ学会誌，**7**(3), 413-420, 2002．
3) 小山博史：Sensible Human Project Data の医療応用．医用画像工学，**18**(6), 789-793, 2000．
4) 雨宮槙之介，八木寿浩，塩崎佐和子，藤田欣也，渡部富士夫：足踏式空間移動インタフェース（WARP）の開発と評価．日本バーチャルリアリティ学会誌，**6**(3), 221-228, 2001．
5) 堀内郁孝，酒井昭彦，東　祐二，藤元登四郎：VR 画像を付加した歩行訓練機に対する高齢者訓練対象者の評価．日本バーチャルリアリティ学会誌，**6**(3), 171-176, 2001．
6) 柴田隆史，河合隆史，有本　昭，大島徹也，吉冨智江，松岡成明，野呂影勇，寺島信義：高齢者を対象とした立体映像リハビリテーションシステムの開発と評価．日本バーチャルリアリティ学会誌，**6**(1), 19-25, 2001．
7) 宮野秀市，坂野雄二：VR を利用したエクスポージャー療法の展望．日本バーチャルリアリティ学会誌，**7**(4), 575-582, 2002．
8) 宮野秀市：VR を利用した心理療法．画像ラボ，No.9, 39-42, 2003．

III

人間の感覚としての3次元映像

10．生理：視知覚
11．心　理

10

生理：視知覚

　人間は，視覚情報を中心に，触覚や平衡感覚などからの情報を大脳で統合処理し，3次元の空間で円滑に活動ができるよう行動系への指令信号を出している．日常生活に必要な情報のうち，視覚情報が占める割合は，他の感覚情報よりも格段に多く，視覚につぐ聴覚と比べても，約500倍にもなる．このため，ディスプレイによって作り出される3次元空間の再現状態と人間の視覚機能とを整合させることは非常に重要で，空間知覚にかかわる人間の視知覚特性をここで整理してみる[1)-3)]．

10.1　視覚系の構造と特性

　視覚系の構造と情報処理は，図10.1.1のように，多段階機構で行われている．外界からの光情報が眼球結像系を通して網膜上に投影され，網膜内の視細胞で光情報から電気的情報へと変換されて，網膜内の神経回路や視神経などの視覚情報伝達経路を経て，大脳へ送られる．左右両眼から出た視神経は，視交叉で両眼の対応視野位置に応じてまとめられ，左右両側の外側膝状体で細かく整理される．さらに，視放線により，外界の右半分の視野は左側後頭部にある大脳視覚領へと，左半分の視野は右側へと伝達される．このように両眼からの情報の半分だけ交差させる人間のような場合は，完全に交差する魚や鳥などの動物と比べて，かなり広い範囲の空間で高精度な立体視ができる機能を備えている．以下に，視覚系の各機構における基本的で特徴的な情報処理特性について述べる．

10.1.1　眼球構造と結像特性

　眼球の水平断面（図10.1.2）は，第一レンズである角膜は強い曲率を持っているが，全体的には直径約25 mmの球状を示す．外光は前方の角膜部から前房水で満たされた部分を通り，瞳孔（虹彩の開口部）を経て，水晶体の形状変化でピント調節さ

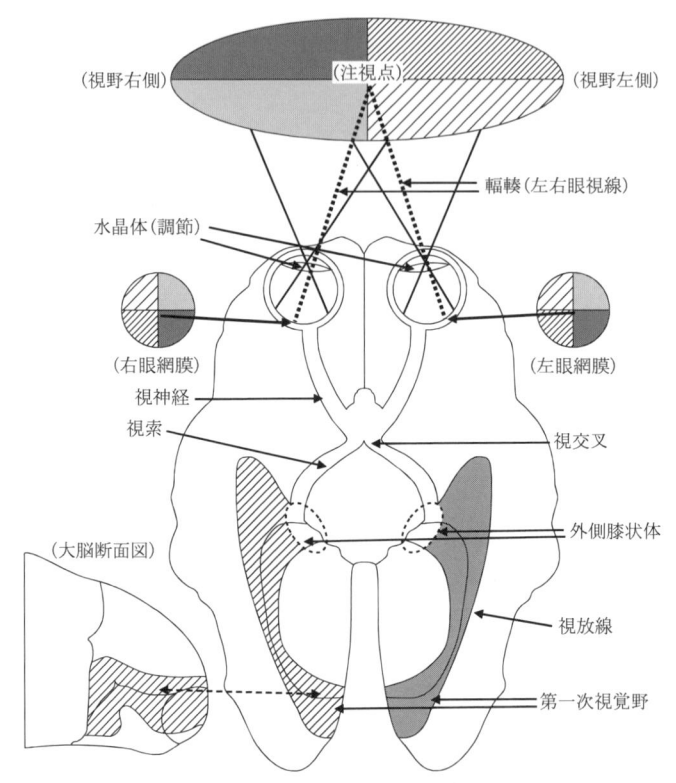

図 10.1.1 視覚系の構造と視野情報の両眼系での処理システム

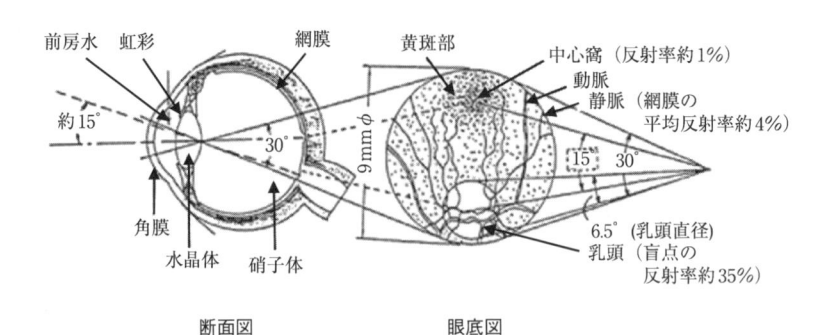

図 10.1.2 眼球構造（右眼の水平断面図）と眼底状態（中心部から鼻側への範囲）

れ，眼球形状を保持する硝子体の後側にある網膜上に投射される．

a．角　膜
眼球結像系の全屈折力（約 60 D）のうち約 70％の屈折力（約 40 D）を持つ非球面レンズで，中心部は前面曲率半径約 8 mm，後面曲率半径約 7 mm の球面レンズで近似できる．中心厚は約 0.5 mm，周辺では約 0.8 mm 厚の凹レンズ状であるが，前面と空気の屈折率差が，後面での房水との差よりも大きいため，凸レンズと同様の集光性を持つ．

b．虹　彩
カメラの絞りに相当し，光が通る瞳孔部分は，明るい所（明所視：約 5 cd/m² 以上）で縮瞳（最小 2 mm 径）し，暗い所（暗所視：0.05 cd/m² 以下）では散瞳（最大 8 mm 径）して，光量調節する．瞳孔径は心理状態（注目，驚愕などによる散瞳）でも変化するが，近距離注視時は調節や輻輳に応じて縮瞳し，被写界深度を深めて見やすくしている．

c．水晶体
ピント調節用レンズで，中心部に高屈折率の核を持ち，周辺部は屈折率が低くなる屈折率分布の多層レンズである．近距離を見るときには，水晶体の周囲にある毛様体筋が収縮し，水晶体を引っ張っている毛様小帯がゆるみ，水晶体自身の弾力によって膨らみ，屈折力の高い両凸レンズになる．遠距離を見るときは，毛様体筋がゆるみ，毛様小帯の張力によって水晶体が引っ張られ，平凸レンズ状になり屈折力が小さくなる．この屈折力の変化（約 10 D）は，水晶体の弾性と関係し，年齢とともに低下する状態（老視）になる．同様に可視光透過率も，加齢により，500 nm から短波長側での吸収が増して黄変する．ただ，その変化がゆるやかなため，外界が急に黄色っぽく見えることはないが，微妙な色の見え方には影響が見られる[4),5)]．

d．硝子体
眼球の眼軸長の大半を占める水晶体と網膜までの距離を保持するために，眼球内に満たされている透明体で，外気圧よりも約 15 mmHg だけ高い圧力により，眼球全体の形状も保っている．近視や遠視などの屈折異常にも関係するが，異常な眼圧上昇などにより眼疾病を引き起こす要因にもなっている．

このような眼球の光学特性は，Gullstrand によって，近見調節時と調節休止時での模型眼が示されている．ただ，実際の生体眼とは異なる条件（屈折面の非球面を球面，屈折率分布を均一分布レンズなど）のため，網膜上への結像解析には不十分である．それを修正した模型眼（図 10.1.3）で，ぼけ状態や微妙な結像特性（色収差による網膜像ずれから生じる進出（長波長色）-後退（短波長色）効果）などを調べる必要がある．

10.1.2　網膜構造と信号形成系
網膜は眼球の後方底面にあり，受光細胞（視細胞）や信号処理細胞で構成された神

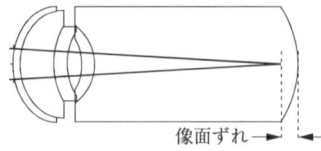

(a) Gullstrand 模型眼

		曲率半径(mm)	面間隔(mm)	屈折率
物体			∞	(空気)
角膜	前面	7.7	0.5	1.3787
	後面	6.8	3.1	1.3389
水晶体	前面	9.9	0.546	1.3812
	核前面	7.911	2.419	1.422
	核後面	−5.76	0.635	1.3812
	後面	−6	16.3638	1.3375
網膜		−12.8	0	

(b) 修正模型眼

		面タイプ	コーニック定数	曲率半径(mm)	面間隔(mm)	屈折面位置(mm)	屈折率
物体						∞	(空気)
角膜	前面	球		7.7	0.5	0.000	1.376
	後面	球		6.8	2.597217	0.500	1.336
水晶体	前面 第1面	非球面	−3.4218794	10.20451	0.387833	3.600	1.359539
	第2面	非球面	−3.884788395	9.745945	0.387833	3.988	1.372096
	第3面	非球面	−3.134357135	8.984805	0.387833	4.376	1.383124
	核 第4面	非球面	−3.166507652	8.014246	1.3414	4.763	1.411396
	第5面	非球面	−3.152497064	−5.76	0.365033	6.105	1.398425
	後面 第6面	非球面	−3.006855033	−5.84	0.365033	6.470	1.390543
	第7面	非球面	−3.070006527	−5.92	0.365033	6.835	1.381388
	第8面	非球面	−4.331040398	−6	16.8	7.200	1.336

図 10.1.3
(a) Gullstrand 模型眼（左：模式図，右表：光学変数）．最良像面と網膜面にずれが生じる．
(b) 修正模型眼（左：模式図，下表：光学変数）．

経回路網からなる 0.3 mm 程度の多層構造膜で，外界情報を光電変換する重要な機能を持っている．網膜は眼球底部全体に広がり，広い範囲からの情報が受容できるが，中央部の中心窩と呼ばれる非常に狭い部分（数度の範囲，図 10.1.2 参照）だけが，視力などの空間情報の弁別機能がすぐれており，他の部分は動きや点滅などの時間情報を効果的に受容できる構造になっている．そのために，この中心窩に注目対象を結像・捕捉する調節・眼球運動が発生し，近距離での高精度作業や遠距離の広い範囲での空間位置認識が効率よく分担処理できる構造になっている．

人のような脊椎動物の網膜では，視細胞は眼球外側近くにあり，信号処理用の神経細胞や神経線維は眼球内側にある反転構造になっている．内側にある神経線維束が眼球の外へ出る部分（乳頭，図 10.1.2 参照）は，中心窩から鼻側へ約 15 度の位置にあり，直径約 6 度の円形で，視細胞がなく光が受容できない盲点と呼ばれる．また，反転網膜では網膜組織が結像に悪影響を与えるが，情報受容に重要な中心窩では細胞や線維などが横にずれ，結像への影響を少なくする構造（図 10.1.4）になっている．

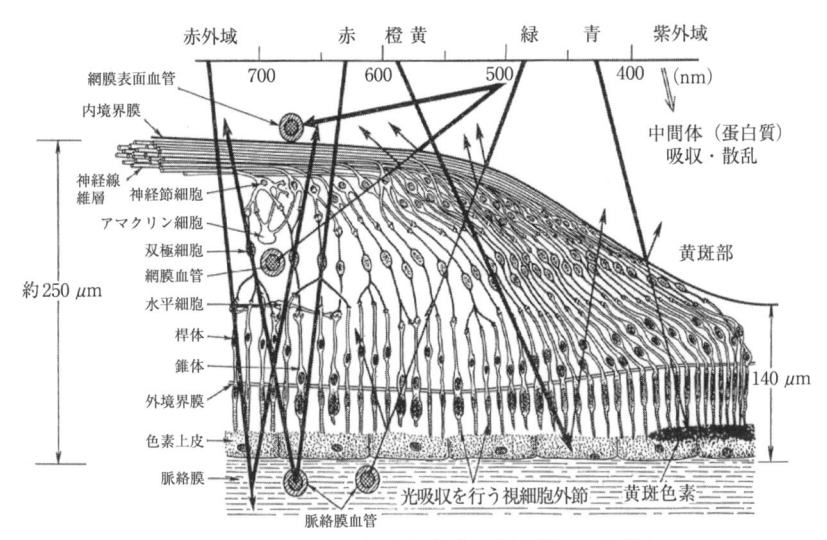

図 10.1.4 黄斑部近傍の網膜構造と分光透過・反射特性

　網膜の重要な役割である光刺激を電気信号に変換する機能を持つ視細胞（図10.1.4）には，錐体（cone：昼間などの明るい環境で働き，可視域（380〜780 nm）の3領域に感度極大（445, 535, 570 nm）を持つ3種類（L錐体：M錐体：S錐体＝32：16：1の比率で分布している）が存在し，明暗・色情報を識別するフルカラー用細胞）と桿体（rod：感度極大505 nmで，夜間などの暗い環境での微弱な明暗検出ができる高感度なモノクロ用細胞）がある．網膜全体の視細胞は約1億3000万個，そのうち錐体は約1000万個で，ほとんどが中心部（黄斑部）に分布している．視細胞の形状は，錐体では，感光色素（視物質といい，桿体のロドプシンや錐体のアイオドプシンなどが抽出され，蛋白質とビタミンAのアルデヒド（レチナール）との組み合わせで感度波長域が異なる）を含む外節部が最小径約 $1.5\,\mu m$ の円錐状で，周辺部に分布する桿体は数 μm の円筒状になっている[6),7)]．

　視細胞で光電変換された信号は，網膜内の縦方向に，双極細胞から神経節細胞へと伝達されて，長い視神経として乳頭から出て，大脳へ向かう．一方，網膜内の横方向では，視細胞と双極細胞間に水平細胞，双極細胞と神経節細胞間に無軸索（アマクリン）細胞があり，立体回路構造になっている．このような神経回路網により，アナログ電位からパルス信号に変換され，空間的な情報を強調処理する機能を持つ受容野（同心円状の中心部と周辺部での信号応答が興奮-抑制の拮抗関係にあり，空間位置による刺激変動を微分強調処理する機構で，空間的にエッジ部分を強調するマッハ効果，時間的には刺激変動時を強調するブロッカ-ザルツアー（Broca-Sulzer）効果を生じさせる）により，高次中枢での認識に必要な信号の前処理を行っている（図

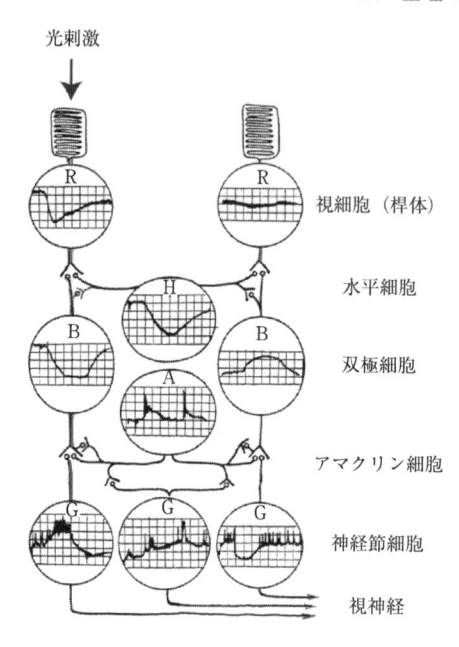

図 10.1.5（a）網膜内の神経回路での光電変換反応

水平/アマクリン細胞での側抑制により，受容野機構（神経節細胞レベル）や色信号化（水平細胞レベル）が形成される．
アマクリン細胞以降でAD変換され，大脳中枢へパルス信号化されて伝達する．

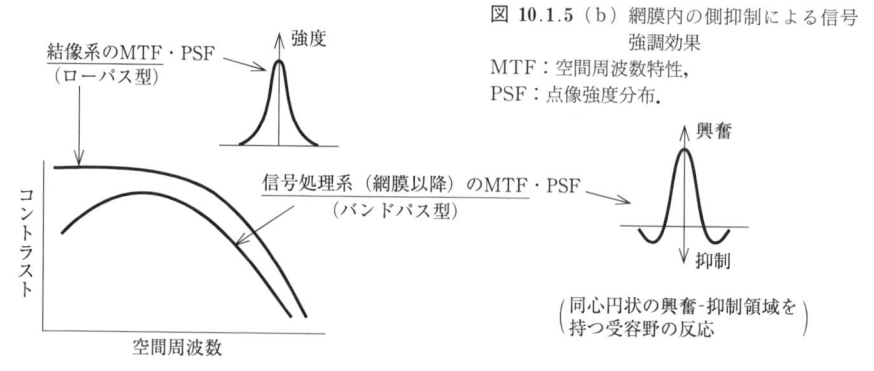

（図中ラベル：光刺激，R，視細胞（桿体），H，水平細胞，B，双極細胞，A，アマクリン細胞，G，神経節細胞，視神経）

図 10.1.5（b）網膜内の側抑制による信号強調効果
MTF：空間周波数特性，
PSF：点像強度分布．

（グラフラベル：結像系のMTF・PSF（ローパス型），信号処理系（網膜以降）のMTF・PSF（バンドパス型），コントラスト，空間周波数，強度，興奮，抑制，同心円状の興奮-抑制領域を持つ受容野の反応）

10.1.5)[8]．

　網膜から大脳への視神経（神経節細胞の長い軸策）は，視細胞数と比べて，約100万本と少なくなり，高性能な中心部では情報を忠実に伝達し，周辺ではかなりの情報圧縮を行って，大脳での情報認識が注視対象重点処理型の効率的構造になっている．
　このような短焦点光学系と球面状の受光面により，人間の視野は広い範囲からの情報が受容できる．ただ，視力や色弁別などの機能特性の中心局在化，視線移動や頭部運動による注視動作，情報による生体への影響（立体感，臨場感など）から，図10.1.6のような機能分担した視野特性を持っている．このような特性から，情報受容が安定してできる条件（観察画角約30度以下の画面を視距離50 cmから情報操作

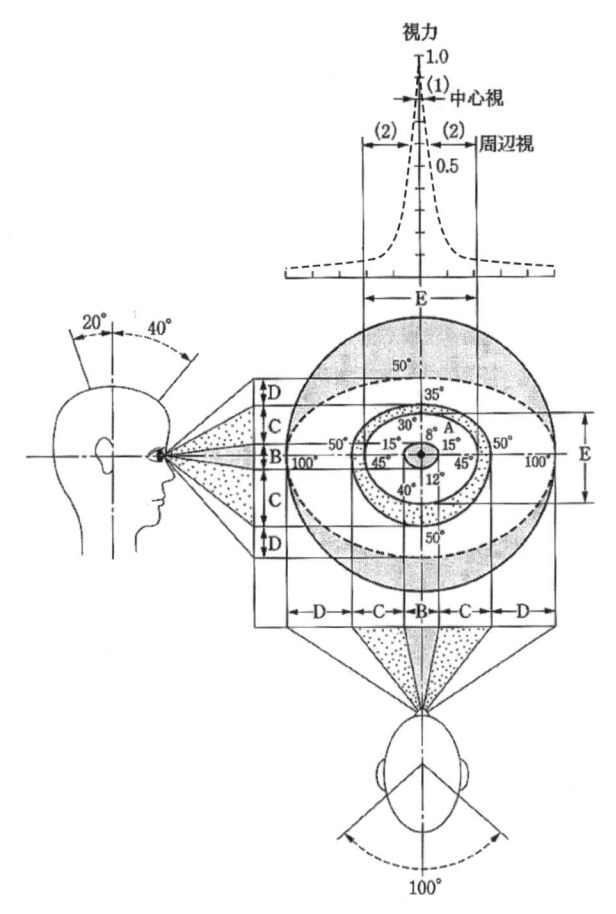

図 10.1.6 視野内での情報受容特性

A) 弁別視野：視力などの視機能がすぐれている中心視領域（約5°以内）
B) 有効視野：眼球運動だけで瞬時に情報受容できる領域（水平約30°，垂直約20°以内）
C) 安定注視野：眼球・頭部運動で無理なく注視でき，効果的な情報受容ができる領域
（水平60〜90°，垂直45〜70°以内）
D) 補助視野：刺激の存在がわかる程度の領域（水平100〜200°，垂直85〜130°）
E) 誘導視野：情報識別能力は低いが，主観的な空間座標系に影響を及ぼす領域
（水平30〜100°，垂直20〜85°の範囲で顕著な座標系への誘導効果を示す）

もできる情報利用環境）と臨場感あふれる再現空間が体験できる条件（2m以上の視距離から観察画角約30度以上の大画面を観察する状態）などが見出せる．また，視野全体の形状（横長楕円状）や情報探索動作（注視点移動が垂直方向より水平方向で頻繁に発生すること）などから，画面の縦横比率（アスペクト比）に関しても，横長の表示面が自然な再現状態を作り出している．

10.1.3 眼球から大脳中枢での視覚情報処理

網膜で AD 変換された情報は，視神経を通って眼球の外へ出て，両眼からの視神経が交差する部分（視交叉）で，右視野と左視野ごとにまとめられて視索となる．その後，右視野からの情報は左側の外側膝状体へ，左視野からは右側の外側膝状体へ送られる．この外側膝状体は眼球から大脳への中継点で，左右眼からの神経線維を6層に交互分配・整理する構造になっている．このように左右視野が交差する構造は，両眼からの近距離空間情報を必要とする手作業を行う動物に見られる（図10.1.7）．

(a) 非交差パノラマ視（実在動物なし）　(b) 完全交差パノラマ視（魚，両棲，爬虫類）

[ ]：外側膝状体

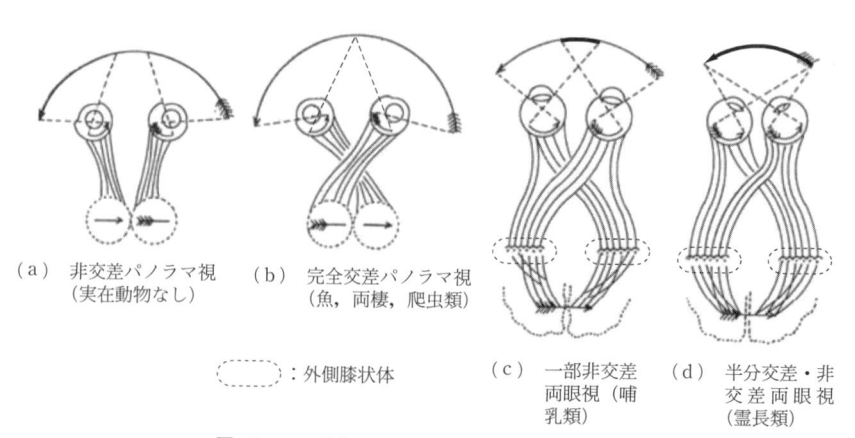

(c) 一部非交差両眼視（哺乳類）　(d) 半分交差・非交差両眼視（霊長類）

図 10.1.7 動物による両眼情報の中枢への伝達機構
手作業動作の発達により，両眼共通視野（太線部）が広がる半分交差型になる．

この外側膝状体から視放線と呼ばれる神経路で，後頭部にある大脳視覚領へ達する．網膜から視覚領への情報投射部分はV1野と呼ばれ，中心窩からの投射領域は，周辺網膜からの投射領域よりも広く，中心視の情報を高精度に処理できる構造（図10.1.1）になっている．また，網膜上での情報受容範囲（受容野）の広がり状態から信号処理機能が異なり，広い大細胞系は時間変動情報を，狭い小細胞系では空間変動情報を主に処理している[9]．

V1野から高次中枢への情報処理経路を見ると，色や形態などの図形認識情報は側頭部（腹側）経路で，動きや奥行き知覚などの空間視的情報は頭頂部（背側）経路で，情報内容に応じて異なった中枢へと伝達される[10],[11]．

大脳での情報処理は，外界からの視覚情報をより細分化して認識する機能を持っており，図形情報に関しては線分や角などの構成成分や四角や円などの基本図形成分を分解して反応する細胞や，色では狭い波長域に反応する色選択性細胞などが見つけられている．ただ，顔や手などの特定刺激に反応する細胞の存在を報告する例もあり，複雑な情報処理機構の解明はまだまだ難しい段階である[12],[13]．

10.1.4 調節・運動制御系

眼球結像系の特徴である自動ピント調節（水晶体の変形）や光量調節（瞳孔径変化），それに視線移動（網膜中心窩への対象捕捉のための眼球運動）を制御する機構には，視覚系の主神経路で意識的な運動反応を発生させる中枢と，外側膝状体の手前から中脳（上丘，視蓋など）や小脳（他の運動系への制御中枢）へ伝達されて反射的な運動が制御される中枢とがある．

ピント調節機構では，安静した状態で観察できる明視距離（光学計算上では25 cmが推奨されるが，両眼位や調節の安静状態から40～50 cm近辺が負荷の少ない距離）や，ピント調節変動で像のぼけが目立たない距離（ぼけに気づくのは網膜上で点像の強度分布の広がりが約15 μm 以上で，通常視力の広がり（約5 μm）と比べ悪いことから，約2 m 以上ではぼけが目立ちにくくなる）などから，作業対象に応じた適正な視距離が存在する．情報を注意深く見る場合は，一般的に近距離観察になりやすく，50 cm 以内では調節への負荷も増えるため，長時間観察作業時では，観察者の調節幅（近点-遠点範囲）の変動を調べて，適正な観察距離の設定が必要である．

一方，眼球運動は6本の外眼筋（上下・左右方向の直筋4本と上下斜め方向の斜筋2本）で，眼球を回旋させて，網膜中心窩に対象を捕捉する．このような眼球運動には，次のような運動成分があり，空間内での安定した情報受容ができる機能を備えている．

（1） 視野内の対象に向けて高速で視線を移動させる跳躍的運動：移動所要時間は30 ms 程度で，移動速度300～700 度/s になり，移動中の像の流れを抑制する直前情報保持作用がある．

（2） 移動物体を追う低速で平滑な随従運動：移動速度が最大で30 度/s 程度の低速ではあるが，動画像の分解能を低下させる要因にもなっている．

（3） 奥行き方向の物体を注視する輻輳・開散運動：左右眼の視線（眼球結像系の節点と網膜中心窩を結ぶ線）の交わる注視（固視）点が奥行き方向に移動するときに発生する両眼の内・外向き運動で，注視対象までの絶対距離を知覚する要因になる．実際の眼球運動では眼球の回転中心である回旋点と注視点を結ぶ線が注視線となり，その交わる角を輻輳角といい，両眼の回転中心と注視点を通る円が等輻輳円で，両眼での網膜像差が等しくなるホロプター円もほぼ似た円になる．このような輻輳角の変化を検出する能力は視角約15秒で，両眼瞳孔間距離の平均65 mm から，約4 m までの奥行き距離知覚に有効である．輻輳運動には，刺激提示とともに生じる緊張性，ピント調節と連動する調節性，視差検出領域内での融像性成分があり，ピント調節の反応より早く反応する．

（4） 注視状態でも不随意的で不規則に発生する非常に微小な固視微動：次の3成分があり，網膜上で静止状態の像消失現象を防ぐ効果がある．Flick（移動距離約20分，0.03～5秒の時間範囲で不規則な周期で発生），Drift（移動距離約5分以下と小さく，Flick の間に見られるゆるやかな成分），Tremor（移動距

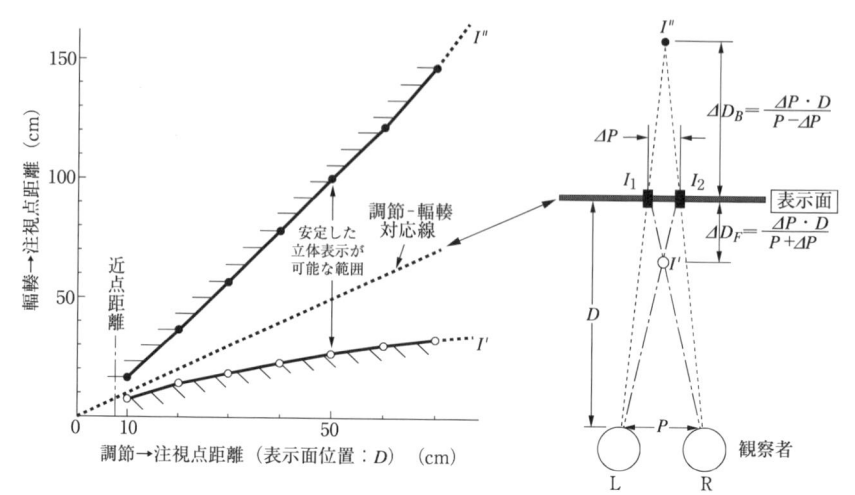

図 10.1.8 ピント調節と輻輳の対応許容範囲による安定した立体再現条件
（近点距離は年齢とともに長くなり，40 cm 以内の再現像は見にくくなる）
D：表示面距離，P：両眼瞳孔間距離，ΔP：両眼網膜像差の表示面上の刺激像（I_1, I_2）のずれ量，I', I''：両眼網膜像による前方，後方への立体像再現位置．

離約15秒と非常に小さく，50 Hz 以上の短い周期で発生する微小運動）．
（5） 頭部運動や身体の傾きを回旋運動で補正し網膜像を安定化する姿勢反射運動
　このうちピント調節と輻輳機構には密接な関係があり，調節（A）への刺激から発生する調節性輻輳（AC），両眼融像にかかわる輻輳（C）から生じる輻輳性調節（CA）が見られ，両者の比（AC/A, CA/C）を調べることから，輻輳機能の優位性が報告されている．また，図 10.1.8 のように，ピント調節を決める立体表示面と奥行き再現像の位置範囲にずれが生じ，輻輳とピント調節の対応が許容される違和感の少ない立体表示範囲が2眼式立体方式の基礎条件になる．

10.2　視知覚特性

10.2.1　明暗・色情報の受容範囲

　人間の明暗刺激の受容可能な範囲は，網膜に存在する視細胞（錐体，桿体）による分担作動と網膜内神経細胞による感度調整（順応）作用で，輝度では $10^{-4} \sim 10^4 \mathrm{cd/m^2}$（照度では約 $10^{-3} \sim 10^5 \mathrm{lx}$）と非常に広い範囲になる．ただ，色情報や視機能が無理なく作動するのは，錐体が安定して働く明所視で，まぶしさを感じない範囲 3 ～ 500 $\mathrm{cd/m^2}$ になり，ディスプレイでの長時間の安定した観察条件と関係する[14)-16)]．

10.2.2 明暗コントラスト弁別

隣接部分の明暗比を示す物理量にコントラストがあり，表示情報内の高輝度値 L_{max}，低輝度値 L_{min} のとき，光学では変調的なコントラスト $C_o = (L_{max} - L_{min})/(L_{max} + L_{min})$，電気では比率的なコントラスト $C_e = L_{max}/L_{min}$ で表現される．明暗弁別特性は刺激の平均輝度レベルで変化するため，C_o での表現は実際の見え方に近い状態を示すが，明暗再現範囲を簡潔に表す C_e の方がディスプレイの分野では使用される場合が多い．

情報の視認性は一般的に高コントラストの方がよく，金属的な質感再現にも高輝度表示が必要となるが，高輝度部分が 160 cd/m² 以上になると，残効が生じやすく，刺激差の大きいエッジ部分に不安定な見え方も発生しやすくなる．

一般画像で忠実再現を目指すときは，C_e 値で 100 以上，最高輝度として 300 cd/m² は必要であるが，文字や図形を長時間観察する場合には，C_e 値が 3 程度の低コントラストでも，目に負荷が少なく極端な情報受容能力低下は見られない．表示内容と利用目的によって，適正な表示輝度条件に調整できるディスプレイが望ましい．

基本的な明暗弁別特性として，次のような特性が見られる．

（1）弁別可能な最小明暗差 ΔL は，明るさ L で変化し，暗所視状態（約 0.05 cd/m² 以下の暗い状態）以外では，$\Delta L/L \fallingdotseq 0.02$（ウエーバー（Weber）則）でほぼ一定値になる．

（2）輝度 L から感じる明るさ B は，$B = a \log L + b$（ウエーバー-フェヒナー（Weber-Fechner）則）で示されるが，この関係の成立範囲（30～1000 cd/m²）が比較的狭いため，修正関係式として $B = k(L - L_0)^n$（スチーブンス（Stevens）則，k, n, L_0 は順応輝度レベルで変動するが，感覚量が刺激量の指数関数で表せる）を適用する場合が多い．

以上の特性から，明暗再現（階調）が滑らかに見えるためには，明暗信号の量子化数 8.3 bit は必要といわれる．ただ，ふだん見ている一般画像では，約 5 bit でも明暗の不連続性は感じない場合もあり，観察者の注目度によっては，12 bit 以上要求される場合もある．このような明暗の再現状態を評価するためには，明暗が階段状に変化するグレースケール（gray scale）チャートの再現状態を示す特性曲線（その曲線の勾配を階調度，特に，直線的に変化する部分の勾配をガンマ（gamma），その範囲をラティチュード（latitude），再現範囲全体をダイナミックレンジ（dynamic range）として評価）が用いられる．

10.2.3 視覚の空間分解能（視力）

像の細部再現状態を示す解像度は，使用するチャート（光学では平行 3 本線，放射線条（ジーメンススター型），電子では同心円状ゾーンプレート，円環（ハウレット型），眼科の視力用としてランドルト氏環）で異なる．ただ，各チャートパターンの縞や空隙が分離して見える最小間隔の逆数で示すことは共通しており，光学では縞と

空隙を組として，電子では縞と空隙を別々に数える習慣があり，表示面上でcycle/mm，本/mm，観察者から見てcycle/視角度，本/視角度などの単位で表す．

視覚系の解像度を示す視力も，眼球結像系による結像状態と光電変換素子である視細胞のサイズで基本的には決定されるが，網膜内の信号形成回路特性（受容野などの微分処理特性）や大脳視覚野での特徴抽出機能が関与して，識別対象の形態や周辺条件によって変動する．対象や提示条件により，次のように分類される．（図10.2.1）

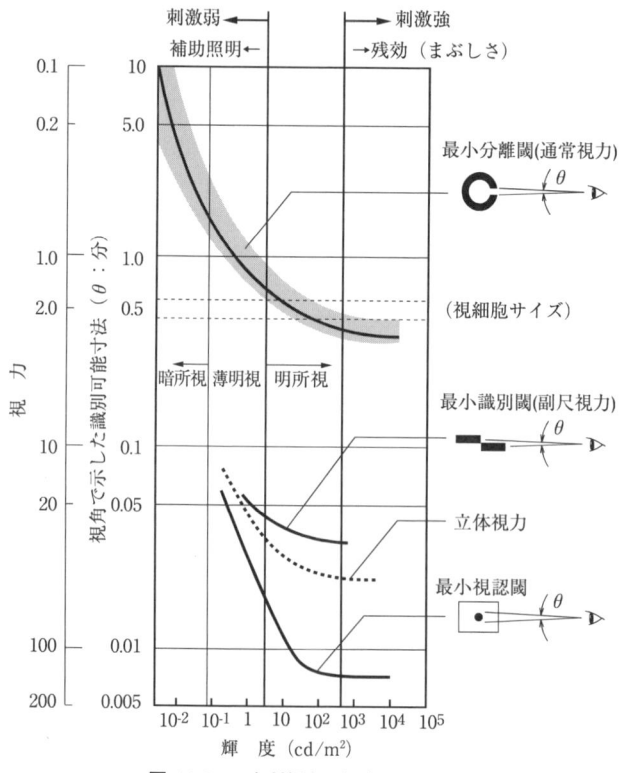

図 10.2.1 各種視力の輝度による変化
説明は本文参照．

（1） 最小視認閾：均一な背景上で知覚できる最小の点の大きさ（白地に黒点で視角10秒：視力6.0相当，黒地に白点は視角2秒：視力30.0相当，線では視角0.5秒：視力120相当）
（2） 最小分離閾（通常視力）：2点（線）が分離して見える間隔（視角30秒：視力2.0相当）
（3） 最小可読閾：文字や複雑な図形が判別できる大きさ（視角40〜60秒：視力1.5〜1.0相当）

(4) 最小識別閾（副尺視力）：線分のずれや凹凸が検出できる変化量（視角3〜10秒の高精度で，視力 20.0〜6.0 に相当）

(5) 立体視力：両眼の網膜像差を検出する能力を示し，ずれ検出の副尺視力に相当する（視角2〜10秒の高精度で，視力 30.0〜6.0 に相当）

通常は，(2)，(3) の値から表示画像の解像度が決定され，現行テレビの適正な観察距離も，画面を構成する走査線が認識できない距離を通常視力値から推奨している．ただ，より実物に近い高解像度での忠実再現や立体表示では，画素ピッチが視角30秒以下で，4000×6000 画素数以上は必要とされ，芸術品保存用高精細画像などでは，注目度に応じた高密度表示が要求され，(4)，(5) を満足させる画像情報量が必要になる．

10.2.4 色弁別特性

刺激条件により網膜内の3種類の錐体と色信号伝達特性（図 10.2.2）が変化し，色情報の識別や色の見え方に影響を与え，次のような特性が見られる[17]．

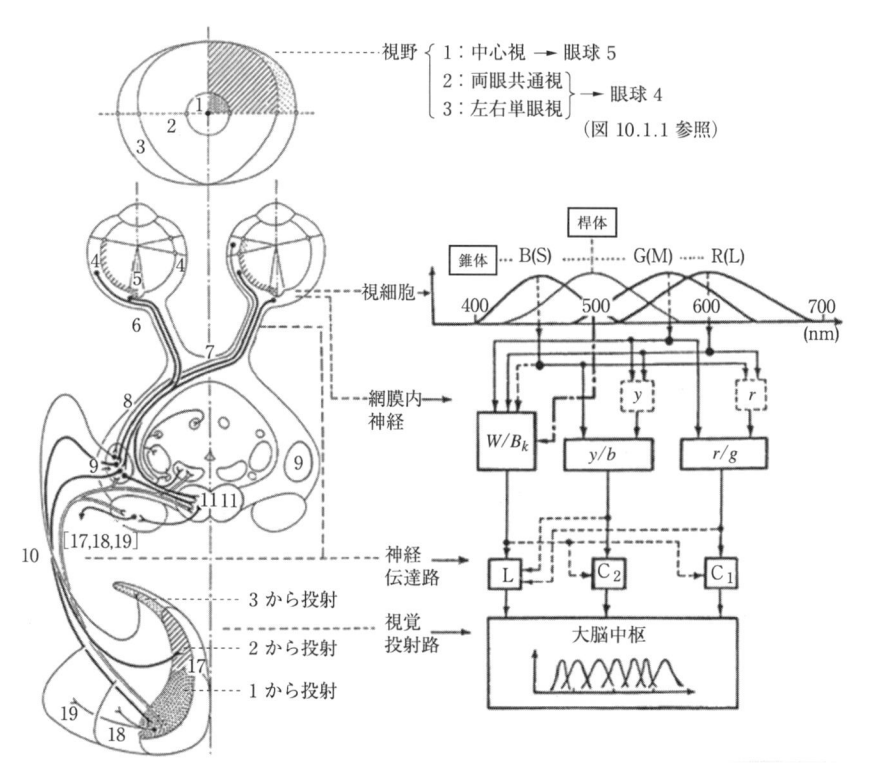

図 10.2.2 網膜から大脳中枢での色信号処理機構
網膜で3色，伝達路で反対色（4色），中枢レベルで多色処理．

（1）波長による見かけの明るさ（比視感度曲線）

可視域は 380〜780 nm で，明順応状態（数 cd/m² ≒ 10 lx 以上の明るい状態）では黄緑（555 nm），暗順応状態（約 0.05 cd/m² ≒ 0.01 lx 以下の暗い状態）では緑（505 nm）が最も明るく見える[18]。

（2）波長によるピント調節や視力への影響

白色光に比べ単色光でのピント調節は不安定で，レーザや LED などの単色表示が見にくい要因にもなっている。像のぼけ検出やピントをあわせる場合には，黄緑近傍の色光が最も敏感に反応する。小面積（2度以下）の色刺激では青色の認識が低下するため，細い青文字は見分けにくくなる。

（3）色差弁別能力

色の物理量（波長，分光分布，強度など）と色の見えとは完全に一致せず，物理量を視覚特性で補正した心理物理量（色相←波長，彩度←分光分布，明度←比視感度補正輝度）を用いて弁別能力が調べられている。

① 色相（波長差）弁別：青（440 nm），青緑（490 nm），橙（590 nm）近傍では 2 nm の差でも識別する高精度な能力を持っている。ただ，物理的に同じ色であっても輝度レベルによって色相が変化して見えるベゾルド-ブリュッケ現象（高輝度では青，黄に見える領域，低輝度では緑に見える領域が広がる）で色弁別にも影響を与える。

② 彩度識別：黄（570 nm）近傍では白色との鮮やかさ識別が極端に悪いが，500 nm 以下の短波長域や 600 nm 以上の長波長域では色味の変化に敏感になる。彩度が高くなると明るく見えるヘルムホルツ-コールラウシュ現象，彩度変化でも色味の変化が少ない安定色（アブニー現象．黄，青，紫，緑）が存在する。

（4）色残効

高輝度，高彩度の色を長時間観察すると，局所的な色順応効果が生じ，特に，比視感度の高い鮮やかな緑色による残効は顕著である。また，色と図形を組み合わせた刺激による長時間の残効を生むマッカロー効果で色の見えに違和感が生じる[19]。

（5）安定な見え方の色と調和する配色

提示条件の変化に影響されず安定して見える色（ユニーク色：青（460 nm），緑（510 nm），黄（585 nm），赤紫（500〜550 nm の補色））が存在し，環境条件の変動が大きいときの使用色として推奨されている。これに対して，赤-緑の補色や可視域両端の色（青背景に赤字など）のように，色差の大きい配色の境界部では，眼球の色収差などもからんで不安定な見え方になる。一方，同色系や類似の色（青-緑，橙-赤など），対比色（黄-青のように補色関係にあるが安定して見える組み合わせ）による調和のある配色が見られる。

（6）連想色

長波長色（赤紫-赤-橙-黄の範囲）により形の膨張と進出感，温度感の暖かさ，誘目性を強く感じ，短波長色（緑-青の範囲）からは形の収縮と後退感，温度感の涼し

さ，誘目性が低くなる．また，肌色，芝生の緑など見慣れている物体の記憶色は実際より明るく鮮やかな色として記憶されている．このうち，進出-後退色は眼球結像系の持つ色収差特性にも依存していることが示されている．

一般画像などの色再現を評価する際には，混色実験から求めた xy 色度図での再現色度点による評価が簡便なため多用されているが，実際には，色差を重視した色表示法である L*u*v*色空間（色度図上に表示された2色の距離と色差が対応して，空間全体に色差が均等化されている UCS 表色系）や，赤-緑，黄-青の反対色軸による L*a*b*色空間を用いてその許容値が示される場合が多い．

10.2.5 視覚系の空間周波数特性

画像の見えに関連する視機能（視力や明暗・色情報などの弁別特性）を総合的に評価する尺度関数として，空間正弦波パターンによる空間周波数特性（modulation transfer function；MTF，図10.2.3（左））が用いられる．視覚系の各レベルでのMTF も調べられ，眼球結像系と網膜受光部まではローパス（low pass）型で，網膜以降の神経処理レベルではバンドパス（band pass）型に変化する．その結果，エッジ情報を強調して見る側抑制回路（10.1.2項で述べた受容野機構での差分信号処理によりマッハ（Mach）効果の発生）や，特定情報成分を抽出・処理するマルチチャンネル機構（応答周波数帯域幅が±1オクターブの狭帯域チャンネルが複数存在し，チャンネルの選択的順応により，縞模様の間隔が変化して見える空間対比効果などが解析できる特性を示す）により，大脳中枢でのパターン認識に必要な前処理が行われている[20),21)]．

ディスプレイ条件を評価するために，観察距離や観察画角などを変化させたときの

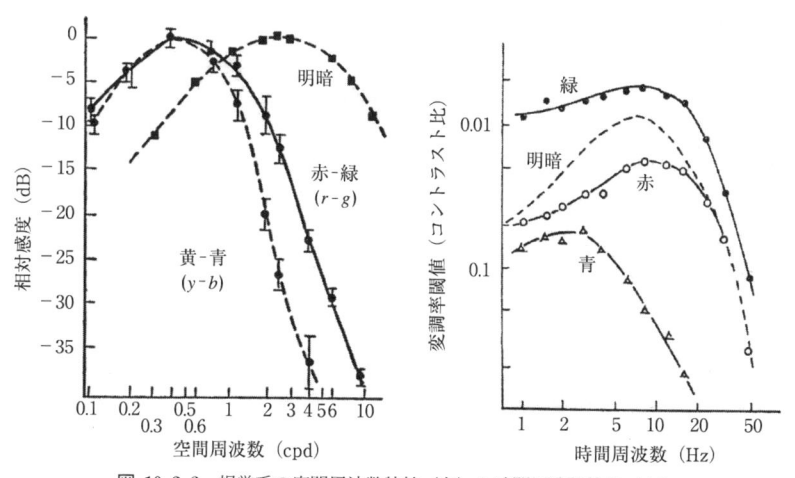

図 10.2.3 視覚系の空間周波数特性（左）と時間周波数特性（右）

視覚系全般のMTFも測定されている.コントラスト弁別限界(閾値)状態でのMTFは,全般的に特定周波数域で感度極大を持つバンドパス型の特性を示し,見かけのコントラストを求める閾上値状態ではローパス型に変化する.このような変化は,刺激差の少ない状態では,その差異を強調して視認性を高め,刺激差が大きく容易に情報受容できる状態では,信号歪を少なくする忠実な情報処理を行う機構になっている.

明暗と同様に,色対刺激でのMTFも測定され,視力値に相当するMTFのカットオフ周波数(明暗:60 cpd,色対:緑-赤で約20 cpd,青-黄では約5 cpdになる),識別感度極大の周波数(明暗:3〜5 cpd,色対:0.3〜0.5 cpd)などから,画像情報の高域成分は明暗情報が,低域成分は色情報が主に関係している.これらの視覚特性をもとに,現行テレビ方式(NTSC)に見られる明暗と色信号の配分比率やハイビジョンでの色信号軸などが決定されている[22]。

解像度と同様に,画像の細部,特にエッジ部分の再現状態(エッジ像の切れのよさなど)を評価する量としての鮮鋭度について,①エッジ像の明暗勾配の最大角度,②理想的エッジを示す垂直勾配からのずれ量,③エッジ部での明暗勾配の2乗平均値(アキュータンス)などで定量化が試みられ,解像度だけからの評価より,階調成分も含むアキュータンスとの相関の方がすぐれている.さらに,明暗値を示す物理量(濃度など)から見かけの明るさを示す心理物理量(マッハ効果によるエッジ強調された値)におきかえた修正アキュータンスや,空間周波数特性の積分値を用いた評価式(視覚系の空間周波数特性を考慮したMTFA)なども提案され,主観的鮮鋭度との高い相関が見られるようになった.特に,視覚系の空間周波数特性での中域(3 cycle/deg.近辺)の感度向上を考慮した画像情報の強調処理が主観的鮮鋭度に寄与していることがわかる.

10.2.6 視覚系の時間・時空間知覚特性

空間情報知覚でのマッハ効果のように刺激の変動部分を強調する効果は,時間情報の処理特性でも見られ,ブロッカ-ザルツアー効果と呼ばれる.ステップ状の刺激に対する明るさ感覚が刺激提示時より30〜120 ms遅れて,刺激強度の2倍程度の明るさを感じる.刺激が強いほど遅れ時間は短くなり,色光刺激では赤,緑,青の順に極大値を示す時間(50〜150 ms)が遅れる.このような刺激と反応時間の関係から,高輝度・長波長色が瞬時に情報受容が必要な警告表示で多用される.

a. 視覚系の時間周波数特性[23]-[25]

動画像表示では,画像のちらつき(フリッカ,flicker),動きの不自然さなどに関係する時間,時空間成分の不連続性が問題になる.これらの問題に関する視覚特性として,空間周波数特性と同様に,時間周波数特性が調べられ,明暗刺激では感度極大が10〜20 Hz近辺にあるバンドパス型の特性を示すが,提示輝度レベルの低下で感度極大が5 Hz近辺に移行し,さらにはローパス型へと変化する.また,単色での特

性も同様の傾向（図10.2.3（右））を示すが，青色だけは感度極大が約3Hzになり全般的な感度も低下する．色の組み合わせによる特性は単色と比べ感度極大が低域に移行するが，全体的な感度の変動は少ない．これらの特性は，空間情報の高域成分と時間情報の低域成分を処理する小細胞系と，空間情報の低域成分と時間情報の高域成分を処理する大細胞系の2元性によって，効果的な情報処理を行う視覚系の神経中枢機構で発生する．

画像のちらつきを検出する能力は，時間周波数特性のカットオフ周波数に対応し，臨界融合周波数（critical fusion frequency；CFF）と呼ばれる点滅周波数の限界値で示される．そのCFFも，刺激の提示条件によって，次のような変化が見られる．

（1）刺激輝度の対数値に比例しCFFは高くなる（フェリー-ポーター則）：通常のディスプレイ表示輝度（約100 cd/m²）以下では45〜50 Hzでもちらつきはそれほど目立たないが，高輝度（600 cd/m²）表示になると，現行テレビの画面切り替え周波数60 Hzではちらつきが目立つ．

（2）刺激面積の対数値に比例しCFFは高くなる（グラニット-ハーパー則）：視野内の刺激提示位置で変化し，小面積刺激では視野中心部で，大面積刺激では中心より10〜20度周辺で最もちらつきが目立つ．

（3）明暗や単色刺激のCFFに比べて，等輝度の2色を交互に継時刺激する条件でのCFFは1/3〜1/5の低周波数になる．

（4）高コントラストのエッジ部などの図形成分があると，CFFは高くなる．

（5）視線移動時には，CFFは上昇する．画面を注視する眼球運動が頻繁に生じるVDT用ディスプレイでは，通常のテレビモニタよりも安定した表示にするためには，少なくとも60 Hz以上にする必要がある．

（6）ちらつき刺激の輝度変調度が低くなると，CFFも低くなる．

（7）CFF以上の点滅刺激でも，微妙な光覚閾への影響が見られ，70〜90 Hz以上の点滅表示にしないと，定常光と同様な見え方にならない（SFF，安定融合周波数，図10.2.4）[26]．

b. 視覚系の運動知覚と時空間周波数特性

滑らかな運動状態を再現する表示条件としては，実際の運動物体が知覚できる範囲（形状が知覚できる最高速度（速度頂）は15度/s程度で，注視・追従状態では30度/sまで知覚できる．動きが知覚できる最低速度（速度閾）は提示条件で大きく変動するが，均一で目立ちやすい状態では20秒/sと非常に敏感である）と，空間的な静止刺激の点滅だけで，動いているように感じる仮現運動の発生条件（2光点間の距離と点滅時間間隔で生じるβ運動が滑らかな動きとして感じられる条件など）が調べられ，映画やテレビでの動きは，高速時では仮現運動，低速時は実際運動として知覚している．

このような運動物体の見え方に関しては，空間正弦波パターンを実際に移動させた場合と，パターン変調度を時間的に変化させた場合を刺激条件として時空間周波数特

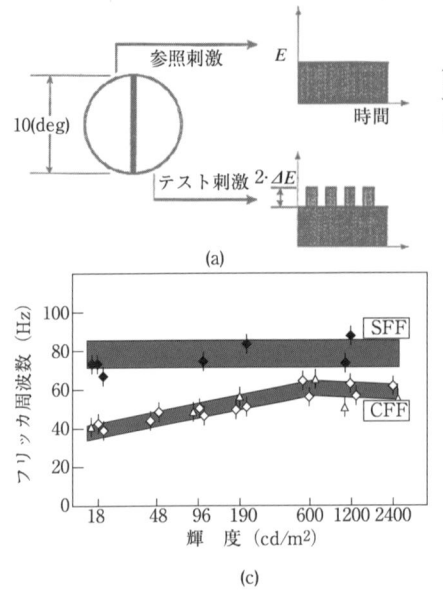

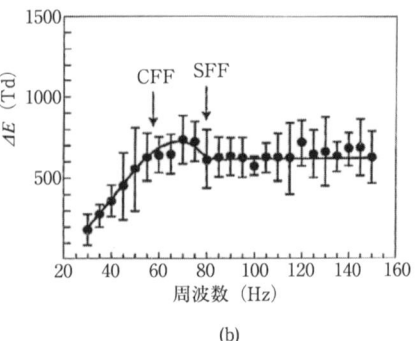

図 10.2.4 点滅刺激が安定して見える提示周波数条件

ちらつき限界はCFF（臨界融合周波数）で調べられ，点滅刺激と定常刺激が同様に見える状態（SFF（安定融合周波数））を，光覚閾測定条件（a）で調べ，その測定例（b）と刺激輝度による変化（c）を示す．

性が調べられている．両条件ともに感度極大を持つバンドパス型の特性を示し，時間的ならびに空間的な変動部分を強調して，受容する特性になっている．ただ，移動速度が早くなってもバンドパス型のままであるが，変調周波数が高い場合や注視点移動が早い場合には空間周波数の高域感度の低下とローパス型への移行が見られる[20]．

10.2.7　3次元空間知覚

　3次元空間を再現する表示方式を考えるとき，観察者である人間の空間知覚にかかわるさまざまな機構とその特性を整理し，それに整合させることが必要である[27)-33),40)-44)]．

a．立体視機構

　対象物体までの距離や対象相互の奥行き情報を知覚する立体視機構を整理すると，図10.2.5のような構造と機能を持っている．

　（1）　情報受容と空間座標知覚に関係する観察条件

　眼球・頭部運動を制約しない視野の広がりと観察位置の自由度は，自然な状態を作り出し，実際空間からと同様な臨場感を生み出す空間再現（観察者の空間座標系が広視野に提示された映像によって誘導される状態から空間再現状態を評価することができる）に不可欠な条件である．

　（2）　対象物体までの絶対距離を検出する粗情報比較機構

　ピント調節によるぼけ量（2m以内の距離判別には有効，ぼけ具合や見えの鮮鋭さ

10.2 視知覚特性

図 10.2.5 両眼立体情報処理機構

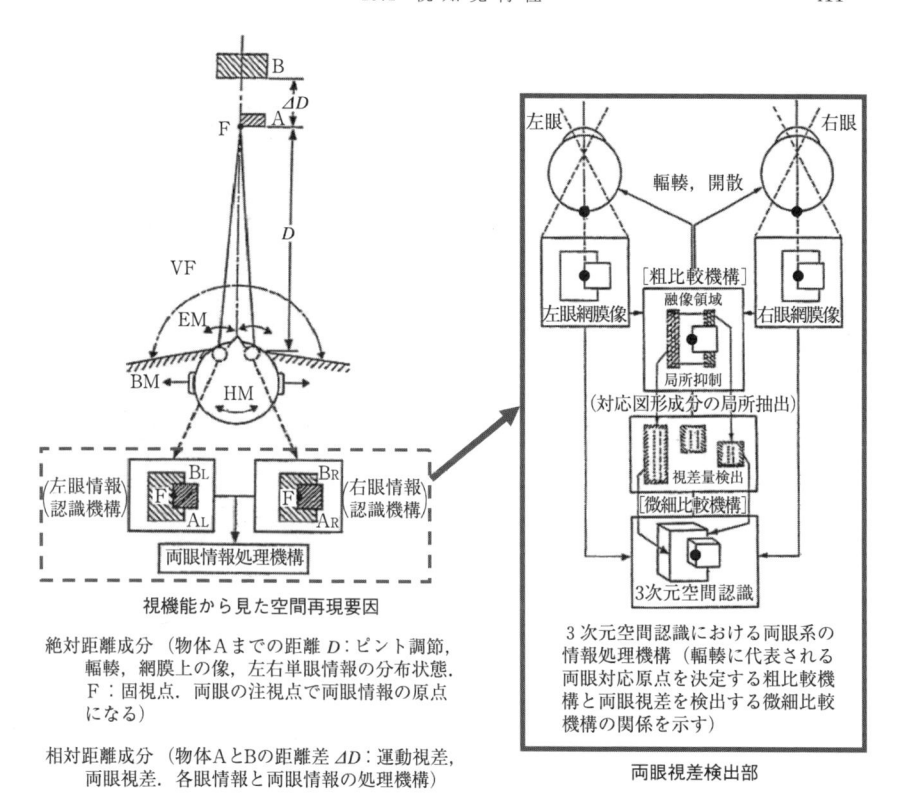

視機能から見た空間再現要因

絶対距離成分（物体Aまでの距離 D：ピント調節，輻輳，網膜上の像，左右単眼情報の分布状態．F：固視点．両眼の注視点で両眼情報の原点になる）

相対距離成分（物体AとBの距離差 ΔD：運動視差，両眼視差．各眼情報と両眼情報の処理機構）

空間的広がり環境での観察条件成分（VF：視野，EM：眼球運動，HM：頭部運動，BM：観察位置移動）

両眼視差検出部

3次元空間認識における両眼系の情報処理機構（輻輳に代表される両眼対応原点を決定する粗比較機構と両眼視差を検出する微細比較機構の関係を示す）

による奥行き感は絵画での遠近を表現する空気透視として利用されている）や網膜上の像状態（像の大きさ変化が規則的に示された線透視効果，陰影による凹凸感，重なり合いによる前後位置，明暗・色による進出−後退効果など），両眼中心窩に物体像を持ってくる輻輳運動（ピント調節と連動し，5m 程度までは有効に働く要因）などから，検出精度は低いが，空間の絶対距離が知覚できる．

（3） 対象物体間の相対距離を検出する微細情報比較機構

観察位置の移動による運動視差（物体相互の動きや重なり合いの変化から前後差を弁別でき，特に水平方向の運動による変化は継時的な両眼視差と同様に働き，数百mまで有効）と，左右眼にできる網膜像のずれである両眼視差（両眼位置から水平方向の両眼網膜像差だけでなく，垂直方向の網膜像差も広い範囲の空間奥行き感を生

み出す．網膜像差の検出能力（秒視角単位）は副尺視力に相当し，数十mでもメートル単位以内で識別できる．ただ，網膜像差量が大きくなると，両眼情報が融合せず，二重像に見える．両眼像が単一像として処理できる範囲を融像領域といい，注視点近傍では20分視角の狭い範囲であるが，周辺部では数度まで広がり，日常生活では不自然な二重像は目立たない）から，注視物体を基準とした物体間の奥行き距離差は高精度で検出でき，遠距離まで効果的に働く[34),35)]．

このうちの両眼視差検出機構をモデル化すると，図10.2.5右のようになる．中枢では両眼の注視点（視差量なし）を決定する注視細胞や，注視位置からの前後位置とその視差量を検出する遠近検出細胞などの両眼性細胞が存在する．中枢への大細胞経路と小細胞経路での情報内容別伝達，両眼情報に関する特異な処理機能（両眼に異なった情報が提示されたときの局所的に抑制が発生する視野闘争や両眼情報の非線形加算性など）が，視差検出をさらに効果的に処理できる機構を作り出している[36)]．

b．両眼立体視機能の検査法
（1）優位眼

左右眼の視力などの機能差から，照準を合わせたりするときに無意識的に用いる眼（利き眼）をいい，両眼を開いた状態での指さし法（前方の物体を指先で指し示したとき，指先と物体とが一致して見える方の眼），穴透視法（紙の穴や指で作った輪を通して前方の物体を見たとき，穴や輪から見える方の眼）で簡便に判定できる．

（2）眼位

両眼の視線方向で，無刺激での位置を安静眼位という．眼瞼と黒目の位置から判断できるが，片眼にスケール（水平に配置された椅子列など），他眼に視標（椅子に座っている像など）を提示して，視標がスケール上のどの位置（座って見える椅子の順番）に見えるかで判定できる．両眼で実物を見るとき，正常な眼位に戻る場合は斜位（座って見える椅子が椅子列の中央からのずれ状態で内斜位・外斜位）と呼ばれ，ずれた状態のままを斜視という．この差は片眼を遮蔽するカバーテスト法（片眼を遮蔽して遠方を観察させ，急に遮蔽を取り去ったときに，遮蔽眼の視線が移動するかどうか）でも判断できる．斜視の場合は，両眼視を安定させるために，眼位のずれをプリズムで補正するか，両眼刺激装置（輻輳や観察時間などの提示条件を変化させることができる立体視鏡）による矯正が必要となる．外斜位の場合は，近距離作業が続くと眼精疲労を感じやすくなる．

（3）瞳孔間距離

遠方を観察している状態での左右眼の瞳孔中心の距離をいい，注視する距離に応じた輻輳で変化し，両眼網膜像差の算出にも関係する．日本人の平均は約65 mmであるが，人種や性別で±10 mm程度変化するため，両眼で観察する光学系（HMD，双眼顕微鏡など）の接眼部には調節できる機構が要求される．

（4）同時視

左右眼への刺激が同時に処理できる状態をいい，片眼からの刺激が優位になり，他

眼の刺激を抑制すると，両眼立体視が困難になる．実際に両眼への提示時間ずれが50 ms以上になると立体視が不安定になり，逆位相で両眼へ刺激提示する場合は15〜20 Hz以上の高周波数での切り替え提示が要求される．

(5) 単一視（融像）

両眼への同一視覚刺激が単一刺激に見える状態をいい，輻輳により左右眼の対応位置近傍（網膜位置や提示条件で変化するが，平均30分視角程度の狭い領域で，Panumの融像領域という）に提示された刺激が融像し，わずかなずれである網膜像差の検出が可能な状態を作り出す．これに対して，両眼の同一位置に異なった刺激が提示されると，片眼への刺激が交互に入れ替わって見える視野闘争が発生するが，片眼にのみ提示された刺激は両眼視では補塡されて安定した見え方になる．このとき，両眼の見えに差が生じる不同視（両眼の屈折度に1〜2 D以上の差がある状態をいい，立体視が不安定になり，眼精疲労が発生しやすくなる．両眼への提示刺激の差に関しても，大きさ3%，明暗差30%，色差は波長域で異なるが約15 nm，回転6度以内でないと，立体視に負担がかかる），不等像視（両眼の結像特性の差や網膜面の歪みなどで，左右眼での見えに違いが生じ，各眼に提示した固視点と左右逆転コの字を融像しても，各眼へのコの字サイズ差から，正方形に見えない状態をいう）があると，立体視が成立しない場合が見られる[37]．

(6) 視差検出能

両眼の対応融像領域に提示された刺激から，単眼での副尺視力に相当する高精度で約5秒視角の網膜像差を検出する．この検出能力も提示条件で変動し，空間周波数特性は2次元パターンより低周波数域0.3〜1 cpdにピークを持つバンドパス型になるが，時間特性の方も0.5〜2 Hz域で奥行き感度がよくなるバンドパス型である．ただ，1 Hz以上の高速前後移動になると実際の移動距離の1/2程度しか知覚できず，追従遅れも発生する．融像範囲とこの時間特性から，立体映像での画面切り替えや移動速度をゆるやかにすることが要求される[34),39]．

以上の両眼立体視能力を検査する図形としては，臨床面でさまざまな刺激図形が利用されているが，単眼情報だけでは単なるランダムドットにしか見えない図形（図10.2.6）を用いた視差検出用や運動視用チャートが，立体視機能の研究でも使用されている．特に，単眼では視差対応成分がドットパターン内に埋もれ認識できない状態でも，両眼では視差成分の検出が可能な刺激であることから，点対点や線対線の対応関係で両眼視差成分を抽出する両眼立体視機構を否定する議論も出た．ただ，ランダムドットステレオ（RDS）パターンを提示する枠の変動や回転提示，ノイズ混入などによる立体認知時間遅れなどから，両眼への対応図形成分が提示刺激の構成単位だけでなく，両眼情報の相関領域や基準枠による補助的対応機構の存在を示唆している．また，RDSを用いて，視覚による錯視現象の発生機序が末梢か高次レベルにあるかを検証する実験手法（矢印と線分による長さ錯視であるミュラー–リヤー錯視は高次過程で発生することを裏づける実験など）としても利用されている．

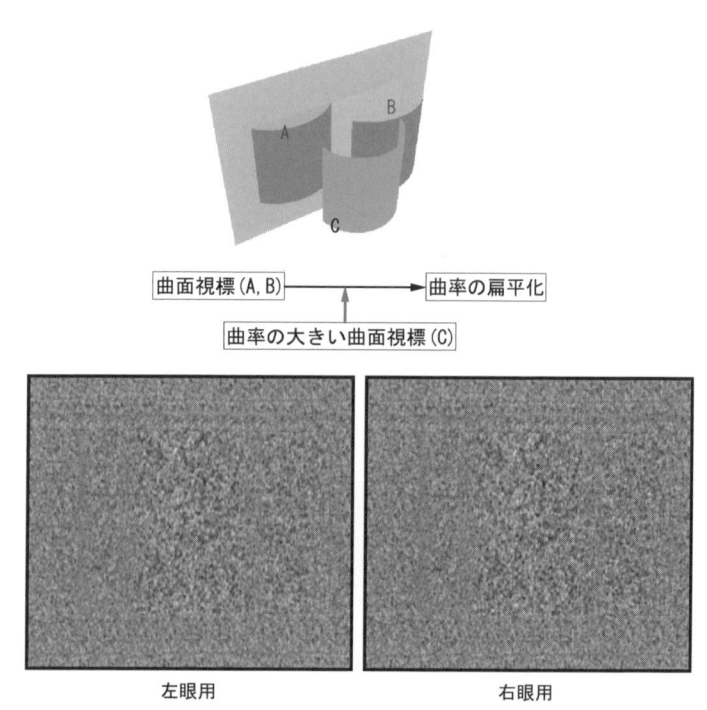

図 10.2.6 ランダムドットステレオグラム（RDS）を用いた立体再現検査チャート
左右両眼情報だけでは，2つの曲面視標 A，B に曲率の大きい曲面視標 C を重ね合わせて見たとき，書き割り効果のように，A，B の曲率が扁平化して見える．

10.3 映像による生体への影響

　これまで述べてきた人間の空間情報を知覚する要因に対して，空間表示方式にはその再現状態から，①表示面より奥行き方向に空間を再現する奥行き画像，②表示面の前後方向に空間を再現する立体画像，③観察位置の制限がなく自然な空間を再現する3次元画像がある．このうちの自然な3次元空間を再現する方式としては，物体からの波面状態を完全に再生するホログラフィがあげられる．しかし，ホログラフィはあまりにも高密度な画像情報を必要とすることから，フルカラー動画像による空間再現が実用上難しい．そのため，現在では，立体視機能のうちで最も効果的に空間再現に寄与する両眼視差だけで立体状態を表示する2眼式立体方式が最も利用されている．ただ，その2眼式ディスプレイは，次のような立体視機能との不整合点があり，観察者に眼精疲労をはじめとした，違和感や不自然な空間状態を与える[45)-47)]．

(1) 表示面と画像による空間再現位置の異なる場合が多いため，ピント調節と輻輳の両機構の対応関係（図10.1.8）にアンバランスが生じやすく，両機構の許容範囲（被写界深度）以上の極端な立体再現が行われると，観察者にかなりの視覚負担を与える．
(2) 両眼視差の急激な変化に対しては，観察側の追従が困難になり，2度/s以上の移動速度になると，立体視が難しくなる．
(3) 再現される立体像が，舞台の背景や書き割りのように，対象の厚みが平板のような見え方（書き割り効果）になる．立体表示条件と観察条件のずれ，両眼視差量の異なる情報による順応やマスキング効果などがこのような歪みを引き起こすことを検討されているが，多方向からの情報表示により軽減されることから，運動視差成分の重要性も示唆されている．
(4) 自然な状態で観察している場合と比べて，両眼視差だけで前方に表示した場合は物体が小さく見え，後方に表示した場合は大きく見える．大きさに関する恒常性が崩れ，不自然な相対関係が発生した状態（箱庭効果）になる．注視対象以外に適度なぼけを与えることで，この効果が低減できる．
(5) 左右眼への提示画像に極端な差があると，その差の部分が交互に入れ替わって見える視野闘争という不安定な見え方になる．ただ，同一のネガ-ポジ図形を左右眼に提示すると，面と輪郭部がちらつき，光沢のあるように見える両眼光輝と呼ばれる現象や，同時視・単一視を検査する図形での檻の棒と動物の見え方（優位に見える図形成分によって重なり合った他眼の局所部分のみが抑制されて見える）もあり，両眼の共通情報のみを効率よく抽出するために必要な情報処理機能（図10.2.5）の一面を示していると考えられる．
(6) 両眼への画像提示時の分離状態の不十分さ（片眼情報に他眼情報がもれ重なるクロストーク量が数%になると，二重像に見える状態）により，安定した立体視の妨げになる．

視覚疲労の測定法

3次元映像などの視覚刺激によって引き起こされる生体反応や心理効果を計測・評価するために，次のような手法が用いられている．特に，不自然な映像や強い刺激による視覚疲労の定量化に関しては，人にやさしい3次元映像の条件を見出すためにも重要な課題でもある．

(1) フリッカ値

点滅光のちらつきが感じられなくなる周波数を臨界融合周波数（CFF）といい，その周波数値が標準刺激状態から低下することで中枢での覚醒状態への影響を示すといわれるが，末梢での反応との報告も見られ，生体への負荷状態は不確定である．ただ，これまで労働衛生分野では疲労検査の標準的な尺度になっている．

（2） 近点-遠点調節応答，調節微動

調節反応は，赤外光（ダブルスリット，レーザ光）を瞳孔部から眼底に照射し，その反射光の状態から網膜面の共役位置（スリット像合致，スペックルパターン静止）を求め，応答状態が計測できる．通常時のピントを合わせることができる最短距離（近点）と最長距離（遠点）を測定して，その両点に視標を交互提示し，そのピント調節応答時間と調節変動状態を連続的に測定する．眼への負荷にともなって，応答時間の延長，調節距離幅の減少，微小な調節量の高周波成分の増加傾向が見られることから，他覚的に調節応答波形を測定する方法が中心になる．ただ，応答時間に関しては，ピント合致時を主観的に応答する方法も用いられる．

（3） 瞳孔反応

瞳孔径は入射光量だけでなく，注視状態やピント調節変化時にも変動するが，作業負荷によって縮瞳する傾向が報告されている．前眼部を赤外線画像で観察し，瞳孔径や面積を抽出計測できる解析ソフトを調節や眼球運動を計測する装置に組み込んで，他の反応と同時計測する方法が用いられる．

（4） 瞬目数，ブリンカー値

注視状態では瞬目数が減少することや，意識的な瞬目で回転盤上のパターンの視認性を高めること（円盤上の文字などを判読可能な回転数が瞬目で上昇する状態をブリンカー値といい，認識や反応への負荷で変動する）などから，瞬目を光学的または電位計測で求めて，視覚負担の定量化ができる．

（5） 眼球運動

注視対象の分布を眼球運動の軌跡から求めることができ，情報の見やすさや空間配置の評価などには利用できるが，刺激による負担や快適性などの評価に適用できるかはまだ未確定である．

眼球運動の計測には，光学的と電気的に測定する方法（光学的測定法：前眼部観察，虹彩（黒目）-強膜（白目）境界部からの反射光量の変化，角膜表面による反射像の計測，反射鏡装着型コンタクトレンズや眼底中心窩の直接観察による微細運動の計測など．電気的測定法：眼球角膜（＋）と網膜部（－）の電位差を，眼球周辺の上下，左右に貼付した皮膚電極で計測（EOG），誘導コイル付コンタクトレンズによる均一磁場内での誘導電流の計測など）が見られるが，測定精度（頭部の固定や観察拡大系で固視微動も計測できるが，測定範囲が狭く，通常の測定法では測定範囲30°で精度約30分程度である）や装着具などの制限から，自然な状態での計測にはまだまだ改良が必要である．

（6） 心拍，血流，温度体表温度分布

体内での循環系の活動状態から，刺激に対する生体応答を定量化するのに，血液供給源の心臓活動を測定する方法と，血液供給状態を体内各部の血流や温度変動で計測する方法がある．活動状態は電位計測（心電図など），流れを磁気変動（血流計）や光・熱計測（光CT，サーモグラフなど）で調べられ，応答波形や積分値の変動か

ら，緊張・興奮・安静状態の差を導き出している．

(7) 呼　吸

胸部形状の変動を光電・電位的に，鼻孔部での空気の流れを熱的に計測して，体力消耗による酸素供給とは異なった心的緊張状態などによる呼吸変動を抽出して，視覚刺激などが高次中枢に及ぼす影響を調べる．

(8) 皮膚電気特性，筋電図

皮膚表面に付着した電極により，皮膚抵抗や皮膚下筋肉活動を電気的に計測して，行動中枢系からの指令による変動ではなく，高次中枢での心理状態にともなう抵抗値の変動や筋肉の緊張・弛緩状態を求める．嘘発見器などの原理として使用されている．

(9) 脳波などの脳内活動電位

皮膚電極で簡便に測定することが可能な脳波には大脳での機能的な変動を示す背景脳波と，光や音などの外部刺激によって誘発される誘発脳波とがある．後者は感覚刺激の中枢への伝達処理状態を調べるのに使用されるが，前者では特定周波数成分（α波：8〜10 Hz と 10〜12 Hz に分けて解析する場合もあるが，閉眼時や注意低下状態で発生するため，覚醒状態を調べる波形になる．β 波：12〜25 Hz は波形が小さいため，周波数分析で検出できるが，精神的な活動との相関が見られる．θ 波：3〜8 Hz で前頭から頭頂部にかけて発生する成分が増加すると，精神的な集中度や緊張感が高まる傾向が見られる．立体刺激や携帯電話送話時に発生する報告もある．δ 波：正常者では発生しにくい成分 0.5〜3 Hz で，身体の動きなどの影響を受けやすく，心理状態の解析にはあまり利用されていない）から注目度や情動の状態を定量的に解析し，中枢高次作用を定量化する手法として測定される．作業に対する準備状態に応じて頭頂部から発生する CNV なども外部刺激環境に対する脳内状態を計測する電位として有効である．脳内での活動状態をより高精度に脳内地図上で調べられる MRI は，装置の大型化や自然状態での計測が困難なため，脳波の発生機序を確定するために用い，実際には，簡便に計測可能な脳波などを安定した尺度化することが期待される．

(10) 姿勢・重心変動計測

映像によって再現される空間状態で，観察者がどれだけ影響を受けているかを調べるために，観察者の主観的空間座標系への影響として姿勢や重心を計測する方法（身体全体の重心計以外に，足裏への加圧分布計測による姿勢変動計測法）がある．臨場感あふれる映像からは，映像で再現される空間内をあたかも移動しているように感じ，観察者の重心も移動状態に応じて変動するし，映像空間内への関心度によって姿勢の変動や頭部運動なども発生する．

(11) リズム

人間には，体内の循環系のリズムや体内時計に基づき，安静時の適正なリズムがあらかじめ備えられている．外的刺激や心的状態によって，そのリズムに影響される様

子を，主観的な1秒間や3拍子のリズムをキー応答などで計測し，刺激前後の変動から求められる．一般的に，主観的1秒は物理的1秒より短く，長時間作業などによる負荷や順応の程度により，その時間に影響が発生する．打鍵時間計測による主観応答が用いられるが，先に述べた循環系や脳波などの計測で客観的な計測も試みられている．

(12) 主観評価

現状では，高次中枢での心的状態を数量的に求める手法として，主観評価法は最も簡便で，しかも統計的な解析法を用いて，評価の信頼度を高める工夫により，実用面で多用されている．評価時の判断基準（同一，等価，差の有無，順位，程度）や感覚尺度（ラベルをつける名義，特性の大小・優劣の順番を示す順序，順序間の距離，尺度の原点が存在する比率）によって，さまざまな評価法が提案され，評価目標に適合した方法を選択することが重要である．評価手法としては，順位法（対象を同時提示して評価要因に応じて順位をつける），評定尺度法（「非常に」，「やや」良い・悪いなどの5段階または7段階的なカテゴリを数値化して評価尺度を構成し，主観評価の数量的解析が可能），系列範疇法（評定尺度法と似た評価法で，定められたカテゴリに評価程度を対応させ，各カテゴリ間の尺度距離などは評価判断の発生確率が正規分布すると仮定して処理する），一対比較法（2枚の評価対象を特定な判断基準にしたがって比較判断する方法で，評価尺度を併用してより詳しい定量化が行われている）などがあり，信頼度を高める工夫が見られる．

このうち，比較法は信頼性が高いが，すべての組み合わせに対する評価時間がかかり，評価者への負担が大きいため，個々の比較負担を軽減するために常に基準刺激との比較で評価する二重刺激法，時間短縮と尺度化が安定する3枚比較法などが提案されている．ただ，変化する刺激の時間経過に応じて精度よく評価することは難しく，心的な変動を感じた時点をマーキングし，他の生体反応との併用による評価が試みられている[48]．

〔畑田豊彦〕

▶参考文献

1) 大山 正，今井省吾，和気典二編：新編感覚・知覚心理学ハンドブック，誠信書房，1994.
2) 日本視覚学会編：視覚情報処理ハンドブック，朝倉書店，2000.
3) 産総研人間福祉医工学研究部門編：人間計測ハンドブック，朝倉書店，2003.
4) Fisher, R. F.: Presbyopia and the changes with age in the human crystalline lens. *J. Physiology*, **228**, 765-779, 1973.
5) Xu, J., Pokorny, J. and Smith, V. C.: Age-related changes in the color appearance of broadband surfaces. *Color Research and Application*, **18**, 380-389, 1993.
6) Nathans, J., Thomas, D. and Hogness, D. S.: Molecular genetics of human color vision, the genes encording blue, green, and red pigments. *Science*, **232**, 193-202, 1986.
7) Rooada, A. and Williams, D. R.: The arrangement of the three cone classes in the

living human eye. *Nature*, **397**, 520-522, 1999.
8) Blakemore, C. and Campbell, F. W.: On the existence of neurons in the human visual system selectively sensitive to the orientation and size of retinal images. *J. Physiology*, **203**, 237-269, 1969.
9) Ferrera, V. P., Nealey, T. A. and Maunsell, J. H.: Responses in macaque visual area V4 following inactivation of the parvocellular and magnocellular LGN pathways. *J. Neuroscience*, **14**, 2080-2088, 1994.
10) Livingstone, M. S. and Hubel, D. H.: Segregation of form, color, movement and depth: anatomy, physiology and perception. *Science*, **240**, 740-749, 1988.
11) Mishkin, M., Ungerleider, L. G. and Macko, K. A.: Object vision and spatial vision: two cortical pathways. *Trends in Neuroscience*, **6**, 414-417, 1983.
12) DeValois, R. L. and DeValois, K. K.: A multi-stage color model. *Vision Research*, **33**, 1053-1065, 1993.
13) 小松英彦:色覚を司る神経細胞. 科学, **65**, 454-460, 1995.
14) 畑田豊彦:ディスプレイ端末を人間工学の立場で見直す. 日経エレクトロニクス, No. 333, 158-177, 1984.
15) 窪田 悟:液晶ディスプレイの生態学, 労研出版部, 1998.
16) 畑田豊彦:ディスプレイに要求される機能. 照明学会誌, **73**, 724-728, 1989.
17) 日本色彩学会編:新編色彩科学ハンドブック, 第2版, 東京大学出版会, 1998.
18) Wagner, G. and Boynton, R. M.: Comparison of four methods of heterochromatic photometry. *J. Optical Society America*, **62**, 1508-1515, 1972.
19) McCollough, C.: Color adaptation of edgedetectors in the human visual system. *Science*, **149**, 1115-1116, 1965.
20) Campbell, F. W. and Robson, J. G.: Application of Fourier analysis to the visibility of gratings. *J. Physiology*, **197**, 551-566, 1968.
21) Pessoa, U.: Mach Bands: how many models are possible? Recent experimental findings and modeling attemts. *Vision Research*, **36**, 3205-3227, 1996.
22) 坂田晴夫, 磯野春雄:視覚における色度の空間周波数特性(色差弁別閾). テレビジョン学会誌, **31**, 29-35, 1977.
23) Kelly, D. H.: Visual processing of moving stimuli. *J. Optical Society America* (A), **2**, 216-225, 1985.
24) Kelly, D. H.: Spatio-temporal variation of chromatic and achromatic contrast threshold. *J. Optical Society America*, **73**, 742-750, 1983.
25) 坂田晴夫:視覚の色度時空間周波数特性—閾上値の網膜部位による見え方. 電子情報通信学会論文誌, **J67-A**, 805-810, 1984.
26) 森 峰生, 畑田豊彦, 石川和夫, 寺島信義, 大頭 仁:臨界融合周波数以上の点滅刺激による明るさ知覚への影響. 映像メディア学会誌, **52**, 612-615, 1998.
27) Howard, I. P. and Roger, B. J.: *Binocular Vision and Stereopsis*, Oxford Univ. Press, New York, 1995.
28) 泉 武博監修:3次元映像の基礎, オーム社, 1995.
29) 原島 博監修:3次元画像と人間の科学, オーム社, 2001.
30) Javidi, B. and Okano, F. eds.: *Three-Dimensional Television, Video, and Display Technologies*, Springer, Berlin, 2002.

31) 谷　千束編：高臨場感ディスプレイ，共立出版，2001．
32) 畑田豊彦，坂田晴夫，日下秀夫：画面サイズによる方向感覚誘導—大画面による臨場感の基礎実験—．テレビジョン学会誌，**33**，407-413，1979．
33) 畑田豊彦：人工現実感に要求される視空間知覚特性．人間工学，**29**，129-134，1993．
34) Rogers, B. J. and Bradshaw, M. F. : Vertical disparities, differential perspective and binocular stereopsis. *Nature*, **361**, 253-255, 1993.
35) 金子寛彦：立体視における垂直視差の役割．*Vision*，**8**，161-168，1996．
36) Poggio, G. F., Gonzalez, F. and Krause, F. : Stereoscopic mechanisms in monkey visual cortex: Binocular correlation and disparity selectivity. *J. Neuroscience*, **8**, 4531-4550, 1988.
37) 江本正喜，矢野澄男，長田昌次郎：立体画像システム観察時の融像性輻輳限界の分布．映像情報メディア学会誌，**55**，703-710，2001．
38) Richards, W. : Stereopsis and stereoblindness. *Experimental Brain Research*, **10**, 380-388, 1970.
39) Stevenson, S. B., Cormack, L. K., Schor, C. M. and Tyler, C. W. : Disparity tuning in mechanisms of human stereopsis. *Vision Research*, **32**, 1685-1694, 1992.
40) Fisher, S. K. and Ciuffreda, K. J. : Accommodation and apparent distance perception. *Perception*, **17**, 609-621, 1988.
41) 塩入　諭，佐藤隆夫：両眼立体視と単眼処理．テレビジョン学会誌，**45**，432-437，1991．
42) 塩入　諭，佐藤隆夫：輪郭線形状の両眼立体視形成への影響．テレビジョン学会誌，**47**，364-370，1993．
43) Bradshaw, M. F. and Rogers, B. J. : The interaction of binocular disparity and the motion parallax in the computation of depth. *Vision Research*, **36**, 3457-3468, 1996.
44) 名手久貴，須佐見憲史，畑田豊彦：多視点画像が提示可能な立体ディスプレイにおける運動視差の効果—運動視差による書き割り効果の改善—．映像情報メディア学会誌，**57**，279-286，2003．
45) 畑田豊彦：疲れない立体ディスプレイを探る．日経エレクトロニクス，No. 444，205-223，1988．
46) 矢野澄男，江本正喜，三橋哲雄：両眼融合立体画像での二つの視覚疲労要因．映像情報メディア学会誌，**57**，1187-1193，2003．
47) 石橋康雄，大塚作一，金次保明，吉田辰夫，臼井支朗：ステレオ表示における奥行き知覚ひずみとその防止方法．テレビジョン学会誌，**50**，1256-1267，1996．
48) 大石　巌，畑田豊彦，田村　徹：ディスプレイの基礎，共立出版，2001．

11

心　理

　人間は 3 次元空間において，視覚を通じて 3 次元の世界を知覚・認識し，その状態に応じて柔軟に活動することができる．視覚情報は網膜上に 2 次元画像として入力されるため，人間の視覚系では網膜上に投影された外部世界の 2 次元像から 3 次元空間のモデルを再構築している．そのため，人間の視覚系ではさまざまな手がかりをもとに網膜像で欠落した奥行き情報を補って 3 次元の外界を知覚・認識している．外部環境の 3 次元的形態を識別するための手がかりには，輪郭や陰影などの絵画的手がかり（心理的要因）と，両眼視差や輻輳による手がかり（生理的要因）がある．前章で述べた生理的な要因では水平方向に少しずれた位置にある両目からの情報の異なり（両眼視差）で脳が奥行きを計算していると説明されている．
　しかし，この方法では，片目を閉じると（単眼では）奥行きを求められなくなるはずであるが外部世界は 3 次元的に知覚されている．また，人間は両眼視差のない平面的な（2 次元画像）絵画や写真にも奥行きを感じ，立体的に見える．このことは，脳は両眼視差以外の手がかりでも奥行き情報を得ていることになる．
　すなわち，3 次元空間の知覚・認識には前章において述べられた生理的な要因のみではなく心理的な要因や経験的な要因も重要な役割を果たしている．また，視覚を通じての環境の知覚・認識においては物理的（客観的）な状態とは異なって知覚される錯視と呼ばれる現象がある．錯視は客観的な状態とは異なって知覚してしまうという点で錯誤と考えられがちであるが，実際には視覚システムが 3 次元空間を知覚・認識するうえで重要な役割を担うメカニズムの一端が極端な形態で発現されたものである．そして，3 次元映像の表示でもこれらの錯視現象について十分に理解を深めたうえで効果的に利用することが必要とされる（図 11.0.1）．

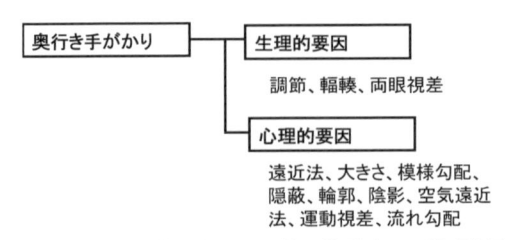

```
奥行き手がかり ─┬─ 生理的要因
                │    調節、輻輳、両眼視差
                │
                └─ 心理的要因
                     遠近法、大きさ、模様勾配、
                     隠蔽、輪郭、陰影、空気遠近
                     法、運動視差、流れ勾配
```

図 11.0.1 奥行き知覚の手がかり（生理的要因および心理的要因）

11.1 形の知覚

　われわれは，外部世界をあるまとまりを持ったものの集まりとして知覚・認識している．視野全体が一様で等質な刺激状態であるとき，この状態は全体野あるいは等質野と呼ばれ，何も知覚できず，また，奥行きも定まらず，不安定な知覚状態となる．まとまりを持たない均質で一様なものはわれわれにとって知覚の"対象"として認識されない．視野中に対象物が知覚され，奥行きが定まり，3次元の知覚が生じるためには，視野中に明るさや色が変化しているなど異質な領域が存在することが必要とされる．対象物と空間との境界をなす輪郭が知覚され，対象物の領域とまわりの空間とが分離されるいわゆる"図地分化"が成立する必要がある．そして，通常は図が手前に，地は背景に知覚される．さらに，このようにして視野内のいくつかの分離した領域に知覚された"図形要素"がまとまりを形成し，すなわち体制化（群化）されて1つの対象物として知覚・認識され，これは知覚体制化と呼ばれている．

11.1.1 輪郭の知覚

　前述したように視野中の何か異質な領域（図）を知覚するには，図の領域と背景との境界をなす輪郭が必要とされる．輪郭には対象物が背景を遮蔽している境界である遮蔽輪郭や対象物の稜線部などに現れる明暗の急激な変化，さらには対象物表面上に存在する線や模様などの境界に現れる明暗の差異などがある．前者の遮蔽輪郭は対象物の外形を示しており直接的に対象物の知覚・認識へと結びつく．一方，後者はそれ自体では"図形要素"というべきものであり，直接的には対象物の知覚には結びつかず，それらの複数が配置や運動の状態によってまとまって知覚されてはじめて対象物の認識へと結びつくものである（図 11.1.1）．

11.1.2 知覚体制化（群化）

　前述したように，われわれが3次元の世界が見えるためには視野内の視覚刺激（図形要素）の知覚体制化が必要とされる．体制化は"図と地"の体制化，"かたち"の体制化，"空間"の体制化，"うごき（時-空）"の体制化などに分類して考えられる．

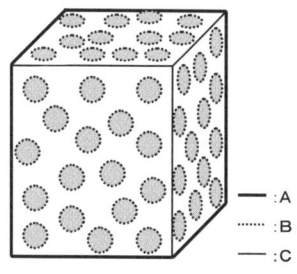

11.1 形の知覚

図 11.1.1 輪郭
A：対象物の輪郭，B：図形要素の輪郭，C：稜線.

　知覚体制化が起こる（まとまりや群化を決定する）要因はゲシュタルト心理学者によって調べられ，ゲシュタルト要因あるいはゲシュタルト法則などと呼ばれている．この基礎を形成する"一般的根本原則"はウエルトハイマーによって形式化された"プレグナンツの法則"，すなわち，「視野に与えられたパターンは，そのときに与えられた条件の下で全体的に最も単純で最も秩序のある最もよい形にまとまろうとする」である．この群化の決定要因は図 11.1.2 のように分類されている．

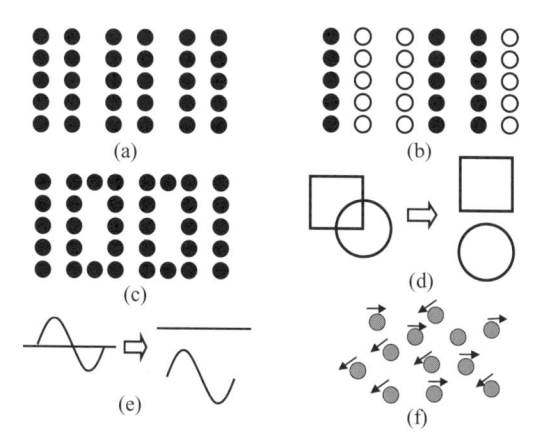

図 11.1.2 知覚体制化の要因
（a）近接，（b）類同，（c）閉合，（d）よい形，（e）よい連続，（f）共通運命．

(1)　近接の要因：分化された図形要素は近接しているものがまとまりやすい．
(2)　類同の要因：明るさ，色，形などの性質が同じ図形要素がまとまりやすい．
(3)　閉合の要因：空間的に閉じる傾向を有する図形要素がまとまりやすい．
(4)　よい形の要因：複数の図形が重なり合っている図形はよい形（規則性，対称性，単純性などの特質を持つ形）に分離されて知覚される．
(5)　よい連続の要因：図形の境界や線は滑らかに連なるように知覚される．

(6) 共同運命の要因：同一の方向へ運動する図形どうし，あるいは剛体条件を満足するような相対関係を保って運動する図形はまとまって知覚される．

これらの知覚体制化については平面上での見え方に関する問題が多く取り上げられていたが，最近では3次元的なものや空間，さらには時間をも含めた広い意味での体制化に関する研究がさかんに行われ，体制化に関しての知見が深化されてきている．

11.1.3 形の知覚

形状には規則的なものもあれば不規則なものもある．網膜像と同じに知覚されるものもあれば網膜像とは異なって知覚されるものもある．一般に対象物は見る方向によってその網膜像は異なったものになる．しかし，われわれ人間には同じ対象物は同じ形として知覚される．また，一方において物理的な形とは異なった形として知覚されてしまう場合もある．その典型は，幾何学的な形にかかわる幾何学的な錯視図形である．さらには，物理的には明度差がないのに明度差をともなった形状が知覚されてしまう錯視現象もあり，主観的輪郭と称されているものがその代表である（図11.1.3）．

図 11.1.3 主観的輪郭の例

11.1.4 幾何学的錯視

われわれ人間が知覚しているのは外界のそのままの忠実な写しではない．視覚刺激の物理的な状態とは異なって知覚されてしまう現象は錯視と呼ばれ，古くから多くの錯視現象が報告されている．それらの多くは，大きさ，長さ，形状，位置，方向などの幾何学的な特性が実際とは異なって知覚されてしまうもので幾何学的錯視と呼ばれている．幾何学的錯視の多くは19世紀後半から20世紀前半にかけて発見あるいは考案されたものが多く，それぞれ発見者あるいは考案者の名が冠せられている（図11.1.4）．これら幾何学的錯視を含め，種々の錯視の研究は視知覚メカニズムを解明するための重要な研究分野となっており，現在もさかんに研究されている．近年，CG（コンピュータグラフィックス）を利用し，さまざまな図形を容易に生成できる．基本的な錯視図の組み合わせで種々の効果を生成したり，新しい型の錯視の発見などもなされている．

これらの多くは単眼でも知覚されるが，11.3節で紹介する両眼視特有の3次元錯

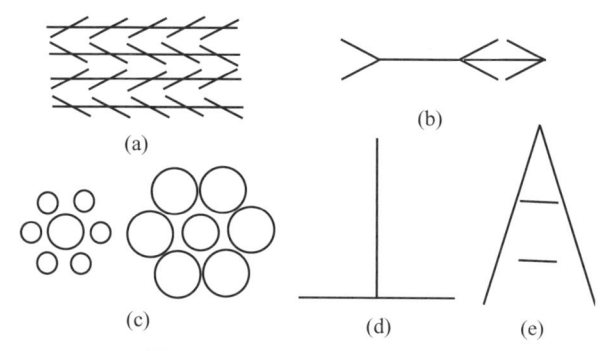

図 11.1.4 代表的な幾何学的錯視の例
（a）ツェルナー，（b）ミュラー‒リアー，（c）エビングハウス，
（d）ヴント‒フィック，（e）ポンゾ．

視現象も発見されている．さらには，運動にかかわる錯視現象も報告されている．

11.2 奥行き知覚

11.2.1 奥行き手がかり

3次元空間の知覚においては奥行きを知覚することが不可欠となる．前章の両眼視における輻輳や両眼視差などは生理的な奥行き知覚の重要な手がかりである．しかし，人間は片目を閉じても3次元の環境中で対象物の奥行きを知覚認識し，柔軟に活動できる．これは，輻輳や両眼視差といった生理学的な要因による以外の奥行きに関する情報を獲得し，それらから奥行き情報を生成して自身の中に3次元環境の心的モデルを構成し，その中で判断し行動しているからである．このように両眼視差にはよらず，単眼視によって奥行き情報を獲得し3次元構造を生成するうえでの手がかりとなる情報をここでは"単眼視における奥行き手がかり"と呼んでおり，これらは，調

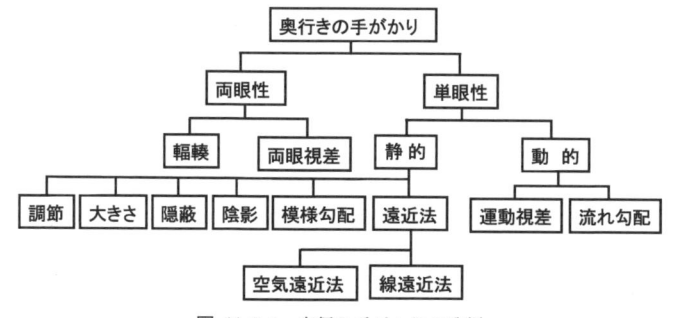

図 11.2.1 奥行き手がかりの分類

節，遠近法（線遠近法，空気遠近法），陰影，運動視差などに分類して考えられる（図 11.2.1）．

調節とは，対象物の像が網膜上に明瞭に投影されるように眼球の水晶体の厚さを変化させて焦点距離を調節していることであり，調節にかかわる筋肉の緊張状態から対象物までの距離にかかわる情報を得るというものであり，前章の生理的要因に属する奥行きの手がかりである．

a．線遠近法（図 11.2.2）

人間の眼の構造上，網膜には眼のレンズ（角膜および水晶体によるレンズ作用）節点を中心にして外界の像が投影されている．これは中心投影と呼ばれ，この投影法においては同じ大きさの対象物であれば網膜上に形成される像の大きさは，対象物までの距離に反比例する．したがって，対象物が遠くなるほど像の大きさは小さくなり，近くなるほど大きくなる．人間は日常このような環境に曝されており，経験的にそのような状況に自然に反応するように学習が形成されている．

線遠近法は直線的な特徴を含む絵を 2 次元的に表現する場合に広く利用される．3 次元空間での平行線を平面に投影すると無限遠で 1 点に集束する直線群になる．たとえば，まっすぐな線路や道路の平行線は地平線の彼方で一点に交わる．逆に，人間はそのような直線群を見ると 3 次元空間における平行線であるとし，3 次元空間を再構成して知覚する．多くの絵画ではこの遠近法による"透視画的配置"を用い，人間の日常的経験によって形成された特性を喚起して 3 次元空間を表現している．3 次元映像の提示においては，この原則に従うことが重要である．これに従わないと奇妙な知覚が生成される場合がある．

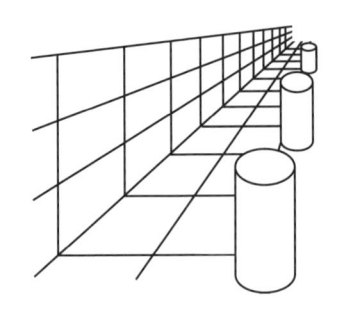

図 11.2.2　線遠近法

b．模様（テクスチャ）勾配

模様（テクスチャ）勾配と呼ばれる奥行き手がかりも基本的には遠近法の原理に基づいたものである．網膜上に映る像は，対象との距離に応じて変化し，近くのものは大きく映り，遠くのものは小さく映る（図形要素の大きさ）．同程度の大きさの粒パターンが点在している面を観察すると，近くの粒はまばらに，遠くの粒は密に映り（図形要素間の間隔），逆に，この密度の変化から遠近を知覚できる（図 11.2.3

11.2 奥行き知覚

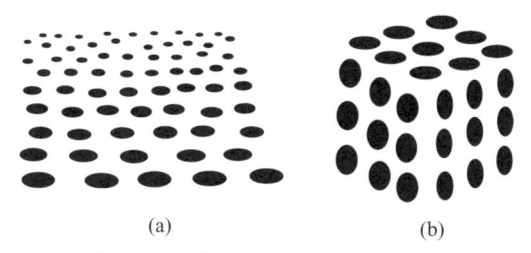

図 11.2.3 模様勾配による奥行き知覚の例
（a）テクスチャの大きさと間隔が変化，（b）テクスチャの縦横比のみ変化．

(a))．また，面が傾いていると図形要素の形状は傾斜方向に圧縮され網膜上には変形して映り（縦横比），これより，面の傾きや奥行きを知覚できる（図11.2.3(b))．

しかし，絵画や写真に全く接したことがない地域の人たちに写真や絵画を見せてもそれが何であるのかを認識できないとの報告もなされている．透視画的配置にすれば誰でも必ず奥行き情報としてとらえられるわけではなく，経験的あるいは文化的な要因なども作用する可能性を否定できない．

c．大気遠近法

遠近法と名づけられているが，前述の眼球における中心投影の原理によるものではない．遠くから届く光ほど長距離の大気中を通過するため，空気中にある霧粒子や塵埃などの散乱の影響を強く受け，遠い物ほどその境界や模様などが不明瞭に見える．すなわち，遠くの物はぼやけて低いコントラストで見え，近くの物は明瞭に高いコントラストで見える．人間の視覚では，コントラストが低い対象物は遠くに，コントラストが高い対象物は近くにあるように知覚される（図11.2.4）．この手がかりは絵画や映像でも多用されており，近くの対象物は高いコントラストで遠くの対象物は低いコントラストで表示することによってより自然に知覚される．また，背景が暗い場合に明るい物は近くに見え，逆に背景が明るい場合は暗い物が近くに見える．

図 11.2.4 大気遠近法の例（金門橋，サンフランシスコ）

d. 隠蔽（像の重なり）

複数の対象物が視野のほぼ同じ方向にあると，網膜上に像の重なりが生じ，近い対象物が遠い対象物からの光を遮り隠してしまう．この光学的拘束条件が成り立っていることによって，逆に網膜像の重なりの状態から対象物の遠近（奥行き順序）を知覚できる．これが"隠蔽（像の重なり）"手がかりといわれるものである（図11.2.5）．CGで3次元対象物を表示する場合の隠線処理や隠面処理という操作はこの関係を充足させる操作であり，これを行わないと前後関係があいまいとなり対象物が正しく知覚されにくい．

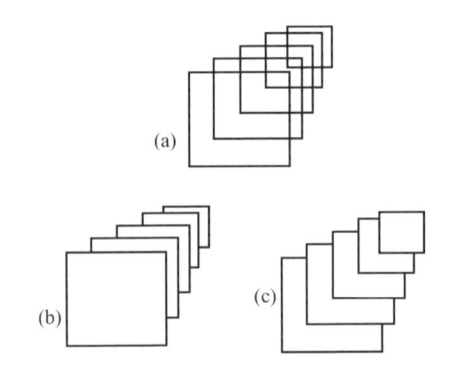

図 11.2.5 隠蔽による奥行き順序知覚の例 (a) 隠蔽なしで枠のみ表示，(b) 大きい順に手前から配置，(c) 大きい順に奥から配置．

e. 陰影の手がかり

われわれの日常の生活環境においては，太陽や照明などの光源は上にあり，光は上方からやってくる．そのため，上方（光源の方）を向いた表面は明るく，上方向からはずれるにしたがって徐々に暗くなる．このため，凸状の表面では上部が明るく下部は暗くなり，凹状の表面では下部が明るく上部が暗くなる．人間の視覚システムでは，「光源（太陽や照明）が上方にある」という暗黙の仮説に基づいて，上部が明るければ凸，下部が明るければ凹状の表面として知覚している（図11.2.6(a)）．CGでは，コンピュータの中に3次元空間モデルを設定して対象物を配置し，光源やカメラの位置とを与えて光学系をシミュレートし，カメラの撮像面に投影される2次元の映像を計算する．それにより，日常の経験に一致させ，3次元の表面形状を効果的に表示する．

また，対象物とその影との相対的な関係も3次元的な情報を取得するうえでの重要な手がかりとなる．影のできる位置によって対象物と影が投じられる面（床など）との間の距離の関係が知覚できる（図11.2.6(b)）．この場合にも人間は照明光が上方から投じられていることを前提にして解釈しているようである．

f. 視野内での高さと奥行き

視野内の高さも奥行き関係を知覚するうえでの手がかりの1つになる．空間内にあ

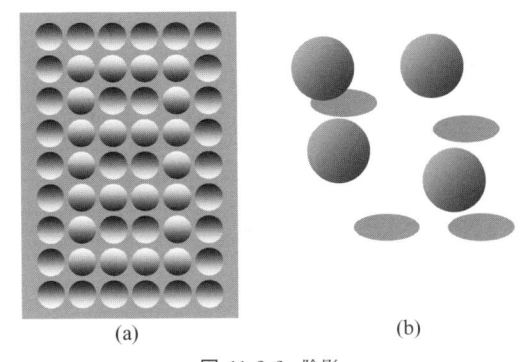

図 11.2.6　陰影
（a）濃淡勾配と凹凸知覚，（b）影と高さ．

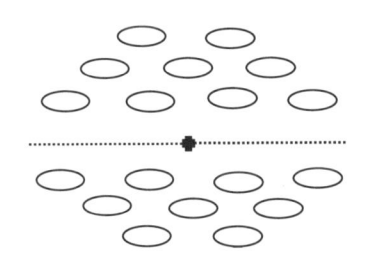

図 11.2.7　視野内の高さと奥行き知覚
水平な破線のまん中を注視すると上半面では上にいくほど近くに，また下半面では下にいくほど近いように知覚される．

るものの奥行きは平面上では相対的な高さとして表現される．この相対的な高さが，知覚される相対距離に影響を及ぼし，対象物が眼の高さより低い場合，遠くにあるものは近くにあるものより視野の中では高い位置にあり，対象物が眼の高さより高い場合には，遠くにあるものは近くにあるものより視野の中では低い位置となる（図11.2.7）．すなわち上半面視野と下半面視野では遠近と上下方向の関係が逆になる．この関係は室内において床の上にあるものと天井についているものとの関係に一致している．また，屋外では地面が低い視野に，空の雲が高い視野に対応している．

11.2.2　運動による奥行き知覚（図11.2.8，図11.2.9）

人間が対象物を観察する場合の運動には，人間自身が運動する自己運動と，人間は静止していて対象物が運動する物体運動とに分けることができる．また，その運動が人間によって引き起こされる能動的運動と運動が他者によって引き起こされる受動運動とに分けられる[14]．人間と対象物との位置関係が全く同じである場合でも，能動的な運動の場合の方が人間にとって認知しやすいと報告されている．

人間自身が移動（自己運動）することによって対象物を異なる方向から見ることができ，それによって1つの固定された位置から見た場合にはわからなかった3次元の構造を認知できる．また，移動し，視点が変化するにつれて網膜像も変化する．この

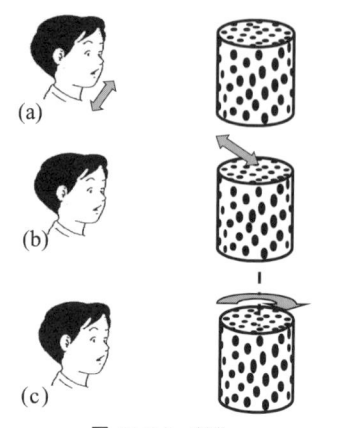

図 11.2.8 運動
（a）自己運動，（b）物体運動（並進），（c）物体運動（回転）．

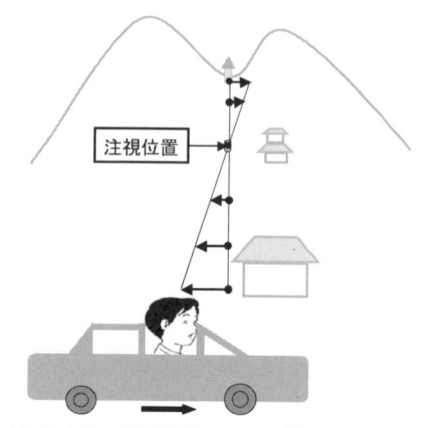

図 11.2.9 自己運動時における奥行きと運動知覚

運動による網膜像の変化は運動視差と呼ばれ，両眼視差と同様にこれが奥行き手がかりとなる．両眼視差が同時的に得られるのに対し，運動視差情報は継時的に得られるもので単眼においても有効に作用する．運動した場合に生じる網膜像の移動（流れ）はオプティカルフローと呼ばれている．自己運動時の運動方向と網膜像の移動と対象物までの距離との間には幾何光学的に明確な関係が成り立っており，注視対象物よりも遠くにある対象物は人間と同じ方向へ移動しているように，また，注視対象物よりも近い距離にある対象物は人間の移動方向とは逆の方向に移動しているように知覚される．また，網膜像の移動速度の大きさは注視対象物からの距離が大きくなるほど大きくなる．対象物が運動する場合についても，座標系を入れ替えて考えると全く同様な関係が成立している．移動速度，注視点距離，対象物距離および像の移動速度などは明確な関連で支配されており，コンピュータビジョンにおいては逆にこれらを利用して3次元を復元する方法が提案され利用されている．

11.2.3 運動からの〔奥行き・構造・形・表面・体積〕の知覚（X from Motion）

停止状態では対象物の構造を全く知覚できない場合でも，それが運動するとその構造を明確に知覚できるようになる．Ullman の円筒はその典型的な例であり，円筒面上に貼り付けられたランダムドットを正投影した影は単なるランダムドットの分布した模様としか見えないが，円筒が回転するとランダムドットの影の運動より，円筒状の構造を知覚することができる．また，回転方向がしばしば交代して知覚される．これは，多面体など他の立体についてもほぼ同様である．しかし，多面体の場合には，その構造的な特徴が非対称であるために知覚される回転方向の交代は円筒の場合より

も頻繁となる．

11.2.4 視空間座標構成

視空間は上下，左右，斜め方向，さらには奥行き方向によって一様ではなく歪みをもって知覚される．この方向による非均等な性質は視空間の非等方向性あるいは異方性と呼ばれ，これは対象物の知覚においてもしばしば現れてくる．たとえば同じ大きさの対象物を左右あるいは上下に併置して比較判断を行うと，一般に上方向あるいは右側にあるものを過大視する傾向がある．ヴント-フィック図形（図11.1.4(d)）のように垂直線分と水平線分では垂直線分が過大視される．奥行きを含めた3次元知覚空間としても歪みがあり，1m程度の奥行きを境にして，それより近い空間と遠い空間では奥行き方向の歪みが逆転する．近い位置では周辺視野での奥行きが近くなり，遠い位置では逆に周辺視野での奥行きが遠くに知覚される．このため，3次元知覚空間内での対象物の位置や姿勢も異なって知覚されてしまう．また，視覚的に知覚される視空間と触覚的に知覚される触空間とにもずれがあることが明らかにされている．

11.2.5 手がかりの競合

前述した奥行きの手がかりは3次元空間知覚における重要な因子であり，3次元映像の表示においてはこれらの手がかりを十分に理解したうえで反映させることが肝要である．異なる手がかりが協調的に作用する場合には知覚が強められ，促進されるが，しばしば，逆方向に作用し，打ち消し合い，望んでいる知覚を阻害してしまうことも少なくない．たとえば，両眼視差と像の大きさの手がかりに関し，表示される像の大きさをそのままに保ち，両眼視差を増加させた場合，知覚される像の奥行きの変化は与えた両眼視差に基づいたものより小さく知覚されてしまう．これは，像の大きさと距離との関係が逆になっており，近づくと小さく知覚されるので奥行き変化を弱めるように作用するためである．より効果的な3次元映像を得るためには，これらの手がかりが互いに競合しないように，すなわち，協調し合うように留意すべきである．

なお，複数の手がかりが矛盾した競合状態においては，3次元的表示の効果が弱められたり，奇妙で不自然な印象を与えるのみではなく，しばしば，頭痛など不快感を与えてしまう．VR（virtual reality）やVE（virtual environment）においてもしばしば生じ，VR（VE）酔いなどと呼ばれている．

11.3　両眼立体視による3次元錯視[15)-18)]

両眼立体視における3次元錯視対象の知覚現象が見出されている．従来は主観的輪郭の立体視との観点での報告がなされていたが，主観的輪郭の立体視ということでは

(a) L R L

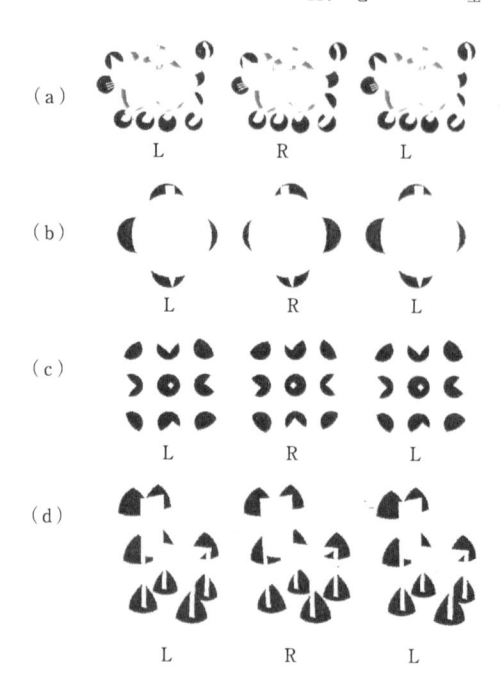

(b) L R L

(c) L R L

(d) L R L

図 11.3.1 両眼立体視による3次元錯視

説明できないことが明らかにされている．これらの3次元錯視現象は以下のような代表的な知覚をもたらしている（図11.3.1）．

a. 3次元錯視表面の知覚（何もないところに何かが見える）[19]

人間の視覚システムでは，隠蔽している対象物の境界に沿って部分的に示した視覚刺激より実際には表示されていない錯視対象物の全体が知覚される．そして，隠蔽している錯視対象物のみではなく，単眼視では認識できない隠蔽されている対象物をも明瞭に知覚できる（図11.3.1(a)）．

b. 錯視立体の知覚[15),17]

前項の厚さのない錯視表面の知覚とは異なり，その内部が何かで充填された体積を有する錯視立体が知覚される（図11.3.1(b)）．前項の厚さのない錯視表面の知覚と体積を有する錯視立体の知覚との間での視覚光学的な差異は，その境界に両眼対応されない部分が含まれていることである．これは実在の対象物においても同様であり，対象物上に両眼非対応部分が存在するかどうかによる．すなわち，この両眼非対応領域の存在は閉じた部分空間としての立体の知覚にとって本質的に重要であり，対象物のステレオ表示においてもこの両眼非対応領域について留意することが不可欠である．

c. 3次元透明錯視対象の知覚[16]

両眼立体視に特有な透明錯視対象物（何も見えない，しかし何かがある）が知覚さ

れる（図 11.3.1(c)）．これらはクリスタル透明，半透明，霧状透明の3種類に分類できる．そして不透明な面を知覚する刺激と透明面を知覚する刺激とが混在している場合には，透明不透明の性質までが内挿されることが見出されている．

d. 3次元錯視対象どうしの干渉

3次元空間内で複数の錯視対象物が互いに交差し合うように配置された場合，隠蔽，透明などの干渉現象が観察される．驚くべきことに，全くその痕跡すら認められないところに2枚の錯視表面が交差するエッジが知覚される（図11.3.1(d)）．また，錯視表面どうしが干渉しあって互いに他を変形させる現象も報告されている．

e. パントマイム効果[18]

従来の知見によれば3次元空間内に多数の対象物が浮かんで知覚されるはずであるが，実際には表示されていない透明な媒体で充填された対象物をそれらが支えているように知覚されるパントマイム効果と名づけられた3次元錯視現象が報告されている（図 11.3.2）．

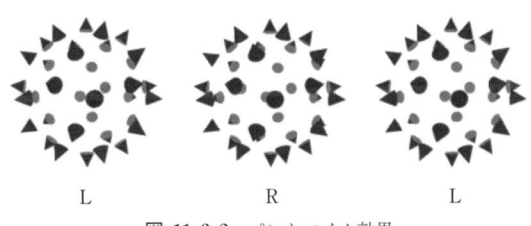

図 11.3.2　パントマイム効果

体積感を有する透明錯視対象が知覚されるパントマイム効果では，支持物体の錯視対象を支える面の色が錯視立体内へ充填される現象が見出された．この場合にも両眼非対応領域に相当する部分の支持対象の存在が体積感の知覚に不可欠であることが確認されている．なお，パントマイム効果による体積感は，単眼視あるいは両眼視差が存在しない場合であっても視覚刺激が運動することによって知覚される．この場合には対象物の出現・消失が両眼立体視の場合の両眼非対応領域に相当し，この存在が体積感知覚を支配している．

11.4　運動の知覚

視覚的運動としては実際運動，誘導運動，運動残像，自動運動，仮現運動などがある．また，物理的な運動の種類としては自己運動と物体運動，並進運動と回転運動などがある．さらに，運動が観察者の意志に基づくものかどうかにより，能動的運動と受動的運動とに分けられる．

a. 実際運動

　対象物が実際に動いている場合に生じる運動の知覚一般を実際運動と呼んでいる。そして、対象の動きが認められる最小の移動速度は運動速度閾と呼ばれ、視角速度で1～2分/sである。また、対象物が移動したことが認められる最小の移動距離は運動距離閾と呼ばれ、視角で8秒から1分程度である。ただし、これらは実験室内において計測された網膜上での像の移動に関するものであり、実際の環境での運動の知覚においてはさまざまな状況が生じ、これほど簡単ではない。たとえば、軌道上を移動する対象を眼で追いかける場合には対象の網膜像は移動せず周辺の静止物の網膜像が移動するのだが、追跡している対象物が動いていると知覚される。すなわち、自分の意志で眼を動かしている場合には網膜上では移動している静止物の像の移動は知覚されない。逆に、自分の意志でない眼の動きで網膜像が移動すると静止物の像の動揺が知覚される。

b. 誘導運動

　対象物間にゆるやかな相対運動（いずれか一方あるいは双方が運動している状態）があると空間的な枠組みの役割を担っているものが静止し、その内部に位置づけられるものが移動して見えやすい。たとえば、流れる雲の中に見える月は、雲と逆方向に移動しているように見える。また、自分のまわりのもの（たとえば隣のホームの電車）が動き出すと自分が動き出したと感じることがある。この種の誘導運動の発生には視野の中央部よりも周辺視野領域に与えられる運動刺激の効果が強いとされている。電車のホームでの場合のように周囲の状況が前景と後景の2層に分かれていると、前景が静止し、後景が運動すると静止している自分自身に誘導運動が引き起こされやすい。

c. 運動残効，運動残像

　運動している対象物をしばらくじっと見つめた後に周囲に眼を転じると、静止している周囲の対象物が逆向きに動いて見える。滝や川の流れを見ていた後にまわりの景色を見たときによく観察されるので滝の錯覚と呼ばれている。また、渦巻き模様の円盤を渦巻きが縮小（拡大）して見えるように回転させ、しばらく見つめ円盤の回転を止めるか別の模様に眼を転じると、それが拡大（縮小）して見えるのも運動残効である。

　暗室の中で1個の静止光点をしばらく凝視していると、それがいろいろな方向へ動いて見えることがあり自動運動と呼ばれている。この運動は基準となる視覚枠組みが失われたときに起こりやすい。夜間飛行のパイロットなどでは問題となる危険な現象である。横目でものを見るようにしてから正面の静止光点に眼を移して凝視すると顕著に観察される。

11.5 感覚統合

　視覚情報と聴覚情報の統合についてはテレビジョンや映画などにおいても重要な因子であり，視聴覚融合としてさかんに研究されている．そして，聴覚情報に対して視覚情報が影響を与えることが報告されている．特に，音が聞こえる方向に関し，視覚情報が与えられると音の聞こえる方向がずれることが知られている．たとえば，テレビを見ていて人が話していることが見えると音声は映像の人物の位置から聞こえているように知覚するが，眼を閉じて視覚情報を遮断すると音はスピーカの位置から出ているように知覚される．さらには，"ga"の発音の映像を提示し，"ba"の音声を与えると聞き手はこれらを統合し，"da"と知覚する"マクガーク効果"が報告されている[19]．

　また，視覚的対象物の大きさあるいは奥行きを変化させながら一定強度の音を提示すると，視覚対象が近づく（大きくなる）ときには音の強度が強まるように，また逆に視覚対象が遠ざかる（小さくなる）ときには音の強度が弱まるように知覚されることが実験的に示されている[20]．逆に，視覚的対象の出現，消失にかかわり，音を提示すると提示していない位置に光が見えたりする現象も報告されている．形状知覚における視覚と触覚に関しても，視覚優位性が報告されている．

11.6 網膜像の大きさと知覚的な大きさ

　前述した中心投影の原理により，眼の網膜に投影される像の大きさは対象物の大きさが同じであれば距離に反比例した大きさの像として投影される．したがって，たとえば8mの距離にいる人の網膜像は2mの距離にいる人の網膜像の4分の1の大きさになる．しかし，われわれの視覚システムでは2人の人間は同じ大きさに知覚される．これは大きさの恒常性と呼ばれる合目的的で適応的な知覚機能が働いているためである．異なる距離にある2つの対象物までの距離が既知であれば，幾何光学的に補正すればそれらが同じ大きさであると判断できるとの説明も理にかなうと思えなくはない．しかし，視覚システムではその対象物に接近したときの比較的恒常的な大きさに知覚する．大きさの恒常性の規定要因の1つに，個別的なもののみではなく一般的に共通したものも含む対象物の熟知度があり，これも大きく作用していると考えられる．

　また，両眼立体視における知覚的大きさについても網膜像の大きさが同じであっても両眼視差によって知覚される距離が異なると対象物の大きさは異なって知覚される．この場合，網膜像の大きさが同じであれば知覚される対象物の距離が近くになればなるほど知覚される対象物の大きさは小さくなる．したがって，実際の対象物が接

近する場合とは反対となり，奇妙な印象が引き起こされる．

11.7 感性情報と3次元映像

　3次元映像は2次元的な映像に比べ，立体感と臨場感を著しく高められ人間の感覚や感性により強く作用する[21],[22]．たとえばテーマパークなどでの立体映画を見ている人の様子を観察すると，思わず歓声をあげたり，飛び出して見える対象物に手を伸ばすなどの行動もしばしば見られる．このことからも，3次元映像が2次元映像に比べて人間の感性や情動にも強く働きかけるものであることが推察できる．感性情報は，意識で制御でき明確に表現できる知識（形式知）的情報とは対照的であり，意識的には制御できず，言葉で表現することも困難であり，主観性，あいまい性，多義性，状況依存性など多くの不明確な側面を有している．3次元映像の提示をより自然に疲労をできるだけ低減し，臨場感や一体感をさらに高めるためには，人間の視覚系における知覚特性に関する理解を深めていくことと同時に，感性や情動などより高次な脳機能に関する幅広い研究が必要とされる．近年著しい発展が見られる脳活動の非侵襲的観測法（脳波，脳血流，fMRI，MEGなど）の使用なども加え，感性の測定法や表現法に関する研究の進展が期待される．

11.8 視覚機能と数理モデル

　視覚機能に関する情報科学的あるいは数理的なアプローチには，人間の視覚機能を工学的に実現し応用していこうという工学的な立場と，人間の視知覚にかかわる数理モデルを構成し，人間の視覚認識のメカニズムの解明に役立てようとする科学的な立場とがある．視覚機能の工学的な実現と応用はコンピュータビジョンやロボットビジョンなどと呼ばれ，1つの大きな研究分野を構成し，すでにさまざまな分野において利用され，日常生活の中にまで浸透してきている．また，科学的な立場からは網膜レベルから1次視覚野さらに高次の視覚に至るまでさまざまな試みがなされている．特に，極端な知覚が現れる錯視現象をシミュレートして脳内の視覚メカニズムを探ろうとの試みがなされている．

〔出澤正徳〕

▶参考文献
1) 藤永保識ほか編：心理学事典，平凡社，1995．
2) 大山　正：視覚心理学への招待，サイエンス社，2000．
3) 鳥居修晃：視覚の心理学，サイエンス社，1982．
4) 鳥居修晃, 立花政夫：知覚の機序，培風館，1993．

5) 松田孝夫:知覚心理学の基礎,培風館,2000.
6) 鹿取廣人,杉本敏夫編:心理学,東京大学出版会,1999.
7) ジョン・P・フリスビー著,村山久美子訳:シーイング(錯視—脳と心のメカニズム),誠信書房,1990.
8) メッガー著,盛永四郎訳:視覚の法則,岩波書店,1968.
9) 下條信輔:視覚の冒険,産業図書,1995.
10) ジャック・ニニオ著,鈴木光太郎,向井智子訳:錯覚の世界,新曜社,2004.
11) Petry, S. and Meyer, G. E. eds.: *The Perception of Illusory Contour*, Springer-Verlag, New York, 1987.
12) G. カニッツァ著,野口 薫監訳:視覚の文法,サイエンス社,1985.
13) Marr, D.: *Vision*, 5, W. H. Freeman & Co., San Francisco, 1982.

▶引用文献

14) Cornilleau-Pérès, V. and Droulez, J.: *The Visual Perception of Three-Dimensional Shape from Self-Motion and Object Motion*, 2331-2336, Pergamon (Elsevier Science Ltd.), Great Britain, 1994.
15) Idesawa, M.: Perception of 3-D illusory surface with binocular viewing. *Jpn. J. Applied Physics*, **30**(4B), L751-L754, 1991.
16) Idesawa, M.: Perception of 3-D transparent illusory surface in binocular fusion. *Jpn. J. Applied Physics*, **30**(7B), L1289-L1292, 1991.
17) Idesawa, M.: Two types of occlusion cues for the perception of 3D illusory objects in binocular illusion. *Jpn. J. Applied Physics*, **32**(2) (1A/B), L75-L78, 1993.
18) Zhang, Q., Idesawa, M. and Sakaguchi, Y.: Pantomime effect in the perception of volumetrical transparent illusory object with binocular viewing. *Jpn. J. Applied Physics*, **37**, L329-L332, 1998.
19) McGurrk, H. and MacDonald, J.: Hearing lips and seeing voice. *Nature*, **264**, 746-748, 1976.
20) 小宮山 摂:大画面テレビジョン視聴時における音像定位.音響学会誌,**43**(9),664-669,1987.
21) 泉 武博監修,NHK放送技術研究所編:3次元映像の基礎,オーム社,1995.
22) 磯野春雄:立体テレビジョンと感性,NHK技研だより,No. 52, 16-20, 1994.

むすび：博覧会での3次元映像

　21世紀になって初めての国際万国博覧会である「愛・地球博」（名古屋市）では、いくつかのパビリオンで立体映像の上映が行われた．そこで、最後にまとめとして、最近の万博での立体映像の傾向と今後の姿を概観する．

1.　過去の万博での3次元映像

　博覧会ではいつの時代でも、立体映像は多くの観客が集まる大変人気のあるイベントの1つである．1985年のつくば科学万博の際も、多くのパビリオンで立体映像の上映があり、最も人気を博したイベントが立体映像でもあった．最大待ち時間が6時間にも及んだといわれる富士通パビリオン（図1）では、全天周型ドームにCGの立体映像を投影するためアナグリフ（赤青フィルタ）方式が採用されていた．富士通パビリオンで上映された立体映像「ザ・ユニバース」には、3DCG映像直径20 mのドームに70 mmフィルムを使うOMNIMAX方式が使われた．また、1990年に開催された大阪花博での「ザ・ユニバース2」も立体3DCG映像であった．その後、この映像は長く（2002年9月まで）、幕張の富士通ドームシアターで上映されていた．

図1　富士通パビリオンのパンフレットより

　ほかにも偏光フィルタ方式や大型高画質ホログラムなど数多くの方式での3次元映像の上映や展示が行われた．つくば万博では、その他、住友館の3Dファンタジアムでは、2台の70 mmフィルム映写機で18 m×8.5 mのスクリーンに投射（カラー偏光方式）、同様な方式の鉄鋼館では、20 m×12 mのスクリーンに投影していた．ほか

にCGや静止画（スライド）の立体映像（偏光フィルタ方式）やホログラム（テーマ館，三井館，集英社館，日本IBM館，富士通館，松下館，TDK館など）の展示があった．

また，レンチキュラを使った立体テレビの展示（松下館）もあった．

さらに，サントリー館のような35 m×26 mもの大型映像（IMAX），マルチ映像，CG映像などの展示があった．

なお，詳しくは1985年に出版された『ステレオグラフィックス＆ホログラフィ：ザ3D』（秋葉出版）を参考にされたい．

どこの国で開催される万博でも，立体映像は何がしかのパビリオンで使われ，また人の集まるイベントでもある．また，万博に限らず，テーマパークや展示会などでも，よく利用されるイベントである．

つくば科学万博からちょうど20年後の2005年に愛知県で開催された「愛・地球博」での3次元映像では，はたして何が変わり，何が新しくなり，何が世界で初めて試みられたのであろうか．そのあたりを中心に見ていく．

2．「愛・地球博」での3次元映像

過去20年間に映像技術はアナログからデジタルへと変貌を遂げた．その間に，コンピュータの飛躍的な進展があり，CG，VR（MR，A-Life），SVFX（特殊視覚効果）などのさまざまな表現技法が開発され，一段と豊かな3Dコンテンツを実現できるようになり，多くの作品が制作されてきた．

また，一方で，ネットワークなどのインフラが整うことにより，3次元映像という大量の情報を高速に配信する技術も整いつつあり，近い将来，立体映像の配信（放送，デジタルシネマ，デジタルアーカイブ）も可能となってくる．

さらに，画質的にはハイビジョンがスーパーハイビジョンとなり，色再現においても一段と改良されてきている．そして，その高画質な映像を表示する装置もさまざまな方式が開発されてきており，小型化，軽量化，高容量化され，しかも安価となり，一般に広く普及してきている．これにより，高画質の3次元映像をリアルタイムに，インタラクティブに表示でき，高速に配信し，大容量で保存できるようになってきた．

このような将来の可能性に向けて，21世紀初の愛知万博では，コンピュータデジタル画像処理による3次元映像の数々が紹介されている．以下に，デジタル映像の大画面の立体映像や新しい裸眼立体映像などを紹介する．

3. 各パビリオンの内容

3.1 JR 東海 超電導リニア館（東海旅客鉄道株式会社）

（1） 3 次元映像の位置付け

「『超電導リニア，発信』―陸上交通システムの限界を超えて」をテーマに，日本が世界に誇る超電導リニア技術を紹介している．

パビリオンは，①超電導リニア 3D シアタ，②リニア車両「MLX 01-1」の展示，③超電導ラボ，の 3 つのゾーンから構成されている．3 次元映像はそのメインゾーンである．

（2） 上映内容

山梨県都留市・大月市にある山梨リニア実験線での走行実験を実施している超電導リニアのドキュメント風の映像である．約 12 分間である．

（3） 3D シアタの構造

超電導リニア 3D シアタはハイビジョンで 800 インチ相当のスクリーン（縦 10 m×横 18 m，無穴）に立体映像（偏光方式）を投影し，サラウンドシステムを使用して臨場感のある音場を作り出し，時速 500 km を超えるスピード感を醸し出している．座席数が 487 席あり，スクリーンのセンターから左右 35°の視域内に収まるように設計されている．映像の送出システムは，ハイビジョン対応で非圧縮型ハードディスクを使用し，上映にはツインプロジェクションシステム（4 台）を用意した．

（4） 音響システム

音響システムに関しては，サラウンド効果を高めるために左右側面などにもスピーカが配置され，全部で 13 台のスピーカシステム（14 チャンネルハードディスクから送出）で構成されている．

（5） その他の工夫

この映像を制作した際，時速 500 km を超えるスピードで通り抜けるリニアモーターカーの脇で撮影したにもかかわらず，映像に風圧，振動などによる揺れがまったく

ないこと，煙などを利用して，スピード感を表すと同時に，立体感を損なわないように工夫していること，CGと実写をうまく合成していることなどのさまざまなところで工夫がなされていると感じられた．超高解像度のデジタル立体映像としてすぐれた画質，臨場感を実現している．

3.2 長久手日本館

長久手日本館には，2つの大きな呼び物となる映像がある．その1つが世界で初めて試みられた，世界最大の特殊な（赤青，偏光，液晶シャッタなどの）メガネを使用しない裸眼立体映像である．また，もう1つが立体映像ではないが，360度の全球映像である．

（1）「ジオスペース（GeoSpace）」（世界最大裸眼立体表示装置，観覧定員：約75名）

特別の3Dメガネを使用しない裸眼立体視表示装置は，既に各種開発されてきたが，その方式は，TV用，PC用，携帯電話用などパーソナル用であり，画面が最大でも50インチ程度であった．また，その方式は，レンチキュラ（かまぼこ型レンズ）方式，パララックスバリア（スリット）方式，IP（昆虫の複眼）方式などであった．

今回開発された方式は，原理的にはパララックスバリア方式であるが，従来のモアレ現象や逆視現象を防ぎ，しかも視域を広くとるために，1画素対応で，1画素ずつずらしてバリアを設ける方式が採用されている．このため，大画面でも，大勢が一度に裸眼で立体視することができるようになった．以下がその概要である．

【展示テーマ】自然環境への宇宙からの視点（太陽から吹き付ける強大なエネルギー"太陽風"や，地球に磁場があることで生じる目に見えないベールなど，地球と太陽の絶妙な関係をシミュレーションの結果を交えて紹介）

【上映内容】（上映時間：約2分）
太陽の存在：生きている太陽，その表面のダイナミックな躍動を紹介
太陽と地球：太陽系を映し出し，太陽と地球の位置関係を表示
太陽風：太陽風の動きをリアルに再現
地球磁気：太陽風と地球の磁気の関係を表現
オーロラ：太陽風と地球の磁場の相互作用によって，オーロラが出現
同時に，同一内容の映像を50インチの立体プラズマディスプレイでも展示上映（同一の立体表示方式）．

【主なスペック】
画面サイズ：縦2286 mm×横4079 mm（180インチ），50インチ，DLP背面投射型ディスプレイを12台使用．
方式：視差バリア方式
視差数：横方向8視差

（2）『地球の部屋』（世界初360度全天球型映像，観覧定員：約75名）

本展示は，3次元映像ではないが，直径12.8 m（地球の直径のほぼ100万分の1）の円球体の中空に観客が入り，通路上のブリッジの足元は一部ガラス張りで，その空間に位置する浮遊感を味わうことができる．

このような映像は，既に大阪花博において，実写で魚眼レンズを使って撮影された映像を投影したが，継ぎ目のわかる画像であった．しかし，今回，この継ぎ目や歪みの補正は，デジタル技術でクリアできた．これにより，いままでにない立体感のある映像が制作されている．

プロジェクタには，DLP方式の世界最高水準の性能のもの（コントラスト比4000：1）が採用されており，また音響効果と映像効果のバランスが考慮された吸音性の高い有穴スクリーンが使用されている．また，音響効果に関しても，空間のどんな位置でも相互干渉を起こさないような配慮を多くのシミュレーションの結果から導き出している．以下にその概要をあげる．

【展示テーマ】地球の生命力/地球とつながる時間

【上映内容】私たちの住む地球の美しさを，海鳥の群れや回遊する魚，満天の星空などで体感する（上映時間：2分30秒）．

【主なスペック】

投影システム：プロジェクタ12台（Panasonic TH-D 7700型）

解像度：SXGA＋（1400×1024 dot）×3枚，光出力：7000 Ansi lm，コントラスト比：1：4000

映像送出装置：グラフィックスPC 12台，ホストコンピュータ1台（全球12分割専用ソフトウェアにより画像の補正，最大解像度：4096×4096×2台）

音響システム：メインスピーカ11台，サブウーハ2台，音源：24チャンネルHDレコーダ

3.3 NEDOパビリオン（NEDO技術開発機構）

入口を入ると巨大なロボット（MIRAI君）が出迎える．そこで配られたメガネ

（プリズム板）をかけると周辺（足元，壁などいたるところ）の絵（フラーレンやカーボンナノチューブなど）に突然，異次元を感じさせる．きわめて効果的な使い方をしているが，何の説明もないのがよい．さらに奥のシアタエリアでは，偏光メガネが配られて，空間に吊り下げられたスクリーンでハイビジョンの立体映画を見る．「フューチャー・スコープ」と「MIRAI 君との夏休み」が上映された．

3.4 夢みる山

「NGK ウォーターラボ　水のふしぎ研究室」（日本ガイシ）は，「水」をテーマにした立体映像とライブパフォーマンスを融合したサイエンスショーである．観客を包み込む 4 面スクリーン（正面，左右，先方天井：延べ約 150 m^2，床面積：300 m^2，客席数：118 席）に設置した世界最大級の没入型立体映像シアタで，迫力の 3D 映像と実験パフォーマンスが融合したライブショーを展開し，"水"の不思議を体験する．上映時間は 10 分．

ここで新しさを感じさせる点は，重ね合わせマルチスクリーンに偏光メガネ式立体映像を表示している点である．通常，重ね合わせのスクリーンは薄い透き通った布（合繊）などを利用するが，偏光角が乱され，立体視はできない．しかし，ここで使われているスクリーンは硬い板に微細な穴があけられており，その上にシルバーコーティングが施されており，偏光角を維持して，うしろの画像ないしはパフォーマンスと重ねて見ることができる．ただし，他の側面や天井の角度が曲がっているために，立体映像ではあるが立体視はできない．なお，煙を出すなど演出効果をあげている．

3.5 日立グループ館（ユビキタス・エンターテインメント・ランド）

日立グループ館では，ライドに乗りながら，風景のジオラマに絶滅の恐れのある希少動物（3DCG）の立体視映像と入場者が 1 対 1 でリアルタイムにインタラクティブのコミュニケーションができる MR（mixed reality，複合現実感）システムがある．

入場者は，手にハンドセンサ（感知器：加速度センサ）をはめ，特別なアドベンチャースコープ（双眼鏡：シースルー型 HMD*）を持って，16 名が同じライドに乗り込み，渓谷，ジャングル，海中，サバンナなどの 5 つの場面（ジオラマ）を共有して回るが，一人ひとりの視野角や動作に合わせて異なる映像を提供する．

*HMD：head mounted display，頭部装着型表示装置の略．

ライドでは，最初の入場の際に登録した名前や顔写真が利用されて，ライドの後ろ側のスピーカから自分の名前を呼びかけたり，合成された自分の手に海がめや鳥が乗ったり，手に乗った CG のバナナを CG のサルに投げると，そのサルが飛びついて取るなどとパーソナルな環境を演出している．

3.6 その他の展示

（1） エキスポプラザ・スコープ（NTTドコモとドコモ東海が企画）

愛・地球広場の風景を背景に，CG で描かれたマンモスやクジラなどのキャラクター（3次元映像）が登場する現実と空想の世界が入り混じった（バーチャルな）世界を体験できる．広場を見渡せるところに5機設置されている．スコープの使用時間は1回約3分．

（2） 水と緑のパビリオン

立体映像シアタでは，偏光メガネを使用して，木曽川を題材に，土石流の映像を交えて，水の流れとともにある暮らしや，土砂災害を防ぎ水と緑の源を守る取り組みに関する映像を流している．

（3） 三菱未来館@earth（観客席数：325席）

メインシアタである6角形（1辺10m, 高さ7.9m）の「IFXシアター」(Imagination/Infinity＋Effect）では，巨大スクリーン（前方3面壁面すべて）とミラー（後方2面，天井と床面すべて）と音響システムを組み合わせた複合映像へと変貌する映像空間を体験させてくれる．ミラーを効果的に利用することにより，広い空間の広がりを演出することができている．実際には，観客は，上下約32mの空間の中の下から16mぐらいの所に浮遊している感じとなる．

（4） グローバル・ハウス：屏風型立体映像

屏風スクリーン（高さ2m×幅1.8m×4枚）に立体大型映像（偏光方式）を投影する方式で，W字形に配置してある．後方から，左右眼用映像を投影し，屏風の谷部分を見たときに立体映像を見ることができる．

グローバル・ハウス内のグローバルショーケース「都市を築いた日」コーナーにある．東京大学学術調査チームの発掘によるソンマ・ベスビアーナ遺跡をCGで復元した．上映時間は約3分．

3.7 外国館の3次元映像などの工夫映像

（1） 韓国館

通常の偏光メガネをかけるハイビジョン立体映画方式であるが，投影のアニメーション（「Tree Robo」）に実際の人のパフォーマンスとLEDを使ったパノラマの照明ショーが呼応して，見事に調和した演出を行っている（座席数：242席）．その他ウォーター（滝状）スクリーンにアニメーション（魚たちが観客の手先を追って泳ぐ観客体験技法）を写し，空間的な映像を構成している．なお，2012年に，韓国で世界博覧会が開催される．

（2） マレーシア館

ほとんど目立たないだけではなく，何も説明もなく，ふと見ると空間映像が見えるようにそれとなく展示されている．凹面鏡を使用しての実物の表示であるが，明らかに空間に浮かんで見えている．内容は，DNAのような模型の表示である．

（3） オーストラリア館

トーテム・ポールをかたどった80枚に近いプラズマディスプレイがそびえ立つ．ハイテクの森をイメージした「データの森」など工夫を凝らした映像を上映．

（4） ニュージーランド館

大きな弧を描くビデオの大画面に，ニュージーランドの上空を鳥が飛ぶ映像．フープフィルムで，マルチ映像とシングル映像をシームレスにつなぎ，ダイナミックな映像を展開する．ほかに，タッチセンサによる体感型の大画面映像などがある．

3.8 その他のさまざまな方式の映像

今回の愛知万博では，3次元映像を利用しているものは相対的に少なくなっており，むしろ複合映像としてさまざまな工夫を凝らしている点が大きな特徴であろう．そこで，その一部を紹介する．

（1） ホログラフィックスクリーン

ホログラム自体の展示は，残念ながらなかった．しかし，別の用途で使用されていた．中空に吊り下げるなり，立てかけるなりしたホログラフィックスクリーンに映像を映し出す工夫をしているところはいたるところで見かけた．特に，通路脇であったり，待ちスペースであったりと，何気なく使っているため，それがホログラフィックスクリーンであることに気が付かないことが多い（「ワンダーホイール展・覧・車」など）．特に目立ったのは，外国館での展示に使われているケースであった（中国館など）．

（2） ライド型映像

ライド系の映像は，日立グループ館，電力館とドイツ館である．共通している点は，ライドで移動している間に，さまざまな方式の映像が使われ，不思議な映像空間を体験できる仕組みを作っていることである．

（3） ゴンドラに乗って見る映像

日本自動車工業会のパビリオン「ワンダーホイール展・覧・車」では，50mにもなる観覧車を斜めに覆った赤い建物の内側に，映像や効果音をその移動と同期して次々と展開していく工夫がなされている．

（4） 万華鏡

名古屋市のパビリオン「大地の塔（Earth Tower）」では，世界最大（高さ：約47m）の万華鏡が見られる．「時々刻々と変化し続ける光の表現」を演出．

（5） 長久手愛知県館

地球環境問題や未来社会への警鐘をテーマにして，5300年前のアイスマンから，火・水・風・音など取り入れて，"驚き"の数々の仕掛けによってダイナミックに体感できるステージショー「地球タイヘン大講演会」は，映像＋パフォーマンスの極みである．

（6） 中部千年共生村

噴水に映像が!? 水が直径6mのドーム状に落下する「ミズノバ：アクア・マジック千年の旅」の中に入り，異次元空間を体感．水のドームに映し出される映像で包み込まれ，その清涼感が，不思議な感覚を醸し出している．

（7） 空中に止まる噴水，空中を登る水玉

外の広場には，噴水が空中遊泳するもの（「ワンダーサーカス電力館」前の「水のサーカス広場」にある「花壇・ワイルドフラワー」内），ストロボライトを使って，噴水が空中に止まったり，落ちるべき水が上に登ったりするなどの展示がある．映像ではないが，空間オブジェとして古くからよく使われている手法である．西エントランス内の銀行の店内にある登る雫が面白い．

（8） 面白い素材が沢山

「モリゾー・キッコロメッセ」には，珍しいものが一杯ある．名古屋商工会議所に所属する数多くの企業協力による展示で，それぞれが創意工夫をしている大変面白い展示がある．その中で，レンチキュラ展示（視覚トリック「ひまわりの夏」では，立体アニメーション）などがあった．

おわりに

最近の3次元映像表現の傾向は，上の万博の展示状況にあげたように，3次元映像だけに限らず，さまざまな工夫を凝らしている点である．また，中小のパビリオンやブース，各国のパビリオンにそれとなく展示されていたりして，よほど気をつけて見て回らないと見落とすものもある．

今後の3次元映像は，単に，映像だけではなく，各種のパフォーマンス，複合（重ね合わせ）映像，各種の光（スポットライト，LED，レーザビームなど），香り，振動，傾き，水しぶき，雨，氷の粉，紙吹雪，煙，風（熱風），炎，シャボン玉，紙や布などによる接触など，ありとあらゆる付加的な手段を使った表現がますます増えてくるであろう．3次元画像による臨場感に加えて，より五感に訴える手法がとられるようになる．MRやロボティクスのように，実際の物やメカ部分との連動で，3次元映像を動かしたり，判断情報として利用する方法があるが，3次元映像の考え方が，映像の主体となるだけではなく，他の技術との組み合わせで，一体となって，1つの活動や表現をするようになってきている．

ここで，あらためて映像の，3次元映像の持つ意味を根本的に見直すことが必要となってきているのかもしれない．特に，3次元映像を単に奥行き表現の手段として考えるだけではなく，人間の感覚の基本に戻って，検討する時期になってきているのではないだろうか．むやみに奥行き感を強く出すのではなく，より人間の視覚特性を考えて，より快適に，より安全に，疲労感の少ない（理想的には'ない'）映像を制作する必要があろう．これは，今後の3次元映像の表示装置はもとより，コンテンツ制作の根本的な，大変重要なテーマとなっている．

また，3次元映像がまだ芸術表現として確立しているものとは考えにくい点である．これほどにも臨場感が得られ，われわれの実際の感覚に近い映像を作り出すことができるにもかかわらず，絵画や写真や映画のような芸術的な評価を得るに至ってはいない．ホログラムの一部には，芸術的な価値を認められるものがあるが，これは，むしろ静止画である写真の延長線上にある．今後3次元映像の表現力の豊かさを利用して，より深遠な映像表現を行うことができるであろう．

　映像の歴史をたどっても，今日ほど，広く，さまざまな映像表現方法が存在する時代はなかった．この映像に関する選択性，自由性を活かして，より多くの面白い，有効な，価値ある作品，コンテンツを作ることができるだろう．

　いつの時代でも，新しい技術が生まれても，それを有効に利用したコンテンツが不足して，結果的にその技術が姿を消している例は少なくない．その技術が歴史に長く残るには，制作者の側に立った技術，装置が必要であり，また，鑑賞者の側に立った制作が必要となってくる．3次元映像に関しては，殊にこのあたりに注意をする必要がある．

　新しい，また何らかのブレークスルーが起こることによって，いままでとは異なる新しい表現方法が生まれてくる．現在，既に大学や研究機関で，さまざまな方式の3次元映像が続々と発表されているが，そのうち，何が制作者や鑑賞者からの要望に応えることができるのかがポイントである．まだ，装置の製作が容易でなかったり，精度が上がらなかったり，小型化や大型化に向かなかったり，視域の拡大ができなかったり，コンテンツ制作が困難であったりとさまざまな問題を抱えているが，いずれそのいくつかの問題をクリアして，広く使える形のものが世の中に出てくるものと思われる．

　本書は，21世紀になり，新たな動きを示してきた3次元映像の姿をまとめ，今後の発展に寄与すべく執筆されている．多くの執筆者の協力を得て，3次元映像をより広く一般に普及させ，またより有効な活用方法を考え出して，われわれの生活をより豊かにしていくことが，1つの大きな使命と考えている．　　　　　〔羽倉弘之〕

参考資料

(注意：組織名称および URL は，変更あるいは削除されることがあります)

1. 学会・研究会・研究機関

【総合情報機関】
日本学術会議（www.scj.go.jp）
国立情報学研究所（www.nii.ac.jp）
大学病院医療情報ネットワーク（www.umin.ac.jp）

【あ行】
映像情報メディア学会（www.ite.or.jp）
エレクトロニクスソサイエティ（電子情報通信学会内）（www.ieice.or.jp/es/jpn）
応用物理学会（www.jsap.or.jp）

【か行】
化学工学会（www.scej.org）
可視化情報学会（www.vsj.or.jp）
画像工学研究会（www.ieice.org/~ie/jpn）
画像電子学会（wwwsoc.nii.ac.jp/iieej）
芸術科学会（www.art-science.org）
計測自動制御学会（www.sice.or.jp）

【さ行】
三次元映像のフォーラム（3D フォーラム：3Dforum）
　　（www.hi.is.uec.ac.jp/3Dforum）
三次元映像学会（www.hi.is.uec.jp/3Dforum）
産業技術総合研究所（www.aist.go.jp）
情報処理学会（www.ipsj.or.jp）
照明学会（wwwsoc.nii.ac.jp/ieij）
人工知能学会（www.ai-gakkai.or.jp/jsai）
精密工学会（www.jspe.or.jp）

【た行】

通信ソサイエティ（www.ieice.or.jp/cs/jpn）
デジタルコンテンツ協会（www.dcaj.or.jp）
電気学会（www.iee.or.jp/eiss）
電気系6学会共通ホームページ（www.ieice.org/jpn/uiei）
電子情報通信学会（www.ieice.org/jpn/）

【な行】

日本アーカイブズ学会（www.jsas.info）
日本アニメーション学会（www.jsas.net）
日本医学物理学会（www.jsmp.org）
日本医用画像工学会（www.jamit.jp）
日本印刷学会（www.jfpi.or.jp/jspst/）
日本映像学会（www.art.nihon-u.ae.jp/jasias）
日本液晶学会（www.jlcs.jp/xoops）
日本エネルギー学会（www.jie.or.jp）
日本エム・イー学会（wwwsoc.nii.ac.jp/jlcs）
日本MRS（Materials Research Society of Japan）（www.ksp.or.jp/mrs-j）
日本顔学会（www.hc.t.u-tokyo.ac.jp/jface/）
日本化学会（wwwsoc.nii.ac.jp/csj）
日本画像学会（psi.mls.eng.osaka-u.ac.jp/~isj/isj.html）
日本眼科学会（www.nichigan.or.jp）
日本眼鏡技術研究会（member.nifty.ne.jp/cmw/ngk）
日本鑑識科学技術学会（wwwsoc.nii.ac.jp/jasti）
日本工学会（www.jfes.or.jp）
日本光学会（annex.jsap.or.jp/OSJ）
日本コンピュータ外科学会（www.iscas.pe.u-tokyo.ac.jp）
日本視覚学会（wwwsoc.nii.ac.jp/vsj2）
日本磁気学会（wwwsoc.nii.ac.jp/msj2）
日本色彩学会（wwwsoc.nii.ac.jp/color）
日本シミュレーション外科学会（www.jssis.org）
日本写真学会（www.ao.u-tokai.ac.jp/photo/jphoto.html）
日本写真測量学会（jsprs.iis.u-tokyo.ac.jp）
日本照明委員会（village.infoweb.ne.jp/~ciejapan）
日本植物工場学会（www.fb.u-tokai.ac.jp/WWW/hoshi/soc/shita-j.html）
日本神経回路学会（jnns.inf.eng.tamagawa.ac.jp）
日本生体医工学会（www.jsmbe.or.jp）

日本超音波医学会（wwwsoc.nii.ac.jp/jsum/）
日本デザイン学会（wwwsoc.nii.ac.jp/jssd）
日本天文学会（www.asj.or.jp）
日本バーチャルリアリティ学会（www.vrsj.org）
日本VR医学会（www.jsmvr.umin.ne.jp）
日本バイオイメージング学会（www.nih.go.jp/yoken/bioimaging）
日本光医学・光生物学会（derma.med.osaka-u.ac.jp/phot/phot.html）
日本物理学会（wwwsoc.nii.ac.jp/jps）
日本分光学会（wwwsoc.nii.ac.jp/spsj）
日本放射光学会（www.iijnet.or.jp/JSSRR）
日本リモートセンシング学会（www.rssj.or.jp）
日本ロボット学会（www.rsj.or.jp）
ニューガラスフォーラム（www.ngf.or.jp）

【は行】

パターン認識・メディア理解研究会（www.ieice.or.jp/iss/pru）
ヒューマンインタフェース学会（www.his.gr.jp）
ホログラフィックディスプレイ研究会（HODIC）（www.hodic.org/）

【ま行】

メディア工学研究会（visix1.fuis.fukui-u.ac.jp/media/）
メタバース（3D仮想世界）フォーラム（www.hi.is.uec.ac.jp/3Dforum）

【や行・ら行】

有機エレクトロニクス材料研究会（www.organic-electronics.or.jp）
レーザー学会（wwwsoc.nii.ac.jp/lsj/）

【海外】

米国：
IEEE Computer Society（www.computer.org）
SID：Society For Information Display（www.sid.org）
SIGGRAPH（www.siggraph.org）
SPIE：The International Society for Optical Engineering（www.spie.org）
欧州：
3D-TV Noe：Integrated Three-Dimensional Television-Capture, Transmission, and Display Network of Excellence（www.3dtv-research.org）
ATTEST：Advanced Three-Dimensional Television System Technologies

(www.hitech-projects.com/euprojetcts/attest)
Fraunhofer HHI：Heinrich-Hertz-Institute（www.hhi.franfofer.de）
MUTED：Multi-User 3D Television Display（www.muted3d.eu）
中国：
中国光学学会（www.cncos.org）
中国図象図形学会（www.csig.org.cn）
台湾：
台湾工業技術研究院(ITRI：Industrial Technology Research Institute of Taiwan)（www.itri.org.tw）
韓国：
韓国電子通信研究院（ETRI：Electronics and Telecommunications Research Institute）（www.etri.re.kr）
韓国科学技術研究院（KIST：Korea Institute of Science and Technology）（www.kist.re.kr）
3D表示研究所（3DRC-ITRC：3D Display Research Center）（etrij.etri.re.kr）

2. 教育機関・博物館・協会・財団法人ほか

【あ行】
医用画像電子博物館（www.jira-net.or.jp/vm/）
大阪科学技術センター（www.ostec.or.jp/）

【か行】
科学技術館（www.jsf.or.jp）
科学技術交流財団（www.astf.or.jp/）
科学技術振興事業団（JST）（www.jst.go.jp/）
画像情報教育振興協会（CG-ARTS協会）（www.cgarts.or.jp/）
画像情報マネジメント協会（jiima.or.jp）
神奈川科学技術アカデミー（home.ksp.or.jp/kast）
国際科学技術財団（日本国際賞）（www1.mesh.ne.jp/jstf）

【さ行】
自然科学書協会（www.nspa.or.jp）
次世代画像入力・ビジョンシステム部会
　　　（www.jttas.or.jp/rdfld/html/electron/jisedaig.htm）
情報科学芸術大学院大学（IAMAS）（www.iamas.ac.jp）
情報処理推進機構（IPA）（www.ipa.go.jp）

2. 教育機関・博物館・協会・財団法人ほか　　453

新映像産業推進センター（www.hvc.or.jp）
新化学発展協会（web.infoweb.ne.jp/aspronc/aspronc.htm）
新技術開発財団（市村財団）（www.sgkz.or.jp）
新機能素子研究開発協会（FED）（www.fed.or.jp）
新交通管理システム協会（www.utms.or.jp/japan）
製造科学技術センター（www.mstc.or.jp/japanese.htm）
全日本眼鏡連盟（www.megane-renmei.gr.jp）

【た行】
超精密技術部会（www.jttas.or.jp/rdfld/html/mechat/choseimi.htm）
超先端電子技術開発機構（ASET）（www.aset.or.jp）
デジタルコンテンツ協会（DCAj）（www.dcaj.org/）
デジタル・サイネージ・コンソシアム（www.digital-signage.jp）
テレコム先端技術研究支援センター（www.scat.or.jp）
電気通信協会（www.tta.or.jp）
電気通信高度化協会（www.tac.or.jp）
電子情報技術産業協会（JEITA）（www.jeita.or.jp/japanese）
天文学振興財団（www.nao.ac.jp/ZAIDAN）
電力中央研究所（criepi.denken.or.jp/index-j.html）
東京科学機器協会（www.sia-tokyo.gr.jp/www2）
東京都写真美術館（www.syabi.com）

【な行】
日本印刷技術協会（www.jagat.or.jp）
日本映画テレビ技術協会（www.mpte.jp）
日本映像ソフト協会（www.jva-net.or.jp）
日本大型映像協会（www.ohgata.org）
日本オプトメカトロニクス協会（JOEM）（www.joem.or.jp）
日本オプトメトリック協会（www1.odn.ne.jp/joa）
日本科学技術連盟（www.juse.or.jp）
日本科学未来館（www.miraikan.jst.go.jp）
日本画像医療システム工業会（JIRA）（www.jira-net.or.jp）
日本眼科医会（www.gankaikai.or.jp）
日本眼科医療機器協会（www.joia.or.jp）
日本規格協会（www.jsa.or.jp）
日本工学アカデミー（www.iijnet.or.jp/EAJ）
日本工業技術振興協会（www.jttas.or.jp）

日本産業技術振興協会（www.jita.or.jp）
日本自動認識システム協会（www.aimjapan.or.jp）
日本視能訓練士協会（www.pmet.or.jp/~jaco）
日本非破壊検査協会（wwwsoc.nii.ac.jp/jsndi）
日本放送協会（www.nhk.or.jp/）
日本放送協会放送技術研究所（www.strl.nhk.or.jp）
日本理科教育振興協会（www.vinet.or.jp）
ニューメディア開発協会（www.nmda.or.jp）

【は行】
光産業技術振興協会（www.oitda.or.jp）
光造形産業協会（www.rpjp.or.jp）
非破壊検査振興協会（www.jandt.or.jp）
ホトニクスワールド・コンソーシアム（www.city.chitose.hokkaido.jp/photo）

【ま行】
マルチメディア振興センター（www.fmmc.or.jp）
メタバース協会（www.metaverse-association.jp）

【ら行】
立体映像産業推進協議会（www.rittaikyo.jp）
リモート・センシング技術センター（www.restec.or.jp）
レーザーアートアンドサイエンス協会（LASA）（www.lasa.gr.jp）
レーザー技術総合研究所（www.ilt.or.jp/）

【英数】
3Dフォーラム（www.hi.is.uec.ac.jp/3Dforum）
3Dコンソーシアム（www.3dc.gr.jp/jp）
3次元画像コンファレンス（www.3d-conf.org）
CG－ARTS協会（www.cgarts.or.jp）
NHK放送技術研究所（www.nhk.or.jp/strl）

3．関連書籍

　ここで取り上げる書籍は，3次元映像に関する代表的なものに限定しています．なお，「ホログラフィ」「バーチャルリアリティ（仮想現実感）（VR）」「視覚・ビジョン」「コンピュータビジョン」「3Dコンピュータグラフィックス（3DCG）」「画像処

理」「光学」「医学」「心理学」「計測」「ロボットビジョン」「通信・放送」「ネットワーク」「立体音響」などに関する書籍で，3次元映像を取り上げているものは少なくないため，個々に書籍検索エンジンなどによって，検索されることをお勧めします．なお，絶版・品切れの書籍もあります．

【事典・ハンドブック】

『3次元画像用語事典』画像電子学会編，新技術コミュニケーションズ（2000）
『映像情報メディア用語辞典』映像情報メディア学会編，コロナ社（1999）
『映像情報メディアハンドブック』映像情報メディア学会編，オーム社（2000）
『電子情報ディスプレイハンドブック』映像情報メディア学会編，培風館（2001）
『テレビジョン画像情報工学ハンドブック』映像情報メディア学会編，オーム社（1990）
『新編 画像解析ハンドブック』高木幹雄・下田陽久監修，東京大学出版会（2004）
『視覚情報処理ハンドブック』日本視覚学会編，朝倉書店（2000）
『新編 感覚・知覚心理学ハンドブック』大山　正他編著，誠信書房（1994）
『眼の事典』三島濟一総編集，朝倉書店（2003）
『錯視の科学ハンドブック』後藤倬男・田中平八編，東京大学出版会（2005）
『人間計測ハンドブック』産業技術総合研究所人間福祉医工学研究部門編，朝倉書店（2003）
『人間工学百科事典』大島正光監修，丸善（2005）
『脳科学大事典』甘利俊一・外山敬介編，朝倉書店（2000）

【専門書籍】

『ステレオグラフィックス＆ホログラフィ』安居院　猛・中嶋正之・羽倉弘之共著，秋葉出版（1985）
『3次元ディスプレイ』増田千尋著，産業図書（1990）
『三次元画像計測』井口征士・佐藤宏介共著，昭晃堂（1990）
『三次元映像』（これからの画像情報シリーズ）稲田修一・羽倉弘之編著，昭晃堂（1991）
『三次元画像工学』（先端科学技術シリーズ）大越孝敬著，朝倉書店（1991）
『3次元映像の基礎』泉　武博監修，NHK放送技術研究所編，オーム社（1995）
『3次元画像と人間の科学』原島　博監修，元木紀雄・矢野澄男共編，オーム社（2000）
『立体視テクノロジー』㈱エヌ・ティー・エス（2008）
『立体映像技術―空間表現メディアの最新動向』㈱シーエムシー出版（2008）

【白書・年鑑】

『デジタルコンテンツ白書2008』㈶デジタルコンテンツ協会(2008)
『2008年版 大型映像年鑑』㈱シード・プランニング(2008)

索引

和文索引

あ 行

愛・地球博　439
アイビス, F. E.　12
赤-青メガネ　179
アキュータンス　408
アクセスコヒーレンスエンコーディング　369
アスペクト比　399
アタッチドシャドウ　147
圧力方式　84
アートメディア　257
アナグリフ　10, 75, 179, 277
アナグリフ方式　9
アナモルフォーシス　253
アナログLSI　166
アナログ機器TE2　302
アニメーション　339
アブニー現象　406
アラインメント　339
アーリレイターミネーション　369
アルキメデスのらせん　202
アルファブレンディング　156
暗号化（データの）　321
暗号文　321
暗順応　406
アンチエリアシング　156, 366
安定注視野　399
安定融合周波数　409

異常対応検出　384
位置合わせ　110
位置視差表現　308
一対比較法　418
遺伝アルゴリズム　265
移動操作　77
異方向性反射　326
イメージセンサ　79

イメージベース　345, 348
イメージベースドモデリング　297
イメージベースドレンダリング　241, 297, 345
イメージモデル　373
イメージローテータ　204
色　30
色残効　406
色ベクトル　136
陰影　15, 426
　――の手がかり　428
陰影処理　275
陰関数表面　117
印刷　231
インスタレーション　261
隠線処理　428
インターネット2　305
インターネット電話　321
インタフェース装置TA　302
インタフェース点
　点R　302
　点S　301
　点T　301
インタラクション　308
インタラクティブ　341
インタラクティブサービス　302
インテグラルフォトグラフィ方式　14, 186, 190
インテンシティステレオ　246
隠蔽　15, 55, 428
陰面除去　155
隠面処理　428

ウィンドウ加算　55, 59
ウェアラブルズ　236
ウェットウェア　265
ウエーバー則　403

ウエーバー-フェヒナー則　403
ウパトニークス, J.　16, 211, 214
運動残効　434
運動視差　1, 411, 426, 430
運動視差表現　308

液晶　354
液晶シャッタメガネ　286
エクスポージャー　388
エヌ・テクノロジー　326
エピポーラ拘束　35
エピポーラ線　35, 53
エピポール　35
エリアマッチング法　53
エレクトロニックコマース　323
エレクトロメカニカル　272
遠隔医療　321
遠隔教育　321
遠隔博物館　321
遠近検出細胞　412
遠近法　253, 426
遠点　416
円筒投影立体表示方式　18
エンドキー　78

王塚古墳　350
凹面鏡　356
凹面鏡画像方式　18
大型映像　289
大きさの恒常性　435
奥行き　229
奥行き画像　414
奥行き感　384
　粗な――　385
　密な――　385
奥行き再現性　193
奥行き精度　47

奥行き手がかり(単眼視における)　425
奥行き表現　308
奥行き標本化法　200
オクルージョン　15,55,89
オーサリング　329,342
オーサリングツール　324
オートステレオグラム　9,178
オプティカルフロー　430
オプティカルマウス　79
オルタネート方式　278
音圧　243
音圧レベル　243
音響光学偏向器　222
音源定位　243

か　行

回帰性反射　227
外側膝状体　393,400
回転操作　77
画角　308
書き割り効果　415
拡散反射　127,129,227
拡張現実感　232
拡張現実技術　240
角膜　395
仮現運動　409
可視化　374
仮想現実感　311
画像合成　140
画像視差空間　57
仮想内視鏡装置　378
カーソル　71
カーソルキー　71,78
カーソル座標　73
可動パララックスバリア方式　241
可動模型方式　362
加法混色　218
ガボール, D.　16,211,249
カメラパラメータ　121
カラーホログラム　217
カロタイプ　7
画枠の除去　210
感圧式タッチパッド　82
眼位　412
眼球運動　87,416
環境型の提示系　241
環境情報処理　29
感受性期　385

干渉計　44
干渉現象　433
干渉縞　214
感性　436
間接光源　143
間接入力　73
完全鏡面反射　130
観測者中心2.5次元表現　29
桿体　397
感知方式　84
ガンマ　403

機械式マウス　79
機械式モーションキャプチャ　91,98
幾何学的錯視　424
幾何情報処理　29,30
幾何的整合性　233
ギガビットテストベットプロジェクト　303
幾何モデル　348
擬似的映像　273
基線長　52
輝度比　229
輝度比多重表示方式　18
キーボード　71,78
ギミック　283
逆立体視　194
キャストシャドウ　147
球状フィルム　364
球面調和関数　149
協調作業　76
協調設計　321
強度変調光位相差測定法　43
鏡面反射　126,130,227
魚眼レンズ　145
虚像系　208
距離画像　33,107
距離センサ　29
距離の計測誤差　55
キラル形液晶　204
キルヒホッフの積分方程式　247
銀塩乳剤　218,220
近点　416
筋電図　417
均等拡散面　146

クイックタイムVR　346
空間映像　207
空間コード　38

空間周波数特性　407
空間情報　337,341
空間対比効果　407
空間フィルタ　65
空間分解能　48
空中像方式　18
空中マウス　81
屈折スクリーン方式　18
グラニット-ハーパー則　409
グラフィックタブレット　73
クリッピング　153
グレイコード　40
クロストーク像　218
グロースモデル　266,267
グローバルインフォメーションインフラストラクチャ　303
クロマキー　68

景観計画　342
計算機合成ホログラム　213
計算機支援ホログラム　213
形状情報　30
計測可能範囲　48
計測誤差(距離の)　55
系列範疇法　418
ゲシュタルト要因　423
結像スクリーン方式　18
ゲーテッドクロック　164
ゲームエンジン　167
建築　337,340

合意形成　343
公開鍵　321
広画角表示　310
光学式ジョイスティック　84
光学式マウス　79
光学式モーションキャプチャ　89
光学シースルー方式　233
光学情報　30
光学情報処理　29
光学的整合性　233
光学的モアレ法　42
航空レーザ計測　339
光源環境モデル　143
光源方向　147
虹彩　395
高再帰性光学反射マーカ　92
交差法　8,377

和文索引

合成映像生成法 345
光線空間法 346
光線再現方式 310
高速バックボーンネットワーク 305
光速を利用する方法 34,42
後部残響音 243
高臨場感ディスプレイ 307
高臨場感TV会議 314
光路長 42
呼吸 417
故宮博物館 347
固視 384
固視微動 401
個体内発光方式 18
5.1チャンネルサラウンド 246
コード化パターン光投影法 38
コントラスト 403
コントロールゲイン 74
コンピュータ支援学習システム 332
コンピュータビジョン 436
コンピュータホログラム 213
コンボルーバ 64

さ 行

サイエンスビジュアライゼーション 275
サイエンティフィックビジュアライゼーション 364
再帰性投影技術 240
再帰性反射 227
再帰性反射表示方式 18
最小可読閾 404
最小識別閾 405
最小視認閾 404
最小分離閾 404
彩度識別 406
ザイプナー 237
錯視 421
錯視立体 432
撮像系 19
撮像格子 42
差の自乗和 55
サービス統合デジタル網 301
座標入力系 19
座標変換 153
サブピクセル視差 57,80
三角測量の原理 52

三角測量法 34
3次元映像 249
3次元映像出力 28
3次元映像処理 28
3次元映像入力 28
3次元画像 414
3次元CAD 338
3次元空間マウス 71
3次元コンピュータグラフィックス 337
3次元錯視現象 424
3次元リアルタイムCGシステム 273
「3次元」──→「3D」も参照
参照光 214
サンプルオーダ 369
3枚比較法 418

視域 208
シェーダ 160
ジェモーション 267
ジオメトリ処理 153
視覚効果 295
視覚疲労 319,415
時間差方式 278
時間的整合性 233
磁気式トラッカ 50
磁気式モーションキャプチャ 90,97
色相弁別 406
視交叉 393,400
指向性高密度表示方式 310
自己運動 429
視差 52
視細胞 397,402
視差画像 54
視差検出能 413
システィナ礼拝堂 348
シストリック構成 370
姿勢・重心変動計測 417
姿勢反射運動 402
次世代インターネット 305
視線追尾表示方式 358
視線入力 87
視聴覚融合 435
実際運動 434
実像系 208
視点追従 183,184
視矯正訓練 385
視物質 397

時分割方式 11
シミュレーション 275
シミュレータ 342
ジーメンススター型 403
斜位 412
ジャイロマウス 81
弱視 383
斜視 383,412
視野闘争 412,415
遮蔽輪郭 422
周囲輝度 231
縦横比 427
重クロム酸ゼラチン 218
集光特性 192
十二神将 350
主観的輪郭 424
主観評価 418
手術シミュレーション 381
手術シミュレータ 373
受動運動 429
受動型ステレオ法 29,34
受動的光学式システム 92
シュバイツァー, D. 258
受容野 397
順位法 418
瞬目数 416
ジョイスティック 72
照光処理 153
小細胞系 400
硝子体 395
焦点距離 52
焦点調節 1
照度差ステレオ法 46
情報ハイウェイ 302
情報配信サービス 302
初期反射音 243
シリング, A. 252
シリンドリカルレンズ 38
シルバーマン, R. 258
心エコー法 378
進化 265
シーングラフライブラリ 167
人工生命体 267
シンサライザ 201
心臓シミュレーション 387
人体モデル 388
心理実験 229
心理的要因 421

随従運動 401

索引

水晶体　395
錐体　397
スイッチ式ジョイスティック　83
数理的なアプローチ　436
スキャンコンバージョン　154
スキャンライン　53
スキャンラインアルゴリズム　277
図形要素　422
スター結合　320
図地分化　422
スチーブンス則　403
ステレオオプティコン　8
ステレオカメラ　171
ステレオ視　52
ステレオ写真　171
──の規格　171
ステレオスコープ　7
──の古典　8
ステレオビジョン　52
ステレオビジョンセンサ　352
ステレオビューア　176
ステレオフォニック　246
ステレオ法　145
ステレオメガネ　31
ストリーミングビデオ　323
スーパーサンプリング方式　156
スーパーリアリティ　311
スピンイメージ　111
スプラッシュ　111
スポット光投影法　37
スミス・ケトルウェル視覚研究所　253
スリット光投影法　37
3D　229
3Dアバタ　328
3Dインテリアデザイナー　327
3Dレーザスキャナ　299
3DCG　337
3DCGアニメーション　337, 340
「3D」──「3次元」も参照

正規化相互相関　55
静的立体視検査　384
静電式タッチパッド　82
静電容量方式　84
正立体視　194

生理的要因　421
赤外線映像　367
積層　229
絶対座標操作　73
鮮鋭度　408
線遠近法　426
先行音効果　244
前後2面の像　229
仙台城　347
全体野　422
先端通信技術衛星プロジェクト　304
全方位画像　145, 346

相対座標操作　73
像の移動速度　430
像の重なり　428
双方向反射分布関数　128
相補パターン投影法　40
速度閾　409
速度頂　409
測距儀　44
粗な奥行き感　385
ソリッドモデル　276
ゾーンプレート　403

た行

対応点の探索　35
大画面ディスプレイ　314
体感ゲーム　273
大気遠近法　427
大細胞系　400
大衆写真　187
対象物距離　430
体積走査法　200
ダイナミックレンジ　145, 403
タイラー, D. E.　258
対話性　308
ダウンロード　328
多眼ステレオ　53
多眼正弦波格子位相シフト法　50
多眼方式　228, 310
多像式　189, 197
多像式3Dディスプレイ　186
タッチパッド　71, 72
タッチパネル　73, 84

ダブルバッファ　155
タブレット　71, 73, 84, 87
タマリ, V.　252
タルボット, W. H. F.　7
単一視(融像)　413
単眼視における奥行き手がかり　425
単純映像生成法　345

知覚体制化　422, 423
地上レーザ計測　339
チャット　328
中間フォーマット　340
注視細胞　412
注視点距離　430
中心窩　396
中心投影　426
超音波　377
超音波表面弾性波方式　85
超音波方式　85
超高精細ディスプレイ　315
超高速バックボーンネットワークサービス　304
超高速バックボーンネットワークプロジェクト　304
調節　425
調節性輻輳　402
頂点シェーダ　160
跳躍的運動　401
超リアル感　311
直接音　243
直接光源　143
直接入力　73
直交ニコルプリズム　10

通常視力　404
つくば科学万博　439
艶　30

抵抗膜方式(タッチパネル)　84, 86
ディスプレイ　74
テクスチャ勾配　426
テクスチャマッピング　119, 156, 274, 275
デジタルアーカイブ　331
デジタルシネマ　291
デジタル署名　321
デジタルダブル　298
デシメーション　108, 109

和文索引　　　　　　　　　　　　　　　　　　　　　　　　　　　　*461*

テセレーション　160
データグローブ　253
データの暗号化　321
デニシューク, Y. N.　16, 216, 257
デニシューク方式　250
テーマパーク　286
デ・モンテベロ, R.　251
テレイグジスタンス　239
テレイマージョン　306
点群データ　339
電子商取引　323
電子的モアレ法　42
電磁誘導方式　87
テンプレートマッチング　35

ドゥ・アルメイダ, J.　10
投影格子　42
投影処理　153
透過型ホログラム　213
統合　115
瞳孔間距離　412
瞳孔反応　416
等高モアレ縞　41
透視画的配置　426
同時視　412
同時視検査　384
等質野　422
唐招提寺　348
動的立体視検査　384
頭内定位　244
頭部伝達関数　245
頭部搭載型装置　240
頭部搭載型ディスプレイ　178, 235, 239, 250, 310, 354
頭部搭載型プロジェクタ　240
透明錯視対象物　432
ドゥロン, L. D.　10
特殊スクリーン系　209
特徴マッチング法　53
都市　337
都市計画　340, 342
トータルステーション　51
外村彰　212
飛出し DFD 表示方式　229
土木　337
トポロジー　320
ドームスクリーン　285
ドームマッピング　297
ドームマルチプロジェクタ　357
ドライビングシミュレータ　371
トラックパッド　82
トラックボール　72, 79, 81
トラックボール式マウス　81
トランジット　51
トランスオーラル再生　245
ドローネー三角形分割法　109

な　行

内視鏡　377
内部反射　126
ナウマン, B.　257
ナショナルインフォメーションインフラストラクチャ　302
ナショナルサイエンスファウンデーション　303
ナショナルリサーチイニシアチブ協会　303
奈良大仏　352
2眼式ディスプレイ　414
2光束(干渉)法　16, 214
ニコル, W.　10
二重刺激法　418
2進コード　40
2像式　189, 191, 197
2像式3Dディスプレイ　186
2D射影像　231
2D→3D変換　18, 290
日本政府アンコール救済チーム　348
ニムスロシステム　187
入射照度　128

熱可塑性樹脂　192
ネットワーク終端装置 NT 1　301

脳活動の非侵襲的観測法　436
能動型ステレオ法　36
能動的運動　429
能動的光学式システム　95
濃度比　231
脳波　417

は　行

背景脳波　417

πセル　204
ハイダイナミックレンジ画像　146
バイノーラル再生　245
ハイパーリアリティ　306
ハイパーリアリティ映像　311
バイヨン遺跡　348
バイリニア補間　62
ハウレット型　403
パークアトラクション　271
白色光再生ホログラム　213, 216, 217
博覧会　284
バーコウト, R.　260
箱庭効果　415
把持操作　77
パス結合　320
8進木　276
バーチャルリアリティ　232, 249, 304, 311, 337, 341
波長差弁別　406
波長選択性　216, 220, 221
バックライト分割ステレオディスプレイ　184
バックライト方式　18
ハッシュ関数　321
ハプティックス　238
ハーフミラー　228
波面再生　16
ハラパス, W. B.　10
パラボラ方式　18
パララックスステレオグラム　12, 186
パララックスパノラグラム　13, 186
パララックスバリア　186, 189
パララックスバリア方式　12
バリア　192
バリア方式　191
バリフォーカルミラー法　200
反射型ホログラム　213, 219
反射成分分離　135
反射モデル　127
反射率　147
　レーザの――　119, 121
パントマイム効果　433

ピア・ツー・ピア　320
光切断法　37
光とイリュージョンの世界展

索引

251
光飛行時間測定法　42
光方式(タッチパネル)　84,85
ピクセルシェーダ　160
比視感度曲線　406
ビジネスモデル　323
ビジュアライゼーション　337,374
ビジュアルシステム　365
非侵襲的観測法(脳活動の)　436
ビデオ式モーションキャプチャ　91,100
ビデオシースルー方式　233
ビデオレート(30フレーム/秒)　63
非等方向性　431
皮膚電気特性　417
秘密鍵　321
非無限遠表示　359
ビームスプリッタ　356
ビューディペンデントテクスチャ　120
表示系　19
評定尺度法　418
表面反射　126
表面レリーフ型　217
ピラミッド画像処理　67
非立体視　194
疲労　229

ファイル転送　320
ファイル変換ユーティリティ　340
ファントムイメージ　200
フィッシャー, S.　253
フィールド順次方式　202
フィルム方式　363
フェリー-ポーター則　409
フォトグラメトリー　297
フォトポリマー　218
複眼方式　310
腹腔鏡　380
複合現実感　31,232,312,332
複合現実感技術　143
複合知覚方式　310
副尺視力　405
複製ホログラム　219
輻輳　1,384,425
輻輳・開散運動　401

輻輳性調節　402
腹話術効果　245
符号付距離場　116
フゴッペ古墳　351
物体運動　429
物体光　214
不同視　413
不等像視　413
フライトシミュレータ　354
フラグメント　153
フリッカ値　415
プリプロダクション　337,341
ブリンカー値　416
ブルースタ, D.　7
プルフリッヒ　11
プレグナンツの法則　423
フレネル係数　132,133
フレームメモリ　366
フレームレート　49
プログラミング　342
プロジェクタ　228
プロジェクタ複合表示方式　359
プロダクション　338
ブロッカ-ザルツアー効果　397,408
分解能　47
分光視差方式　12
分光方式　12

平行化　53
平行ステレオ　52
平行法　8
米国防総省高等研究企画庁　303
平面射影変換行列　53
ベクターアニメーション　323
ベゾルド-ブリュッケ現象　406
ヘッドトラッキング　200
ヘッドマウントディスプレイ　178,235,240,250,310,354
ヘラパタイト　10
ヘルムホルツ-コールラウシュ現象　406
ヘルムホルツの交換則　128
偏光　137
偏光加算型DFD表示方式　230
偏光フィルタ　279
偏光変化　230

偏光方式　10
偏光メガネ　10,174,316
ベントン, S. A.　17,212,216,251,258
弁別視野　399
ベンヨン, M.　212,250,257
ホイートストン, C.　6
ポインティングスティック　72
ポインティングデバイス　29,71,72
防災　342
放射輝度　128
放物面鏡方式　18
ボクセル　15
ボクセルオーダ　369
ポストプロセッシング　340
没入感　76
ホームキー　78
ホームズ, O. W.　8
ポメロイ, J.　252
ポラロイド　279
ボリウム式ジョイスティック　83
ポリゴン　273
ポリゴンモデル　276,364,372
ボリュームモデル　276
ボリュームレンダリング　166,369,387
ボール式マウス　79
ホログラフィ　31,211,249
——の幻想展　250
ホログラフィアート　257
ホログラフィックスクリーン　220
ホログラフィックステレオグラム　213,220,224
ホログラム　16,211
——の原理　214
ホロプター円　401

ま　行

マウス　71,72,79
マウスパッド　79
マーカ　89
マクガーク効果　435
マジックアワー　327
マージング　339
マスコットカプセル　329
マスターホログラム　217

マーチングキューブ法　117
マッカロー効果　406
マッハ効果　397,407
マトリックスエンジン　328
マヤ・コパン遺跡　347
マルチサンプリング方式　157
マルチスクリーン　278
マルチチャンネル機構　407
マルチビュープロファイル　318
マルチプレックスホログラム　250
マルチベースラインステレオ　53
マルチモーダル　308
マン, S.　236

ミックスリアリティ　311
密な奥行き感　385

無限遠表示　355

明視距離　401
明順応　406
メガソフト　327
メガネ着用方式　9,309
メガネなし方式　310
メタボール　276
メッシュ化　108
メッシュモデル　139
メッセージダイジェスト　321
メール転送　320
面光源　147
面法線方向　146

モアレトポグラフィ　41
モアレ方式　18
模擬視界映像発生装置　371
目標追尾表示方式　358
模型眼　395
モーションキャプチャ　89,339
モーションキャプチャシステム　29
モチーフ映像　210
モデリング　275,338,342
モデル/TV　360
モデルベース　345
モデルベースドレンダリング　134
元離宮二条城　348

モバイル機器　237
模様勾配　426
モレ, S.　261

や行

ヤング, T.　10

優位眼　412
有効視野　399
融像視　384
融像領域　412
　　Panumの——　413
誘導運動　434
誘導視野　399
誘発脳波　417
ユニーク色　406
ユニファイドシェーダ　158,160
ユレシュ, B.　7,9

沃化キニーネの結晶　10
抑制除去訓練　385
4進木　276

ら行

ライダー　299
ライトフィールドレンダリング　346
裸眼立体視方式　12,310
ラジオシティ　327
ラジオシティ法　144
ラティステクノロジー　328
ラティチュード
ランダムステレオグラム　7
ランダムドットステレオグラム　9,176,251
ランダムドットステレオパターン　413
ランド, E. H.　11
ランドルト氏環　403
ランバーシアン面　129
ランバート則　129

リアリティ　308
リアリティカメラシステム　292
リアルタイム　341
リアルタイムCG　367
リアルタイムレンダリング　322

力覚デバイス　238
リース, E.　16,211,214
リズム　417
立体映画ブーム　281
立体画素　15
立体画像　414
立体感　231
立体錯視現象　229
立体視可能領域　194
立体視機能　308
立体視鏡　412
立体視力　385,405
立体TV　189,317
立体TV会議システム　314
立体ハイビジョン　291
立体描画機　6
立体表示　309,315
立体プロジェクタ　236
立体放送　319
立体メガネ　229
リップマン, M. G.　14
リップマンホログラム　213,216,218
リハビリテーション　388
リメッシング　115
リモート端末　320
流体スクリーン　210
両足操作型デバイス　88
両眼視　249
両眼視差　3,174,193,411,425
両眼視細胞　383
両眼視差方式　309
両眼単一視　383
両眼非対応領域　432
両眼網膜像差　411
両眼立体視　29,34
量子化誤差　47
量子6面体　47
両手操作　77
臨界融合周波数　409
リング型ストロボ　92
リング結合　320
臨場感　308
臨場感通信　189

ルミグラフ　346

レイキャスティング法　369
レイテンシ　157
レイトレーシング　275

レインボーホログラム　17,
　　213,216,218,251
レクサーマトリックス　328
レーザ　211
　——の反射率　119,121
レーザ計測　338
レーザ再生ホログラム　215
レーザスキャナ　339
レーザスキャニング　339
レーザー　10　250
レーザ方式　361
レートコントロール　74,79
レンジセンサ　29,33,107

レンズ焦点法　45
連想色　406
レンダリング　276,340
レンチキュラ　185,280
レンチキュラ板　13,192
レンチキュラ方式　13,191,
　　249,250

ロイテスワルト, C. F.　257
ローカルエリアネットワーク
　　320
ローカル座標系　276
ローカルサポート　54

ロボットビジョン　436
ロボティックビジョン　239
ロールマン, W.　10

わ 行

歪像絵画　253
ワイドスクリーン　279
ワイヤーフレームモデル　276
ワイヤレス　81
ワープ処理　67
ワールド座標系　276

欧 文 索 引

A

Acrobat　327
ACTプロジェクト　304
ACTS　304
AD　54
ADSL　303
A-life (artificial life)　265
anaglyph　10
AOD　222
API (application program-
　　ming interface)　166
AR (augmented reality)　232,
　　240
ATM (asynchronous transfer
　　mode)　302
ATMセル　302
auto-stereoscopic　200

B

Bチャンネル　302
binocular parallax　174
B-ISDN　301
BNS　305
BOTH HANDS SPIDAR　76
BSP　366
B.T.O　323

C

CABIN　355
CAI　332
calotype　7
CAVE (CAVE automatic vir-
　　tual environment)　235,

　　241,272,304,335,355
CCTV　360
Census Transform　65
CFF　409
CG生命体　267
CGI　360
CHAKUCHA　328
chiral　204
CID方式　18
CIE表色系　220
COSMOS　355
CT　377,379
Cult 3D　326

D

Dチャンネル　302
DARPA　303
D/CG　74
Delta Haptic Device　75
depth from defocus　45
depth from focus　45
DFD錯視現象　229
DFD表示方式　229
directional band　244
DirectX Graphics　167
DLP Cinemaプロジェクタ
　　293
DSP素子　80

E

e・カスタマーリレーションシ
　　ップマネジメント　323
eラーニング　323
EC　323

eCRM　323
EM-Cube　370
EOG　416
eReality　328

F

FOV　356
FPD (flat panel display) 系
　　310
FPGA (field programmable
　　gate array)　60
fragment　153
FSS　364
FTP　320
FTTH　323

G

game engine　167
geometry processing　153
GiGaPOP (Gigabit Capacity
　　Point of Presence)　305
GII　303
GIS　342
gonioreflectometer　137
GPU (graphics processing
　　unit)　152,326

H

Hチャンネル　302
haptics　75,238
HD-24 p　291
HDRI (high dynamic range
　　images)　326
herapathite　10

欧文索引

HMD (head mounted display) 178, 235, 240, 250, 310, 354
HMP (head mounted projector) 240
hologram 16, 211
holographic video 222
HTML プロトコル 320
HTTP 320
Hyper-Reality 306

I

IBR (image-based rendering) 241, 297, 345
ICP (iterative closest point) 法 111, 112
IMAX 285
IMAX-3D 286
IMAX DMR 291
IMAX Dome 285
IMAX SOLIDO 289
inverse lighting 146
IP (integral photography) 14, 186, 190
IP 方式 192
IPD (immersive projection display) 系 310, 355
ITU-R 勧告 775.1 247

J

Java アプレット 322
Java 3D 324, 334

K

k-d tree 113

L

L*a*b*色空間 407
L*u*v*色空間 407
latency 157
lenticular sheet 13
LIDAR 299
lighting 153
light probe 144
LoG 59
LoG フィルタ 60, 62
LRS 119, 121

M

M 系列符号 40
MacroMedia 326

Marr 29
MCI プロジェクト 304
MDT 方式 18
MPEG@MVP 318
MR (mixed reality) 31, 232, 312, 332
MRI 377, 379
MTF 407
MTFA 408

N

NETWORKED SPIDAR 76
NFB 281
NII 302
NIMSLO 187
N-ISDN 301
NRI 303
NSF 303
NT 2 301
NURBS 曲面 326

O

occlusion 15, 55, 91
off-specular 反射 134
OMNIMAX 285
OpenGL 166

P

PAN (personal area network) 237
Panum の融像 385
Panum の融像領域 413
parallax panoramagram 12, 186
parallax stereogram 12, 186
PC クラスタ 360
PDP 354
PET 377
PHANToM 75
Phong 反射モデル 131
point signature 111
polarizing eyeglasses 174
PowerSketch 327
PS/2 80

Q

QEDsoft 328

R

RDS 9, 176, 251

Render Man 160
RGB 色空間 136
RPT (retro-reflective projection technology) 240
RSA 暗号 321

S

SAAC 356
SAD 54
scene graph library 167
SD 62
SET (secure electronic transaction) 322
SFF 409
SFX 295
shade 15
shadow map 方式 159
shadow volume 方式 159
ShockWave 3D 326
Silicon Graphic 323
Sketchpad 152
SMTP 320
SPIDAR 75, 76, 77
spin image 111
splash 111
SSAD 54
SSSD 61
stereo camera 171
STR (state transition rule) 306
synthalyzer 200

T

T & L (transform and lighting) 153
tele-existence 239
Tele-Immersion 306
telexistence 239
TELNET 320
tessellation 160
Tilted Horopter Stereo 67
Torrance-Sparrow 反射モデル 132
transform 153
TWISTER (telexistence wide-angle immersive stereoscope) 241

U

UCS 表色系 407

Ullmanの円筒 430
UMA(unified memory architecture) 158
unified shader 158,160
USB 81
UV成型方法 192

V

VAMP 363
varifocal mirror 200
VBNS 304
VFX 295
ViewPoint(VET) 326
voxel 15
VR(virtual reality) 232, 249,337,304,311,341
VRビューア 343
VR-CUBE 355
VRML(Virtual Reality Markup Language) 323
VRML(Virtual Reality Modeling Language) 323

W

wavefront reconstruction 16
Web 3D 322,334
Web 3Dコンソーシアム 323
Webリッチメディア 323
WireFusion 328
WWW(World Wide Web) 321
WWWブラウザ 322

X

X3D 324
xDSL 323
XVL 328
xy色度図 407
Xybernaut 237

Z

Zバッファ法 277
Z-Key 68

3次元映像ハンドブック

2006年 2 月20日　初版第 1 刷
2008年11月20日　　　第 2 刷

編集者	尾　上　守　夫
	池　内　克　史
	羽　倉　弘　之
発行者	朝　倉　邦　造
発行所	株式会社 朝 倉 書 店

東京都新宿区新小川町6-29
郵便番号　１６２-８７０７
電　話　03 (3260) 0141
ＦＡＸ　03 (3260) 0180
http://www.asakura.co.jp

〈検印省略〉

© 2006 〈無断複写・転載を禁ず〉

ISBN 978-4-254-20121-5　C 3050

壮光舎印刷・渡辺製本

Printed in Japan

日本視覚学会編

視覚情報処理ハンドブック
〔CD-ROM付〕

10157-7 C3040　　　　B 5 判 676頁 本体29000円

視覚の分野にかかわる幅広い領域にわたり，信頼できる基礎的・標準的データに基づいて解説。専門領域以外の学生・研究者にも読めるように，わかりやすい構成で記述。〔内容〕結像機能と瞳孔・調節／視覚生理の基礎／光覚・色覚／測光システム／表色システム／視覚の時空間特性／形の知覚／立体（奥行き）視／運動の知覚／眼球運動／視空間座標の構成／視覚的注意／視覚と他感覚との統合／発達・加齢・障害／視覚機能測定法／視覚機能のモデリング／視覚機能と数理理論

形の科学会編

形 の 科 学 百 科 事 典

10170-6 C3540　　　　B 5 判 916頁 本体35000円

生物学，物理学，化学，地学，数学，工学など広範な分野から200名余の研究者が参画。形に関するユニークな研究など約360項目を取り上げ，「その現象はどのように生じるのか，その形はどのようにして生まれたのか」という素朴な疑問を謎解きするような感覚で，自然の法則と形の関係，形態形成の仕組み，その研究手法，新しい造形物など について読み物的に解説。各項目には関連項目を示し，読者が興味あるテーマを自由に読み進められるように配慮。第59回毎日出版文化賞受賞

日本光学測定機工業会編

実用光キーワード事典（普及版）

20122-2 C3550　　　　A 5 判 276頁 本体5800円

重要なキーワードとしての用語や項目をあげ，素早く必要項目に関する知識が得られるとともに，順に読みすすめば光のすべてが理解できる構成。〔内容〕光の技術史／光の特性／光の伝播／反射・屈折・透過／分散／散乱／光線／結像特性／ミラー・プリズム，レンズ／光学機器／波動性／干渉／干渉計／回折／偏光／フーリエ光学／光情報処理／光源／レーザ／光ディテクタ／光エレメント，デバイス／光応用計測／光応用検査／分析技術／光応用加工技術／光応用情報技術／医用光技術

埼玉医科大 吉澤　徹編著

最 新 光 三 次 元 計 測

20129-1 C3050　　　　B 5 判 152頁 本体4500円

非破壊・非接触・高速など多くの利点から注目される光三次元計測について，その原理・装置・応用を平易に解説。〔内容〕ポイント光方式・ライン方式・画像プローブ方式による三次元計測／顕微鏡による三次元計測／計測機の精度検定／実際例

東工大 内川惠二著
色彩科学選書4

色覚のメカニズム
―色を見る仕組み―

10540-7 C3340　　　　A 5 判 224頁 本体4800円

〔内容〕色の視覚／色覚系の構造／色覚のフロントエンド―三色型色覚／色覚の伝達系―輝度・色型色覚／色弁別／色覚の時空間特性／色の見え／表面色知覚／色のカテゴリカル知覚／色の記憶と認識／付録：刺激光の強度の単位，OSA表色系，他

東工大 内川惠二総編集　　高知工科大 篠森敬三編
講座 感覚・知覚の科学1

視　　覚　　　　　　Ⅰ
―視覚系の構造と初期機能―

10631-2 C3340　　　　A 5 判 276頁 本体5800円

〔内容〕眼球光学系―基本構造―（鵜飼一彦）／神経生理（花沢明俊）／眼球運動（古賀一男）／光の強さ（篠森敬三）／色覚―色弁別・発達と加齢など―（篠森敬三・内川惠二）／時空間特性―時間的足合せ・周辺視など―（佐藤雅之）

東工大 内川惠二総編集　　東北大 塩入　諭編
講座 感覚・知覚の科学2

視　　　　覚　　　　Ⅱ
―視覚系の中期・高次機能―

10632-9 C3340　　　　A 5 判 280頁 本体5800円

〔内容〕視覚現象（吉澤）／運動検出器の時空間フィルタモデル／高次の運動検出／立体・奥行きの知覚（金子）／両眼立体視の特性とモデル／両眼情報と奥行き情報の統合（塩入・松宮・金子）／空間視（中溝・光藤）／視覚的注意（塩入）

上記価格（税別）は 2008 年 10 月現在